·智能科学与技术丛书·

自然语言处理

基于机器学习视角

NATURAL LANGUAGE PROCESSING

A Machine Learning Perspective

张岳 滕志扬 著

张梅山 黄丹丹 覃立波 译

机械工业出版社
CHINA MACHINE PRESS

图书在版编目（CIP）数据

自然语言处理：基于机器学习视角 / 张岳，滕志扬著；张梅山，黄丹丹，覃立波译. —北京：机械工业出版社，2023.10

（智能科学与技术丛书）

书名原文: Natural Language Processing: A Machine Learning Perspective

ISBN 978-7-111-74223-4

Ⅰ. ①自…　Ⅱ. ①张…②滕…③张…④黄…⑤覃…
Ⅲ. ①自然语言处理　Ⅳ. ①TP391

中国国家版本馆 CIP 数据核字（2023）第 215753 号

机械工业出版社（北京市百万庄大街 22 号　邮政编码 100037）

策划编辑：姚　蕾　　责任编辑：姚　蕾
责任校对：张晓蓉　李小宝　　责任印制：李　昂
河北鹏盛贤印刷有限公司印刷
2024 年 3 月第 1 版第 1 次印刷
185mm×260mm · 29 印张 · 646 千字
标准书号：ISBN 978-7-111-74223-4
定价：139.00 元

电话服务
客服电话：010-88361066
　　　　　010-88379833
　　　　　010-68326294

网络服务
机　工　官　网：www.cmpbook.com
机　工　官　博：weibo.com/cmp1952
金　　书　　网：www.golden-book.com
机工教育服务网：www.cmpedu.com

封底无防伪标均为盗版

中文版序

15 年前，我在牛津大学开始了自己的自然语言处理研究。直到今天，对自然语言处理的探索依然让我乐此不疲。我构造的第一个自然语言处理模型是一个中文分词系统。当它第一次被调试成功，在新闻数据上实现准确分词时，我的兴奋之情难以言表。看到屏幕上我自己的算法“聪明”地把新闻文字切成单词，我感到既喜悦又奇妙，产生了不断探索人工智能潜能的动力。

自然语言处理是人工智能的重要分支，也是一门充满魅力的交叉学科。它涉及语言学、计算机科学、人工智能、统计学等重要学科，还涉及认知心理学、社会学、文学等众多学科。自然语言处理的研究领域绽放着来自上述众多不同背景的学者的智慧。我写的这本教材，主要从机器学习和算法的角度梳理和总结自然语言处理最重要的基础知识。

从数学模型的角度看，自然语言处理领域的发展主要经历了以语言学规则为主的时代、以统计模型为主的时代和以深度学习为主的时代。我迈进这个研究领域的时候，自然语言处理正处于统计模型时代，人们构造不同的生成式模型和判别式模型解决语言处理问题。当时的主要模型是线性模型。如今，自然语言处理正处于深度学习时代，非线性的神经网络成了构造语言处理模型的主要手段。事实上，线性统计模型和深层神经网络之间的联系是密不可分的，统计模型的主要思想在神经网络模型中仍然发挥着重要的作用，而深层神经网络取代线性模型的一个重要原因，是计算机硬件算力的大幅提升。在我读书的年代，我也曾试图用多层神经网络去解决语言处理问题，但因为计算资源有限，只能采用单层的感知机算法来构造我早期论文中的大多数模型。后来我发现，当时主流的判别式线性模型，比如逻辑回归和支持向量机，在随机梯度下降的优化算法下，都可以看作感知机模型的一种，这也就把线性模型和深层神经网络统一了起来。我在教材中使用了这种统一的叙述方式。当然，现今的人工神经网络和人类认知系统还有相当大的差距，我也在探索认知心理学对于深度学习方法的启示。

比起 5 年之前，现在的自然语言处理开发变成了一件相对容易的工作。这得益于 Transformer 等标准神经网络模型的广泛使用，以及各种神经网络开源工具的不断完善。这一方面促进了自然语言处理的研究和工程应用，另一方面也让模型背后的数学原理显得不再那么重要。然而只有具备了坚实的数学基础，才能在不同模型的使用中游刃有余，并且有更多的自信来实现更准确的参数性能，以及更有效的创新优化。此外，从基础研究的意义上讲，现在的神经网络模型远非完美，离成熟的标准化部署还有很大差距，因此基础模型和算法的研究仍是重要问题。基于上述观察，我选择以机器学习的数学原理和算法为主要内容，讲授自然语言处理的课程。事实证明，研究生能够从这种讲授方式中获益，而以数学为中心的课程也并不一定是枯燥的。

在研究生涯中，我通过国际学术会议、邀请报告、工作组等形式在不同场合结识了自然语言处理领域的很多学者，其中包括发明经典模型的泰斗和学术界不断涌现的新星。与他们的交流让我把研究领域的不同模型和活生生的人及故事联系起来，更真实地体验到模型背后思想火花的产生，也更深刻地认识了这个研究领域的发展脉络和历程。我意识到自然语言处理方法由简单到复杂的逻辑顺序与研究领域方法的演进顺序密不可分，而经典模型的数学原理是今天的模型的基础组成部分，同时发挥着思想启示的作用。因此，我用这个很自然的顺序来组织教材，并且尽力用统一的数学表达方式来介绍每种模型。

把自己的所学梳理总结出来，让更多的学生受益，是一件令我非常高兴的事。在学生滕志扬博士的帮助下，我花四年时间完成了教材初稿的写作。之后，随着自己知识的进步以及领域研究的发展，我不断更新和完善教材的内容。除了在自己任职的学校授课之外，我还受邀在哈尔滨工业大学、郑州大学等高校进行暑期学校的授课。从去年开始，我抽空把课程的视频放到网上，让更多学生观看，在这个过程中，我得到了刘汉蒙、陈雨龙、付乾坤等很多学生的无私帮助。

去年，我很高兴听到张梅山博士说愿意把我的教材翻译成中文。张梅山博士是我在新加坡任教之后的第一批访问学生，后来也在我的实验室完成博士后研究工作。我们一起讨论问题，一起写代码，一起写文章，有过非常紧密的合作。张梅山博士一丝不苟的治学态度和扎实的数学背景让我非常佩服。2013 年我们进行神经网络研究的时候，还没有成熟的代码工具可以使用。张梅山在开发神经网络模型的时候，每一步都会对反向传播的导数进行验证，经过手工证明以后才去跑程序，并且对运行的每个步骤也都会反复验证。相信他严谨的治学态度，会为教材的中文版奠定坚实基础。黄丹丹和覃立波都曾在我的实验室访问和工作，他们的勤奋和热情令我印象深刻。相信在三位译者的共同合作之下，中文版的教材能让更多学生受益。

最后，因为本人水平有限，书中疏漏之处在所难免，非常欢迎中文版的读者批评指正，我也期待在与读者的交流中不断学习！

张岳

2023 年 5 月 1 日写于西湖大学

译者序

西湖大学张岳教授是自然语言处理领域的顶级专家，在该领域的各个分支均有很深的造诣。他与他的学生滕志扬合著的 *Natural Language Processing: A Machine Learning Perspective* 是一本崭新、全面并且具有独特视角的著作，这本书从机器学习的角度，全面介绍了自然语言处理各分支的基本原理及最新研究方法，既能为初学者提供优秀的入门指引，也能为研究人员厘清整个领域的大致发展动向和趋势。张岳老师依托这本书为西湖大学的在校学生开设了自然语言处理课程，并将课程的相关视频分享到互联网上。该课程一经发布便引起了立志从事相关研究的学生的广泛关注，并获得一致好评。

自然语言处理是人工智能研究领域最重要的分支之一，当前基于机器学习的方法在自然语言处理的各项研究中均占据主导地位。机器学习的发展也进一步促进了自然语言处理的发展，二者联系紧密，尤其是最近十年深度学习的发展，为自然语言处理领域带来了巨大的生机。本书从机器学习的角度，分别介绍了各类机器学习模型在自然语言处理各个分支任务上的应用，这一视角在一定程度上也弥补了同类书籍的空白。

本书内容丰富，视野宽阔，深入浅出地介绍了自然语言处理领域广泛使用的机器学习模型、基础理论、典型算法以及相关的自然语言处理应用。主要内容分为三部分：第一部分围绕分类相关的主题，介绍了相对频率统计、one-hot 特征、判别式模型、信息论、隐变量等；第二部分扩展到结构化学习模型，包括序列标注的生成式模型和判别式模型、序列分割模型、树结构预测模型、基于转移的结构学习方法以及贝叶斯结构学习模型等；第三部分着重讲解当前自然语言处理中占据主导地位的深度学习模型，从神经网络开始，依次介绍特征表示学习、基于神经网络的结构学习、匹配对比蕴含等双文本学习、预训练与迁移学习以及深度隐变量模型等。

本书能够顺利完成，要特别感谢天津大学新媒体与传播学院自然语言处理课题组的学生。本书的翻译流程大致如下：第一阶段由学生与我经讨论后开展初始翻译工作；第二阶段由我重新翻译和整理，期间与黄丹丹和覃立波两位译者进行了大量讨论，解决了翻译的难点，确定了整体翻译思路；第三阶段由黄丹丹和覃立波对细节进行把关与修正，并对语言进行了大幅度润色。为了保障翻译质量，三个阶段的工作同等重要，工作量不相上下。第一阶段的翻译工作需要具体感谢以下学生：江沛杰（第 1、8、16 章），吴林志（第 2 章），张帆（第 3、17 章），赵煜（第 4、13 章），卢攀忠（第 5、12 章），张鑫（第 6、18 章），曹议丹（第 7、14 章），林智超（第 9、15 章），郭培溟（第 10、11 章），以及李建玲、那惟勒、栗丽婷、胡松林、蒋功耀、陈卉垚、史元钧、谢钰婷、袁子瑞。这些学生的积极参与和贡献使本书的翻译事半功倍。

本书主要面向自然语言处理、机器学习、人工智能等领域的本科生、研究生以及相关领域的技术人员。本书的三名译者均和作者有着密切的合作研究关系，因此在翻译过程中，基本上能准确地反映原著内容，同时保留原著的风格。由于译者水平有限，书中难免有不妥之处，恳请读者批评指正。

张梅山

2023 年 5 月 25 日写于哈尔滨工业大学 (深圳)

前　言

近年来，深度学习技术使智能系统能够执行越来越复杂的任务，人工智能广受社会关注。自然语言处理作为人工智能的核心话题之一，主要研究的是自然语言文本的自动理解与生成。语言会话能力被公认为人工智能性能评估的重要指标，自然语言处理技术的进步，为语音翻译、自动问答、写作评分、自动审计、股市预测等应用带来了新的突破。

自然语言处理的研究在计算机科学发展的早期便已开始，并经历了三个主要发展阶段，基于规则的方法、基于统计的方法以及深度学习方法分别在不同阶段占据主导地位。近几年中，深度学习的发展逐步取代了统计学习方法，研究人员和工程师的工作重点也随之由语言特征工程转变为参数调优。先进的深度学习算法不仅可以让自然语言处理系统在句法分析、机器翻译等传统任务上获得更佳的性能，同时也扩展了更多的新型研究领域。

本书基于机器学习视角对自然语言处理技术展开系统性介绍，并深入讨论各项技术所涉及的数学及算法基础。章节内容遵循由易到难的组织原则，同时也符合自然语言处理技术的发展过程。在引入数学概念时，本书采用统一的符号表示方法以保证不同章节间的关联性与可读性。

本书的**目标读者**为计算机科学、人工智能或相关跨学科专业的高年级本科生及研究生，自然语言处理工程师也可将本书作为理论参考书。阅读本书时，读者需要具备一定的线性代数、微积分、概率论及算法基础。完成本书的学习后，读者将对自然语言处理任务及其数学理论有更全面的了解，从而能够轻松阅读前沿会议与期刊中的论文文献，并根据实际场景创新性地探索及应用底层技术。

本书亮点

相较于其他自然语言处理教材，本书从机器学习基础技术及算法的发展历程出发，遵循由易至难、循序渐进的编排原则，而非根据特定任务 (例如情感分类、立场检测、词性标注和语义角色标注) 分块编排。本书的编排主要考虑到以下两点。首先，自然语言处理任务所解决的语言学问题各不相同，但不同任务所涉及的前沿算法具有一定的共性，共性算法的发展可归结为机器学习技术，尤其是深度学习技术的发展。例如，情感分类与新闻分类任务均可视为分类问题，词性标注与语义角色标注任务均可视为序列标注问题，因此我们将文本分类、序列标注等抽象问题作为本书的主要研究内容，在合适的场景下讨论其与特定自然语言处理任务的相关性。其次，自然语言处理研究领域的发展与机器学习技术的发展密切相关，这为本书章节的组织提供了便利。例如，统计方法在 20 世纪 80 年代后期成为主流研究方法，首先被应用于文本分类任务，随后迁移至序列标注及更为复杂的结构预测任务。在这期间，相同的机器学习原理被应用于不同的自然语言处理问题中，特征工程逐步取代语言规则。21 世纪 10 年代，深度学习技术兴起，研究者尝试利用相同的表示学习方法来解决各类问题。例如，基于大规模原始文本预训练的上下文词表示为句法、语义、文本挖掘等一系列自然语言处理任务带来了显著的性能提升。

新技术在历史研究成果的基础上不断发展，与传统统计学习方法存在着密切联系。特征、学习目标、优化策略、评估指标等概念在不同技术发展时期一脉相承，并且术语在过去几十年的文献中基本一致。这使得本书的叙述顺序也符合研究文献的发展顺序。

内容提要。本书试图介绍所有与自然语言处理领域相关的重要内容，从机器学习视角出发，内容覆盖由统计模型到深度学习模型，由生成式模型到判别式模型，由分类模型到结构预测模型，由精准推理算法到模糊推理算法，由监督模型到无监督模型等。对于每个主题，我们力求选择最具代表性的概念与算法，使得阅读及教学过程深入浅出、通俗易懂。某些任务或模型细节可能在本书中有所忽略，读者可在了解本书内容后阅读相关文献进行补充。

大纲。全书共 18 个章节，可分为三个部分。

- 第一部分（基础知识：第 1~6 章）讨论自然语言处理建模的基本概念，并介绍文本表示的基本思想、基础模型及训练算法。
- 第二部分（结构研究：第 7~12 章）讨论基本技术在序列结构、树结构等自然语言处理常见结构中的应用。
- 第三部分（深度学习：第 13~18 章）重点介绍自然语言处理中的深度学习技术，包括单层感知机模型、多层感知机模型、神经网络分类模型、结构化预测模型以及其他前沿神经网络模型。

上述三部分内容各包含 6 章，分别为：

- 第 1 章：概述自然语言处理领域，并罗列本书结构。
- 第 2 章：介绍自然语言处理建模的基本思想，并讨论生成概率模型的基本形式。
- 第 3 章：介绍特征向量的概念，以及两类判别式线性文本分类器。
- 第 4 章：介绍用于文本分类的对数线性模型，并将各类线性分类模型归纳为广义感知机。
- 第 5 章：介绍信息论在自然语言处理中的应用。
- 第 6 章：介绍隐变量建模的基本方法。
- 第 7 章：介绍用于序列标注的生成式概率模型。
- 第 8 章：介绍用于序列标注的判别式模型。
- 第 9 章：介绍用于序列分割的判别式模型。
- 第 10 章：介绍用于树结构预测的生成式模型及判别式模型。
- 第 11 章：介绍基于转移的结构化预测框架。
- 第 12 章：介绍自然语言处理中的贝叶斯方法。
- 第 13 章：介绍神经网络模型、词向量及基本的卷积网络文本分类器。
- 第 14 章：介绍表示学习，讨论循环神经网络、自注意力网络及树和图的表示。
- 第 15 章：介绍基于图和基于转移的神经网络结构预测模型。

- 第 16 章：介绍用于序列到序列及文本匹配任务的深度端到端学习方法。
- 第 17 章：介绍预训练神经网络表示方法。
- 第 18 章：介绍带有隐变量的神经网络。

各章内容之间均有密切联系，我们建议读者按顺序进行阅读。本书也可作为授课教材，建议每章设置 2~4 学时，共计 36~72 学时。

补充材料[㊀]。本书在剑桥大学出版社官网上提供了配套的课程幻灯片与教学手册。

㊀ 关于本书教辅资源，只有使用本书作为教材的教师才可以申请，需要的教师可向剑桥大学出版社北京代表处申请，电子邮件 solutions@cambridge. org。——编辑注

符 号 表

- x：表示变量。
- w, c, x：分别表示词汇表中的词、标签集中的类别标签、变量的特定值。
- $X_{1:n} = [x_1, x_2, \cdots, x_n]$：表示由 n 个变量组成的数组。
- $X_{1:n} = x_1 x_2 \cdots x_n$: 表示词或标签序列，例如，$W_{1:n} = w_1 w_2 \cdots w_n$ 表示长度为 n 的词序列，$T_{1:n} = t_1 t_2 \cdots t_n$ 表示长度为 n 的标签序列。
- $X_{i:j} = x_i, x_{i+1}, \cdots, x_j (i \leqslant j)$：表示从第 i 个元素到第 j 个元素的子序列。
- $X = \{x_i\}|_{i=1}^N$ 或 $X = \{x_1, x_2, \cdots, x_N\}$: 表示由 N 个元素组成的集合。
- x_i：表示数组中的第 i 个元素，例如，w_i 表示句子中的第 i 个词。
- x_i：表示集合中下标为 i 的特定元素，例如，w_i 表示词汇表中的第 i 个词。
- $x \sim P(x)$：表示从分布 P 中抽取样本。
- $\vec{x} = \langle x_1, x_2, \cdots, x_{|\vec{x}|} \rangle$（第 1~13 章）和 $\mathbf{x}$（第 13~18 章）：表示向量。
- $\mathbf{X}$：表示矩阵。
- $P(x)$：表示随机变量 x 的概率。
- $\exp(x)$：表示变量 x 的指数。
- $\log(x)$：表示变量 x 的对数。
- $\mathbb{E}_{x \sim P(x)} f(x)$：给定遵从分布 $P(x)$ 的随机变量 x，函数 $f(x)$ 的数学期望。
- $\sigma(x)$：表示变量 x 的 sigmoid 激活函数 $(\frac{1}{1+\mathrm{e}^{-x}})$。
- $\mathbf{x}[i]$：表示向量 $\mathbf{x}$ 中的第 i 个元素。
- $\mathbf{x}[\ell_i]$：表示向量 $\mathbf{x}$ 中对应于标签 ℓ_i 的元素。
- $\mathbf{X} = [\mathbf{x}_1; \mathbf{x}_2; \cdots; \mathbf{x}_n]$：将 $\mathbf{x}_1, \mathbf{x}_2, \cdots, \mathbf{x}_n$ 逐列连接，由于 $\mathbf{x}_i \in \mathbb{R}^{m \times 1}$ $(i \in [1, 2, \cdots, n])$，因此存在 $\mathbf{X} \in \mathbb{R}^{m \times n}$。
- $\mathbf{y} = \mathbf{x}_1 \oplus \mathbf{x}_2 \oplus \cdots \oplus \mathbf{x}_n$：将 $\mathbf{x}_1, \mathbf{x}_2, \cdots, \mathbf{x}_n$ 逐行连接，由于 $\mathbf{x}_i \in \mathbb{R}^{m \times 1}$ $(i \in [1, 2, \cdots, n])$，因此存在 $\mathbf{y} \in \mathbb{R}^{m \times n}$。
- $\mathbf{y} = \mathbf{x}_1 \otimes \mathbf{x_2}$：表示两个向量的元素乘积。
- $\mathbf{x} = \textsc{OneHot}(k)$：表示第 k 个元素为 1，其他元素均为 0 的 one-hot 向量。
- $\mathbf{W}[i; j]$：表示矩阵 $\mathbf{W}$ 的第 i 行及第 j 列。
- $\mathbf{W}[i;]$ 和 $\mathbf{W}[; j]$：表示矩阵 $\mathbf{W}$ 的第 i 行和矩阵 $\mathbf{W}$ 的第 j 列。
- $\mathbf{X}^\mathrm{T}$：表示矩阵 $\mathbf{X}$ 的转置。
- $\mathrm{softmax}_j, \mathbf{W}^{\mathrm{T}_{\mathrm{j,k}}}$：T 的下标 j、k 表示在高阶张量中执行动作的相关等级。
- $\frac{\partial x}{\partial y}$：$x$ 对 y 的偏导数。
- $\delta(x, y)$：克罗内克（Kronecker Delta）函数，即当 $x = y$ 时函数值等于 1，否则等于 0。
- $\mathrm{KL}(P, Q)$：表示分布 P 与分布 Q 之间的 KL 散度。

目　　录

Natural Language Processing: A Machine Learning Perspective

第二部分 结构研究

第三部分 深度学习

第一部分

基础知识

第 1 章

Natural Language Processing: A Machine Learning Perspective

绪　论

语言是人类智慧的重要结晶，是日常交流的基本工具。自然语言处理（natural language processing，NLP）作为人工智能领域的核心分支，是一门研究人类语言自动理解及生成的重要学科。自 20 世纪 50 年代以来，自然语言处理技术便受到持续的关注，如今，这门技术已被广泛应用于商业及日常生活中，例如: 搜索引擎可基于互联网自动处理海量文档，获取有效知识并为用户返回最匹配的查询结果；在线电商可对商品描述与用户评论进行实时计算，根据搜索内容为用户推荐最合适的产品；智能文本分析引擎逐步取代了商业领域中的手工计算，可帮助客户快速完成决策；日常生活中，自动对话、机器翻译等系统大大提升了人们的交流效率。这些应用的快速发展很大程度上得益于机器学习（machine learning）技术的进步，机器学习技术推动了该领域基础算法与模型的更新迭代，本书将围绕重点机器学习技术，由最基础的基于相对频率的模型拓展至判别式模型、概率图模型以及深度神经网络等先进技术，对自然语言处理核心内容展开全面介绍。本章首先简述自然语言处理的概念及相关任务，并解释基于机器学习视角对自然语言处理技术进行解读的必要性及合理性。

1.1　自然语言处理的概念

广义而言，自然语言处理主要探讨针对人类语言的自动理解与生成技术，从基于正则表达式的简易字符串模式匹配算法，到基于复杂神经网络的多语言智能翻译系统，这些技术均属于自然语言处理的研究范畴。自然语言处理属于跨学科研究领域，某些工作涉及语言学与计算机科学，旨在利用科学计算方式对语言进行建模并解决重要语言学问题，某些工作源于人工智能的观点，旨在为智能系统赋予语言能力，某些工作则属于数据科学的范畴，主要研究大规模文本数据的自动处理及结构化知识的提取，部分工作还会涉及心理学、认知科学及神经科学等方面的知识。本章 1.2 节将列举该领域所包含的主要任务，并在后文的相关章节中展开详细讨论。

作为人工智能的核心部分，自然语言处理研究起源于 20 世纪 50 年代。早期的研究方法在很大程度上依赖于语言规则，最受关注的任务之一为机器翻译。经过数十年的研究，人们意识到制定规则无法解决所有自然语言问题，尤其是语言中普遍存在的**歧义**现象。歧义是指相同的词在不同上下文中表达的不同含义，例如句子“They can fish here.”既可以表示“他们可以在这里捕鱼。”，也可以表示“他们在这里把鱼装进容器”，同样，句子“This camera is a beast.”中的“beast”一词表示相机性能出色，而不是野兽的意思。除一词多义现象外，语言的运用方式也是灵活多变的，以句子“She pillowed his head.”为例，尽管“pillow”（枕头）在定义上属于名词，但我们仍然可以将句子理解为“她把枕头扔到他的头上”。很多语言表达式中还会存在拼写错误，但在 Twitter 等社交媒体上，诸如“niiiiiice!”这类带有拼写错误的词也很容易被人理解。语言的灵活性很难通过规则进行覆盖，机器翻译就曾犯下一个经典错误，将句子“The spirit is strong，but the flesh is weak.”（精神很强大，但肉体很虚弱。）翻译为“烈酒很美味，但肉很难吃”。人们意识到这其中的挑战，因此在 20 世纪 60 年代末，美国各基金会大幅削减了对机器翻译研究的资助。

到 20 世纪 80 年代后期，基于规则的方法逐步被基于统计和机器学习的方法所替代，这类新方法利用算法在数据中学习语言模式的统计分布，从而做出决策。例如，若动词后紧跟名词的频率高于紧跟另一个动词的频率，当在动词后看到一个未知或模棱两可的词时，我们便更倾向于把它视作“名词”对待。相较于构建硬性编码规则，这类方法能更好地处理歧义问题，因此也带来了自然语言处理研究的复苏。在统计自然语言处理研究中，语言学家的工作重心由设计规则转变为标注数据集，并且随着领域的发展，语言学家的角色逐渐被弱化，语言规则在自然语言处理算法中被转化为特征或语言模式，机器学习模型在标注数据中收集并利用这些语言模式的统计信息来进行决策。本书相关章节将分别介绍自然语言处理中机器学习、特征及统计的基础概念。

2000 年后，深度学习超越了传统的统计方法并成为主流研究模式，其核心思想为训练具有拟合任意复杂函数能力的多层人工神经网络模型，相较于传统统计方法，深度学习在大多数自然语言处理任务中展现出优异性能。深度学习模型不依赖于任何语言特征，仅通过神经网络即可学习到输入与输出间的潜在关联，因此该学习方式也被称为端到端（end-to-end）学习。这一研究趋势进一步削弱了语言学在自然语言处理研究中的影响力，但也带来了更多针对综合任务及应用级任务的研究。不过我们也需要意识到，尽管神经网络具有较强的表示能力，语言模式的缺失会降低模型的可解释性与可视性。

传统的离散统计方法与深度学习方法有着紧密联系，二者具有相同的机器学习原理与优化技术，但在科研和工程方面有着各自独特的优势及局限性。本章 1.3 节及本书其他相关章节会介绍更多关于这两类方法的内容，本书的第一部分和第二部分将介绍这两类方法的共同基础以及传统离散统计机器学习模型的特点，第三部分则专注于深度学习技术的讨论。

4

1.2 自然语言处理任务

根据不同的标准，自然语言处理任务可分为词法、句法、语义分析等基于语言学的基础任务，用于文本挖掘的信息抽取任务，以及文档摘要、自动问答、机器翻译等应用级任务。本节将对各类任务进行简述，为后续介绍机器学习算法的章节提供背景知识，感兴趣的读者可利用本章末尾注释中所列的文献进行扩展阅读。

1.2.1 基础任务

基础自然语言处理任务主要研究如何从词、句子及文档中提取语法、语义等语言学信息，虽然这类信息可以给机器翻译、对话系统等面向用户的应用提供有效的输入特征，但其本身也具有丰富的语言学价值，针对这类任务的研究学科也被称为**计算语言学**。

- **词法任务**旨在研究词内部的语言学问题。

形态学（morphology）是研究词汇内部结构与构造方式的语言学分支，在自然语言处理领域，我们通过**形态分析**（morphological analysis）技术对输入词的形态特征进行自动预测。在各种形态特征中，**语素**（morpheme）是最小的音义结合单位，例如英语中的“do”“ing”“s”（复数形式）等。大多数语言的词可直接分割为多个语素，表 1.1展示了英语、阿拉伯语和德语的词形分割案例：阿拉伯语“wktAbnA”意为“和我们的书”，可被分割为“w”“ktAb”“nA”三个语素，分别意为“和”“书”“我们的”；德语“Wochenarbeitszeit”（工作周）可被分割为语素“wochen”（周）、“arbeit”（工作）与“zeit”（时间）。在某些语言中，语素甚至可以跨词进行组合。形态学中的**词元**（lemma）指词的规范形式或字典形式，例如 walking 的词元为 walk，自然语言处理中的**词元化**（lemmatization）任务旨在寻找句子中各个词的词元。

对于汉语、日语、泰语等由连续字符序列构成句子的语言，词与词之间没有明确的空间划分，因此，**分词**（word segmentation）是这类语言中大多数自然语言处理任务都需要解决的上游任务之一。如表 1.1所示，给定句子“其中国外企业”和“中国外企业务”，分词器需将句子分别分割为词序列“其中”“国外”“企业”和“中国”“外企”“业务”。

对于英语等字母形式的语言，词之间存在天然的空格，但词与标点符号之间仍可能存在歧义。直观而言，标点符号应被视为一种特殊标记并与词分开，但在某些语境下又应被视为词的一部分，例如“Mr.”和“Ms.”中的缩写标记，“’s”中的所有格标记，“3.1”中的小数点标记等。因此，这类语项需要进行**符号化**（tokenization）任务，即为灵活书写的句子输出标准化的标记序列，输出的标记序列通常以空格进行分割。如表 1.1所示，句子

表 1.1 形态分析、标记化、分词及词性标注示例（“***wktAbnA***”，和我们的书；“***Wochenarbeitszeit***”，工作周；“はきものを”，鞋；“脱ぐ”，脱下；“きものを”，和服；“着る”，穿）

任务	输入	输出
形态分析	(英语) walking (阿拉伯语) wktAbnA (德语) Wochenarbeitszeit	walk + ing w + ktAb + nA Wochen + arbeits + zeit
标记化	Mr. Smith visited Wendy’s new house	Mr. Smith visited Wendy ’s new house
分词	其中国外企业 中国外企业务 はきものを脱ぐ きものを着る	其中 | 国外 | 企业 中国 | 外企 | 业务 はきものを | 脱ぐ きものを | 着る
词性标注	I can open this can	PRP MD VB DT NN

"Mr. Smith visited Wendy's new house."（史密斯先生参观了温蒂的新房子。）可被符号化为"Mr. Smith visited Wendy's new house."。

- **句法任务**旨在研究由词构成句子的语言结构规则。

词性标注（Part-Of-Speech tagging，POS tagging）是常见的自然语言处理上游任务。*词性*指词在句子中的基本作用，例如*名词*、*动词*、*介词*等。一种语言可以有 30 多种词性类别，词性类别兼顾了词法、句法等角色，因此也被称为**词类**（lexical category），表 1.2列举了常用的英语词性类别标签㊀。词性标注任务旨在判断给定句子中各个词在当前上下文中的词性，不同上下文场景下同一词的词性可能不同，因此需要进行词性消歧。如表 1.1所示，给定句子"I can open this can"（我能打开这个罐子），词性标注器将输出标注序列"I(我)/PRP can(能)/MD open(打开)/VB this(这个)/DT can(罐子)/NN"，其中出现两次的单词"can"在不同上下文中表现出不同的词性。

表 1.2 常用的英语词性标签

标签	描述	标签	描述
CC	并列连词	CD	基数
DT	限定词	EX	存在句
FW	外语词	IN	介词或从属连词
JJ	形容词	JJR	形容词，比较级
JJS	形容词，最高级	LS	列表项标记
MD	情态动词	NN	名词，单数
NNS	名词，复数	NNP	专有名词，单数
NNPS	专有名词，复数	PDT	前置限定词
POS	所有格结尾	PRP	人称代词
PRP$	所有格代词	RB	副词
RBR	副词，比较级	RBS	副词，最高级
RP	小品词	SYM	符号
TO	到	UH	感叹词
VB	动词，基本形式	VBD	动词，过去时
VBG	动词、动名词或现在分词	VBN	动词，过去分词
VBP	动词，非第三人称单数现在时	VBZ	动词，第三人称单数现在时
WDT	Wh-限定词	WP	Wh-代词
WP$	Wh-代词所有格	WRB	Wh-副词

除词性外，句法结构也是重要的研究对象，句法结构可基于不同的语法形式进行分析，这类分析任务被称为**句法分析**（syntactic parsing）。目前，句法分析研究中的语法形式包括*成分语法*（constituent grammar）、*依存语法*（dependency grammar）、*组合范畴语*

㊀ 详细信息请参阅宾州树库（Penn Treebank） https://www.ling.upenn.edu/。

法（Combinatory Categorial Grammar，CCG）、树邻接语法（Tree Adjoining Grammar，TAG）、词汇功能语法（Lexical Functional Grammar，LFG）、中心词驱动的短语结构语法（Head-Driven Phrase Structure Grammar，HPSG）以及链接语法（link grammar）等，本书将以前三种语法为例，对句法分析任务展开具体介绍。

如图 1.1a 所示，**成分句法分析器**（constituent parser）可将整个句子的句法结构解析为层次化的短语结构，并为各个短语成分分配“名词短语”（NP）、“动词短语”（VP）、“介词短语”（PP）等句法标签，例如“a book”为名词短语，“bought a book for Mary”为动词短语。成分句法也被称为**短语结构句法**（phrase-structure grammar），常用的短语标签如表 1.3所示[⊖]。

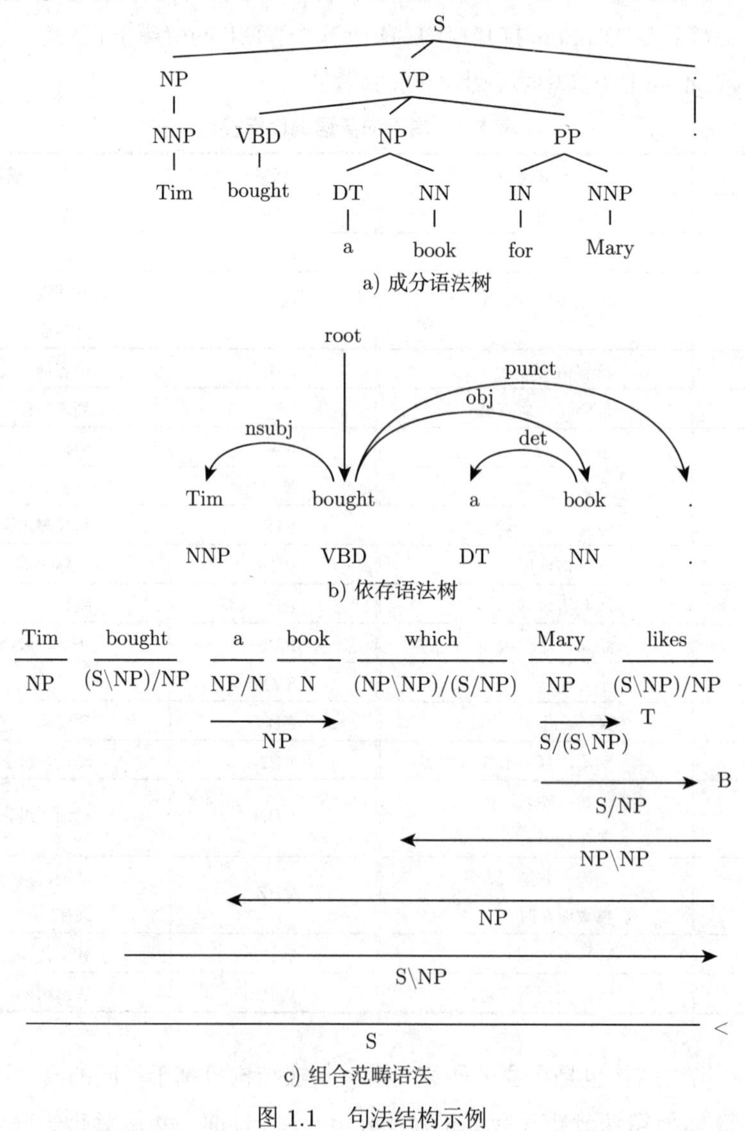

a) 成分语法树

b) 依存语法树

c) 组合范畴语法

图 1.1　句法结构示例

⊖ 详细信息请参阅宾州树库 (Penn Tree bank)https://www.ling.upenn.edu/.

表 1.3　常用的成分短语标签

短语标签	描述	短语标签	描述
ADJP	形容词短语	ADVP	副词短语
CONJP	连词短语	FRAG	破句（Fragment）
INTJ	感叹词	LST	列表标记
VP	动词短语	NP	名词短语
PP	介词短语	PRN	插入词
PRT	助词（Particle）	QP	量词短语
WHPP	Wh-介词短语	WHADJP	Wh-形容词短语
WHAVP	Wh-动词短语	WHNP	Wh-名词短语
NAC	非成分	X	未知的，不确定的

与成分句法分析器不同，**依存句法分析器**（dependency parser）通过词对关系对句法结构进行分析，词对关系表现为*中心词*（head word）与*从属词*（dependent word）间的依存弧，各个依存弧包含方向与标签两个属性，方向由中心词指向从属词，标签则表示句法依存关系类型。常见的依存弧标签如表 1.4所示[⊖]，例如，标签 “nsubj” 表示从属词为中心词的名词性主语，标签“obj”表示从属词为中心词的宾语。在图 1.1b 所示的例子中，“book”（书）为 “bought”（买）的宾语。给定一个句子，除句子*词根*（root word）外，其余每个词都依赖于某一个中心词，因此依存语法结构可形成树形结构。

表 1.4　常用的依存弧标签

弧标签	描述	弧标签	描述
obj	宾语	iobj	间接宾语
nsubj	名词性主语	csubj	从主关系
xcomp	开放从句补语	ccomp	从句补语
conj	连词	cc	并列连词
amod	形容词修饰语	advmod	状语
det	限定词	aux	助词
root	根节点	mark	标记
nmod	名词修饰语	nummod	数量修饰
punct	标点符号	acl	名词从句修饰语

组合范畴语法（Combinatory Categorial Grammar，CCG）是一种高度*词汇化的语法*，许多句法信息由词的词类表示，且这里的*词类*比词性标注任务中的词类更为复杂。组合范畴语法中既有 “名词”（N）、“名词短语”（NP）、“介词”（P）等基本词类，也有由基本词类加前向斜杠 “/” 或后向斜杠 “\” 递归组合而成的复杂词类，例如，不及物动词属于“S\NP” 词类，表示该动词与左侧（后向斜杠 “\” 表示左侧）名词短语（主语）结合，最终形成句子（S）结构。同理，及物动词与双及物动词分别属于 “(S\NP)/NP” 与 “((S\NP)/NP)/NP” 词类，其中 “/NP” 表示该动词与右侧名词短语（宾语）结合以形成句子结构，因此，及物动词可与右侧的一个名词短语和左侧的一个名词短语进行组合，而双及物动词则可以与右侧的两个名词短语和左侧的一个名词短语进行组合。

5~8

⊖ 详细信息请参阅通用依存文档 (Universal Dependencies)http://universaldependencies.org/。

给定各个词的词类，我们可以利用组合规则（composition rule）递归式地对句子结构进行分析，将较小的输入语块合并为较大输入语块，同时将词类组合为短语级别的句法类别。例如，当短语 $\frac{\text{bought(买了)}}{\text{(S}\backslash\text{NP)/NP}}$ 和 $\frac{\text{a book(一本书)}}{\text{NP}}$ 被组合为较长短语“bought a book”(买了一本书) 时，词类 (S\NP)/NP 和 NP 合并为 S\NP，从而得到短语级句法类别 $\frac{\text{bought a book}}{\text{S}\backslash\text{NP}}$。我们可以将这些二元组合规则归纳为 (X/Y) Y ⇒ X 和 Y (X\Y) ⇒ X 的形式，X 和 Y 表示基本词法类别。除二元组合规则外，一元类型转换规则可改变当前语块类别以促进句子的合成，例如 $\frac{\text{Mary(玛丽)}}{\text{NP}} \Rightarrow \frac{\text{Mary(玛丽)}}{\text{S/(S}\backslash\text{NP)}}$。如图 1.1c 所示，我们以递归的方式，自下而上地对较短短语进行组合，直到得到完整的句子类别 S，其中“Mary”（玛丽）的句法类别（名词短语）由一元类型转换规则改变为 S/(S\NP)（表示该词与右侧不及物动词结合，以形成句子），于是我们可将“Mary likes”（玛丽喜欢的）正确识别为从句。

9

词汇化语法中的词类包含丰富的句法信息，其所蕴含的知识可显著提升句法分析器的性能。在组合范畴句法分析、中心词驱动短语结构句法分析等任务中对词类进行标注的任务被称为**超标注**（supertagging），超标注既可作为句法分析的预处理步骤，也可作为单独任务为所有需要语法信息的问题提供帮助。超标注与词性标注非常相似，但前者词类广泛，更易引起歧义，因此难度远高于后者。图 1.2展示了超标注与词性标注的对比。超标注中的词类包含非常丰富的语法信息，因此该任务也被称为“浅层句法分析”（shallow parsing）。

Tim	bought	a	book
PRP	VBD	DT	NN

a) POS-tagging

Tim	bought	a	book
NP	(S\NP)/NP	NP/N	N

b) CCG supertagging

图 1.2　词性标注与组合范畴语法标注方式的对比

成分句法中的浅层句法分析也被称为**句法组块**（syntactic chunking）分析，旨在基于给定句子识别基本句法短语。例如，给定句子“他提出了削减运营预算的要求。”，句法分块器将输出句法语块序列“[NP 他][VP 提出了][VP 削减][NP 运营预算][PP 的][NP 要求]”。

- **语义任务**旨在探究文本的实质含义。

以词为单位，自然语言处理中存在许多涉及**词汇语义学**（lexical semantics）的任务。词的含义即为**词义**，与词性有较强关联，例如词“book”作为动词时意为“预订”，作为名词时则意为“书籍”。同一词在特定词性下也可以包含多种词义，这类词被称为**多义词**（polysemous），例如名词“trunk”既可以表示“树干”也可以表示“象鼻”。因此，**词义消歧**（Word Sense Disambiguation, WSD）是自然语言处理领域的重要任务之一，旨在基于给定上下文消除多义词的歧义现象。除多义词外，词在特定上下文中还存在**隐喻**（metaphoric）用法，即利用常见词义来描述生僻词义，以句子“我的钱被这机器吃了。”为例，“吃”代表“吞下食物”，此处用于描述机器吞钱的行为。相应地，自然语言处理中也诞生了**隐喻检测**（metaphor detection）任务，其目标是发现文本中词的隐喻用法。

如表 1.5所示，词与词之间存在多种语义关系，例如具有相似词义的 **同义词**（synonym,

"迅速-快速"），具有相反词义的**反义词**（antonym，"大-小"），具有子类型关系的**下位词**（hyponym，"轿车-车"），具有部分-整体关系的**部分词**（meronym，"树叶-树"）。相应地，自然语言处理中也有专门研究这些词义关系的任务，例如衡量词对相似度的**词相似度**（word similarity）任务，在文本中发现下位词的**下位词挖掘**（hyponym mining）任务，以及挖掘词对间**类比**（analogy）特性的任务，词对"北京/中国 -伦敦/英国""国王/王后-男人/女人""钢琴/弹奏-小说/阅读"等均存在类比关系。

10

表 1.5 四种词义关系

类型	样例
同义词	坏-差, 迅速-快速, 巨大-庞大
反义词	大-小, 正面-负面, 简单-困难
下位词	猫-动物, 轿车-车, 苹果-水果
部分词	树叶-树, 鼻子-脸, 屋顶-房子

在句子层面，动词及其主语、宾语之间的语义关系构成了可表示事件的**谓语–论元关系**（predicate-argument relation），以句子"蒂姆购买了一美元的书"为例，动词"购买"为*谓词*（predicate），主语"蒂姆"为谓词的*论元*（argument），其**语义角色**（semantic role）为"施事者"（agent），宾语"书"为谓词的另一个论元，其语义角色为"受事者"（patient），"一美元"也在句子中充当部分语义角色，代表购买价格。同一事件可通过不同方式进行表述，因此谓语–论元结构和句法结构间存在一对多的映射关系，例如上述相同的谓语–论元结构也可以描述句子"这本书被蒂姆以一美元的价格购买。"，其中受事者"书"变成了句子主语，施事者"蒂姆"则为介词宾语。谓词通常包含动词和非动词，在例句"这本书的购买花了蒂姆一美元"中，"书"的谓词"购买"即为名词词性。

判断谓词–论元结构的任务称为**语义角色标注**（Semantic Role Labeling，SRL），该任务旨在为指定谓语标注相关论元。以图 1.3a 为例，谓语"bought"（买）的第一个论元（ARG0）为"Tim"（蒂姆），第二个论元 (ARG1) 为"book"（书），第三个论元 (ARG2) 为"$1"（一美元）。特定谓语通常对应一组固定论元，在这个例子中，ARG0 表示施事者，ARG1 表示受事者，ARG2 则会携带特定的谓词信息，例如购买价格。

针对谓语–论元结构进行词汇语义分析的任务称为**选择偏好**（selectional preference），该任务旨在为给定谓语匹配倾向性更强的论元结构，例如谓语"买"的施事者通常为人或组织，谓语"吃"的受事者通常为食物。选择偏好是在给定谓词的情况下，计算其他词作为其论元候选词的可能性，例如针对谓语"吃"，选择偏好系统的输出可能会是："食物：0.05；午餐：0.03；轮胎：7×10^{-9}"。

更抽象地，我们可以利用语义**框架**（frame）对概念性事件结构进行更严谨的表示。语义框架由类似语义角色的**框架元素**（frame element）组成，以"购买"为例，"购买"事件属于"交易"主题，其元素包括"买方""卖方""商品""数量""价格" "时间""地点"等，相较于图 1.3a 中的谓语–论元结构，"买方""卖方"等**题元角色**（thematic role）比"施事者""受事者"等**广义角色**（generalised role）更为具体。同一主题也可由不同动词

11

进行表示，例如“买”和“卖”均可代表“交易”主题，其对应的“施事者”角色分别为“买方”和“卖方”。

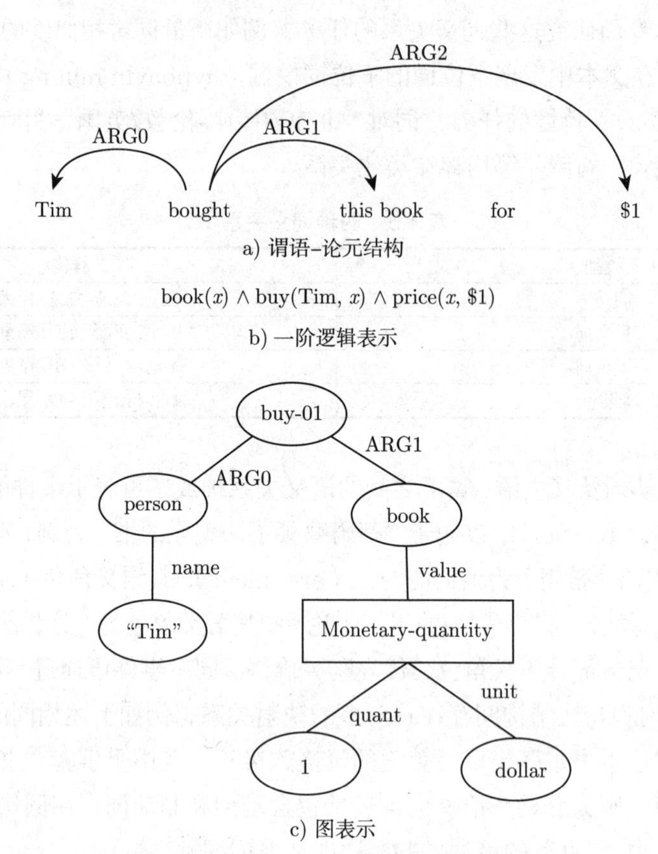

图 1.3　例句“Tim bought this book for $1”（蒂姆花一美元买了这本书）的语义表示

除谓语–论元结构外，**逻辑**是表示句子语义的另一种典型方式。我们可以通过*形式逻辑*（formal logic）对论元和推理的真实性进行评估，形式逻辑系统有较多的变体，其中*谓词逻辑*（predicate logic）通常用于表示自然语言，可以看作一个利用常量或变量表示对象、利用谓词表示语句（可以看作返回“True”的函数）的符号系统，谓词间的逻辑运算符包括 ∧（与）、∨（或）、¬（非）等。谓词逻辑的简单形式为*一阶逻辑*（first-order logic），例句“*Tim* bought this book for *$1*”（*蒂姆花一美元买了这本书*）的一阶逻辑如图 1.3b 所示，在这个例子中，施事者“Tim”（*蒂姆*）为*常量*，受事者“the book”（*书*）为*变量*，价格“*$1*”（*一美元*）为*常量*，我们利用 x 表示“the book”，利用*谓词* book(x) 说明 x 为一本书的事实，最终我们可以利用主谓词 buy(Tim, x) 代表该事件，谓词 price(x, *$1*) 代表 x 的价格。

12

逻辑无法表达自然语言中所蕴含的细微差别，但逻辑语义有助于完成**推理**（inference）。给定句子“每个买了这本书的人都喜欢它。”及“蒂姆买了这本书。”，我们可以通过 $\forall y\Big(书(x) \wedge 买(y,x) \Rightarrow 喜欢(y,x)\Big)$、$书(x) \wedge 买(蒂姆,x)$ 推理出 $书(x) \wedge 喜欢(蒂姆,x)$，进而得到“蒂姆喜欢这本书”。∀ 为变量 y 的量词，表示“所有的 y”，x 则为自由变量。

表示句子语义的第三种形式为**语义图**（semantic graph），该方法将概念表示为图节点，将概念间的关系表示为节点间的边。图 1.3c 展示了例句“Tim bought this book for $1”（蒂姆花一美元买了这本书）的语义图，其中，谓词“buy”（买）以及论元“Tim”（蒂姆）、“book”（书）由节点表示，“ARG0”“ARG1”等语义角色以及“名字”“价格”等属性则由边表示。

语义表示的方法也可根据目标任务进行选择，例如针对基于数据库的问答系统，我们可以利用 SQL 等数据库查询语言来表示问题的语义。

语义分析（semantic parsing）的任务是获得给定句子的语义表示。语义角色标注为一种浅层语义分析，**框架语义分析**（frame semantic parsing）则通过从输入句子中识别表示框架的词单元及其框架元素（语义角色）来推导句子的语义框架。此外，将自由文本解析为如逻辑、语义图或 SQL 等其他语义形式的任务也属于语义分析。语义分析器的第一个子任务通常为词义消歧，只有将词形正确地映射到词义，才能确定语义角色标注中的谓语、逻辑表示中的常量和函数，以及语义图中节点的语义框架。

文本蕴含（textual entailment）旨在研究*两段*文本间的定向语义关系。直观而言，若*前提*（premise）文本为真，且根据该前提可推断出*假设*（hypothesis）文本也为真，则我们可以认为该前提文本蕴含了假设文本。**文本蕴含识别**（textual entailment recognition）任务可判断前提文本是否蕴含假设文本，例如，给定前提“蒂姆去河边吃晚餐”，该文本蕴含了“河边是一个吃饭的地方”及“蒂姆吃了晚餐”两个信息，而“蒂姆吃了午餐”则与其无关。类似地，**自然语言推理**（natural language inference，NLI）一般是在给定前提的条件下确定假设文本为真、假或不确定，这三个关系分别反映了两段输入文本之间的蕴含、矛盾及中性关系。**复述检测**（paraphrase detection）为另一类语义任务，主要用于判断两段文本是否是彼此的释义。

- **篇章任务**为段落级别的文本结构研究任务。**篇章**（discourse）指一段文本，往往包含多个*子主题*（sub-topic）以及主题间的*连贯关系*（coherence relation），例如“解释”“阐述”“对比”等。对话也可视为一种篇章类型。

篇章结构有多种分析方式，最具代表性的分析方式为*修辞结构理论* (rhetoric structure theory，RST)。以图 1.4b 为例，篇章“电影很有趣，蒂姆想看电影。但是他这周去不了，因为他下周一有期末考试。”包含 (1)“电影很有趣”、(2)“蒂姆想看电影”、(3)“他这周去不了”、(4)“他下周一有期末考试”四个子主题，其中，(1) 和 (2) 为*平行*（parallel）关系，(3) 和 (1;2) 为*对比*（contrast）关系，(4) 则给出了*解释*（explanation）。在 (1;2;3) 和 (4) 的关系中，(1;2;3) 为中心子主题，因此也被称为**核心**（nucleus），(4) 被称为**卫星**（satellite）。平行和对比关系中不存在中心子主题，因此也没有核心与卫星成分。

篇章分析（discourse parsing）旨在分析一段语篇中各个子主题间的连贯关系。基于修辞结构理论，篇章分析的首要子任务为**篇章分割**（discourse segmentation），即将一段篇章按子主题进行切分。如图 1.4a 所示，篇章片段不一定是完整句子，也可能是由逗号或

“和”“但是”“因为”等标记符相连的子句，篇章标记符有助于正确识别连贯关系，但大多数隐性篇章关系无法通过标记符进行识别。在篇章分割后可以进一步得到如图 1.4b 所示的树形关系。

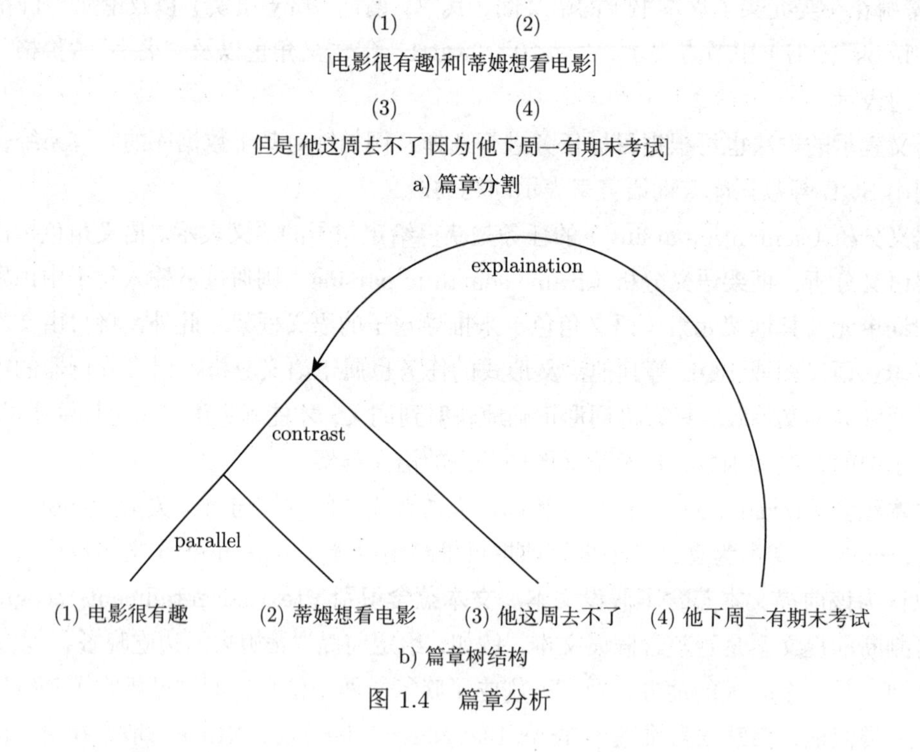
(1) (2)
[电影很有趣]和[蒂姆想看电影]
(3) (4)
但是[他这周去不了]因为[他下周一有期末考试]
a) 篇章分割
explaination
contrast
parallel
(1) 电影很有趣
(2) 蒂姆想看电影
(3) 他这周去不了
(4) 他下周一有期末考试
b) 篇章树结构
图 1.4 篇章分析

1.2.2 信息抽取任务

信息抽取（information extraction，IE）旨在从非结构化文本中获取结构化信息，结构化信息为具有层次结构的知识，其使用和维护可通过数据库进行管理。信息抽取与语法及语义分析高度相关，同时也受具体应用驱动，常见的分析目标包括实体、关系、事件以及情感。

14

- **实体**

实体 (entity) 是信息抽取中的基本元素。从文本中抽取出“轿车”“红色轿车”等实体指代（mention）较为容易，但命名实体（named entity）的抽取工作则没这么简单，命名实体自身是一个开集，其表达方式非常灵活，例如“苹果公司每股两百美元”和“苹果每股两百美元”实则表示同一个主体，因此**命名实体识别**（named entity recognition，NER）是信息抽取中的关键任务，其目的是基于给定文本识别所有命名实体。如表 1.6 所示，该任务先识别出各个命名实体，再为其分配类别标签，最后将结果一并输出。常见的实体类别包括人名（例如“萨米尔·拉斯”)、组织名（例如“谷歌公司”)、地名（例如“喜马拉雅山”）及地缘政治实体名（例如，“新加坡”）等。数值实体（numerical entity）抽取和时间表达式（temporal expression ）抽取也是相关的实体抽取任务。

表 1.6 命名实体示例（PER—人名，ORG—组织名，GPE—地缘政治实体名，LOC—位置）

输入	输出
迈克尔·乔丹是 位于美国硅谷附近的 伯克利大学的教授	[迈克尔·乔丹]$_{PER}$ 是 位于[美国]$_{GPE}$[硅谷]$_{LOC}$ 附近的 [伯克利大学]$_{ORG}$ 的教授
玛丽去芝加哥 见她的男朋友约翰·史密斯	[玛丽]$_{PER}$ 去 [芝加哥]$_{LOC}$ 见她的男朋友 [约翰·史密斯]$_{PER}$

在一篇给定的文档中，同一个实体可能有多个指代，且指代可能是名词，也可能是代词。例如，在句子“蒂姆买了一本书。他很喜欢它。”中，代词“他”和专有名词“蒂姆”代表同一个人，而代词“它”和名词“书”代表同一个对象。自然语言处理中专门识别代词所指实体的任务称为**指代消解**（anaphora resolution）。但某些句子往往会省略代词，例如“这本书很有趣，真的很喜欢。”，第二个短句的开头省略了代词“我”，这类问题称为**零指代消解**（zero-pronoun resolution），是指对省略的代词进行检测和解释的任务。指代消解通常被视为一项基本的自然语言处理任务，而非信息抽取中的任务。

共指消解（coreference resolution）是文档级的实体抽取任务，旨在寻找文档中所有指向相同实体的指代。如表 1.7所示，第一个例子包含“蒂姆”和“八部哈利·波特电影”两个实体，分别被表达式 {“蒂姆”，“他”} 以及 {“八部哈利·波特电影”，“这个系列”} 指代。第二个例子则包含三个实体，每个实体都有不同的指代。

表 1.7 共指消解

输入	输出
蒂姆看了八部哈利·波特电影 他觉得这个系列很吸引人	{蒂姆, 他}, {八部哈利·波特电影, 这个系列}
“我在 Oceanside 吃了一顿非常糟糕的晚餐,” 詹妮弗说,“它真是 太咸了。”她也不喜欢餐厅本身 因为它非常拥挤	{我, 詹妮弗, 她} {晚餐, 它} {Oceanside, 餐厅, 它}

• **关系**

实体间的关系蕴含着丰富的知识，常见的实体关系包括部分–整体关系（PART-WHOLE，例如曼谷–泰国）、类别–实例关系（TYPE-INSTANCE，例如希尔顿–酒店）、隶属关系（AFFILIATION，例如比尔·盖茨–微软）、物理关系（PHYSICAL，例如相毗邻的新加坡–马来西亚）以及社会关系（SOCIAL，例如家庭关系）。关系可以进一步分层，例如，隶属关系可以划分为隶属关系–创始人、隶属关系–成员、隶属关系–雇员等。某些关系具有领域特定性，例如药物–副作用关系。图 1.5展示了**关系抽取**任务的具体形式，即基于指定的关系类别识别句子中所有相关实体间的预定义关系。

大规模的实体及实体关系可存储在**知识图谱**（knowledge graph，KG）中，知识图谱为数据库类型，可用节点表示各个实体，用边表示实体间的关系。文本中的命名实体指代存在歧义性，同一实体可能有多个名称（例如“美国”和“美利坚合众国”），相同描述在不同上下文中也可能指向不同实体（例如“乔丹”），因此，我们需要利用**实体链接**（entity linking）来确定文本中实体指代的真实身份，这种身份通常由知识图谱中的锚节点指定。实体链接也称为实体消歧，与命名实体规范化任务有一定关联，旨在为命名实体指代找到其规范化名称。

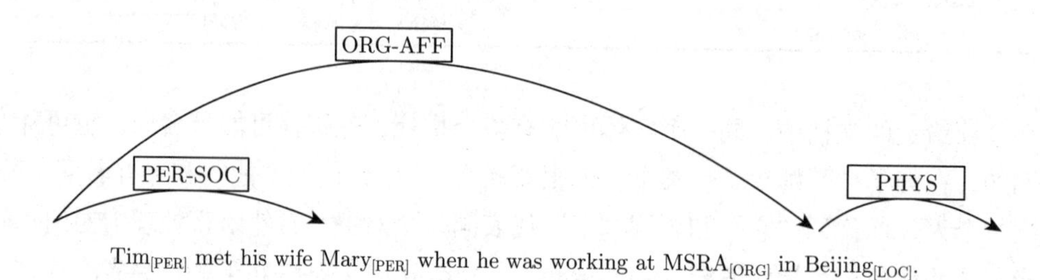
ORG-AFF
PER-SOC
PHYS
Tim[PER] met his wife Mary[PER] when he was working at MSRA[ORG] in Beijing[LOC].

图 1.5 关系抽取

知识图谱有助于进行知识推理。例如，给定“约翰是一位歌手”“约翰来自罗马”以及“罗马在意大利”，我们可以推断出“约翰来自意大利”以及“意大利有一位歌手”。大多数情况下，我们没有必要也无法将上述五种关系全部存储在单个图谱中，因此需要通过推理来提取相应知识，这种预测知识图谱中不存在的关系链接的任务也被称为*链接预测*（link prediction）或**知识图谱补全**（knowledge graph completion）。

- **事件**

事件抽取（event extraction）旨在从文本中识别事件的相关元素，事件可被定义为开放域语义框架，也可以是特定领域中的特定框架（例如“烹饪领域”）。事件抽取任务往往利用*触发词*（trigger word）标志一个事件的发生，触发词可以是动词短语或名词短语，相较于实体，事件触发词可以有不同词性，例如在句子“特朗普访问东京。”中，动词“访问”代表事件的发生，而在句子“特朗普对东京的访问已经结束。”中，则由名词“访问”代表事件的发生，因此触发词的抽取也更具挑战性。完成触发词的检测后，我们可以基于特定领域的预定义事件类型进行*事件类型分类*（event type classification，例如“外交访问”）以及*元素抽取*（argument extraction，例如“访客 = 特朗普”）。

15 ~ 16

事件具有时间属性，当某些事件结束时，其他事件可能正在进行或即将发生，与事件的时间属性有关的自然语言处理任务包括**新闻事件检测**（news event detection）、**事件真实性预测**（event factuality prediction）、**事件时间提取**（event time extraction）、**因果关系检测**（causality detection）等。新闻事件检测也被称为*首次报道检测*（first story detection），旨在检测刚刚发生在新闻或社交媒体文本中的事件。事件真实性预测则旨在预测事件的真实性，例如事件“特朗普对东京的访问已经结束。”的可能性为 1，事件“特朗普于 6 月 1 日访问东京。”的可能性为 0.96，事件“特朗普很可能在这次亚洲之行中访问东京。”的可能性为 0.7。事件时间提取的目的是从文本中提取事件时间，其相关任务为事件*时间顺序*（temporal ordering of events）检测，即利用文本中的线索找出事件的时间关系，而这些线索不一定在文本的叙述顺序中。因果关系检测则用于识别给定事件是否由另一事件引起。

事件中同样存在共指现象，例如在文本“我昨天采访了玛丽。它非常顺利。”中，“它”指采访事件，因此在事件抽取中进行事件共指消解（event coreference resolution）也是非常有必要的。与零指代类似，事件指代中的动词短语也可以省略，以句子“玛丽去俄罗斯看世界杯。汤姆也是。”为例，第二句体现了动词短语的省略，正确识别出被省略的内容对事件抽取任务至关重要。

另一种与事件相关的自然语言处理任务为**脚本学习**（script learning），脚本指在特定场景中的一组偏序事件及其参与者角色，例如在“餐厅参观”场景中，典型事件包括“顾客入座”“顾客点餐”“服务员上菜”“顾客吃饭”以及“顾客结账”等，脚本学习旨在从文本中自动提取此类知识，该任务有助于在自动文本理解中对没有明确提及的元素进行推理。

- **情感**

基于文本进行情感信号提取的自然语言处理任务称为**情感分析**（sentiment analysis）或**意见挖掘**（opinion mining），这类任务有许多变体，其中一个较为简单的例子为**情感分类**（sentiment classification），即根据输入文本（句子或文档）判断其主观性和情感极性。情感分类如表 1.8a 所示，其输出可以是二元类别主观/客观，也可以是三元类别正面/负面/中立，甚至我们可以定义更细粒度的输出标签，例如定义尺度 [−2, −1, 0, 1, 2] 来分别对应 [非常负面、较负面、中性、较正面、非常正面] 等情感类别。

表 1.8 情感分析

任务		输入	输出
(a)	情感分类	这是一部非常值得一看的电影 节奏太慢，不是一部合格的惊悚片	正面 负面
(b)	目标情感分析	“苹果系统”比“安卓系统”更好	{苹果系统：正面, 安卓系统：负面}
		“亚马逊”支持“支付宝”吗？	{亚马逊：中性, 支付宝：中性}
(c)	基于方面的 情感分析	USB 接收器很小 不使用时可以放入 鼠标内。电池易于安装 它比普通鼠标短 这需要一些时间来适应 我希望它和普通鼠标 大小一样	{USB 接收器： 正面, 电池：正面, 大小：负面}
(d)	更细粒度的 情感分类	蒂姆责怪玛丽 没有买表	{意见持有者：蒂姆 意见目标：玛丽 意见表达： 没有买表 情感极性： 负面}

表 1.8b 展示了**目标情感分析**（targeted sentiment），该任务旨在研究文本对某个特定目标实体的情感，例如句子“比起推特，我更喜欢脸书。”对“脸书”的情感为正面，对“推特”的情感为负面。表 1.8c 展示了**基于方面的情感分析**（aspect-oriented sentiment），该

任务首先基于给定主题抽取不同方面的内容，再分别抽取各个元素的情感信号。此类任务通常用于产品评论领域，例如从一个相机评论帖子中提取“重量”“图像质量”“价格”等方面的产品特征，从而从各个方面判断用户的情感极性。表 1.8d 展示了一种更细粒度的情感分析（fine-grained sentiment analysis），该任务不仅需要抽取意见目标，还需要抽取出意见持有者及意见内容，在例句“玛丽相信蒂姆犯了一个大错误。”中，意见持有者为“玛丽”，意见目标为“蒂姆”，意见内容为“犯了一个大错误”，带有负面情感极性。

其他与情感分析相关的任务包括：**讽刺检测**（sarcasm detection），用于检测文本是否包含讽刺；**情感词典学习**（sentiment lexicon acquisition），用于从文本中抽取情感词词典及其极性，所生成的词典可以进一步加强情感分析；**立场检测**（stance detection），用于检测文本针对某个主题的立场（即“支持”或“反对”）；**情绪检测**（emotion detection），用于抽取叙述者的情绪表达，例如“生气”“失望”“兴奋”等。

1.2.3　应用

18

自然语言处理领域有许多应用类任务，某些任务本身又可成为独立的研究领域。

信息检索（Information Retrieval, IR）任务是指根据需求从大型数据集合中寻找合适的非结构化数据，典型应用之一为*网络搜索*（web search）。信息检索与自然语言处理属于交叉研究领域，前者兼顾了图像检索、音频检索、文档数据库等自然语言处理领域以外的任务。自然语言处理领域中与信息检索相关的任务则包括**文本分类**（text classification）与**文本聚类**（text clustering），文本分类旨在为当前输入文本指派特定类别（例如新闻文档可以根据“金融”“体育”等主题进行分类），文本聚类则是对相似文本进行聚集，无须预先指定文本类别。文本分类的例子包括：*语种识别*，判断给定文本属于哪种语言（例如法语、英语）；*垃圾邮件检测*，判断邮件内容是否包含垃圾信息；*谣言检测*，判断给定文本是否包含虚假陈述；*幽默检测*，判断给定文本是否包含幽默陈述等。

机器翻译（machine translation）任务是自然语言处理研究领域最重要的分支之一，自该学科兴起以来就一直在发展。机器翻译通常为句子级任务，文档级别的机器翻译需要考虑更多的连贯性信息。*机器辅助人工翻译*（machine aided human translation）是机器翻译任务的分支之一，旨在通过自动补全等功能来提高人工翻译的效率。

机器翻译属于*文本到文本*（text-to-text）的任务，其输入和输出均为一段文本。类似的还有**文本摘要**（text summarisation）任务，根据不同输入，文本摘要任务可细分为*单文档摘要*与*多文档摘要*，根据不同输出，又可以细分为*标题生成*与*关键短语抽取*任务。关键短语抽取需要生成一组代表主题的关键短语，若输入文本中存在所有关键短语或关键词，则该任务也可被称为**关键短语抽取**（key phrase extraction）或**关键词抽取**（key-word extraction）任务，在科学文档领域应用较为广泛。文本摘要通常为文档级任务，但也可以基于句子将其转换为**句子压缩**（sentence compression）任务。

语法纠错（grammar error correction）也可以看作一类文本到文本任务，其输入为带有语法错误的句子，输出是对该句子进行纠正后的句子。*语法错误检测*（grammar error detection）则更为简单，只需要检测错误的存在而不提供对错误的纠正。词级别的类似任务被称为*拼写检查*（spelling checking），语音识别领域的类似任务称为*不流畅检测*（disfluency detection），不流畅检测和语法错误检测也可用于*自动作文评分*（automatic essay scoring）或*自动翻译质量评估*（automatic translation quality assessment）系统中。

与文本到文本任务相对的还有**数据到文本**（data-to-text）的生成任务，其输入为非语言形式的数据，例如可为图像自动生成标题的*图片描述*（image captioning）任务，可为足球比赛视频添加解说字幕的*视频描述*任务，以及将表格或股票图转换为文本描述的任务等。这些任务往往涉及自然语言处理和计算机视觉等其他人工智能学科，因此也被称为*多模态*（multi-modal）任务。文本生成任务也与计算创造力（Computational Creativity）有关，例如诗词、幽默段子以及歌词的生成。

19

文本生成本身不属于自然语言处理领域中的应用，但其任务是从语义或句法表示的角度研究自然语言句子的生成，与本节所介绍的内容高度相关，因此也被当作一个单独的抽象问题进行讨论。当其输入为无序句法树时，文本生成任务也被称为**树线性化**（tree linearization），当其输入为抽象语义表示时则被称为**现实化**（realization）。

问答（Question Answering，QA）是一项更为全面、复杂的任务，既涉及对问题的理解，也涉及从相关知识源中生成答案的过程。根据答案信息来源的不同，问答系统可被分为基于知识库的问答和基于文本的问答。基于文本的问答系统的典型案例为*社区问答*，其主要形式为基于互联网社区平台开展自动问答，常见社区平台包括 Yahoo!Answers[㊀]、Quora[㊁]等。简单问答可能只涉及单个事实，其答案通常为一个实体，而复杂问答则可能会涉及推理和解释，例如**阅读理解**（reading comprehension）或**机器阅读**（machine reading）任务，此类任务要求系统能够对给定文本进行理解，进而提升回答的可解释性。阅读理解任务可能还需要一个额外的系统来完成证据的整合、推理以及数学计算。*开放域问答*则同时涉及信息检索与机器阅读理解，系统需基于给定问题进行相关文档的检索以及答案的抽取。

对话系统（dialogue system）是一种多轮的文本到文本任务，分为*闲聊型*（chit-chat）对话与*任务型*（task-oriented）对话。任务型对话旨在解决酒店预订、导航等目标任务，其典型子任务包括自然语言理解（natural language understanding）、对话状态跟踪（dialogue state tracking，DST）、对话管理（dialogue management）以及文本生成。

自然语言处理也可用于构建**推荐系统**（recommendation system），旨在预测用户对产品、服务或其他类型项目的喜爱程度。例如，若两位用户对他们都看过的大部分电影均给出相似评价，那么用户一对某部新电影的评价很可能与用户二对该电影的评价相似。因此，自然语言处理可在推荐系统中利用文本评论来对电影、餐厅、服务或段子等进行推荐。

自然语言处理与**文本挖掘**（text mining）和**文本分析**（text analytics）任务也息息相关，此类任务可以帮助我们从文本中获取高质量信息，这些“高质量”信息具有较强的相关性、新颖性和趣味性。信息抽取和信息检索可被视为文本挖掘任务，但更多任务还涉及

㊀ 更多信息请参阅 Yahoo!Answers http://answers.yahoo.com/。

㊁ 更多信息请参阅 Quora http://quora.com/。

关联分析、可视化以及预测分析等，例如股票市场预测（stock market prediction），该任务可根据互联网信息（例如新闻和带有情感的评论等）来预测股票收益。类似任务还包括基于影评的电影票房预测和基于推文的总统选举结果预测等。此外，也有学者尝试通过阅读论文的内容来自动预测该论文被引用的次数。

1.2.4　小结

前文对自然语言处理领域中的基础任务及相关应用做了广义描述，实际实践中存在更多更为具体的任务变种以及某些场景下特定的任务类型。自然语言处理是一个不断发展的20领域，新任务会受到更多关注，挑战性或应用价值较小的任务则会逐渐淡出人们的视线。

1.3　机器学习视角下的自然语言处理任务

尽管从语言学或应用程序的角度来看，自然语言处理任务的分类具有多样性，但基于机器学习技术，词性标注、句法分块、分词、超标注、命名实体识别、目标情感分类等任务利用相似的技术方法，可被视为同类任务。本书第 7 章、第 8 章、第 15 章将对这些任务展开详细介绍。组合范畴语法和成分句法均基于树结构进行建模，因此也可视为同类任务，本书第 10 章和第 11 章将分别介绍这两种任务。本书第 11 章、第 15 章还将介绍一个通用计算框架，用于解决上述任务以及句法分析、语义分析、关系抽取等问题。

我们在针对自然语言处理任务进行建模时，语言结构被映射为数学结构，数学建模的本质（第 2 章）使得多数自然语言处理任务可基于机器学习技术被归为同类任务。正如 1.1 节所述，自然语言处理领域的发展由方法而非任务驱动，技术革新通常会带来领域内一系列任务的进步，因此本书将以技术方法为基础，对相同性质的任务展开系统性介绍。

基于机器学习技术对自然语言处理任务进行分类时，也存在不同角度的分类方式。根据输出结果，自然语言处理任务可分为**分类**任务与**结构预测**任务，前者输出不同类别的标签，后者输出相互关联的子结构。某些场景下的输出结果为实数值，例如股票价格预测或作文自动评分，这类问题被称为**回归**问题。大部分自然语言处理任务属于结构化预测任务，例如分词、句法分析、语义角色标注、关系提取、机器翻译等，因此对结构的建模是自然语言处理领域的重要问题。本书第 2 章、第 3 章、第 4 章、第 5 章、第 6 章、第 13 章介绍分类任务，第 7 章、第 8 章、第 9 章、第 10 章、第 11 章、第 12 章、第 14 章、第 15 章、第 16 章、第 17 章、第 18 章介绍结构预测任务。

自然语言处理任务也可以根据训练数据的性质进行分类。若训练数据集不包含正确的人工标注结果，我们称为**无监督学习**（unsupervised learning），反之称为**监督学习**（supervised learning），同时利用人工标注数据及无标注数据，则称为**半监督学习**（semi-supervised 21learning）。以词性标注任务为例，监督学习的训练方式要求各个训练数据中的每个单词都带有金标词性标签，无监督学习的训练方式可直接利用原始文本作为训练数据，半监督学习则同时利用小规模人工标注数据和大规模原始文本作为训练数据。本书大部分章节以监督学习为主要训练方式，第 3 章、第 4 章、第 6 章、第 7 章、第 12 章、第 16 章、第 18 章介绍无监督和半监督任务。

本书内容可分为三部分，第一部分介绍自然语言处理中数学建模的基础，第二部分侧重于模型结构，第三部分探讨深度学习技术。每一部分均会依次涉及监督学习和无监督学习方法，对于统计模型和深度学习方法，我们会先介绍二元分类任务，再拓展至多分类及结构预测任务。对于不同的任务和模型，我们首先介绍任务本身，再进行数学推导，最后介绍模型背后的相关理论。本书的叙述顺序与该领域技术发展的时间顺序一致，并利用统一的数学框架和符号体系对各项技术展开深入讨论。

总结

本章介绍了：

- 自然语言处理的基本概念。
- 自然语言处理任务。
- 基于机器学习视角的任务分类。

注释

Jurafsky 和 Martin(2008) 从语言学角度介绍了自然语言处理任务；Bender(2013) 与 Bender 和 Lascarides(2019) 讨论了自然语言处理中的语言学基础；Eisenstein(2019) 介绍了自然语言处理技术在学习、搜索以及意义表示上的应用；Manning 和 Schütze(1999) 介绍了基于统计的自然语言处理任务；Bird 等人 (2009) 发布了基于 Python 语言的自然语言处理任务教程。

在特定的自然语言处理任务中，Chomsky (1957a) 首次提出形式语法；Tesnière (1959) 首次提出依存语法；Steedman (2000) 开创了组合范畴语法的理论体系；Kübler 等人 (2009) 介绍了依存分析；Fillmore 和 Baker (2001) 介绍了框架语义；Gildea 和 Jurafsky (2002) 介绍了语义角色标注系统；Moans (2006) 介绍了信息抽取任务；Nodeau 和 Sekine(2007) 介绍了命名实体识别的研究；Mintz 等人 (2009) 介绍了关系抽取的研究；Pang 和 Lee (2008) 与 Liu (2012) 介绍了情感分析任务；McKeown (1992) 开创了文本生成领域；Bates (1995) 介绍了自然语言理解的基本方法；Manning 等人 (2008) 介绍了现代信息检索方法；Aggarwal 和 Zhai (2012) 介绍了文本挖掘领域；Koehn (2009) 对统计机器翻译进行了全面讲解；Koehn (2020) 则介绍了神经机器翻译。

22

习题

1.1 试对以下句子进行符号化：

（1）“I'm a student.”

（2）“He didn't return Mr. Smith's book.”

（3）“We have no useful information on whether users are at risk, said James A. Talcott of Boston’s Dana-Farber Cancer Institute.”

1.2 试对句子“They can fish.”进行词性标注，列举所有可能的词性序列，并画出各个结果的依存树结构。

1.3 试画出句子“I saw the man with my telescope.”与“I saw the man with my wallet.”的成分句法树，从消歧的角度分析两个句子的主要区别。

1.4 试基于组合范畴语法对句子“I saw her duck.”进行超标注，列举所有可能的标注方式，并画出各个标注方式的推导过程。（注：双及物动词的词法范畴为 (S\NP)/NP/NP，及物动词的词法范畴为 (S\NP)/NP，形容词的词法范畴为 NP/NP。）

1.5 试说明名词短语块识别与命名实体识别之间的异同。

1.6 试在字典中查找英文单词“bank”和“saw”，观察其词义与词性间的相关性。字典中各个词的规范化形式被称为**词元**（lemma），词元往往不同于词在句子中的**词形**（word form），试讨论单词“saw”可能的词元。

1.7 试列举可能会出现反义词的上下文语境，并讨论利用正则表达式从大规模文本数据中挖掘反义词对的方法。

1.8 试画出句子“玛丽去了芝加哥，并拜访了约翰。”的谓语–论元结构，列出句子中的谓语。试讨论谓语–论元关系可否构成树结构，列举谓语–论元结构和依存树结构之间的异同。

23

1.9 回顾图 1.3b 所示的一阶逻辑表示，若将“Tim”（蒂姆）和“Book”（书）均改为变量，试讨论原逻辑表示可能会发生的变化。

1.10 分别画出句子“不是所有小明的同学都喜欢小明。”和“小明的所有同学都不喜欢小明。”的逻辑表示，并比较二者的区别。**否定范围**（negation scope）的歧义通常会造成语义差异。

1.11 试讨论指代消解与共指消解的主要区别。

1.12 以下哪些任务需要输入句子的词性信息？

- 命名实体识别
- 形态分析
- 篇章分割
- 机器翻译

1.13 以下哪些任务需要输入句子的依存句法信息？

- 词性标注
- 语义角色标注
- 命名实体识别
- 关系抽取

1.14 *开放域目标情感分析*旨在检测文本中的命名实体并判断各个实体指代的情感极性，因此该任务可拆分为两个子任务，即命名实体识别与目标情感分类。试列举其他类似的可以联合执行的任务，并讨论联合训练相较于流水线模型的优势。

1.15 文本摘要任务可分为*生成式*（abstractive）与*抽取式*（extractive）方法，前者利用文本生成技术自动合成摘要，后者直接基于原文内容进行抽取，请讨论两种方法的优势及潜在问题。

1.16 自动作文评分可为学生带来帮助，自动股票预测可为股票交易者带来帮助，试列举其他领域（例如科技、体育、娱乐）中能为用户带来帮助的自然语言处理技术。

24

参考文献

Steven Abney. 1997. Part-of-speech tagging and partial parsing. In Corpus-based methods in language and speech processing, pages 118–136. Springer.

Steven Abney. 2002. Bootstrapping. In Proceedings of the 40th annual meeting of the Association for Computational Linguistics, pages 360–367.

Charu C Aggarwal and ChengXiang Zhai. 2012. An introduction to text mining. In Mining text data, pages 1–10. Springer.

Alfred V Aho and Jeffrey D Ullman. 1973. The theory of parsing, translation, and compiling.

Subhanpurno Aji and Ramachandra Kaimal. 2012. Document summarization using positive pointwise mutual information. International Journal of Computer Science & Information Technology, 4(2):47.

Daniel Andor, Chris Alberti, David Weiss, Aliaksei Severyn, Alessandro Presta, Kuzman Ganchev, Slav Petrov, and Michael Collins. 2016. Globally normalized transition-based neural networks. arXiv preprint arXiv:1603.06042.

Jimmy Lei Ba, Jamie Ryan Kiros, and Geoffrey E. Hinton. 2016. Layer normalization. arXiv preprint arXiv:1607.06450.

Dzmitry Bahdanau, Kyunghyun Cho, and Yoshua Bengio. 2014. Neural machine translation by jointly learning to align and translate.

Dzmitry Bahdanau, Kyunghyun Cho, and Yoshua Bengio. 2015. Neural machine translation by jointly learning to align and translate. In 3rd International Conference on Learning Representations, ICLR 2015, San Diego, CA, USA, May 7-9, 2015, Conference Track Proceedings.

James Baker. 1975. The dragon system–an overview. IEEE Transactions on Acoustics, Speech, and Signal Processing, 23(1):24–29.

Joost Bastings, Ivan Titov, Wilker Aziz, Diego Marcheggiani, and Khalil Sima' an. 2017. Graph convolutional encoders for syntax-aware neural machine translation. arXiv preprint arXiv:1704.04675.

Madeleine Bates. 1995. Models of natural language understanding. Proceedings of the National Academy of Sciences, 92(22):9977–9982.

Leonard E. Baum. 1972. An inequality and associated maximaization technique in stattistical estimation for probablistic functions of markov process. Inequalities, 3:1–8.

Leonard E. Baum and Ted Petrie. 1966. Statistical inference for probabilistic functions of finite state markov chains. The annals of mathematical statistics, 37(6):1554–1563.

Daniel Beck, Gholamreza Haffari, and Trevor Cohn. 2018. Graph-to-sequence learning using gated graph neural networks. arXiv preprint arXiv:1806.09835.

Emily M. Bender. 2013. Linguistic fundamentals for natural language processing: 100 essentials from morphology and syntax. Synthesis lectures on human language technologies, 6(3):1–184.

Emily M. Bender and Alex Lascarides. 2019. Linguistic fundamentals for natural language processing ii: 100 essentials from semantics and pragmatics. Synthesis Lectures on Human Language Technologies, 12(3):1–268.

Yoshua Bengio, Réjean Ducharme, Pascal Vincent, and Christian Jauvin. 2003. A neural probabilistic language model. Journal of machine learning research, 3(Feb):1137–1155.

Markus M. Berg. 2015. Nadia: A simplified approach towards the development of natural dialogue systems. In International Conference on Applications of Natural Language to Information Systems, pages 144–150. Springer.

Adam L. Berger, Vincent J. Della Pietra, and Stephen A. Della Pietra. 1996. A maximum entropy approach to natural language processing. Computational linguistics, 22(1):39–71.

Jeff A Bilmes et al. 1998. A gentle tutorial of the em algorithm and its application to parameter estimation for gaussian mixture and hidden markov models. International Computer Science Institute, 4(510):126.

Steven Bird, Ewan Klein, and Edward Loper. 2009. Natural language processing with Python: analyzing text with the natural language toolkit. O' Reilly Media, Inc.

Sam Blasiak and Huzefa Rangwala. 2011. A hidden markov model variant for sequence classification. In Twenty-Second International Joint Conference on Artificial Intelligence.

David M Blei, Andrew Y Ng, and Michael I Jordan. 2003. Latent dirichlet allocation. Journal of machine Learning research, 3(Jan):993–1022.

Avrim Blum and Tom Mitchell. 1998. Combining labeled and unlabeled data with cotraining. In Proceedings of the eleventh annual conference on Computational learning theory, pages 92–100.

Bernd Bohnet and Joakim Nivre. 2012. A transition-based system for joint part-of-speech tagging and labeled non-projective dependency parsing. In Proceedings of the 2012 Joint Conference on Empirical Methods in Natural Language Processing and Computational Natural Language Learning, pages 1455–1465. Association for Computational Linguistics.

Taylor L. Booth and Richard A. Thompson. 1973. Applying probability measures to abstract languages. IEEE transactions on Computers, 100(5):442–450.

Gideon Borensztajn and Willem Zuidema. 2007. Bayesian model merging for unsupervised constituent labeling and grammar induction. Inst. for Logic, Language and Computation.

Léon Bottou. 1998. Online learning and stochastic approximations. On-line learning in neural networks, 17(9):142.

Léon Bottou. 2010a. Large-scale machine learning with stochastic gradient descent. In Proceedings of COMPSTAT' 2010, pages 177–186. Springer.

Léon Bottou. 2010b. Large-scale machine learning with stochastic gradient descent. In Proceedings of COMPSTAT' 2010, pages 177–186. Springer.

Samuel R. Bowman, Luke Vilnis, Oriol Vinyals, Andrew M. Dai, Rafal Jozefowicz, and Samy Bengio. 2015. Generating sentences from a continuous space. arXiv preprint arXiv:1511.06349.

Thorsten Brants. 2000. Tnt: a statistical part-of-speech tagger. In Proceedings of the sixth conference on Applied natural language processing, pages 224–231. Association for Computational Linguistics.

Jane Bromley, Isabelle Guyon, Yann Lecun, Eduard Sackinger, and Roopak Shah. 1993. Signature verification using a "siamese" time delay neural network. pages 737–744.

Peter F Brown, Vincent J Della Pietra, Robert L Mercer, Stephen A Della Pietra, and Jennifer C Lai. 1992. An estimate of an upper bound for the entropy of english. Computational Linguistics, 18(1):31–40.

Peter F Brown, Vincent J Della Pietra, Stephen A Della Pietra, and Robert L Mercer. 1993. The mathematics of statistical machine translation: Parameter estimation. Computational linguistics, 19(2):263–311.

Francisco Javier Carrillo, Juan C Rivera-Vazquez, Lillian V Ortiz-Fournier, and Felix Rogelio Flores. 2009. Overcoming cultural barriers for innovation and knowledge sharing. Journal of knowledge management.

Rich Caruana. 1997. Multitask learning. Mach. Learn., 28(1):41–75.

Eugene Charniak. 1997a. Statistical parsing with a context-free grammar and word statistics. In AAAI/IAAI.

Eugene Charniak. 1997b. Statistical techniques for natural language parsing. AI magazine, 18(4):33–33.

Eugene Charniak. 2000. A maximum-entropy-inspired parser. In Proceedings of the 1st North American chapter of the Association for Computational Linguistics conference, pages 132 – 139. Association for Computational Linguistics.

Danqi Chen, Jason Bolton, and Christopher D. Manning. 2016. A thorough examination of the CNN/daily mail reading comprehension task. In Proceedings of the 54th Annual Meeting of the Association for Computational Linguistics (Volume 1: Long Papers), pages 2358 – 2367, Berlin, Germany. Association for Computational Linguistics.

Danqi Chen, Adam Fisch, Jason Weston, and Antoine Bordes. 2017. Reading wikipedia to answer open-domain questions. arXiv preprint arXiv:1704.00051.

Stanley F. Chen and Joshua Goodman. 1996. An empirical study of smoothing techniques for language modeling. In 34th Annual Meeting of the Association for Computational Linguistics, pages 310–318, Santa Cruz, California, USA. Association for Computational Linguistics.

Xinchi Chen, Xipeng Qiu, Chenxi Zhu, and Xuanjing Huang. 2015. Gated recursive neural network for chinese word segmentation. In Proceedings of the 53rd Annual Meeting of the Association for Computational Linguistics and the 7th International Joint Conference on Natural Language Processing (Volume 1: Long Papers), pages 1744–1753.

Jianpeng Cheng, Li Dong, and Mirella Lapata. 2016. Long short-term memory-networks for machine reading. arXiv preprint arXiv:1601.06733.

Jason PC Chiu and Eric Nichols. 2016. Named entity recognition with bidirectional lstmcnns. Transactions of the Association for Computational Linguistics, 4:357–370.

Kyunghyun Cho, Bart Van Merriënboer, Caglar Gulcehre, Dzmitry Bahdanau, Fethi Bougares, Holger Schwenk, and Yoshua Bengio. 2014a. Learning phrase representations using rnn encoder-decoder for statistical machine translation. arXiv preprint arXiv:1406.1078.

Kyunghyun Cho, Bart Van Merriënboer, Caglar Gulcehre, Dzmitry Bahdanau, Fethi Bougares, Holger Schwenk, and Yoshua Bengio. 2014b. Learning phrase representations using rnn encoder-decoder for statistical machine translation. arXiv preprint arXiv:1406.1078.

Jinho D. Choi and Andrew McCallum. 2013. Transition-based dependency parsing with selectional branching. In Proceedings of the 51st Annual Meeting of the Association for Computational Linguistics (Volume 1: Long Papers), pages 1052–1062.

Noam Chomsky. 1957a. Syntactic structures (the hague: Mouton, 1957). Review of Verbal Behavior by BF Skinner, Language, 35:26–58.

Noam Chomsky. 1957b. Syntactic structures (the hague: Mouton, 1957). Review of Verbal Behavior by BF Skinner, Language, 35:26–58.

Hong-Woo Chun, Yoshimasa Tsuruoka, Jin-Dong Kim, Rie Shiba, Naoki Nagata, Teruyoshi Hishiki, and Jun' ichi Tsujii. 2006. Extraction of gene-disease relations from medline using domain dictionaries and machine learning. In Biocomputing 2006, pages 4–15. World Scientific.

Junyoung Chung, Caglar Gulcehre, KyungHyun Cho, and Yoshua Bengio. 2014. Empirical evaluation of gated recurrent neural networks on sequence modeling. arXiv preprint arXiv:1412.3555.

Kenneth W. Church and William A. Gale. 1991. A comparison of the enhanced good-turing and deleted estimation methods for estimating probabilities of english bigrams. Computer Speech & Language, 5(1):19–54.

Kenneth W. Church and Patrick Hanks. 1990. Word association norms, mutual information, and lexicography. Computational linguistics, 16(1):22–29.

Kenneth Ward Church. 1989. A stochastic parts program and noun phrase parser for unrestricted text. In International Conference on Acoustics, Speech, and Signal Processing, pages 695–698. IEEE.

Stephen Clark and James R. Curran. 2003. Log-linear models for wide-coverage ccg parsing.

John Cocke. 1969. Programming languages and their compilers: Preliminary notes.

Michael Collins. 1996a. A new statistical parser based on bigram lexical dependencies. In Proceedings of the 34th Annual Meeting, Santa Cruz, CA. Association for Computational Linguistics.

Michael Collins. 1997a. Three generative, lexicalised models for statistical parsing. In Proceedings of the 35th Annual Meeting of the Association for Computational Linguistics, pages 16–23.

Michael Collins. 1997b. Three generative, lexicalised models for statistical parsing. In 35th Annual Meeting of the Association for Computational Linguistics and 8th Conference of the European Chapter of the Association for Computational Linguistics, pages 16–23, Madrid, Spain. Association for Computational Linguistics.

Michael Collins. 2002. Discriminative training methods for hidden markov models: Theory and experiments with perceptron algorithms. In Proceedings of the ACL-02 conference on Empirical methods in natural language processing-Volume 10, pages 1–8. Association for Computational Linguistics.

Michael Collins. 2003. Head-driven statistical models for natural language parsing. Computational linguistics, 29(4):589–637.

Michael Collins and Terry Koo. 2005. Discriminative reranking for natural language parsing. Computational Linguistics, 31(1):25–70.

Michael Collins and Brian Roark. 2004a. Incremental parsing with the perceptron algorithm. In Proceedings of the 42nd Annual Meeting on Association for Computational Linguistics, page 111. Association for Computational Linguistics.

Michael Collins and Brian Roark. 2004b. Incremental parsing with the perceptron algorithm. In Proceedings of the 42nd Annual Meeting on Association for Computational Linguistics, page 111. Association for Computational Linguistics.

Michael J. Collins. 1996b. A new statistical parser based on bigram lexical dependencies. In Proceedings of the 34th annual meeting on Association for Computational Linguistics, pages 184–191. Association for Computational Linguistics.

Ronan Collobert and Jason Weston. 2008. A unified architecture for natural language processing: Deep neural networks with multitask learning. In Proceedings of the 25th international conference on Machine learning, pages 160–167. ACM.

Ronan Collobert, Jason Weston, Léon Bottou, Michael Karlen, Koray Kavukcuoglu, and Pavel Kuksa. 2011a. Natural language processing (almost) from scratch. Journal of machine learning research,

12(Aug):2493-2537.

Ronan Collobert, Jason Weston, Léon Bottou, Michael Karlen, Koray Kavukcuoglu, and Pavel Kuksa. 2011b. Natural language processing (almost) from scratch. Journal of machine learning research, 12(Aug):2493-2537.

Corinna Cortes and Vladimir Vapnik. 1995. Support-vector networks. Machine learning, 20(3):273-297.

Andrew Cotter, Ohad Shamir, Nati Srebro, and Karthik Sridharan. 2011. Better minibatch algorithms via accelerated gradient methods. In Advances in neural information processing systems, pages 1647-1655.

D. Roxbee Cox and E. Joyce Snell. 1989. Analysis of binary data, volume 32. CRC press.

Koby Crammer and Yoram Singer. 2001. On the algorithmic implementation of multiclass kernel-based vector machines. Journal of machine learning research, 2(Dec):265-292.

Yiming Cui, Zhipeng Chen, Si Wei, Shijin Wang, Ting Liu, and Guoping Hu. 2016. Attention-over-attention neural networks for reading comprehension. arXiv preprint arXiv:1607.04423.

Stephen Della Pietra, Vincent Della Pietra, and John Lafferty. 1997. Inducing features of random fields. IEEE transactions on pattern analysis and machine intelligence, 19(4):380-393.

Arthur P. Dempster. 1968. A generalization of bayesian inference. Journal of the Royal Statistical Society: Series B (Methodological), 30(2):205-232.

Arthur P. Dempster, Nan M. Laird, and Donald B. Rubin. 1977a. Maximum likelihood from incomplete data via the em algorithm. Journal of the Royal Statistical Society: Series B (Methodological), 39(1):1-22.

Arthur P. Dempster, Nan M. Laird, and Donald B. Rubin. 1977b. Maximum likelihood from incomplete data via the em algorithm. Journal of the Royal Statistical Society: Series B (Methodological), 39(1):1-22.

Jacob Devlin, Ming-Wei Chang, Kenton Lee, and Kristina Toutanova. 2018. Bert: Pretraining of deep bidirectional transformers for language understanding. arXiv preprint arXiv:1810.04805.

Pedro Domingos and Michael Pazzani. 1997. On the optimality of the simple bayesian classifier under zero-one loss. Machine learning, 29(2-3):103-130.

Timothy Dozat. 2016. Incorporating nesterov momentum into adam.

Timothy Dozat and Christopher D. Manning. 2016. Deep biaffine attention for neural dependency parsing. arXiv preprint arXiv:1611.01734.

John Duchi, Elad Hazan, and Yoram Singer. 2011. Adaptive subgradient methods for online learning and stochastic optimization. Journal of Machine Learning Research, 12(Jul):2121-2159.

Susan Dumais, John Platt, David Heckerman, and Mehran Sahami. 1998. Inductive learning algorithms and representations for text categorization. In Proceedings of the Seventh International Conference on Information and Knowledge Management, CIKM ’ 98, page 148-155, New York, NY, USA. Association for Computing Machinery.

Greg Durrett and Dan Klein. 2015. Neural crf parsing. arXiv preprint arXiv:1507.03641.

Chris Dyer, Adhiguna Kuncoro, Miguel Ballesteros, and Noah A. Smith. 2016. Recurrent neural network grammars. arXiv preprint arXiv:1602.07776.

Sean R. Eddy. 1998. Profile hidden markov models. Bioinformatics (Oxford, England), 14(9):755-763.

Jacob Eisenstein. 2019. Introduction to Natural Language Processing. Adaptive Computation and

Machine Learning series. MIT Press.

Charles Elkan. 2001. The foundations of cost-sensitive learning. In International joint conference on artificial intelligence, volume 17, pages 973-978. Lawrence Erlbaum Associates Ltd.

Jeffrey L Elman. 1990. Finding structure in time. Cognitive science, 14(2):179-211.

Charles J. Fillmore and Collin F. Baker. 2001. Frame semantics for text understanding. In Proceedings of WordNet and Other Lexical Resources Workshop, NAACL, volume 6.

Jenny R. Finkel and Christopher D. Manning. 2009. Joint parsing and named entity recognition. In Proceedings of Human Language Technologies: The 2009 Annual Conference of the North American Chapter of the Association for Computational Linguistics, pages 326 - 334. Association for Computational Linguistics.

Thomas Finley and Thorsten Joachims. 2008. Training structural svms when exact inference is intractable. In Proceedings of the 25th international conference on Machine learning, pages 304-311. ACM.

Alessandro Fiori. 2019. Trends and Applications of Text Summarization Techniques. Advances in Data Mining and Database Management. IGI Global.

Yoav Freund, Raj Iyer, Robert E Schapire, and Yoram Singer. 2003. An efficient boosting algorithm for combining preferences. Journal of machine learning research, 4(Nov):933-969.

T. Fujisaki, F. Jelinek, J. Cocke, E. Black, and T. Nishino. 1989. Probabilistic parsing method for sentence disambiguation. In Proceedings of the First International Workshop on Parsing Technologies, pages 85-94, Pittsburgh, Pennsylvania, USA. Carnegy Mellon University.

Yarin Gal and Phil Blunsom. 2013. A systematic Bayesian treatment of the IBM alignment models. In Proceedings of the 2013 Conference of the North American Chapter of the Association for Computational Linguistics: Human Language Technologies, pages 969 - 977, Atlanta, Georgia. Association for Computational Linguistics.

William A. Gale and Kenneth W. Church. 1994. What' s wrong with adding one. Corpus-Based Research into Language: In honour of Jan Aarts, pages 189-200.

Dan Garrette, Chris Dyer, Jason Baldridge, and Noah A. Smith. 2015. Weakly-supervised grammar-informed bayesian ccg parser learning. In Twenty-Ninth AAAI Conference on Artificial Intelligence.

Alan E Gelfand, Susan E Hills, Amy Racine-Poon, and Adrian FM Smith. 1990. Illustration of bayesian inference in normal data models using gibbs sampling. Journal of the American Statistical Association, 85(412):972-985.

Zoubin Ghahramani. 2001. An introduction to hidden markov models and bayesian networks. In Hidden Markov models: applications in computer vision, pages 9-41. World Scientific.

Daniel Gildea and Daniel Jurafsky. 2002. Automatic labeling of semantic roles. Computational linguistics, 28(3):245-288.

Yoav Goldberg and Omer Levy. 2014. word2vec explained: deriving mikolov et al.' s negativesampling word-embedding method. arXiv preprint arXiv:1402.3722.

Sharon Goldwater, Thomas L Griffiths, and Mark Johnson. 2009. A bayesian framework for word segmentation: Exploring the effects of context. Cognition, 112(1):21-54.

Sharon Goldwater and Tom Griffiths. 2007. A fully bayesian approach to unsupervised part-of-speech tagging. In Proceedings of the 45th annual meeting of the association of computational linguistics, pages 744-751.

M. Gori, G. Monfardini, and F. Scarselli. 2005. A new model for learning in graph domains. In

Proceedings. 2005 IEEE International Joint Conference on Neural Networks, 2005., volume 2.
Ulf Grenander. 1976. Lectures in pattern theory-volume 1: Pattern synthesis. Applied Mathematical Sciences, Berlin: Springer, 1976.
Thomas L. Griffiths and Mark Steyvers. 2004. Finding scientific topics. Proceedings of the National academy of Sciences, 101(suppl 1):5228-5235.
Jiatao Gu, Zhengdong Lu, Hang Li, and Victor OK Li. 2016. Incorporating copying mechanism in sequence-to-sequence learning. arXiv preprint arXiv:1603.06393.
DN Gujarati and DC Porter. 2009. How to measure elasticity: The log-linear model. Basic Econometrics, McGraw-Hill/Irwin, New York, pages 159-162.
Zellig S. Harris. 1954a. Distributional structure. Word, 10(2-3):146-162.
Zellig S. Harris. 1954b. Distributional structure. Word, 10(2-3):146-162.
Herman O. Hartley. 1958. Maximum likelihood estimation from incomplete data. Biometrics, 14(2):174-194.
Trevor Hastie, Robert Tibshirani, David Botstein, and Patrick Brown. 2001. Supervised harvesting of expression trees. Genome Biology, 2(1):research0003-1.
Jun Hatori, Takuya Matsuzaki, Yusuke Miyao, and Jun' ichi Tsujii. 2012. Incremental joint approach to word segmentation, pos tagging, and dependency parsing in chinese. In Proceedings of the 50th Annual Meeting of the Association for Computational Linguistics: Long Papers-Volume 1, pages 1045-1053. Association for Computational Linguistics.
Kaiming He, Xiangyu Zhang, Shaoqing Ren, and Jian Sun. 2016. Deep residual learning for image recognition. In Proceedings of the IEEE conference on computer vision and pattern recognition, pages 770-778.
Gregor Heinrich. 2005. Parameter estimation for text analysis.
Karl Moritz Hermann, Tomáš Kočiský, Edward Grefenstette, Lasse Espeholt, Will Kay, Mustafa Suleyman, and Phil Blunsom. 2015. Teaching machines to read and comprehend. In Proceedings of the 28th International Conference on Neural Information Processing Systems - Volume 1, NIPS' 15, page 1693-1701, Cambridge, MA, USA. MIT Press.
Lynette Hirschman and Robert Gaizauskas. 2001. Natural language question answering: the view from here. natural language engineering, 7(4):275-300.
Sepp Hochreiter and Jürgen Schmidhuber. 1997. Long short-term memory. Neural computation, 9(8):1735-1780.
Thomas Hofmann. 1999. Probabilistic latent semantic analysis. In Proceedings of the Fifteenth conference on Uncertainty in artificial intelligence, pages 289-296. Morgan Kaufmann Publishers Inc.
Kurt Hornik, Maxwell Stinchcombe, Halbert White, et al. 1989. Multilayer feedforward networks are universal approximators. Neural networks, 2(5):359-366.
Baotian Hu, Zhengdong Lu, Hang Li, and Qingcai Chen. 2014. Convolutional neural network architectures for matching natural language sentences. neural information processing systems, pages 2042-2050.
Zhiting Hu, Zichao Yang, Xiaodan Liang, Ruslan Salakhutdinov, and Eric P. Xing. 2017. Toward controlled generation of text. In Proceedings of the 34th International Conference on Machine Learning-Volume 70, pages 1587-1596. JMLR. org.
Changning Huang and Hai Zhao. 2007. Chinese word segmentation: A decade review. Journal of

Chinese Information Processing, 21(3):8–20.

Zhiheng Huang, Wei Xu, and Kai Yu. 2015. Bidirectional lstm-crf models for sequence tagging. ArXiv, abs/1508.01991.

David Hull. 1994. Improving text retrieval for the routing problem using latent semantic indexing. In SIGIR' 94, pages 282–291. Springer.

Ignacio Iacobacci, Mohammad Taher Pilehvar, and Roberto Navigli. 2015. Sensembed: Learning sense embeddings for word and relational similarity. In Proceedings of the 53rd Annual Meeting of the Association for Computational Linguistics and the 7th International Joint Conference on Natural Language Processing (Volume 1: Long Papers), pages 95–105.

Sergey Ioffe and Christian Szegedy. 2015. Batch normalization: Accelerating deep network training by reducing internal covariate shift. arXiv preprint arXiv:1502.03167.

Eric Jang, Shixiang Gu, and Ben Poole. 2016. Categorical reparameterization with gumbelsoftmax. 5th International Conference on Learning Representations, ICLR 2017, Toulon, France, April 24-26, 2017, Conference Track Proceedings.

Edwin T. Jaynes. 1957. Information theory and statistical mechanics. Physical review, 106(4):620.

Tony Jebara. 2004. Multi-task feature and kernel selection for svms. In Proceedings of the twenty-first international conference on Machine learning, page 55.

E Jelinek, John Lafferty, David Magerman, Robert Mercer, Adwait Ratnaparkhi, and Salim Roukos. 1994. Decision tree parsing using a hidden derivation model. In HUMAN LANGUAGE TECHNOLOGY: Proceedings of a Workshop held at Plainsboro, New Jersey, March 8-11, 1994.

Frederick Jelinek. 1997. Statistical Methods for Speech Recognition. Language, speech, and communication. MIT Press.

Frederick Jelinek, Lalit Bahl, and Robert Mercer. 1975. Design of a linguistic statistical decoder for the recognition of continuous speech. IEEE Transactions on Information Theory, 21(3):250–256.

John Lafferty David M. Magerman Robert Mercer Adwait Ratnaparkhi Jelinek, Fred and Salim Roukos. 1994. Decision tree parsing using a hidden derivation model. In In Proceedings from the ARPA Workshop on Human Language Technology Workshop.

Finn V. Jensen et al. 1996. An introduction to Bayesian networks, volume 210. UCL press London.

Lifeng Jin and William Schuler. 2019. Variance of average surprisal: a better predictor for quality of grammar from unsupervised pcfg induction. In Proceedings of the 57th Annual Meeting of the Association for Computational Linguistics, pages 2453–2463.

George H John and Pat Langley. 2013. Estimating continuous distributions in bayesian classifiers. arXiv preprint arXiv:1302.4964.

Mark Johnson, Stuart Geman, Stephen Canon, Zhiyi Chi, and Stefan Riezler. 1999. Estimators for stochastic unification-based grammars. In Proceedings of the 37th annual meeting of the Association for Computational Linguistics on Computational Linguistics, pages 535–541. Association for Computational Linguistics.

Mark Johnson, Thomas L Griffiths, and Sharon Goldwater. 2007a. Adaptor grammars: A framework for specifying compositional nonparametric bayesian models. In Advances in neural information processing systems, pages 641–648.

Mark Johnson, Thomas L Griffiths, and Sharon Goldwater. 2007b. Adaptor grammars: A framework for specifying compositional nonparametric bayesian models. In Advances in neural information processing systems, pages 641–648.

Karen S. Jones. 1972. A statistical interpretation of term specificity and its application in retrieval. Journal of documentation.

Daniel Jurafsky and James H. Martin. 2008. Speech and language processing: An introduction to speech recognition, computational linguistics and natural language processing.

Nal Kalchbrenner, Edward Grefenstette, and Phil Blunsom. 2014. A convolutional neural network for modelling sentences. arXiv preprint arXiv:1404.2188.

Tadao Kasami. 1966. An efficient recognition and syntax-analysis algorithm for context-free languages. Coordinated Science Laboratory Report no. R-257.

Slava Katz. 1987. Estimation of probabilities from sparse data for the language model component of a speech recognizer. IEEE transactions on acoustics, speech, and signal processing, 35(3):400–401.

Martin Kay. 1967. Experiments with a powerful parser. In COLING 1967 Volume 1: Conference Internationale Sur Le Traitement Automatique Des Langues.

Mayank Kejriwal. 2019. Domain-Specific Knowledge Graph Construction. Springer.

Yoon Kim. 2014a. Convolutional neural networks for sentence classification. arXiv preprint arXiv: 1408.5882.

Yoon Kim. 2014b. Convolutional neural networks for sentence classification. In Proceedings of the 2014 Conference on Empirical Methods in Natural Language Processing (EMNLP), pages 1746–1751, Doha, Qatar. Association for Computational Linguistics.

Yoon Kim, Carl Denton, Luong Hoang, and Alexander M. Rush. 2017. Structured attention networks. arXiv preprint arXiv:1702.00887.

Yoon Kim, Chris Dyer, and Alexander M. Rush. 2019. Compound probabilistic context-free grammars for grammar induction. arXiv preprint arXiv:1906.10225.

Yoon Kim, Sam Wiseman, and Alexander M. Rush. 2018. A tutorial on deep latent variable models of natural language. arXiv preprint arXiv:1812.06834.

Diederik P. Kingma and Jimmy Ba. 2014. Adam: A method for stochastic optimization. arXiv preprint arXiv:1412.6980.

Diederik P. Kingma and Max Welling. 2014. Auto-encoding variational bayes. stat, 1050:1.

Eliyahu Kiperwasser and Yoav Goldberg. 2016. Simple and accurate dependency parsing using bidirectional lstm feature representations. Transactions of the Association for Computational Linguistics, 4:313–327.

Thomas N. Kipf and Max Welling. 2016. Semi-supervised classification with graph convolutional networks. arXiv preprint arXiv:1609.02907.

Nikita Kitaev and Dan Klein. 2018. Constituency parsing with a self-attentive encoder. arXiv preprint arXiv:1805.01052.

Dan Klein and Christopher D Manning. 2003. Accurate unlexicalized parsing. In Proceedings of the 41st Annual Meeting on Association for Computational Linguistics-Volume 1, pages 423–430. Association for Computational Linguistics.

Philipp Koehn. 2009. Statistical machine translation. Cambridge University Press.

Philipp Koehn. 2020. Neural Machine Translation. Cambridge University Press.

Anders Krogh. 1994. Hidden markov models for labeled sequences. In Proceedings of the 12th IAPR International Conference on Pattern Recognition, Vol. 3-Conference C: Signal Processing (Cat. No. 94CH3440-5), volume 2, pages 140–144. IEEE.

Sandra Kübler, Ryan McDonald, and Joakim Nivre. 2009. Dependency parsing. Synthesis lectures on human language technologies, 1(1):1–127.

Solomon Kullback and Richard A. Leibler. 1951. On information and sufficiency. The annals of mathematical statistics, 22(1):79–86.

Julian Kupiec. 1992. Robust part-of-speech tagging using a hidden markov model. Computer Speech & Language, 6(3):225–242.

John Lafferty, Andrew McCallum, and Fernando CN Pereira. 2001a. Conditional random fields: Probabilistic models for segmenting and labeling sequence data.

John Lafferty, Andrew McCallum, and Fernando CN Pereira. 2001b. Conditional random fields: Probabilistic models for segmenting and labeling sequence data.

Guillaume Lample, Miguel Ballesteros, Sandeep Subramanian, Kazuya Kawakami, and Chris Dyer. 2016. Neural architectures for named entity recognition. arXiv preprint arXiv:1603.01360.

Guillaume Lample and Alexis Conneau. 2019. Cross-lingual language model pretraining. arXiv preprint arXiv:1901.07291.

Steffen L. Lauritzen. 1995. The em algorithm for graphical association models with missing data. Computational Statistics & Data Analysis, 19(2):191–201.

Phuong Le-Hong, Xuan-Hieu Phan, and The-Trung Tran. 2013. On the effect of the label bias problem in part-of-speech tagging. In The 2013 RIVF International Conference on Computing & Communication Technologies-Research, Innovation, and Vision for Future (RIVF), pages 103–108. IEEE.

Yann LeCun, Léon Bottou, Yoshua Bengio, and Patrick Haffner. 1998. Gradient-based learning applied to document recognition. Proceedings of the IEEE, 86(11):2278–2324.

David D. Lewis. 1998. Naïve (bayes) at forty: The independence assumption in information retrieval. In European conference on machine learning, pages 4–15. Springer.

Mu Li, Tong Zhang, Yuqiang Chen, and Alexander J Smola. 2014. Efficient mini-batch training for stochastic optimization. In Proceedings of the 20th ACM SIGKDD international conference on Knowledge discovery and data mining, pages 661–670.

Yujia Li, Daniel Tarlow, Marc Brockschmidt, and Richard Zemel. 2015. Gated graph sequence neural networks. arXiv preprint arXiv:1511.05493.

Yu-Hsiang Lin, Chian-Yu Chen, Jean Lee, Zirui Li, Yuyan Zhang, Mengzhou Xia, Shruti Rijhwani, Junxian He, Zhisong Zhang, Xuezhe Ma, et al. 2019. Choosing transfer languages for cross-lingual learning. arXiv preprint arXiv:1905.12688.

Wang Ling, Yulia Tsvetkov, Silvio Amir, Ramon Fermandez, Chris Dyer, Alan W. Black, Isabel Trancoso, and Chu-Cheng Lin. 2015. Not all contexts are created equal: Better word representations with variable attention. In Proceedings of the 2015 Conference on Empirical Methods in Natural Language Processing, pages 1367–1372.

Bing Liu. 2012. Sentiment analysis and opinion mining. Morgan & Claypool Publishers.

Jiangming Liu and Yue Zhang. 2017. In-order transition-based constituent parsing. Transactions of the Association for Computational Linguistics, 5:413–424.

Qi Liu, Yue Zhang, and Jiangming Liu. 2018. Learning domain representation for multidomain sentiment classification. In Proceedings of the 2018 Conference of the North American Chapter of the Association for Computational Linguistics: Human Language Technologies, Volume 1 (Long Papers), pages 541–550.

Xiao Liu, Heyan Huang, and Yue Zhang. 2019a. Open domain event extraction using neural latent variable models. arXiv preprint arXiv:1906.06947.

Yinhan Liu, Myle Ott, Naman Goyal, Jingfei Du, Mandar Joshi, Danqi Chen, Omer Levy, Mike Lewis, Luke Zettlemoyer, and Veselin Stoyanov. 2019b. Roberta: A robustly optimized bert pretraining approach. arXiv preprint arXiv:1907.11692.

Hans Peter Luhn. 1957. A statistical approach to mechanized encoding and searching of literary information. IBM Journal of research and development, 1(4):309–317.

Gang Luo, Xiaojiang Huang, Chin-Yew Lin, and Zaiqing Nie. 2015. Joint entity recognition and disambiguation. In Proceedings of the 2015 Conference on Empirical Methods in Natural Language Processing, pages 879–888.

Xuezhe Ma and Eduard Hovy. 2016a. End-to-end sequence labeling via bi-directional lstmcnns- crf. arXiv preprint arXiv:1603.01354.

Xuezhe Ma and Eduard Hovy. 2016b. End-to-end sequence labeling via bi-directional lstmcnns- crf. arXiv preprint arXiv:1603.01354.

James MacQueen et al. 1967. Some methods for classification and analysis of multivariate observations. In Proceedings of the fifth Berkeley symposium on mathematical statistics and probability, volume 1, pages 281–297. Oakland, CA, USA.

David M. Magerman. 1995. Statistical decision-tree models for parsing. In Proceedings of the 33rd annual meeting on Association for Computational Linguistics, pages 276 – 283. Association for Computational Linguistics.

Christopher D. Manning, Prabhakar Raghavan, and Hinrich Schütze. 2008. Introduction to information retrieval. Cambridge University Press.

Christopher D. Manning and Hinrich Schütze. 1999. Foundations of statistical natural language processing. MIT press.

Diego Marcheggiani and Ivan Titov. 2017. Encoding sentences with graph convolutional networks for semantic role labeling. In Proceedings of the 2017 Conference on Empirical Methods in Natural Language Processing, pages 1506 – 1515, Copenhagen, Denmark. Association for Computational Linguistics.

Andrey A. Markov. 1913. Essai d' une recherche statistique sur le texte du roman "Eugene Onegin" illustrant la liaison des epreuve en chain ('Example of a statistical investigation of the text of "Eugene Onegin" illustrating the dependence between samples in chain'). Izvistia Imperatorskoi Akademii Nauk (Bulletin de l' Académie Impériale des Sciences de St.-Pétersbourg), 7:153–162. English translation by Morris Halle, 1956.

Melvin E. Maron and John L. Kuhns. 1960. On relevance, probabilistic indexing and information retrieval. Journal of the ACM (JACM), 7(3):216–244.

Melvin Earl Maron. 1961. Automatic indexing: an experimental inquiry. Journal of the ACM (JACM), 8(3):404–417.

Andrew McCallum, Dayne Freitag, and Fernando CN Pereira. 2000. Maximum entropy markov models for information extraction and segmentation. In Icml, volume 17, pages 591–598.

Andrew McCallum and Wei Li. 2003. Early results for named entity recognition with conditional random fields, feature induction and web-enhanced lexicons. In Proceedings of the seventh conference on Natural language learning at HLT-NAACL 2003-Volume 4, pages 188–191. Association for Computational Linguistics.

Andrew McCallum, Kamal Nigam, et al. 1998. A comparison of event models for naive bayes text classification. In AAAI-98 workshop on learning for text categorization, volume 752, pages 41-48. Citeseer.

Kathleen McKeown. 1992. Text Generation. Studies in Natural Language Processing. Cambridge University Press.

Geoffrey J. McLachlan and Thriyambakam Krishnan. 2007. The EM algorithm and extensions, volume 382. John Wiley & Sons.

Douglas L. Medin and Paula J. Schwanenflugel. 1981. Linear separability in classification learning. Journal of Experimental Psychology: Human Learning and Memory, 7(5):355.

Yishu Miao, Edward Grefenstette, and Phil Blunsom. 2017. Discovering discrete latent topics with neural variational inference. In Proceedings of the 34th International Conference on Machine Learning-Volume 70, pages 2410-2419. JMLR. org.

Yishu Miao, Lei Yu, and Phil Blunsom. 2016. Neural variational inference for text processing. In International conference on machine learning, pages 1727-1736.

Rada Mihalcea. 2004. Co-training and self-training for word sense disambiguation. In Proceedings of the Eighth Conference on Computational Natural Language Learning (CoNLL-2004) at HLT-NAACL 2004, pages 33-40.

Tomáš Mikolov, Martin Karafiát, Lukáš Burget, Jan Černockỳ, and Sanjeev Khudanpur. 2010. Recurrent neural network based language model. In Eleventh annual conference of the international speech communication association.

Tomas Mikolov, Ilya Sutskever, Kai Chen, Greg S. Corrado, and Jeff Dean. 2013. Distributed representations of words and phrases and their compositionality. In Advances in neural information processing systems, pages 3111-3119.

Alexander Holden Miller, Adam Joshua Fisch, Jesse Dean Dodge, Amir-Hossein Karimi, Antoine Bordes, and Jason E. Weston. 2018. Key-value memory networks. US Patent App. 16/002,463.

Thomas Minka. 1998. Expectation-maximization as lower bound maximization. Tutorial published on the web at http://www-white. media. mit. edu/tpminka/papers/em. html, 7:2.

Marvin Minsky and Seymour Papert. 1969. An introduction to computational geometry. Cambridge tiass., HIT.

Makoto Miwa and Mohit Bansal. 2016. End-to-end relation extraction using LSTMs on sequences and tree structures. In Proceedings of the 54th Annual Meeting of the Association for Computational Linguistics (Volume 1: Long Papers), pages 1105-1116, Berlin, Germany. Association for Computational Linguistics.

Andriy Mnih and Geoffrey Hinton. 2007. Three new graphical models for statistical language modelling. In Proceedings of the 24th international conference on Machine learning, pages 641-648.

Frederic Morin and Yoshua Bengio. 2005. Hierarchical probabilistic neural network language model. In Aistats, volume 5, pages 246-252. Citeseer.

David Nadeau and Satoshi Sekine. 2007. A survey of named entity recognition and classification. Lingvisticae Investigationes, 30(1):3-26.

Tetsuji Nakagawa. 2004. Chinese and japanese word segmentation using word-level and character-level information. In Proceedings of the 20th international conference on Computational Linguistics, page 466. Association for Computational Linguistics.

Radford M Neal and Geoffrey E Hinton. 1998. A view of the em algorithm that justifies incremental, sparse, and other variants. In Learning in graphical models, pages 355-368. Springer.

Radford M. Neal and Geoffrey E. Hinton. 1999. A View of the EM Algorithm That Justifies Incremental, Sparse, and Other Variants, page 355–368. MIT Press, Cambridge, MA, USA.

Richard E. Neapolitan et al. 2004. Learning bayesian networks, volume 38. Pearson Prentice Hall Upper Saddle River, NJ.

Paul Neculoiu, Maarten Versteegh, and Mihai Rotaru. 2016. Learning text similarity with siamese recurrent networks. pages 148–157.

Graham Neubig, Masato Mimura, Shinsuke Mori, and Tatsuya Kawahara. 2012. Bayesian learning of a language model from continuous speech. IEICE TRANSACTIONS on Information and Systems, 95(2):614–625.

Andrew Y Ng and Michael I Jordan. 2002. On discriminative vs. generative classifiers: A comparison of logistic regression and naive bayes. In Advances in neural information processing systems, pages 841–848.

Mathias Niepert, Mohamed Ahmed, and Konstantin Kutzkov. 2016. Learning convolutional neural networks for graphs. In International conference on machine learning, pages 2014–2023.

Kamal Nigam, John Lafferty, and Andrew McCallum. 1999. Using maximum entropy for text classification. In IJCAI-99 workshop on machine learning for information filtering, volume 1, pages 61–67. Stockholom, Sweden.

Joakim Nivre. 2003. An efficient algorithm for projective dependency parsing. In Proceedings of the Eighth International Conference on Parsing Technologies, pages 149–160, Nancy, France.

Joakim Nivre. 2008. Algorithms for deterministic incremental dependency parsing. Computational Linguistics, 34(4):513–553.

Joakim Nivre. 2009. Non-projective dependency parsing in expected linear time. In Proceedings of the Joint Conference of the 47th Annual Meeting of the ACL and the 4th International Joint Conference on Natural Language Processing of the AFNLP: Volume 1-Volume 1, pages 351–359. Association for Computational Linguistics.

Joakim Nivre, Johan Hall, Jens Nilsson, Gülşen Eryiğit, and Svetoslav Marinov. 2006. Labeled pseudo-projective dependency parsing with support vector machines. In Proceedings of the Tenth Conference on Computational Natural Language Learning (CoNLL-X), pages 221–225.

ABJ Novikoff. 1962. Integral geometry as a tool in pattern perception. In Principles of Self-Organization, pages 347–368. Pergamon.

Bo Pang and Lillian Lee. 2008. Opinion Mining and Sentiment Analysis. Foundations and trends in information retrieval. Now Publishers.

Ankur P. Parikh, Oscar Tackstrom, Dipanjan Das, and Jakob Uszkoreit. 2016. A decomposable attention model for natural language inference. empirical methods in natural language processing, pages 2249–2255.

Judea Pearl. 1985. Bayesian networks: A model cf self-activated memory for evidential reasoning.

Fuchun Peng, Fangfang Feng, and Andrew McCallum. 2004. Chinese segmentation and new word detection using conditional random fields. In Proceedings of the 20th international conference on Computational Linguistics, page 562. Association for Computational Linguistics.

Hanchuan Peng, Fuhui Long, and Chris Ding. 2005. Feature selection based on mutual information criteria of max-dependency, max-relevance, and min-redundancy. IEEE Transactions on pattern analysis and machine intelligence, 27(8):1226–1238.

Nanyun Peng, Hoifung Poon, Chris Quirk, Kristina Toutanova, and Wen-tau Yih. 2017. Cross-sentence n-ary relation extraction with graph lstms. Transactions of the Association for Computational Linguistics, 5:101–115.

Jeffrey Pennington, Richard Socher, and Christopher Manning. 2014. Glove: Global vectors for word representation. In Proceedings of the 2014 conference on empirical methods in natural language processing (EMNLP), pages 1532–1543.

Simon Perkins, Kevin Lacker, and James Theiler. 2003. Grafting: Fast, incremental feature selection by gradient descent in function space. Journal of machine learning research, 3(Mar):1333–1356.

Matthew E. Peters, Mark Neumann, Mohit Iyyer, Matt Gardner, Christopher Clark, Kenton Lee, and Luke Zettlemoyer. 2018. Deep contextualized word representations. arXiv preprint arXiv:1802. 05365.

Slav Petrov and Dan Klein. 2007. Improved inference for unlexicalized parsing. In Human Language Technologies 2007: The Conference of the North American Chapter of the Association for Computational Linguistics; Proceedings of the Main Conference, pages 404–411.

David Pinto, Andrew McCallum, Xing Wei, and W Bruce Croft. 2003. Table extraction using conditional random fields. In Proceedings of the 26th annual international ACM SIGIR conference on Research and development in informaion retrieval, pages 235–242.

Tomaso Poggio, Vincent Torre, and Christof Koch. 1985. Computational vision and regularization theory. nature, 317(6035):314–319.

Ian Porteous, David Newman, Alexander Ihler, Arthur Asuncion, Padhraic Smyth, and Max Welling. 2008. Fast collapsed gibbs sampling for latent dirichlet allocation. In Proceedings of the 14th ACM SIGKDD international conference on Knowledge discovery and data mining, pages 569–577. ACM.

Matt Post and Daniel Gildea. 2009. Bayesian learning of a tree substitution grammar. In Proceedings of the ACL-IJCNLP 2009 Conference Short Papers, pages 45–48.

Xian Qian and Yang Liu. 2012. Joint Chinese word segmentation, POS tagging and parsing. In Proceedings of the 2012 Joint Conference on Empirical Methods in Natural Language Processing and Computational Natural Language Learning, pages 501–511, Jeju Island, Korea. Association for Computational Linguistics.

Lawrence R Rabiner and Biing-Hwang Juang. 1986. An introduction to hidden markov models. ieee assp magazine, 3(1):4–16.

Alec Radford, Karthik Narasimhan, Tim Salimans, and Ilya Sutskever. 2018. Improving language understanding by generative pre-training. URL https://s3-us-west-2. amazonaws. com/openai-assets/researchcovers/languageunsupervised/language understanding paper. pdf.

Lev Ratinov and Dan Roth. 2009. Design challenges and misconceptions in named entity recognition. In Proceedings of the thirteenth conference on computational natural language learning, pages 147–155. Association for Computational Linguistics.

Adwait Ratnaparkhi. 1996. A maximum entropy model for part-of-speech tagging. In Conference on Empirical Methods in Natural Language Processing.

Adwait Ratnaparkhi. 1997. A simple introduction to maximum entropy models for natural language processing. IRCS Technical Reports Series, page 81.

Adwait Ratnaparkhi. 1998. Maximum entropy models for natural language ambiguity resolution.

Marek Rei. 2017. Semi-supervised multitask learning for sequence labeling. arXiv preprint arXiv:1704. 07156.

相对频率

“模型”一词在自然语言处理领域极为常见，模型可以看作某个事物基于特定假设进行虚构、抽象、简化后用于开展数学计算的形式。物理课本中的小球自由落体问题即为典型的建模案例——为计算小球落到地面所需的时间，我们将小球建模为质点，抽离其颜色、材料、空气阻力等属性，仅基于小球的初始速度、高度及重力加速度这三个要素计算最终结果。次要因素会增加问题的复杂度，从而带来计算上的困难，因此通过抽离次要因素对特定任务进行简化至关重要。

自然语言文本的建模与上述思想类似。本章首先介绍基于相对频率的简单概率模型，以抛硬币问题为例对概率模型中的重要概念进行回顾，再介绍自然语言处理模型的构建方法，讨论多种语言模型以及基于相对频率统计的文本分类模型，通过这些模型引出概率论中与本书内容相关的基本概念。

2.1 概率建模

以抛硬币为例，硬币落地时的状态是正面朝上还是反面朝上会受到硬币形状、质量分布、空气阻力、硬币到地面的相对距离等诸多因素影响，从而无法进行精确计算。利用概率模型，对硬币正面朝上的概率进行建模，抽离出硬币投掷过程中的复杂因素，即可将抛硬币问题转化为经典的概率实验。**概率**代表抛硬币等随机事件中的内在不确定性，基于经验主义，概率代表长时间周期内某些结果的相对频率。

我们以硬币正面朝上的概率为参数，记作 $P(\text{正面}) = \theta$，相应地，反面朝上的概率为 $P(\text{反面}) = 1 - \theta$。对 θ 进行估值的直观方法为多次执行投掷动作并计算正面朝上和反面朝上的相对频率，若 N 次投掷中有 k 次结果为正面朝上，则 θ 可以确定为 k/N。

以上例子阐释了通过计算相对频率来**训练**概率模型的基本思想，这也是本章的主题。这里的训练指参数值的估计过程，抛硬币模型只包含一个参数 θ，**训练数据**为 $D = \{y_1, y_2, \cdots, y_N\}$，其中各个**训练样例**$y_i \in \{\text{正面}, \text{反面}\}$ 表示一次投掷的结果。通过计算正面朝上的相对频率来训练模型，便可利用 θ 对**测试**场景正面朝上的概率进行预测。

2.1.1 最大似然估计

上述计算相对频率的**训练方法**与**最大似然估计** (Maximum Likelihood Estimation, MLE) 原则有相通之处，即通过寻找一个能够使观测数据可能性 (即模型所给出的总体概率) 最大化的模型来估计模型参数。直观而言，最大似然估计假设观测到的训练数据是所有数据中可能性最大的样本，并通过调整模型参数使模型的概率符合这一假设。在抛硬币例子中，训练数据为 N 次投掷试验的结果，其中正面朝上的次数为 k。基于最大似然估计原则的训练方式旨在寻找 N 次投掷试验中使得训练数据概率最大的模型参数值。

为介绍最大似然估计计算相对频率的原理，我们首先定义抛硬币模型基于最大似然估计原则的训练目标，并通过最大化目标函数寻找模型参数值 θ。抛硬币试验可被形式化为受控采样过程，其中各个训练样本（即投掷结果）均基于完全相同的条件获得，且独立于其他样本——此类随机事件被称为**独立同分布** (independent and identically distribution,i.i.d)。在该条件下，数据集 $D=\{y_1,y_2,\cdots,y_N\}$ 的整体概率等于个体样本概率 $P(y_1),P(y_2),\cdots,P(y_N)$ 的乘积：

$$\begin{aligned}P(D)&=P(y_1,y_2,\cdots,y_N)\\&=P(y_1)P(y_2)\cdots P(y_N)\\&=P(\text{正面})^kP(\text{反面})^{N-k}\\&=\theta^k(1-\theta)^{N-k}\end{aligned}\tag{2.1}$$

基于式（2.1），最大似然估计的**训练目标**即为寻找使得 $P(D)$ 最大的 θ 值，即给定 θ 的 D 的似然：

$$\hat{\theta}=\arg\max_{\theta}P(D)$$

26

上式等同于 $\arg\max_\theta\log P(D)$。$\arg\max_x f(x)$ 表示使函数 $f(x)$ 最大的参数值 x。

当取最大值时，凸函数 $\frac{\partial\log P(D)}{\partial\theta}$ 的值为 0，因此 $\hat{\theta}$ 最大值的求解方式为：

$$\begin{aligned}\frac{\partial\log P(D)}{\partial\theta}&=\frac{\partial\big(\log\theta^k(1-\theta)^{N-k}\big)}{\partial\theta}\\&=\frac{\partial\big(k\log\theta+(N-k)\log(1-\theta)\big)}{\partial\theta}\\&=\frac{k}{\theta}-\frac{N-k}{1-\theta}=0\\&\Rightarrow\hat{\theta}=\frac{k}{N}\end{aligned}$$

这也就是硬币正面朝上结果的相对频率。

因此，对于抛硬币问题，我们可基于最大似然估计训练目标，获得一个较佳的解析解，但复杂概率模型的似然函数可能没有封闭形式的最优解，进而需要计算最大似然估计的数值解。此外，在模型训练过程中，最大似然估计还会与最大熵、最小交叉熵、最小 KL 散度、最大后验、贝叶斯学习等一系列机器学习原理相关联，本书后续章节将展开详细介绍。

2.1.2 词概率建模

抛硬币模型利用 $(\theta,1-\theta)$ 即可描述两个离散结果的概率，而当离散结果的数量大于 2 时，类似的随机事件需要利用更多的模型参数进行概率建模。例如，掷骰子实验存在六种可能的结果，分别对应骰子上的数字 $1, 2, \cdots, 6$，这六个离散结果的概率可分别被参数化为 θ_1、θ_2、θ_3、θ_4、θ_5 及 θ_6，其中 $\sum_{i=1}^{6} \theta_i = 1$。该模型由 6 个参数组成 (实际上是 5 个参数，因为 $\theta_6 = 1 - \sum_{i=1}^{5} \theta_i$)，各个参数值可以通过相同的试验方法进行估计。具体地，给定数据集 $D = \{y_1, y_2, \cdots, y_N\}$，六种结果对应的数量分别为 $c_1, c_2, \cdots, c_6$ ($\sum_{i=1}^{6} c_i = N$)，则该数据集的概率为

$$P(D) = \prod_{j=1}^{N} P(y_j) = \prod_{i=1}^{6} (\theta_i)^{c_i} \tag{2.2}$$

从上式可以看出，与抛硬币问题类似，最大似然估计对掷骰子问题也采用了计算相对频率的训练方法。通过最大化式（2.2）中的 $P(D)$，我们可以得到 $\theta_i = c_i/N$，习题 2.1 将讨论更多推导细节。

随机词建模。现在我们考虑从文本中随机取词的模型，例如计算词 “thank” “hyperberole” 的可能性。直观而言，“thank” 的可能性比 “hyperberole” 大，这反映了**词表**中词的潜在可能性。与掷骰子问题类似，词的概率分布也属于多类别概率分布，所有可能结果构成的集合即为词表。我们将词表表示为 $V = \{w_1, w_2, \ldots, w_{|V|}\}$，$|V|$ 表示词表中的词数，即可以基于词表中任意词 $w(w \in V)$ 的概率 $P(w)$ 构建词模型。

27

本书中，我们用**词** (word) 表示句子中包括标点在内的所有符号，因此词表中也包含标点。数字为开放集合，若词表中包含所有数字，则可能导致 $|V|$ 为无穷大。为规避此类问题，在实际应用中，词表通常取自一组固定文本，因此其包含的符号数量是有限的，此外，我们也会将数字替换为特殊符号 ⟨NUM⟩。

词模型的训练。基于最大似然估计，词模型 $P(w)$ 的参数仍然可以通过计算相对频率进行估计，其训练数据为大量手写文本，即**语料库** (corpus)，例如由海量报纸、文章或小说构成的语料库，此类语料库可以包含数百万甚至数十亿个句子。

给定训练语料 D，假设每个词均遵循独立同分布原则，基于最大似然估计的训练目标，最终相对频率的计算方式为

$$P(w) = \frac{\#w \in D}{\sum_{w' \in V} (\#w' \in D)}$$

其中，$\#w$ 表示训练语料中词 w 的数量，例如，若词 “hello” 在 500 000 个词的文本语料中出现了 100 次，则其概率为 $P(\text{hello}) = 100/500\,000 = 0.0002$。

2.1.3 模型与概率分布

前文讨论了抛硬币和掷骰子两类**随机事件**，利用**随机变量**对事件进行建模，不同值可代表随机事件的不同结果，例如抛硬币事件的可能值为*正面*和*反面*，掷骰子事件的可能值为 1，2，$\cdots$，6。对任务进行建模的目的在于计算随机变量的概率，例如对于抛硬币问题，我们建立模型来计算 $P(y = \text{正面})$ 和 $P(y = \text{反面})$。概率的计算公式需要定义模型参数，因此该过程被称为**参数化** (parameterisation)。参数化是建模过程中的关键步骤，通过参数化可对问题进行抽象并选择有效的信息来源。抛硬币、掷骰子、取词等问题的目标随机变量

较为简单，因此参数化过程也不复杂。本书后续内容将介绍复杂随机变量的建模问题，例如句子、句法结构、翻译等，进而介绍更为复杂的参数化方法，例如基于线性函数和神经网络的概率计算法。

28

在统计学中，离散随机变量所有可能取值的概率构成**概率分布**（probability distribution）。若模型能计算某个随机变量的概率，则应该也能计算其对应的所有可能取值的概率，即全概率分布（full probability distribution）。在本书的剩余章节，我们用 $P(y)$ 表示随机变量 y 的概率分布，$P(y=v)$ 表示随机变量 y 取特定值 v 的概率。

抛硬币问题存在两种不同结果，其概率遵循**伯努利分布**（Bernoulli distribution）。掷骰子问题则遵循**类别分布**（categorical distribution）或**多项分布**（multinomial distribution），可以看作伯努利分布在包含两个以上不同结果的随机事件上的扩展。以包含 6 种可能值的随机变量 θ 为例，图 2.1a 展示了其类别分布结果。

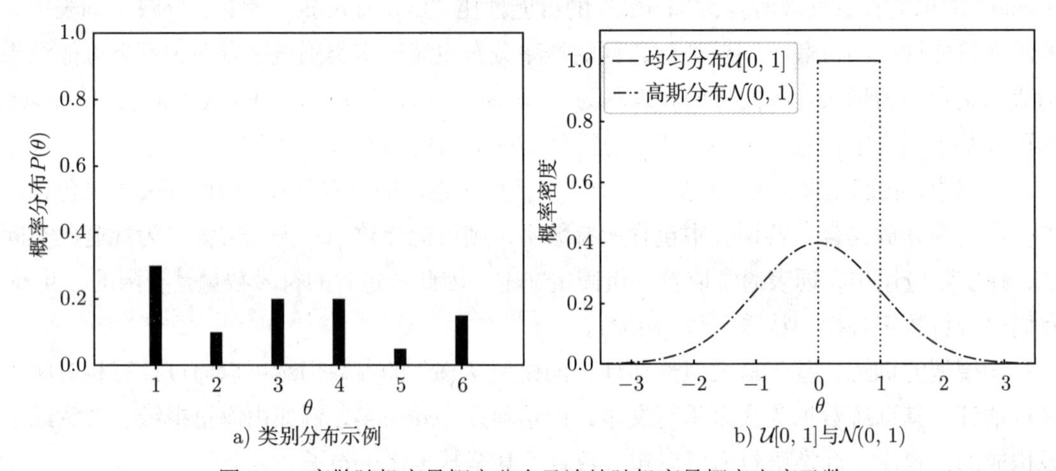

a) 类别分布示例　　b) $\mathcal{U}[0,1]$与$\mathcal{N}(0,1)$

图 2.1　离散随机变量概率分布及连续随机变量概率密度函数

伯努利分布与二项分布（binomial distribution）密切相关，二项分布描述了 n 个独立的伯努利分布结果。仍以抛硬币问题为例，二项分布描述了 n 个独立同分布中正面朝上和反面朝上的次数，若将每次抛硬币的概率分布表示为 $\langle P_{\text{BER}}(\text{正面}), P_{\text{BER}}(\text{反面})\rangle$，则 n 次试验中 k 次正面朝上的概率为：

$$P_{\text{BIN}}(k,n)=\frac{n!}{k!(n-k)!}P_{\text{BER}}(\text{正面})^k P_{\text{BER}}(\text{反面})^{n-k} \tag{2.3}$$

其中，$\frac{n!}{k!(n-k)!}$ 为 n 次试验中观察到 k 次正面朝上结果的次数，称作二项式系数（binomial coefficient）。

伯努利分布可以看作样本为一时的二项分布的特例，即 $P_{\text{BER}}(\text{正面})=P_{\text{BIN}}(1,1)$ 且 $P_{\text{BER}}(\text{反面})=P_{\text{BIN}}(0,1)$。

给定一组观测数据 $D=\{y_1,\cdots,y_N\}$，其中正面朝上的次数为 k，由于 D 是 $\frac{n!}{k!(n-k)!}$ 次抛硬币事件中 k 次正面朝上的事件之一，因此式（2.1）中的似然函数与式（2.3）中的

二项分布 $P_{\text{BIN}}(k,n)$ 的区别仅在于二项式系数。k 和 n 均为关于 θ 的常数，因此最大化式（2.3）也可得到相同模型。直观而言，这意味着最大化 n 次抛硬币试验中 k 次正面朝上的一组试验的概率可以给出与最大化 n 次抛硬币试验中 k 次正面朝上的所有试验的总体概率相同的模型。

29

多项分布描述了 n 个独立同分布的类别随机事件的结果。给定一个类别分布 $P_{\text{CAT}}(y)$，其中 $y \in \{1, \cdots, K\}$，K 为类别总数，每个类别的数量分别为 $c_1, c_2, \cdots, c_K$，n 个独立同分布样本的概率为：

$$P_{\text{MUL}}(c_1, c_2, \cdots, c_K, n) = \frac{n!}{c_1! \cdots c_K!} P_{\text{CAT}}(1)^{c_1} \cdots P_{\text{CAT}}(K)^{c_K} \tag{2.4}$$

多项分布和类别分布之间的关系类似于二项分布和伯努利分布之间的关系。类别分布可以看作单样本多项分布的一个特例，且除了系数项 $\frac{n!}{c_1! \cdots c_K!}$ 外，式（2.2）中的似然函数与式（2.4）中的概率函数成正比，因此式（2.2）与式（2.4）上的最大似然估计可得到相同模型。本章以及本书后面章节也会涉及多项分布的内容，本节后半部分将继续介绍其他概率分布，但这些概率分布与本章内容没有直接关联，读者可以选择跳至下一节。

连续随机变量。抛硬币、掷骰子、取词三类问题均针对**离散随机变量**的概率进行建模，其随机变量取值为整数，相应地，**连续随机变量**则为实数型取值。仍以抛硬币问题为例，若仅考虑 $\theta = P(\text{正面})$ 的概率分布，θ 的取值为 [0,1] 之间的任意值，因此我们可以利用连续随机变量进行概率建模。第 12 章将详细解释考虑 θ 的概率分布的必要性。简而言之，该概率反映了抛硬币问题的先验知识，会影响所给训练数据的最终参数估计。例如，若我们认为抛硬币是在公平条件下执行的，则 $P(\theta)$ 的概率应为 0.5，即使训练数据中的相对频率为 0.2，$P(\theta)$ 处于 0.5 点分布这一先验知识也会导致 θ 的最终估计值接近于 0.5。

直观而言，对于连续随机变量 y，相较于 $y = a$ 时的概率，描述 $y \in$[a,b]（a、b 均为实数值且 $a < b$）之间的概率会更为合理，因为在严格意义上讲，$y = a$ 的概率几乎为零。因此，y 的分布可描述为连续函数 $f(y)$，即**概率密度函数**（probability density function, p.d.f），$y \in [a, b]$ 的概率可以通过 $\int_a^b f(y)\mathrm{d}y$ 进行计算。

图 2.1b 展示了两种典型概率分布的概率密度函数，分别为**均匀分布**（uniform distribution）和**高斯分布**（Gaussian distribution）(或 **正态分布**，normal distribution)。前者描述了 $[L, H](-\infty < L < H < \infty)$ 间的连续随机变量，后者描述了 $(-\infty, \infty)$ 间的连续随机变量。$[L, H]$ 间的均匀分布可表示为 $\mathcal{U}[L, H]$，该分布表明一个随机变量的所有可能的取值均为等概率，基于总概率 $\int_L^H f(y)\mathrm{d}y = 1$，我们可以得到：

$$f(y) = \frac{1}{H - L}, \quad y \in [L, H]$$

高斯分布描述了一个随机变量的取值处于 $(-\infty, \infty)$ 范围内，且趋近于某个均值 μ。变量值与 μ 距离越大，则取该变量值的概率越小。如图 2.1 所示，高斯分布的概率密度函

30 数为钟形曲线，大于 μ 和小于 μ 的值相互对称，其形状由方差参数 σ^2 决定，σ^2 值越大，表明锐度分布越小。高斯分布可以表示为 $\mathcal{N}(\mu,\sigma^2)$，其中 $f(y)=\frac{1}{\sqrt{2\pi}\sigma}\exp\left(-\frac{(y-\mu)^2}{2\sigma^2}\right)$，$\exp(x)$ 代表指数函数 e^x。

随机向量。随机变量除了标量取值外，我们还将在本书中见到**向量随机变量**，即各个元素均为连续值的随机向量。随机向量可以视作连续随机变量的多维扩展，遵循**多变量分布**（multivariate distribution）。随机向量可以帮助我们对一组相关变量进行建模，比如由多个词组成的短语。本书中所涉及的随机向量通常为独立同分布元素，因此其计算方式相对简单。下文将基于均匀分布和高斯分布对随机向量展开讨论。

给定含 n 个连续标量的随机变量 $x_1,x_2,\cdots,x_n$，多元均匀分布描述了 n 维随机向量 $\vec{X}=\langle x_1,x_2,\cdots,x_n\rangle$，其中各个元素的取值范围由两个向量表示，即 $\vec{L}=\langle l_1,l_2,\cdots,l_n\rangle$ 和 $\vec{H}=\langle h_1,h_2,\cdots,h_n\rangle$，$\vec{L}$ 表示下限，$\vec{H}$ 表示上限，$-\infty<l_i<h_i<\infty\ (1\leqslant i\leqslant n)$，从而我们可以得到 $l_i\leqslant x_i\leqslant h_i$。多元随机变量的概率密度函数可以写作

$$f(x_1,x_2,\cdots,x_n)=\frac{1}{\prod_i^n(H_i-L_i)},\quad L_i\leqslant x_i\leqslant H_i, 1\leqslant i\leqslant n$$

其中，分母 $\prod_i(H_i-L_i)$ 表示有界空间的体积，可以看作各个元素概率密度函数的乘积。

区间 $a_1\leqslant x_1\leqslant b_1,a_2\leqslant x_2\leqslant b_2,\cdots,a_n\leqslant x_n\leqslant b_n\ (l_1\leqslant a_1<b_1\leqslant h_1,l_2\leqslant a_2<b_2\leqslant h_2,\cdots,l_n\leqslant a_n<b_n\leqslant h_n)$ 的概率为:

$$\begin{aligned}&P(a_1\leqslant x_1\leqslant b_1,a_2\leqslant x_2\leqslant b_2,\cdots,a_n\leqslant x_n\leqslant b_n)\\&=\int_{a_1}^{b_1}\int_{a_2}^{b_2}\dots\int_{a_n}^{b_n}f(x_1,x_2,\cdots,x_n)\mathrm{d}_{x_1}\mathrm{d}_{x_2}\cdots\mathrm{d}_{x_n}\end{aligned}\tag{2.5}$$

我们利用 $\mathcal{U}[\vec{L},\vec{H}]$ 表示多元均匀分布。

多元高斯分布是使用最为广泛的多维概率分布。给定 $\vec{X}=\langle x_1,x_2,\cdots,x_n\rangle$，多元高斯分布的概率密度函数为：

$$f(x_1,\cdots,x_n)=f(\vec{X})=\frac{1}{(2\pi)^{n/2}|\Sigma|^{1/2}}\exp\Big(-\frac{1}{2}(\vec{X}-\vec{\mu})^{\mathrm{T}}\Sigma^{-1}(\vec{X}-\vec{\mu})\Big)\tag{2.6}$$

相较于单变量，我们分别利用向量随机变量 $\vec{X}$ 与均值向量 $\vec{\mu}$ 代替单随机向量 y 与单均值 μ，进一步将单方差 σ^2 替换为 $n\times n$ 的协方差矩阵 $\mathbf{\Sigma}$，其中 $\mathbf{\Sigma}_{ij}=\mathrm{Cov}(x_i,x_j)$。本书仅关注具有对角协方差矩阵的多元高斯分布，因此我们可以将多元高斯变量理解为由单个高斯变量组成的向量。

31

协方差函数 $\mathrm{Cov}(x_i,x_j)=E[(x_i-\mu_i)(x_j-\mu_j)]$ 用于描述变量 x_i 和 x_j 的线性相关关系。若 x_i 和 x_j 是独立的 (我们将在后面章节展开讨论)，则 $\mathrm{Cov}(x_i,x_j)=0$。反之，若 $\mathrm{Cov}(x_i,x_j)=0$，则表明 x_i 和 x_j 之间没有线性关系，但并不意味着 x_i 和 x_j 相互独立。同一变量的协方差 $\mathrm{Cov}(x_i,x_i)$ 等于方差 $\mathrm{Var}(x_i)$。当 n 个随机变量相互独立时，协方差矩阵中仅对角元素不为零，在这种情况下它等同于 n 个单变量高斯分布的乘积。

2.2 n 元语言模型

基于建模的基础知识，我们可对更为复杂的结构进行建模，其参数化过程也更具挑战性。以句子建模为例，句子建模利用**语言模型** (language model)，为更常见、更流畅、更符合语法规范的句子打更高的分数，进而衡量自然语言句子的概率。利用语言模型来区分句子常见度的简单方法为观察词的概率，例如词 “thank” 比词 “hyperberole” 更为常见，这一思想即为*一元语法* (unigram) 语言模型的基础。一元语法将句子视为词袋，通过高度抽象剥离出词与词之间的关联关系，进而对句子进行建模。若涉及短语、句法结构等词之间的关联，需要利用更为复杂的语言模型，本节主要讨论 *n 元语言模型*，其中 n **元语法** (n-gram) 指 n 个连续的词序列，当 n 取 1、2、3 时，对应的语言模型也被称为 **一元语法** (unigram)、**二元语法** (bigram)、**三元语法** (trigram)。

2.2.1 一元语言模型

一元语言模型不考虑词间的顺序关系，将句子视为一组词集合，因此也被称作**词袋** (bag-of-word) 模型。“thanks”“very”“much” 等词比 “hidden”“Markov”“model” 等词更为常见，据此一元语言模型能判断出句子 “thanks very much” 比句子 “hidden Markov model” 更为常见。

一元语言模型以句子中的词服从独立同分布的假设为基础，将句子视为多次掷骰子生成词序列的过程，该骰子有多个面，各个面表示唯一的词。给定句子 $s = w_1 w_2 \cdots w_n$，其概率 $P(s)$ 为：

$$P(s) = P(w_1)P(w_2)\cdots P(w_n) = \prod_i P(w_i) \tag{2.7}$$

一元语言模型通过各个词的概率来进行模型参数化，该模型仅由一种**参数类型**组成，即词概率，而该参数类型包含 $|V|$ 个**参数实例**，对应于词表 V 中各个词的概率。因此，一元语言模型的参数量规模过万，需在整个语料库上利用最大似然估计进行训练。测试时，给定句子 $s = w_1 w_2 \cdots w_n$，其概率为 $P(s) = P(w_1)P(w_2)\cdots P(w_n)$。

32

给定训练语料，我们可以从中抽取所有不重复的词来构建词表，可以采用两种典型方法：在提取词表并训练语言模型之前，将语料库中的所有词转换为小写形式，从而得到*小写语言模型*；保留所有词的原始大小写形式，从而得到*区分大小写的语言模型*。前者包含的词量较少，在未知数据上的性能更为鲁棒，而后者可以利用句子结构中的大小写知识，学习到更丰富的信息，从而获得更高的准确性。当训练语料规模较大时，区分大小写的语言模型性能更为优越。

处理未知词。任何规模的训练数据都不可能包含所有测试数据中出现的词，出现在训练集词表中但不在测试集中的词被称为**未登录词** (Out-Of-Vocabulary, OOV)。未登录词的存在归因于两点：首先，语言是动态的，总能不断创造出新词；其次，文本中可能存在拼写错误或非正式书写方式 (例如以 “tmrw” 代表 “tomorrow”)。未登录词会给语言模型带来一系列问题，例如在例句“⟨OOV⟩ said hello”和“⟨OOV⟩ taught calculus”中，两个句子的概率分别为：

$$P(\langle\text{OOV}\rangle)P(\text{said})P(\text{hello})$$

和

$$P(\langle\text{OOV}\rangle)P(\text{taught})P(\text{calculus})$$

由于训练集中 ⟨OOV⟩ 出现的次数为 0，根据最大似然，当 $P(\langle\text{OOV}\rangle) = 0$ 时，两个句子的概率均为 0。

为解决这一问题，常见做法是利用特殊标记 ⟨UNK⟩ 表示测试集中的未登录词。我们将图 2.2a 中的概率分布微调为图 2.2b，从而为 ⟨UNK⟩ 标记分配概率。相较于图 2.2a，图 2.2b 更为平滑，因此从图 2.2a 到图 2.2b 的变换也被称为**平滑**(smoothing) 变换。

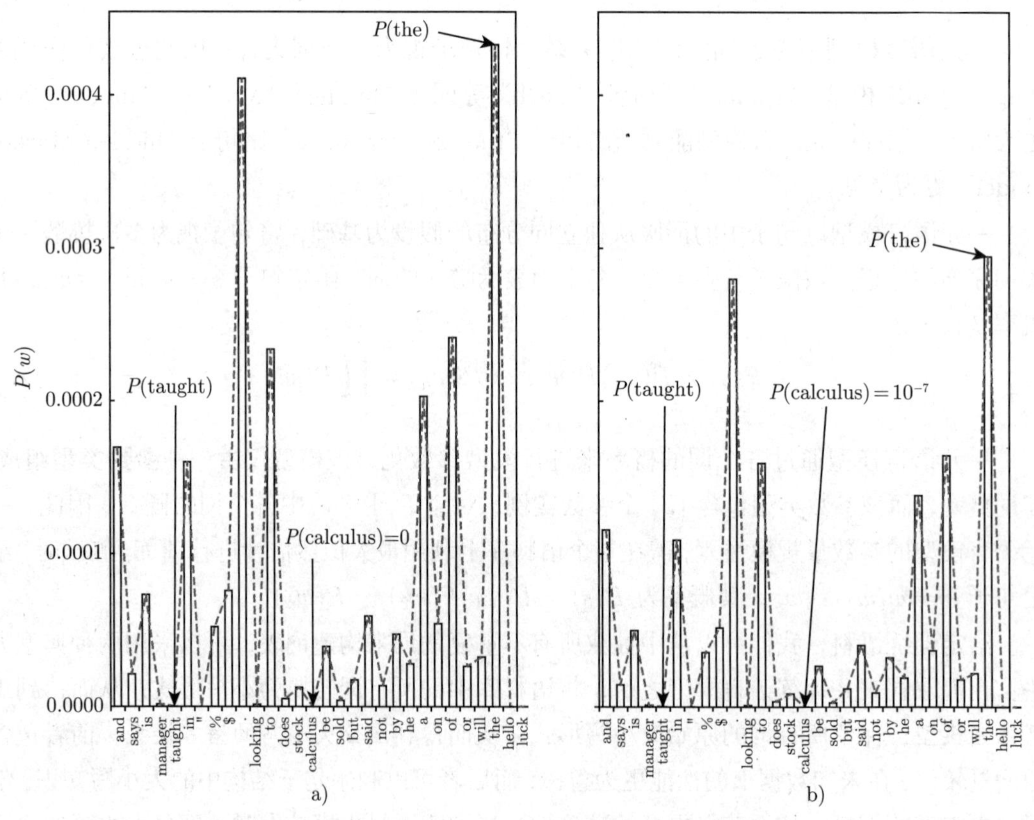

图 2.2　一元组分布示例，图 b 为采用加 10 平滑的分布表示

一种简单的平滑技术称为**加一平滑**（add-one smoothing)，加一平滑为所有词的统计数量加一，包括出现在测试数据中的未登录词：

$$P(w) = \frac{(\#w \in D) + 1}{\sum_{w' \in V}((\#w' \in D) + 1)} = \frac{(\#w \in D) + 1}{|V| + \sum_{w' \in V}(\#w' \in D)}$$

经过加一平滑处理，测试数据中未登录词的概率不再为零。从而，基于每个词的概率，我们可以计算出例句“⟨OOV⟩ said hello”比例句“⟨OOV⟩ taught calculus”的概率更大。

自然语言处理领域还有很多更为复杂的平滑技术，能够更好地估计未登录词的概率，后续章节将介绍更多例子。

2.2.2 二元语言模型

一元语言模型可区分词“hello”与“hyperbole”，但无法区分句子“he ate pizza”与“he drank pizza”，因为后者需要动宾关系的相关知识。在这一例子中，一元组“ate”和“drank”概率相当，而二元组“ate pizza”比“drank pizza”更为常见，因此需要借助二元组信息对两个句子进行概率判断。二元语言模型利用二元组 w_1w_2，以**条件概率**（conditional probabilities）$P(w_2|w_1)$ 为基础来计算句子概率，条件概率为给定前一个词 w_1 时词 w_2 的出现概率。例如，对于二元组“ate pizza”，概率 $P(\text{pizza}|\text{eat})$ 表示给定词“eat”时，“pizza”的概率。

条件概率的取值与随机事件概率的取值有很大不同。以“big”和“bigger”为例，基于两个词的相对频率，形容词“big”的概率高于比较级“bigger”，然而，若前一个词为“much”，条件概率 $P(\text{big}|\text{much})$ 则比 $P(\text{bigger}|\text{much})$ 小得多。

33 ~ 34

二元语言模型的训练。图 2.3分别展示了描述一般概率与条件概率的韦恩图（venn diagram），韦恩图可直观说明利用相对频率来求解条件概率的过程。在图 2.3a 中，矩形代表所有随机事件的集合，圆圈 A 代表随机事件 A 的集合，概率 $P(A)$ 为 A 的面积与矩形面积相除的结果。在图 2.3b 中，A 和 B 代表两个不同随机事件，其无条件概率分别为圆圈 A 和圆圈 B 相对于矩形区域的面积大小。若给定 A 求解 B 的条件概率，直观而言，我们应仅在 A 发生的情况下计算事件 B 的发生概率，因此结果为相交面积 $A \cap B$ 与 A 的面积之比，B 的概率计算的条件范围由整个矩形区域变为 A 区域。

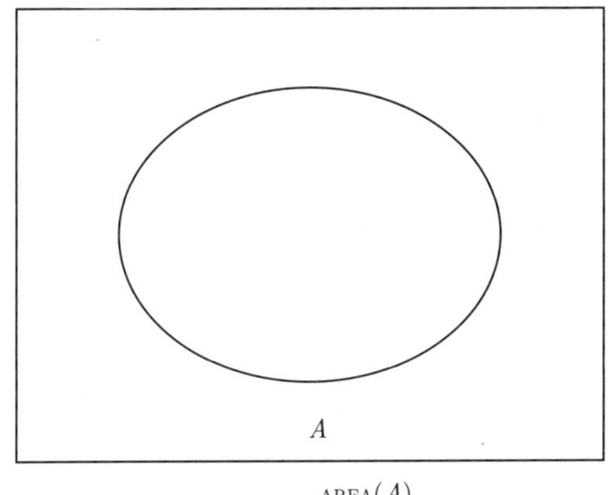

a) $P(A) = \frac{\text{AREA}(A)}{\text{AREA}(\square)}$

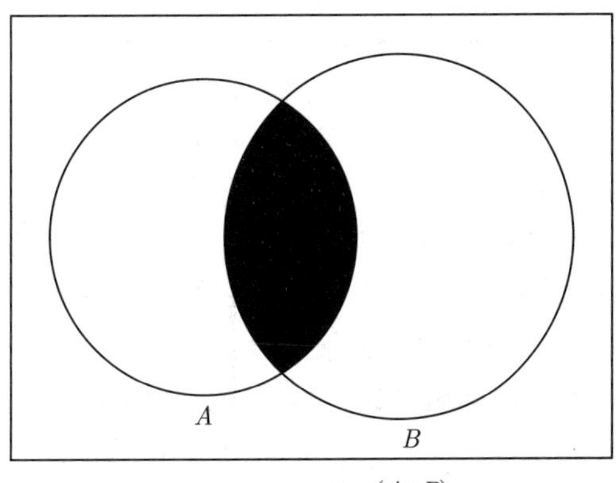

b) $P(B|A) = \frac{\text{AREA}(A \cap B)}{\text{AREA}(A)}$

图 2.3 无条件韦恩图与有条件韦恩图

同理，给定语料 D，条件概率 $P(w_2|w_1)$ 的最大似然为：

$$P(w_2|w_1) = \frac{(\#w_1w_2 \in D)}{\sum_{w \in V}(\#w_1w \in D)}$$

其中，w_1w_2 和 w_1w 代表“much bigger”等二元组，$w_1 =$ “much”，$w/w_2 =$ “bigger”。该公式表示在前一个词必须为 w_1 的条件下，计算 w_2 在所有词中的相对频率。例如，若词“much”在语料库中出现了 500 次，其后面跟着的“bigger”出现了 30 次，则 $P(\text{bigger}|\text{much}) = \frac{30}{500} = 0.06$。直观而言，给定 w_1，二元组 w_1w_2 在语料库中的数量远少于 w_2 的数量，并且 w_1w_2 的数量为 0 的概率远高于词 w_2 的数量为 0 的概率，这种情况称为**稀疏性**，可利用平滑技术解决。二元语言模型往往比一元语言模型更为稀疏。

回退与超参数。 **回退** (back-off) 技术可用于缓解二元语言模型中的稀疏性问题，其基本思想为利用一元组概率近似表示语料库中未出现的二元组概率。当二元组 w_1w_2 较为稀疏时，概率 $P(w_2|w_1)$ 可以用其回退的结果代替，即概率 $P(w_2)$。此外，为同时考虑稀疏和非稀疏的情况，$P(w_2|w_1)$ 可以通过 $P(w_2|w_1)$ 和 $P(w_2)$ 的线性插值来计算：

35

$$P_{\text{backoff}}(w_2|w_1) = \lambda P(w_2|w_1) + (1-\lambda)P(w_2)$$

其中，λ 为调整回退比率的权重参数，取值范围为 [0, 1]。当 $\lambda = 1$ 时，$P_{\text{backoff}}(w_2|w_1) = P(w_2|w_1)$，随着 λ 的减小，$P_{\text{backoff}}(w_2|w_1)$ 逐渐近似为 $P(w_2)$，这使得基于最大似然估计的二元概率估计不太准确。另一方面，当训练语料库中包含一元组 w_2 但不存在二元组 w_1w_2 时，概率 $P_{\text{backoff}}(w_2|w_1)$ 的值始终为非零。

为平衡结果的准确性和鲁棒性，λ 通常取接近于 1 的值，如 0.9。λ 为模型的一部分，但其取值不是在模型训练过程中得到的，而是需要提前设定，此类模型参数称为**超参数** (hyper-parameter)。超参数的值可以凭经验设置，通过尝试一系列不同的值，可选择一个使得模型性能最佳的超参数。

加 α 平滑。通过引入超参数，我们可以将加一平滑泛化为 **加 α 平滑**，其中 α 为超参数。对于一元语言模型，我们可以得到

$$P(w) = \frac{(\#w \in D) + \alpha}{\sum_{w' \in V}((\#w' \in D) + \alpha)}$$

超参数 α 的值是可调的，也可以凭经验选择（参见 2.3.2 节），α 可以大于 1 或介于 0 和 1 之间，相较于加一平滑，加 α 平滑可以训练出更准确的模型。第 12 章将介绍更多关于加 α 平滑的理论背景。

句子概率的计算。与一元语言模型类似，二元语言模型也可用于计算句子概率。给定条件概率 $P(w_i|w_{i-1})$，根据二元语言模型，句子 $s = w_1w_2 \cdots w_n$ 的概率为

$$\begin{aligned} P(s) &= P(w_1w_2 \cdots w_n \langle /s \rangle | \langle s \rangle) \\ &= P(w_1|\langle s \rangle)P(w_2|w_1) \cdots P(w_n|w_{n-1})P(\langle /s \rangle|w_n) \end{aligned} \tag{2.8}$$

其中，词表中添加的伪词“$\langle s\rangle$”表示句子开头，“$\langle /s\rangle$”表示句子结尾。基于这两个伪词，二元语言模型可以分别计算句首词的概率 $P(w_1|\langle s\rangle)$ 与句尾词的概率 $P(\langle /s\rangle|w_n)$。

我们可以通过如下推导来证明式（2.8）的正确性。给定随机事件 A 和 B，我们有：

$$P(B|A) = \frac{P(A,B)}{P(A)} \tag{2.9}$$

其中，$P(A,B)$ 为 A 和 B 的**联合概率**（joint probability），即同时满足 A 和 B 的随机事件（例如“much”和“big”都发生且“big”在“much”之后）。借助图 2.3b 中的韦恩图，$P(A,B)$ 可被直观地理解为面积 $A\cap B$ 除以矩形面积，其中

36

$$P(B|A) = \frac{\text{AREA}(A\cap B)}{\text{AREA}(A)} = \frac{\frac{\text{AREA}(A\cap B)}{\text{AREA}(\square)}}{\frac{\text{AREA}(A)}{\text{AREA}(\square)}} = \frac{P(A,B)}{P(A)}$$

式（2.9）也可以写为

$$P(A,B) = P(B|A)P(A) \tag{2.10}$$

同理，将 w_1 视为 A，将联合事件 $w_2\cdots w_n\langle /s\rangle$ 视为 B，以“$\langle s\rangle$”为发生条件，句子概率可以写为

$$P(w_1w_2\cdots w_n\langle /s\rangle|\langle s\rangle) = P(w_1|\langle s\rangle)P(w_2\cdots w_n\langle /s\rangle|\langle s\rangle w_1)$$

通过相同的方法，可分离出 $w_2\cdots w_n$ 以及 $\langle /s\rangle$，从而得到

$$\begin{aligned} P(s) &= P(w_1w_2\cdots w_n\langle /s\rangle|\langle s\rangle) \\ &= P(w_1|\langle s\rangle)P(w_2|\langle s\rangle w_1)\cdots P(\langle /s\rangle|\langle s\rangle w_1w_2\cdots w_n) \end{aligned} \tag{2.11}$$

式（2.11）被称为联合概率的**链式法则**（chain rule），基于**独立性假设**，我们可以从该规则中推导出 N 元语言模型。以二元语言模型为例，其假设为当前词仅依赖于它的前一个词，因此可以抽离出两个连续词之外的词关系：

$$P(w_i|\langle s\rangle w_1\cdots w_{i-1}) = P(w_i|w_{i-1})$$

相应地，式（2.11）可以简化为

$$P(s) = P(\langle s\rangle)P(w_1|\langle s\rangle)P(w_2|w_1)\cdots P(\langle /s\rangle|w_n)$$

独立性假设允许从概率 $P(w_i|\langle s\rangle w_1\cdots w_{i-1})$ 中移除条件 $\langle s\rangle w_1\cdots w_{i-2}$。如图 2.3所示，$B$ 对 A 独立意味着 $P(B)=P(B|A)$，即 $\frac{\text{AREA}(B)}{\text{AREA}(\square)} = \frac{\text{AREA}(A\cap B)}{\text{AREA}(A)}$。若该概率的独立性以第三个事件 C 为发生条件，则有 $P(B|C)=P(B|A,C)$，依然可以说 B 条件独立于 A。此处所指的条件独立性与式（2.1）和式（2.7）所描述的独立同分布中的独立属于相同的概念。

2.2.3 三元及高阶语言模型

37

链式法则和独立性假设可以推导出高阶 N 元语言模型，以三元语言模型为例，三元语言模型是基于三元组的条件概率 $P(w_i|w_{i-2}w_{i-1})$，给定句子 $s = w_1w_2\cdots w_n$，其概率的推导方式为

$$
\begin{aligned}
P(s) &= P(w_1w_2\cdots w_n\langle/s\rangle|\langle s\rangle\langle s\rangle) \\
&= P(w_1|\langle s\rangle\langle s\rangle)P(w_2|\langle s\rangle w_1)\cdots P(w_n|w_1w_2\cdots w_{n-1}) \\
&\quad P(\langle/s\rangle|w_1w_2\cdots w_{n-1}w_n) \quad \text{(链式法则)} \\
&= P(w_1|\langle s\rangle\langle s\rangle)P(w_2|\langle s\rangle w_1)\cdots P(w_n|w_{n-2}w_{n-1})P(\langle/s\rangle|w_{n-1}w_n) \\
&\quad \text{(独立性假设)}
\end{aligned} \tag{2.12}
$$

三元语言模型需要在句首插入两个 $\langle s\rangle$ 符号，使得句首词概率 $P(w_1|\langle s\rangle\langle s\rangle)$ 形成三元组概率。给定数据集 D，参数估计可利用最大似然估计来实现：

$$P(w_3|w_1w_2) = \frac{(\#w_1w_2w_3 \in D)}{\sum_{w\in V}(\#w_1w_2w \in D)}$$

同样，我们可以利用加 α 平滑、回退等技术来降低模型稀疏性。此外，古德–图灵平滑与 Kneser-Ney 平滑也是 N 元语言模型中常用的平滑技术。

古德–图灵平滑（Good-Turing smoothing）通过观察现有语料库中出现次数非零的词数，在更大的语料库中对出现零次的未登录词及词串进行数量推测。直观而言，若语料库逐渐变小，则出现 1 次的词将会消失，出现 2 次的词将逐渐只出现 1 次或消失。基于这一观察，古德–图灵平滑策略在一个更大的语料库中计算各个词的统计计数，使得未登录词的计数为非零。

假定在语料库中出现 r 次的 N 元组的数量为 N_r，古德–图灵平滑法利用出现 $r+1$ 次的 N 元组数量来重新计算出现 r 次的 N 元组数量，即经过平滑后的数量 c_r 为：

$$c_r = (r+1)\frac{N_{r+1}}{N_r}$$

其中，$(r+1)N_{r+1}$ 表示语料库中出现次数为 $(r+1)$ 的 N 元组数量（即 N_{r+1} 个不同的 N 元组，每个出现 $r+1$ 次）。

因此，出现次数为零的 N 元组串 c_0 的数量可通过出现次数为 1 的 N 元组数量进行估计，即 $c_0 = \frac{N_1}{N_0}$，其中 N_0 为未知 N 元组的总数。

以三元组为例，假设词规模为 10 000，则所有可能的三元组总数为 $10\ 000^3 = 10^{12}$。给定一个包含 100 万（10^6）个三元组的语料库 D，其中出现次数为 1 的三元组数量为 750 000，则 $N_0 = 10^{12} - 10^6$，$N_1 = 7.5 \times 10^5$。因此，经重新估计后，出现次数为 0 的三元组的数量为：

$$c_0 = (0+1)\frac{7.5 \times 10^5}{10^{12} - 10^6} \approx 7.5 \times 10^{-7}$$

38

同理，假设 D 中出现次数为 2、3 的三元组数量分别为 2×10^5 和 9×10^4，其平滑后的数量为：

$$c_1 = (1+1)\frac{2 \times 10^5}{7.5 \times 10^5} \approx 0.53$$

$$c_2 = (2+1)\frac{9 \times 10^4}{2 \times 10^5} \approx 1.35$$

由此可见，古德–图灵平滑可对出现次数为 0 的三元组在数量上进行非零转化，D 中出现次数为非零的三元组数量则相应减少。例如，D 中数量为 1 的三元组经平滑后数量为 0.53，D 中数量为 2 的三元组经平滑后数量为 1.35。

古德–图灵平滑通过对出现次数为 $r+1$ 的 N 元组数量进行重新加权，从而对语料库中出现次数为 r 的 N 元组进行估计计数，其理论基础为对各个 N 元组进行独立分布建模（N 元组出现的次数遵循二项式分布），并计算以观察数量为条件的 N 元组数量期望（即经验）。

Kneser-Ney 平滑综合了其他平滑算法的思想，利用低阶 N 元组概率来估计高阶 N 元组概率，例如利用一元组概率计算二元组概率，同时引入历史上下文，解决低阶 N 元组概率计算过程中由简单相对频率估计带来的问题。以词“conditioning”和“fencing”为例，由于“air conditioning”等固定搭配，词“conditioning”比词“fencing”更为常见，但在语料库中，“conditioning”对应的二元组数量则相对较少，因此，相较于一元组“fencing”，我们需要给“conditioning”赋予一个较小概率。给定语料库 D，Kneser-Ney 平滑用 $c_{\text{KN}}(w) = \#\big(\{w : ww \in D\}\big)$ 替代原始一元组 w 的数量 $\#(w \in D)$，进而得到：

$$P_{\text{KN}}(w) = \frac{c_{\text{KN}}(w)}{\sum_{w'} c_{\text{KN}}(w')}$$

给定 $P_{\text{KN}}(w), w \in V$，结合回退估计，$N$ 元组概率 $P_{\text{KN}}(w|u)$ 可被定义为：

$$P_{\text{KN}}(w|u) = \begin{cases} P_{\text{AD}}(w|u), & \text{若}\#(u, w \in D) > 0 \\ \lambda_u \times P_{\text{KN}}(w), & \text{其他情况} \end{cases}$$

其中，u 表示历史上下文，$P_{\text{AD}}(w|u)$ 表示 N 元组的绝对减值概率，用于代替简单相对频率估计，系数 λ_u 用于确保 $\sum_w P_{\text{KN}}(w|u) = 1$。

通过经验观察发现，古德–图灵平滑中词频 r 与平滑后的频数 c_r 间的差值约为 0.75，而**绝对减值平滑**（absolute discount smoothing）通过从非零数量中减去固定值 δ $(0 < \delta < 1)$ 来对古德–图灵平滑进行优化。此外，绝对减值平滑还插入了一个类似于回退模型的低阶模型，例如，对于二元语言模型，其由绝对减值平滑估计得到的概率分布为

39

$$P_{\mathrm{AD}}(w|w') = \frac{\max(\#(w'w) - \delta, 0)}{\sum_w \#(w'w)} + \lambda_w P(w) \tag{2.13}$$

其中，$P(w)$ 为一元模型，λ_w 为确保 $\sum_{w''} P_{\mathrm{AD}}(w''|w') = 1$ 的超参数。

对数概率。实际应用中，在利用概率乘积计算 $P(s)$ 时，乘积结果较小会导致算术下溢问题，因此我们可以利用对数空间执行这一运算，即计算 $\log P(s)$，从而将乘法转换为加法。以三元语言模型为例，$\log P(s) = \log\left(\prod_{i=1}^{n+1} P\left(w_i|w_{i-2}w_{i-1}\right)\right) = \sum_{i=1}^{n+1} \log P(w_i|w_{i-2}w_{i-1})$，这样一来，结果可在数值上更为稳定。

高阶 N 元语言模型。从一元语言模型到三元语言模型，我们做出的独立性假设越来越少，导致模型越来越复杂，参数量也越来越多。相较于一元语言模型，三元语言模型可对自然语言句子提供更精确的描述，但另一方面，三元语言模型更为稀疏，通常需要更多的训练数据才能达到令人满意的性能。在实际应用中，四元语言模型、五元语言模型常被部署在统计机器翻译等复杂的自然语言处理系统中，更高阶的语言模型则因为稀疏性而较少被利用，$|V|^n$ 规模的参数量也使得高阶语言模型更为庞大且运算速度更慢。第 17 章将介绍神经语言模型，神经语言模型可解决稀疏性问题，对长句子进行建模而且无须做独立性假设。

2.2.4　生成式模型

根据概率链式规则，句子可被看作从左至右依次生成的随机事件序列，各个事件取决于前一事件，该生成过程可用图 2.4a 来描述，其中每个圆圈代表一个随机取词事件，有向弧代表条件依赖。在该图中，w_1 的生成仅依赖于 $\langle s\rangle$，w_2 的生成仅依赖于 $\langle s\rangle$ 和 w_1，直至生成整个句子，针对此过程的概率模型称为**生成模型**（generative model）。

N 元语言模型可被认为是不同独立性假设下的生成模型。如图 2.4b 所示，一元语言模型假设各个词均为单独抽取，因此包含一组独立生成事件，该过程也可用图 2.4c 所示的*嵌套概率图*表示。二元语言模型假设当前词仅对前一个词有条件依赖，其生成过程如图 2.4d 所示。三元语言模型则假设当前词依赖于它的前两个词，对应于图 2.4e。在概率论中，二元和三元语言模型的独立性假设被称为**马尔可夫假设**（Markov assumption），它假设链式反应中的随机事件仅依赖于有限数量的前继事件，根据前继事件的数量，我们定义二元语言模型为**一阶马尔可夫链**形式，三元语言模型为**二阶马尔可夫链**形式。

40

以生成莎士比亚戏剧[㊀]的内容为例，表 2.1 直观展示了一元、二元和三元语言模型的区别。三种语言模型均采用最大似然估计进行训练，且未进行平滑处理，在模拟图 2.4所示的生成过程中，每一步根据对应的 N 元概率分布随机生成当前词。从表 2.1 中可以看出，语言模型阶数越高，其输出结果越接近于真实的莎士比亚戏剧内容。甚至在某些情况下，读者很难在由三元语言模型生成的句子和真实的莎士比亚戏剧原文中进行辨别。表 2.1做了定性对比，第 5 章将补充语言模型的定量评估方法（见 5.2.2 节）。

㊀ 参见 http://cs.stanford.edu/people/karpathy/char-rnn/shakespeare_input.txt。

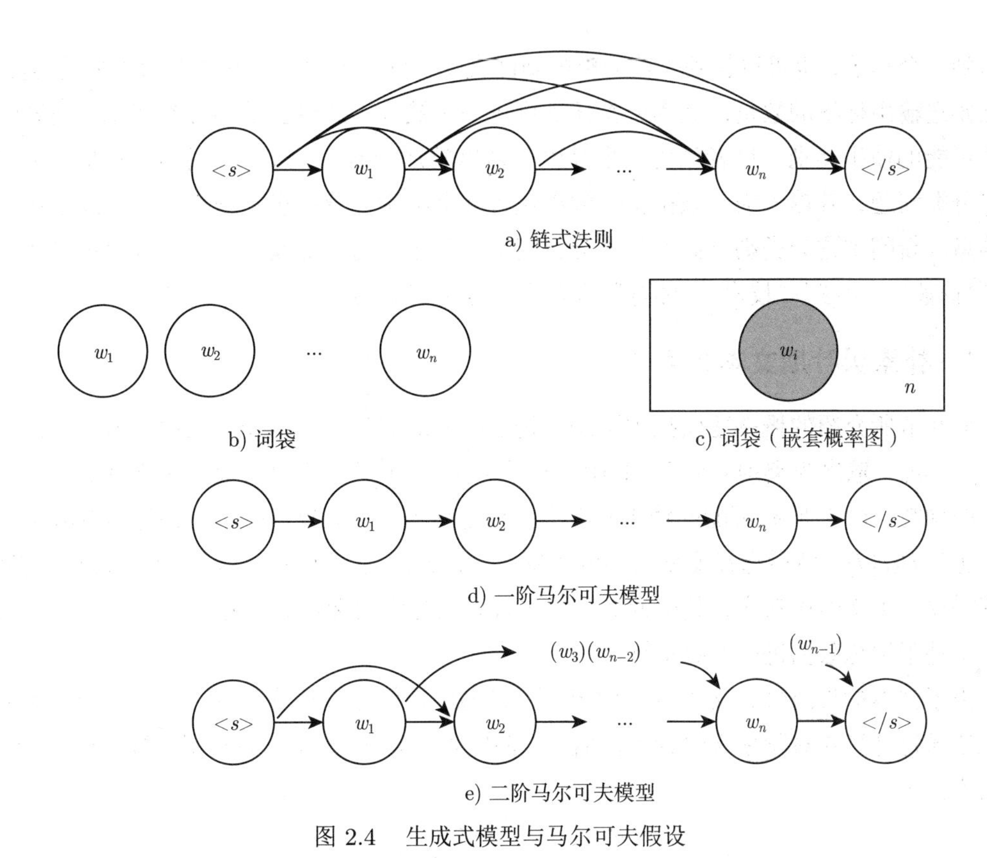

a) 链式法则

b) 词袋

c) 词袋（嵌套概率图）

d) 一阶马尔可夫模型

e) 二阶马尔可夫模型

图 2.4 生成式模型与马尔可夫假设

表 2.1 N 元语言模型句子生成示例

模型	生成示例
一元	out this like there Against me you, made? he Cupid to thou too thee My he tricks that heart one thing face as not fear she on face Athens. let Good and and, kiss affection a PRINCE ?
二元	All my sometime like himself, –What's master. As much good news? tell you foolish thought. Can it like a man whom there but it is eaten up Lancaster and it, sir? Away! why
三元	Where is the lady of the house of York. My servant, Ariel, thy blood and made to understand you, hear me speak a word, Mortimer! We should have had such faults; makes him to this woman to bear him home. Those that betray them do it secretly, alone, and I will believe thou hast done!

2.3 朴素贝叶斯文本分类器

除语言建模外，基于相对频率的概率模型也被应用于众多其他自然语言处理任务中，例如主题分类、垃圾邮件检测、情感分类等文本分类任务。这类任务的输入为一段文本，可

41

以短到一个句子，也可以长到一篇完整的新闻文章，输出为固定标签集中的某个类别标签。根据候选输出标签的数量，文本分类任务可进一步被分为**二分类**及**多分类**问题，前者包含两个可能的输出类别，后者包含三个及以上输出类别。推文 (tweet) 讽刺检测是一个典型的二分类问题，其输入为一条推文，输出包含两个类别，分别表示该推文包含或不包含讽刺信息。新闻主题分类则是典型的多分类问题，其输入为一篇新闻文章，输出可以是“政治”“商业”“全球”“技术”“体育”等众多主题类别中的一项。

2.3.1 朴素贝叶斯文本分类

前几节所介绍的概率建模技术可用于构建简单的文本分类模型。假设输入为文档 $d = w_1w_2\cdots w_n$，输出为类别 $c \in C$，其中，d 可以由一个或多个句子组成，w 表示词，n 为文档中的词数，C 为所有可能的输出标签集。给定输入 d，该概率模型需估计所有输出类别 c 的概率 $P(c|d)$，然后选择概率最高的类别 $\hat{c} = \arg\max_{c\in C} P(c|d)$ 作为最终输出。模型的训练需要一个文本语料库，其中的文本均包含人工标注的**金标**类别标签 $D = \{(d_i, c_i)\}|_{i=1}^{N}$，模型将基于训练数据进行参数估计。

42

由于文本的稀疏性，文本分类建模无法像抛硬币问题那样直接对 $P(c|d)$ 进行参数化，也无法通过计算相对频率来估计条件概率。假定直接以 $P(c|d)$ 作为模型参数，其值的最大似然为：

$$P(c|d) = \frac{\#(d,c) \in D}{\#d \in D}$$

$\#d$ 表示语料库中文档 d 的总数，$\#(d,c)$ 表示其中类别标签为 c 的文档数量。文档的稀疏性导致测试文档 d 在训练数据中的出现概率非常小，因此这一概率估计形式将会导致几乎所有测试文档 d 的概率均为 0。直接对 $P(c|d)$ 进行参数化在本质上是让模型记忆整个训练数据，从而失去了对未见文档的泛化性。我们需要寻找允许细粒度参数化的结构，使得模型可计算，且模型参数的稀疏性较低。

一种可行的方法为通过概率链式法则和独立性假设将词序列的概率分解为 N 元组概率积，从而在降低稀疏性的情况下生成句子。同理，我们需将文本 $d = w_1w_2\cdots w_n$ 分解为更小的基本单元，但由于 d 是受条件限制的非随机事件，我们无法对 $P(c|d)$ 即 $P(c|w_1w_2\cdots w_n)$ 进行直接分解，因此也无法直接运用概率链式法则。

贝叶斯法则。一个取而代之的解决方案为**贝叶斯法则**（Bayes rule）。对于两个随机事件 A 和 B，存在

$$P(A|B) = \frac{P(B|A)P(A)}{P(B)}$$

根据条件概率式（2.9），我们可以推导出：

$$P(B|A) = \frac{P(A,B)}{P(A)}$$

进而得到

$$P(A,B) = P(B|A)P(A)$$

和

$$P(A,B) = P(A|B)P(B)$$

因此，$P(A,B) = P(A|B)P(B) = P(B|A)P(A)$, 从而得到：

$$P(A|B) = \frac{P(B|A)P(A)}{P(B)} \tag{2.14}$$

43

贝叶斯法则在信号处理领域也有广泛应用，信号处理任务旨在对源信号 A 进行建模，源信号通过噪声通道传输后造成一定程度的失真，最终得到噪声信号 B，概率模型 $P(A|B)$ 可基于给定观察值 B 预测原始信号 A 的概率。根据贝叶斯法则 $P(A|B) = P(A)P(B|A)/P(B)$，$P(A)$ 代表源信号 A 的先验知识，$P(B|A)$ 代表由 A 到 B 的噪声通道模型。信号 B 是可观察到的信号，因此 $P(B)$ 在模型中不起关键性作用。

文本分类中的朴素贝叶斯模型。在文本分类任务中，给定文档 d 和候选类别 c，根据贝叶斯法则，我们可以得到

$$P(c|d) = \frac{P(d|c)P(c)}{P(d)} \tag{2.15}$$

其中，$P(c)$ 代表关于类别 c 的先验知识，$P(d|c)$ 代表类别为 c 时文档 d 的概率，文档 d 为已知信息，因此 $P(d)$ 在上式中并不重要。概率最大的类别标签的计算方式为

$$\hat{c} = \arg\max_{c\in C} \frac{P(d|c)P(c)}{P(d)} = \arg\max_{c\in C} P(d|c)P(c)$$

$P(c|d)$ 遵循概率分布，因而存在 $\sum_{c'\in C} P(c'|d) = 1$。考虑到 $P(c|d) \propto P(d|c)P(c)$，最终通过归一化 $P(d|c)P(c)$，我们可以得到 $P(c|d)$：

$$P(c|d) = \frac{P(d|c)P(c)}{\sum_{c'\in C} P(d|c')P(c')} \tag{2.16}$$

对于 $P(d|c)$ 的参数化，考虑到稀疏文档 d 已经是一个随机事件，我们可以用概率链式法则对其进行分解：

$$P(d|c) = P(w_1 w_2 \cdots w_n|c) = P(w_1|c)P(w_2|w_1,c)\cdots P(w_n|w_1 \ldots w_{n-1},c)$$

朴素贝叶斯模型进一步假设 d 中的词在给定类别 c 的情况下条件独立，从而有

$$P(d|c) = P(w_1|c)P(w_2|c)\cdots P(w_n|c)$$

因此，**朴素贝叶斯文本分类器**的最终形式为

$$P(c|d) \propto P(d|c)P(c) \approx \prod_i P(w_i|c)P(c) \tag{2.17}$$

其中，“朴素”指典型的“词袋”独立性假设，“贝叶斯”指贝叶斯法则。朴素贝叶斯模型有两种参数类型，分别为 $P(w|c)$ 和 $P(c)$，共有 $|V||C|+|C|$ 个参数实例。

朴素贝叶斯分类器的训练。给定数据集 $D=\{(d_i,c_i)\}|_{i=1}^N$，概率 $P(c)$ 通常不会过于稀疏，可利用最大似然进行计算：

$$P(c)=\frac{\#c\in D}{\sum_{c'}(\#c'\in D)}=\frac{\#c\in D}{|D|}$$

其中，$\#c\in D$ 为 D 中类别为 c 的文档数量，$\sum_{c'}\#c'\in D$ 相当于训练语料中的文档总数。各个 $(w,\ c)$ 对的概率值 $P(w|c)$ 也可以利用最大似然进行计算：

44

$$P(w|c)=\frac{\#(w,c)\in D}{\sum_{w'}(\#(w',c)\in D)}$$

其中，$\#(w,c)$ 表示训练语料中 w 的标签为 c 所出现的次数。与 N 元语言模型类似，参数 $P(w|c)$ 可能较为稀疏，我们可以利用加 α 平滑等技术来解决稀疏性问题。

朴素贝叶斯分类器的生成过程。根据式（2.15），朴素贝叶斯文本分类器旨在计算 $P(d|c)P(c)$，等同于 $P(d,c)$［式（2.10）]，联合概率可分解为

$$P(d,c)=\sum_{i=1}^{n}P(w_i|c)P(c)$$

因此朴素贝叶斯文本分类器也可被视为生成模型，用于联合生成文档及其类别标签。具体地，模型先根据 $P(c)$ 生成一个类别标签，然后根据 $P(w_i|c)$ 生成文档所包含的词袋。这一生成过程可被可视化为图 2.5a 以及图 2.5b 的嵌套概率图。

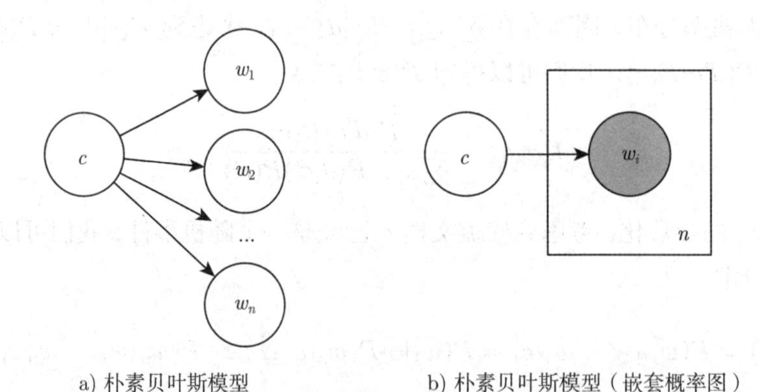

a) 朴素贝叶斯模型　　b) 朴素贝叶斯模型（嵌套概率图）

图 2.5　朴素贝叶斯模型的生成过程

与语言模型类似，$P(c|d)$ 的值可能非常小，因此可在朴素贝叶斯文本分类中对概率取对数，计算模型参数 $\log P(c)$ 和 $\log P(w|c)$，并以 $\log P(c|d)$ 对候选类别标签进行打分。

2.3.2　文本分类器的评估

朴素贝叶斯分类器是文本分类中的一个简单基线，后续章节还将介绍一系列更为复杂、性能更高的文本分类模型。那么，如何评判文本分类模型的性能并对其进行比较呢？一种常见做法是从人工标注的语料中分离出一部分数据作为**测试集**，其余数据作为训练集，模

型在训练集上完成训练，然后对测试集中各个文档的标签进行预测，将预测标签与人工标注的正确标签进行对比，正确预测的结果数与所有测试文档数的比值即为衡量模型性能的指标之一，该比值被称为**准确率**（accuracy），可作为所有分类任务的基本**评估指标**。

45

若模型包含超参数，例如加 α 平滑中的 α，则需要进一步从训练集中分离出**开发集**，用于调试超参数的最优解。模型用不同的超参数进行训练，并在开发集上进行测试，进而选出精度最高的模型作为最终模型。需注意的是，我们不能在测试集上调整超参数的值，测试集用于评估最终模型在未见数据上的性能，严格意义上讲，模型无法提前预知测试数据，因此测试集应当只被用于衡量最终的准确率。换句话说，开发集用于模型选择，测试集仅用于模型评估。

2.3.3 边缘概率的计算

边缘概率是本书中经常提到的一个重要概念，这里我们对其进行详细讲解。首先，对比式（2.15）与式（2.16），我们可以发现

$$P(d) = \sum_{c' \in C} P(d|c')P(c') = \sum_{c' \in C} P(d, c') \tag{2.18}$$

该式反映了联合概率 $P(d, c')$ 与**边缘概率** $P(d)$ 之间的关系。边缘概率表示联合概率分布中某部分随机事件子集的概率，例如，对于分布 $P(d, c')$，$P(d)$ 和 $P(c')$ 均为其边缘概率。

式 $P(d) = \sum_{c' \in C} P(d, c')$ 也可以理解为：给定联合概率分布 $P(d, c')$，边缘概率 $P(d)$ 可以通过对随机事件 $c' \in C$ 的所有可能结果的概率 $P(d, c')$ 进行求和来计算，该求和过程也被称为**边缘化**（marginalisation），其中随机事件 $c' \in C$ 被称为被边缘化。我们也可以通过韦恩图进行直观理解，以图 2.3b 为例，图中展示了两个随机变量 A 和 B，每个变量都有两个可能值，其中矩形区域代表随机事件 A 的两种可能结果，区域 A 代表 A 发生，剩余区域 $\bar{A}$ 代表 A 未发生。根据这种划分，区域 B 可以分为子区域 $A \cap B$ 和子区域 $\bar{A} \cap B$，其中

$$\text{AREA}(B) = \text{AREA}(A \cap B) + \text{AREA}(\bar{A} \cap B)$$

对应于

$$P(B) = P(A, B) + P(\bar{A}, B)$$

2.3.4 特征

如上所述，朴素贝叶斯文本分类器由两类参数组成，一为类别先验概率 $P(c)$，二为给定类别 c 时词 w 的条件概率 $P(w|c)$。模型的参数量可能大至 $|C| + |V| \times |C|$ 级别，其中 $|V|$ 表示词数量，$|C|$ 表示类别数量。

46

自然语言处理任务中用于对模型进行参数化的具体模式，如词、词二元组、词–类型对等，通常被称为**特征**（feature）。一元、二元、三元语言模型只有一类特征，分别为 $P(w)$、$P(w_2|w_1)$、$P(w_3|w_1w_2)$，朴素贝叶斯分类器包含两类特征，即 $P(c)$ 和 $P(w|c)$。直观而言，

特征越多，模型越能做出正确预测，进而更好地对任务进行建模。上述模型均基于生成过程，利用概率链式法则、独立性假设和贝叶斯法则实现参数化，如图 2.5所示。这类生成模型的每个特征在生成过程中只生成一次，因此无法得到**重叠特征**，即包含相同变量的特征。例如，给定句子 $W_{1:n} = w_1w_2\cdots w_n$，对于每个词 w_i ($i \in [1,\cdots,n]$)，一元组 $P(w_i)$、二元组 $P(w_i|w_{i-1})$ 和三元组 $P(w_i|w_{i-2}w_{i-1})$ 即为重叠特征。原则上，各个词只能生成一次，因此我们无法定义同时包含二元组和三元组特征的生成过程[㊀]，后续章节将介绍可解决该问题的方法。

总结

本章介绍了：

- 概率建模及参数化技术。
- 最大似然估计。
- n 元语言模型。
- 朴素贝叶斯文本分类模型。

注释

Markov(1913) 等人提出 N 元组概念并利用马尔可夫假设推导其概率。Shannon(1948) 将 N 元组推广至英文句子建模。Gale 和 Church(1994) 介绍了加一平滑算法，Church 和 Gale(1991) 在语言建模中引入古德–图灵平滑，Chen 和 Goodman(1996) 进一步提出 Kneser-Ney 平滑算法。Katz(1987) 利用回退技术来降低语言模型中的稀疏性。Maron 和 Kuhns(1960) 介绍了朴素贝叶斯概念。Yang 和 Liu(1999) 以及 Sahami(1996) 研究了基于朴素贝叶斯的文本分类模型。Domingos 和 Pazzani(1997) 以及 Ng 和 Jordan(2002) 讨论了朴素贝叶斯的基本特性。

47

习题

2.1 试推导掷骰子问题的最大似然估计值。

2.2 试说明参数类型与参数实例的区别。

2.3 试在以下选项中挑选出句子“Tim bought a book for $1.”的 n 元组：

- Tim bought
- bought a
- a book for
- for $1.
- Tim a for
- Tim
- Tim bought book
- book a

2.4 给定句子“all models are wrong”“a model is wrong”“some models are useful”以及词表 $V = \{\langle s\rangle, \langle /s\rangle$, a, all, are, model, models, some, useful, wrong$\}$。

㊀ 可以通过回退技术来实现，回退技术可以更好地估计稀疏概率值，因此可将其视为主生成模型之外的**工程技巧**。

（1）不进行平滑，试计算所有二元组的概率。

（2）试利用加一平滑，计算所有二元组及新词“a models”的概率。

（3）试利用加 α 平滑，在 $\alpha = 0.05$ 和 $\alpha = 0.15$ 的情况下计算所有二元组及新词“a models”的概率。

（4）试利用回退平滑，在 $\lambda = 0.95$ 和 $\lambda = 0.75$ 的情况下，计算所有二元组及新词“a models”的概率。

2.5 如 2.2.3 节所述，古德–图灵平滑将多数 n 元组的概率值重新分配给少数 n 元组。

（1）给定语料 D，若将所有未知一元组表示为 $\langle\text{UNK}\rangle$，可得到词表 $\{w : w \in D\} \cup \{\langle\text{UNK}\rangle\}$ 且 $N_0 = 1$。试计算习题 2.4 中所有一元组的 r 和 N_r。

（2）当 $r < 3$ 时，计算 c_r 及所有一元组的概率。

（3）当 r 取最大值时，$N_{r+1} = 0$，此时概率 $P(w : \#w = r)$ 仍可以通过最大似然估计进行预估。试计算习题 2.4 中出现频率最高的一元组的概率，即 $r = 3$。

（4）试证明 (2) 和 (3) 中给出的所有一元组的概率之和不为 1，并尝试对概率进行归一化。

（5）给定一个大语料库，当 r 值较大时，N_r 可能为零，从而导致估计值 c_{r-1} 为零。解决此问题的一种方案是用平滑线来近似拟合已知的 N_r 值。假设将习题 2.4 中的第二个例句替换为“a model is wrong wrong wrong”，可以得到 $N_4 = 0$，$N_5 = 1$。试估计一个合理的 N_4 值，并利用 N_4 的近似值和其他频率统计的原始 N_r 值来计算所有一元组的概率。

2.6 试回顾 2.2.3 节中所讨论的 Kneser-Ney 平滑：

（1）推导用于绝对折扣平滑和 Kneser-Ney 平滑的 λ_u 公式。

48

（2）当 $\delta = 0.75$ 时，计算习题 2.4 中所有二元组及新词“a models”的绝对折扣值。

（3）当 $\delta = 0.75$ 时，计算习题 2.4 中所有二元组及新词“a models”的 Kneser-Ney 平滑值。

2.7 试判断真假：

（1）若 B 独立于 A，则 A 独立于 B（若 $P(B) = P(B|A)$，则 $P(A) = P(A|B)$）。

（2）若 B 独立于 A，则 B 条件独立于 A（若 $P(B|A) = P(B)$，则 $P(B|A,C) = P(B|C)$）。

（3）$P(B|A)P(A) = P(A|B)P(B)$。

（4）$P(A,B,C) = P(A|B,C)P(B|A,C)P(C|A,B)$。

（5）在独立同分布假设下，$P(A,B,C) = P(A)P(B)P(C)$ 。

2.8 试讨论超参数和参数的区别。

2.9 超参数可在_____ 上进行微调。

（1）训练集 （2）开发集 （3）测试集

2.10 朴素贝叶斯分类中的“朴素”指独立同分布假设，利用二元语言建模的概念对朴素贝叶斯分类器进行扩展，则新模型将失去“朴素”的属性。试利用平滑技术将词袋特征整合到朴素贝叶斯分类模型中。

2.11 试挑选出包含重叠特征的特征集：

（1） 用于文档建模的词袋及二元词袋特征。

（2） 用于词建模的全词、前缀及后缀特征。

（3） 用于文档建模的类别标签及词袋特征。

（4） 词的首字母，以及指示该词是否大写的二进制特征。

（5） 文档中的词数和词袋特征。

49

（6） 用于文档分类的词–类别对及词袋特征。

参考文献

Stanley F. Chen and Joshua Goodman. 1996. An empirical study of smoothing techniques for language modeling. In 34th Annual Meeting of the Association for Computational Linguistics, pages 310–318, Santa Cruz, California, USA. Association for Computational Linguistics.

Kenneth W. Church and William A. Gale. 1991. A comparison of the enhanced goodturing and deleted estimation methods for estimating probabilities of english bigrams. Computer Speech & Language, 5(1):19–54.

Pedro Domingos and Michael Pazzani. 1997. On the optimality of the simple bayesian classifier under zero-one loss. Machine learning, 29(2-3):103–130.

William A. Gale and Kenneth W. Church. 1994. What’s wrong with adding one. Corpus-Based Research into Language: In honour of Jan Aarts, pages 189–200.

Slava Katz. 1987. Estimation of probabilities from sparse data for the language model component of a speech recognizer. IEEE transactions on acoustics, speech, and signal processing, 35(3):400–401.

Andrey A. Markov. 1913. Essai d’une recherche statistique sur le texte du roman “Eugene Onegin” illustrant la liaison des epreuve en chain (‘Example of a statistical investigation of the text of “Eugene Onegin” illustrating the dependence between samples in chain’). Izvistia Imperatorskoi Akademii Nauk (Bulletin de l’Académie Impériale des Sciences de St.-Pétersbourg), 7:153–162. English translation by Morris Halle, 1956.

Melvin E. Maron and John L. Kuhns. 1960. On relevance, probabilistic indexing and information retrieval. Journal of the ACM (JACM), 7(3):216–244.

Andrew Y Ng and Michael I Jordan. 2002. On discriminative vs. generative classifiers: A comparison of logistic regression and naive bayes. In Advances in neural information processing systems, pages 841–848.

Mehran Sahami. 1996. Learning limited dependence bayesian classifiers. In KDD 1996.

Claude E. Shannon. 1948. A mathematical theory of communication. Bell system technical journal, 27(3):379–423.

Yiming Yang and Xin Liu. 1999. A re-examination of text categorization methods. In Proceedings of the 22nd annual international ACM SIGIR conference on Research and development in information retrieval, pages 42–49.

特征向量

朴素贝叶斯分类模型是一种简单且高效的文本分类器，它使用联合文本类别概率 $P(c)$ 和给定类别时每个词的概率 $P(w|c)$ 作为特征进行分类。在直观上，词蕴含了丰富的文本类别信息，例如“球门”“俱乐部”“球迷”“锦标赛”等词与体育话题密切相关，而“股票”“收入”“总裁”“贷款”等词通常表示金融话题。因此，每个词都可视为一个特定度量，对文本中所有词的意义度量值进行加权组合，便形成了该文本的最终意义。给定每一个特定的词，可以从多个不同角度来解读一篇文本。

以上观察自然地引入了文本**向量空间模型**，该模型将文本映射到高维**特征向量**空间，特征向量空间的每一维对应一个特征，表示特定单词对文本意义的重要性。基于文本向量空间表示，我们可以通过不同文本在向量空间中对应点的距离来直观地判断文本之间的相似性，也可以找到一个超平面，对不同类别文本的坐标点进行区分，从而执行文本分类。向量空间的坐标可以进一步从词特征推广到任意特征，且这些特征不必服从概率独立性。特征向量将非结构化文本映射到数学域的向量空间结构中，从而实现对文本的计算，在自然语言处理任务中具有重要意义。

3.1 文本在向量空间中的表示

文本在向量空间中的表示，即用坐标表示文本中的每一个词。假设有词表：$V=\{w_1, w_2,\cdots,w_{|V|}\}$，其中每一个词在词表中被定义为一个唯一序号，表明该词对应的具体坐标维度，例如，$w_1=$ 一本”，$w_{1001}=$ 书” 以及 $w_{2017}=$ 买了”。这一词表反映了该向量空间各个维度的含义，从而我们能将一个文档转换为 $|V|$ 维空间里的点或者 $|V|$ 维空间中的向量。通过这种表示方法，词和索引一一对应，因此词序并不重要，词序变化并不会影响 $|V|$ 维向量的具体取值。

给定一段文本 d，可以通过以下方式将其转换为向量：

$$\vec{v}(d)=\langle f_1,f_2,\cdots,f_{|V|}\rangle \tag{3.1}$$

其中 f_i 表示第 i 维单词 w_i 对文本的重要性。直观上而言，重要的词往往提及的频率更高，因此一个最简单的方法是直接采用整个文档中词 w_i 的出现次数来定义 f_i，于是我们可以得到 $fi=\#w_i$ 以及 $\vec{v}(d)=\langle \#w_1,\#w_2,\cdots,\#w_{|V|}\rangle$。基于这一表示方法，句子“小明买了一本书。”的向量可表示为 $\langle f_1=1,0,0,\cdots,0,0,f_{1001}=1,0,\cdots,0,f_{2017}=1,0,0,\cdots,0,f_{8400}=1,0,\cdots,f_{13201}=1,\cdots,0\rangle$，该向量具有 $|V|$ 维，其中非零元素“小明”“买了”“一本”“书”

及“。”的索引如表 3.1a d_1 列所示。同理，“小明正在读一本书。”，“啊，我了解小明。”和“我看到男孩正在读一本书”的向量表示分别如表 3.1a d_2、d_3、d_4 列所示，表中未显示的词在所有示例中均为 0 值。由于 $|V|$ 通常较大，因此这些向量表示往往是高维稀疏向量，且大多元素为 0。

表 3.1　文本向量表示

特征	d_1	d_2	d_3	d_4	d_1	d_2	d_3	d_4
w_1 = “一本”	1	1	0	1	0.415	0.415	0	0.415
w_2 = “啊”	0	0	1	0	0	0	2.0	0
					⋮			
w_{1001} = “书”	1	1	0	1	0.415	0.415	0	0.415
w_{2017} = “买了”	1	0	0	0	2.0	0	0	0
w_{2100} = “男孩”	0	0	0	1	0	0	0	2.0
w_{3400} = “我”	0	0	1	1	0	0	1.0	1.0
w_{4400} = “正在”	0	1	0	1	0	2.0	0	0
					⋮			
w_{5002} = “了解”	0	0	1	0	0	0	2.0	0
w_{6013} = “读”	0	1	0	1	0	1.0	0	1.0
w_{7034} = “看到”	0	0	0	1	0	0	0	2.0
w_{8400} = “小明”	1	1	1	0	0.415	0.415	0.415	0
					⋮			
w_{13200} = “，”	0	0	1	0	0	0	2.0	0
w_{13201} = “。”	1	0	1	0	1.0	0	1.0	0
					⋮			
	a) 基于记数的向量表示				b) TF-IDF 向量表示			

基于上述向量表示，对于不同主题的文本，每个词的重要程度是不一样的，例如体育类文本在“球门”“锦标赛”“运动员”等坐标点上具有相对较大的值，而金融类文本则在“收入”“总裁”“股票”等坐标点上具有相对较大的值。另一方面，“正在”“非常”等高频常用词以及标点符号在大多数文本中都会出现，因此很难表征文本特性，以它们为特征来表示文本，效果可能适得其反。我们将这类词称为**停用词**，常见停用词列表如表 3.2所示。将文本映射为向量时，可以从其词表中删除停用词。

表 3.2　常见的中文停用词

51

啊	的	一	从	以	你	在	仅	且	和	关于	到	“	”	，	？	。

TF-IDF 向量。停用词的一个局限性在于，对于哪些词是停用词，缺乏统一的判断标准，对于不同任务，停用词可能会有所不同，因此，停用词的用法和效果各异且缺乏可解释性。直接删除停用词可以被视为过滤无意义词的一组*硬性规则*，其*柔性*替代方案则可以更加精巧地解决停用词问题，该方案的核心思想是降低大多数文档中常用词的权重，即使这些词在目标文档中高频出现。具体而言，给定一组文档 D，我们使用**文档频率**（Document

Frequency, DF）来表示包含单词 w_i 的文档占文档总数的百分比：

$$\mathrm{DF}(w_i) = \frac{\#\{d|d \in D, w_i \in d\}}{|D|} \tag{3.2}$$

例如，在表 3.1a 的 d_1、d_2、d_3 及 d_4 列中，$\mathrm{DF}(一本) = \frac{3}{4}$，$\mathrm{DF}(看到) = \frac{1}{4}$。文档频率越大，表示该词为无意义词的概率也越大。

另外，我们再引入**词频**（Term Frequency, TF）概念，表示词 w_i 在文档 d_j 中出现的次数：

$$\mathrm{TF}(w_i, d_j) = \# w_i \in d$$

前文所介绍的基于简单计数的方法可形式化为：

$$\vec{v}_{\text{count}}(d_j) = \left\langle \mathrm{TF}(w_1, d_j), \mathrm{TF}(w_2, d_j), \cdots, \mathrm{TF}(w_{|V|}, d_j) \right\rangle$$

式（3.1）中的 f_i 可表示为 $f_i = \# w_i = \mathrm{TF}(w_i, d_j)$。

在此基础上，我们将**文档频率**加入上述向量表示中，以降低所有文档中常见词的权重，如下所示：

$$\vec{v}_{\text{tf}-\text{idf}}(d_j) = \left\langle \frac{\mathrm{TF}(w_1, d_j)}{\mathrm{DF}(w_1)}, \frac{\mathrm{TF}(w_2, d_j)}{\mathrm{DF}(w_2)}, \ldots, \frac{\mathrm{TF}(w_{|V|}, d_j)}{\mathrm{DF}(w_{|V|})} \right\rangle \tag{3.3}$$

其中 $f_i = \frac{\mathrm{TF}\left(w_i, d_j\right)}{\mathrm{DF}\left(w_i\right)}$。以 d_1 为例，$f_1 = \frac{\mathrm{TF}\left(w_1, d_1\right)}{\mathrm{DF}\left(w_1\right)} = \frac{4}{3}$。

$\frac{1}{\mathrm{DF}\left(w_i\right)}$ 被称为 w_i 的**逆向文档频率**（Inverse Document Frequency, IDF），因此式（3.3）通常被称为文本文档的 **TF-IDF** 表示。基于 TF 和 IDF，式（3.3）可被改写为：

$$\vec{v}_{\text{tf}-\text{idf}}(d_i) = \langle \mathrm{TF}(w_1, d_i)\mathrm{IDF}(w_1), \mathrm{TF}(w_2, d_i)\mathrm{IDF}(w_2), \cdots, \mathrm{TF}(w_n, d_i)\mathrm{IDF}(w_n) \rangle$$

当 $|D|$ 较大时，IDF 可能会显著超过 TF。为了平衡 TF 和 IDF，我们可以进一步采用对数运算，对 w_i 的 IDF 值进行修正，得到更优的 TF-IDF 向量表示：

$$\mathrm{IDF}\left(w_i\right) = \log \frac{|D|}{\#\left\{d \mid d \in D, w_i \in d\right\}}$$

为方便和表 3.1a 进行对比，表 3.1b 同样也给出了 d_1、d_2、d_3 及 d_4 样本的 TF-IDF 向量。 52

3.1.1 聚类

$\vec{v}_{\text{count}}(d)$ 和 $\vec{v}_{\text{tf-idf}}(d)$ 可以看作文档 d 基于词袋模型的**特征向量**表示，基于计数的向量表示 $\vec{v}_{\text{count}}(d)$ 采用离散特征，而基于 TF-IDF 的向量表示 $\vec{v}_{\text{tf-idf}}(d)$ 采用**实值**特征。将文档 d 转换为特征向量表示 $\vec{v}(d)$ 的过程称为**特征提取**。特征向量是统计自然语言处理模型的基础，可以将非结构化文本与自然语言处理结构映射为数学领域中的向量形式，进而开展计算。本小节将以聚类任务为例，展开讨论。

向量空间距离。基于文档的向量表示，我们可以根据文档在向量空间中的距离计算两个文档之间的语义相似性。向量距离的测量方法多种多样，如图 3.1所示，点 $\vec{x} = \langle x_1, x_2, \cdots, x_n \rangle$ 与点 $\vec{y} = \langle y_1, y_2, \cdots, y_n \rangle$ 之间的欧氏距离为：

$$\text{dis}^{\text{eu}}(\vec{x}, \vec{y}) = \|\vec{y} - \vec{x}\| \sqrt{(x_1 - y_1)^2 + (x_2 - y_2)^2 + \cdots + (x_n - y_n)^2}$$

同理，也可以利用两个文档之间的**余弦相似度**衡量其语义相似度：

$$\cos(\vec{x}, \vec{y}) = \frac{\vec{x} \cdot \vec{y}}{|\vec{x}||\vec{y}|} = \frac{x_1 y_1 + x_2 y_2 + \cdots + x_n y_n}{\sqrt{x_1^2 + x_2^2 + \cdots + x_n^2} \sqrt{y_1^2 + y_2^2 + \cdots + y_n^2}}$$

进而，这两个文档之间的**余弦距离**被定义为：

$$\text{dis}^{\cos}(\vec{x}, \vec{y}) = 1 - \cos(\vec{x}, \vec{y})$$

如图 3.1所示，给定两个向量 $\vec{x}$ 和 $\vec{y}$，欧氏距离测量的是向量之间的长度差异 $|\vec{y} - \vec{x}|$，而余弦距离测量的是向量之间夹角 θ 的大小。向量相似度也可以通过**内积**（即点积）$\vec{x} \cdot \vec{y} = \sum_i x_i y_i = |\vec{x}||\vec{y}| \cos(\vec{x}, \vec{y})$ 实现，例如，当 $\vec{x}$ 与 $\vec{y}$ **正交**时，$\cos(\vec{x}, \vec{y}) = 0$，因此 $\vec{x} \cdot \vec{y} = 0$。余弦距离使用 $\vec{x}$ 和 $\vec{y}$ 的模（$|\vec{x}|$ 和 $|\vec{y}|$）对内积 $\vec{x} \cdot \vec{y}$ 进行归一化，因此，即使文档 $\vec{d_2}$ 只是将文档 $\vec{d_1}$ 的内容复制两遍，它们之间的欧氏距离相差很大，但余弦相似度仍为 1，$\cos(\vec{d_1}, \vec{d_2})$ 等同于 $\cos(\vec{d_1}, \vec{d_1})$。

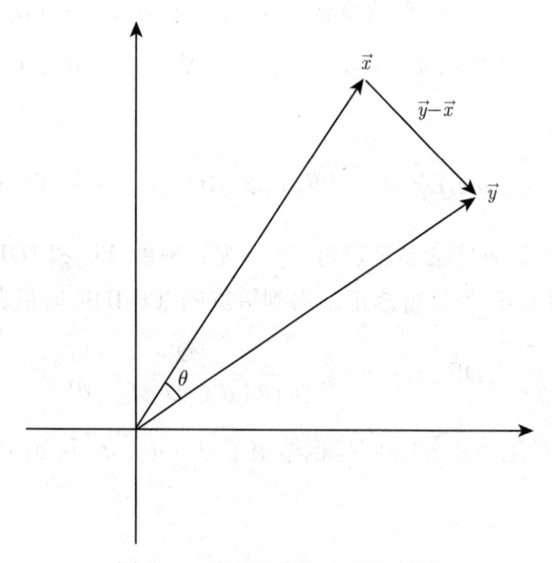

图 3.1　欧氏距离与余弦相似度

距离的度量方法通常是根据特定的向量空间和任务凭经验选择的。本章后半部分将利用欧氏距离作为距离度量。距离度量方式确定之后，我们便可以开展文档**聚类**，即寻找彼此相对接近的向量组。

3.1.2 k 均值聚类

聚类算法多种多样，不同算法的输入条件、输出假设、聚类标准及时间复杂度都各不相同。**k 均值聚类**是一个较为简单的算法，它定义了 k 个簇（类）质心，根据当前点与各个质心的距离将该点分配给一个特定的簇，并对质心和簇中的点进行迭代更新。

算法 3.1描述了 k 均值聚类算法的伪代码，其输入为一组向量空间中的点 $\vec{v}_1, \vec{v}_2, \cdots, \vec{v}_M$，同时需要指定簇数 k，即最终的聚类数目。该算法首先从输入中随机选择 k 个点作为质心，然后开始迭代过程：每轮迭代时，依次遍历每个输入点，计算它和 k 个质心的距离，然后将其分配到距离最近质心所定义的簇；当所有点都指定了簇之后，反过来对于每个簇，将其包括的所有点进行平均，得到新的质心；然后利用新的质心开始下一轮迭代，直到簇结构趋于稳定，最后输出簇聚类结果。

算法 3.1: k 均值聚类算法

```
Inputs: V = {v1, v2, ··· , vM}, K;
Initialisation: clusters = [], centroids = []
for j ∈ [1, ··· , K] do
    clusters.APPEND([]);
    n ← RANDOM(i ∈ [1, ··· , M] and vi ∉ centroids)] ;
    centroids.APPEND(vn);
repeat
    clusters_old ← clusters;
    ▷assign points to clusters;
    for i ∈ [1, ··· , M] do
        j' ← arg max_j DIST(vi, centroids[j]);
        clusters[j'].APPEND(vi);
    ▷calculate centroids;
    for j ∈ [1, ··· , K] do
        centroids[j] ← AVERAGE(clusters[j]);
until clusters = clusters_old;
Outputs: clusters;
```

53 ~ 54

如果我们知道正确的质心，则可以通过测量每个点到所有质心的距离进行点的分配；相反，如果我们知道所有簇所包含的点，也可以直接通过平均运算计算出它们的质心。然而原始情况下，这些条件都是未知的。k 均值聚类的工作原理为随机选择一些质心，通过逐轮迭代，逐步收敛到一组合理的簇结构，在 k 均值聚类算法中，初始质心的选择可能会影响所生成的簇结构，我们将在第 6 章介绍该迭代算法的理论背景。

给定表 3.1b 中的 TF-IDF 向量 d_1、d_2、d_3 及 d_4，2 均值聚类将“小明买了一本书。”，“小明正在读一本书。”及“我看到男孩正在读一本书”这三个句子归为一个簇，将句子“啊，我了解小明。”归为另一个簇。其原因为第一个簇主要讨论“读书”，而第二个簇主要讨论“小明”。类似地，3 均值聚类将会生成三个簇，其中句子“小明买了一本书。”和“小明正在读一本书。”为第一个簇，句子“啊，我了解小明。”为第二个簇，句子“我看到男孩正在读一本书”为第三个簇。第一个簇包含“小明”和“书”相关的信息，第二个簇描述“我”和“小明”之间的关系，而第三个簇与“男孩”有关。

3.1.3 分类

文档聚类不需要人工标注的训练数据来指导模型训练，属于**无监督学习**。朴素贝叶斯分类器则需要人工标注的黄金分类标签作为训练数据，属于**监督学习**。无监督的学习方法人工成本较低，但是完全依赖数据的内部规律限制了该方法的应用场景和实际效果。

假设某人的电子邮件主要包含工作和休闲两类主题，且两类邮件都会涉及一些与旅行相关的邮件。由于我们无法基于词得到文档向量最显著的分布情况，因此利用 2 均值聚类算法难以确定邮件类别属于工作/休闲、旅行/非旅行或者其他二类模式。直观而言，不同特征在不同分类任务中起着不同的作用。例如：若将电子邮件分为旅行类或非旅行类，则“订票”“预约”“航班”等词具有较高的重要性；若将电子邮件分为工作类或休闲类，则仅在工作和休闲电子邮件中出现的特定词反而变得更加重要。基于此，若阿姆斯特丹、伦敦和新加坡为商务旅行的常见目的地，而巴厘岛、曼谷和奥克兰为休闲娱乐的常见目的地，则分类器可能会学会将包含“阿姆斯特丹”“伦敦”和“新加坡”等词的邮件归为工作类，将包含“巴厘岛”“曼谷”和“奥克兰”等词的邮件归为休闲类。

文档聚类算法的信息源仅来自训练文档本身，所有词在文档向量中具有同等的重要性，因此很难执行上述细粒度的分类任务。相比之下，朴素贝叶斯等监督学习方法能够基于人工标注的训练语料为特定分类任务选择重要的词，因此在上述例子中，模型可以区分不同文档类型中城市名称之间的差异。朴素贝叶斯模型可以通过 $P(w|c)$ 计算同一词在不同类别文档中的权重，相较于基于计数的向量以及 TF-IDF 向量，朴素贝叶斯可以进一步联合每个单独的类别标签对词进行分别计数。

55

图 3.2展示了聚类和分类的差异。如图 3.2 所示，不同类别的点散落于两个显著区分的簇中，每个簇中既有属于 A 类的点，也有属于 B 类的点。聚类算法可以对两个主要类别进行划分，但仅根据向量空间距离，很难细粒度地对 A 类或 B 类点进行分离。若其中的点被人工标注为 A 类或 B 类，我们便可以构建一个有监督的分类模型，将文档向量空间划分成两个子空间：一个子空间仅包含 A 类点，另一个仅包含 B 类点。这就是利用人工标注数据对分类器进行监督训练的基本思想，分类的分界面由模型参数定义。测试过程中，若新输入的样本位于 A 类子空间，则模型将其标记为 A 类别，否则标记为 B 类别。

给定文档向量空间及一组标注数据，如果能够找到一个完美划分各类别空间的**超平面**，则这些训练样本是**线性可分割**的。该超平面实际上是高维向量空间中的线性形状，例如二维空间中的线、三维空间中的平面。线性分类模型即是通过超平面来对训练样本进行分类的（下文将该分离超平面简称为分界面）。线性模型能够兼顾准确性和复杂度，在统计自然语言处理任务中最为常见，本节将介绍两个主流线性模型——支持向量机模型与感知机模型。

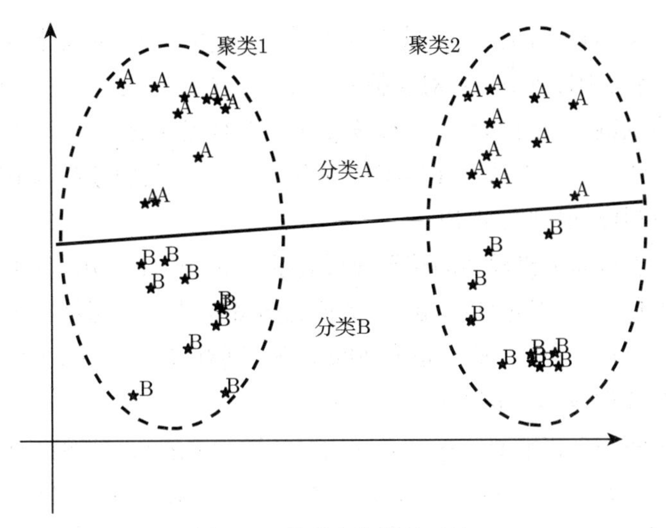

图 3.2 聚类与分类的对比

56

3.1.4 支持向量机

支持向量机（Support Vector Machine，SVM）是一种可用于二元分类的线性模型。如图 3.3a 所示，给定一组分别带有二类标签 + 或 − 的训练样本集，在训练样本线性可分的状态下，样本空间中存在无数个能对训练样本进行分割的超平面，支持向量机的目标在于找到一个最优分界面，使得最近的训练样本与该超平面之间的距离最大。距离超平面最近的训练样本点称为**支持向量**，两个异类支持向量到超平面的距离之和称为分离**间隔**，因此支持向量机是一种**最大间隔**模型，找到具有最大间隔的分离超平面可以最大程度地提升模型在未知测试数据上的泛化性。

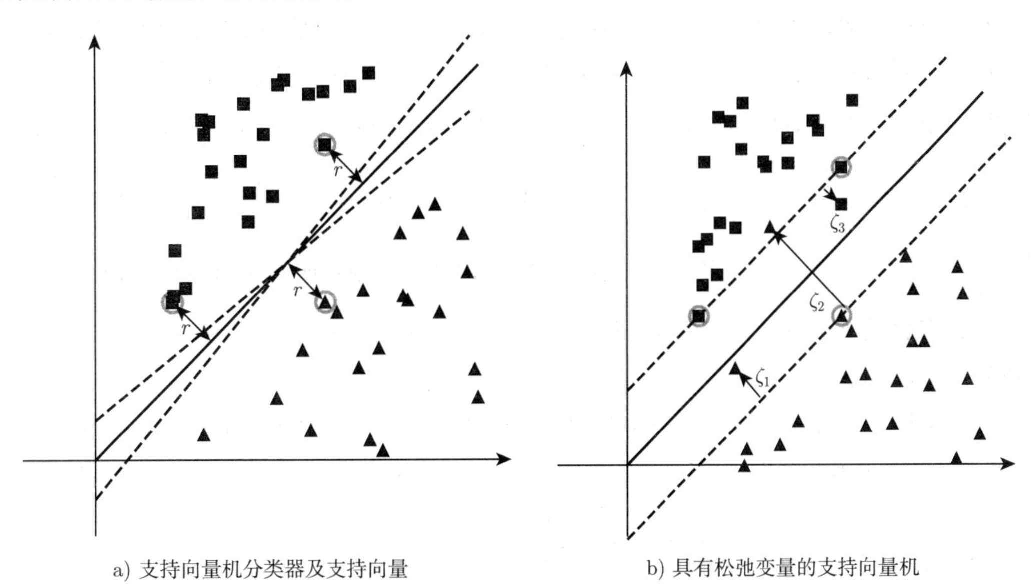

a) 支持向量机分类器及支持向量　　b) 具有松弛变量的支持向量机

图 3.3 支持向量机 (■: + 类 ▲: − 类)

给定训练样本集 $\{(x_i, y_i)\}|_{i=1}^N$，其中 $i \in [1, \cdots, N]$，x_i 为文本等输入数据，y_i 为 $\{+1, -1\}$ 两类黄金类别标签，+1 对应标签 +，−1 对应标签 −。为方便起见，我们将标签 $y_i = +1$ 对应的输入 x_i 记为 x_i^+，标签 $y_i = -1$ 对应的输入 x_i 记为 x_i^-。利用前文提到的基于计数的方法 $\vec{v}_{\text{count}}$ 或基于 TF-IDF 的方法 $\vec{v}_{\text{tf-idf}}$，我们计算每个输入 x_i 的特征向量表示 $\vec{v}(x_i)$，并将其映射到向量空间。

定义超平面。支持向量机模型的超平面可表示为 $\vec{w}^{\mathrm{T}}\vec{v} + b = 0$，其中 $\vec{w}$ 为法向量，在向量空间中垂直于超平面 $\vec{w}^{\mathrm{T}}\vec{v} + b = 0$，$\vec{v}$ 为任意向量变量，b 为截距。模型参数 $(\vec{w}, b)$ 共同定义了超平面的位置。若 x_i^+ 位于超平面的正侧，则有 $\vec{w}^{\mathrm{T}}\vec{v}(x_i^+) + b > 0$，若 x_i^- 位于超平面的负侧，则有 $\vec{w}^{\mathrm{T}}\vec{v}(x_i^-) + b < 0$。

57

事实上，对于同一个超平面，存在无数能对其进行描述和定义的 $(\vec{w}, b)$ 参数对。给定任意一组满足 $\vec{w}^{\mathrm{T}}\vec{v} + b = 0$ 的参数对 $(\vec{w}, b)$，我们都可以通过 $(\alpha\vec{w}, \alpha b)$，$\alpha \neq 0$ 来成比例地改变 $\vec{w}$ 和 b，使得该超平面上的所有点仍满足 $\alpha\vec{w}^{\mathrm{T}}\vec{v} + \alpha b = 0$。因此我们需要选择一对唯一的 $(\vec{w}, b)$ 作为模型参数。支持向量机模型可根据给定的训练数据进行 $(\vec{w}, b)$ 的等比缩放，使得所有支持向量 $\vec{v}(x_s)$ 满足 $|\vec{w}^{\mathrm{T}}\vec{v}(x_s) + b| = 1$，这一缩放变换使训练目标更易于优化。

给定一个训练样本 $\vec{v}(x_i)$，它到分界面 $\vec{w}^{\mathrm{T}}\vec{v} + b = 0$ 的距离为（证明过程请参考习题 3.5）：

$$r = \frac{|\vec{w}^{\mathrm{T}}\vec{v}\,(x_i) + b|}{\|\vec{w}\|}$$

由于所有支持向量 $\vec{v}(x_s)$ 均满足 $|\vec{w}^{\mathrm{T}}\vec{v}(x_s) + b| = 1$，因此支持向量到分界面的距离为：

$$r = \frac{1}{\|\vec{w}\|}$$

寻找超平面。当超平面改变时，支持向量与距离 r 也随之变化，支持向量机的训练目标旨在在所有分界面中找到一个具有最大间隔的超平面。间隔是两个异类支持向量 x_s^+ 和 x_s^- 到超平面的距离之和 $2r$，于是我们可以将问题转化为寻找一个超平面$\vec{w}^{\mathrm{T}}\vec{v} + b = 0$，使其支持向量 $\vec{v}(x_s)$ 所对应的间隔 $2r = \dfrac{2}{\|\vec{w}\|}$ 最大，等价于在 x^+ 和 x^- 位于超平面（即分界面）异侧的条件下，最小化 $\dfrac{1}{2}\|\vec{w}\|^2$。对于任意 x，存在 $r(x) = \dfrac{|\vec{w}^{\mathrm{T}}\vec{v}\,(x) + b|}{\|\vec{w}\|} \geqslant r(x_s) = \dfrac{|\vec{w}^{\mathrm{T}}\vec{v}\,(x_s) + b|}{\|\vec{w}\|} = \dfrac{1}{\|\vec{w}\|}$，即如果超平面能将 x^+ 和 x^- 分开，则对所有 x 有 $|\vec{w}^{\mathrm{T}}\vec{v}\,(x) + b| \geqslant 1$。因此，我们假设所有分界面均满足 $\vec{w}^{\mathrm{T}}\vec{v}\,(x^+) + b \geqslant 1$ 且 $\vec{w}^{\mathrm{T}}\vec{v}\,(x^-) + b \leqslant -1$，这样最终可以得到 $y(\vec{w}^{\mathrm{T}}\vec{v}\,(x) + b) \geqslant 1$。

综上所述，支持向量机模型的训练可以转换为一个约束优化问题，即找到一个超平面 $(\hat{\vec{w}}, \hat{b})$ 使得 $2r$ 最大：

$$\begin{aligned}(\hat{\vec{w}}, \hat{b}) &= \mathop{\arg\min}_{(\vec{w}, b)} \frac{1}{2}\|\vec{w}\|^2 \geqslant \\ \text{s.t. } & y_i\left(\vec{w}^{\mathrm{T}}\vec{v}\,(x_i) + b\right) \geqslant 1, (x_i, y_i) \in D\end{aligned} \tag{3.4}$$

上述训练目标实际上是约束凸二次规划问题，可以通过数值方法求解。我们将在第 4 章中介绍通用的优化框架，这些框架可用于训练支持向量机模型以及本书中提及的大多数模型㊀。

测试场景。在测试时，我们可以通过判断输入向量 x 位于分界面的哪一侧进行分类：若 $\vec{w}^{\mathrm{T}}\vec{v}(x)+b\geqslant 0$，则 x 在 x^{+} 侧，因此标记为 +1，否则标记为 −1。

58

3.1.5 感知机

感知机是另一种用于二元分类的线性模型，其原理与支持向量机相似：给定输入 x、特征映射函数 $\vec{v}(x)$ 及模型参数 $(\vec{w},b)$，根据函数 $\vec{w}^{\mathrm{T}}\vec{v}(x)+b$ 的正负值，可将 x 归为 +1 或 −1 类。为简洁起见，我们用 $z=\mathrm{sign}(\vec{w}^{\mathrm{T}}\vec{v}(x)+b)$ 表示标签输出函数，其中 $z\in\{-1,+1\}$，sign 为符号函数。给定一组训练样本 $\{(x_i,y_i)\}$，其中 $i\in[1,\cdots,n]$，$y_i\in\{-1,+1\}$，感知机算法首先对 $\vec{w}$ 和 b 做全零初始化，然后反复遍历训练样本集，使用当前模型参数预测每个输入 x_i 的类别标签，并和黄金标签进行对比，逐步学习并更新模型参数 $(\vec{w},b)$。若输出 z_i 与黄金标签 y_i 不同，则根据 z_i 和 y_i 来校正模型参数。

感知机模型的伪代码如算法 3.2所示，其中 t 表示当前迭代次数，i 表示当前训练样本索引，T 表示**训练迭代的总次数**。针对每一轮迭代，将当前模型输出 z_i 与黄金标签 y_i 进行对比，若输出正确，则算法跳至下一个训练样本，模型无须更新；若输出不正确，则会根据标签 y_i 更新模型参数，具体更新法则为：（1）若 $y_i=+1$，则将当前 $\vec{w}$ 与特征向量 $\vec{v}(x_i^{+})$ 相加以更新参数 $\vec{w}$，同时参数 b 加 1；（2）若 $y_i=-1$，则将当前 $\vec{w}$ 与特征向量 $\vec{v}(x_i^{-})$ 相减以更新参数 $\vec{w}$，同时参数 b 减 1。

算法 3.2: 感知机训练算法

```
Input: D = {(x_i, y_i)}|_{i=1}^N, y_i ∈ {-1, +1}
Initialisation: ω⃗ ← 0⃗; b ← 0; t ← 0
repeat
    for i ∈ [1, ··· , N] do
        z_i ← Sign(ω⃗^T v⃗(x_i) + b);
        if z_i ≠ y_i then
            ω⃗ ← ω⃗ + v⃗(x_i) × y_i;
            b ← b + y_i;
    t ← t + 1;
until t = T;
```

直观上，感知机的迭代形式为通过校正其自身预测误差来调整模型参数 $(\vec{w},b)$。图 3.4展示了感知机的向量空间。如图 3.4 所示，若 +1 类训练样本 $\vec{v}(x_i^{+})$ 落在超平面 $\vec{w}^{\mathrm{T}}\vec{v}(x)+b=0$ 的负侧，则 $\vec{w}^{\mathrm{T}}\vec{v}\left(x_i^{+}\right)+b<0$，感知机将更新 $\vec{w}$ 值，使超平面向 $\vec{v}(x_i^{+})$ 移动直至越过该点，同时参数 b 加 1，超平面的两个维度同时靠近 $-\infty$，从而使 $\vec{v}(x_i^{+})$ 被正确分类

59

㊀ 支持向量机的传统训练方法为序列最小优化算法（Sequential Minimal Optimisation, SMO），它是用于数值优化的坐标下降法（有关坐标下降法与坐标上升法的具体案例，请参见 6.3 节）。

到超平面的正侧。这一更新形式也可以通过数值进行理解：给定当前模型 $(\vec{w},b)$，若样本 $\vec{v}(x_i^+)$ 存在 $\vec{w}^{\mathrm{T}}\vec{v}\left(x_i^+\right)+b<0$，则模型更新为 $(\vec{w}+\vec{v}^{\mathrm{T}}x_i^+,b+1)$，输出标签 z_i 更新为 $\mathrm{sign}:\left(\vec{w}+\vec{v}\left(x_i^+\right)\right)^{\mathrm{T}},\vec{v}\left(x_i^+\right)+b+1=\left(\vec{w}^{\mathrm{T}}\vec{v}\left(x_i^+\right)+b\right)+\left(\vec{v}\left(x_i^+\right)\right)^2+1$，显然大于初始值 $\vec{w}^{\mathrm{T}}\vec{v}\left(x_i^+\right)+b$。因此，更新后 x_i^+ 更有可能被划分到新超平面的正确一侧。

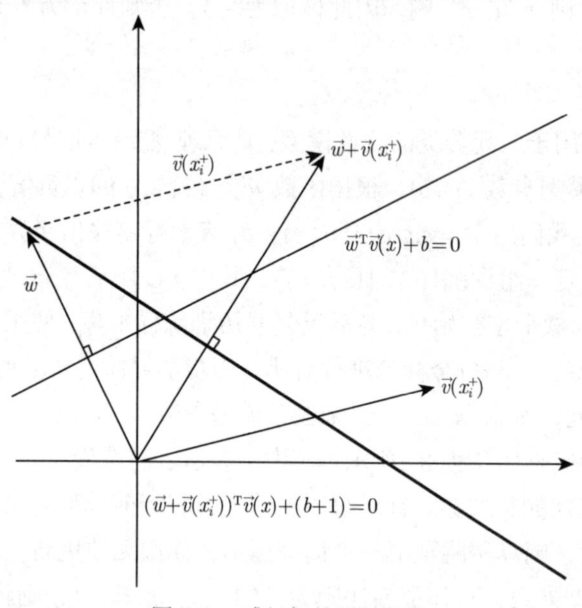

图 3.4 感知机的更新形式

训练迭代次数 T 是感知机算法中的一个超参数，可以通过开发测试数据进行调整。例如，我们可以利用较大的迭代次数（如 100 次）来训练感知机算法，在每轮训练迭代后使用当前模型标记一组开发测试数据并测量其分类准确性，最后在所有这些模型中，选择性能最佳的模型作为最终模型。

与支持向量机相似，感知机算法也可以视为线性最大间隔模型，目标是学习两类训练样本之间的分界面。理论上，若训练数据线性可分，感知机算法可通过有限次更新迭代后找到一组 $(\vec{w},b)$，使得所有训练样本 (x_i,y_i) 满足 $y_i=\mathrm{sign}(\vec{w}^{\mathrm{T}}\vec{v}\left(x_i\right)+b)$。感知机算法可以找到 x^+ 和 x^- 的分离超平面，且精度为 100%。在下一章（第 4 章）中，我们将介绍感知机模型与支持向量机之间的更多联系。

在线学习和批量学习。支持向量机可以对整个训练数据集 D 优化训练目标，因此被称为**批量学习**算法。感知机则利用每一个训练样本对模型参数进行迭代更新，这种训练方式被称为**在线学习**。

60

3.2 多分类

上一节集中讨论了二元分类任务。对于二元分类问题，一个超平面即可完成文档分类，而对于具有两个以上输出类别的多分类任务，则需要一个以上超平面来对向量空间进行划分。一个简单的解决方案为**一对多策略**，即训练 n 个二元分类器以进行 n 元分类，每个分类器充当一个超平面，在剩余文档中对特定类别的文档进行分类。该方案包含多个子模型，对于给定的测试输入，很难保证不同子模型分类结果的一致性，因此存在理论上的不足之处。

更合理的方法是恰当地定义向量空间，使单个超平面也可以执行多分类任务。实际上，我们发现通过使用联合输入和输出表示形成的向量空间替代输入表示的向量空间，便可以达成以上目标。给定一组训练样本 $\{(x_i, c_i)\}, i \in [1, \cdots, N]$，我们联合输入与输出，以 $\vec{v}(x, c)$ 代表向量空间中的各个点，从而将多分类任务建模为在联合向量空间中将错误输出 (x_i, c) 与正确输出 (x_i, c_i) 分离开，其中 $c \neq c_2$。在这种情况下，当前向量空间中只存在两种主要类型的点，因此一个分离超平面就足够了。向量空间如图 3.5所示，其中每个输入文档对应于 $|C|$ 个向量而非一个向量，C 表示输出类标签的集合。对于每个输入文档，$|C|$ 个类标签中只有一个正确，其相应特征向量应位于模型分离超平面的正侧，而剩余的 $|C|-1$ 个特征向量位于负侧。

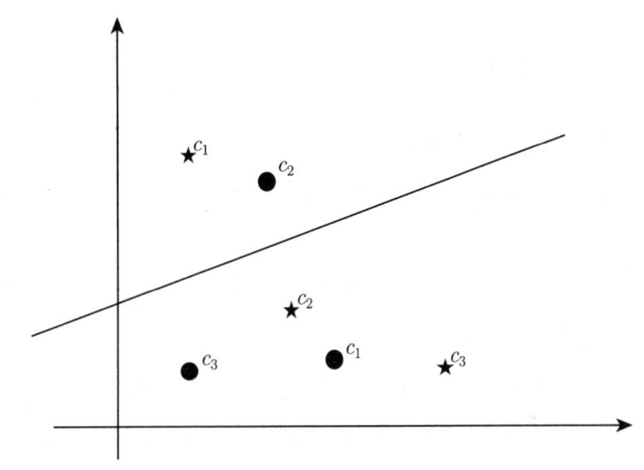

图 3.5 多类别分类（★ 和 ● 代表两个文档，c_1、c_2 及 c_3 为三个类别标签。★ 的黄金标签为 c_1，● 的黄金标签为 c_2）

3.2.1 定义基于输出的特征

我们可以直接在 $\vec{v}(x)$ 与 c 之间建立笛卡儿积，从而将基于输入的特征向量 $\vec{v}(x)$ 扩展为基于输入输出的联合特征向量 $\vec{v}(x, c)$。以基于计数的特征向量 $\vec{v}(d)$ 为例，其基于输入输出的特征向量 $\vec{v}(d, c)$ 具有如下形式：

$$
\begin{aligned}
\vec{v}(d, c) = \langle & \#w_1c_1, \#w_2c_1, \cdots, \#w_{|V|}c_1, \\
& \#w_1c_2, \#w_2c_2, \cdots, \#w_{|V|}c_2, \\
& \cdots \\
& \#w_1c_{|C|}, \#w_2c_{|C|}, \cdots, \#w_{|V|}c_{|C|} \rangle
\end{aligned} \tag{3.5}
$$

其中 $\#wc$ 表示类标签 c 与词 w 在文档 d 中联合出现的次数。

$\vec{v}(x,c)$ 可以被看作复制 $|C|$ 个特定 c 形式的 $\vec{v}(x)$，从而向量空间的维数提高了 $|C|$ 倍，因此在寻找分离超平面时，不同的类别标签不会和同一个 $\vec{v}(x)$ 直接冲突。给定一个文档 d 和一个类标签 c，$\vec{v}(d,c)$ 中唯一的非零值位于与式（3.5）中的 c 对应的行中，并且仅针对词 $w \in d$。假设输入文档为“小明去阿姆斯特丹见小李”，文档类别标签为“工作”，则 $\vec{v}(d,c)$ 具有“小明 | 工作”“去 | 工作”“阿姆斯特丹 | 工作”“见 | 工作”和“小李 | 工作”等 5 个非零值，计数均为 1。

3.2.2 多分类支持向量机

给定一组训练样本 $D=\{(x_i,c_i)\}_{i=1}^N$，我们可以遵循二分类器的定义方式来描述多分类支持向量机。我们将所有 $\vec{v}(x_i,c_i)$ 作为正例，所有 $\vec{v}(x_i,c)$（其中 $c \neq c_i$）作为负例，然后找到一个最能区分这两种类型的超平面，直接应用二分类支持向量机公式，得出以下训练目标：

$$
\begin{aligned}
&\hat{\vec{w}},\hat{b} = \arg\min_{\vec{w},b}\frac{1}{2}\|\vec{w}\|^2 \\
&\text{s.t.} i, x_i \in D \begin{cases} \vec{w}^{\mathrm{T}}\vec{v}(x_i,c_i)+b \geqslant 1 \\ \text{for all } c \neq c_i, \vec{w}^{\mathrm{T}}\vec{v}(x_i,c)+b \leqslant -1 \end{cases}
\end{aligned} \tag{3.6}
$$

其中正例 $\vec{v}(x_i,c_i)$ 对应于式（3.4）中的 $+1$ 类文档 $\vec{v}(x^+)$，负例 $\vec{v}(x_i,c)$（其中 $c \neq c_i$）则对应于式（3.4）中的 -1 类文档 $\vec{v}(x^-)$。在这种情况下，正例和负例的数量之比恒为 $1:|C|-1$。

在测试阶段，针对每个输入 x，模型从所有 $|C|$ 个类别中选择一个最合适的标签。如图 3.5所示，我们需要从所有类别中选择一个满足 $\vec{w}^{\mathrm{T}}\vec{v}(x,c)+b>1$ 的类别 c。然而，由于没有任何理论能限定测试样本的特征向量分布情况，因此一个输入 x 可能存在多个类别标签 c 使得 $\vec{v}(x_i,c)$ 位于分离超平面的正侧。为此，较好的解决方案为选择距离超平面最远的类别，即使得 $\dfrac{\vec{w}^{\mathrm{T}}\vec{v}(x,c)+b}{\|\vec{w}\|}$ 最大，也就是 $\vec{w}^{\mathrm{T}}\vec{v}(x,c)+b$ 最大的类别。

62

将线性模型理解为评分函数。本章 3.1 节从向量空间几何视图的角度对式（3.6）进行了解读，此外，我们还可以从评分函数的角度进行理解。给定模型参数 $\vec{w}$ 和 b，(x,c) 的分数可根据 $\vec{w}$ 和 $\vec{v}(x,c)$ 的按位乘积计算得到：

$$
\text{score}(x,c) = \vec{w}^{\mathrm{T}}\vec{v}(x,c)+b
$$

其中，$\vec{w}$ 中的每个元素均为 $\vec{v}(x,c)$ 中的特定特征赋予一定权重，例如上例中的“阿姆斯特丹 | 工作”，直观上，更具指示性的特征会被赋予更高的权重。给定一个测试输入 x，模型将找到得分最高的类别标签 $\hat{c}$ 作为输出：

$$
\hat{c} = \arg\max_{c \in C}\text{score}(x,c) = \arg\max_{c \in C}\vec{w}^{\mathrm{T}}\vec{v}(x,c)+b
$$

多分类支持向量机训练目标的最终形式。式（3.6）的训练目标为强制所有正例的得分至少为 1，所有负例的得分至高为 -1。然而在现实测试场景中，模型输出往往是得分最高

的类别，因此上述分数约束在训练时可以略微放宽，例如要求对于所有 $x_i \in D$，存在

$$\left(\vec{w}^{\mathrm{T}}\vec{v}\left(x_i, c_i\right)+b\right)-\left(\vec{w}^{\mathrm{T}}\vec{v}\left(x_i, c\right)+b\right) \geqslant 2, c \neq c_i$$

即

$$\vec{w}^{\mathrm{T}}\vec{v}\left(x_i, c_i\right)-\vec{w}^{\mathrm{T}}\vec{v}\left(x_i, c\right) \geqslant 2, c \neq c_i \tag{3.7}$$

显然，若式（3.6）成立，则式（3.7）也成立，但是反之不一定成立。与式（3.6）相比，式（3.7）的要求更为宽松，它仅要求所有黄金类别输出的得分比其相应的错误输出的得分高 2，不会强迫前者大于或等于 1，后者小于或等于 -1。这样的约束在实现上更为容易，并且也足以消除不同的类别标签。给定测试输入 x，我们预测其类别标签为 $\hat{c}=\arg\max_{c'} \vec{w}^{\mathrm{T}}\vec{v}\left(x, c'\right)$，而不用担心 $\vec{w}^{\mathrm{T}}\vec{v}(x, \hat{c})$ 是否大于 0。

实际上，将式（3.7）中的分数间隔由 2 设置为 1，便形成了**多分类支持向量机**的标准最终形式，即找到：

$$\begin{aligned}
&\hat{\vec{w}}=\arg\min_{\vec{w}} \tfrac{1}{2}\|\vec{w}\|^2 \\
&\text{s.t. } \vec{w}^{\mathrm{T}}\vec{v}\left(x_i, c_i\right)-\vec{w}^{\mathrm{T}}\vec{v}\left(x_i, c\right) \geqslant 1, c \neq c_i
\end{aligned} \tag{3.8}$$

其中，偏置项 b 在新的参数集中不再存在，因为我们只关心正例和负例之间的分数差异，而不需要在乎其绝对分数。但是 b 对于二分类支持向量机是必需的，因为输入值的绝对分数将通过符号函数决定输出。

最后需要注意的一点是，多分类支持向量机的使用不像二分类支持向量机或多分类感知机那样频繁，但它为结构化支持向量机提供了理论基础，并且与第 4 章和第 13 章中介绍的多分类感知机以及其他多分类器具有共同的思想。

63

3.2.3 多分类感知机

基于上述思想，二分类感知机算法也可以扩展为多分类感知机，其原理为通过使用基于输入输出的联合特征向量 $\vec{v}(x, c)$ 将向量空间划分为正确的输出子空间和错误的输出子空间，伪代码如算法 3.3所示。给定一组训练样本 $D=\{(x_i, c_i)\}|_{i=1}^N$，首先对参数向量 $\vec{w}$ 进行全零初始化，$\vec{w}$ 的维度大小和 $\vec{v}(x, c)$ 完全相同。利用在线训练算法通过多次迭代遍历 D，并使用当前 $\vec{w}$ 来预测每个输入 x_i 的类别标签 $z_i=\arg\max_{\xi} \vec{w}^{\mathrm{T}}\vec{v}\left(x_i, \xi\right)$，$\xi$ 表示任何可能的输出类别。若 z_i 和 c_i 相等，则本轮无须对模型进行修改；否则，通过添加正确输出 $\vec{v}(x_i, c_i)$ 的特征向量并减去错误预测 $\vec{v}(x_i, z_i)$ 的特征向量，来对模型参数向量 $\vec{w}$ 进行更新。经过 T 次迭代训练后，$\vec{w}$ 的最终值被用作模型参数。与多分类支持向量机相似，多分类感知机也不需要偏置参数 b。

与二分类感知机相似，多分类感知机算法也是通过纠正自身的预测误差来实现最终分类的。我们进一步从评分函数的角度来直观理解多分类感知机的更新形式。当模型 $\vec{w}$ 对训练样本 (x_i, c_i) 预测出错时，必有 $\Delta_i=\operatorname{score}(x_i, c_i)-\operatorname{score}(x_i, z_i)=\vec{w}^{\mathrm{T}}\big(\vec{v}(x_i, c_i)-\vec{v}(x_i, z_i)\big)<0$，也就是 $\vec{w}^{\mathrm{T}}\vec{v}(x_i, z_i)>\vec{w}^{\mathrm{T}}\vec{v}(x_i, c_i)$。采用感知机算法进行参数更新后，$\vec{w}$ 变

为 $\vec{w}+\vec{v}(x_i,c_i)-\vec{v}(x_i,z_i)$，因此新的得分差为 $\big(\vec{w}+\big(\vec{v}(x_i,c_i)-\vec{v}(x_i,z_i)\big)\big)\cdot\big(\vec{v}(x_i,c_i)-\vec{v}(x_i,z_i)\big)=\vec{w}^{\mathrm{T}}\big(\vec{v}(x_i,c_i)-\vec{v}(x_i,z_i)\big)+\|\vec{v}(x_i,c_i)-\vec{v}(x_i,z_i)\|^2>\vec{w}^{\mathrm{T}}\big(\vec{v}(x_i,c_i)-\vec{v}(x_i,z_i)\big)$，其中 $\vec{w}^{\mathrm{T}}\big(\vec{v}(x_i,c_i)-\vec{v}(x_i,z_i)\big)$ 为原始得分差。由此可见，在参数更新后，正确标签 c_i 与错误标签 z_i 之间的分数差值 Δ_i 将进一步增加，若某轮更新后分数差值大于 0，模型将不再选择 z_i 作为输出。

算法 3.3: 多分类感知机

```
Input: D = {(x_i, c_i)}|_{i=1}^N, c_i ∈ C
Initialisation: ω⃗ ← 0⃗; t ← 0;
repeat
    for i ∈ [1, ···, N] do
        z_i ← arg max_ξ ω⃗^T v⃗(x_i, ξ) ;
        if z_i ≠ c_i then
            ω⃗ ← ω⃗ + v⃗(x_i, c_i) − v⃗(x_i, z_i);
    t ← t + 1;
until t = T;
```

64

3.3　线性判别式模型

目前为止，我们已经讨论了三种分类模型，即朴素贝叶斯分类器、支持向量机和感知机。这三个模型利用相同信息源进行分类，即类别分布和词–类关系。支持向量机和感知机模型的参数 $\vec{w}$ 与朴素贝叶斯中的 $P(w|c)$ 具有相似的作用，特征 $\#w_ic$ 的权值大小反映了词 w_i 和类标签 c 之间的关联程度。为了向支持向量机和感知机添加类别分布信息，除了式（3.5）中的特征类型 $\#wc$ 之外，我们还可以添加新的特征类型 $\#c$ 来扩展 $\vec{v}(x,c)$，从而生成 $|V||C|+|C|$ 维的特征向量，这一向量包括所有类标签的枚举：

$$\begin{aligned}\vec{v}(d,c)=\langle&\#c_1,\#c_2,\cdots,\#c_{|c|},\\&\#w_1c_1,\#w_2c_1,\cdots,\#w_{|V|}c_1,\\&\#w_1c_2,\#w_2c_2,\cdots,\#w_{|V|}c_2,\\&\cdots\\&\#w_1c_{|C|},\#w_2c_{|C|},\cdots,\#w_{|V|}c_{|C|}\rangle\end{aligned}\tag{3.9}$$

对于所有类别为 c 的文档 d，式 (3.9) 第一行中与 c 对应的元素值为 1，其他均为 0。相应地，$\vec{w}$ 中的相应权重与朴素贝叶斯中的 $P(c)$ 相似，都表示类别偏置。另一方面，朴素贝叶斯的特征之间具有较强的独立性假设，而支持向量机和感知机则不受此约束。

3.3.1　判别式模型及其特征

与朴素贝叶斯模型不同，支持向量机和感知机模型不通过生成的方式来对输入文本进行分类。给定输入 x 和输出类别 c，支持向量机和感知机模型直接利用特征表示 $\vec{v}(x,c)$ 计算其**模型得分**，因此被称为**判别式模型**。相较于生成模型，判别式模型的最大优势是可以使用词和二元语法特征等重叠特征，从而使特征信息更加丰富。

文本分类的重叠特征。 二元语法特征提供了更具体的文本类别信息，对文本分类任务有重要作用。例如，“世界”和“杯”可能无法明确指示文档类别。但二元语法（bigram）“世界杯”则与“体育”类文档密切相关。同理，“天使”和“轮”没有明显的文档类别倾向，但“天使轮”很大程度上表示“金融”类文本。

对于判别式模型，二元语法特征可以定义在词袋特征之上，于是我们可以得到文档向量 $\vec{v}(d) = \langle w_1, w_2, \cdots, w_{|V|}, bi_1, bi_2, \cdots, bi_{|BI|}\rangle$，其中 bi_i 代表一组特定的二元语法，BI 代表所有不同二元语法特征的集合。例如，基于二元语法特征，表 3.1中的句子“小明买了一本书。”的特征向量为 $\langle f_1 = w_1 = 1, f_2 = w_2 = 0, \cdots, f_{1001} = w_{1001} = 1, \cdots, f_{2017} = w_{2017} = 1, \cdots, f_{8400} = w_{8400} = 1, \cdots, f_{13201} = w_{13201} = 1, \cdots, f_{|V|+1} = bi_1 = 0, \cdots, f_{|V|+108} = bi_{108} = 1, \cdots, f_{|V|+3650} = bi_{3650} = 1, \cdots, f_{|V|+4950} = bi_{4950} = 1, \cdots, f_{|V|+113525} = bi_{113525} = 1, \cdots\rangle$，其中 $w_1, w_{1001}, w_{2017}, w_{8400}$ 和 w_{13201} 分别对应“一本”“书”“买了”“小明”和“。”，而 $bi_{108}, bi_{3650}, bi_{4950}$ 和 bi_{113525} 分别对应二元语法“一本书”“书。”“买了一本”和“小明买了”。二元语法比词更稀疏，因此 $|BI|$ 可能比 $|V|$ 大得多，进而使特征向量更大更稀疏。

65

相应地，特征的类型由 $\#c$、$\#wc$ 和 $\#bic$ 组成，特征向量可以表示为以下形式：

$$\begin{aligned}\vec{v}(x,c) = \langle &\#c_1, \#c_2, \cdots, c_{|C|},\\ &\#w_1c_1, \#w_2c_1, \cdots, \#w_{|V|}c_1,\\ &\#w_1c_2, \#w_2c_2, \cdots, \#w_{|V|}c_2,\\ &\cdots\\ &\#w_1c_{|C|}, \#w_2c_{|C|}, \cdots, \#w_{|V|}c_{|C|},\\ &\#bi_1c_1, \#bi_2c_1, \cdots, \#bi_{|BI|}c_1,\\ &\#bi_1c_2, \#bi_2c_2, \cdots, \#bi_{|BI|}c_2,\\ &\cdots\\ &\#bi_1c_{|C|}, \#bi_2c_{|C|}, \cdots, \#bi_{|BI|}c_{|C|}\rangle \end{aligned} \tag{3.10}$$

特征模板。特征提取可以视为将**特征模板**与输入输出结构进行匹配，然后将其**实例化**的过程。特征模板定义了特征实例的形式，特征向量包含每个特征实例的**数量**。上述分类器包含三个特征模板，即 c，wc 和 $bic = w_1w_2c$。通常，如果特征值在特征实例化过程中不为零，我们就认为**触发**了该特征。复杂的任务可能有数百个特征模板和数十亿个特征实例，但对于给定的输入输出，只有少数能触发特征（值不为零）。

值得注意的是，基于计数的特征无须在特征模板中指定 #（例如，上述 wc）。默认情况下，特征向量中的值为对应特征实例的计数，这些计数是离散的，而 TF-IDF 等实值特征必须在特征模板的定义中明确说明 #。

3.3.2 线性模型的点积形式

通常，我们将特征向量表示为 $\vec{\phi}(x,c)$，将模型参数表示为 $\vec{\theta}$。基于该表示方法，给定输入 x，类别 c 的分数由下式计算：

$$\text{score}(x,c) = \vec{\theta} \cdot \vec{\phi}(x,c) \tag{3.11}$$

其中 $\vec{\phi}(x,c)$ 为 x 和输出类别 c 的**特征向量**，$\vec{\theta}$ 为模型**参数向量**或权重向量。式（3.11）为**线性模型**的一般形式，可以使用支持向量机、感知机或其他方法（我们将在第 4 章中介绍）进行训练。

66

3.4 向量空间与模型训练

直观而言，更多特征意味着更丰富的信息，进而可以提高模型性能。理论上，每个特征对应特征空间中的每一维，因此特征的定义直接决定了特征向量空间的结构。特征数量越多，向量空间的维数越高，这可能会影响数据集的线性可分性。合理的特征向量设计可以实现更优的线性可分性。定义一组有效特征的过程被称为**特征工程**，特征工程往往代价较高。在本节中，我们将讨论向量空间和模型训练。

3.4.1 可分性与泛化性

可分性。目前为止，我们一直假设训练数据是**线性可分**的。从理论上可以证明，对于线性可分的训练数据，支持向量机和感知机的收敛精度能达到 100%。但是，在实际中，无论如何定义文档向量，都很难找到 100%线性可分的数据集。在数据量足够大的情况下，由于自然语言的模糊性，很难设计出可以完美区分不同类别的特征集合。尽管如此，给定适当的特征定义，典型的数据集在很大程度上是线性可分的。训练数据的线性可分程度可以通过测量训练数据上线性模型的分类精度来确定。

正确分离训练实例的能力称为模型的**拟合能力**，拟合能力与可分性不同，可分性反映的是训练数据的性质。具有强大拟合能力的模型可以对难以分类的训练数据进行正确的分类，而线性模型的拟合能力仅限于超平面。在第 13 章中，我们将介绍一些使用任意曲面形状分离向量空间的模型，这些曲面分界面具有更强的拟合能力。

泛化性。可分性还与测试数据的**泛化性**有关。设想在极端情况下，我们定义了一个非常具体的特征向量，该特征向量可以有效地记忆训练数据，从而使模型在训练样本的分类任务中准确率为 100%，但该特征向量可能过于具体，无法泛化到未知的测试数据上——这些特征源于训练数据的特殊性，不适用于未知数据。这一过于拟合训练数据但无法有效区分未知测试数据的现象称为**过拟合**。相反，特征向量可能非常简单，以至于无法捕获对训练数据进行分类所需的必要模式，从而使得模型分类的准确性相当低，这种现象称为**欠拟合**。一个有效的模型不应该在训练数据上过拟合或欠拟合，而应在可分性和泛化性之间取得平衡。测试模型泛化性的通用方法是在一组开发数据上测量其分类准确性。

3.4.2　处理非线性可分数据

当训练数据不再线性可分时，寻找分离超平面的假设 [例如式（3.4）] 不再成立。基于训练数据很大程度上是线性可分的前提，本节将再次考查支持向量机和感知机的性能。[67]

二分类支持向量机。若训练数据不再线性可分，则不存在 $(\vec{w}, b)$ 可满足式（3.4）中用于分离训练样本的约束条件。为解决这一问题，针对所有 (x_i, y_i)，我们将**硬约束** $y\left(\vec{w}^{\mathrm{T}}\vec{v}(x)+b\right) \geqslant 1$ 修改为**软约束** $y\left(\vec{w}^{\mathrm{T}}\vec{v}(x)+b\right) \geqslant 1-\xi$，其中 $\xi_i(i \in [1, \cdots, |D|])$ 为**松弛变量**，取非负值。图 3.3b 展示了支持向量机的松弛变量，其中包含具有非零 ξ 的向量。这些向量由于离超平面过近或在预测错误的一侧，因此违反了分离约束，ξ 取负值时没有意义，因为负值代表预测正确的点。

显然，为了确保训练精度尽可能高，我们必须限制 $\sum_{i=1}^{|D|}\xi_i$ 的值。这一目标可以通过将 $\sum_{i=1}^{|D|}\xi_i$ 添加到训练目标中来实现，即：

$$
\begin{aligned}
&(\vec{w}, b) = \underset{(\vec{w}, b)}{\arg\min} C\sum_i \xi_i + \frac{1}{2}\|\vec{w}\|^2 \\
&\text{s.t. } i, y_i\left(\vec{w}^{\mathrm{T}}\vec{v}\left(x_i\right)+b\right) \geqslant 1-\xi_i,\ \xi_i \geqslant 0
\end{aligned} \tag{3.12}
$$

若 $y_i\left(\vec{w}^{\mathrm{T}}\vec{v}\left(x_i\right)+b\right) \geqslant 1$，因为没有违反可分性，则 $\xi_i=0$；若 $y_i\left(\vec{w}^{\mathrm{T}}\vec{v}\left(x_i\right)+b\right) < 1$，$\xi_i = 1-y_i\left(\vec{w}^{\mathrm{T}}\vec{v}\left(x_i\right)+b\right)$。于是，上述训练目标可以转换为无约束的最小化形式：

$$
(\vec{w}, b) = \underset{(\vec{w}, b)}{\arg\min} C\sum_i \max\left(0, 1-y_i\left(\vec{w}^{\mathrm{T}}\vec{v}\left(x_i\right)+b\right)\right)+\frac{1}{2}\|\vec{w}\|^2 \tag{3.13}
$$

其中 $\max\left(0, 1-y_i\left(\vec{w}^{\mathrm{T}}\vec{v}\left(x_i\right)+b\right)\right)$ 表示 ξ_i 的值，它是非负的，表示违反线性可分性的程度。

多分类支持向量机。与二分类支持向量机相似，松弛变量在多分类支持向量机中仍然可以发挥作用。以 $\vec{\theta}$、$\vec{\phi}$ 表示，引入松弛变量后的训练目标为：

$$
\begin{aligned}
&\hat{\vec{\theta}} = \underset{\vec{\theta}}{\arg\min}\frac{1}{2}\|\vec{\theta}\|^2 + C\left(\sum_{i=1}^{N}\xi_i\right) \\
&\text{s.t. } (x_i, c_i) \in D: \vec{\theta}\cdot\vec{\phi}(x_i, c_i) = \vec{\theta}\cdot\vec{\phi}(x_i, c)+1-\xi_i, c \neq c_i, \xi_i \geqslant 0
\end{aligned} \tag{3.14}
$$

与式（3.13）类似，我们可以将上述训练目标转换成如下无约束的形式：

$$
\hat{\vec{\theta}} = \underset{\vec{\theta}}{\arg\min}\frac{1}{2}\|\vec{\theta}\|^2 + C\left(\sum_{i=1}^{N}\max\left(0, 1-\vec{\theta}\cdot\vec{\phi}(x_i, c_i)+\max_{c\neq c_i}\left(\vec{\theta}\cdot\vec{\phi}(x_i, c)\right)\right)\right) \tag{3.15}
$$

在式（3.15）中，对于所有 $c \neq c_i$，若 $1-\vec{\theta}\cdot\vec{\phi}(x_i, c_i)+\vec{\theta}\cdot\vec{\phi}(x_i, c) < 0$，则 $\max\left(0, 1-\vec{\theta}\cdot\vec{\phi}(x_i, c_i)+\max_{c\neq c_i}\left(\vec{\theta}\cdot\vec{\phi}(x_i, c)\right)\right)$ 的值为 0，否则为 $\max_{c\neq c_i}\left(1-\vec{\theta}\cdot\vec{\phi}(x_i, c_i)+\vec{\theta}\cdot\vec{\phi}(x_i, c)\right)$，即使用违反程度最大的约束。[68]

感知机。感知机属于没有全局学习目标函数的在线学习算法，无论训练数据是否可分，感知机都可以通过校正模型的预测误差来完成最终分类。从理论上可以证明，在训练数据线性不可分的情况下，感知机仍然可以收敛为训练误差较小的模型。

总结

本章介绍了：

- 文档的向量表示。
- 使用支持向量机和感知机算法进行文本二分类。
- 输入–输出对的特征表示。
- 多分类支持向量机和感知机。
- 判别式模型与生成模型。
- 特征对于训练数据可分性的重要性，以及测试数据泛化的重要性。

注释

Salton 等人 (1975) 提出用于表示文本文档的向量空间模型；Luhn(1957) 提出使用频率（TF）进行加权的方法；Jones(1972) 提出利用逆文档频率（IDF）来建模特异性；Salton 和 McGill(1983) 利用 TF-IDF 来表示文档，以进行相似度计算；MacQueen 等人 (1967) 首次引入 k 均值聚类算法并将其用于分类；Cortes 和 Vapnik(1995) 提出支持向量机（SVM）模型；Weston 等人 (1999), Crammer 和 Singer(2001) 将二分类支持向量机扩展到多分类支持向量机；Rosenblatt(1958) 提出了原始的感知机；Novikoff(1962), Minsky 和 Papert(1969) 对感知机进行了一系列理论研究；Jebara(2004) 从理论上讨论了判别式模型和生成模型的学习方式；Medin 和 Schwanenflugel(1981) 在分类任务中分析了线性可分性。

习题

3.1 假设一个文本分类模型共有*动物*和*车辆*两个类别，模型的词表为 { 猫、狗、小轿车、公共汽车、跑得、快、和、坐下 }，训练数据集由三个句子组成："狗跑得快""猫坐下"以及"小轿车和公共汽车跑得快"。其中前两个句子被分类为*动物*，最后一个句子被分类为*车辆*。

（1）使用词袋特征，分别写出三个句子基于记数的向量表示。

（2）使用 2 均值聚类算法，写出训练数据的聚类结果。

（3）计算朴素贝叶斯分类器的所有参数，并使用这些参数来预测每个训练样本以及未知测试样本 "狗坐下" 的标签。

（4）使用多分类支持向量机模型，计算并写出所有训练样本特征向量。若测试样本"狗坐下" 的预测标签为车辆，请写出其特征向量。

69

3.2 根据表 3.1b，验证 3.1.2 节中的 2 均值和 3 均值聚类结果。

3.3 特征向量在数学上可以用数组表示，但另一方面，它们又是高度稀疏的。请讨论使用哈希表来存储特征向量的优点及可能性。比较使用数组数据结构和哈希表数据结构实现特征向量和参数向量来计算支持向量机和感知机模型得分的时间复杂度。

3.4 **K 近邻**（K-Nearest-Neighbor，KNN）算法是一种基于实例的学习方法，无须使用任何模型参数，因此可以用来构造**非参数化**的文本分类器。给定一组输入，K 近邻算法将记录每个样本的特征表示以及各自的输出标签。在测试阶段，给定一个未知输入，K 近邻算法使用特征空间中距其最近的 k 个样本来预测它的输出类别。两个向量之间的距离可以使用欧氏距离来度量，并通过简单投票来决定输出类别。

（1）从理论角度，对比 K 近邻算法和朴素贝叶斯模型的训练和测试速度。

（2）K 近邻算法是否要求训练数据是线性可分的？

（3）k 的选择是否会影响 K 近邻算法的结果？请举例证明。

3.5 证明向量 $\vec{v}_0$ 距离超平面 $\vec{\omega}^{\mathrm{T}}\vec{v}+b=0$ 的距离为：

$$r=\frac{|\vec{\omega}^{\mathrm{T}}\vec{v}_0+b|}{||\vec{\omega}||}$$

（提示：在超平面上寻找一个向量 $\vec{v}_1$，使得向量 $\vec{v}_1-\vec{v}_0$ 垂直于超平面。由于向量位于超平面上，因此 $\vec{v}_1\vec{\omega}^{\mathrm{T}}\vec{v}_1+b=0$，由于 $\vec{v}_1-\vec{v}_0$ 垂直于超平面，因此 $\vec{v}_1-\vec{v}_0=\alpha\vec{\omega}$。通过等式求解出 $\vec{v}_1$，所求距离为 $|\vec{v}_1-\vec{v}_0|$。）

3.6 假设我们已经为文档分类定义了三个特征模板，分别为 c、wc 以及 bic，其中 c 代表文档类别，w 表示词表中的一个词，bi 代表一组二元语法。

（1）对于一个标注好的文档，其特征向量的大小是多少？

（2）假设词表大小为 $|V|$，则理论上二元语法的数量为 $|V|^2$，因此特征向量是巨大的。现实情况中，我们可以仅使用训练数据中存在的特征实例来定义特征向量中的元素，因此特征向量中不会出现未登录词。对于特征模板 c、wc 以及 bic，该方法是如何减少潜在的特征实例数量的？

70

（3）假设使用（2）中方法来定义特征向量，若在未知测试样本中出现了训练数据中没有的特征实例，会发生什么情况？对于该测试样本，分别使用（1）和（2）中定义的特征向量训练得到的感知机模型会预测出不同的类标签吗？

（4）在训练支持向量机和感知机模型时，我们不仅考虑金标训练数据，而且考虑了违反约束的预测错误的样本。相对于金标训练数据中的正样本，这些预测错误的样本称为负样本。直观上，除了（2）中定义的特征向量，这些负样本中也存在额外的特征实例。例如，负样本中的特征实例 $\langle w=$“足球”, $c=$“食物”$\rangle$ 几乎不可能存在于金标的训练数据中。我们把这些特征称为**负特征**。实验证明，使用负特征来增强（2）中定义的特征向量可以使得向量机和感知机模型取得更好的效果。试说明这些负特征能起到作用的原因。

（5）给定一段文本“一只猫坐在垫子上”以及类别“爱好”，试提取其特征实例。（注意，标记解析是必要的预处理步骤。）

（6）给定一段文本“一只猫坐在垫子上”以及类别“体育”，若（5）中的实例为黄金标准样本，则该实例为负样本。试提取该文本的特征实例，其中哪些特征实例可能是负特征？

3.7 回顾第 1 章中介绍的词义消歧任务。给定一个词（例如，门槛）以及它在句子中左右两侧 k 个单词组成的上下文，目标是预测该词在句子中的词义（门框 vs 要求）。给定训练语料 $D=\{(x_i,y_i)\}|_{i=1}^{N}$，其中 $x_i=(w_i,c_i)$，c_i 表示 w_i 的上下文, 我们可以将词义消歧建模为有监督的分类任务。对于词义消歧任务，词袋特征和搭配特征可起到关键作用，词袋特征的特征模板为 $w\in c_i$，搭配特征则有 $2k$ 个不同的特征模板 $w_j^c\in c_i, j\in[-k,-k+1,\cdots,-1,1,2,\cdots,k]$，$j$ 表示目标词与上下文 w_j^c 之间的相对位置。特征模板 w_j^c 也可以表示为 $w\text{Position}(w)$，该表示结合了词及其相对位置索引。例如，给定一个 $k=2$ 的上下文“小明 去 银行 取 钱”，其中特征模板 w_{-2}^c 为“小明”，特征模板 w_2^c 为“钱”。

（1）仅使用词袋特征，为词义消歧任务构建一个朴素贝叶斯分类器。

71

（2）上述模型也可以通过整合搭配特征来进行扩展，从而产生一个“特征袋”朴素贝叶斯模型，其中每个特征实例都是在给定词义的条件下独立生成的。根据经验，更多的特征可以提高模型准确性，但你认为该模型在理论上是完美的吗？为什么？

（3）利用词袋特征和搭配特征处理判别式词义消歧任务，词表大小为 $|V|$，那么 $|C|$ 个词义的特征向量是多少？（提示：组合特征模板共计 $2k+1$ 个。）

（4）更进一步，如果使用上下文中的词性（Part-Of-Speech，POS）标签作为特征，并且总共有 $|L|$ 个不同的词性标签，此时一个特征向量的大小是多少？

3.8 回顾式（3.6）中多分类支持向量机的定义，该定义中包含偏置参数 b，可以作为正类样本的先验。我们也可以为每一个单独的类别 c 设置偏置项 b_c, 从而得到：

$$\hat{\vec{\omega}}=\arg\min_{\vec{\omega}}\frac{1}{2}||\vec{\omega}||^2$$

$$\text{s.t. } i, x_i\in D\begin{cases}\vec{\omega}^{\mathrm{T}}\vec{v}(x_i,c_i)+b_{c_i}\geqslant 1\\ c\neq c_i, \vec{\omega}^{\mathrm{T}}\vec{v}(x_i,c)+b_c\leqslant -1\end{cases}$$

请遵循式（3.7）和式（3.8）的简化过程，推导出具有多个偏置项的多分类支持向量机。这些偏置项对应于朴素贝叶斯模型中的哪些特征？

72

参考文献

Corinna Cortes and Vladimir Vapnik. 1995. Support-vector networks. Machine learning, 20(3):273–297.

Koby Crammer and Yoram Singer. 2001. On the algorithmic implementation of multiclass kernel-based vector machines. Journal of machine learning research, 2(Dec):265–292.

Tony Jebara. 2004. Multi-task feature and kernel selection for svms. In Proceedings of the twenty-first international conference on Machine learning, page 55.

Karen S. Jones. 1972. A statistical interpretation of term specificity and its application in retrieval. Journal of documentation.

Hans Peter Luhn. 1957. A statistical approach to mechanized encoding and searching of literary information. IBM Journal of research and development, 1(4):309-317.

James MacQueen et al. 1967. Some methods for classification and analysis of multivariate observations. In Proceedings of the fifth Berkeley symposium on mathematical statistics and probability, volume 1, pages 281-297. Oakland, CA, USA.

Douglas L. Medin and Paula J. Schwanenflugel. 1981. Linear separability in classification learning. Journal of Experimental Psychology: Human Learning and Memory, 7(5):355.

Marvin Minsky and Seymour Papert. 1969. An introduction to computational geometry. Cambridge tiass., HIT.

ABJ Novikoff. 1962. Integral geometry as a tool in pattern perception. In Principles of Self-Organization, pages 347-368. Pergamon.

Frank Rosenblatt. 1958. The perceptron: a probabilistic model for information storage and organization in the brain. Psychological review, 65(6):386.

Gerard Salton and Michael McGill. 1983. Retrieval evaluation. Introduction to modern information retrieval, pages 157-197.

Gerard Salton, Anita Wong, and Chung-Shu Yang. 1975. A vector space model for automatic indexing. Communications of the ACM, 18(11):613-620.

Jason Weston, Chris Watkins, et al. 1999. Support vector machines for multi-class pattern recognition. In Esann, volume 99, pages 219-224.

判别式线性分类器

前面我们已经介绍了支持向量机和感知机两种判别式文本线性分类器。这两种模型均通过计算输入输出对 (x, y) 的得分 $\text{score}(x, y) = \vec{\theta} \cdot \vec{\phi}(x, y)$ 来实现文本分类，其中 $\vec{\phi}(x, y)$ 为 (x, y) 的特征向量表示，$\vec{\theta}$ 为模型参数。与朴素贝叶斯等生成式模型相比，判别式模型在特征定义上更加灵活，以最小化预测错误为直接训练目标，性能更加准确。在使用判别式模型时，我们一般假定得分高的输出更接近正确结果，但感知机或支持向量机输出的分值没有直观的物理意义，因此缺乏可解释性。相反，朴素贝叶斯模型输出的得分是表示生成输入输出对的联合概率，具有较好的可解释性。

本章将介绍另一种线性判别式模型：对数线性模型。给定输入输出对 (x, y)，对数线性模型直接计算 $P(y|x)$，其输出为具有可解释性的概率得分。此外，本章将进一步基于广义线性判别式模型，对支持向量机、感知机以及对数线性模型进行拓展分析。最后，我们将讨论如何通过模型融合来提升整体性能。

4.1 对数线性模型

回顾朴素贝叶斯分类器，其计算公式为：

$$P(c|d) \propto \prod_{i=1}^{n} P(w_i|c)P(c)$$

基于以上公式，我们的目标是提出一个可解释的概率线性判别式模型，考虑 $P(c|d)$ 的对数形式，我们得到线性模型：

$$\log P(c|d) \propto \sum_{i=1}^{n} \log P(w_i|c) + \log P(c) \tag{4.1}$$

对照式 (3.9)，式 (4.1) 与文本分类任务的判别式线性模型类似：式 (3.9) 利用类别特征 c 与词袋特征 wc 进行计算，这里 $\log P(c)$ 与 $\log P(w_i|c)$ 相当于线性模型的参数向量 $\vec{\theta}$。

多分类对数线性模型。受启发于式 (4.1)，我们可以通过使 $P(y|x)$ 正比于 $\mathrm{e}^{\vec{\theta} \cdot \vec{\phi}(x,y)}$，构造对数线性概率判别式模型，即 $P(y|x)$ 的对数线性模型 $\log P(y|x) \propto \vec{\theta} \cdot \vec{\phi}(x, y)$。由于 $P(y|x) \in [0, 1]$ 且 $\sum_{y \in C} P(y|x) = 1$，我们可以通过输出类别上的正则归一化来生成对数线性模型 $P(y|x)$：

$$P(y|x) = \frac{\mathrm{e}^{\vec{\theta} \cdot \vec{\phi}(x,y)}}{\sum_{y' \in C} \mathrm{e}^{\vec{\theta} \cdot \vec{\phi}(x,y')}} \tag{4.2}$$

其中，C 表示输出类别集合。式 (4.2) 亦可写作：

$$P(y|x) = \text{softmax}_C\left(\vec{\theta} \cdot \vec{\phi}(x, y)\right)$$

其中，softmax 为归一化指数函数，可将 $[-\infty, \infty]$ 区间内的任意输入映射到 $[0, 1]$。

二分类对数线性模型。式 (4.2) 为多分类对数线性模型，针对二分类问题，我们也有专门的函数：

$$\text{sigmoid}(x) = \frac{\mathrm{e}^x}{1 + \mathrm{e}^x}$$

其中，sigmoid 指数函数可将 $[-\infty, \infty]$ 区间内的线性分数映射到 $[0, 1]$，同时 sigmoid 函数可将二元分类器 $\text{score}(y = +1) = \vec{\theta} \cdot \vec{\phi}(x) \in [-\infty, \infty]$ 映射为概率分类器：

$$\begin{aligned} P(y = +1|x) &= \text{sigmoid}\left(\vec{\theta} \cdot \vec{\phi}(x)\right) \\ P(y = -1|x) &= 1 - \text{sigmoid}\left(\vec{\theta} \cdot \vec{\phi}(x)\right) \end{aligned} \tag{4.3}$$

该二分类对数线性模型也被称为**逻辑回归**模型。

对数线性模型的训练。根据上述对数线性模型的定义，我们在训练模型参数 $\vec{\theta}$ 时，希望式 (4.2) 与式 (4.3) 中的分数 $P(\cdot)$ 逼近真实的特征概率。基于此目的，我们可以利用最大似然估计 (Maximum Likelihood Estimation, MLE) 对对数线性模型进行训练。

具体而言，给定训练样本 $D = \{(x_i, y_i)\}|_{i=1}^N$，基于最大似然估计的训练目标为：

$$P(Y|X) = \prod_i P(y_i|x_i) \tag{4.4}$$

相较于第 2 章中的式 (2.1)，式 (4.4) 的目标函数为条件概率 $P(y|x)$，而式 (2.1) 的目标函数为联合概率 $P(x, y)$。这一特点反映了判别式概率模型和生成式概率模型的根本区别——前者根据输入来区分输出的类别，后者通过随机过程同时建模输入和输出。因此，式 (4.4) 的训练目标可视为最大化训练数据的条件似然概率。

4.1.1　二分类对数线性模型的训练

给定 $P(y = +1|x) = \dfrac{\mathrm{e}^{\vec{\theta} \cdot \vec{\phi}(x)}}{1 + \mathrm{e}^{\vec{\theta} \cdot \vec{\phi}(x)}}$，最大似然估计的训练目标为最大化训练数据集 D 的条件输出概率：

$$P(Y|X) = \prod_i P(y_i|x_i) = \prod_{i^+} P = (y = +1|x_i) \prod_{i^-} \left(1 - P(y = +1|x_i)\right)$$

74

其中，i^+ 表示所有满足 $y_i = +1$ 的训练子集，i^- 表示所有满足 $y_i = -1$ 的训练子集。$P(Y|X)$ 表示条件概率，它可以进一步用对数形式展开：

$$
\begin{aligned}
\log P(Y|X) &= \sum_i \log P(y_i|x_i) \\
&= \sum_{i^+} \log P(y=+1|x_{i^+}) + \sum_{i^-} \log\Big(1 - P(y=+1|x_{i^-})\Big) \\
&= \sum_{i^+} \log \frac{\mathrm{e}^{\vec{\theta}\cdot\vec{\phi}(x_{i^+})}}{1+\mathrm{e}^{\vec{\theta}\cdot\vec{\phi}(x_{i^+})}} + \sum_{i^-} \log \frac{1}{1+\mathrm{e}^{\vec{\theta}\cdot\vec{\phi}(x_{i^-})}} \\
&= \sum_{i^+} \Big(\vec{\theta}\cdot\vec{\phi}(x_{i^+}) - \log\big(1+\mathrm{e}^{\vec{\theta}\cdot\vec{\phi}(x_{i^+})}\big)\Big) - \sum_{i^-} \log\big(1+\mathrm{e}^{\vec{\theta}\cdot\vec{\phi}(x_{i^-})}\big) \qquad (4.5)
\end{aligned}
$$

在第 2 章中，我们通过相对频数计数对抛硬币问题推导出了最大似然估计的解析解，推导过程为对模型进行参数求导，并计算导数值为零时的模型参数值。针对对数线性模型，同样也可以采用对模型参数进行求导的形式来求解：

$$
\begin{aligned}
\vec{g} &= \frac{\partial \log P(Y|X)}{\vec{\theta}} \\
&= \sum_{i^+} \Big(\vec{\phi}(x_i) - \frac{\mathrm{e}^{\vec{\theta}\cdot\vec{\phi}(x_i)}}{1+\mathrm{e}^{\vec{\theta}\cdot\vec{\phi}(x_i)}}\vec{\phi}(x_i)\Big) - \sum_{i^-} \Big(\frac{\mathrm{e}^{\vec{\theta}\cdot\vec{\phi}(x_i)}}{1+\mathrm{e}^{\vec{\theta}\cdot\vec{\phi}(x_i)}}\vec{\phi}(x_i)\Big) \\
&= \sum_{i^+} \Big(1 - \frac{\mathrm{e}^{\vec{\theta}\cdot\vec{\phi}(x_i)}}{1+\mathrm{e}^{\vec{\theta}\cdot\vec{\phi}(x_i)}}\Big)\vec{\phi}(x_i) - \sum_{i^-} \Big(\frac{\mathrm{e}^{\vec{\theta}\cdot\vec{\phi}(x_i)}}{1+\mathrm{e}^{\vec{\theta}\cdot\vec{\phi}(x_i)}}\Big)\vec{\phi}(x_i) \\
&= \sum_{i^+} \Big(1 - P(y=+1|x_i)\Big)\vec{\phi}(x_i) - \sum_{i^-} P(y=+1|x_i)\vec{\phi}(x_i) \qquad (4.6)
\end{aligned}
$$

与抛硬币问题不同，式 (4.6) 较难直接获取解析解，必须通过数值模拟的方法寻找近似解。一个简单的数值模拟方法为随机梯度下降 (Stochastic Gradient Descent, SGD)，该方法适用于所有判别式模型，以及本书第三部分将介绍的神经网络模型。

梯度下降。随机梯度下降法是普通梯度下降法的变体，我们首先介绍普通梯度下降法。梯度下降是找到凸面函数最小值的一个简单方法，其思想是在高维空间中，沿着函数在超平面图像上的凹谷逐渐向下爬坡，每一步都沿着最陡峭的方向前进，该方向由目标函数的梯度决定。直观而言，为使训练目标函数最大化，应该选用梯度上升法向上爬坡，但是这里我们对目标函数取负值后再用梯度下降法求最小值，以达到相同目的。本书统一使用梯度下降法。

算法 4.1 是对普通梯度下降算法的形式化定义。给定特定目标函数 $F(\vec{\theta})$ 以及随机起始点 $\vec{\theta_0}$，该算法在每个时刻计算当前梯度 $\vec{g} = \frac{\partial F(\vec{\theta})}{\partial\vec{\theta}}$，并更新 $\vec{\theta}$ 为 $\vec{\theta} - \alpha\vec{g}$，以此进行迭代，其中 $\alpha \in (0,1]$，被称为**学习速率**。当 t 时刻和 $t-1$ 时刻的 $\vec{\theta}$ 值充分接近时（小于一个较小的超参数 ϵ），则模型收敛。

75

学习速率 α 是模型训练的一个超参数，同时影响梯度下降的速度和精度。若 α 过大，算法可能无法收敛到最优值，而在函数某个极值谷底附近反复波动；若 α 过小，则需要耗费大量训练时间才能得到最优值。因此，α 通常需要根据模型在开发数据集上的表现进行选择。

算法 4.1: 梯度下降算法

Inputs: 目标函数 F;
Initialisation: $\vec{\theta}_0 \leftarrow \text{random}()$, $\alpha \leftarrow \alpha_0$, $t \leftarrow 0$;
repeat
  $\vec{g}_t \leftarrow \dfrac{\partial F(\vec{\theta}_t)}{\partial \vec{\theta}_t}$;
  $\vec{\theta}_{t+1} \leftarrow \vec{\theta}_t - \alpha \vec{g}_t$;
  $t \leftarrow t+1$;
until $||\vec{\theta}_t - \vec{\theta}_{t-1}|| < \epsilon$;
Outputs: $\vec{\theta}_t$;

梯度下降可以用于最小化对数线性模型的负对数似然，即 $-\log P(Y|X)$。在每一轮迭代中,根据负对数似然函数对 $\vec{\theta}$ 求导可以计算得到梯度 $\vec{g}_t$,如式 (4.6) 所示,即 $\sum_{i^-} P(y=+1|x_{i^-})\vec{\phi}(x_{i^-}) + \sum_{i^+}\Big(P(y=+1|x_{i^+})-1\Big)\vec{\theta}(x_{i^+})$ 对 $\vec{\theta}$ 求导。算法 4.2 为利用梯度下降训练对数线性模型的伪代码。

算法 4.2: 训练二分类对数线性模型的梯度下降算法

Inputs: $D=\{(x_i,y_i)\}|_{i=1}^N$;
Initialisation: $\vec{\theta}_0 \leftarrow \text{random}()$, $\alpha \leftarrow \alpha_0, t \leftarrow 0$;
repeat
  $\vec{g}_t \leftarrow \vec{0}$;
  for $i \in [1,\cdots,N]$ **do**
    $P(y=+1|x_i) \leftarrow \dfrac{e^{\vec{\theta}_t \cdot \vec{\phi}(x_i)}}{1+e^{\vec{\theta}_t \cdot \vec{\phi}(x_i)}}$;
    if $y_i=+1$ **then**
      $\vec{g}_t \leftarrow \vec{g}_t + \big(P(y=+1|x_i)-1\big)\vec{\phi}(x_i)$;
    else
      $\vec{g}_t \leftarrow \vec{g}_t + P(y=+1|x_i)\vec{\phi}(x_i)$;
  $\vec{\theta}_{t+1} \leftarrow \vec{\theta}_t - \alpha \vec{g}_t$;
  $t \leftarrow t+1$;
until $||\vec{\theta}_t - \vec{\theta}_{t-1}|| < \epsilon$;
Outputs: $\vec{\theta}_t$;

76

随机梯度下降。对于凸目标函数，梯度下降可以收敛到函数的全局最优点。而对于非凸目标函数，梯度下降一般会收敛到某个局部最优点，该局部最优点有可能是全局最优点，取决于 $\vec{\theta}_0$ 的随机初始化值。在具体实践中，梯度下降的计算效率较低。以式 (4.6) 为例，为了训练对数线性模型，每轮迭代需要对整个训练集 D 进行计算以获取 $\vec{g}$，并需要对每个 $P(y_i|x_i)$ 计算梯度后再求和。因此，在大样本上使用梯度下降算法会耗费大量训练时间。

随机梯度下降可缓解梯度下降的时间成本问题，在模型训练的每一轮迭代过程中，随机梯度下降法只计算单个训练样本的**局部目标函数**梯度值并立刻更新模型参数，因此相较于普通梯度下降算法，随机梯度下降的模型参数更新更为频繁。随机梯度下降属于*在线优化算法*，与之对应，普通梯度下降属于*批量优化算法*。算法 4.3 展示了随机梯度下降算法的伪代码。给定单个训练样本的局部目标函数 $F(x, y, \vec{\theta})$，随机梯度下降算法在训练集 D 上进行 T（超参数）轮迭代。对每个训练样本 $(x_i, y_i) \in D$，随机梯度下降法计算 $F(x_i, y_i, \vec{\theta})$ 关于 $\vec{\theta}$ 的梯度值，并用该梯度值更新模型参数向量。直观上，随机梯度下降算法从一个随机初始点开始训练模型 $\vec{\theta}$，基于训练样本进行反复迭代，以期获得目标函数的局部最优解。这种通用的随机梯度下降算法可用于训练本书中所提到的大部分监督学习模型。

算法 4.3: 随机梯度下降算法

Inputs: 目标函数 $F(x, y, \vec{\theta})$，$D = \{(x_i, y_i)\}|_{i=1}^N$;
Initialisation: $\vec{\theta}_0 \leftarrow \text{random}()$, $\alpha \leftarrow \alpha_0$, $t \leftarrow 0$;
repeat
  $\vec{\theta}_{t+1} \leftarrow \vec{\theta}_t$;
  for $i \in [1, \cdots, N]$ **do**
    $\vec{g}_{t,i} \leftarrow \frac{\partial F(x_i, y_i, \vec{\theta}_{t+1})}{\partial \vec{\theta}_{t+1}}$;
    $\vec{\theta}_{t+1} \leftarrow \vec{\theta}_{t+1} - \alpha \vec{g}_{t,i}$;
  $t \leftarrow t + 1$;
until $t = T$;
Outputs: $\vec{\theta}_t$;

利用随机梯度下降训练对数线性模型的伪代码如算法 4.4 所示，其中训练轮次 T 可根据模型在开发数据集上的性能基于经验进行选择。相较于算法 4.2 所描述的批量梯度下降，随机梯度下降算法的模型参数更新设置在内层循环而非外层循环，这使得参数更新更为频繁（即在每个样本训练之后更新参数）。与梯度下降算法类似，随机梯度下降模型的初始化

算法 4.4: 训练二分类对数线性模型的随机梯度下降算法

Inputs: $D = \{(x_i, y_i)\}|_{i=1}^N$;
Initialisation: $\vec{\theta} \leftarrow \vec{0}$, $\alpha \leftarrow \alpha_0$, $t \leftarrow 0$;
repeat
  for $i \in [1, \cdots, N]$ **do**
    $P(y = +1|x_i) \leftarrow \frac{e^{\vec{\theta} \cdot \vec{\phi}(x_i)}}{1 + e^{\vec{\theta} \cdot \vec{\phi}(x_i)}}$;
    if $y_i = +1$ **then**
      $\vec{\theta} \leftarrow \vec{\theta} - \alpha \Big(P(y = +1|x_i) - 1\Big) \vec{\phi}(x_i)$;
    else
      $\vec{\theta} \leftarrow \vec{\theta} - \alpha P(y = +1|x_i) \vec{\phi}(x_i)$;
  $t \leftarrow t + 1$;
until $t = T$;
Outputs: $\vec{\theta}$;

参数值也为随机向量，当然也可以用全零向量初始化 $\vec{\theta}$，从而让结果具有更佳的可复现性。本章所使用的随机梯度下降算法采用全零向量进行初始化。

相较于普通梯度下降法，随机梯度下降法收敛速度更快，但是由于局部参数更新的方向可能会与最小化全局目标函数的方向不一致，因此随机梯度下降不能确保收敛到与梯度下降相同的最优点。理论上可以证明在一定条件下，随机梯度下降可以实现最优解。根据实际经验，与梯度下降相比，随机梯度下降在大部分自然语言处理任务中表现出更强的竞争力。

与感知机对比。算法 4.4 所示的随机梯度下降算法在结构上与算法 3.2 所描述的感知机算法高度相似，唯独参数更新细节有所不同。给定训练样本 x_{i^+}，感知机模型在 $\vec{\theta}\cdot\phi(x_{i^+})<0$ 的情况下用 $\phi(x_{i^+})$ 更新参数，否则不更新，而算法 4.4 则用 $\phi(x_{i^+})\big(1-P(y=+1|x_{i^+})\big)$ 更新参数。直观而言，$P(y=+1|x_{i^+})$ 越小，则参数更新幅度越大。若 $P(y=+1|x_{i^+})=0$，则对数线性模型的参数更新与感知机一致；若 $P(y=+1|x_{i^+})=1$，则对数线性模型不改变 $\vec{\theta}$ 的值，这一点也与感知机一致；但是若 $0<P(y=+1|x_{i^+})<1$，则对数线性模型将根据 $1-P(y=+1|x_{i^+})$ 的值对 $\phi(x_{i^+})$ 加权来更新 $\vec{\theta}$，这比感知机的 0/1 参数更新方式更加细致，$1-P(y=+1|x_{i^+})$ 从一定程度上反映了当前模型的失真程度。同样，针对训练样本 x_{i^-}，我们也可以做类似比较。综上，基于随机梯度下降的对数线性模型及其模型训练过程都具有概率上的可解释性。

小批量随机梯度下降。这种方法是对普通梯度下降算法和随机梯度下降算法的折中，其核心思想是把训练样本 D 分割成若干大小相同的子集 $D_1,D_2,\cdots,D_M$，每个子集包含 N/M 个训练样本，然后基于每个批次分别计算局部目标函数及其对应的梯度值，最后更新模型参数。极端情况下，当 $M=N$ 时，小批量随机梯度下降等同于普通随机梯度下降，当 $M=1$ 时，小批量随机梯度下降就变成了普通梯度下降。因此，批次大小 N/M 控制着优化过程中效率和精度的平衡，它也是模型训练的一个超参数，可以根据实验性能进行调整，最优选择往往是一个经验性问题。算法 4.5 展示了使用小批量随机梯度下降法训练对数线性模型的伪代码，其中 $\left(x_i^j,y_i^j\right)$ 表示 D_j 中的第 i 个训练样本。

数据混排。在利用随机梯度下降或小批量梯度下降算法进行训练时，我们可以对每个轮次的训练数据进行**随机混排**处理，以获得不同的局部更新顺序。根据实际经验，数据混排能够提高模型在某些自然语言处理任务和相关数据集上的性能。

4.1.2 多分类对数线性模型的训练

多分类任务的训练数据由训练样本对 (x_i,y_i) 组成，其中 $y_i\in C$ 且 $|C|\geqslant 2$。如式 (4.2) 所示，利用特征向量 $\vec{\phi}(x_i,y_i)$ 表示通过 (x_i,y_i) 提取的特征，则 $y_i=c(c\in C)$ 的概率为：

77～79

$$P(y_i=c|x_i)=\frac{\mathrm{e}^{\vec{\theta}\cdot\vec{\phi}(x_i,c)}}{\sum_{c'\in C}\mathrm{e}^{\vec{\theta}\cdot\vec{\phi}(x_i,c')}}$$

算法 4.5: 训练二分类对数线性模型的小批量梯度下降算法

Inputs: $D = \{(x_i, y_i)\}|_{i=1}^{N}$;
Initialisation: $\vec{\theta} \leftarrow \text{random}(), \alpha \leftarrow \alpha_0, t \leftarrow 0$;
for $i \in [1, \cdots, M]$ **do**
　$D_i \leftarrow \{(x_j, y_j)\}|_{j=1+\lfloor (i-1)*\frac{N}{M} \rfloor}^{\lfloor i*\frac{N}{M} \rfloor}$;
repeat
　for $i \in [1, \cdots, M]$ **do**
　　$\vec{g} \leftarrow \vec{0}$;
　　for $j \in [1, \cdots, |D_i|]$ **do**
　　　$P(y = +1|x_j^i) \leftarrow \frac{e^{\vec{\theta}_t \cdot \vec{\phi}(x_j^i)}}{1 + e^{\vec{\theta}_t \cdot \vec{\phi}(x_j^i)}}$;
　　　if $y_i = +1$ **then**
　　　　$\vec{g} \leftarrow \vec{g} + \Big(P(y = +1|x_i^j - 1)\Big)\vec{\phi}(x_i^j)$;
　　　else
　　　　$\vec{g} \leftarrow \vec{g} + P(y = +1|x_i^j)\vec{\phi}(x_i^j)$;
　　$\vec{\theta} \leftarrow \vec{\theta} - \alpha\vec{g}$;
　$t \leftarrow t + 1$;
until $t = T$;
Outputs: $\vec{\theta}$;

从而训练数据集 D 的条件似然为：

$$P(Y|X) = \prod_i P(y_i|x_i) = \prod_i \frac{e^{\vec{\theta} \cdot \vec{\phi}(x_i, y_i)}}{\sum_{c \in C} e^{\vec{\theta} \cdot \vec{\phi}(x_i, c)}}$$

对数似然为：

$$\log P(Y|X) = \sum_i \log P(y_i|x_i) = \sum_i \Big(\vec{\theta} \cdot \vec{\phi}(x_i, y_i) - \log\big(\sum_{c \in C} e^{\vec{\theta} \cdot \vec{\phi}(x_i, c)}\big)\Big)$$

与二分类任务相似，梯度下降法、随机梯度下降法和小批量梯度下降法都可以用于训练多分类对数线性模型。下面我们主要围绕随机梯度下降法展开讨论。

给定训练样本 (x_i, y_i)，其对数似然为：

$$\vec{\theta} \cdot \vec{\phi}(x_i, y_i) - \log\big(\sum_{c \in C} e^{\vec{\theta} \cdot \vec{\phi}(x_i, c)}\big)$$

其关于 $\vec{\theta}$ 的局部梯度为：

$$\begin{aligned}\vec{g} = \frac{\partial \log P(y_i|x_i)}{\partial \vec{\theta}} &= \vec{\phi}(x_i, y_i) - \frac{\sum_{c \in C} e^{\vec{\theta} \cdot \vec{\phi}(x_i, c)} \cdot \vec{\phi}(x_i, c)}{\sum_{c' \in C} e^{\vec{\theta} \cdot \vec{\phi}(x_i, c')}} \\ &= \sum_{c \in C} \big(\vec{\phi}(x_i, y_i) - \vec{\phi}(x_i, c)\big) \frac{e^{\vec{\theta} \cdot \vec{\phi}(x_i, c)}}{\sum_{c' \in C} e^{\vec{\theta} \cdot \vec{\phi}(x_i, c')}} \end{aligned} \tag{4.7}$$

$$= \sum_{c \in C} \left(\vec{\phi}(x_i, y_i) - \vec{\phi}(x_i, c)\right) P(y = c|x_i)$$

算法 4.6 展示了基于随机梯度下降算法训练多分类对数线性模型的伪代码。

算法 4.6: 训练多分类对数线性模型的随机梯度下降算法

Inputs: $D = \{(x_i, y_i)\}|_{i=1}^{N}$;
Initialisation: $\vec{\theta} \leftarrow \vec{0}$, $\alpha \leftarrow \alpha_0$, $t \leftarrow 0$;
repeat
  for $i \in [1, \cdots, N]$ **do**
    $\vec{g} \leftarrow \vec{0}$;
    for $c \in C$ **do**
      $P(y = c|x_i) \leftarrow \dfrac{\mathrm{e}^{\vec{\theta} \cdot \vec{\phi}(x_i, c)}}{\sum_{c'} \mathrm{e}^{\vec{\theta} \cdot \vec{\phi}(x_i, c')}}$;
      $\vec{g} \leftarrow \vec{g} + \left(\vec{\phi}(x_i, c) - \vec{\phi}(x_i, y_i)\right) P(y = c|x_i)$;
    $\vec{\theta} \leftarrow \vec{\theta} - \alpha \vec{g}$;
  $t \leftarrow t + 1$;
until $t = T$;
Outputs: $\vec{\theta}$;

80

与感知机对比。算法 4.6 在结构上与算法 3.3 所描述的多分类感知机算法高度相似，两个算法均利用标注数据 y_i 和类别标签 c 之间的特征向量差值 $\vec{\phi}(x_i, y_i) - \vec{\phi}(x_i, c)$ 进行模型参数 $\vec{\theta}$ 的更新，其中，$c \neq y_i$。其主要区别包含两个方面：首先，对数线性模型利用所有 $c \neq y_i$ 的分类标签来更新 $\vec{\theta}$，而感知机模型只利用模型预测结果 $z_i = \arg\max_c \vec{\theta} \cdot \vec{\phi}(x_i, c)$ 进行参数更新；其次，对数线性模型利用 $P(y = c|x_i)$ 对差值向量 $\vec{\phi}(x_i, y_i) - \vec{\phi}(x_i, c)$ 做额外加权。直观而言，错误分类 c 的输出概率越大，参数更新的幅度也应越大。在极端情况下，当 $P(c|x_i) = 1$ 时，对数线性模型的更新模式和感知机模型相同。利用 $P(c|x_i)$ 和所有错误分类输出进行联合训练，可使得对数线性模型获得更加细粒度的参数更新模式，同时也使模型的输出得分 $\vec{\theta} \cdot \vec{\phi}(x_i, y_i)$ 具有了概率可解释性。

4.1.3 利用对数线性模型进行分类

给定测试输入 x，对数线性模型通过计算 $\hat{y} = \arg\max_{y \in C} P(y|x)$ 或 $\arg\max_{y \in C} \vec{\theta} \cdot \vec{\phi}(x, y)$ 进行预测，其测试场景与支持向量机以及感知机模型相同。

4.2 基于随机梯度下降法训练支持向量机

第 3 章介绍了支持向量机模型，随机梯度下降法作为通用优化方法，也可用于支持向量机的训练。本节将分别介绍如何利用随机梯度下降法训练二分类和多分类支持向量机，同时证明基于随机梯度下降法训练支持向量机与感知机的训练方式存在内在联系，我们也将进一步发掘并讨论感知机训练算法的优化目标。

4.2.1 二分类支持向量机的训练

如第 3 章所述，给定 $D=\{(x_i,y_i)\}|_{i=1}^N$，带松弛变量的二分类支持向量机的训练目标为最小化 $\frac{1}{2}||\vec{\omega}||^2+C\sum_i \max\big(0,1-y_i(\vec{\omega}\cdot\vec{\phi}(x_i)+b)\big)$。为方便论述，我们忽略 b[㊀]，并将模型记为 $\text{score}(x_i)=\vec{\theta}\cdot\vec{\phi}(x_i)$，于是训练目标简化为最小化 $\frac{1}{2}||\vec{\theta}||^2+C\sum_i \max\Big(0,1-y_i\big(\vec{\theta}\cdot\vec{\phi}(x_i)\big)\Big)$，等价于：

$$\sum_i \max\Big(0,1-y_i\big(\vec{\theta}\cdot\vec{\phi}(x_i)\big)\Big)+\frac{1}{2}\lambda||\vec{\theta}||^2 \tag{4.8}$$

81

其中，λ 为模型超参数，相当于前式中的 C。

由于存在 max 函数，式 (4.8) 是不可导的，我们可以利用次梯度来近似梯度计算。具体而言，对每个训练样本 (x_i,y_i)，局部训练目标函数 $\max\Big(0,1-y_i\big(\vec{\theta}\cdot\vec{\phi}(x_i)\big)\Big)+\frac{1}{2}\lambda||\vec{\theta}||^2$ 关于 $\vec{\theta}$ 的导数为：

$$\begin{cases}\lambda\vec{\theta} & \text{若}1-y_i\Big(\vec{\theta}\cdot\vec{\phi}(x_i)\Big)\leqslant 0\\ \lambda\vec{\theta}-y_i\vec{\phi}(x_i) & \text{其他情况}\end{cases}$$

伪代码如算法 4.7 所示。

算法 4.7: 训练二分类支持向量机的随机梯度下降算法

Inputs: $D=\{(x_i,y_i)\}|_{i=1}^N$;
Initialisation: $\vec{\theta}\leftarrow\vec{0}$, $\alpha\leftarrow\alpha_0$, $t\leftarrow 0$;
repeat
  for $i\in[1,\cdots,N]$ **do**
    if $y_i\vec{\theta}\cdot\vec{\phi}(x_i)<1$ **then**
      $\vec{\theta}\leftarrow\vec{\theta}-\alpha\Big(\lambda\vec{\theta}-y_i\vec{\phi}(x_i)\Big)$;
    else
      $\vec{\theta}\leftarrow\vec{\theta}-\alpha\lambda\vec{\theta}$;
  $t\leftarrow t+1$;
until $t=T$;
Outputs: $\vec{\theta}$;

与感知机对比。算法 4.7 在调整模型参数时，通过对 $\vec{\theta}$ 增加 $\vec{\phi}(x_{i^+})$ 或减去 $\vec{\phi}(x_{i^-})$ 进行更新，这一点与第 3 章的感知机算法高度相似。不过，二者存在三个主要区别：首先，感知机模型根据是否存在 $y_i\Big(\vec{\theta}\cdot\vec{\phi}(x_i)\Big)<0$ 作为参数更新的条件，而支持向量机则根据是否存在 $y_i\Big(\vec{\theta}\cdot\vec{\phi}(x_i)\Big)\leqslant 1$ 进行参数更新；其次，支持向量机在每个样本的训练过程中会从模型参数减去 $\lambda\vec{\theta}$，而感知机不需要，这一点我们将在 4.3.3 节展开讨论；最后，支持向量机使用**学习速率**α 控制参数更新速度，而感知机模型隐式地采用 1 作为学习速率。

㊀ 实验证明，当特征向量 $\vec{\phi}(x)$ 的表达能力较强时，忽略偏置项不会导致模型性能的损失。若偏置项为必需项，我们可以给 $\vec{\phi}(x)$ 添加额外的常数 1 作为特征，以实现与原始得分函数相同的效果，对应的权重 $\vec{\theta}$ 起到了 b 的作用。

4.2.2　多分类支持向量机的训练

如第 3 章所述，多分类支持向量机的训练目标为最小化：

$$\frac{1}{2}||\vec{\theta}||^2 + C\sum_i \max\left(0, 1 - \vec{\theta}\cdot\vec{\phi}(x_i, y_i) + \max_{c\neq y_i}\vec{\theta}\cdot\vec{\phi}(x_i, c)\right) \tag{4.9}$$

82

等同于最小化：

$$\sum_i \max\left(0, 1 - \vec{\theta}\cdot\vec{\phi}(x_i, y_i) + \max_{c\neq y_i}\vec{\theta}\cdot\vec{\phi}(x_i, c)\right) + \frac{1}{2}\lambda||\vec{\theta}||^2 \tag{4.10}$$

其中 $(x_i, y_i) \in D$，$\lambda = \dfrac{1}{C}$。

为了优化目标函数，对每个训练样本 (x_i, y_i) 的训练目标函数关于 $\vec{\theta}$ 求导得：

$$\begin{cases} \lambda\vec{\theta} & \text{若} 1 - \vec{\theta}\cdot\vec{\phi}(x_i, y_i) + \vec{\theta}\cdot\vec{\phi}(x_i, z_i) \leqslant 0 \\ \lambda\vec{\theta} - (\vec{\phi}(x_i, y_i) - \vec{\phi}(x_i, z_i)) & \text{其他情况} \end{cases} \tag{4.11}$$

其中 $z_i = \arg\max_{c\neq y_i}\vec{\theta}\cdot\vec{\phi}(x_i, c)$㊀。基于随机梯度下降的多分类支持向量机伪代码如算法 4.8 所示。

算法 4.8: 训练多分类支持向量机的随机梯度下降算法

Inputs: $D = \{(x_i, y_i)\}|_{i=1}^N, y_i \in C$;
Initialisation: $\vec{\theta} \leftarrow 0$, $t \leftarrow 0$;
repeat
    for $i \in [1, \cdots, N]$ **do**
        $\vec{g} \leftarrow \vec{0}$;
        $z_i \leftarrow \arg\max_{c\neq y_i}\vec{\theta}\cdot\vec{\phi}(x_i, c)$;
        if $\vec{\theta}\cdot\vec{\phi}(x_i, y_i) - \vec{\theta}\cdot\vec{\phi}(x_i, z_i) < 1$ **then**
            $\vec{g} \leftarrow \vec{g} - (\vec{\phi}(x_i, y_i) - \vec{\phi}(x_i, z_i))$;
        $\vec{\theta} \leftarrow \vec{\theta} - \alpha(\vec{g} + \lambda\vec{\theta})$;
    $t \leftarrow t + 1$;
until $t = T$;
Outputs: $\vec{\theta}$;

与感知机对比。算法 4.8 调整模型参数 $\vec{\theta}$ 时，在特定条件下增加了 $\vec{\phi}(x_i, y_i) - \vec{\phi}(x_i, z_i)$ 这一项，这点与感知机算法相似。二者的主要区别为以下三个方面：首先，支持向量机的参数更新条件为 $\vec{\theta}\cdot\vec{\phi}(x_i, y_i) - \vec{\theta}\cdot\vec{\phi}(x_i, z_i) \leqslant 1$，而感知机的参数更新条件为 $\vec{\theta}\cdot\vec{\phi}(x_i, y_i) - \vec{\theta}\cdot\vec{\phi}(x_i, z_i) < 0$；其次，支持向量机的参数更新包含 $-\lambda\vec{\theta}$；最后，支持向量机利用学习速率 α 来控制参数更新的快慢。

㊀ 极少数情况下，两个输出有相同的最大分数，此时可随机选择一个作为 z_i。预测过程中也适用同样的方式。

4.2.3 感知机训练的目标函数

通过在全局目标函数上使用随机梯度下降法，我们获得了基于在线学习的支持向量机和对数线性模型，两者均与感知机训练算法有较大的相似之处。基于此，我们自然而然地联想到以下问题：感知机更新是否也可被视为目标函数基于随机梯度下降的训练方式？答案是肯定的。根据支持向量机和感知机参数更新的相似性，二分类感知机更新可以看作最小化以下训练目标的次梯度：

83

$$\max\Big(0, -y_i\big(\vec{\theta}\cdot\vec{\phi}(x_i)\big)\Big)$$

其对应的全局目标函数为最小化：

$$\sum_{i=1}^{N}\max\Big(0, -y_i\big(\vec{\theta}\cdot\vec{\phi}(x_i)\big)\Big)$$

对于多分类任务，我们也可以推导出类似的全局目标函数：

$$\sum_{i=1}^{N}\max\Big(0, -\vec{\theta}\cdot\vec{\phi}(x_i, y_i)+\vec{\theta}\cdot\vec{\phi}\big(x_i, \arg\max_c\vec{\theta}\cdot\vec{\phi}(x_i, c)\big)\Big)$$

4.3 广义线性模型

以上对支持向量机、感知机和对数线性模型的研究，表明这类模型可被视为广义线性分类模型的三个具体实例，模型由参数向量 $\vec{\theta}$ 定义，$\vec{\theta}$ 与特征向量 $\vec{\phi}$ 具有相同的维数。给定任意测试输入 x，模型利用点积 $\vec{\theta}\cdot\vec{\phi}$ 计算类别标签 y：针对二分类任务，$y=\textsc{Sign}(\vec{\theta}\cdot\vec{\phi}(x))$；针对多分类任务，$y=\arg\max_c\vec{\theta}\cdot\vec{\phi}(x, c)$。

如图 4.1 所示，广义线性分类器接受多个与特征相对应的输入信号，并生成一个（二分类任务）或多个（多分类任务）输出分数。给定输入特征向量 $\vec{\phi}$，模型首先通过点积 $\vec{\theta}\cdot\vec{\phi}$ 计算输出得分。对数线性模型进一步利用 sigmoid 或 softmax 函数在 $\vec{\theta}\cdot\vec{\phi}$ 基础上得到二分类或多分类概率输出，这两个函数又被称为**激活函数**，可将 $\vec{\theta}\cdot\vec{\phi}$ 映射为概率形式的 $f(\vec{\theta}\cdot\vec{\phi})$。感知机和支持向量机利用恒等线性激活函数 $f(x)=x$，相比之下，sigmoid 和 softmax 为非线性激活函数。激活函数仅应用于得分值的概率化，只影响训练目标，不影响测试输出，因此非线性激活函数不会导致分类器的非线性化。我们将在第 13 章讨论分类任务的非线性模型。广义线性模型也被称为广义感知机模型，这一点也将在第 13 章展开讨论。

84

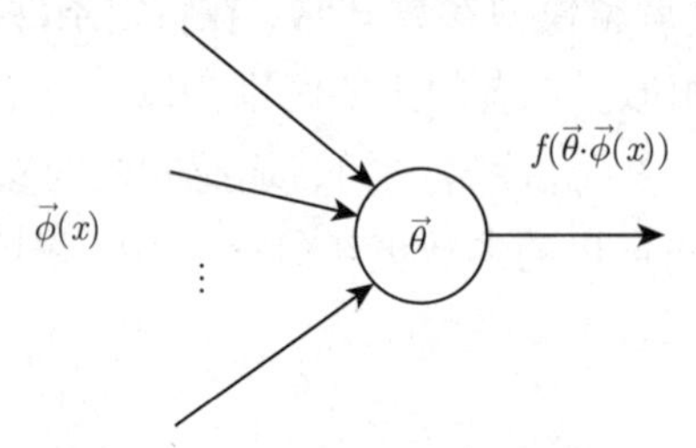

图 4.1 广义的线性分类模型

给定一组训练数据，广义线性模型利用输出的标注数据估计模型参数 $\vec{\theta}$，支持向量机、感知机和对数线性模型的区别主要体现在训练方式上，下面我们将介绍广义线性模型的训练算法，并讨论各个模型之间的相关性。

4.3.1 统一在线训练

算法 4.9 总结了感知机模型（算法 3.2 和算法 3.3）、对数线性模型（算法 4.4 和算法 4.6）和支持向量机（算法 4.7 和算法 4.8）的在线学习算法。给定一组训练数据 $D = \{(x_i, y_i)\}|_{i=1}^N$，算法对训练数据集 D 进行 T 轮迭代，遍历每个训练样本 (x_i, y_i)，并根据当前模型参数 $\vec{\theta}$，即 $\text{LocalUpdate}(x_i, y_i, \vec{\theta})$，计算局部更新向量 $\vec{g}_i^t$。正如前文所述，局部更新向量本质上是样本 (x_i, y_i) 上目标函数对 $\vec{\theta}$ 的梯度。支持向量机和对数线性模型会进一步利用学习速率 α 进行参数更新。在计算 $\vec{g}_i^t$ 后，通过在原始 $\vec{\theta}$ 上增加 $\vec{g}_i^t$，实现基于单个训练样本 (x_i, y_i) 的模型参数更新。总迭代轮数 T 是一个超参数，可以根据模型在开发数据集上的性能进行调整。

算法 4.9: 广义线性模型的在线学习算法

```
Inputs: D = {(x_i, y_i)}|_{i=1}^N;
Initialisation: θ ← random(), t ← 0;
repeat
    for i ∈ [1, ··· , N] do
        g_i^t ← LocalUpdate(x_i, y_i, θ);
        θ ← θ + g_i^t;
    t ← t + 1;
until t = T;
Outputs: θ;
```

表 4.1 总结了二分类和多分类情况下三个特定线性模型的 $\text{LocalUpdate}(x_i,\ y_i,\ \vec{\theta})$ 函数，模型之间的差异源于不同的训练目标函数，我们将在下两小节中进一步讨论。

4.3.2 损失函数

损失函数。表 4.2 总结了支持向量机、感知机和对数线性模型在二分类和多分类任务下的训练目标，这些训练目标均可视为在训练集上最小化不同形式的**损失函数**，这些损失函数反映了一组训练样本的期望得分与模型输出得分之间的差异。具体地，若忽略 $\frac{1}{2}\lambda||\vec{\theta}||^2$ 项（此点将在 4.3.3 节详细阐述），我们发现支持向量机和感知机的损失函数是相似的，即当 $\vec{\theta} \cdot \vec{\phi}$ 相对于人工标注的正实例样本足够大时，其值为 0，当 $\vec{\theta} \cdot \vec{\phi}$ 减小到某阈值时，其值线性增加，我们称这种损失函数为**合页损失**。相对地，对数似然函数的损失函数为**对数似然损失**，其值永远不为 0。

图 4.2 展示了二分类任务下不同损失函数之间的对比，其中 x 轴表示 $y_i\big(\vec{\theta} \cdot \vec{\phi}(x_i)\big)$ 的值，y 轴表示损失值。若模型赋予 x^+ 较大的正分数，赋予 x^- 较大（绝对值）的负分数，则所有模型的损失值趋于 0；相反，若 x^+ 分数较低，x^- 分数较高，则损失显著增加。这

表 4.1　支持向量机、感知机和对数线性模型的 LocalUpdate(x_i, y_i, $\vec{\theta}$) 函数

类型	模型	更新规则
二分类	感知机	$y_i\vec{\phi}(x_i)$若$y_i\left(\vec{\theta}\cdot\vec{\phi}(x_i)\right)<0$
	支持向量机	$\begin{cases}\alpha y_i\vec{\phi}(x_i)-\alpha\lambda\vec{\theta} & \text{若}y_i\left(\vec{\theta}\cdot\vec{\phi}(x_i)\right)\leqslant 1\\ -\alpha\lambda\vec{\theta} & \text{其他情况}\end{cases}$
	对数线性模型	$\begin{cases}\alpha\big(1-P(y=+1\mid x_i)\big)\vec{\phi}(x_i) & \text{若}y_i=+1\\ \alpha\big(-P(y=+1\mid x_i)\big)\vec{\phi}(x_i) & \text{其他情况}\end{cases}$
多分类	感知机	$\vec{\phi}(x_i,y_i)-\vec{\phi}(x_i,z_i)$　若$z_i\neq y_i$ $z_i=\arg\max_c\vec{\theta}\cdot\vec{\phi}(x_i,c)$
	支持向量机	$\begin{cases}\alpha\left(\vec{\phi}(x_i,y_i)-\vec{\phi}(x_i,c)\right)-\alpha\lambda\vec{\theta} & \text{若}\vec{\theta}\cdot\vec{\phi}(x_i,y_i)-\vec{\theta}\cdot\vec{\phi}(x_i,z_i)\leqslant 1\\ -\alpha\lambda\vec{\theta} & \text{其他情况}\end{cases}$ $z_i=\arg\max_{c\neq y_i}\vec{\theta}\cdot\vec{\phi}(x_i,c)$
	对数线性模型	$\alpha\sum_c\big(\vec{\phi}(x_i,y_i)-\vec{\phi}(x_i,c)\big)P(y=c\mid x_i)$

表 4.2　支持向量机、感知机和对数线性模型的损失函数

类型	模型	损失函数
二分类	感知机	$\sum_{i=1}^N\max\left(0,-y_i\vec{\theta}\cdot\vec{\phi}(x_i)\right)$
	支持向量机	$\sum_{i=1}^N\max\left(0,1-y_i\vec{\theta}\cdot\vec{\phi}(x_i)\right)+\frac{1}{2}\lambda\Vert\vec{\theta}\Vert^2$
	对数线性模型	$\sum_{i=1}^N\log(1+\mathrm{e}^{-y_i\vec{\theta}\cdot\vec{\phi}(x_i)})$
多分类	感知机	$\sum_{i=1}^N\max\Big(0,-\vec{\theta}\cdot\vec{\phi}(x_i,y_i)+\vec{\theta}\cdot\vec{\phi}\big(x_i,\arg\max_c\vec{\theta}\cdot\vec{\phi}(x_i,c)\big)\Big)$
	支持向量机	$\sum_{i=1}^N\max\Big(0,1-\vec{\theta}\cdot\vec{\phi}(x_i,y_i)+\max_{c\neq y_i}\vec{\theta}\cdot\vec{\phi}(x_i,c)\Big)+\frac{1}{2}\lambda\Vert\vec{\theta}\Vert^2$
	对数线性模型	$\sum_{i=1}^N\left(\log\left(\sum_c\mathrm{e}^{\vec{\theta}\cdot\vec{\phi}(x_i,c)}\right)-\vec{\theta}\cdot\vec{\phi}(x_i,y_i)\right)$

表明所有模型的训练目标均为给 x^+ 高分，给 x^- 低分，但不同模型的损失函数形状不同。具体而言，只要正样本获得正分数，负样本获得负分数，感知机对训练结果就是“满意的”，在这种情况下，模型损失值为 0。但是，若正样本获得负分数，那么感知机的损失将视绝对分数而定。支持向量机的目标更为严格，只有当正样本的得分大于 1 时，支持向量机才对

训练结果“满意”。当正样本的得分趋于无穷时，对数似然损失趋于 0，但绝不为 0。感知机和支持向量机的损失函数都有显著的转折点，但对数线性模型的损失曲线更为平滑，我们将在第 5 章中对对数似然损失做另一种角度的解读。

损失函数反映了线性分类模型在训练策略上的根本差异，理论上，其衡量的是错误分类所付出的代价。**0/1 损失**是定义分类器损失函数的通用方法，模型输出错误则损失为 1，输出正确则损失为 0。0/1 损失函数非凸且非光滑，使得目标优化较为困难，相比之下，合页损失和对数似然损失则更易于优化，且对模型分数更为敏感。图 4.2 展示了二分类任务的损失函数。对于多分类任务，若将正确输出视为正例，错误输出视为反例，则其损失也可以类似地以图 4.2 的方式进行理解。

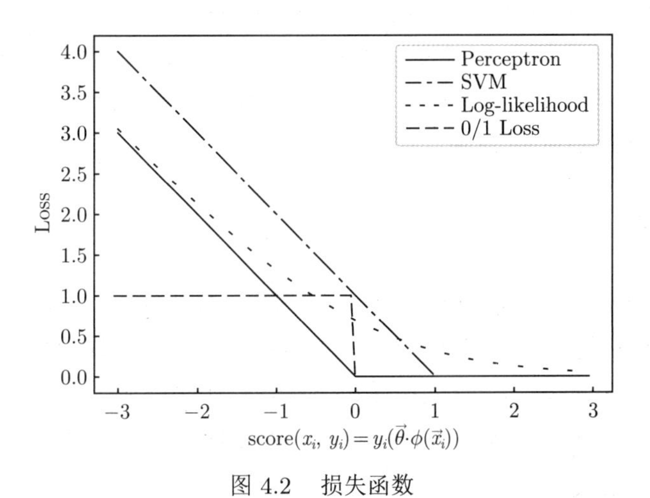

图 4.2 损失函数

风险。表 4.2 所示的损失函数也可视为模型的潜在**风险**值。以训练样本中一个已知或未知的随机样本为例，我们希望模型为正例输出高分，为负例输出低分。如果分数足以做出正确预测，我们就能获得正确结果，否则就有犯错误的风险。模型为正例所分配的分数越低，则风险越高。样本级别的损失能够反映风险，属于模型的固有特征。理论上，我们的训练目标应该是将任意情况下的**预期风险**降至最低，给定随机输入对 (x, y)，参数向量为 $\vec{\theta}$ 的线性模型的预期风险可表示为：

$$\text{risk}(\vec{\theta}) = \sum_{x,y} \text{loss}\Big(\vec{\theta} \cdot \vec{\phi}(x, y)\Big) P(x, y)$$

86 ~ 87

其中 loss 表示由模型评分 $\vec{\theta} \cdot \vec{\phi}(x, y)$ 带来的样本级风险。输入对 (x, y) 难以枚举穷尽，因此真实风险是无法计算的，我们利用**经验风险**来替代真实风险：训练样本的经验概率为 $\tilde{P}(x_i, y_i) = 1/N (i \in [1, \cdots, N])$，且有

$$\widetilde{\text{risk}}(\vec{\theta}) = \frac{1}{N} \sum_{i=1}^{N} \text{loss}\Big(\vec{\theta} \cdot \vec{\phi}(x_i, y_i)\Big),\ (x_i, y_i) \in D$$

4.3.3 正则化

如前文所述，支持向量机和感知机的主要区别为支持向量机损失中的 $\frac{1}{2}\lambda||\vec{\theta}||^2$ 项，该项可以直观理解为最小化参数向量的大小，也可以看作训练目标的正则项，实际上也适用于感知机和对数线性模型。尽管不同的正则项可以对丰富不同的损失函数起到不同的作用，这里我们主要讨论最小化 $\vec{\theta}$ 多项式的正则项。$\frac{1}{2}\lambda||\vec{\theta}||^2$ 项通常被称为 **L2 正则项**，对应地，$\lambda||\vec{\theta}||_1$ 项被称为 **L1 正则项**。L1 和 L2 正则项都有助于减小参数向量的大小，L2 正则项通常减小 $\vec{\theta}$ 的权重绝对值，而 L1 正则项更容易得到 $\vec{\theta}$ 的稀疏解。

经验上, L1 和 L2 正则项都有助于缓解模型在给定训练数据上的过拟合问题, 增强模型的泛化性。以支持向量机为例, L2 正则项促使模型选择一个到正负样本的距离都更为“安全”的超平面。从另一个角度看, 假如参数向量中的某一维非常大, 模型打分时将严重依赖于该维对应的特征, 从而导致模型在某些特定训练数据上的过拟合, L1 和 L2 正则项恰好避免了模型对这些特征的过度依赖。

88

4.4 模型融合

给定一组训练数据 D，我们可以根据不同训练目标（如最大间隔或对数似然）、特征定义、超参数（如训练迭代次数、学习速率）等获得不同的判别式线性模型。因此，同一个任务往往存在多个不同模型，从而引发以下问题：如何选择最佳模型？融合多个模型是否能比单个模型获得更好的效果？4.4.1 节和 4.4.2 节将分别讨论这两个问题。

4.4.1 模型性能比较

模型对比存在一些经验法则，例如，特征丰富的判别式模型往往优于特征简单的生成式模型。但理论上，我们很难证明一个模型在某些任务和数据集上优于另一个模型。例如，在某些条件下很难判断对数线性模型的训练目标是否比支持向量机的训练目标更好，因为这取决于训练数据集和测试数据集的特性。较好的方式是在备选模型之间进行*实证比较*，即不同模型基于同一组数据进行训练，在相同开发集上进行调参，并在相同测试数据上进行评估，评估结果较好的模型往往在未知数据上也表现较佳。

显著性检验。我们可以基于给定测试数据比较多个不同模型的性能，从而找到最优模型。然而由于我们无法得知未知测试样本的特性，因此不能确定在新的测试样本中，当前模型仍旧是表现最优的。以文本分类为例, 基于当前测试集, 若模型 A 的准确率为 93.1%，模型 B 的准确率为 93.3%，我们可能无法断定模型 B 总是优于模型 A。为解决这一问题，我们可以利用模型在给定测试数据集上的*经验误差*来估计其在未知测试样本上的泛化误差。

89

具体而言，假设两个模型的泛化误差相同，则我们可以计算两个模型获得观测测试结果的概率。概率越小，两个模型相同的可能性就越小，这时经验上表现更好的模型通常性能更佳。我们将这个极小的概率值定义为*显著性水平*，对概率值的评估过程称为**显著性检验，常用的显著性检验为成对样本 t 检验。基于显著性水平，我们可以衡量模型的泛化能力。例如，对 A、B 模型进行 t 检验，设显著性水平为 $p=10^{-3}$，则模型 B 的 93.3% 的准确率显著优于模型 A 的 93.1% 的准确率，因为 $p=10^{-3}$ 表明两个模型相同的概率只有 10^{-3}。按照惯例，显著性水平小于 0.05 则表示模型对比具有统计学意义。

4.4.2　模型集成

直观而言，不同模型会产生不同的经验误差，模型之间可以互补，因此与单个模型相比，对多个模型进行组合可以获得更好的性能，这种策略就是**模型集成**。常用的两种集成方式为投票和叠加。

投票。投票是最简单的模型集成方式。给定模型集合 $M=\left\{m_1,m_2,\cdots,m_{|M|}\right\}$，输出类别集合 $C=\left\{c_1,c_2,\cdots,c_{|C|}\right\}$，对输入 x，其输出类别 y 可以通过 M 个模型对每个类别 $v_1,v_2,\cdots,v_{|C|}$ 投票得到，即

$$v_i=\sum_{j=1}^{|M|}\mathbf{1}\Big(y(m_j),c_i\Big)$$

其中，$y(m_j)$ 表示 m_j 的输出类别，$\mathbf{1}(\circ,\circ)$ 为指示函数，$y(m_j)$ 与 c_i 相同则为 1，否则为 0。

投票有两种常见的决策策略。第一种为*多数投票*，这种策略选择获得总票数一半以上的类别标签（即 $|M|/2$ 票）作为最终类别，其缺点是如果没有类别标签获得大多数选票，则投票结果作废。第二种策略是*相对多数投票*，即直接选择票数最多的类别标签。如果存在多个类别标签同时获得最多票数，则从中随机选取一个。

和以上 0/1 方式的*硬投票*策略相对应，*软投票*机制通过计算各个类别标签的平均概率来执行投票，模型对类别标签生成的分数反映了模型对该类别预测的置信水平。软投票方式采用如下公式计算 v_i：

$$v_i=\sum_{j=1}^{|M|}\text{score}(c_i,m_j)$$

其中 score (c_i,m_j) 表示模型 m_j 分配给标签 c_i 的分数。

上述软投票机制假设每个模型给出的分数具有相同的含义，因此不适用于训练算法差异较大（如支持向量机和感知机）的模型，这类模型对分数的解释差异较大。软投票适用于训练算法相似，但特征或参数不同的模型。

在投票过程中，我们还可以给每个模型 m_j 赋予权重 α_j，再得出分数的线性插值：

$$v_i=\sum_{j=1}^{|M|}\alpha_j\text{score}(c_i,m_j)$$

90

其中 $\alpha_j>0$ 且 $\sum_{j=1}^{|M|}\alpha_j=1$，$\alpha_i$ 的值可以根据开发数据集进行调整。这一做法的基本思想是某些模型可能比其他模型更精确，因此也相对更可信。

在超参数较多的情况下，加权投票比简单平均投票更为灵活，但是该方法的性能取决于在特定开发数据集上的调整结果，因此会受过拟合的影响。如果测试集领域未知，则简单平均投票为较优选择。

堆叠。堆叠是另一种模型集成方法，该方法使用一个模型的输出作为特征来辅助建模另一个模型。给定测试输入 x，堆叠机制使用模型 B 预测其输出 y_B，然后联合 x 与 y_B 作为模型 A 的输入，最终输出预测结果 y_A。表 4.3 为模型堆叠的示例，如表所示，模型 B 输出的不同特征被集成于模型 A 的特征集中。

表 4.3 堆叠策略示例。模型 A 与模型 B 对文本“李明捐赠了 600 000 元给基金会”进行分类，类别标签为“体育”或“金融”。模型 B 的输出标签为“体育”，对应的概率分布为体育 $= 0.7$, 金融 $= 0.3$。模型 A 可以利用模型 B 的输出标签 y_B 或概率 $P(y_B)$ 作为输入进行预测

模型	特征类型	特征
B	词袋模型	$w_1 =$ 李明, $w_2 =$ 捐赠了, $w_3 =$600 000, $w_4 =$ 元, $w_5 =$ 给, $w_6 =$ 基金会
A	词袋模型 + B 的输出标签	$w_1 =$ 李明, $w_2 =$ 捐赠了, $w_3 =$600 000, $w_4 =$ 元, $w_5 =$ 给, $w_6 =$ 基金会, $y_B =$ 体育
A	词袋模型 + B 的概率输出	$w_1 =$ 李明, $w_2 =$ 捐赠了, $w_3 =$600 000, $w_4 =$ 元 $w_5 =$ 给, $w_6 =$ 基金会, $P(y_B =$ 体育$) \in [0.6, 0.7]$, $P(y_B =$ 金融$) \in [0.2, 0.3]$

假设模型 A 与模型 B 基于同一数据集 D 训练得到，投票法使用 D 独立训练每个模型，而堆叠法则是先训练 B，再训练 A。与测试阶段类似，B 基于训练数据 D 的预测结果被用作 A 的输入特征。但由于训练数据 D 对模型 B 是可见的，y_B 更接近标注数据，因此模型 B 在 D 上的预测性能将显著高于其在测试数据上的预测性能，训练场景下的模型 A 也比测试场景下更容易训练。测试阶段模型 B 的输出 y_B 准确性较低，这也导致模型 A 在测试阶段的准确性较低。

91

针对上述问题的常见解决方案为 k **折切分**策略，该策略模拟测试场景下 y_B 的特征来作为 A 的训练数据，其基本思想是使模型 B 在训练数据上的输出精度尽可能接近测试场景。具体地，k 折切分策略将训练数据 D 分成 $D_1, D_2, \cdots, D_k$ 等 k 个相等部分，分别训练模型 B 的 k 个版本 $B_1, B_2, \cdots, B_k$。如表 4.4 所示，模型 B_i 利用 $\{D_1, \cdots, D_{i-1}, D_{i+1}, \cdots, D_k\}$ 进行训练，利用 D_i 进行预测，以输出 y_{B_i}。由于 D_i 被排除在 B_i 的训练数据之外，因此 B_i 在 D_i 上的堆叠特征类似于模型 B

表 4.4 k 折切分

训练集	模型	测试集
$D_2, \cdots, D_k$	B_1	D_1
$D_1, D_3, \cdots, D_k$	B_2	D_2
$\cdots$	$\cdots$	$\cdots$
$D_1, D_2, \cdots, D_{k-1}$	B_k	D_k

在未知测试数据上的堆叠特征。k 值通常设置为 5 或 10。

训练和测试数据保持分布一致。 k 折切分是一种通用策略，适用于许多场景。以句法分析任务为例，句法分析模型需要完成词性标注等前处理任务，因此模型的训练数据为带有正确词性标签的标注数据。但若只利用正确标注数据进行模型训练，模型性能反而不理想，因为测试阶段的词性标签是由词性标注器预测生成的，往往带有错误数据，而基于正确标签训练的句法分析器无法处理带有错误的词性标注数据。为解决这一问题，我们可以对训练数据执行 k 折切分，在句法分析器的训练语料中混入词性标注器自动生成的标签。除 k 折切分策略之外，后文将进一步介绍其他策略，这些方法使模型基于真实数据分布进行学习，从而获得更好的测试性能。

4.4.3 半监督学习

除了模型集成外，多模型也可用于*数据增强技术*，数据增强可利用未标记数据来扩大训练集 D，其基本思想为利用基于 D 训练的不同模型来预测未标注数据集 U 的标签。针对一个输入数据，若大多数模型的输出结果一致，则这对数据可用于扩充训练集 D。这种方法可以同时利用标注和未标注数据，属于*半监督学习*。

协同训练可利用模型 A 和模型 B 对未标注数据进行标注，其伪代码如算法 4.10 所示。基于上述定义的 D 和 U，协同训练利用 D 训练模型 A 与模型 B，然后利用模型 A 与模型 B 预测 U 中每个样本 x'_i 的输出标签。若 A 与 B 对输出 z'_i 都有较高置信度，则 (x'_i, z'_i) 将被扩充到 D 中，其中置信度的阈值为超参数。该过程可以重复多次，每次都以特定增量扩充原始数据集 D。假设模型 A 与模型 B 差异较大（例如具有不同特征），协同训练可以利用模型之间的互补信息来获取更好的性能。

92

算法 4.10: 协同训练算法

Inputs: $D = \{(x_i, y_i)\}|_{i=1}^N$, $U = \{x'_i\}|_{i=1}^M$, 模型 A 和模型 B;
Initialisation: $t \leftarrow 0$;
repeat
  $t \leftarrow t + 1$;
  TRAIN(A, D);
  TRAIN(B, D);
  for $x'_i \in U$ **do**
    $z'_A \leftarrow$ PREDICT(A, x'_i);
    $z'_B \leftarrow$ PREDICT(B, x'_i);
    if $z'_A = z'_B = z'_i$ **and** CONFIDENT(A, x'_i, z'_i) **and** CONFIDENT(B, x'_i, z'_i) **then**
      ADD(D, (x'_i, z'_i));
      REMOVE(U, x'_i);
until $t = T$;

另一个类似方法为**自训练**，该方法基于模型置信度，利用单个模型 A 对 U 的输出来扩充训练集 D，其背后的思想为置信度较高的输出往往准确率较高，因此有助于扩充原始训练集。自训练算法的伪代码如算法 4.11 所示，该框架与协同训练方法相似，主要区别是自训练只利用模型 A 对无标注数据 U 中的每个样本 x_i' 进行标注。

算法 4.11: 自训练算法

```
Inputs: D = {(x_i, y_i)}|_{i=1}^N, U = {x'_i}|_{i=1}^M, 模型 A;
Initialisation: t ← 0;
repeat
    t ← t + 1;
    TRAIN(A, D);
    for x'_i ∈ U do
        z'_i ← PREDICT(A, x'_i);
        if CONFIDENT(A, x'_i, z'_i) then
            ADD(D, (x'_i, z'_i));
            REMOVE(U, x'_i);
until t = T;
```

目前已有不少研究工作论证了协同训练和自训练在某些条件下性能优于基于数据集 D 训练的基线模型 A, 但协同训练和自训练的效果在很大程度上是经验性的。通常，基线模型在 U 上性能越佳，则模型对数据集 U 中新数据的预测结果也越准确。

93

总结

本章介绍了：

- 二分类与多分类对数线性模型。
- 利用随机梯度下降法训练支持向量机与对数线性模型。
- 用于文本分类的广义线性判别式模型。
- 显著性检验。
- 模型集成。

注释

对数线性模型 (Gujarati 和 Porter, 2009) 在二分类任务中一般被称为逻辑回归模型 (Cox 和 Snell, 1989)，在自然语言处理任务中也被称为最大熵模型 (Berger 等人, 1996)，此类模型可用于文本分类任务 (Nigam 等人, 1999)，但在自然语言处理领域更多地被用于结构预测任务 (Ratnaparkhi, 1996)。本书第二部分将展开讨论基于对数线性模型的结构预测任务。随机梯度下降算法由 Robbins 和 Monro (1951) 提出，Bottou 等人 (1998) 详细介绍了随机梯度下降法在神经网络中的应用。

小批量随机梯度下降算法由 Cotter 等人 (2011) 和 Li 等人 (2014) 提出；Tsuruoka 等人 (2009) 讨论了基于 L1 正则项和随机梯度下降法的对数线性模型；Shalev-Shwartz 等人 (2011) 研究了基于随机梯度下降的支持向量机优化算法；Wald (1950) 讨论了损失函数

的统计学意义；Poggio 等人 (1985) 讨论了正则化的应用；协同训练 (Blum 和 Mitchell, 1998) 已被证明对语法分析 (Steedman 等人, 2003)、词义消歧 (Mihalcea, 2004) 等任务有效；自训练首先应用于词义消歧 (Yarowsky, 1995; Abney, 2002)，后进一步应用于语法分析 (Charniak, 1997) 及其他任务。

习题

4.1 利用随机梯度下降法对支持向量机进行参数更新与对对数线性模型进行参数更新之间有什么联系？如算法 4.3 和算法 4.4 所示，对数线性模型的权重为 $P(y=+1|x_i)-1$ 和 $P(y=+1|x_i)$，而支持向量机仅当 $\vec{\theta}\cdot\left(\vec{\phi}(x_i,y_i)-\vec{\phi}(x_i,c)\right)<1$ 时进行参数更新，这一*硬条件*可以看作对数线性模型*软*权重的等效替代。

4.2 多分类支持向量机也可利用*指示损失函数*作为损失函数，该损失考虑所有不满足 $L=\sum_{i=1}^{N}\sum_{c}\max\left(0,1-\vec{\theta}\cdot\vec{\phi}(x_i,y_i)+\vec{\theta}\cdot\vec{\phi}(x_i,c)\right)+\frac{1}{2}\lambda||\vec{\theta}||^2$ 的情况，而非仅考虑最不满足的单一情况。

（1） 计算导数 $\frac{\partial L}{\partial\vec{\theta}}$。

（2） 基于 $\frac{\partial L}{\partial\vec{\theta}}$，给出随机梯度下降训练算法，并比较其与对数线性模型以及感知机参数更新方式的区别。

94

4.3 请用 L2 正则项定义对数线性模型的目标函数。若用随机梯度下降法训练该目标函数，其参数更新的公式是什么？

4.4 研究者认为正则化后的感知机模型与支持向量机性能相当。请为这一说法提供理论依据。

4.5 广义线性模型支持定义灵活的损失函数。假设利用随机梯度下降法进行模型训练，请定义以下模型的参数更新方式，这些模型是否能被视为对数线性模型、支持向量机或感知机？

（1） 以最大间隔为目标函数，并进行 L1 正则化的判别式线性模型，其损失函数为：

$$\text{loss}(\vec{\theta})=\frac{1}{N}\sum_{i=1}^{N}\ell\left(x_i,y_i,\vec{\theta}\right)+\lambda||\vec{\theta}||$$

且

$$\ell(x_i,y_i,\vec{\theta})=\max_{y\neq y_i}\left(\vec{\theta}\cdot\vec{\phi}(x_i,y)+1\right)-\vec{\theta}\cdot\vec{\phi}(x_i,y_i)$$

（2） 以最大对数似然为目标函数，并进行 L2 正则化的判别式线性模型，其损失函数为：

$$\text{loss}(\vec{\theta})=-\sum_{i=1}^{N}\log P(y_i|x_i)+\frac{\lambda}{2}||\vec{\theta}||^2$$

4.6 文本分类任务的输出类别分布可能是**不平衡的**，一个文本类别或许会比其他类别出现的频次更高。以邮件分类任务为例，垃圾邮件的数量可能远远大于非垃圾邮件。如果训练数据高度不平衡，则分类器倾向于将每个测试输入预测为多数类标签。例如，若 +1 类的标签数量为 −1 类的 9 倍，则将所有测试样本都预测为 +1 类可以获得 90%的准确率。解决这一问题的方法是对训练实例进行**下采样**，使得各类训练样本数量平衡。该方法已被证实是有效的，但*数据级*的解决方案无法充分利用标注的训练样本，因此我们可以考虑*算法级*的解决方案。为简单起见，此处我们只讨论二分类情况。

（1）对于概率模型（如对数线性模型），调整*预测阈值*可缓解上述主类别预测现象。假设阈值为 $P(y=+1|x)=0.5$，则实例 $P(y=+1|x)\geqslant 0.5$ 为 +1 类，其余为 −1 类。若训练数据不平衡，试讨论该阈值的调整方式。

95

（2）对于最大间隔模型（如支持向量机和感知机模型），其分数 $\vec{\theta}\cdot\phi(x)$ 无法直观理解，我们可以通过**损失敏感**训练等方法调整训练目标，以增加少数类别的权重，其训练目标为最小化

$$\frac{1}{2}||\vec{w}||^2+C^+\sum_{i^+}\xi_i+C^-\sum_{i^-}\xi_i$$

因此

$$y_i\times\left(\vec{w}^{\mathrm{T}}\vec{v}(x_i)+b\right)\geqslant 1-\xi_i,\qquad \xi_i\geqslant 0$$

上式也可以写为

$$(\vec{w},b)=\arg\min_{(\vec{w},b)}\left(C^+\sum_{i^+}\max\left(0,1-\left(\vec{w}^{\mathrm{T}}\vec{v}(x_i)+b\right)\right)+\right.$$
$$\left.C^-\sum_{i^-}\max\left(0,1+\left(\vec{w}^{\mathrm{T}}\vec{v}(x_i)+b\right)\right)+\frac{1}{2}\|\vec{w}\|^2\right)$$

试讨论如何设置损失 C^+ 和 C^-。

4.7 回顾利用随机梯度下降法训练对数线性模型和支持向量机。

（1）若给对数线性模型增加 L1 正则项，且正则项不可导，试以支持向量机训练过程为例，说明权重更新的次梯度法。

（2）与高度稀疏、只有少数非零元素的特征向量不同，L1 和 L2 正则项的（次）梯度可能在 $\vec{\theta}$ 中包含大量非零元素，因此随机梯度下降算法的每一步迭代速度都显著变慢。**延迟更新**策略可以加快训练速度，其核心思想是若当前训练实例所对应的特征没有被用到，则不更新权重，而是记录上一轮权重更新时的迭代结果。对于大多数权重值，经过多轮训练迭代后，其增量会变得固定。当模型进行权重更新时，固定增量与当前迭代值相乘，并累加到权重上以进行更新。若使用上述延迟更新策略优化基于 L1 和 L2 正则项的对数线性模型，试写出对应的伪代码。

4.8 回顾算法 4.10 所描述的协同训练算法。**三重训练**利用三个不同模型为 U 进行标注。给定标注数据集 D 与未标注数据集 U，该算法先利用数据集 D 训练三个不同模型

A、B、C，然后利用这三个模型预测 U 中每个样本 x'_i 的标签。若两个模型在特定输出 z'_i 上达成一致，则 (x'_i, z'_i) 被加入原始数据 D 中。对 U 中数据进行遍历预测后，即可得到新训练集 D。该过程可以重复多轮，每轮都能对数据集 D 进行扩充。试参考算法 4.10 与算法 4.11，写出上述过程的伪代码。

96

4.9　试将自训练、协同训练和三重训练泛化为一个统一的半监督学习算法，并写出伪代码。

4.10　**装袋算法**。给定模型 A 与训练数据集 D，装袋方法随机抽取 D 的 k 个不同子集，并分别记作 $D_1, D_2, \cdots, D_k$。基于每个子集训练 k 个不同模型，分别记作 $A_1, A_2, \cdots, A_k$。给定一个测试样本，通过投票法在 A_i 的输出中选出最佳结果。装袋方法已被证实在许多任务上性能优于单个模型。试讨论装袋法和模型集成的关联。

97

参考文献

Steven Abney. 2002. Bootstrapping. In Proceedings of the 40th annual meeting of the Association for Computational Linguistics, pages 360–367.

Adam L. Berger, Vincent J. Della Pietra, and Stephen A. Della Pietra. 1996. A maximum entropy approach to natural language processing. Computational linguistics, 22(1):39–71.

Avrim Blum and Tom Mitchell. 1998. Combining labeled and unlabeled data with cotraining. In Proceedings of the eleventh annual conference on Computational learning theory, pages 92–100.

Eugene Charniak. 1997. Statistical techniques for natural language parsing. AI magazine, 18(4):33–33.

Andrew Cotter, Ohad Shamir, Nati Srebro, and Karthik Sridharan. 2011. Better minibatch algorithms via accelerated gradient methods. In Advances in neural information processing systems, pages 1647–1655.

D. Roxbee Cox and E. Joyce Snell. 1989. Analysis of binary data, volume 32. CRC press. DN Gujarati and DC Porter. 2009. How to measure elasticity: The log-linear model. Basic Econometrics, McGraw-Hill/Irwin, New York, pages 159–162.

Yann LeCun, Léon Bottou, Yoshua Bengio, and Patrick Haffner. 1998. Gradient-based learning applied to document recognition. Proceedings of the IEEE, 86(11):2278–2324.

Mu Li, Tong Zhang, Yuqiang Chen, and Alexander J Smola. 2014. Efficient mini-batch training for stochastic optimization. In Proceedings of the 20th ACM SIGKDD international conference on Knowledge discovery and data mining, pages 661–670.

Rada Mihalcea. 2004. Co-training and self-training for word sense disambiguation. In Proceedings of the Eighth Conference on Computational Natural Language Learning (CoNLL-2004) at HLT-NAACL 2004, pages 33–40.

Kamal Nigam, John Lafferty, and Andrew McCallum. 1999. Using maximum entropy for text classification. In IJCAI-99 workshop on machine learning for information filtering, volume 1, pages 61–67. Stockholom, Sweden.

Tomaso Poggio, Vincent Torre, and Christof Koch. 1985. Computational vision and regularization theory. nature, 317(6035):314–319.

Adwait Ratnaparkhi. 1996. A maximum entropy model for part-of-speech tagging. In Conference on

Empirical Methods in Natural Language Processing.

Herbert Robbins and Sutton Monro. 1951. A stochastic approximation method. The annals of mathematical statistics, pages 400–407.

Shai Shalev-Shwartz, Yoram Singer, Nathan Srebro, and Andrew Cotter. 2011. Pegasos: Primal estimated sub-gradient solver for svm. Mathematical programming, 127(1):3–30.

Mark Steedman, Miles Osborne, Anoop Sarkar, Stephen Clark, Rebecca Hwa, Julia Hockenmaier, Paul Ruhlen, Steven Baker, and Jeremiah Crim. 2003. Bootstrapping statistical parsers from small datasets. In Proceedings of the tenth conference on European chapter of the Association for Computational Linguistics-Volume 1, pages 331–338. Association for Computational Linguistics.

Yoshimasa Tsuruoka, Jun' ichi Tsujii, and Sophia Ananiadou. 2009. Stochastic gradient descent training for l1-regularized log-linear models with cumulative penalty. In Proceedings of the Joint Conference of the 47th Annual Meeting of the ACL and the 4th International Joint Conference on Natural Language Processing of the AFNLP: Volume 1-Volume 1, pages 477–485. Association for Computational Linguistics.

Abraham Wald. 1950. Statistical decision functions.

David Yarowsky. 1995. Unsupervised word sense disambiguation rivaling supervised methods. In 33rd annual meeting of the association for computational linguistics, pages 189–196.

信息论观点

在上一章中，我们利用 sigmoid 和 softmax 函数定义对数线性模型，进而将线性模型的输出 $\vec{\theta}\cdot\vec{\phi}\in[-\infty,\infty]$ 通过 $f(\vec{\theta}\cdot\vec{\phi})$ 映射至 $[0,1]$ 范围内。其他函数也可实现将 $[-\infty,\infty]$ 映射至 $[0,1]$ 的功能，但 sigmoid 及 softmax 函数具有更深层次的信息论原理，即**最大熵**（maximum entropy）原理。在基于给定训练数据构建概率模型时，最大熵原理指的是模型在给定数据内在知识的基础上，对输出分布的熵或不确定性进行最大化。直观而言，这意味着对未知知识进行建模的最佳方式是对其做尽量少的假设。本章将利用最大熵原理对对数线性模型进行推导。

信息论与概率建模密切相关。除单一概率分布外，信息论还可用于量化同一变量不同分布之间的相似性，也可用于度量模型分布与数据分布的拟合程度，广泛用于定义训练目标的*交叉熵*及 Kullback-Leibler *散度*即为典型的例子。与之相关的，*困惑度*则是用于评估语言模型性能的一项重要指标。此外，*互信息*（mutual information）可用于衡量两个随机变量之间的相关性，广泛应用于自然语言处理模型的特征及学习目标定义中。本章将介绍此类概念，并讨论其在自然语言处理领域的应用。

5.1 最大熵原理

*熵*是**信息论**中的一个重要概念，是研究信息编码和数据传输的数学理论。信息论中的**信息**被用作处理随机事件中*不确定性*的知识，计算机用二进制数表示数据，因此信息可以通过*比特*（bit）进行测量。对于抛硬币这类只有两种相同概率结果的未知事件，1 比特的信息足以解决其结果的不确定性。为了便于向接收者告知硬币投掷结果，我们可以将“正面”编码为“0”，“背面”编码为“1”。同理，2 比特信息可以解决 4 个相同概率结果间的不确定性，例如从 52 张牌的牌组中随机抽取一张牌来检查花色，“黑桃”“红心”“方块”“梅花”可分别编码为“00”“01”“10”“11”。

一般而言，若某个随机事件包含 n 个概率相同的结果，则至少需要 $\lceil\log_2 n\rceil$ 比特信息来处理该事件的不确定性。对于部分不确定的事件，其所需要的信息量也是可测量的，例如，假设已知一张随机抽取的卡牌花色为红心或方块，那么 1 比特信息便足以表示最终结果（用 0 代表红心，用 1 代表方块），在这种情况下，我们的先验知识包含了 1 比特信息。再以掷骰子问题为例，其结果需要 $\log_2 6$ 比特的信息，但若已知结果为较大数字（例如 4、5 或 6），则不确定性变为 $\log_2 3$ 比特，从而减少了 $\log_2 6-\log_2 3=1$ 比特的不确定性信息。同理，若我们知道投掷结果为 1 或 6，则可减少 $\log_2 6-\log_2 2=\log_2 3$ 比特的不确定性信息。

在上述例子所描述的随机事件中，所有结果都具有相同概率。相反，在结果非均匀分布的随机事件中，不同结果的概率会影响各个结果的信息量，输出结果的概率越大，则从中获得的信息量越小。以从盒子中抽取球的随机事件为例，已知球为红色或绿色，在没有任何先验知识的情况下，若盒子里红球和绿球的数目相同，则在判断抽取出的球的颜色时，不确定性信息减少了一半，其减少量为 $\log_2 k - \log_2 \frac{k}{2} = 1$ 比特信息（k 代表球的总数）。若已知盒子中有 m 个红球和 n 个绿球，则抽到红球的不确定性从 $\log_2(m+n)$ 比特降低为 $\log_2 m$ 比特，其减少量为 $\log_2 \frac{m+n}{m}$ 比特或 $-\log_2 \widetilde{P}(\text{红色})$ 比特，其中 $\widetilde{P}(\text{红色}) = \frac{m}{m+n}$ 为抽取出的球为红色的经验概率 (empirical probability)。从这个例子可以推广得出，假设某随机事件有 M 种结果 $\mathfrak{r}_1, \mathfrak{r}_2, \cdots, \mathfrak{r}_M$，其中结果 $\mathfrak{r}_i$ 的概率为 $P(\mathfrak{r}_i)$，则通过学习该结果可得到的信息量为 $-\log_2 P(\mathfrak{r}_i)$。

综上，若已知所有结果的概率分布，我们可以通过随机事件 e 的各个结果 $\mathfrak{r}_i$ 来计算总信息量，并且可以进一步推导出期望比特数，从而对变量的任意结果进行编码，了解事件的总体不确定性，这就是**熵**的作用。若随机变量结果 $\mathfrak{r}_i$ 的概率为 $P(\mathfrak{r}_i)$，则分布 P 的熵为：

$$
\begin{aligned}
H(P) &= -\sum_{i=1}^{n} P(\mathfrak{r}_i) \log_2 P(\mathfrak{r}_i) \\
&= \sum_{i=1}^{n} P(\mathfrak{r}_i) \log_2 \frac{1}{P(\mathfrak{r}_i)} \\
&= E(\log_2 \frac{1}{P(\mathfrak{r}_i)})
\end{aligned} \tag{5.1}
$$

式 (5.1) 可以理解为用 $\log_2 \frac{1}{P(\mathfrak{r}_i)}$ 比特对结果 $\mathfrak{r}_i$ 进行编码，即结果 $\mathfrak{r}_i$ 所蕴含的信息量。E 表示概率加权的平均值，即用于编码任意结果所需比特数的**数学期望**。与分析单个结果的信息量相比，熵旨在分析随机事件所有可能结果的信息量。

99

从以上公式可以看出，具有均匀输出分布的事件的熵最大，分布越不均匀，总体事件的熵越小。仍以掷骰子问题为例，若骰子质地均匀，则 $-\log_2 \frac{1}{6} \approx 3$ 比特信息可编码任意结果。例如，我们分别利用“000”“001”“010”“011”“100”“101”对投掷结果 1、2、3、4、5、6 进行编码，当投掷 100 次骰子时，我们需要 300 比特来存储信息。相反，若骰子质地不均匀，投掷结果为 1 的概率为 50%，其他结果的概率均为 10%，则我们只需利用较少的比特信息来编码概率最大的结果 1，从而减少平均比特数。具体而言，我们利用 $-\log_2 \frac{50}{100} = 1$ 比特信息对 1 进行编码，用 $-\log_2 \frac{10}{100} \approx 4$ 比特信息对其他结果进行编码，分别用“0”“1000”“1001”“1010”“1011”和“1100”编码结果 1、2、3、4、5 和 6，当投掷 100 次骰子时，需要平均 $1 \times 50 + (4 \times 10) \times 5 = 250$ 比特的信息量，少于均匀分布所需的 300 比特信息。

如第 2 章所述，在自然语言处理中的文本分类及其他任务中，离散输出（如类别标签）可被视为随机事件或随机变量（random variable）。我们的目标是找到一个合适的概率模型对随机事件进行建模，这一模型通常以给定输入为条件，输出可能结果的分布，我们称该分布为*模型分布*（model distribution）。本节将介绍利用最大熵原理推导概率模型的过程。

5.1.1　朴素最大熵模型

我们首先在没有训练数据的情况下进行多项分布概率模型的推导。第 2 章讨论的随机事件掷骰子以及从文本中取词均属于多项分布问题，可通过将每个可能结果的概率直接作为参数来进行模型参数化。给定一个有 M 种可能结果 $\varepsilon_1, \varepsilon_2, \cdots, \varepsilon_M$ 的随机事件 e，在建立概率模型时，**最大熵**原理的目标是找到一个概率分布模型使得 e 的熵 $H(P)$ 最大化：

$$\hat{P} = \arg\max_P H(P) = \arg\max_P \left(-\sum_{i=1}^{M} P(\varepsilon_i)\log_2 P(\varepsilon_i)\right)$$

对于这个目标，其意图是找到一个对分布不做任何假设的模型，即没有先验知识。最大熵原理与*奥卡姆剃刀*原理相吻合，奥卡姆剃刀原理由 14 世纪英国逻辑学家奥卡姆的威廉提出，其内容为“如无必要，勿增实体”。

现在我们的目标即基于

$$\sum_{i=1}^{M} P(\varepsilon_i) = 1 \tag{5.2}$$

求解

$$\begin{aligned}\hat{P}(e) &= \arg\max_P H(e)\\ &= \arg\min_P(-H(e)),\\ &= \arg\min_P \sum_{i=1}^{M} P(\varepsilon_i)\log_2 P(\varepsilon_i)\end{aligned} \tag{5.3}$$

100

将各个 $P(\varepsilon_i)$ 视为单独变量，上式可转化为标准的约束最优化问题，并可利用拉格朗日乘子法求解。在式 (5.2) 的约束下，式 (5.3) 的拉格朗日方程为

$$\Lambda\big(P(\varepsilon_1), P(\varepsilon_2), \cdots, P(\varepsilon_M), \lambda\big) = \sum_{i=1}^{M} P(\varepsilon_i)\log_2 P(\varepsilon_i) + \lambda\big(1 - \sum_{i=1}^{M} P(\varepsilon_i)\big)$$

其中，λ 为拉格朗日乘子。

约束问题最优解的一个必要条件为 $\dfrac{\partial \Lambda}{\partial P(\varepsilon_i)} = 0 (i \in [1 \cdots M])$，分别对 $P(\varepsilon_1), P(\varepsilon_2), \cdots,$ $P(\varepsilon_M)$ 求偏导，可得到

$$\begin{cases} 1 + \log_2 P(\varepsilon_1) - \lambda = 0\\ 1 + \log_2 P(\varepsilon_2) - \lambda = 0\\ \quad\vdots\\ 1 + \log_2 P(\varepsilon_M) - \lambda = 0\end{cases}$$

从中可以看出

$$P(\mathfrak{e}_1) = P(\mathfrak{e}_2) = \cdots = P(\mathfrak{e}_M)$$

已知 $\sum_{i=1}^{M} P(\mathfrak{e}_i) = 1$，我们可以得到 $P(\mathfrak{e}_1) = P(\mathfrak{e}_2) = \cdots = P(\mathfrak{e}_M) = 1/M$，因此该问题的最优解为 $\hat{P}(e) = -\log_2 M$。这也说明了均匀分布包含最大的不确定性，符合 5.1 节所做的推断。

下面的章节将介绍在给定一组训练数据的条件下，如何通过基于特征的参数化过程，进一步利用最大熵原理进行最终概率模型的推导。

5.1.2 条件熵

对于条件概率分布 $P(y|x)$，其不确定性可通过**条件熵** $H(y|x)$ 进行衡量：

$$\begin{aligned} H(y|x) &= -\sum_x \sum_y P(x,y) \log_2 P(y|x) \\ &= -\sum_x \sum_y P(x)P(y|x) \log_2 P(y|x) \end{aligned} \tag{5.4}$$

其中，x 和 y 分别表示其可能值。

上述定义可被直观理解为，假设已知随机变量 x，可根据标准熵计算出编码随机变量 y 的最小比特数：

101

$$H(Y|X=x) = -\sum_y P(y|x) \log_2 P(y|x)$$

给定服从概率分布 $P(x)$ 的 x，$H(y|x)$ 表示给定不同 x 值时编码 y 的平均比特数，即所有可能 x 的 $H(y|x=x)$ 的数学期望：

$$\begin{aligned} H(y|x) &= \sum_x P(x) H(y|x=x) \\ &= -\sum_x P(x) \sum_y P(y|x) \log_2 P(y|x) \\ &= -\sum_x \sum_y P(x)P(y|x) \log_2 P(y|x) \end{aligned}$$

条件熵 $H(y|x)$ 与非条件熵 $H(y)$ 之间的联系可被写为：

$$\begin{aligned} H(y|x) &= -\sum_x \sum_y P(x,y) \log_2 P(y|x) \\ &= -\sum_x \sum_y P(x,y) \log_2 \frac{P(x,y)}{P(x)} \\ &= -\sum_x \sum_y P(x,y) \left(\log_2 P(y) + \log_2 \frac{P(x,y)}{P(x)P(y)} \right) \end{aligned}$$

$$= -\sum_x \sum_y P(x,y)\log_2 P(y) - \sum_x \sum_y P(x,y)\log_2 \frac{P(x,y)}{P(x)P(y)}$$

$$= -\sum_y P(y)\log_2 P(y) - \sum_x \sum_y P(x,y)\log_2 \frac{P(x,y)}{P(x)P(y)}$$

$$= H(y) - \sum_x \sum_y P(x,y)\log_2 \frac{P(x,y)}{P(x)P(y)} \tag{5.5}$$

其中，$\sum_x \sum_y P(x,y)\log_2 \frac{P(x,y)}{P(x)P(y)} \geqslant 0$（见习题 5.5），因此 $H(y|x) \leqslant H(y)$。直观而言，若 x 与 y 非条件独立，x 知识的引入可减少 y 的不确定性。只有当 $P(x,y) = P(x)P(y)$，即当 x 与 y 条件独立时，存在 $H(y|x) = H(y)$。

5.1.3　最大熵模型与训练数据

不难证明，在没有任何先验知识的情况下，条件随机事件的最大熵模型是 y 上的均匀条件分布，这与 5.1.1 节所介绍的无条件情况是相同的。然而，给定一组训练样本，我们便获得了关于 $P(y|x)$ 的知识，从而使得分布不均匀，偏离均匀分布的程度取决于训练数据的数量及性质。本节将介绍基于丰富特征判别分类器的最大熵模型。

设训练数据为 $D = \{(x_i, y_i)\}|_{i=1}^N$，存在 m 个特征模板 $f_1, f_2, \cdots, f_m$ 可对各个输入、输出对进行实例化，从而形成一个 m 维的特征向量表示。如第 3 章所述，特征值可通过计数获取，也就是特征模板 f_i 和输入、输出对 (x,y) 之间的匹配数。举个例子，若 f_{1038} 表示“金融”类文本里的词“银行”，则当 y 为“金融”时，$f_{1038}(x,y)$ 代表 x 中词“银行”的数量，否则其值为 0。

102

我们需要最大化的条件熵为：

$$H(y|x) = -\sum_x \sum_y P(x)P(y|x)\log_2 P(y|x)$$

其中，$P(y|x)$ 为最终概率模型，$P(x)$ 为输入数据的先验分布。大多数任务的输入为开放集，因此难以枚举 x 的所有可能值，我们可以利用数据的经验分布来表示 $P(x)$：

$$\tilde{P}(x) = \frac{\#x}{\sum_{x' \in D} \#x'} = \frac{\#x}{|D|} \qquad (\text{尤其是}\frac{1}{|D|})$$

即对任何可观测的输入，我们有：

$$H(y|x) = -\sum_x \sum_y \tilde{P}(x)P(y|x)\log_2 P(y|x) \tag{5.6}$$

式 (5.6) 只包含一个变量，即模型分布 $P(y|x)$。

对于基于特征的判别分类器，每对 (x_i, y_i) 由特征向量表示，因此训练数据集 D 中蕴含的知识可通过特征实例 f_i 进行表示。具体地，对于各个特征 f_i，我们可以计算其在金标

输入、输出对 (x,y) 中出现的期望数目

$$
\begin{aligned}
E(f_i) &= \sum_x \sum_y P(x,y) f_i(x,y) \\
&= \sum_x \sum_y P(x) P(y|x) f_i(x,y)
\end{aligned} \tag{5.7}
$$

上述公式的核心为模型 $P(y|x)$，我们可通过经验分布 $\tilde{P}(x)$ 来代替 $P(x)$，进而得到

$$
\begin{aligned}
E(f_i) &= \sum_x \sum_y \tilde{P}(x) P(y|x) f_i(x,y) \\
&= \sum_{j=1}^{|D|} \tilde{P}(x_j) P(y|x_j) f_i(x_j,y)
\end{aligned} \tag{5.8}
$$

上式可被理解为在金标训练数据集上 $f_i(x,y)$ 基于模型 $P(y|x)$ 的数学期望。我们也可以直接计算在金标数据集 D 上 f_i 的经验期望：

103

$$
\tilde{E}(f_i) = \sum_{j=1}^{|D|} \tilde{P}(x_j,y_j) f_i(x_j,y_j) \quad \Big((x_j,y_j) \in D\Big)
$$

其中，

$$
\tilde{P}(x_j,y_j) = \frac{\#(x_j,y_j)}{|D|} \qquad (\text{尤其是}\frac{1}{|D|})
$$

通过对所有特征假设 $E(f_i) = \tilde{E}(f_i)$，数据集 D 中的先验知识可被融入建模过程中，这也代表模型与数据关于 f_i 的分布是一致的。因此，根据最大熵原理，我们可以得到模型 $\hat{P}(y|x)$：

$$
\hat{P}(y|x) = \arg\max_P - \sum_x \sum_y \tilde{P}(x) P(y|x) \log_2 P(y|x)
$$

$$
\text{s.t.} \begin{cases} \text{对于所有的 } i, E(f_i) = \tilde{E}(f_i) \\ \sum_y P(y|x) = 1 \end{cases}
$$

该模型等价于：

$$
\hat{P}(y|x) = \arg\min_P \sum_x \sum_y \tilde{P}(x) P(y|x) \log_2 P(y|x)
$$

$$
\text{s.t.} \begin{cases} \text{对于所有的 } i, E(f_i) = \tilde{E}(f_i) \\ \sum_y P(y|x) = 1 \end{cases}
$$

参考 5.1.1 节中的求解过程，我们同样可以使用拉格朗日乘子法解决上述的约束最小化问题，该模型求解的拉格朗日方程为：

$$
\Lambda(P,\vec{\lambda}) = -H(y|x) + \sum_{i=1}^{m} \lambda_i \Big(\tilde{E}(f_i) - E(f_i)\Big) + \sum_x \lambda_{m+1}^x \Big(1 - \sum_y P(y|x)\Big)
$$

其中 λ_{m+1}^x 为特定输入 x 的拉格朗日乘子。

基于此，若 $-H(y|x)$ 要在约束条件下取得最小值，则必须满足 $\Lambda(P,\vec{\lambda})$ 关于所有 x 和 y 的偏导数等于 0 ，即对于所有 (x,y)，存在：

$$\frac{\partial \Lambda}{\partial P}=\tilde{P}(x)(\log_2 \mathrm{e}+\log_2 P)-\sum_i^m \tilde{P}(x)\lambda_i f_i(x,y)-\lambda_{m+1}^x=0$$

通过求解上述方程，我们发现对于所有 x 和 y，存在：

$$P=C^x\exp\left(\sum_{i=1}^m \lambda_i f_i(x,y)\right)$$

其中 C^x 为与 x 相关的常数。进一步，由于对任意 x 存在 $\sum_y P(y|x)=1$，因此：

$$P(y|x)=\frac{\exp\left(\sum_{i=1}^m \lambda_i f_i(x,y)\right)}{\sum_{y'}\exp\left(\sum_{i=1}^m \lambda_i f_i(x,y')\right)} \tag{5.9}$$

式 (5.9) 对任意 x 和 y 均成立，因此可被视为 $P(y|x)$ 的一般形式，这正是我们在第 4 章中所讨论的对数线性模型。我们利用最大熵原理求得 $P(y|x)$ 的对数线性形式，该模型形式是 $\Lambda(P,\vec{\lambda})$ 约束最小化问题的必要条件。不同于 5.1.1 节，此处的 $\vec{\lambda}$ 是可调节的，因此我们得到一个最优函数类型且有不止一个候选最优值。为了从所有 λ 中找到 $\Lambda(P,\vec{\lambda})$ 的最小值以满足式 (5.9)，我们需进一步求解 $\min_{\vec{\lambda}}\Lambda(P,\vec{\lambda})$，即

104

$$\begin{aligned}
\vec{\lambda}&=\arg\min_{\vec{\lambda}}\Lambda(P,\vec{\lambda})\\
&=\arg\min_{\vec{\lambda}}-H(y|x)+0+0\quad(\text{条件最小值})\\
&=\arg\min_{\vec{\lambda}}-\frac{1}{|D|}\sum_x\sum_y P(y|x)\log_2 P(y|x)\\
&=\arg\min_{\vec{\lambda}}-\sum_x\sum_y\left(P(y|x)\left(\sum_i\lambda_i f_i(x,y)-\log_2\sum_{y'}\mathrm{e}^{\sum_i\lambda_i f_i(x,y')}\right)\right)\\
&=\arg\min_{\vec{\lambda}}-\sum_i\lambda_i\left(\sum_x\sum_y P(y|x)f_i(x,y)\right)+\sum_x\left(\sum_y P(y|x)\log_2\sum_{y'}\mathrm{e}^{\sum_i\lambda_i f_i(x,y')}\right)\\
&=\arg\min_{\vec{\lambda}}-\sum_i\lambda_i\left(\sum_{j=1}^{|D|}f_i(x_j,y_j)\right)+\sum_x\left(\left(\sum_y P(y|x)\right)\log_2\sum_{y'}\mathrm{e}^{\sum_i\lambda_i f_i(x,y')}\right)\\
&\qquad(E(f_i)=\tilde{E}(f_i))\\
&=\arg\min_{\vec{\lambda}}-\sum_j\sum_i\lambda_i f_i(x_j,y_j)+\sum_j\log_2\sum_{y'}\mathrm{e}^{\sum_i\lambda_i f_i(x_j,y')}\\
&=\arg\min_{\vec{\lambda}}-\sum_j\left(\sum_i\lambda_i f_i(x_j,y_j)-\log_2\sum_{y'}\mathrm{e}^{\sum_i\lambda_i f_i(x_j,y')}\right)
\end{aligned} \tag{5.10}$$

式 (5.10) 即为最小化训练数据 D 上负对数似然函数的训练目标，即找到第 3 章所述的对数线性模型的参数 $\theta=\langle\lambda_1,\lambda_2,\cdots,\lambda_m\rangle$。因此在自然语言处理任务中，对数线性模型也被称为**最大熵模型**。

5.2 KL 散度与交叉熵

第 4 章介绍了线性模型的一般训练目标函数，即在给定数据 $D=\{d_i\}_{i=1}^N$ 的情况下，使得基于参数向量 $\vec{\theta}$ 的模型的经验风险最小：

105

$$\text{risk}(\vec{\theta})=\frac{1}{N}\sum_{i=1}^{N}\text{loss}\left(\vec{\theta}\cdot\vec{\phi}\left(d_i\right)\right)$$

其中 $\vec{\phi}$ 表示一个实际训练数据的全局特征向量。

对于一般的概率模型，我们可以通过计算相对频率得到各个实例输出的经验分布 $\tilde{P}\left(d_i\right)$ 及模型分布 $Q(d_i)$。修改上述风险函数，将基于分数的损失函数替换为经验分布 $\tilde{P}\left(d_i\right)$ 与模型分布 $Q(d_i)$ 间的差异度，可得到训练目标函数：

$$\tilde{\text{risk}}(\vec{\theta})=\frac{1}{N}\sum_{i=1}^{N}\text{diff}\left(\tilde{P}\left(d_i\right),Q\left(d_i\right)\right)$$

基于各个 d_i 计算 $\log_2\tilde{P}\left(d_i\right)$ 与 $\log_2 Q(d_i)$ 间的差异，可得到 diff 函数

$$\tilde{\text{risk}}(\vec{\theta})=\frac{1}{N}\sum_{i=1}^{N}\left(\log_2\tilde{P}\left(d_i\right)-\log_2 Q\left(d_i\right)\right)$$

直观而言，上述风险函数度量了每个训练实例的经验对数概率和模型对数概率间的差异。我们的目标是最小化这种风险，从而使模型分布趋于经验分布。进一步分析整个损失函数，可以发现每个数据实例的相对频率 $\tilde{P}\left(d_i\right)$ 为 $1/N$，因此上述公式可被写作：

$$\tilde{\text{risk}}(\vec{\theta})=\sum_{i=1}^{N}\tilde{P}\left(d_i\right)\left(\log_2\tilde{P}\left(d_i\right)-\log_2 Q\left(d_i\right)\right)=\sum_{i=1}^{N}\tilde{P}\left(d_i\right)\log_2\frac{\tilde{P}\left(d_i\right)}{Q\left(d_i\right)} \tag{5.11}$$

该式表明损失函数的值是分布 $\tilde{P}\left(d_i\right)$ 下 $\log_2\tilde{P}\left(d_i\right)-\log_2 Q\left(d_i\right)$ 的期望值。$\sum_{i=1}^{N}\tilde{P}\left(d_i\right)\log_2\frac{\tilde{P}\left(d_i\right)}{Q\left(d_i\right)}$ 可视为两个概率分布之间的差异衡量标准，又被称为 **Kullback-Leibler 散度**或 **KL 散度**。给定存在 M 种可能输出 $\mathfrak{r}_1,\mathfrak{r}_2,\cdots,\mathfrak{r}_M$ 的随机变量 e，分布 $P(e)$ 与分布 $Q(e)$ 之间的 KL 散度为：

$$\text{KL}(P,Q)=\sum_{i=1}^{M}P\left(\mathfrak{r}_i\right)\log_2\frac{P\left(\mathfrak{r}_i\right)}{Q\left(\mathfrak{r}_i\right)}=E_{e\sim P(e)}\log_2\frac{P(e)}{Q(e)}$$

KL 散度可衡量某一随机变量的两个不同分布间的差异程度。以文本为例，假设 P 和 Q 分别代表两个文档的词分布，$P(w)$ 表示词 w 在文档一中出现的相对频率，则 $\text{KL}(P,Q)$

可衡量两组文档在词分布上的差异程度。同理，假设 e 代表体育、金融等主题标签，P 和 Q 分别代表两组带有主题标签的文档，则 $\mathrm{KL}(P,Q)$ 可衡量两组文档在主题上的差异程度。期望值只通过 $P(e)$ 进行计算，因此 KL 散度是非对称的，在 $\mathrm{KL}(P,Q)$ 的计算过程中，$P(e)$ 比 $Q(e)$ 更为重要。

因此，式 (5.11) 的训练目标可解读为最小化 D 上的经验分布与模型分布间的 KL 散度。 106

5.2.1 交叉熵和最大似然估计

现在问题是，通过最小化式 (5.11) 的 KL 散度，我们将获得什么？为了解决这个问题，我们重写损失函数：

$$\begin{aligned}\mathrm{KL}(P,Q) &= \sum_{i=1}^{N} \tilde{P}(d_i)\left(\log_2 \tilde{P}(d_i) - \log_2 Q(d_i)\right) \\ &= \sum_{i=1}^{N} \tilde{P}(d_i)\log_2 \tilde{P}(d_i) - \sum_{i=1}^{N} \tilde{P}(d_i)\log_2 Q(d_i)\end{aligned} \tag{5.12}$$

该损失函数由 $\sum_{i=1}^{N} \tilde{P}(d_i)\log_2 \tilde{P}(d_i)$ 和 $\sum_{i=1}^{N} \tilde{P}(d_i)\log_2 Q(d_i)$ 两部分组成，模型的主要计算目标为 $Q(d_i)$，因此所有参数在函数的第二部分中，最小化 $\mathrm{KL}(P,Q)$ 等价于最大化：

$$\sum_{i=1}^{N} \tilde{P}(d_i)\log_2 Q(d_i) = \frac{1}{N}\sum_{i=1}^{N} \log_2 Q(d_i) \tag{5.13}$$

我们发现，式 (5.13) 为数据集 D 的对数似然。因此，最小化 KL 散度给出了与最大化对数似然相同的模型，即最大似然估计。

回顾式 (5.12)，根据定义，第一部分 $\sum_{i=1}^{N} \tilde{P}(d_i)\log_2 \tilde{P}(d_i)$ 为数据的负熵 $-H(D)$，第二部分 $\sum_{i=1}^{N} \tilde{P}(d_i)\log_2 Q(d_i)$ 在形式上与之相似，但由 $Q(d_i)$ 代替了 $\tilde{P}(d_i)$。直观而言，虽然 d_i 服从于分布 $\tilde{P}$，但在编码各个 d_i 时，$Q(d_i)$ 利用编码方案 Q 而非 $\tilde{P}$ 对期望信息量进行标记，同时测量了两个分布 Q 和 $\tilde{P}$ 间的不同。该部分与熵相似，因此又被称为**交叉熵**（cross-entropy）。

给定一个有着多种可能输出 $\{\mathfrak{r}_1, \mathfrak{r}_2, \cdots, \mathfrak{r}_M\}$ 的随机变量 e，以及两个分布 P 和 Q，其交叉熵 $H(P,Q)$ 被定义为：

$$H(P,Q) = -\sum_{i=1}^{M} P(\mathfrak{r}_i)\log_2 Q(\mathfrak{r}_i) = E_{e\sim P}\log_2 \frac{1}{Q(e)}$$

根据该式，式 (5.12) 可被重写为:

$$\mathrm{KL}(P,Q) = \sum_{i=1}^{N} \tilde{P}(d_i)\log_2 \tilde{P}(d_i) - \sum_{i=1}^{N} \tilde{P}(d_i)\log_2 Q(d_i) = H(P,Q) - H(P)$$

可见，$\mathrm{KL}(P,Q)$ 恰好是 P、Q 间交叉熵与 P 的熵之间的差，因此 KL 散度又被称为**相对熵** (relative entropy)。

事实证明，熵在理论上反映了最有效 (即最小) 编码的长度，因此，对于一个服从于 $P(e)$ 的随机变量 e，可以利用 $-\log_2 \frac{1}{P(\mathfrak{r}_i)}$ 个比特位来编码各个可能的值 $\mathfrak{r}_i$，相较于其他方案，该期望编码大小是最小的。假设 e 有 4 种可能值，对于 $i=1,2,3,4$，存在分布 $P(\mathfrak{r}_i)=1/2,1/4,1/4,1/8$ 以及分布 $Q(\mathfrak{r}_i)=1/4$。在 P 的编码方案下，4 个值的编码信息量大小分别为 1、2、2 和 3 比特，编码一个值的期望大小为 $0.5+0.25\times2+0.25\times2+0.125\times3=$ [107] 1.875 比特。而在 Q 的编码方案下，4 个值的编码信息量大小均为 2 比特，编码一个值的期望大小为 $0.5\times2+0.25\times2+0.25\times2+0.125\times2=2.25$ 比特，比前者大 0.375 比特。因此我们可以得到结论：对于 $H(P,Q)\geqslant H(P)$，当且仅当 $P=Q$ 时，等式成立。相应地，对于 $\mathrm{KL}(P,Q)\geqslant 0$，当且仅当 $P=Q$ 时，等式成立。

交叉熵损失。根据上述定义的交叉熵，给定训练集 $D=\{d_i\}|_{i=1}^N$ 和模型 $Q(d_i)$，模型分布和数据分布之间的交叉熵为

$$H(\tilde{P},Q)=-\sum_{i=1}^{N}\tilde{P}\left(d_i\right)\log_2 Q\left(d_i\right)=-\frac{1}{N}\sum_{i=1}^{N}\log_2 Q\left(d_i\right)$$

恰好是训练数据的负对数似然。因此，最大化训练数据的对数似然相当于最小化模型分布与数据分布之间的交叉熵，对数似然损失也被称为交叉熵损失。

5.2.2　模型困惑度

困惑度的概念与熵密切相关。给定输出为 $\{\mathfrak{r}_1,\mathfrak{r}_2,\cdots,\mathfrak{r}_M\}$ 的随机变量 e，设 e 服从于分布 P，其困惑度为：

$$\varUpsilon(P)=2^{H(P)}=2^{-\sum_i P(\mathfrak{r}_i)\log_2 P(\mathfrak{r}_i)}$$

其中, $H(P)$ 表示分布 P 的熵。

直观而言, $H(P)$ 表示编码每个输出 $\mathfrak{r}_i$ 所需的期望比特数, 而困惑度 $\varUpsilon(P)=2^{H(P)}$ 表示事件 e 的期望输出数目。若 e 的输出服从均匀分布, 则困惑度即为输出的总数。以抛硬币和掷骰子问题为例, 设硬币和骰子质地均匀, 则抛硬币问题的熵为 $-(0.5\times\log_2 0.5+0.5\times\log_2 0.5)=1$, 困惑度为 $2^1=2$, 掷骰子问题的熵为 $-6\times\left(\frac{1}{6}\times\log_2\frac{1}{6}\right)=-\log_2\frac{1}{6}=\log_2 6$, 困惑度为 $2^{\log_2 6}=6$。一般而言，若某事件存在 k 个相同可能的输出，则其熵为 $\log_2^k$，困惑度为 k。若 k 个输出的概率不相同，则其困惑度小于 k。

困惑度与交叉熵。交叉熵也可作为计算困惑度的幂项，此类困惑度通常用于模型评估。利用模型分布测量一组测试数据的困惑度，即为**模型困惑度**，可用于评估该模型对测试数据的拟合程度。给定数据集 $D=\{d_i\}|_{i=1}^N$ 与模型 Q，模型在数据集 D 上的困惑度为：

$$\varUpsilon(Q,D)=2^{H(\tilde{P}(d),Q)}=2^{-\sum_{i=1}^N\tilde{P}(d_i)\log_2 Q(d_i)}=2^{-\frac{1}{N}\sum_{i=1}^N\log_2 Q(d_i)}\qquad(5.14)$$

根据模型 Q 的编码方案，式子 $-\frac{1}{N}\sum_{i=1}^{N} Q(d_i)$ 可被理解为用于编码各个数据样本 d_i 的平均比特数，困惑度 $\Upsilon(Q,D)$ 可被理解为 D 中经过模型 Q 编码的不同值的数量，代表模型 Q 看到数据 D 的“惊喜”程度。困惑度越低，模型与数据的拟合度则越高。

108

语言模型的评估。第 3 章介绍了分类模型的评估方法，对于典型的文本分类问题，各个输入文本均有对应的金标标签，因此可以利用*准确度*对模型性能进行评估。但在语言建模问题中，给定当前句子，下一个词存在多个候选项，且没有绝对的“正确答案”，不同答案间的差异较为微妙，取决于语法和语义的合理性。因此，我们可以利用*困惑度*来评估模型，其基本思想为测试语言模型 Q 在看到一组句子时的“惊讶”程度。

根据式 (5.14)，给定测试数据集 $D=\{s_i\}|_{i=1}^{N}$，s_i 表示人工书写的句子，此时模型 Q 的困惑度为：

$$2^{-\frac{1}{N}\sum_{i=1}^{N}\log_2 Q(s_i)}$$

基于该评估方法，第 2 章所介绍的英语 n 元语言模型的困惑度为 2^{190}，意味着语言中实际有效的句子数量为 2^{190}，这个数字也可以被直观地理解为输出句子的有效数量。

由于句子的稀疏性，句子级别的困惑度往往较大，为解决这一问题，可利用单个词的困惑度对模型进行评价。假设待评估的语言模型可以根据句子上下文给出各个词的概率，令句子中的词构成测试数据 $D=\{w_i\}|_{i=1}^{N_w}$，则该语言模型的困惑度为：

$$2^{-\frac{1}{N_w}\sum_{i=1}^{N_w}\log Q(w_i)}$$

在基于词级别的困惑度计算方法中，n 元语言模型的困惑度约为 250，意味着模型基于 D 生成每一个词时，需要在 250 个不同词中做无差别选择，因此编码各个词的有效位数为 $\log_2 250 \approx 8$ 位。目前，对于性能最佳的英语语言模型，其困惑度为 30 或以下。

5.3 互信息

KL 散度和交叉熵可度量*同一*随机变量的*两个*分布之间的相似性，因此也被用于概率模型的训练与评估。本节继续讨论*两个*不同随机变量的编码。

5.1.2 节已经提到，在 x 已知的情况下，随机变量 y 和 x 之间的条件熵 $H(y|x)$ 可度量编码随机事件 y 所需位数的期望值。此外，由于 x 的知识中通常蕴含 y 的信息，因此存在 $H(y|x)\leqslant H(y)$，仅当 x 与 y 条件独立时，存在 $H(y|x)=H(y)$。

根据式 (5.5)，条件熵与熵的差值 $H(y)-H(y|x)$ 为 $\sum_{x,y} P(x,y)\log_2\frac{P(x,y)}{P(x)P(y)}$，当且仅当 $P(x,y)=P(x)P(y)$ 时，即 x 与 y 相互独立，该差值为 0。随着随机事件 y 对 x 愈加依赖，差值也将逐渐增大。通常而言，$H(y)$ 与 $H(y|x)$ 的差值表示在 x 已知的情况下，编码 y 的各个结果可以节省的期望比特数。该差值也被称为 x 与 y 之间的**互信息**（mutual information），记作 $I(x,y)$。

109

x 与 y 之间的互信息是相互对称的，已知 x 对编码 y 带来的节约位数等同于已知 y

对编码 x 带来的节约位数。这一点可以根据以下推导证明：

$$
\begin{aligned}
&H(x)-H(x|y)\\
&\quad=\sum_{x,y}P(x,y)\log_2 P(x|y)-\sum_{x}P(x)\log_2 P(x)\\
&\quad=\sum_{x,y}P(x,y)\log_2 P(x|y)-\sum_{x}\Big(\sum_{y}P(x,y)\Big)\log_2 P(x)\quad(\text{边缘概率})\\
&\quad=\sum_{x,y}P(x,y)\log_2 P(x|y)-\sum_{x,y}P(x,y)\log_2 P(x)\\
&\quad=\sum_{x,y}P(x,y)\log_2\frac{P(x|y)}{P(x)}\\
&\quad=\sum_{x,y}P(x,y)\log_2\frac{P(x,y)}{P(x)P(y)}
\end{aligned}
\tag{5.15}
$$

该式等价于式 (5.5) 中的 $H(y)-H(y|x)$。

5.3.1 点互信息

给定随机变量 x 与 y，其互信息可视为 $\log_2\frac{P(x,y)}{P(x)P(y)}$ 关于所有 x，y 的期望：

$$
I(x,y)=\sum_{x,y}P(x,y)\log_2\frac{P(x,y)}{P(x)P(y)}=E_{x,y}\Big(\log_2\frac{P(x,y)}{P(x)P(y)}\Big)
$$

对于输出对 (x,y), $\log_2\frac{P(x,y)}{P(x)P(y)}$ 为 x 和 y 之间的**点互信息**（Pointwise Mutual Information，PMI），其计算方式为：

$$
\log_2\frac{P(x,y)}{P(x)P(y)}=\log_2 P(x,y)-\log_2 P(x)-\log_2 P(y) \tag{5.16}
$$

其中，$-\log_2 P(x)$ 代表编码 x 的特定值所需的比特数，$-\log_2 P(y)$ 代表编码 y 的特定值所需的比特数。如式 (5.1) 所示，$-\log_2 P(x)$ 和 $-\log_2 P(y)$ 分别测量了 x 和 y 的不确定性，因此，与点互信息相反，这两个值被称为**自信息**（self-information）。$-\log_2 P(x,y)$ 表示 x 与 y 同时发生的联合事件的自信息。直观而言，点互信息可理解为编码 x 和 y 所需比特数与编码联合事件 (x,y) 所需比特数之间的差值。

110

式 (5.16) 中的分母表示 x 与 y 相互独立时的联合概率 $P(x,y)=P(x)P(y)$，其与分子 $P(x,y)$ 的比值反映了两个随机变量之间的概率依赖性。当 $P(x,y)>P(x)P(y)$ 时，两个随机事件倾向于同时发生，当 $P(x,y)<P(x)P(y)$ 时，两个随机事件倾向于不同时发生，这也是条件依赖的一种形式。当 $P(x,y)=P(x)P(y)$ 时，存在 $\mathrm{PMI}(x,y)=0$，即 x 与 y 相互独立；当 $\mathrm{PMI}(x,y)>0$ 时，x 与 y 呈正相关；当 $\mathrm{PMI}\ (x,y)<0$ 时，x 与 y 呈负相关。x 与 y 之间点互信息的取值范围为 $-\infty$ 到 ∞。

联合事件 (x,y) 的熵也被称为 x 和 y 的联合熵，即

$$H(x,y) = -\sum_{x,y} P(x,y) \log_2 P(x,y)$$

根据这一定义，互信息也可以用联合熵 $H(x,y)$ 表示：

$$\begin{aligned}
I(x,y) &= \sum_{x,y} P(x,y) \log_2 \frac{P(x,y)}{P(x)P(y)} \\
&= \sum_{x,y} P(x,y) \log_2 P(x,y) - \sum_{x,y} P(x,y) \log_2 P(x) - \sum_{x,y} P(x,y) \log_2 P(y) \\
&= -H(x,y) - \sum_{x} P(x) \log_2 P(x) - \sum_{y} P(y) \log_2 P(y) \\
&= H(x) + H(y) - H(x,y) \qquad (5.17)
\end{aligned}$$

该结果也可直观理解为编码 x 和 y 所需的期望比特数与编码联合事件 (x,y) 所需的期望比特数之间的差值。

图 5.1 所示的维恩图展示了 $H(x)$、$H(y)$、$H(x|y)$、$H(y|x)$、$H(x,y)$、$I(x,y)$ 之间的相互关系。

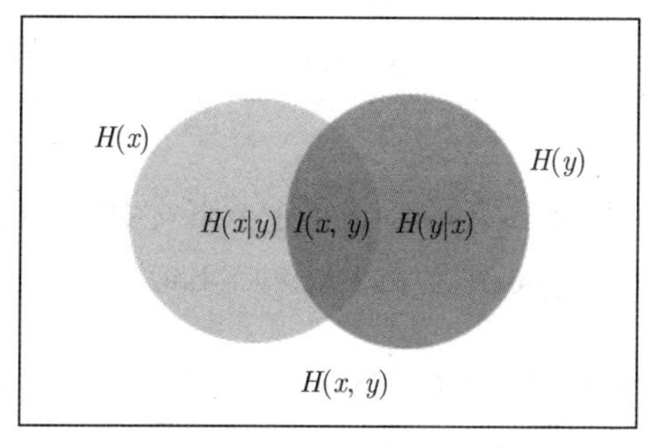

图 5.1 $H(x)$、$H(y)$、$H(x|y)$、$H(y|x)$、$H(x,y)$ 和 $I(x,y)$

5.3.2 基于点互信息的文本挖掘

点互信息表示两个随机变量之间的统计相关性，因此可用于挖掘文本中有价值的信息。下面我们举两个例子。

构建情感词典。基于规则的情感分析方法可利用包含情感词极性（正面或负面）及强度信息的**情感词典**进行情感判断。对于词 w，情感词典中包含区间 $[-\alpha, \alpha]$ 内的值 $\textsc{Lex}(w)$，其中正负号表示情感极性，绝对值 α 表示情感强度。

111

给定文档 $d = w_1 w_2 \cdots w_n$，我们可以利用文档中所有情感词 $\textsc{Lex}(w)$ 的平均值来计算其情感极性与强度：

$$\textsc{Senti}(d) = \frac{\sum_i \textsc{Lex}(w_i)}{|\{w_i | \textsc{Lex}(w_i) \neq 0\}|}, i \in [1, \cdots, n]$$

其中，$\text{Lex}(w_i)$ 表示 d 中情感词的数量，对于情感词典之外的词 w_i，我们假定 $\text{Lex}(w_i)=0$。这种简单的方法没有考虑否定、强化等复杂的语义功能，但也具有不错的性能。

我们可以通过人工标注和数据挖掘两类方法构建情感词典。人工标注的成本较高，因此需要通过数据挖掘的方式进行自动学习。一种较为直接有效的方法是人工构建少量种子情感词，然后计算当前词与种子情感词之间的相关性，例如以“good”为积极情感的种子词，以“bad”为消极情感的种子词。利用点互信息，我们可以逐渐扩大这一情感词典，给定语料库 D，词 w 与种子 seed 词之间的点互信息为：

$$\text{PMI}(w,\text{seed})=\log_2\frac{P(w,\text{seed})}{P(w)p(\text{seed})}$$

其中，可通过词 w 在 D 中的相对频率计算 $P(w)$：

$$P(w)=\frac{|\{w|w\in D\}|}{|D|}$$

其中，$|D|$ 表示 D 中所有词的数量。

同理，也可以通过相对频率计算 $P(w_1,w_2)$：

$$P(w_1,w_2)=\frac{\#\Big(\text{CoOccur}(w_1,w_2)\in D\Big)}{|D|^2}$$

其中，CoOccur (w_1,w_2) 表示 w_1 和 w_2 在特定上下文中共同出现的次数。

最后，通过计算 PMI(w,“good”) 和 PMI(w,“bad”)，词 w 的情感值可被定义为：

$$\text{Lex}(w)=\text{PMI}(w,\text{“good”})-\text{PMI}(w,\text{“bad”})$$

对于 Twitter 数据的情感分析，我们可以利用“:)”“:(”等表情符号作为初始种子词。推文的字符数通常在 140 以内，因此我们可以将 CoOccur 定义为两个词在同一条推文中出现的次数。

若两个词同时出现的概率很高，这类词可能本身就是高频词，与其他单词共同出现的概率也很高，此时基于共现次数的方法并不能反映两个词之间的内在关联，而点互信息则能够更科学地衡量两个词之间的相关性。

112

搭配提取。搭配指习惯性一起使用以表达某种特定意义的词语，例如，“MrPresident”是一个搭配，但“MrExecntire”就不是典型的搭配。同样“high temperature”是一个典型搭配，而“big temperature”则不是。点互信息可以用于从文本中自动提取此类搭配，具体地，给定词 w_1、w_2 以及语料库 D，两个词之间的关联性为：

$$\text{PMI}(w_1,w_2)=\log_2\frac{P(w_1w_2)}{P(w_1)P(w_2)}$$

其中，$P(w_1w_2)$ 表示 D 中二元组 w_1w_2 的概率，

$$P(w_1w_2) = \frac{\#(w_1w_2 \in D)}{\sum_{ww'} ww' \in D} = \frac{\#(w_1w_2 \in D)}{|D|}$$

$P(w_1)$ 和 $P(w_2)$ 分别表示 D 中 w_1 和 w_2 的相对频率。ww' 表示 D 中的二元组。

直观而言，点互信息计算了二元组 w_1w_2 相较于 w_1 和 w_2 的相对频率，因此可以作为挖掘搭配的有效指标，同时也可以为短语表达式的提取提供基础。

5.3.3 基于点互信息的特征选取

如第 3 章所述，判别式文本分类器通常包含数百万个特征实例，部分特征的重要性相对较弱，例如在利用特征模板 wc（w 表示文档中的词，c 表示文档类别标签）时，“goal”“statement”“president”等词显然比“a”“in”“does”等词的作用更大。删除此类重要性较弱的特征实例，可降低特征向量和模型的大小，从而提高运行速度和模型性能。

我们可以通过计算特征实例输入部分（例如 wc 中的 w）和输出部分（例如 wc 中的 c）之间的点互信息来进行有效的特征选取，例如计算特征实例“goal/sport”之间的点互信息 PMI(“goal”,“sport”)。直观而言，某对 w、c 同时出现的频率越高，则 w 越有可能代表类别 c。

除了点互信息之外，*信息增益*、χ^2 等方法也可用于特征选取，详见习题 5.8。

5.3.4 词的点互信息与向量表示

第 3 章介绍了文本的向量表示方法，包括基于计数的向量表示和 TF-IDF 向量表示，文本的向量表示使其能够进一步进行数学建模和计算（例如文档聚类、文本分类等任务）。同理，向量表示也适用于词级别。词的向量表示可以为词聚类、分类等建模任务提供数学基础。

一种简单的词向量表示方法为基于计数的文档表示，即将每个词视为一篇“文档”，所得到的词向量大小即为词表大小，其中，给定词对应的元素为 1，其余为 0。因此，这种**词表示方法也被称为 0-1 向量**（one-hot vector）。0-1 向量的概念较为直观，可用作自然语言处理模型的输入，或作为复杂词表示方法的基础（第 13 章将提供示例），但 0-1 向量不包含关于词本身以外的任何其他信息，因此无法直接利用 0-1 向量完成词相似度计算等任务。

词义的**分布假设**（distributional hypothesis）可解决 0-1 向量的局限性，该假设认为意思相近的词往往会同时出现，因此对目标词的理解可以借助于其周围上下文窗口内的词。表 5.1 列举了词上下文窗口实例，上下文语境包括左侧 k 个词以及右侧 k 个词（$k \in \{2,5,7\}$），$\langle /s \rangle$ 表示句子结尾。如表 5.1 所示，“bank”“river”等词经常与“water”“rock”“island”等相邻词同时出现，与“equation”“algorithm”等词则关联较弱。目标词的上下文蕴含许多关于该词的属性信息。

基于上述观察，我们可以定义**基于计数的词表示方法**（count-based word representation），即在语料库 D 中，对于给定词 w，我们可以计算其相邻词 $w_i \in V$ 的频数，从而生成向量 $< \#w_1, \#w_2, \cdots, \#w_{|V|} >$，该向量表示与表 3.1 所示的文档向量表示形式相同。

表 5.2 以词“cat”“dog”为例，对 0-1 向量和基于计数的词向量表示方法进行了对比。词“cat”与“dog”均描述动物，但两者的 0-1 向量之间的余弦相似性为 0。显然，引入上下文的信息可以在一定程度上缓解 0-1 向量的特征稀疏问题，各个词可以由其上下文词共同标识，词的向量表示由其与词表中各个词共现的次数组成。例如，在表 5.2 中，f_{35} 表示上下文中的词“leg”，在“cat”和“dog”的上下文表示向量中，其值分别为 332 和 271，这一表示有助于计算两个非零词表示向量之间的相似性。

表 5.1　“bank”的 k-词窗口。s_1 表示句子“There happened to be a rock sticking out of the water halfway between the **bank** and the island.”。s_2 表示句子“The checks that have been written but are not included with the **bank** statement are called outstanding checks.”

句子	k	语境
s_1	2	{between, the, and, the }
	5	{the, water, halfway, between, the, and, the, island, ., < /s >}
	7	{out, of, the, water, halfway, between, the, and, the, island, ., </s>, </s>, </s>}
s_2	2	{with, the, statement, are}
	5	{are, not, included, with, the, statement, are , called, outstanding, checks}
	7	{written but, are, not, included, with, the, statement, are , called, outstanding, checks, . , </s>}

表 5.2　“cat”和“dog”的不同词向量表示，w_{121} = “cat”，w_{35} = “leg”，w_1 = “jump”，w_{500} = “dog”

词	词向量表示	特征向量
cat	0-1 向量	$\langle f_1=0,\cdots,f_{121}=1,\cdots,f_{500}=0,\cdots,f_{10000}=0\rangle$
	基于上下文	$\langle f_1=128,f_2=0,\cdots,f_{35}=332,\cdots,f_{10000000}=0\rangle$
	正点互信息	$\langle f_1=0.3,f_2=0,\cdots,f_{50}=2.32\rangle$
dog	0-1 向量	$\langle f_1=0,\cdots,f_{121}=0,\cdots,f_{500}=1,\cdots,f_{10000}=0\rangle$
	基于上下文	$\langle f_1=119,f_2=19,\cdots,f_{35}=271_1,\cdots,f_{10000000}=0\rangle$
	正点互信息	$\langle f_1=4.4,\cdots,f_{12}=0.05,\cdots,f_{50}=0.03\rangle$

基于计数的向量表示形式也有一定的局限，即包含许多与高频词同时出现的元素，例如与“the”“it”“not”等词共现，此类词缺乏可区分性，我们仍然很难描述这些词的含义。此外，计数方式没有标准，因此基于不同训练数据 D ，词的表示结果可能会发生变化。

与计数相比，点互信息可以更有效地衡量词与词之间的关联。词 w_i 基于点互信息的向量可表示为：

$$\overrightarrow{\mathrm{Vec}(w_i)}=\langle\mathrm{PMI}(w,w_1),\mathrm{PMI}(w,w_2),\cdots,\mathrm{PMI}(w,w_{|V|})\rangle$$

给定语料库 D、词 u 与词 v，为计算 $\mathrm{PMI}(u,v)$，我们需要先得到 $P(u,v)$、$P(u)$ 和 $P(v)$。其中，

$$P(u,v)=\frac{\#(\text{在语境窗口中的 }u\text{ 和 }v)}{\#(\text{在任意语境窗口中的两个单词})}=\frac{\#(\text{在语境窗口中的 }u\text{ 和 }v)}{2k|D|^2}$$

$P(u)$ 和 $P(v)$ 可被定义为 D 中的经验概率或相对频率。

PPMI。若两个词 (u, v) 极为稀疏或词频较低，则满足 $P(u,v) < P(u)P(v)$ 的负点互信息所蕴含的信息会非常少。因此，我们可以利用正点互信息（PPMI）：

114 ~ 115

$$\text{PPMI}(u, v) = \max(\text{PMI}(u, v), 0)$$

在计算正点互信息时，信息量较少的词出现的概率相对较高，因此在基于分布的词向量表示中贡献较小。这与 TF-IDF 向量表示法中的逆文档频率作用类似，因此 TF-IDF 向量也可被认为与信息论有关。实际上，若将词 w 在 D 中的各个上下文窗口理解为一篇“文档”，则 w 的向量表示也可以通过 TF-IDF 向量进行计算。基于第 4 章所介绍的 t 检验也可以获得有效的词分布向量表示，详见习题 5.6。

总结

本章介绍了：

- 概率模型的最大熵原理，及其在对数线性模型推导过程中的应用。
- 模型困惑度、交叉熵与 KL 散度，可用于测量模型分布与数据分布间的一致性。
- 互信息与点互信息，可用于测量不同随机变量间的统计相关性。
- 词表示。

注释

Shannon(1948) 最早提出信息论与熵的定义，Jaynes(1957) 最早提出最大熵原理，其他形式的熵包括相对熵（KL 散度）(Kullback 和 Leibler, 1951)、条件熵 (Thomas M. Cover, 1991)、交叉熵 (Rubinstein 和 Kroese, 2013) 等。Nigam 等人 (1999) 首先利用最大熵模型进行文本分类。Brown 等人 (1992) 在英文字符的印刷中提出 1.75 位的熵上限估值。Berger 等人 (1996) 讨论了最大熵的训练和对数线性模型间的相关性。Church 和 Hanks (1990) 利用点互信息查找词之间的排序规则和关联。Turney(2002) 利用点互信息确定情感分析任务中词级别的情感强度。Peng 等人 (2005) 首先利用点互信息进行特征选择。Aji 和 Kaimal (2012) 利用点互信息对文档进行汇总。

习题

5.1 从字典中随机抽取某个词并进行猜词游戏：

（1） 试计算为获取答案所需要的信息量。

（2） 试比较抽词结果为“the”或“zoo”的信息量大小。

116

（3） 试比较抽词结果为“t”开头单词或“z”开头单词的信息量大小。

（4） 试计算猜词事件的熵。

（5）若直接从语料库而非词典中进行抽词，试比较抽词结果为“the”或“zoo”的信息量大小。

5.2　多选题：

(A) 自信息　　(E) 困惑度
(B) 互信息　　(F) 交叉熵
(C) 点互信息　　(G) 模型困惑度
(D) 熵　　(H) KL 散度

（1）以上哪些度量与随机事件的单个结果有关？
（2）以上哪些度量属于事件级别？
（3）以上哪些度量可用于研究单个分布？
（4）以上哪些度量可用于研究两个不同分布？
（5）熵和 ______ 形式不同，但所代表的信息相同。
（6）交叉熵和 ______ 形式不同，但所代表的信息相同。

5.3　试陈述对数线性模型与熵/交叉熵之间的相关性。

5.4　给定文档分类任务的训练语料库，试利用词与类别标签之间的点互信息，寻找各个类别中最具代表性的词。并将结果与这些词在对数线性分类器中的特征实例权重进行比较。

5.5　试证明式 (5.5) 中，$\sum_x \sum_y P(x,y)\log_2 \dfrac{P(x,y)}{P(x)P(y)} \geqslant 0$。(提示：$\log_2 a \leqslant (a-1)\log_2 \mathrm{e}$，说明 $\log_2 \dfrac{P(x,y)}{P(x)P(y)} \geqslant \left(1-\dfrac{P(x)P(y)}{P(x,y)}\right)\log_2 \mathrm{e}$。)

5.6　试利用第 4 章所介绍的 t 检验来计算文档中词的分布向量表示。

5.7　试回顾数据不平衡情况下的分类任务。设人工标注的训练数据为 $D=\{(x_i,c_i)\}|_{i=1}^N$，模型训练目标为最大化 $\sum_{i=1}^N \log P(c_i|x_i)$，现假设 D 中各个 C_i 的样本分布平衡，但在未知数据中，类别标签的分布仍然不平衡，其中 $P(c_i)=\gamma_i$（$i\in[1\cdots|C|]$），γ_i 为先验知识。通过测量给定类别分布 $P(c_i)$ 的 KL 散度，我们可以将类别标签分布的知识融入模型的训练目标中。具体地，我们先利用当前模型对原始输入 $R=\{x_i'\}|_{i=1}^{N'}$ 进行标记，然后在输出上计算类别标签 $Q(c_i)$ 的相对频率。融入分布知识后，最终的训练目标为 $\sum_{i=1}^N \log P(c_i|x_i) - \lambda D_{\mathrm{KL}}\Big(P(c_i),Q(c_i)\Big)$，其中 λ 为控制正则项权重的超参数。

117

（1）试说明 λ 的计算方式。
（2）试说明是否可以利用 c_i 在 R 的模型输出上的相对频率来计算 $Q(c_i)$。（提示：可先考虑正则化项应为常量还是模型参数的函数。）
（3）利用数学期望 $\sum_{x_j'\in R} P(c_i|x_j')\cdot Q(x_j',c_i)$ 可计算获得 $Q(c_i)$。试定义 $Q(x_j',c_i)$，以便只利用模型得分 $P(c|x)$ 表示 $Q(c_i)$。（该方法为**期望正则化**。）
（4）记 (x,c) 的特征向量为 $\vec{\phi}(x,c)$，试计算训练目标函数相对于模型参数 $\vec{\theta}$ 的导数。

（5）试为上述训练目标推导出基于随机梯度下降的训练算法。

5.8　信息增益和χ^2 统计量均可作为特征选择的标准。对于一个具有词袋功能的文本分类器，词 w 的信息增益为：

$$\begin{aligned}\mathrm{IG}(w) = & -\sum_{i=1}^{n}\widetilde{P}(c_i)\log\widetilde{P}(c_i)+ \\ & \Big(\widetilde{P}(w)\sum_{i=1}^{n}\widetilde{P}(c_i|w)\log\widetilde{P}(c_i|w)+ \\ & \widetilde{P}(\overline{w})\sum_{i=1}^{n}\widetilde{P}(c_i|\overline{w})\log\widetilde{P}(c_i|\overline{w})\Big)\end{aligned} \tag{5.18}$$

其中，c_i 为类别标签集合，$\overline{w}$ 表示不在 (w, c_i) 的训练集中的词，$\widetilde{P}$ 表示经验分布。χ^2 统计量的定义为：

$$\chi^2(w, c_i) = \frac{N\times(AD-CB)^2}{(A+C)\times(B+D)\times(A+B)\times(C+D)} \tag{5.19}$$

其中，A 表示 w 和 c_i 同时发生的次数，B 表示 w 发生但 c_i 未发生的次数，C 表示 C_i 发生但 w 未发生的次数，D 表示 c_i 和 w 均未发生的次数。词特征 w 的计算方式为：

$$\chi^2_{\mathrm{avg}}(w) = \sum_{i=1}^{n}\widetilde{P}(c_i)\chi^2(w, c_i) \tag{5.20}$$

或

$$\chi^2_{\max}(w) = \max_{i=1}^{n}\chi^2(w, c_i) \tag{5.21}$$

如 5.3.3 节所述，利用逐点互信息

$$\mathrm{PMI}(w, c_i) = \log_2\frac{\widetilde{P}(w, c_i)}{\widetilde{P}(w)\widetilde{P}(c_i)} = \frac{A\times N}{(A+B)\times(A+C)} \tag{5.22}$$

118

w 的选择方式为

$$\mathrm{PMI}_{\mathrm{avg}}(w) = \sum_{i=1}^{n}\widetilde{P}(c_i)\times\mathrm{PMI}(w, c_i) \tag{5.23}$$

或

$$\mathrm{PMI}_{\max}(w) = \max_{i=1}^{n}\mathrm{PMI}(w, c_i) \tag{5.24}$$

试讨论 $\mathrm{TF}(w)\cdot\mathrm{IDF}(w)$、$\mathrm{IG}(w)$、$\chi^2(w)$ 与 $\mathrm{PMI}(w)$ 在特征选择过程中的相关性，并说明不同方法间的相似之处及各自的优势。请与 SVM 分类进行经验比较。

119

参考文献

Subhanpurno Aji and Ramachandra Kaimal. 2012. Document summarization using positive pointwise mutual information. International Journal of Computer Science & Information Technology, 4(2):47.

Adam L. Berger, Vincent J. Della Pietra, and Stephen A. Della Pietra. 1996. A maximum entropy approach to natural language processing. Computational linguistics, 22(1):39–71.

Peter F Brown, Vincent J Della Pietra, Robert L Mercer, Stephen A Della Pietra, and Jennifer C Lai. 1992. An estimate of an upper bound for the entropy of english. Computational Linguistics, 18(1):31–40.

Kenneth W. Church and Patrick Hanks. 1990. Word association norms, mutual information, and lexicography. Computational linguistics, 16(1):22–29.

Edwin T. Jaynes. 1957. Information theory and statistical mechanics. Physical review, 106(4):620.

Solomon Kullback and Richard A. Leibler. 1951. On information and sufficiency. The annals of mathematical statistics, 22(1):79–86.

Kamal Nigam, John Lafferty, and Andrew McCallum. 1999. Using maximum entropy for text classification. In IJCAI-99 workshop on machine learning for information filtering, volume 1, pages 61–67. Stockholom, Sweden.

Hanchuan Peng, Fuhui Long, and Chris Ding. 2005. Feature selection based on mutual information criteria of max-dependency, max-relevance, and min-redundancy. IEEE Transactions on pattern analysis and machine intelligence, 27(8):1226–1238.

Reuven Y Rubinstein and Dirk P Kroese. 2013. The cross-entropy method: a unified approach to combinatorial optimization, Monte-Carlo simulation and machine learning. Springer Science & Business Media.

Claude E. Shannon. 1948. A mathematical theory of communication. Bell system technical journal, 27(3):379–423.

Joy A. Thomas Thomas M. Cover. 1991. Elements of information theory. Wiley Series in Telecommunications.

Peter D Turney. 2002. Thumbs up or thumbs down?: semantic orientation applied to unsupervised classification of reviews. In Proceedings of the 40th annual meeting on association for computational linguistics, pages 417–424. Association for Computational Linguistics.

隐 变 量

前面几章已经介绍了朴素贝叶斯、对数线性模型等概率模型，训练概率模型所用到的输入、输出数据为**观测变量**（Observed Variable），可通过人工标注进行获取。基于观测变量，我们可以利用最大似然估计，通过计算相对频率的方法获得模型参数。在实际应用场景中，模型的某些变量难以通过训练数据观测得到，例如缺少人工标注语料的低资源语言、领域，或是机器翻译任务中的双语词对齐信息。此类无标注的变量即为**隐变量**（Hidden Variable），隐变量无法直接计算相对频率，因而为模型训练增加了难度。

期望最大（Expectation Maximization, EM）算法是一种可处理隐变量的迭代训练算法。该算法首先通过随机初始化定义模型参数，再交替迭代执行以下两个步骤：（1）期望步骤（Expectation Step, E 步），利用当前模型参数推导出训练集上隐变量的概率分布；（2）最大化步骤（Maximization Step, M 步），以期望步骤得到的概率分布作为基础更新模型参数。本章将介绍期望最大算法及其在自然语言处理领域的三大应用，包括无监督朴素贝叶斯模型、IBM 机器翻译模型 1、概率潜在语义分析（Probabilistic Latent Semantic Analysis, PLSA）模型。本章最后将介绍期望最大算法的理论依据。

6.1 期望最大算法

期望最大算法是训练隐变量模型的通用算法。假设存在观测变量 O、隐变量 H 及模型参数 Θ，隐变量模型旨在计算 $P(O, H|\Theta)$，即观测变量与隐变量的联合概率。第 2 章所介绍的概率链式法则、独立性假设等方法均可用于联合概率分布的参数化。

本书前面章节利用 X 和 Y 表示模型的输入数据与输出数据，二者均为观测变量。本章新增隐变量 H，需注意的是，表示形式 (O, H) 与 (X, Y) 之间没有固定的映射关系。在某些场景下，O 表示模型输入，H 表示模型输出；在某些场景下，O 则同时表示输入与输出集合，H 表示有助于建模 O 的中间变量。为便于讨论期望最大算法，本章以 (O, H) 表示法取代 (X, Y) 表示法，该符号标记方式反映了隐变量的*训练设置*，而非*模型结构*或参数化方式。事实上，有监督的最大似然估计与期望最大算法可训练得到相同的模型，其区别仅在于训练数据中是否包含未观测变量——这一点将在本章的朴素贝叶斯文本分类器及下一章的隐马尔可夫模型 (Hidden Markov Model) 中展开详细介绍。除 (O, H) 表示法外，我们引入条件概率参数 Θ，以便区分公式中同一组参数 (O, H) 的不同取值。

隐变量与相对频率。我们无法统计隐变量 H 的相对频率。给定数据集 $D = \{o_i\}|_{i=1}^N$，其联合似然概率为：

$$L(\Theta)=\sum_{i=1}^{N}\log P(o_i,h_i|\Theta)=\log P(O,H|\Theta) \tag{6.1}$$

H 无法通过 D 观测得到，因而不能对上式进行最大化。以朴素贝叶斯文本分类器为例，给定文档 $d=W_{1:n}=w_1w_2\cdots w_n$ 及类别标签 c，模型旨在计算 $P(d,c)=P(c)\prod_{j=1}^{n}P(w_j|c)$。设数据集为 $D=\{(d_i,c_i)\}|_{i=1}^{N}$，可得到似然函数：

$$\begin{aligned}P(D)=\prod_{i=1}^{N}P(d_i,c_i)&=\prod_{i=1}^{N}\Big(P(c_i)\prod_{j=1}^{|d_i|}P(w_j^i|c_i)\Big)\\&=\Big(\prod_{c\in C}P(c)^{N_c}\Big)\cdot\Big(\prod_{w\in V}\prod_{c\in C}P(w|c)^{N_{w,c}}\Big)\end{aligned}$$

其中，w_j^i 表示文档 d_i 中的第 j 个词，C 表示类别标签集合，V 表示词表，N_c 表示数据集 D 中类别为 c 的文档数量，$N_{w,c}$ 表示类别为 c 的文档中词 w 的出现次数。模型参数集合为 $\Theta=\{P(c),P(w|c)\}$ ，其中 $w\in V$，$c\in C$。

在上述似然概率中，$\prod_{c\in C}P(c)^{N_c}$ 和 $\prod_{w\in V}\prod_{c\in C}P(w|c)^{N_{w,c}}$ 可被视为两个独立的多项式分布，分别代表服从类别分布的一组独立同分布样本概率（即 $P(c)$ 与 $P(w|c)$）。如第 2 章所述，通过最大化 $P(D)$ 并计算相对频率（N_c 和 $N_{w,c}$），我们可以推导得到 $P(c)$ 与 $P(w|c)$ $(w\in V,c\in C)$。但对于未标注的文档 $D=\{d_i\}|_{i=1}^{N}$，我们无法统计 N_c 或 $N_{w,c}$ 的数量，因此无法计算似然概率，也无法直接应用最大似然估计。

我们可以通过迭代法解决上述问题。假设模型已知，我们先计算隐变量的期望计数。以朴素贝叶斯为例，具体实现方法有以下三种：（1）基于观测变量计算概率最大的隐变量；（2）直接以分布 $P(c|d)$ 用作隐变量的伪计数；（3）根据朴素贝叶斯生成原则，采样得到 (d,c)。方法（1）将每个隐变量实例化为固定值，从而为 D 中的各个文档确定了固定的类别标签。而在方法（2）和方法（3）中，每个隐变量可以有不同值，方法（2）根据 $P(c|d)$ 为每个可能的文档类别 c 分配标签数量，方法（3）在不同采样轮次下为各个文档采样不同的类别标签。本章着重讨论方法（1）与方法（2），在第 12 章中将介绍方法（3）。

121

有了隐变量的期望计数，我们就可以利用最大似然估计重新建模，并利用重新估计的模型优化隐变量的期望计数。这一迭代方法交替估计模型参数与隐变量，即首先随机初始化 Θ，然后交替执行 E 步与 M 步，E 步利用方法（2）和当前模型 Θ 找到 H 的期望计数，M 步则通过 H 的期望计数最大化 O 和 H 的联合似然，进而更新 Θ。

期望最大算法与 k 均值聚类。前文我们介绍了同为迭代算法的 k 均值聚类算法。给定一组特征向量，k 均值聚类算法首先随机初始化一组聚类质心，然后迭代执行聚类分配和质心计算过程，最后根据特征在向量空间中的相对距离将其分组为 k 个类别。k 均值聚类算法与期望最大算法有较强的关联性，若将聚类质心视为模型参数，将聚类类别视为隐变量，将期望最大算法中的方法（2）替换为方法（1），则 k 均值算法可被视为简化版的期望最大算法。后续内容先对 k 均值算法做简单回顾，再深入介绍期望最大算法。

6.1.1 k 均值算法

我们可根据上述期望最大算法的迭代框架回顾 k 均值算法，将 k 均值算法重写为带有隐变量的模型，并根据 $P(O,H|\Theta)$ 指定其参数化方法。给定一组观测变量（即输入向量）$O=\{\vec{v}_i\}|_{i=1}^N$，k 均值算法的学习目标为最小化：

$$L(\Theta)=\sum_{i=1}^{N}\sum_{k=1}^{K}h_{ik}||\vec{v}_i-\vec{c}_k||^2 \tag{6.2}$$

其中，$\vec{c}_k$ 为簇 k 的中心点，h_{ik} 为指示变量：

$$h_{ik}=\begin{cases}1 & 若\ \vec{v}_i\in 簇k\\ 0 & 其他情况\end{cases}$$

在此模型中，$H=\{h_{ik}\}|_{i=1,k=1}^{N,K}$ 为隐变量，$\Theta=\{\vec{c}_k\}|_{k=1}^K$ 为模型参数，h_{ik} 代表输入向量到输出簇类别的关系。对于每一个 $\vec{v}_i$，所有的 $k\in[1,\cdots,K]$ 中有且仅有一个 h_{ik} 为 1。

k 均值算法利用迭代法最小化式 (6.2)，首先随机初始化各个 $\vec{c}_k$ 为 $\vec{c}_k^0$，在第 t 次迭代时通过固定模型参数来决定隐变量 H^t，并将每个输入 $\vec{v}_i$ 分配到最近的簇中心点：

122

$$H^t\leftarrow\arg\min_H\sum_{i=1}^{N}\sum_{k=1}^{K}h_{ik}||\vec{v}_i-\vec{c}_k^t||^2$$

由此可得：

$$h_{ik}^t=\begin{cases}1 & 若k=\arg\min_{k'}||\vec{v}_i-\vec{c}_{k'}^t||^2\\ 0 & 其他情况\end{cases} \tag{6.3}$$

这一过程即为 E 步。

基于 E 步的结果，k 均值算法利用 M 步重新估计模型参数 $\vec{c}_k$ $(k\in[1,\cdots,K])$：

$$\Theta^{t+1}\leftarrow\arg\min_{\vec{c}_1,\vec{c}_2,\cdots,\vec{c}_K}\sum_{i=1}^{N}\sum_{k=1}^{K}h_{ik}^t||\vec{v}_i-\vec{c}_k||^2$$

上式中 $\sum_{i=1}^N\sum_{k=1}^K h_{ik}^t||\vec{v}_i-\vec{c}_k||^2$ 对于每个模型参数 $\vec{c}_k$ 求导，并使导数为 0，可得到用于下次迭代的模型参数最优值：

$$\vec{c}_k^{t+1}=\frac{\sum_{i=1}^N h_{ik}^t\vec{v}_i}{\sum_{i=1}^N h_{ik}^t} \tag{6.4}$$

该公式可以理解为簇 k 的所有向量的均值。

上述 E 步与 M 步交替执行，直至算法收敛。

基于 k 均值的概率算法。我们可以将 k 均值算法的距离度量转换为一个概率分布，从而将式 (6.2) 重写为：

$$
\begin{aligned}
\min L(\Theta) &= \min \sum_{i=1}^{N}\sum_{k=1}^{K} h_{ik}||\vec{v}_i - \vec{c}_k||^2 \quad (\text{最小化损失}) \\
&= \max \sum_{i=1}^{N}\sum_{k=1}^{K} -h_{ik}||\vec{v}_i - \vec{c}_k||^2 \quad (\text{负最大化损失}) \\
&= \max \sum_{i=1}^{N} \log \mathrm{e}^{-\sum_{k=1}^{K} h_{ik}||\vec{v}_i - \vec{c}_k||^2} \quad (x = \log \mathrm{e}^x) \\
&= \max \sum_{i=1}^{N} \log \frac{\mathrm{e}^{-\sum_{k=1}^{K} h_{ik}||\vec{v}_i - \vec{c}_k||^2}}{Z} \quad \left(Z = \sum_{\hbar'} \exp\left(-\sum_{k=1}^{K} \hbar'_{ik}||\vec{v}_i - \vec{c}_k||^2\right)\right) \\
&= \max \sum_{i=1}^{N} \log P(\vec{v}_i, h_i|\Theta)
\end{aligned} \tag{6.5}
$$

其中，$P(\vec{v}_i, h_i|\Theta)$ 为概率分布，h_i 表示 $h_{i1}, h_{i2}, \cdots, h_{ik}$，$Z$ 为归一化常量，$\hbar'$ 表示任何一个具体的有效簇分配（只有一个 $\hbar'_{ik}$ $(k \in [1, \cdots, K])$ 为 1，其他为 0）。因此，我们可以定义

123

$$
\begin{aligned}
P(\vec{v}_i, h_i|\Theta) &= P(\vec{v}_i, h_{i1}, h_{i2}, \cdots, h_{iK}|\Theta) \\
&= \frac{\mathrm{e}^{-\sum_{k=1}^{K} h_{ik}||\vec{v}_i - \vec{c}_k||^2}}{Z} \\
&= \mathcal{N}\left(\sum_{k=1}^{K} h_{ik}\vec{v}_i, \mathbf{I}\right)
\end{aligned} \tag{6.6}
$$

为多元高斯分布（第 2 章），其中 $\mathbf{I}$ 为单位矩阵。

同理，簇中心点的更新可以重写为：

$$
\arg\min_{H} \sum_{i=1}^{N}\sum_{k=1}^{K} h_{ik}||\vec{v}_i - \vec{c}_k||^2 = \arg\min_{H} \sum_{i=1}^{N} P(\vec{v}_i, h_i|\Theta)
$$

k 均值算法与期望最大算法。基于以上对 k 均值算法中各个步骤的概率解释，我们可以看出 k 均值算法与式 (6.1) 的关系。k 均值算法在迭代过程中分别优化：

$$
\begin{aligned}
\mathcal{H} &= \arg\max_{\mathcal{H}'} P(O, H = \mathcal{H}'|\Theta) = \arg\max_{\mathcal{H}'} \sum_{i=1}^{N} P(\vec{v}_i, h_i = \hbar'_i|\Theta) \\
\Theta &= \arg\max_{\Theta} P(O, H = \mathcal{H}|\Theta) = \arg\max_{\Theta} \sum_{i=1}^{N} P(\vec{v}_i, h_i = \hbar_i|\Theta)
\end{aligned} \tag{6.7}
$$

其中第二步对应于通过最大化式 (6.1) 优化 Θ。

算法 6.1 展示了 k 均值算法的迭代优化过程：首先将模型参数 Θ 随机初始化为 Θ^0，在第 t 次迭代中，固定 Θ^t 并预测隐变量 H^t，随后将其作为 M 步中的训练标签协助下一

轮迭代优化 Θ^{t+1}。k 均值算法可被视为“硬”式期望最大算法，它在计算期望时与标准期望最大算法有所不同，下一节将详细介绍标准期望最大算法。

算法 6.1: k 均值算法

Inputs：观测变量 $O=\{\vec{v}_i\}|_{i=1}^{N}$;
Hidden Variables：$H=\{h_i\}|_{i=1}^{N}$;
Initialisation: 模型参数 $\Theta^0 \leftarrow$ RandomModel(), $t \leftarrow 0$;
repeat
  Expectation step:
    $H^t \leftarrow \arg\max_H \log P(O,H|\Theta^t)$; ▷ 式 (6.3);
  Maximisation step:
    $\Theta^{t+1} \leftarrow \arg\max_\Theta \log P(O,H^t|\Theta)$; ▷ 式 (6.4);
  $t \leftarrow t+1$;
until Converge(H,Θ);

124

6.1.2 期望最大算法介绍

k 均值算法直接利用隐变量最可能的值作为其期望，而期望最大算法则通过考虑隐变量所有可能的值分布来对隐变量进行计数。

E 步。k 均值算法预测 H 的具体取值，期望最大算法中的 E 步则是预测 H 的分布 P_C，其中 $P_C(H=\mathcal{H})$（或简写为 $P_C(\mathcal{H})$）表示在隐变量 H 的所有可能值范围中取值 $\mathcal{H}$ 的概率。分布 $P_C(H)$ 可定义为 $P(H|O,\Theta)$，即给定观测变量 O 与模型参数 Θ 时 H 的后验分布（详见 6.3 节）。以 k 均值任务的设定为例，给定每个向量 $\vec{v}_i$，期望最大算法的 E 步会为每个可能的簇分类 h_i 计算 $P(h_i|\vec{v}_i,\Theta)(i\in[1,\cdots,K])$。对于某个特定的 $h_i=\text{OneHot}(k)$，其分布为 $\dfrac{||\vec{v}_i-\vec{c}_k||^2}{2}$。6.2 节将介绍更多例子。

M 步。给定分布 $P(H|O,\Theta)$，M 步通过最大化对数似然概率 $\log P(O,H|\Theta)$ 来优化 Θ，

$$
\begin{aligned}
\hat{\Theta} &= \arg\max_{\Theta} E_{H\sim P(H|O,\Theta)} \log P(O,H|\Theta) \\
&= \arg\max_{\Theta} \sum_{\mathcal{H}} P(H=\mathcal{H}|O,\Theta)\log P(O,\mathcal{H}|\Theta)
\end{aligned}
\tag{6.8}
$$

式 (6.8) 中的 $P(H=\mathcal{H}|O,\Theta)$ 为 E 步计算得到的每个可能隐变量 $\mathcal{H}$ 的 $P_C(\mathcal{H})$ 值，该值在求 $\arg\max_\Theta$ 时是固定的。该式中需要调整的模型参数 Θ 仅存在于 $P(O,\mathcal{H}|\Theta)$ 中。M 步通常为约束优化过程，可利用拉格朗日乘子算法进行求解（第 5 章），详细示例见 6.2 节。

算法 6.2 展示了在数据集 $O=\{o_i\}|_{i=1}^{N}$ 上应用期望最大算法的伪代码，其中每个 o_i 都与一组 h_i 相关联。该算法从随机初始化的模型开始，反复执行 E 步和 M 步，直到模型收敛。收敛 Converge() 可定义为两次迭代的 Θ 值在某种度量指标上相似。变量 t 为迭代次数，轮次 t 中的固定变量用上标 t 表示，自由变量则不带 t。在求 Θ^{t+1} 的 M 步中，目标函数 $Q(\Theta,\Theta^t)$ 中的 Θ^t 被视为常数，Θ 为待优化的变量。

给定随机初始值，已有研究表明期望最大算法总能达到模型训练目标的局部最优，但局部最优可能与全局最优有很大不同，因此初始值 Θ^0 的选择对最终模型有很大影响。

Q **函数与期望最大算法**。在算法 6.2 中，M 步的目标函数 $Q(\Theta, \Theta^t)$ 为：

125

$$Q(\Theta, \Theta^t) = \sum_{\mathcal{H}} P(H = \mathcal{H}|O, \Theta^t) \log P(O, H = \mathcal{H}|\Theta) \tag{6.9}$$

该式被称为Q **函数**，是期望最大算法的核心部分，也是期望最大迭代优化的目标。如前所述，这一训练目标旨在优化联合似然概率的期望，因此也被称为*期望函数*。

算法 6.2: 期望最大算法

Inputs：数据 $O = \{o_i\}|_{i=1}^N$;
Hidden Variables：$H = \{h_i\}|_{i=1}^N$;
Initialisation：模型参数 $\Theta^0 \leftarrow \text{RandomModel}()$, $t \leftarrow 0$;
repeat
  Expectation step:
    对每个可能的 $\mathcal{H}$ 计算 $P(H = \mathcal{H}|O, \Theta^t)$（对于 h_i ($i \in [1, \cdots, N]$) 中的每个 $\hbar$，即 $P(h_i = \hbar|o_i, \Theta^t)$）；
  Maximisation step:
    $Q(\Theta, \Theta^t) \leftarrow \sum_{\mathcal{H}} P(H = \mathcal{H}|O, \Theta^t) \log P(O, H = \mathcal{H}|\Theta)$ (即 $\sum_{i=1}^N \sum_{\hbar} P(\hbar|o_i, \Theta^t) \log P(o_i, \hbar|\Theta)$);
    $\Theta^{t+1} \leftarrow \arg\max_\Theta Q(\Theta, \Theta^t)$;
  $t \leftarrow t + 1$;
until $\text{Converge}(H, \Theta)$;

Q 函数也可以看作式 (6.1) 的加权版本：

$$\hat{\Theta} = \arg\max_{\Theta} \sum_{\mathcal{H}} w_{\mathcal{H}} \log P(O, H = \mathcal{H}|\Theta)$$

其中，$w_{\mathcal{H}}$ 为特定隐变量值 $\mathcal{H}$ 的权重，$w_{\mathcal{H}} = P(H = \mathcal{H}|O, \Theta)$ 在 M 步被视为常量。在训练数据中，若每个 o_i 都有金标标签 y_i，我们可以得到

$$P(h_i|o_i, \Theta^t) = \begin{cases} 1 & \text{若} h_i = y_i \\ 0 & \text{其他情况} \end{cases} \tag{6.10}$$

由此，式 (6.9) 中的 Q 函数可写作：

$$\begin{aligned} Q(\Theta, \Theta^t) &= \sum_{i=1}^N \sum_{\hbar} P(\hbar|o_i, \Theta^t) \log P(o_i, \hbar|\Theta) \\ &= \sum_{i=1}^N \log P(o_i, y_i|\Theta) \end{aligned}$$

这恰好是最大对数似然估计的训练目标。

这也验证了 $P(h|o,\Theta)$ 对期望最大算法的重要性。有了例如式 (6.10) 中 $P(H|O,\Theta)$ 的完整定义，期望最大算法便完全等效于有监督学习。$P(H|O,\Theta)$ 在参数化过程中可以融入待解决问题的必要先验知识，从而通过优化 O 来有效指导 H 的学习，例如在 k 均值算法中，我们通过聚类质心和聚类分配间的相关性来描绘 O 和 H 之间的联系。从先验这一角度来看，Θ 的初始值可被视为特殊的先验知识，对期望最大算法的训练起重要作用。

126

将 Q 函数作为训练目标，可使得隐变量的每个可能取值都对参数更新做出贡献。6.3 节将介绍算法 6.2 的理论依据，以证明该算法的可收敛性。

6.2 基于期望最大算法的隐变量模型

本节介绍利用期望最大算法训练隐变量模型的三个具体例子——无监督朴素贝叶斯模型、IBM 机器翻译模型 1 以及概率潜在语义分析 (Probabilistic Latent Semantic Analysis, PLSA) 模型。这三个模型均遵循算法 6.2 所述的训练方式：(1) 参数化完整数据的似然概率 $P(O,H|\Theta)$；(2) 计算 $P(H|O,\Theta)$；(3) 最大化 $Q(\Theta,\Theta^t)$。其中步骤 (2) 和步骤 (3) 交替迭代执行。

6.2.1 无监督朴素贝叶斯模型

第 2 章介绍了有监督的朴素贝叶斯模型。给定一组带有标签的文档 $D=\{(d_i,c_i)\}|_{i=1}^N$，$c_i\in C$，$d_i=\{w_1^i,w_2^i,\cdots,w_{|d_i|}^i\}$，$w_j^i\in V$ 表示文档 d_i 中的第 j 个词，对于每个 $w\in V$ 和 $c\in C$，我们可以通过计算相对频率和最大似然估计算法来预测模型参数：

$$
\begin{aligned}
P(c) &= \frac{\sum_{i=1}^N \delta(c_i,c)}{N} \\
P(w|c) &= \frac{\sum_{i=1}^N \left(\delta(c_i,c)\cdot\sum_{j=1}^{|d_i|}\delta(w_j^i,w)\right)}{\sum_{i=1}^N \delta(c_i,c)|d_i|}
\end{aligned}
\tag{6.11}
$$

$\delta(c_i,c)$ 用于测试 c_i 是否等于 c。

在无监督的情况下，我们无法获得类别标签，模型输入仍为文档 d，但输出是隐藏的类别标签 h。与 k 均值算法类似，我们假设有 K 个文档类别，并将类别标签集合定义为 $C=\{1,2,\cdots,K\}$，各个类别没有具体含义。给定一组文档 $D=\{d_i\}|_{i=1}^N$，对于每个文档 d_i，每个可能类别 $h\in C$ 的似然函数为：

$$
P(d_i,h|\Theta)=P(h|\Theta)P(d_i|h,\Theta)=P(h|\Theta)\prod_{j=1}^{|d_i|}P(w_j^i|h,\Theta) \tag{6.12}
$$

上式中，$P(d_i,h|\Theta)$ 为主要模型，对于所有 $w\in V$ 和 $h\in C$，参数 Θ 由 $P(h)$ 和 $P(w|h)$ 组成。遵循朴素贝叶斯模型，我们假设在给定 h 和 Θ 时每个词是相互条件独立的，因此该模型可被视为词袋模型，这也是无监督朴素贝叶斯模型名称的由来。

我们可以利用算法 6.2 所示的期望最大算法来训练该模型，对所有 $\hbar \in C$ 迭代计算 $P(\hbar|d)$，并最大化 $\sum_{i=1}^{N}\sum_{\hbar} P(\hbar|d_i)\log P(d_i,\hbar)$。与 6.1.2 节类似，条件概率中包含 Θ，用于表示特定迭代轮次下的参数和隐变量，即将 $P(\hbar|d_i)$ 写为 $P(\hbar|d_i,\Theta)$，$P(d_i,\hbar)$ 写为 $P(d_i,\hbar|\Theta)$。Θ^0 采用随机初始化得到，在第 t 次迭代时，模型首先执行 E 步计算 $P(\hbar|d_i,\Theta^t)$：

127

$$P(\hbar|d_i,\Theta^t)=\frac{P(d_i,\hbar|\Theta^t)}{\sum_{\hbar\in C}P(d_i,\hbar|\Theta^t)}=\frac{P(\hbar|\Theta^t)\prod_{i=1}^{|d_i|}P(w_i|\hbar,\Theta^t)}{\sum_{\hbar\in C}P(\hbar|\Theta^t)\prod_{i=1}^{|d_i|}P(w_i|\hbar,\Theta^t)} \tag{6.13}$$

然后在 M 步中最大化目标函数 $Q(\Theta,\Theta^t)$：

$$Q(\Theta,\Theta^t)=\sum_{i=1}^{N}\sum_{\hbar\in C}P(\hbar|d_i,\Theta^t)\log P(d_i,\hbar|\Theta)$$

如 6.1.2 节所述，我们的目标是求 Θ：

$$\arg\max_{\Theta} Q(\Theta,\Theta^t) \text{ s.t. } \sum_{\hbar\in C}P(\hbar|\Theta)=1 \text{ 且 } \sum_{w\in V}P(w|\hbar,\Theta)=1$$

可以直接利用拉格朗日优化方法，将约束代入目标函数中：

$$\begin{aligned}\Lambda(\Theta,\lambda)&=Q(\Theta,\Theta^t)-\lambda_0\Big(\sum_{\hbar\in C}P(\hbar|\Theta)-1\Big)-\sum_{\hbar\in C}\lambda_{\hbar}\Big(\sum_{w\in V}P(w|\hbar,\Theta)-1\Big)\\&=\sum_{i=1}^{N}\sum_{\hbar\in C}P(\hbar|d_i,\Theta^t)\log P(d_i,\hbar|\Theta)-\lambda_0\Big(\sum_{\hbar\in C}P(\hbar|\Theta)-1\Big)-\\&\quad\sum_{\hbar\in C}\lambda_{\hbar}\Big(\sum_{w\in V}P(w|\hbar,\Theta)-1\Big)\\&=\sum_{i=1}^{N}\sum_{\hbar\in C}P(\hbar|d_i,\Theta^t)\Big(\log P(\hbar|\Theta)+\sum_{j=1}^{|d_i|}\log P(w_j|\hbar,\Theta)\Big)-\\&\quad\lambda_0\Big(\sum_{\hbar\in C}P(\hbar|\Theta)-1\Big)-\sum_{\hbar\in C}\lambda_{\hbar}\Big(\sum_{w\in V}P(w|\hbar,\Theta)-1\Big)\end{aligned}$$

其中 $\lambda=\lambda_0,\lambda_1,\cdots,\lambda_K$ 为拉格朗日乘子。对 $\Lambda(\Theta,\lambda)$ 求关于 $P(\hbar|\Theta)$ 的偏导，得到

$$\frac{\partial\Lambda(\Theta,\lambda)}{\partial P(\hbar|\Theta)}=\frac{\sum_{i=1}^{N}P(\hbar|d_i,\Theta^t)}{P(\hbar|\Theta)}-\lambda_0$$

进一步，令 $\dfrac{\partial\Lambda(\Theta,\lambda)}{\partial P(\hbar|\Theta)}=0$, 得到

$$P(\hbar|\Theta)=\frac{\sum_{i=1}^{N}P(\hbar|d_i,\Theta^t)}{\lambda_0}$$

在 $\sum_{\hbar\in C}P(\hbar|\Theta)=1$ 的约束下，存在

$$\sum_{\hbar\in C}P(\hbar|\Theta)=\sum_{\hbar\in C}\frac{\sum_{i=1}^{N}P(\hbar|d_i,\Theta^t)}{\lambda_0}$$

因此

128

$$\lambda_0=\sum_{\hbar\in C}\sum_{i=1}^{N}P(\hbar|d_i,\Theta^t)=\sum_{i=1}^{N}\sum_{\hbar\in C}P(\hbar|d_i,\Theta^t)=N$$

于是我们可以得到：

$$P(\hbar|\Theta)=\frac{\sum_{i=1}^{N}P(\hbar|d_i,\Theta^t)}{N} \tag{6.14}$$

该值可作为下次迭代时 $P(\hbar|\Theta^{t+1})$ 的输入。同理，对 $P(w|\hbar,\Theta)$ 求偏导，可得到：

$$\frac{\partial\Lambda(\Theta,\lambda)}{\partial P(w|\hbar,\Theta)}=\frac{\sum_{i=1}^{N}P(\hbar|d_i,\Theta^t)\sum_{j=1}^{|d_i|}\delta(w_j,w)}{P(w|\hbar,\Theta)}-\lambda_{\hbar},$$

其中 $\delta(w_j,w)$ 表明 w 是否等于 $w_j(w_j\in d_i$，$w\in V)$。

基于 $\frac{\partial\Lambda(\Theta,\lambda)}{\partial P(w|\hbar,\Theta)}=0$ 和 $\sum_{w\in V}P(w|\hbar,\Theta)=1$，可以推导出

$$\begin{aligned}\lambda_{\hbar}&=\sum_{w\in V}\sum_{i=1}^{N}P(\hbar|d_i,\Theta^t)\sum_{j=1}^{|d_i|}\delta(w_j,w)=\sum_{i=1}^{N}P(\hbar|d_i,\Theta^t)|d_i|\\P(w|\hbar,\Theta)&=\frac{\sum_{i=1}^{N}P(\hbar|d_i,\Theta^t)\sum_{j=1}^{|d_i|}\delta(w_j,w)}{\lambda_{\hbar}}=\frac{\sum_{i=1}^{N}P(\hbar|d_i,\Theta^t)\sum_{j=1}^{|d_i|}\delta(w_j,w)}{\sum_{i=1}^{N}P(\hbar|d_i,\Theta^t)|d_i|}\end{aligned} \tag{6.15}$$

该值可作为下次迭代时 $P(w|\hbar,\Theta^{t+1})$ 的输入。

上述过程交替执行, 如算法 6.3 所示即首先通过式 (6.13) 执行 E 步，再利用式 (6.14) 与式 (6.15) 执行 M 步，直到 $P(\hbar|\Theta^{t+1})$ 与 $P(\hbar|\Theta^t)$、$P(\hbar|\Theta^{t_0})$ 与 $P(\hbar|\Theta^t)$ 的差值均小于某个阈值。训练收敛后，$P(\hbar|\Theta)$ 与 $P(w|\hbar,\Theta)$ 即为最终模型。

无监督朴素贝叶斯与朴素贝叶斯。将式 (6.11) 与式 (6.14) 和式 (6.15) 做对比，可以发现 $P(c)$ 与 $P(\hbar|\Theta)$、$P(w|c)$ 与 $P(w|\hbar,\Theta)$ 十分相似。对于第 i 个样本，令 $P(c|d_i,\Theta^t)=\delta(c_i,c)$ 可使得式 (6.14) 和式 (6.15) 等价于式 (6.11)。在有监督的情况下，式 (6.11) 中的 $\sum_{i=1}^{N}\delta(c_i,c)$ 为标签 c 的实际总数，而在无监督的情况下，$\sum_{i=1}^{N}P(\hbar|d_i,\Theta^t)$ 表示标签 $\hbar$ 的期望计数。我们也可以在式 (6.11) 的项 $\sum_{i=1}^{N}\left(\delta(c_i,c)\cdot\sum_{j=1}^{|d_i|}\delta(w_j^i,w)\right)$ 与式 (6.15) 的项 $\sum_{i=1}^{N}P(\hbar|d_i,\Theta^t)\sum_{j=1}^{|d_i|}\delta(w_j,w)$ 之间得出类似联系。

无监督朴素贝叶斯与 k 均值聚类。无监督朴素贝叶斯也是一种文档聚类模型，它与 k 均值聚类算法存在两个主要区别：首先，k 均值算法基于向量几何空间，通过向量点的欧氏距离得到向量空间的划分，而朴素贝叶斯利用概率模型直接对文档和词进行建模；其次，无监督朴素贝叶斯模型利用期望最大算法进行优化，而 k 均值算法本身属于硬式期望最大算法。与 k 均值聚类算法相同的是，无监督朴素贝叶斯分类也无法对类别标签进行直观解释，自动归纳的类别不一定能与特定的类别标签相互对应。为了理解各个类别标签，通常需要对每个类别的文档进行进一步人工检查。

129

算法 6.3: 基于期望最大算法的无监督朴素贝叶斯模型

```
Inputs：数据 D = {d_i}|_{i=1}^N;
Variables：count(w|h); count(h); doc-total(h);
Initialisation：P(w|h) ← RandomDistribution() for h ∈ [1, ··· , K], t ← 0;
P(h) ← RandomDistribution();
repeat
    count(w|h) ← 0;
    count(h) ← 0;
    for d_i ∈ D do
        根据式 (6.13) 使用 P(w|h) 和 P(h) 计算 P(h|d_i);
        for h ∈ [1, ··· , K] do
            count(h) ← count(h) + P(h|d_i);
            doc-total(h) ← P(h|_i) × |d_i|;
            for j ∈ [1, ··· , |d_i|] do
                w ← w_j;
                count(w|h) ← count(w|h) + P(h|d_i);
    for h ∈ [1, ··· , K] do
        P(h) ← count(h) / N;
        for w ∈ V do
            P(w|h) ← count(w/h) / doc-total(h);
until Converge (P(w|h)) and Converge (P(h));
Outputs：P(w|h) 和 P(h);
```

6.2.2 IBM 模型 1

给定源语言句子 X，**机器翻译**（Machine Translation, MT）旨在找到对应的目标语言翻译 Y。令输入 $X = x_1x_2\cdots x_{|X|}$，x_i $(i \in [1,\cdots,|X|])$ 表示源端词，输出 $Y = y_1y_2\cdots y_{|Y|}$，y_j $(j \in [1,\cdots,|Y|])$ 表示目标端词，机器翻译任务的概率模型计算 $P(Y|X)$，即基于源文 X 的候选目标译文 Y 的概率。X 和 Y 均为句子且极其稀疏，可以利用第 2 章介绍的生成技术对模型进行参数化。

机器翻译的概率模型。根据贝叶斯法则，可以得到：

$$P(Y|X) = \frac{P(X|Y)P(Y)}{P(X)} \propto P(X|Y)P(Y) \tag{6.16}$$

其中，$P(Y)$ 表示候选目标句子的生成概率，相当于一个*语言模型*，用于保证句子的流利度；$P(X|Y)$ 表示给定 Y 时 X 的概率，相当于一个*翻译模型*，用于保证翻译的准确度。上述过程先生成 Y，再基于 Y 生成 X，从而产生句子对 (X, Y)。这一设计通过引入流利度分量 $P(Y)$ 使模型具备模块化特性，与直接使用 $P(Y|X)$ 的模型相比，该模型无须使用贝叶斯法则。

130

我们可以通过概率链式法则和独立性假设来推导模型参数，从而简化 $P(X|Y)$。根据链式法则可以得到：

$$
\begin{aligned}
P(X|Y) =& P(x_1x_2\cdots x_{|X|}|y_1y_2\cdots y_{|Y|}) \\
=& P(x_1|y_1y_2\cdots y_{|Y|})P(x_2|x_1y_1\cdots y_{|Y|})\cdots \\
& P(x_{|X|}|x_1\cdots x_{|X|-1}, y_1\cdots y_{|Y|})
\end{aligned}
$$

假设每个源端词 x_i 仅条件依赖于一个目标端词 y_{a_i}，可以得到：

$$
\begin{aligned}
P(X|Y) =& P(x_1|y_1y_2\cdots y_{|Y|})P(x_2|x_1y_1\cdots y_{|Y|})\cdots \\
& P(x_{|X|}|x_1\cdots x_{|X|-1}, y_1\cdots y_{|Y|}) \\
=& P(x_1|y_{a_1})P(x_2|y_{a_2})\cdots P(x_{|X|}|y_{a_{|X|}})
\end{aligned}
$$

a_i 表示第 i 个源端词对应的目标端词的索引。

给定句子 X 和 Y，集合 $A = \{a_i\}|_{i=1}^{|X|}$ 表示两个句子间的**词对齐**（word alignment）方式。词对齐有多种类型，如表 6.1 所示，示例 1 表示单调对齐，即 $a_i = i$；示例 2 表示非单调对齐，即 $a_1 = 1$，$a_2 = 2$，$a_3 = 5$，$a_4 = 3$，$a_5 = 4$；示例 3 表示多对一对齐，即 $a_2 = a_3 = 5$，以及空对齐，即 $a_6 = \text{NULL}$；示例 4 表示一对多对齐，即 $a_2 = \{5, 6\}$，$a_3 = \{3, 4\}$。为简化模型，此处暂不考虑一对多的对齐方式。

表 6.1 词对齐示例

索引	源文	译文	对齐
1（法语）	J'$_1$(I) aime$_2$(like) lire$_3$(reading)	I$_1$ like$_2$ reading$_3$	{1→1, 2→2, 3→3}
2（德语）	Ich$_1$(I) lese$_2$(read) hier$_3$(here) ein$_4$(a) Buch$_5$(book)	I$_1$ read$_2$ a$_3$ book$_4$ here$_5$	{1→1, 2→2, 3→5, 4→3, 5→4 }
3（汉语）	我$_1$ (I) 在$_2$ (at) 这里$_3$ (here) 读$_4$ (read) 一$_5$ (a) 本$_6$ (this) 书$_7$ (book)	I$_1$ read$_2$ a$_3$ book$_4$ here$_5$	{1→1, 2→5, 3→5, 4→ 2, 5→3, 6→NULL, 7→4}
4（日语）	私は$_1$(I) 家で$_2$(at home) 本を$_3$(a book) 読む$_4$(read)	I$_1$ read$_2$ a$_3$ book$_4$ at$_5$ home$_6$	{1→1, 2→{5, 6}, 3→{3, 4}, 4→2}

由此，模型 $P(Y|X)$ 由两类参数组成，即 $P(Y|X)$ 的翻译概率 $P(x|y)$ 及 $P(Y)$ 的语言模型参数（例如三元组语言模型）。$P(x|y)$ 表示在给定目标端词 $y \in V_y$ 时，源端词 $x \in V_x$ 的概率，类似于词典，词典中每一项对应于目标词典中每个词翻译成源词的概率。第 2 章已经详细讨论了语言模型，因此本节将重点关注 $P(X|Y)$ 模型。

基于期望最大的模型训练。由句对 $D = \{(X_i, Y_i)\}|_{i=1}^N$ 组成的数据集相对容易获取，但词对齐信息的人工标注成本较高，因此，对于给定句对 (X_i, Y_i)，我们将其词对齐信息 A_i 视为一个隐变量，则此时观测变量为 $O = (X_i, Y_i)$，隐变量为 $H = \{A_i\}$。

若 A_i 已知，我们可以通过最大似然估计和相对频率训练翻译模型，即

$$P(x|y) = \frac{\#(D\text{ 中 } x \text{ 对齐到 } y)}{\#(D\text{ 中 } y)}$$

反之，若给定模型 $P(x|y)$，我们可以计算 A_i 的期望值。因此，我们可以利用期望最大算法进行模型推导，其中 Θ 为 $P(x|y)$，H 为 A_i，E 步利用 $P(x|y)$ 推导 A_i 的概率分布，M 步则利用 A_i 的分布估算 $P(x|y)$。

我们针对一个特定训练实例进一步说明期望最大算法的计算过程。将句子对表示为 $O = (X, Y)$，词对齐信息表示为 $H = A$，根据算法 6.2，在每轮迭代 t 时，E 步计算 $P(H|O, \Theta^t)$，M 步最大化 $\sum_H P(H|O,\Theta^t)\log P(O,H|\Theta) = \sum_A P(A|X,Y,\Theta^t)\log P(X, A|Y,\Theta)$。现在，我们需要用翻译模型的参数 $P(x|y)$ 来表示 $P(A|X,Y)$ 和 $P(X,A|Y)$，根据第 2 章中的式 (2.9)（条件概率公式），我们有：

$$P(A|X,Y) = \frac{P(A,X|Y)}{P(X|Y)}\ (\text{条件于 } Y)$$

其中，$P(A,X|Y)$（即 $P(X,A|Y)$）可以进一步分解为：

$$P(A,X|Y) = P(A|Y)P(X|A,Y) \tag{6.17}$$

因此，为了计算联合分布 $P(A,X|Y)$，我们可以先计算给定 Y 生成 A 的概率 $P(A|Y)$，再计算给定 Y 和 A 生成 X 的概率 $P(X|A,Y)$，最后得到 $P(A,X|Y)$。

这里我们考虑一个最简单的模型：给定目标句子，假定该句子中源词与每个目标词的对齐是等可能的，且每个 x_i 都恰好与一个 y_j 或 NULL 对齐，则可以得到：

$$P(A|Y) = \left(\frac{1}{|Y|+1}\right)^{|X|} = \frac{1}{\left(|Y|+1\right)^{|X|}} \tag{6.18}$$

其中 1 代表 $(|Y|+1)$ 中的 NULL。

当对齐信息 A 与目标 Y 均已知时，$P(X|A,Y)$ 的计算就非常直观，假设各个 x_i 的生成独立于其他 $x_{i'}$ $(i' \neq i)$，则 x_i 仅取决于词 y_{a_i}，于是有：

132

$$P(X|A,Y) = \prod_{i=1}^{|X|} P(x_i|y_{a_i}) \tag{6.19}$$

将式 (6.18) 和式 (6.19) 代入式 (6.17) 中，得到：

$$\begin{aligned} P(A,X|Y) &= P(A|Y)P(X|A,Y) \\ &= \frac{\prod_{i=1}^{|X|} P(x_i|y_{a_i})}{\left(|Y|+1\right)^{|X|}} \end{aligned}$$

通过边缘化 A，可计算 $P(X|Y)$：

$$
\begin{aligned}
P(X|Y) &= \sum_{A} P(A,X|Y) \\
&= \sum_{A} \frac{\prod_{i=1}^{|X|} P(x_i|y_{a_i})}{\left(|Y|+1\right)^{|X|}} \\
&= \sum_{a_1=0}^{|Y|} \sum_{a_2=0}^{|Y|} \cdots \sum_{a_{|X|}=0}^{|Y|} \frac{\prod_{i=1}^{|X|} P(x_i|y_{a_i})}{\left(|Y|+1\right)^{|X|}} \\
&= \frac{1}{\left(|Y|+1\right)^{|X|}} \sum_{a_1=0}^{|Y|} \sum_{a_2=0}^{|Y|} \cdots \sum_{a_{|X|}=0}^{|Y|} \prod_{i=1}^{|X|} P(x_i|y_{a_i}) \\
&= \frac{1}{\left(|Y|+1\right)^{|X|}} \prod_{i=1}^{|X|} \sum_{j=0}^{|Y|} P(x_i|y_j) \quad \text{(分配律)}
\end{aligned}
\tag{6.20}
$$

其中 $a_i = 0$ 表示第 i 个源词与 NULL 对齐（即设置目标词 y_0=NULL）。上式最后一步通过分配律将乘积的和转换为和的积，其证明留作习题 6.6。这一变换将乘积的指数计算量减少为和的线性计算量，更加易于计算。

此时，对齐概率 $P(A|X,Y)$ 为：

$$
\begin{aligned}
P(A|X,Y) &= \frac{P(A,X|Y)}{P(X|Y)} \\
&= \frac{\prod_{i=1}^{|X|} P(x_i|y_{a_i})}{\prod_{i=1}^{|X|} \sum_{j=0}^{|Y|} P(x_i|y_j)} \\
&= \prod_{i=1}^{|X|} \frac{P(x_i|y_{a_i})}{\sum_{j=0}^{|Y|} P(x_i|y_j)}
\end{aligned}
$$

133

现在，我们根据模型参数 $P(x|y)$ 获得了 $P(A|X,Y)$ 和 $P(A,X|Y)$ 的定义，$P(A|X,Y)$ 和 $P(A,X|Y)$ 可以作为 E 步的基础。此外，在第 t 轮迭代时，M 步通过最大化以下目标来优化 Θ：

$$
\begin{aligned}
Q(\Theta,\Theta^t) &= \sum_{A} P(A|X,Y,\Theta^t) \log P(A,X|Y,\Theta) \\
&= \sum_{A} P(A|X,Y,\Theta^t) \log \frac{\prod_{i=1}^{|X|} P(x_i|y_{a_i},\Theta)}{\left(|Y|+1\right)^{|X|}}
\end{aligned}
\tag{6.21}
$$

我们为式 (6.17) 中的概率引入了 Θ，因此可利用 Θ 和 Θ^t 分别表示调整后的模型参数及当前固定的模型参数。结合每个 y 的概率约束 $\sum_x P(x|y) = 1$，我们可定义拉格朗日函数为最终优化目标：

$$
\begin{aligned}
\Lambda(\Theta,\lambda) &= Q(\Theta,\Theta^t) - \sum_{y} \lambda_y \Big(\sum_{x} P(x|y,\Theta) - 1 \Big) \\
&= \sum_{A} P(A|X,Y,\Theta^t) \log \frac{\prod_{i=1}^{|X|} P(x_i|y_{a_i},\Theta)}{\left(|Y|+1\right)^{|X|}} - \sum_{y} \lambda_y \Big(\sum_{x} P(x|y,\Theta) - 1 \Big)
\end{aligned}
$$

$$
= \sum_{A} P(A|X,Y,\Theta^t)\Big(\sum_{i=1}^{|X|} \log P(x_i|y_{a_i},\Theta) - |X|\log(|Y|+1)\Big) - \sum_{y}\lambda_y\Big(\sum_{x} P(x|y,\Theta) - 1\Big)
$$

取 $\Lambda(\Theta,\lambda)$ 关于 $P(x|y,\Theta)$ 的导数，得到：

$$
\frac{\partial \Lambda(\Theta,\lambda)}{\partial P(x|y,\Theta)} = \frac{\sum_A P(A|X,Y,\Theta^t)\sum_{k=1}^{|X|}\delta(x,x_k)\delta(y,y_{a_k})}{P(x|y,\Theta)} - \lambda_y
$$

设 $\frac{\partial \Lambda(\Theta,\lambda)}{\partial P(x|y,\Theta)} = 0$，得到：

$$
\begin{aligned}
P(x|y,\Theta) &= \frac{\sum_A P(A|X,Y,\Theta^t)\sum_{k=1}^{|X|}\delta(x,x_k)\delta(y,y_{a_k})}{\lambda_y} \\
&\propto \sum_A P(A|X,Y,\Theta^t)\sum_{k=1}^{|X|}\delta(x,x_k)\delta(y,y_{a_k})
\end{aligned}
$$

从而推导出期望最大算法下一轮迭代中的 $P(x|y,\Theta^{t+1})$。

至此，我们仅考虑了单个句子对。对于整个语料库，应对所有句子对求和：

134

$$
P(x|y,\Theta) \propto \sum_{(X_i,Y_i)\in D}\sum_{A_i} P(A_i|X_i,Y_i,\Theta^t)\sum_{k=1}^{|X|}\delta(x,x_k^i)\delta(y,y_{a_k}^i)
$$

为便于形成对应于上述过程的伪代码，我们定义：

$$
\begin{aligned}
\textsc{ExpectedAlign}(x,y,X,Y) &= \sum_A P(A|X,Y)\cdot\sum_{k=1}^{|X|}\delta(x,x_k)\delta(y,y_{a_k}) \\
&= E_{A\sim P(A|X,Y)}\Big(\sum_{k=1}^{|X|}\delta(x,x_k)\delta(y,y_{a_k})\Big)
\end{aligned}
$$

上式反映了在给定模型 $P(x|y)$ 时，句对 (X, Y) 中源词 x 和目标词 y 这一词对之间的期望对齐，具体计算方式为：

$$
\begin{aligned}
\textsc{ExpectedAlign}(x,y,X,Y) &= \sum_A P(A|X,Y)\cdot\sum_{k=1}^{|X|}\delta(x,x_k)\delta(y,y_{a_k}) \\
&= \sum_A\prod_{i=1}^{|X|}\frac{P(x_i|y_{a_i})}{\sum_{j=0}^{|Y|}P(x_i|y_j)}\cdot\sum_{k=1}^{|X|}\delta(x,x_k)\delta(y,y_{a_k}) \\
&= \frac{P(x|y)}{\sum_{j=0}^{|Y|}P(x|y_j)}\sum_{i=1}^{|X|}\delta(x,x_i)\sum_{j=0}^{|Y|}\delta(y,y_j)
\end{aligned} \tag{6.22}
$$

式 (6.22) 的最后一步可以利用与式 (6.20) 类似的技巧来推导，具体推导过程留作习题 6.7。直观而言，$\sum_{i=1}^{|X|}\delta(x,x_i)\sum_{j=0}^{|Y|}\delta(y,y_j)$ 为句子 X 和 Y 中词 x 和 y 的总对齐计数，$\frac{P(x|y)}{\sum_{j=0}^{|Y|}P(x|y_j)}$ 为权重概率得分。基于此，$\textsc{ExpectedAlign}(x,y,X,Y)$ 可反映 x、y 之间的柔性对齐计数，或称为软计数。

对于 M 步，我们将此期望计数作为实际计数并执行最大似然估计，从而获得使 $Q(\Theta,\Theta^t)$ 最大化的 Θ^{t+1}。对于源词表的词 x 和目标词表的词 y，我们有：

$$P(x|y)=\frac{\sum_{(X_i,Y_i)\in D}\textsc{ExpectedAlign}(x,y;X_i,Y_i)}{\sum_{(X_i,Y_i)\in D}\left(\sum_{x'}\textsc{ExpectedAlign}(x',y;X_i,Y_i)\right)}$$

上式可以通过算法 6.4 实现，其中 $\textsc{Converge}(P(x|y))$ 可以基于模型在语料库 D 上的困惑度（第 5 章）来计算。翻译模型的困惑度定义为：

$$\Upsilon(P)=2^{-\sum_{i=1}^{N}\log_2 P(X_i|Y_i)}$$

其中 (X_i,Y_i) 表示双语语料库 D 中的句对。训练过程中 $\Upsilon(P)$ 的值不断减小，当 $\Upsilon(P)$ 趋于稳定时算法即可停止。

算法 6.4: 词对齐算法

Inputs：$D=\{(X_i,Y_i)\}|_{i=1}^{N}$;
Variables：count$(x|y)$; count(y); sent-total(x);
Initialisation：$P(x|y)\leftarrow\textsc{UniformDistribution}()$;
repeat
  count$(x|y)\leftarrow 0$;
  count$(y)\leftarrow 0$;
  for $(X,Y)\in D$ **do**
    for $x_i\in X$ **do**
      sent-total$(x_i)\leftarrow 0$;
      for $y_j\in Y_i$ **do**
        sent-total$(x_i)\leftarrow$ sent-total$(x_i)+P(x_i|y_j)$;
    for $x_i\in X$ **do**
      for $y_j\in Y$ **do**
        count$(x_i|y_j)\leftarrow$count$(x_i|y_j)+\frac{P(x_i|y_j)}{\text{sent-total}(x_i)}$;
        count$(y_j)\leftarrow$count$(y_j)+\frac{P(x_i|y_j)}{\text{sent-total}(x_i)}$;
  for $x\in\textsc{SourceVocab}(D),y\in\textsc{TargetVocab}(D),y\in D$ **do**
    $P(x|y)=\frac{\text{count}(x|y)}{\text{count}(y)}$;
until $\textsc{Converge}(P(x|y))$;

以上介绍的模型即为 IBM 模型 1，是 20 世纪 90 年代初期由 IBM 开发的 5 种概率统计机器翻译模型中最简单的模型。IBM 模型系列是基于词的机器翻译模型，可以逐词执行翻译。21 世纪初，人们发现采用逐个短语翻译的方式可显著提高翻译质量，基于短语的翻译系统逐步取代了基于词的翻译系统，成为当时的最新技术。2010 年之后，神经机器翻译 (neural machine translation, NMT) 进一步成为主流方法，第 16 章将对神经机器翻译进行详细介绍。

6.2.3 概率潜在语义分析

前面我们已经学习了在向量空间中表示文档的几种方法，例如基于计数的向量和 TF-IDF 向量，此类表示方法均为高维向量。**潜在语义分配**（latent semantic allocation）则使用低维向量对文档进行表示，每个元素代表文档的某个语义属性。**概率潜在语义分析**（Probabilistic Latent Semantic Analysis, PLSA）为生成式模型，通过主题分布来表示文档。

给定一组文档 $D=\{d_i\}|_{i=1}^N$，其中 d_i 由 $w_1^i, w_2^i, \cdots, w_{|d_i|}^i$ 构成，概率潜在语义分析模型假定各个文档 d_i 包含多个**主题**，其中每个主题均代表某个特定的语义类别，例如“政治”“体育”等。仿照 k 均值算法与无监督朴素贝叶斯模型，我们将主题集合定义为 $T=[1, \cdots, K]$。概率潜在语义分析模型的目标是计算多项式文档主题分布 $P(\hbar|d_i)$ 所形成的 R^K 空间中的稠密向量，用于表示文档 d_i，其中每个元素为特定主题值 $\hbar \in T$。

给定文档与主题的相关性，我们假设文档 d_i 中的词 w_j^i 由主题-词分布 $P(w|\hbar)$ 生成。对于每个主题 $\hbar$，$P(w|\hbar)$ 决定在主题 $\hbar$ 下生成词表中词 w 的概率，同时反映了主题 $\hbar$ 的含义。例如，若 $\hbar$ 与“政策”“选举”“总统”“税收”“经济”“医疗保健”等词高度相关，则 $\hbar$ 可能是一个与政治相关的主题。相反，若 $P(w|\hbar)$ 主要为“股票”“IPO”“股份”“交易”“市场”“投资”等词，则 $\hbar$ 倾向于是一个与金融相关的主题。

135 ~ 136

给定文档集合 D，文档主题可作为隐变量来帮助获得更好的文档表示。如图 6.1 所示，概率潜在语义分析模型将各个文档视为词袋，词袋中的每个词均根据一个特定主题生成。给定文档 d_i，$w_1^i, w_2^i, \cdots, w_{|d_i|}^i$ 的生成过程为：对于每个词位置索引 j，首先根据 $P(h|d)$ 生成主题 h_j，再根据 $P(w|h)$ 生成词 w_j。值得注意的是，在此生成过程中，d_i 为词袋形式而非词序列，它仅象征性地用于对每个 $d_i \in D$ 进行抽象表示。概率潜在语义分析模型的目标是学习每个 d_i 的主题分布 $P(h|d_i)$。因此，文档 d_i $(i \in [1, \cdots, N])$ 和 w_j^i $(j \in [1, \cdots, |d_i|])$ 均为观测变量，T 中的主题为隐变量。

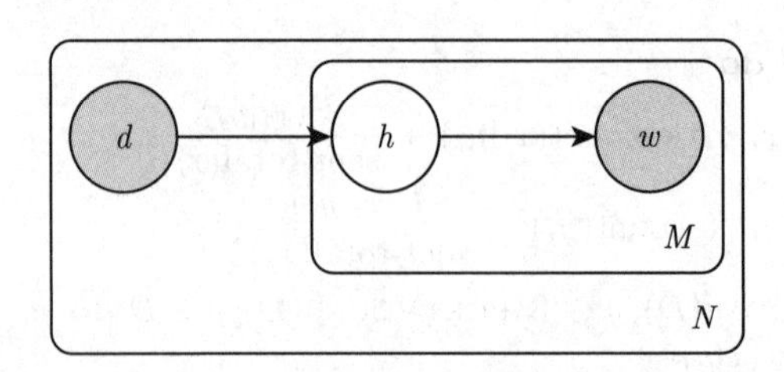

图 6.1 概率潜在语义分析模型

根据上述生成过程，我们可以得到文档 d 中词-主题对 $\langle w, h\rangle$ 基于完整数据的似然函数：

$$P(w, h|d) = P(h|d)P(w|h)$$

$P(w,h|d)$ 为概率潜在语义分析模型的联合目标分布，$P(h|d)$ 与 $P(w|h)$ 为模型参数类型。我们可以在数据集 D 上使用期望最大算法进行模型训练。在第 t 轮迭代中，E 步针对 H 和 O 的所有组合来计算 $P(H|O,\Theta^t)$，即给定 $d_i \in D$ 和 $w \in V$，计算 $P(\hbar|d_i,w,\Theta^t)$，从而进一步定义 Q 函数。

$$\begin{aligned}P(\hbar|d_i,w,\Theta^t) &= \frac{P(\hbar,w|d_i,\Theta^t)}{P(w|d_i,\Theta^t)} \\ &= \frac{P(\hbar|d_i,\Theta^t)P(w|\hbar,\Theta^t)}{\sum_{\hbar'} P(\hbar',w|d_i,\Theta^t)} \\ &= \frac{P(\hbar|d_i,\Theta^t)P(w|\hbar,\Theta^t)}{\sum_{\hbar'} P(\hbar'|d_i,\Theta^t)P(w|\hbar',\Theta^t)}\end{aligned} \tag{6.23}$$

对应地，$Q(\Theta,\Theta^t)$ 为：

$$\begin{aligned}Q(\Theta,\Theta^t) &= \sum_{i=1}^{N}\sum_{w_j^i\in d_i}\sum_{\hbar} P(\hbar|d_i,w_j^i,\Theta^t)\log P(\hbar,d_i,w_j^i|\Theta) \\ &= \sum_{i=1}^{N}\sum_{w_j^i\in d_i}\sum_{\hbar} P(\hbar|d_i,w_j^i,\Theta^t)\Big(\log P(\hbar|d_i,\Theta)+\log P(w_j^i|\hbar,\Theta)\Big) \\ &= \sum_{i=1}^{N}\sum_{w\in V} C(w,d_i)\sum_{\hbar} P(\hbar|d_i,w,\Theta^t)\Big(\log P(\hbar|d_i,\Theta)+\log P(w|\hbar,\Theta)\Big)\end{aligned} \tag{6.24}$$

其中 $C(w,d_i)$ 表示文档 d_i 中 w 的数量。

M 步的优化目标为 $Q(\Theta,\Theta^t)$。给定约束条件 $\sum_{\hbar} P(\hbar|d_i,\Theta)=1$ 与 $\sum_{w} P(w|\hbar,\Theta)=1$，我们可以得到拉格朗日函数：

$$\Lambda(\Theta,\lambda) = Q(\Theta,\Theta^t) - \sum_i \lambda_{d_i}\Big(\sum_{\hbar} P(\hbar|d_i,\Theta)-1\Big) - \sum_{\hbar}\lambda_{\hbar}\Big(\sum_{w} P(w|\hbar,\Theta)-1\Big) \tag{6.25}$$

取 $\Lambda(\Theta,\lambda)$ 关于 $P(\hbar|d_i,\Theta)$ 的导数，得到：

$$\frac{\partial\Lambda(\Theta,\lambda)}{\partial P(\hbar|d_i,\Theta)} = \frac{\sum_{w\in V} C(w,d_i)P(\hbar|d_i,w,\Theta^t)}{P(\hbar|d_i,\Theta)} - \lambda_{d_i} \tag{6.26}$$

结合 $\dfrac{\partial\Lambda(\Theta,\lambda)}{\partial P(\hbar|d_i,\Theta)}=0$ 以及 $\sum_{\hbar} P(\hbar|d_i,\Theta)-1=0$，得到：

$$\begin{aligned}\lambda_{d_i} &= \sum_{\hbar\in T}\sum_{w\in V} C(w,d_i)P(\hbar|d_i,w,\Theta^t) = \sum_{w\in V} C(w,d_i) \\ P(\hbar|d_i,\Theta) &= \frac{\sum_{w\in V} C(w,d_i)P(\hbar|d_i,w,\Theta^t)}{\lambda_{d_i}} = \frac{\sum_{w\in V} C(w,d_i)P(\hbar|d_i,w,\Theta^t)}{\sum_{w\in V} C(w,d_i)}\end{aligned} \tag{6.27}$$

该式将作为下一轮训练迭代中的 $P(\hbar|d_i,\Theta^{t+1})$。

直观而言，$\sum_{w\in V} C(w,d_i)P(\hbar|d_i,w,\Theta^t)$ 为文档 d_i 中关于隐变量主题 $\hbar$ 的期望值，其中 $\sum_{w\in V} C(w,d_i)$ 表示文档长度。使用相同的方法可以得到：

$$P(w|\hbar,\Theta)=\frac{\sum_{i=1}^{N} C(w,d_i)P(\hbar|d_i,w,\Theta^t)}{\sum_{i=1}^{N}\sum_{w\in V} C(w,d_i)P(\hbar|d_i,w,\Theta^t)} \tag{6.28}$$

进而作为下一轮训练迭代中的 $P(w|\hbar,\Theta^{t+1})$。

概率潜在语义分析模型的应用。概率潜在语义分析模型通过主题分布提供文本语义表示，在自然语言处理任务中应用较广。以信息检索为例，相较于词汇匹配的方法，概率潜在语义分析模型能够更好地评估查询和文档间的相似性，针对新查询 q，概率潜在语义分析模型可根据 q 与 d 共享的主题词分布 $P(w|\hbar,\Theta)$ 来推断 q 所属的主题。获得查询 q 的潜在主题分布 $P(\hbar|q,\Theta)$ 后，便可利用分布 $P(\hbar|q,\Theta)$ 和 $P(\hbar|d,\Theta)$ 的余弦相似度计算查询 q 与文档 d 的距离，相似度分数较高的文档可作为检索目标返回。直觉而言，查询和文档中出现的词可能会有较大不同，但其潜在主题语义空间中的主题可能是相同的，例如，“银行”和“取款机”语义不同，但是其主题均与“金钱”有关，因此相较于基于词的特征空间，潜在语义空间更适合用于测量相似性。但不同文档中同一词的主题也可能不同，例如，“the bank of the River Ganges”中的“bank”表示“河岸”，而“the commercial bank manager”中的“bank”则表示“银行”。

6.2.4 生成模型的相对优势

138

本节所讨论的生成模型均在参数化过程中建立生成过程，而不是利用丰富的重叠特征直接对输出候选项进行评分。此类生成模型对输入 X 和输出 Y 的联合概率分布 $P(X,Y)$ 而非 $P(Y|X)$ 进行建模。相较于支持向量机、对数线性模型等判别式模型，此类生成模型的相对优势在于其可解释性较强，即可以借助隐变量来解释 X 的生成过程。如图 6.1 所示，生成模型的参数可通过解释相关因素（例如主题）的来源来解释一组数据为观测数据的原因。此外，生成模型也可根据模型概率对随机变量进行采样来合成数据，例如第 2 章中利用语言模型生成句子的例子。

6.3 期望最大算法的理论基础

本节将通过对最大似然目标的优化来说明期望最大算法的工作原理。给定数据集 $O=\{o_i\}|_{i=1}^{N}$，模型的训练目标为计算 $P(O,H|\Theta)$。由于我们无法知道全部数据的似然函数，在给定 Θ 的情况下，可以最大化观测数据 O 的对数似然概率：

$$\begin{aligned} L(\Theta) &= \log P(O|\Theta) \\ &= \log \sum_{H} P(O,H|\Theta) \end{aligned} \tag{6.29}$$

其中，$\sum_H$ 枚举 H 的所有可能值。因此我们可以通过边缘化 H 来获得 $P(O|\Theta)$，进而学习 $P(O,H|\Theta)$ 中的参数 Θ。

对式 (6.29) 中和的对数直接进行优化比较有难度，期望最大算法可利用 Jensen 不等式对式 (6.29) 的下限进行优化，对于凹函数 $\log(\cdot)$，Jensen 不等式表明若 X 为分布 $P(X)$ 中的随机变量，则对于实值函数 f 存在 $\log\Big(E_{X\sim P(X)}f(X)\Big) \geqslant E_{X\sim P(X)}\Big(\log(f(X))\Big)$。令 $P_C(H)$ 为 H 的概率分布，$\sum_H P_C(H)=1$，通过 Jensen 不等式，我们可以得到：

$$
\begin{aligned}
L(\Theta) &= \log\sum_H P(O,H|\Theta) \\
&= \log\sum_H P_C(H)\frac{P(O,H|\Theta)}{P_C(H)} \\
&= \log E_{H\sim P_C(H)}\frac{P(O,H|\Theta)}{P_C(H)} \\
&\geqslant E_{H\sim P_C(H)}\log\frac{P(O,H|\Theta)}{P_C(H)} \quad (\text{Jensen 不等式}) \\
&= \sum_H P_C(H)\log\frac{P(O,H|\Theta)}{P_C(H)}
\end{aligned}
\tag{6.30}
$$

令 $F(\Theta,P_C)=\sum_H P_C(H)\log\dfrac{P(OH|\Theta)}{P_C(H)}$，根据式 (6.30) 可得到 $L(\Theta)\geqslant F(\Theta,P_C)$，这说明 $F(\Theta,P_C)$ 为 $L(\Theta)$ 的下限。下面我们将推导优化 $F(\Theta,P_C)$ 的两个方法，这两个方法均与算法 6.2 直接相关。

6.3.1 期望最大与 KL 散度

实际上，$F(\Theta,P_C)$ 可被重写为：

$$
\begin{aligned}
F(\Theta,P_C) &= \sum_H P_C(H)\log\frac{P(O,H|\Theta)}{P_C(H)} \\
&= \sum_H P_C(H)\log\frac{P(O|\Theta)P(H|O,\Theta)}{P_C(H)} \\
&= \sum_H P_C(H)\log P(O|\Theta) + \sum_H P_C(H)\log\frac{P(H|O,\Theta)}{P_C(H)} \\
&= \log P(O|\Theta) - \Big(-\sum_H P_C(H)\log\frac{P(H|O,\Theta)}{P_C(H)}\Big) \\
&= L(\Theta) - \mathrm{KL}\Big(P_C(H),P(H|O,\Theta)\Big)
\end{aligned}
\tag{6.31}
$$

第 5 章介绍过 KL 散度总是为非负值，当且仅当 $P=Q$ 时，$\mathrm{KL}(P,Q)$ 为 0。根据式 (6.31)，$F(\Theta,P_C)$ 与 $L(\Theta)$ 的差为 $\mathrm{KL}\Big(P_C(H),P(H|O,\Theta)\Big)$。为使该界限尽可能小，$\mathrm{KL}\Big(P_C(H),P(H|O,\Theta)\Big)$ 应尽可能小。由于 $\mathrm{KL}\Big(P_C(H),P(H|O,\Theta)\Big)\geqslant 0$，令 $\mathrm{KL}\Big(P_C(H),P(H|O,\Theta)\Big)=0$ 则可以得到 $P_C(H)$ 的最佳估计，这也解释了 6.1.2 节在 E 步选择 $P_C(H)=P(H|O,\Theta)$ 的原因。

若模型参数 Θ 已知，则 $P_C(H) = P(H|O,\Theta)$ 为基于观测数据 O 的隐变量 H 关于当前模型的分布。由此，$P_C(H)$ 可被视为每个隐变量值 H 的软计数，在这种情况下，求分布 $P_C(H)$ 对应于算法 6.2 中的 E 步。

于是，我们便可以利用 M 步以及已知的 $P(H|O,\Theta)$ 来优化 $F(\Theta, P_C)$。为便于区分当前的固定参数（即 $P(H|O,\Theta)$ 中的值）和要调整的变量，我们以上标表示迭代次数，在求 Θ^{t+1} 时，$P_C^{t+1}(H) = P(H|O,\Theta^t)$ 为固定值。

将 $P(H|O,\Theta^t)$ 代回式 (6.31) 中，得到：

$$F(\Theta, P_C^{t+1}) = \sum_H P(H|O,\Theta^t)\log\frac{P(O,H|\Theta)}{P(H|O,\Theta^t)} \tag{6.32}$$

其中，Θ^{t+1} 为：

$$\begin{aligned}\Theta^{t+1} &= \arg\max_{\Theta} F(\Theta, P_C^{t+1})\\ &= \arg\max_{\Theta}\sum_H P(H|O,\Theta^t)\log\frac{P(O,H|\Theta)}{P(H|O,\Theta^t)}\\ &= \arg\max_{\Theta}\sum_H P(H|O,\Theta^t)\log P(O,H|\Theta)\\ &= \arg\max_{\Theta} Q(\Theta,\Theta^t)\end{aligned} \tag{6.33}$$

140

$Q(\Theta,\Theta^t)$ 与算法 6.2 和式 (6.9) 相同。

6.3.2　基于数值优化的期望最大算法推导

如前所述，$F(\Theta, P_C)$ 是优化 $L(\Theta)$ 的下限，$F(\Theta, P_C)$ 包含两个变量，可以通过坐标上升进行优化。相较于梯度上升算法，坐标上升算法在每次迭代中选择一个参数（或变量）进行优化，同时保持其他参数（或变量）不变。坐标上升的梯度方向与当前参数（或变量）方向相同。

假设 Θ^t 已知，我们的目标是求 $P_C^{t+1} = \arg\max_{P_C} F(\Theta^t, P_C)$，即为 E 步。然后利用 P_C^{t+1} 求 $\Theta^{t+1} = \arg\max_{\Theta} F(\Theta, P_C^{t+1})$，即为 M 步。

E 步。E 步旨在寻找最优分布 $P_C(H)$ 来最大化 $F(\Theta^t, P_C)$：

$$\begin{aligned}P_C^{t+1} &= \arg\max_{P_C} F(\Theta^t, P_C)\\ &= \arg\max_{P_C}\sum_H P_C(H)\log\frac{P(O,H|\Theta^t)}{P_C(H)}\\ &= \arg\max_{P_C}\sum_H \Big(P_C(H)\log P(O,H|\Theta^t) - P_C(H)\log P_C(H)\Big)\end{aligned} \tag{6.34}$$

这是一个约束优化问题，可以利用拉格朗日多项式合并约束 $\sum_H P_C(H) = 1$，相应的拉格朗日函数为：

$$F_\lambda(\Theta^t, P_C) = \sum_H \Big(P_C(H)\log P(O,H|\Theta^t) - P_C(H)\log P_C(H)\Big) - \lambda(\sum_H P_C(H) - 1)$$

其中 $\lambda \in \mathbb{R}$。取 $F_\lambda(\Theta^t, P_C)$ 关于 $P_C(H)$ 的偏导数，对于所有 H 存在：

$$\frac{\partial F_\lambda(\Theta^t, P_C)}{\partial P_C(H)} = \log P(O,H|\Theta^t) - \log P_C(H) - 1 - \lambda$$

令 $\frac{\partial F_\lambda(\Theta^t, C)}{\partial P_C(H)} = 0$，得到：

$$P_C(H) = \frac{P(O,H|\Theta^t)}{\mathrm{e}^{1+\lambda}} \text{ (对于所有可能的 } H)$$

进一步，给定 $\sum_H P_C(H) = 1$，可得到：

$$\begin{aligned}\mathrm{e}^{1+\lambda} &= \sum_H P(O,H|\Theta^t) = P(O|\Theta^t) \\ P_C^{t+1}(H) &= \frac{P(O,H|\Theta^t)}{P(O|\Theta^t)} \\ &= P(H|O,\Theta^t) \end{aligned} \tag{6.35}$$

M 步。M 步利用 P_C^{t+1} 为 $F(\Theta, P_C^{t+1})$ 求最优的 Θ^{t+1}，这与 6.3.1 节介绍的内容相同。在设置分布 $P_C^{t+1}(H) = P(H|O,\Theta^t)$ 后，根据式 (6.31) 可知：

$$L(\Theta^t) = F(\Theta^t, P_C^{t+1}) \tag{6.36}$$

因此，任何能使 $F(\Theta, P_C^{t+1})$ 增大的 Θ 均能优化 $L(\Theta)$。

收敛。在进行一次 E 步和 M 步迭代后，我们可以得到 $L(\Theta^{t+1}) - L(\Theta^t) \geqslant 0$：

$$\begin{aligned} L(\Theta^t) &= F(\Theta^t, P_C^{t+1}) \text{ (见式 (6.36))} \\ &\leqslant F(\Theta^{t+1}, P_C^{t+1}) \ (\Theta^{t+1} = \arg\max_\Theta F(\Theta, P_C^{t+1})) \\ &\leqslant F(\Theta^{t+1}, P_C^{t+2}) \ (P_C^{t+2} = \arg\max_{P_C} F(\Theta^{t+1}, P_C)) \\ &= L(\Theta^{t+1}) \text{ (见式 (6.36))} \end{aligned}$$

因此，$L(\Theta^t)$ 是关于 t 的单调递增函数，$L(\Theta^0) \leqslant L(\Theta^1) \leqslant L(\Theta^2) \leqslant \cdots \leqslant L(\Theta^n)$，由此可以证明，期望最大算法能保证收敛到局部最优值。初始值 Θ^0 的选择对最终模型具有很大影响，因此应在实践中尝试多个随机初始点，并在开发数据上选择最佳模型。

总结

本章介绍了：

- 隐变量。
- 期望最大算法。
- 期望最大算法在无监督文本分类中的应用。
- 用于统计机器翻译的 IBM 模型 1。
- 概率潜在语义分析算法。

注释

Hartley (1958) 首次提出期望最大算法。Dempster 等人 (1977) 和 Wu (1983) 讨论了其收敛性。Schafer (1997) 分析了期望最大算法在不完整数据上的应用。McLachlan 和 Krishnan (2007) 给出了期望最大算法的详细介绍和应用。Neal 和 Hinton (1998) 和 Minka (1998) 给出了对期望最大算法下限最大化的全面解释。

Brown 等人 (1993) 提出用于机器翻译的 IBM 系列模型，并利用期望最大算法获得词对齐信息。Hofmann (1999) 在文档表示问题上提出包含隐变量的概率潜在语义分析模型。

习题

6.1 试区分式 (6.9) 中的固定变量及可调整变量。

142

6.2 回顾期望最大算法与 k 均值聚类：

（1）6.1.2 节介绍了期望最大算法中的具体隐变量赋值 $\mathscr{H}$，试在 k 均值聚类算法中也做特定示例的解释。

（2）式 (6.8) 为期望最大算法在语料库级别上的 M 步训练目标，假设 $O = \{\vec{v}_i\}|_{i=1}^N$，$H = \{h_i\}|_{i=1}^N$，试在样本级别上对式 (6.8) 进行修改。

（3）试利用期望最大算法解释 k 均值聚类算法。

6.3 给定表 6.2 中的 6 个文档，试利用无监督朴素贝叶斯模型将文档聚类为：（1）两个类别；（2）三个类别。利用 $\frac{1}{K}$ 初始化模型参数 $P(\hbar|\Theta)$，K 为总类别数。对于每个类别 $\hbar$，利用 $\frac{1}{|V|}$ 初始化模型参数 $P(w|\hbar,\Theta)$，$|V|$ 为词表大小。根据式 (6.14) 与式 (6.15) 估计模型参数 $P(\hbar|\Theta)$ 及 $P(w|\hbar,\Theta)$，并对两个聚类任务的结果进行比较。

表 6.2 用于聚类的文档集合

文档	文档
Apple released iPod.	Tom bought one iPod.
Apple released iPhone.	Tom bought one iPhone.
Apple released iPad.	Tom bought one iPad.

6.4 试考虑半监督朴素贝叶斯模型，即给定标注文档集合 $D = \{(d_i, c_i)\}|_{i=1}^N$ 及部分无标注文档 $U = \{d_i\}|_{N+1}^{N+M}$，训练目标是最大化

$$L(\Theta) = \sum_{i=1}^{N} \log P(d_i, c_i|\Theta) + \sum_{j=N+1}^{N+M} \log P(d_j|\Theta) \tag{6.37}$$

（1） 试描述如何利用与算法 6.2 相似的方法训练模型参数 Θ。

（2） 试解释无标注数据在训练目标中扮演的角色。若添加超参数 λ 控制无标注数据的权重，则训练目标变为

$$L(\Theta) = \sum_{i=1}^{N} \log P(d_i, c_i|\Theta) + \lambda \sum_{j=N+1}^{N+M} \log P(d_j|\Theta)$$

试比较第二项 $\lambda \sum_{j=N+1}^{N+M} \log P(d_j|\Theta)$ 与第 3 章所介绍的 L2 正则的区别。

6.5 给定表 6.3 中的平行语料，

（1） 试执行 IBM 模型 1 的一轮迭代，并列出模型参数。

（2） 假设存在词表表明泰语 “กรุงเทพ” 与英语 “Bangkok” 同时出现，即 $P(\text{กรุงเทพ}|\text{Bangkok}) = 1$，试重新执行 IBM 模型 1 并列出模型参数。

表 6.3 平行语料

索引	源文	译文
1	เขา(he) อาศัย(live) อยู่ใน(in) กรุงเทพ(Bangkok)	He is living in Bangkok
2	เขา(he) ชอบ(like) กรุงเทพ(Bangkok)	He likes Bangkok
3	เขา(he) ชอบ(like) อาศัย(live) อยู่ใน(in) กรุงเทพ(Bangkok)	He likes living in Bangkok

6.6 试证明式 (6.20) 的最后一步。

提示：先计算

$$\sum_{a_{|X|}=0}^{|Y|} \prod_{i=1}^{|X|} P(x_i|y_{a_i}) = \Big(\prod_{i=1}^{|X|-1} P(x_i|y_{a_i=0})\Big) \sum_{j=0}^{|Y|} P(x_{|X|}|y_j)$$

再计算

$$\sum_{a_{|X|-1}=0}^{|Y|} \sum_{a_{|X|}=0}^{|Y|} \prod_{i=1}^{|X|} P(x_i|y_{a_i}) = \prod_{i=1}^{|X|-2} P(x_i|y_{a_i=0}) \sum_{j=0}^{|Y|} P(x_{|X|-1}|y_j) \sum_{j=0}^{|Y|} P(x_{|X|}|y_j)$$

最后推导

$$\sum_{a_1=0}^{|Y|} \sum_{a_2=0}^{|Y|} \cdots \sum_{a_{|X|}=0}^{|Y|} \prod_{i=1}^{|X|} P(x_i|y_{a_i}) \prod_{i=1}^{|X|} \sum_{j=0}^{|Y|} P(x_i|y_j)$$

6.7 试证明式 (6.22) 的最后一步。

6.8 给定表 6.4 中的文档集合，假设存在关于 “World Cup” 和 “Russia’s economy” 的两个潜在主题。

（1） 试利用概率潜在语义分析模型估计文档-主题及主题-词的概率分布。

（2） 试利用文档主题分布比较文档对 $\langle d_1, d_3\rangle$、$\langle d_4, d_5\rangle$ 和 $\langle d_2, d_5\rangle$ 的相似性。

表 6.4 用于主题分析的文档集合

索引	文档	索引	文档
1	World Cup, Russia, host	4	Russia, economy, growing, oil
2	World Cup, boost, Russia, economy	5	Russia, economy, recover, continue
3	Russia, bid, World Cup	6	Russia, oil, dependence

6.9 第 4 章介绍的自训练 (self-training) 方法与硬式期望最大算法存在相似之处，两种方法均针对无标注实例预测标签，并利用自动生成的标签进行迭代训练。试列出二者的异同。

144

参考文献

Peter F Brown, Vincent J Della Pietra, Stephen A Della Pietra, and Robert L Mercer. 1993. The mathematics of statistical machine translation: Parameter estimation. Computational linguistics, 19(2):263–311.

Arthur P. Dempster, Nan M. Laird, and Donald B. Rubin. 1977. Maximum likelihood from incomplete data via the em algorithm. Journal of the Royal Statistical Society: Series B (Methodological), 39(1):1–22.

Herman O. Hartley. 1958. Maximum likelihood estimation from incomplete data. Biometrics, 14(2):174–194.

Thomas Hofmann. 1999. Probabilistic latent semantic analysis. In Proceedings of the Fifteenth conference on Uncertainty in artificial intelligence, pages 289–296. Morgan Kaufmann Publishers Inc.

Geoffrey J. McLachlan and Thriyambakam Krishnan. 2007. The EM algorithm and extensions, volume 382. John Wiley & Sons.

Thomas Minka. 1998. Expectation-maximization as lower bound maximization. Tutorial published on the web at http://www-white. media. mit. edu/tpminka/papers/em. html, 7:2.

Radford M Neal and Geoffrey E Hinton. 1998. A view of the em algorithm that justifies incremental, sparse, and other variants. In Learning in graphical models, pages 355–368. Springer.

Joseph L. Schafer. 1997. Analysis of incomplete multivariate data. Chapman and Hall/ CRC.

CF Jeff Wu. 1983. On the convergence properties of the em algorithm. The Annals of statistics, pages 95–103.

第二部分

结构研究

生成式序列标注任务

本书第 1 章曾提到复杂结构在自然语言处理任务中的普遍性，例如词性标注、句法树、实体关系、问答等任务均属于结构预测问题，其内部成分间彼此依赖，不宜利用相互独立的标签进行建模。**结构化预测**指对具有结构性输出的任务进行解析，此类任务比分类任务更具挑战性，一方面是表示结构的特征比表示类别标签的特征更难定义，另一方面是在给定输入的情况下，类别标签的数量是固定的，但输出结构的可能性可达到指数或阶乘量级。

尽管存在上述差异，结构化预测模型（例如对数线性模型）与分类模型在原理上仍然有许多相通之处。本部分将介绍针对结构化预测任务的生成式模型与判别式模型，本章及下一章着重讨论序列结构，后续章节将拓展至其他结构。

7.1 序列标注

回顾 1.2.1 节中介绍的词性标注任务，其输入为句子 $s = W_{1:n} = w_1w_2\cdots w_n$ ，输出为词性标签序列 $T_{1:n} = t_1t_2\cdots t_n$，如表 7.1 所示，每个标签对应于句子中的一个词。词性标注就是典型的**序列标注**问题，即为输入序列中的每个词分配一个类别标签。通过设置不同的输出标签集，大部分自然语言处理问题都可以转化为序列标注任务，例如组合范畴语法超标注（combinatory categorial grammar supertagging）的输出标签集为组合范畴语法类别，分词及命名实体识别等任务的输出标签集为分块结果（见第 9 章）。本章以词性标注任务为例来介绍序列标注问题。

表 7.1 词性标注示例

句子	词性标签序列
Jamie went to the shop yesterday	NNP VBD TO DT NN NN
What would you like to eat ?	WP MD PRP VB TO VB
Tim is talking with Mary	NNP VBZ VBG IN NNP
I really appreciate it	PRP RB VBP PRP
John is a famous athlete	NNP VBZ DT JJ NN

局部建模与结构化建模。解决词性标注任务最简单的方法是将各个词性标签 t_i 的分配视为单独的分类任务，输入为句子 s 及当前词的索引 i，输出为 t_i。我们从一个长度为五个词的窗口 $[w_{i-2}, w_{i-1}, w_i, w_{i+1}, w_{i+2}]$ 中提取特征，并利用朴素贝叶斯或判别式分类器等分类模型进行建模——此类模型被称为**局部**模型。

局部模型会忽略不同词性标签间的相互依赖关系，而这种依赖关系对于词性标注而言至关重要，例如，限定词（DT）之后常跟随名词（NN）或形容词（JJ）而非动词（VB），动

词（VB）之后更有可能跟随副词（AD）而非所有格代词（PRP$）。为捕捉此类相关性，我们将输出标签序列 $T_{1:n}$ 视为一个整体，计算其条件概率 $P(T_{1:n}|W_{1:n})$ 或得分 $\text{score}(T_{1:n}, W_{1:n})$。于是，我们可以利用包含序列 $T_{1:n}$ 中内部标签依赖关系的特征对词性标注模型进行参数化——此类模型被称为**结构化模型**。

生成式及判别式结构化预测模型的构建原理与文本分类模型相似。在本书第一部分中我们谈到，生成式模型的构建需要应用贝叶斯定理、概率链式法则及独立性假设，以便将稀疏联合概率分解为多个模型参数，判别式模型的构建则需要为输入输出对定义特征向量表示。但是，对一个输入序列而言，其对应的结构化输出数量可能随序列长度的变化成倍增长甚至更大，使得结构化建模更具挑战性。本章及下一章将讨论此类复杂情况及对应算法，本章先讨论生成式模型，下一章讨论判别式模型。

7.2 隐马尔可夫模型

我们可以利用第 2 章所介绍的概率方法来构建用于计算 $P(T_{1:n}|W_{1:n})$ 的生成式模型。根据贝叶斯定理，$P(T_{1:n}|W_{1:n})$ 可分解为两个分量：

$$\begin{aligned} P(T_{1:n}|W_{1:n}) &= \frac{P(W_{1:n}|T_{1:n})P(T_{1:n})}{P(W_{1:n})} \\ &\propto P(W_{1:n}|T_{1:n})P(T_{1:n})（P(W_{1:n}) \text{ 对所有 } T_{1:n} \text{ 恒定}） \end{aligned} \tag{7.1}$$

$P(W_{1:n} \mid T_{1:n}) \cdot P(T_{1:n})$ 为词性标签和句子序列的联合概率，即 $P(W_{1:n}, T_{1:n})$。因此，式 (7.1) 可以理解为一种生成模型，该模型先生成词性标签序列 $T_{1:n}$，再生成对应的词序列 $W_{1:n}$，从而得到 $(W_{1:n}, T_{1:n})$。该过程也可直观理解为先生成一个句子结构，例如“NNP（专有名词）VBZ（动词第三人称单数）NN（名词）”，再生成具体的词，例如“吉姆/看/惊悚片”。$W_{1:n}$ 和 $T_{1:n}$ 都非常稀疏，我们可以利用概率链式法则做独立性假设，对 $P(W_{1:n} \mid T_{1:n})$ 和 $P(T_{1:n})$ 进行进一步参数化，即：

148

$$\begin{aligned} P(W_{1:n} \mid T_{1:n}) &= P(w_1 \mid T_{1:n}) P(w_2 \mid w_1 T_{1:n}) \cdots P(w_n \mid w_1 \cdots w_{n-1} T_{1:n}) \text{（链式法则）} \\ &\approx P(w_1 \mid t_1) P(w_2 \mid t_2) \cdots P(w_n \mid t_n) \text{（独立性假设）} \end{aligned} \tag{7.2}$$

式 (7.2) 假设每个词均根据其对应的词性单独生成。

$P(T_{1:n})$ 的参数化类似于计算句子 $P(s = W_{1:n})$ 的概率，可以利用第 2 章介绍的 n 元语言模型，基于链式法则得到：

$$P(T_{1:n}) = P(t_1) P(t_2 \mid t_1) P(t_3 \mid t_1 t_2) \cdots P(t_{n-1} \mid t_1 \cdots t_{n-2}) P(t_n \mid t_1 \cdots t_{n-1}) \tag{7.3}$$

进一步对标签序列进行一阶马尔可夫假设，得到：

$$P(T_{1:n}) \approx P(t_1)P(t_2|t_1) \cdots P(t_n|t_{n-1}) \tag{7.4}$$

若进行二阶马尔可夫假设，则可以得到：

$$P(T_{1:n}) \approx P(t_1)P(t_2|t_1)P(t_3|t_1t_2)\cdots P(t_{n-1}|t_{n-3}t_{n-2})P(t_n|t_{n-2}t_{n-1}) \tag{7.5}$$

在 n 元语言模型中，我们定义了特殊字符 $\langle\mathrm{s}\rangle$ 来表示句子开头。同理，我们也可以设定特殊标签 $\langle\mathrm{B}\rangle$ 表示句子开头的词性标签，从而使得式 (7.4) 与式 (7.5) 仅有一个类型的参数。基于此，假设 $t_{-1}=\langle\mathrm{B}\rangle$，$t_0=\langle\mathrm{B}\rangle$，式 (7.4) 和式 (7.5) 可写作 $P(T_{1:n}) \approx \prod_{i=1}^{n} P(t_i \mid t_{i-1})$ 和 $P(T_{1:n}) \approx \prod_{t=1}^{n} P(t_i \mid t_{i-2}t_{i-1})$。

将以上内容代入式 (7.1)，可分别得到一阶模型：

$$P(T_{1:n} \mid W_{1:n}) \propto P(W_{1:n}, T_{1:n}) \approx \prod_{i=1}^{n} P(t_i \mid t_{i-1}) \cdot \prod_{i=1}^{n} P(w_i \mid t_i)$$

与二阶模型

$$P(T_{1:n} \mid W_{1:n}) \propto P(W_{1:n}, T_{1:n}) \approx \prod_{i=1}^{n} P(t_i \mid t_{i-2})\, t_{i-1} \cdot \prod_{i=1}^{n} P(w_i \mid t_i)$$

图 7.1 a 与图 7.1 b 分别展示了一阶模型和二阶模型的生成过程。每个模型均由两类参数构成，第一类为 $P(w_i|t_i)$，表示给定词性 t_i 时对应词为 w_i 的概率，也被称为**发射概率**（emission probability），第二类为 $P(t_i|t_{i-1}\cdots t_{i-k})$，表示当第 $i-k$ 到 $i-1$ 个词对应的词性标签分别为 $t_{i-k}\cdots t_{i-1}$ 时，第 i 个词的词性标签为 t_i 的概率，也被称为词性标签间的**转移概率**（transition probability），其中 k 表示马尔可夫假设的阶数。转移概率可用于建模输出序列中子结构间的相互依赖关系，从而区分结构化生成模型与独立标记每个词的局部模型。

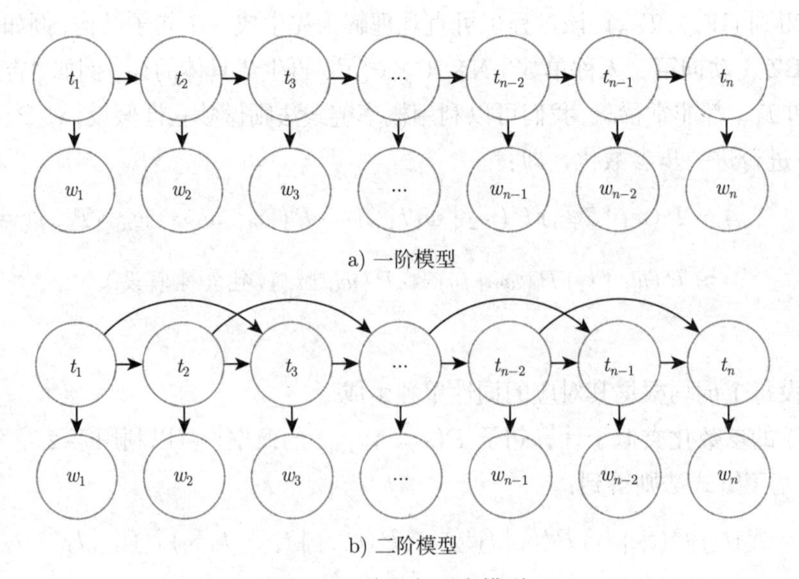

图 7.1 隐马尔可夫模型

给定句子 $W_{1:n}$，其词性标签序列 $T_{1:n}$ 并没有被显式给出，因此序列 $T_{1:n}$ 可被视为马尔可夫模型中的隐层状态链，此类生成模型又被称为**隐马尔可夫模型**（Hidden Markov

Model，HMM）。隐马尔可夫模型首先通过马尔可夫链生成隐状态序列，再利用相应隐变量生成观测序列。7.4 节将介绍利用一组观测变量及期望最大算法训练隐马尔可夫模型的方法，这里首先介绍有监督的学习方法。

7.2.1 隐马尔可夫模型的训练

给定带有词性标签的语料，我们可以利用最大似然估计来预测隐马尔可夫模型的发射概率与转移概率。以一阶隐马尔可夫模型为例，给定一组训练样例 $D=\{(W_k,T_k)\}|_{k=1}^N$，其中 $W_k=w_1^k w_2^k\cdots w_{n_k}^k$，$T_k=t_1^k t_2^k\cdots t_{n_k}^k$，训练目标为最大化

$$P(D)=\prod_{k=1}^N P(T_k|W_k)\approx\prod_{k=1}^N\left(\prod_{i=1}^{n_k}P(t_i^k|t_{i-1}^k)\cdot\prod_{i=1}^{n_k}P(w_i^k|t_i^k)\right)$$

如第 2 章所述，这一优化问题具有封闭解，模型的发射概率可计算为：

$$P(w|t)=\frac{\#(w|t)}{\sum_{w'}\#(w'|t)} \tag{7.6}$$

其中 w 为词表中的词，$w|t$ 表示 w 的词性标签为 t（$t\in L$）。本书第 1 章中的表 1.2 罗列了英文词性标签集。

类似地，转移概率的计算方式为：

$$P(t_2|t_1)=\frac{\#(t_1t_2)}{\sum_t\#(t_1t)} \tag{7.7}$$

其中, $t_1\in L$、$t_2\in L$、$t\in L$ 表示 D 中的三个词性标签, t_1t_2 和 t_1t 表示两个连续词性标签或词性标签二元组, L 表示词性标签集。

对于二阶隐马尔可夫模型，其转移概率为：

$$P(t_3|t_1t_2)=\frac{\#(t_1t_2t_3)}{\sum_t\#(t_1t_2t)}$$

149 ~ 150

其中，$t_1\in L$、$t_2\in L$、$t_3\in L$ 和 $t\in L$ 表示 D 中的词性标签，$t_1t_2t_3$ 和 t_1t_2t 表示词性标签三元组。另外，第 2 章所介绍的平滑技术可用于缓解发射概率和转移概率的稀疏性问题。

7.2.2 解码

解码是指在给定输入的情况下，寻找概率最高的输出的过程。分类任务的解码较为简单，可通过直接枚举所有可能的类别标签并比较其模型得分获得分类结果。但对于结构化预测任务，解码是模型设计的重要一环。以词性标注为例，给定输入句子 $W_{1:n}$，词性标签的序列长度为 $|L|^n$，L 表示所有可能的词性标签集合。在这种情况下，若利用穷举搜索法，计算复杂度将达到指数级。好在隐马尔可夫模型对词性标签序列进行了马尔可夫假设，可逐步计算 $P(W_{1:n},T_{1:n})$，因此我们可以利用动态规划进行求解，并实现高效解码。

一阶隐马尔可夫模型解码。对于一阶隐马尔可夫模型，联合概率 $P(W_{1:n}, T_{1:n})$ 可通过 $P(W_{1:n}, T_{1:n}) = \prod_{i=1}^{n} P(t_i \mid t_{i-1}) P(w_i \mid t_i)$ 进行计算，该过程可以递归地进行，其中

$$P(W_{1:i}, T_{1:i}) = P(W_{1:i-1}, T_{1:i-1}) \cdot \Big(P(t_i|t_{i-1})P(w_i|t_i)\Big) \tag{7.8}$$

$i \in [2, \cdots, n]$，且

$$P(W_{1:1}, T_{1:1}) = P(t_1|t_0)P(w_1|t_1)$$

想要利用该增量过程进行动态规划，关键在于找到最佳子问题结构，即将最高得分的标签序列分解为子序列，通过递增计算最高得分的子序列来寻找得分最高的输出，以避免解码过程中指数级的枚举。每一步中，$P(W_{1:i}, T_{1:i})$ 与 $P(W_{1:i-1}, T_{1:i-1})$ 的差别在于增加了 $P(t_i \mid t_{i-1}) P(w_i \mid t_i)$，这对于二元标签 $t_{i-1}t_i$ 而言为局部信息。假设 $T_{1:i}$ 序列中得分最高的序列为 $\hat{T}_{1:i} = \hat{t}_1\hat{t}_2 \cdots \hat{t}_{i-1}\hat{t}_i$，其中最后两个标签为 $\hat{t}_{i-1}$ 和 $\hat{t}_i$，我们可以得到子序列 $\hat{T}_{1:i-1}$ 是所有以 $\hat{t}_{i-1}$ 结尾的标签序列 $T_{1:i-1}$ 中得分最高的序列，并将其表示为 $T_{1:i-1}\left(t_{i-1} = \hat{t}_{i-1}\right)$。证明过程参见习题 7.2。

对于最后一个标签为 $t_i = t$ 的序列 $T_{1:i} = t_1t_2 \cdots t_i$，我们将其记为 $T_{1:i}(t_i = t)$，并将 $T_{1:i}(t_i = t)$ 中得分最高的序列表示为 $\hat{T}_{1:i}(t_i = t)$，$\hat{T}_{1:i}(t_i = t)$ 即为动态规划中的最佳子问题结构。根据式 (7.8) 中的循环计算过程，我们可以通过递增 i 来计算所有 t 的 $\hat{T}_{1:i}(t_i = t)$ 序列。具体来说，在步骤 i 中，我们已经为所有 $t' \in L$ 求得 $\hat{T}_{1:i-1}(t_{i-1} = t')$，则每一个标签 t 对应的 $\hat{T}_{1:i}(t_i = t)$ 可以通过对不同 t' 枚举 $|L|$ 个子序列的 $\hat{T}_{1:i-1}(t_{i-1} = t')$ 求得。$\hat{T}_{1:i}(t_i = t)$ 的计算方式为：

151

$$\hat{T}_{1:i}(t_i = t) = \underset{\hat{T}_{1:i-1}(t_{i-1}=t'), t' \in L}{\arg\max} P\left(W_{1:i-1}, \hat{T}_{1:i-1}(t_{i-1} = t')\right)\left(P(t \mid t')P(w_i \mid t)\right)$$

该过程的时间复杂度为 $O(|L|)$。随着 i（$i \in [1, \cdots, n]$）的增大，$\hat{T}_{1:i}(t_i = t)$ 的计算将被不断执行，此外，我们还需要枚举 $t_i = t, t \in L$ 以供下一步递增计算使用，结合句子长度 n 带来的 n 步计算，该过程的总体时间复杂度为 $O(n|L|^2)$。最后，在获得所有 $t \in L$ 的 $\hat{T}_{1:n}(t_n = t)$ 之后，我们可以利用 $\arg\max_{\hat{T}_{1:n}(t_n=t), t \in L} P(W_{1:n}, \hat{T}_{1:n}(t_n = t))$ 找到得分最高的输出 $\hat{T}_{1:n}$。

算法 7.1 展示了上述过程的解码算法。给定输入 $W_{1:n}$，该算法首先创建一张 $|L|$ 行 n 列（不考虑 $\langle B \rangle$）的表格 tb，其中 tb[t][i] 用于记录 $P\left(W_{1:i}, \hat{T}_{1:i}(t_i = t)\right)$。另外，再创建表 bp，用于记录每个单元 tb([t][i]) 的返回指针，并存储通过 $\arg\max_{t' \in L} P\Big(W_{1:i-1}, \hat{T}_{1:i-1}(t_{i-1} = t')\Big)\Big(P(t|t')P(w_i|t)\Big)$ 得到的 t'。我们将 tb 和 bp 初始化为空，并根据上述增量步骤，逐列递增填充，其中 $\text{tb}[t][i] = P(w_i|t) \max_{t' \in L} \text{tb}([t'][i-1]) P(t|t')$。

示例。表 7.2 以一个长度为三个单词的句子为例，展示了一阶隐马尔可夫模型的计算过程。在这个例子中，我们假设只有两个词性标签 ℓ_1 和 ℓ_2，其对应的转移概率和发射概率分别如表 7.2 a 和表 7.2 b 所示。执行算法 7.1 所得到的表 tb 如表 7.2 c 所示，该表从左至右、

从上至下进行填充，例如，在计算单元格 $tb[\ell_1][2]$ 时，比较 $tb[\ell_1][1] \times P(\ell_1|\ell_1) \times P(w_2|\ell_1) = 0.4 \times 0.3 \times 0.4$ 和 $tb[\ell_2][1] \times P(\ell_2|\ell_1) \times P(w_2|\ell_2) = 0.04 \times 0.6 \times 0.4$ 的值，选择较大的值（例如 0.048）进行填充。同时，表 bp 也相应地进行填充（$bp[\ell_1][2] = \ell_1$），其具体过程未展现在表 7.2 中。

算法 7.1: 一阶隐马尔可夫模型的维特比解码算法

```
Inputs: s = W_{1:n}, P(t|t') (t, t' ∈ L), P(w|t) (w ∈ V, t ∈ L) 的一阶隐马尔可夫模型;
Variables: tb, bp ;
Initialisation:
    tb[⟨B⟩][0] ← 1 ;
    tb[t][i] ← 0, bp[t][i] ← NULL for t ∈ L, i ∈ [1, ··· , n];
for t ∈ L do
  | tb[t][1] ← tb[⟨B⟩][0] × P(t|⟨B⟩) × P(w_i|t)
for i ∈ [2, ··· , n] do
  | for t ∈ L do
  |   | for t' ∈ L do
  |   |   | if tb[t][i] < tb[t'][i − 1] × P(t|t') × P(w_i|t) then
  |   |   |   | tb[t][i] ← tb[t'][i − 1] × P(t|t') × P(w_i|t);
  |   |   |   | bp[t][i] ← t';
y_n ← arg max_t tb[t][n];
for i ∈ [n, ··· , 2] do
  | y_{i−1} ← bp[y_i][i];
Outputs: y_1, ··· , y_n;
```

表 7.2 一阶隐马尔可夫模型示例，$L = \{\ell_1, \ell_2\}$，句子为 $W_{1:3} = w_1 w_2 w_3$

$P(\ell_1\|\langle B\rangle) = 0.8$	$P(\ell_1\|\ell_1) = 0.3$	$P(\ell_1\|\ell_2) = 0.6$
$P(\ell_2\|\langle B\rangle) = 0.2$	$P(\ell_2\|\ell_1) = 0.7$	$P(\ell_2\|\ell_2) = 0.4$

a) 转移概率

$P(w_1\|\ell_1) = 0.5$	$P(w_2\|\ell_1) = 0.4$	$P(w_3\|\ell_1) = 0.1$
$P(w_1\|\ell_2) = 0.2$	$P(w_2\|\ell_2) = 0.2$	$P(w_3\|\ell_2) = 0.6$

b) 发射概率

$\langle B\rangle$	$\hat{T}_0^1(\langle B\rangle) = 1$	–	–	–
ℓ_1	–	0.4	0.048	0.00336
ℓ_2	–	0.04	0.056	0.02016
–	$i = 0$	$i = 1$	$i = 2$	$i = 3$

c) 给定 w_3 的模型维特比图

log 概率。 考虑到数值计算的稳定性，$tb([t][i])$ 实际上存储的是 $\log P(W_{1:i}, \hat{T}_{1:i}(t_i = t))$，即：

$$tb([t][i]) = \log P(w_i|t) + \max_{t' \in L} \Big(tb([t'][i-1]) + \log P(t|t') \Big)$$

二阶隐马尔可夫模型的维特比解码。 相似的思想也可用于二阶隐马尔可夫模型的动态规划解码，其增量步骤为：

$$P(W_{1:i}, T_{1:i}) = P(W_{1:i-1}, T_{1:i-1})\Big(P(t_i|t_{i-2}t_{i-1})P(w_i|t_i)\Big)$$

同理，得分最高的子序列 $\hat{T}_{1:i}$ 包含所有以二元词性标签 $\hat{t}_{i-2}\hat{t}_{i-1}$ 结尾的子序列 $T_{1:i-1}$ 中得分最高的子序列 $\hat{T}_{1:i-1}\left(t_{i-2}t_{i-1} = \hat{t}_{i-2}\hat{t}_{i-1}\right)$。根据这一最优子结构，我们可以构建动态规划程序来寻找对于所有 $i \in [1, \cdots, n]$，$t \in L$ 及 $t' \in L$ 的最高得分子序列 $\hat{T}_{1:i}\left(t_{i-1}t_i = t't\right)$：

$$\hat{T}_{1:i}\left(t_{i-1}t_i = t't\right) = \max_{t''} P\left(W_{1:i-1}, \hat{T}_{1:i-1}\left(t_{i-2}t_{i-1} = t''t'\right)\right)\left(P\left(t \mid t''t'\right)P\left(w_i \mid t\right)\right)$$

算法 7.2 展示了该动态规划解码器的伪代码，其整体结构与算法 7.1 类似，主要区别在于 tb 和 bp 的结构。在算法 7.2 中，tb 和 bp 为三维结构，tb $[t'][t][i]$ 存储 $P\Big(W_{1:i}, \hat{T}_{1:i}\left(t_{i-1}t_i = t't\right)\Big)$，bp $[t'][t][i]$ 存储 $\arg\max_{t''} P\left(W_{1:i-1}, \hat{T}_{1:i-1}\left(t_{i-2}t_{i-1} = t''t'\right)\right)\left(P\left(t \mid t''t'\right) P\left(w_i \mid t\right)\right)$。$\hat{T}_{1:i}\left(t_{i-1}t_i = t't\right)$ 和 $\hat{T}_{1:i-1}\left(t_{i-2}t_{i-1} = t''t'\right)$ 共享 $t_{i-1} = t'$，因此，对 $\hat{T}_{1:i}(t_{i-1}t_i = t't)$ 和 $\hat{T}_{1:i-1}(t_{i-2}t_{i-1} = t''t')$，我们仅需枚举一次词性标签 t_{i-1}。

算法 7.2: 二阶隐马尔可夫模型的维特比解码算法

Inputs: $s = W_{1:n}$, $P(t|t't'')$（$t, t', t'' \in L$），$P(w|t)$（$w \in V$, $t \in L$）的二阶隐马尔可夫模型;

Variables: tb, bp;

Initialisation:

　tb$[\langle B\rangle][\langle B\rangle][0] \leftarrow 1$;

　tb$[t'][t][i] \leftarrow 0$, bp$[t'][t][i] \leftarrow$ NULL **for** $t, t' \in L, i \in [1, \cdots, n]$;

for $t \in L$ **do**

　| tb$[\langle B\rangle][t][1]$ = tb$[\langle B\rangle][\langle B\rangle][0] \times P(t|\langle B\rangle\langle B\rangle) \times P(w_i|t)$

for $t \in L$ **do**

　　for $t' \in L$ **do**

　　　| tb$[t'][t][2]$ = tb$[\langle B\rangle][t'][1] \times P(t|\langle B\rangle t') \times P(w_i|t)$

for $i \in [3, \cdots, n]$ **do**

　　for $t \in L$ **do**

　　　　for $t' \in L'_1$ **do**

　　　　　　for $t'' \in L'_2$ **do**

　　　　　　　　if tb$[t'][t][i] <$ tb$[t''][t'][i-1] \times P(t|t''t') \times P(w_i|t)$ **then**

　　　　　　　　　　tb$[t'][t][i] \leftarrow$ tb$[t''][t'][i-1] \times P(t|t''t') \times P(w_i|t)$;

　　　　　　　　　　bp$[t'][t][i] \leftarrow t''$;

　　　　　　tb$[t'][t][i] \leftarrow$ tb$[t'][t][i] \times P(w_i|t)$;

$y_{n-1}y_n \leftarrow \arg\max_{t't}$ tb$[t'][t][n]$;

for $i \in [n, \cdots, 3]$ **do**

　| $y_{i-2} \leftarrow$ bp$[y_{i-1}][y_i][i]$;

Outputs: $y_1y_2 \cdots y_n$;

对每个词 w_i，算法 7.2 都在 $t_{i-2} = t''$ 上进行额外的一个循环，其时间复杂度为 $O\left(n|L|^3\right)$，大于算法 7.1 的时间复杂度 $O\left(n|L|^2\right)$。这么做的主要原因是利用 $P\left(t \mid t''t'\right)$ 作为特征，从而对较长的上下文进行建模，改变了增量计算的复杂度。动态规划解码器的复杂度通常由特征范围决定，特征越全面，动态规划中的增量步骤就越复杂，时间复杂度

也越大。相比之下，局部模型对每个词进行独立标记，没有对输出序列间的内部依赖关系进行建模，因此其解码开销非常小。

152～153

算法 7.1 与算法 7.2 均用美国电气工程师安德鲁・维特比（Andrew Viterbi）的名字命名，因而被称为**维特比算法**。

7.3 计算边缘概率

结构化模型将输出作为一个完整的序列单元进行评分，可充分考虑子结构间的相互依赖关系。然而，在有些情况下，需要对子结构特征进行研究，例如在词性标注任务中计算某个特定标签的可能性 $P(t_i = t \mid W_{1:n})$。结构化模型能够给出所有标签序列的联合概率 $P(W_{1:n}, T_{1:n})$，我们可以通过将所有 $t_{i'}(i' \neq i)$ 的概率相加求得边缘概率 $P(t_i \mid W_{1:n})$：

$$\begin{aligned}
P(t_i = t \mid W_{1:n}) &= \sum_{t_1 \in L}\sum_{t_2 \in L}\cdots\sum_{t_{i-1} \in L}\sum_{t_{i+1} \in L}\cdots\sum_{t_n \in L} P(T_{1:n}(t_i = t) \mid W_{1:n}) \\
&\propto \sum_{t_1 \in L}\sum_{t_2 \in L}\cdots\sum_{t_{i-1} \in L}\sum_{t_{i+1} \in L}\cdots\sum_{t_n \in L} P(W_{1:n}, T_{1:n}(t_i = t))
\end{aligned} \tag{7.9}$$

154

式 (7.9) 由 $|L|^{n-1}$ 个求和项组成，若 $|L|$ 和 n 都很大，则求解过程较难实现。隐马尔可夫模型可以利用特征局部性特点，通过动态规划算法来解决上述问题，其求解思路类似于维特比算法，即利用特征局部性特点寻找最优子问题。

t_i 的位置可以在句子中间，因此我们首先利用贝叶斯定理将 $P(t_i = t \mid W_{1:n})$ 分解为 $W_{1:i}$ 和 $W_{i+1:n}$ 两个部分，各个部分均可利用动态规划进行递增计算。具体过程为：

$$\begin{aligned}
P(t_i = t \mid W_{1:n}) &= \frac{P(t_i = t, W_{1:n})}{P(W_{1:n})} \qquad \text{（基于 } W_{1:i} \text{ 的贝叶斯定理）} \\
&= \frac{P(t_i = t, W_{1:i}, W_{i+1:n})}{P(W_{1:n})} \\
&= \frac{P(W_{1:i} t_i = t)\, P(W_{i+1:n} \mid t_i = t, W_{1:i})}{P(W_{1:n})} \\
&= \frac{P(W_{1:i}, t_i = t)\, P(W_{i+1:n} \mid t_i = t)}{P(W_{1:n})} \\
&\qquad \text{（给定 } t_i\text{，} W_{i+1:n} \text{ 条件独立于 } W_{1:i}\text{）} \\
&\propto P(W_{1:i}, t_i = t)\, P(W_{i+1:n} \mid t_i = t) \\
&\qquad \text{（} P(W_{1:n}) \text{ 对所有 } t \text{ 恒定）}
\end{aligned} \tag{7.10}$$

在计算 $P(t_i = t \mid W_{1:n})$ 时，式 (7.10) 可分为三步进行计算：

- 首先计算：

$$\alpha(t_i = t) = P(W_{1:i}, t_i = t) = \sum_{t_1 \in L}\sum_{t_2 \in L}\cdots\sum_{t_{i-1} \in L} P(W_{1:i}, T_{1:i}(t_i = t))$$

- 其次计算：

$$\beta\left(t_i=t\right)=P\left(W_{i+1:n} \mid t_i=t\right)=\sum_{t_{i+1} \in L} \sum_{t_{i+2} \in L} \cdots \sum_{t_n \in L} P\left(W_{i+1:n}, T_{i+1:n} \mid t_i=t\right)$$

- 最后归一化 $\alpha\left(t_i=t\right) \beta\left(t_i=t\right)$，使得 $\sum_{t \in L} P\left(t_i=t \mid W_{1:n}\right)=1$

后续 7.3.1 节、7.3.2 节、7.3.3 节将分别对上述三步展开详细介绍。

7.3.1 前向算法

上面步骤 1 涉及指数级求和过程。在隐马尔可夫模型中，我们可以利用**前向算法**在线性时间复杂度内找出 α 值。基于一阶隐马尔可夫模型，假定 $t_0=\langle\mathrm{B}\rangle$，可得到：

155

$$P(W_{1:i}, T_{1:i})=\prod_{j=1}^{i} P(t_j|t_{j-1}) P(w_j|t_j)$$

根据 $P\left(W_{1:i-1}, T_{1:i-1}\right)=\prod_{j=1}^{i-1}\left(P\left(t_j \mid t_{j-1}\right) P\left(w_j \mid t_j\right)\right)$，可得到：

$$P\left(W_{1:i}, T_{1:i}\right)=P\left(W_{1:i-1}, T_{1:i-1}\right)\left(P\left(t_i \mid t_{i-1}\right) P\left(w_i \mid t_i\right)\right) \tag{7.11}$$

基于式 (7.11)，若已知：

$$\alpha\left(t_{i-1}=t'\right)=\sum_{t_1 \in L} \sum_{t_2 \in L} \cdots \sum_{t_{i-2} \in L} P\left(W_{1:i-1}, T_{1:i-1}\left(t_{i-1}=t'\right)\right)$$

则可以推导出：

$$\begin{aligned}
&\sum_{t_1 \in L} \sum_{t_2 \in L} \cdots \sum_{t_{i-2} \in L} P\left(W_{1:i}, T_{1:i}\left(t_{i-1} t_i=t' t\right)\right) \\
&\quad=\sum_{t_1 \in L} \sum_{t_2 \in L} \cdots \sum_{t_{i-2} \in L}\left(P\left(W_{1:i}, T_{1:i-1}\left(t_{i-1}=t'\right)\right)\right)\left(P\left(t \mid t'\right) P\left(w_i \mid t\right)\right) \\
&\quad=\alpha\left(t_{i-1}=t'\right) P\left(t \mid t'\right) P\left(w_i \mid t\right)
\end{aligned}$$

即 $\alpha(t_i=t)=\sum_{t' \in L} \alpha(t_{i-1}=t') P(t|t') P(w_i|t)$。

通过上述过程，我们得到了由 $\alpha\left(t_{i-1}=t'\right)$ 逐步计算 $\alpha\left(t_i=t\right)$ 的方法，以 i 为递增对象，逐步找到所有 α 值。算法 7.3 展示了该过程的伪代码，该算法创建了一个 $|L| \times n$ 的表格 α，并利用 $\alpha[t][i]$ 存储 $\alpha(t_i=t)=\sum_{t_1 \in L} \sum_{t_2 \in L} \cdots \sum_{t_{i-1} \in L} P\big(W_{1:i}, T_{1:i}(t_i=t)\big)$ 的值。

7.3.2 后向算法

步骤 2 可用于计算边缘概率 $P\left(t_i=\ t \mid W_{1=n}\right)$，与步骤 1 类似，步骤 2 也涉及指数级求和，可通过隐马尔可夫模型及动态规划法进行求解。步骤 2 从句子末尾开始向前移动，逐渐对 $W_{i+1:n}$ 进行求和。与前向算法相对应，该算法被称为**后向算法**（backward algorithm）。

算法 7.3: 一阶隐马尔可夫模型的前向算法

Inputs: $s = W_{1:n}$，$P(t|t')$（$t, t' \in L$），$P(w|t)$（$w \in V, t \in L$）的一阶隐马尔可夫模型;
Variables: α;
Initialisation: $\alpha[\langle \mathrm{B} \rangle][0] \leftarrow 1$, $\alpha[t][i] \leftarrow 0$ for $i \in [1, \cdots, n], t \in L$;
for $t \in L$ **do**
  $\alpha[t][1] \leftarrow \alpha[\langle \mathrm{B} \rangle][0] \times P(t|\langle \mathrm{B} \rangle) \times P(w_1|t)$
for $i \in [2, \cdots, n]$ **do**
  for $t \in L$ **do**
    for $t' \in L$ **do**
      $\alpha[t][i] \leftarrow \alpha[t][i] + \alpha[t'][i-1] \times P(t|t') \times P(w_i|t)$;
Outputs: α;

156

以一阶隐马尔可夫模型为例，为了寻找 $\beta(t_i = t')$ 与 $\beta(t_{i+1} = t)$ 之间的关系，我们首先观察 $P(W_{i+1:n}, T_{i+1:n} \mid t_i)$ 与 $P(W_{i+2:n}, T_{i+2:n} \mid t_{i+1})$ 之间的关系，其中：

$$
\begin{aligned}
&P\left(W_{i+1:n}, T_{i+1:n} \mid t_i\right) \\
&\quad = P\left(w_{i+1}, t_{i+1}, W_{i+2:n}, T_{i+2:n} \mid t_i\right) \\
&\quad = P\left(t_{i+1} \mid t_i\right) P\left(w_{i+1} \mid t_i t_{i+1}\right) P\left(W_{i+2:n}, T_{i+2:n} \mid w_{i+1}, t_i t_{i+1}\right) (\text{概率链式法则}) \\
&\quad = P\left(t_{i+1} \mid t_i\right) P\left(w_{i+1} \mid t_{i+1}\right) P\left(W_{i+2:n}, T_{i+2:n} \mid w_{i+1}, t_i t_{i+1}\right) \\
&\qquad\qquad (w_{i+1}\ \text{条件独立于}\ t_i) \\
&\quad = P\left(t_{i+1} \mid t_i\right) P\left(w_{i+1} \mid t_{i+1}\right) P\left(W_{i+2:n}, T_{i+2:n} \mid t_{i+1}\right) \\
&\qquad\qquad (\text{给定}\ t_{i+1},\ T_{i+2:n}\ \text{条件独立于}\ t_i)
\end{aligned}
$$

因此，我们可以得到：

$$
\begin{aligned}
\beta\left(t_i = t'\right) &= \sum_{t_{i+1} \in L} \sum_{t_{i+2} \in L} \cdots \sum_{t_n \in L} P\left(W_{i+1:n}, T_{i+1:n} \mid t_i = t'\right) \\
&= \sum_{t_{i+1} \in L} \sum_{t_{i+2} \in L} \cdots \sum_{t_n \in L} P\left(t_{i+1} \mid t_i = t'\right) P\left(w_{i+1} \mid t_{i+1}\right) P\left(W_{i+2:n}, T_{i+2:n} \mid t_{i+1}\right) \\
&= \sum_{t_{i+1} \in L} P\left(t_{i+1} \mid t_i = t'\right) P\left(w_{i+1} \mid t_{i+1}\right) \sum_{t_{i+2} \in L} \cdots \sum_{t_n \in L} P\left(W_{i+2:n}, T_{i+2:n} \mid t_{i+1}\right) \\
&= \sum_{t \in L} P\left(t \mid t'\right) P\left(w_{i+1} \mid t\right) \beta\left(t_{i+1} = t\right)
\end{aligned}
$$

当 $i = n$ 时，存在 $\beta(t_{n-1} = t') = \sum_t P(w_n, t_n = t \mid t_{n-1} = t') = \sum_t P(t \mid t') P(w_n \mid t) \times 1$，因此有 $\beta(t_n = t) = 1$。

算法 7.4 展示了上述过程的伪代码，该算法利用动态规划逐步构建 $|L| \times n$ 的表格 β，$\beta[t][i]$ 用于存储 $\beta(t_i = t)$，索引 i 由 n 递减至 1。

算法 7.4: 一阶隐马尔可夫模型的后向算法

Inputs: $s = W_{1:n}$，$P(t|t')$（$t, t' \in L$），$P(w|t)$（$w \in V, t \in L$）的一阶隐马尔可夫模型;
Variables: β;
Initialisation: $\beta[t][i] \leftarrow 0$, $\beta[t][n] \leftarrow 1$ for $t \in L$, for $i \in [1, \cdots, n-1], t \in L$;
for $i \in [n-1, \cdots, 1]$ **do**
　for $t' \in L$ **do**
　　for $t \in L$ **do**
　　　$\beta[t'][i] \leftarrow \beta[t'][i] + \beta[t][i+1] \times P(t|t') \times P(w_{i+1}|t)$;
Outputs: β;

7.3.3 前向-后向算法

式 (7.10) 表明 $P(t_i = t|W_{1:n}) \propto \alpha(t_i = t)\beta(t_i = t)$，结合 $\sum_t P(t_i = t|W_{1:n}) = 1$，我们可以对 $\alpha(t_i = t)\beta(t_i = t)$ 进行归一化，使得 $P(t_i = t|W_{1:n}) = \dfrac{\alpha(t_i = t)\beta(t_i = t)}{\sum_{t' \in L} \alpha(t_i = t)\beta(t_i = t')}$。

157

算法 7.5 展示了**前向-后向算法**（forward-backward algorithm）的伪代码，该算法构建了一个 $|L| \times n$ 的表格 tb，并利用 tb $[t][i]$ 存储 $P(t_i = t|W_{1:n})$ 的值。

算法 7.5: 一阶隐马尔可夫模型的前向–后向算法

Inputs: $s = W_{1:n}$，$P(t|t')$（$t, t' \in L$），$P(w|t)$（$w \in V, t \in L$）的一阶隐马尔可夫模型;
Variables: tb, α, β;
$\alpha \leftarrow \text{Forward}(W_{1:n}, \text{model})$;
$\beta \leftarrow \text{Backward}(W_{1:n}, \text{model})$;
for $i \in [1, \cdots, n]$ **do**
　total $\leftarrow 0$;
　for $t \in L$ **do**
　　total $\leftarrow$ total $+ \alpha[t][i] \times \beta[t][i]$
　for $t \in L$ **do**
　　$\text{tb}[t][i] \leftarrow \dfrac{\alpha[t][i] \times \beta[t][i]}{\text{total}}$;
Outputs: tb;

7.3.4 二阶隐马尔可夫模型的前向-后向算法

与维特比解码的情况类似，由于使用了更多的窗口和较少的独立性假设，二阶隐马尔可夫模型会导致前向和后向算法解码速度减慢。

前向算法。二阶隐马尔可夫模型利用了更多的非局部特征 $P(t|t''t')$，增量步长发生了变化。此时：

$$P(W_{1:i}, T_{1:i}) = P(W_{1:i-1}, T_{1:i-1})\Big(P(t_i|t_{i-2}t_{i-1})P(w_i|t_i)\Big)$$

令 $\alpha(t_{i-1}t_i = t't) = \sum_{t_1 \in L} \sum_{t_2 \in L} \cdots \sum_{t_{i-2} \in L} P\big(W_{1:i}, T_{1:i}(t_{i-1}t_i = t't)\big)$，可得到：

$$\sum_{t_1\in L}\sum_{t_2\in L}\cdots\sum_{t_{i-3}\in L}P\big(W_{1:i},T_{1:i}(t_{i-2}t_{i-1}t_i=t''t't)\big)$$
$$=\sum_{t_1\in L}\sum_{t_2\in L}\cdots\sum_{t_{i-3}\in L}P\big(W_{1:i-1},T_{1:i-1}(t_{i-2}t_{i-1}=t''t')\big)P(t|t''t')P(w_i|t)$$
$$=\alpha(t_{i-2}t_{i-1}=t''t')P(t|t''t')P(w_i|t)$$

同样地，$\alpha(t_{i-1}t_i=t't)$ 可进行递增计算：

$$\alpha(t_{i-1}t_i=t't)=\sum_{t''}\alpha(t_{i-2}t_{i-1}=t''t')P(t|t''t')P(w_i|t)$$

算法 7.6 展示了二阶隐马尔可夫模型的前向算法伪代码，该算法构建了一个 $|L|\times|L|\times n$ 的表格 α，其中 $\alpha[t'][t][i]$ 用于存储 $\alpha(t_{i-1}t_i=t't)=\sum_{t_1\in L}\sum_{t_2\in L}\cdots\sum_{t_{i-2}\in L}P\big(W_{1:i},T_{1:i}(t_{i-1}t_i=t't)\big)$ 的值。 158

算法 7.6: 二阶隐马尔可夫模型的前向算法

Inputs: $s=W_{1:n}$，$P(t|t''t')$（$t,t',t''\in L$），$P(w|t)$（$w\in V$, $t\in L$）的二阶隐马尔可夫模型;
Variables: α;
Initialisation: $\alpha[\langle B\rangle][\langle B\rangle][0]\leftarrow 1$, $\alpha[t'][t][i]\leftarrow 0$ for $i\in[1,\cdots,n], t',t\in L$;
for $t\in L$ **do**
　$\alpha[\langle B\rangle][t][1]\leftarrow\alpha[\langle B\rangle][\langle B\rangle][0]\times P(t|\langle B\rangle\langle B\rangle)\times P(w_1|t)$
for $t\in L$ **do**
　for $t'\in L$ **do**
　　$\alpha[t'][t][2]\leftarrow\alpha[\langle B\rangle][t'][1]\times P(t|\langle B\rangle t')\times P(w_2|t)$
for $i\in[3,\cdots,n]$ **do**
　for $t\in L$ **do**
　　for $t'\in L$ **do**
　　　for $t''\in L$ **do**
　　　　$\alpha[t'][t][i]\leftarrow\alpha[t'][t][i]+\alpha[t''][t'][i-1]\times P(t|t''t')\times P(w_i|t)$;
Outputs: α;

后向算法。与一阶隐马尔可夫模型中 $\beta(t_i=t')$ 和 $\beta(t_{i+1}=t)$ 的关系相似，二阶隐马尔可夫模型同样可以在 $\beta(t_{i-1}t_i=t''t')$ 与 $\beta(t_it_{i+1}=t't)$ 之间建立关联：

$$P(W_{i+1:n},T_{i+1:n}|t_{i-1}t_i)$$
$$=P(w_{i+1},t_{i+1},W_{i+2:n},T_{i+2:n}|t_{i-1}t_i)$$
$$=P(t_{i+1}|t_{i-1}t_i)P(w_{i+1}|t_{i-1}t_it_{i+1})P(W_{i+2:n},T_{i+2:n}|w_{i+1},t_{i+1},t_{i-1},t_i)$$

（概率链式法则）

$$=P(t_{i+1}|t_{i-1}t_i)P(w_{i+1}|t_{i+1})P(W_{i+2:n},T_{i+2:n}|w_{i+1},t_{i+1},t_{i-1},t_i)$$

（w_{i+1} 条件独立于 t_{i-1},t_i）

$$=P(t_{i+1}|t_{i-1},t_i)P(w_{i+1}|t_{i+1})P(W_{i+2:n},T_{i+2:n}|t_i,t_{i+1})$$

（给定 $t_i,t_{i+1},T_{i+2:n}$ 条件独立于 t_{i-1}）

于是我们可以得到：

$$
\begin{aligned}
&\beta(t_{i-1}t_i = t''t') \\
&\quad = \sum_{t_{i+1}\in L}\sum_{t_{i+2}\in L}\cdots\sum_{t_n\in L} P(W_{i+1:n}, T_{i+1:n}|t_{i-1}t_i = t''t') \\
&\quad = \sum_{t_{i+1}\in L}\sum_{t_{i+2}\in L}\cdots\sum_{t_n\in L} P(t_{i+1}|t_{i-1}t_i = t''t')P(w_{i+1}|t_{i+1})P(W_{i+2:n}, T_{i+2:n}|t_i = t', t_{i+1}) \\
&\quad = \sum_{t_{i+1}\in L} P(t_{i+1}|t_{i-1}t_i = t''t')P(w_{i+1}|t_{i+1}) \sum_{t_{i+2}\in L}\cdots\sum_{t_n\in L} P(W_{i+2:n}, T_{i+2:n}|t_i = t', t_{i+1}) \\
&\quad = \sum_{t\in L} P(t|t''t')P(w_{i+1}|t)\beta(t_i t_{i+1} = t't)
\end{aligned}
$$

与一阶情况类似，边界值 $\beta[t'][t][n] = 1$。算法 7.7 展示了采用动态规划算法计算 $\beta[t'][t][i]$ 的流程，该算法构建了一个 $|L| \times |L| \times n$ 的表格 β，其中 $\beta[t''][t'][i]$ 用于存储 $\sum_{t_{i+1}\in L}\sum_{t_{i+2}\in L}\cdots\sum_{t_n\in L} P(W_{i+1:n}, T_{i+1:n}|t_{i-1}t_i = t''t')$ 的值。

算法 7.7: 二阶隐马尔可夫模型的后向算法

Inputs: $s = W_{1:n}$，$P(t|t''t')$（$t, t', t'' \in L$），$P(w|t)$（$w \in V, t \in L$）的二阶隐马尔可夫模型；
Variables: β;
Initialisation: $\beta[t'][t][n] = 1$ for $t', t \in L$, $\beta[t'][t][i] = 0$ for $i \in [1, \cdots, n-1], t', t \in L$;
for $i \in [n-1, \cdots, 2]$ **do**
  for $t'' \in L$ **do**
    for $t' \in L$ **do**
      for $t \in L$ **do**
        $\beta[t''][t'][i] \leftarrow \beta[t''][t'][i] + \beta[t'][t][i+1] \times P(t|t''t') \times P(w_{i+1}|t)$;
for $t' \in L$ **do**
  for $t \in L$ **do**
    $\beta[\langle B\rangle][t'][1] \leftarrow \beta[\langle B\rangle][t'][1] + \beta[t'][t][2] \times P(t|\langle B\rangle t') \times P(w_2|t)$;
for $t \in L$ **do**
  $\beta[\langle B\rangle][\langle B\rangle][0] \leftarrow \beta[\langle B\rangle][\langle B\rangle][0] + \beta[\langle B\rangle][t][1] \times P(t|\langle B\rangle\langle B\rangle) \times P(w_1|t)$;
Outputs: β;

7.4 基于期望最大算法的无监督隐马尔可夫模型训练

在缺乏标注语料 $(W_{1:n}, T_{1:n})$ 的情况下，我们可以利用第 6 章所介绍的期望最大算法来训练模型参数。该算法相当于对隐马尔可夫模型参数进行无监督估计，与朴素贝叶斯模型的无监督训练类似。期望最大算法是用于训练带有隐变量的概率模型的通用算法，其用于无监督隐马尔可夫模型训练时也被称为 **Baum-Welch 算法**。

假设存在原始文本语料 $D = \{W_i\}|_{i=1}^N$，隐变量为其词性标签序列，观测变量为每个句子的词序列，我们的目标是找到模型参数 Θ，使得 $\log P(D|\Theta)$ 最大。对于每个句子，

$\log P(W_{1:n}|\Theta)$ 的计算方式为：

$$\log P(W_{1:n}|\Theta) = \log \sum_{\mathcal{T}_{1:n}} P(W_{1:n}, \mathcal{T}_{1:n}|\Theta) \tag{7.12}$$

其中 $\mathcal{T}_{1:n} = t_1 t_2 \cdots t_n$ 表示任意词性标签序列，对应于有监督情况下的词性标签序列 $T_{1:n}$。

159 ~ 160

期望最大算法是一种迭代算法，交替执行 E 步和 M 步来实现对式 (7.12) 的优化。E 步根据当前模型定义表示数据似然的 Q 函数（即期望函数），M 步则通过最大化 Q 函数来更新当前模型参数。在隐马尔可夫模型中，E 步利用当前模型计算转移事件与发射事件的期望频数，M 步则以期望频数为输入，基于式 (7.6) 与式 (7.7) 对当前模型进行更新。

一阶隐马尔可夫模型的期望最大算法

在一阶隐马尔可夫模型中，二元标签 $t't$ 为转移事件，词标签对 $(w \to t)$ 为发射事件，模型参数为 $\Theta = \{P(w|t), P(t|t')\}$，其中 $w \in V$ 且 $t \in L$。按照第 6 章所介绍的内容，我们分别定义 E 步与 M 步来实现一阶隐马尔可夫模型的期望最大算法。

E 步。期望函数 $Q(\Theta, \Theta')$ 可被定义为：

$$Q(\Theta, \Theta') = \sum_{\mathcal{T}_{1:n}} P(\mathcal{T}_{1:n}|W_{1:n}, \Theta') \log P(W_{1:n}, \mathcal{T}_{1:n}|\Theta) \tag{7.13}$$

其中，Θ' 为当前参数估计，Θ 为下一轮中需要优化的参数估计。

直观而言，若已知 $W_{1:n}$ 的隐藏标签序列 $\mathcal{T}_{1:n}$，则该标签序列的完整对数似然 $P(W_{1:n}, \mathcal{T}_{1:n}|\Theta)$ 可根据隐马尔可夫模型求得。在有监督学习的情况下，我们可以利用相对频率及最大似然估计算法对该函数进行最大化，得到 Θ 的值。然而，无监督学习的情况无法获得 $\mathcal{T}_{1:n}$，因此只能利用当前参数估计值为 Θ' 的模型来估算 $P(\mathcal{T}_{1:n}|W_{1:n}, \Theta')$，并在期望函数 [式 (7.13)] 的计算过程中考虑所有可能的隐藏词性标签序列。概率分布 $P(\mathcal{T}_{1:n}|W_{1:n}, \Theta')$ 可被视为词性标签序列 $\mathcal{T}_{1:n}$ 的概率权重得分，其值越大，表明该词性标签序列在整体优化目标中的对数似然 $\log P(W_{1:n}, \mathcal{T}_{1:n}|\Theta)$ 越大。

具体地，一阶隐马尔可夫模型的期望函数为：

$$\begin{aligned}
Q(\Theta, \Theta') &= \sum_{\mathcal{T}_{1:n}} P(\mathcal{T}_{1:n}|W_{1:n}, \Theta') \log P(W_{1:n}, \mathcal{T}_{1:n}|\Theta) \\
&= \sum_{\mathcal{T}_{1:n}} P(\mathcal{T}_{1:n}|W_{1:n}, \Theta') \log \left(\prod_{i=1}^{n} P(t_i|t_{i-1}) P(w_i|t_i) \right) \\
&= \sum_{\mathcal{T}_{1:n}} P(\mathcal{T}_{1:n}|W_{1:n}, \Theta') \sum_{i=1}^{n} \left(\log P(w_i|t_i) + \log P(t_i|t_{i-1}) \right) \\
&= \sum_{i=1}^{n} \left(\sum_{w} \sum_{t} \log P(w|t) \sum_{\mathcal{T}_{1:n}} P(\mathcal{T}_{1:n}|W_{1:n}, \Theta') \delta(t_i, t) \delta(w_i, w) \right) + \\
&\quad \sum_{i=1}^{n} \left(\sum_{t'} \sum_{t} \log P(t|t') \sum_{\mathcal{T}_{1:n}} P(\mathcal{T}_{1:n}|W_{1:n}, \Theta') \delta(t_{i-1}, t') \delta(t_i, t) \right)
\end{aligned} \tag{7.14}$$

161

其中，$w \in V$ 表示词汇表 V 中的各个词，$t \in L$ 表示标签集 L 中的各个标签，δ 用于判断两个值是否相同。

$Q(\Theta,\Theta')$ 看起来较为复杂，涉及在整个标签序列上的求和过程。考虑到在隐马尔可夫模型中特征具有局部性，我们可以利用前向后向算法来简化其计算过程。令 $\gamma_i(t) = \sum_{\mathcal{T}_{1:n}} P(\mathcal{T}_{1:n}|W_{1:n},\Theta')\delta(t_i,t)$，$\xi_i(t',t) = \sum_{\mathcal{T}_{1:n}} P(\mathcal{T}_{1:n}|W_{1:n},\Theta')\delta(t_{i-1},t')\delta(t_i,t)$，这两部分均可进行高效计算，式 (7.14) 可被重写为：

$$
\begin{aligned}
Q(\Theta,\Theta') = &\sum_{i=1}^{n}\Big(\sum_{w\in V}\sum_{t\in L}\log P(w|t)\delta(w_i,w)\gamma_i(t)\Big)+ \\
&\sum_{i=1}^{n}\Big(\sum_{t'\in L}\sum_{t\in L}\log P(t|t')\xi_i(t',t)\Big)
\end{aligned}
\tag{7.15}
$$

关于 $\gamma_i(t)$ 与 $\xi_i(t',t)$，根据式 (7.9) 中定义的在 $t_i = t$ 时的边缘概率，可以得到：

$$
\gamma_i(t) = \sum_{\mathcal{T}_{1:n}} P(\mathcal{T}_{1:n}|W_{1:n},\Theta')\delta(t_i,t) = P(t_i = t|W_{1:n},\Theta') \tag{7.16}
$$

根据式 (7.10)，我们又有：

$$
\gamma_i(t) = \frac{\alpha(t_i = t)\beta(t_i = t)}{\sum_{t'\in L}\alpha(t_i = t)\beta(t_i = t')} \tag{7.17}
$$

其中，α 与 β 分别为前向变量（7.3.1 节）与后向变量（7.3.2 节）。

同理，我们可以推导得到：

$$
\begin{aligned}
\xi_i(t',t) &= \sum_{\mathcal{T}_{1:n}} P(\mathcal{T}_{1:n}|W_{1:n},\Theta')\delta(t_{i-1},t')\delta(t_i,t) \\
&= P(t_{i-1} = t', t_i = t|W_{1:n},\Theta')
\end{aligned}
\tag{7.18}
$$

即为二元标签 $t_{i-1}t_i = t't$ 的边缘概率。利用与式 (7.10) 类似的方法，$\xi_i(t',t)$ 可被重写为：

$$
\begin{aligned}
\xi_i(t',t) &= P(t_{i-1} = t', t_i = t|W_{1:n},\Theta') \\
&\propto P(t_{i-1} = t', t_i = t, W_{1:n}|\Theta') \\
&= P(W_{i+1:n}, w_i, t_i = t, W_{1:i-1}, t_{i-1} = t'|\Theta') \\
&= P(W_{1:i-1}, t_{i-1} = t'|\Theta')P(t_i = t|W_{1:i-1}, t_{i-1} = t', \Theta') \\
&\quad P(w_i|t_i = t, W_{1:i-1}, t_{i-1} = t', \Theta')P(W_{i+1:n}|w_i, t_i = t, W_{1:i-1}, t_{i-1} = t', \Theta') \\
&\qquad\qquad\qquad\qquad\qquad\qquad\qquad\qquad \text{（链式法则）} \\
&= P(W_{1:i-1}, t_{i-1} = t'|\Theta')P(t_i = t|t_{i-1} = t', \Theta')
\end{aligned}
$$

$$P(w_i|t_i=t,\Theta')P(W_{i+1:n}|t_i=t,\Theta')$$

（独立性假设）

$$=\alpha(t_{i-1}=t')P(t|t',\Theta')P(w_i|t,\Theta')\beta(t_i=t) \tag{7.19}$$

162

我们发现最终 $\xi_i(t',t)$ 包含四个元素，分别为前向概率 $\alpha(t_{i-1}=t')$、转移概率 $P(t|t',\Theta')$、发射概率 $P(w_i|t,\Theta')$ 及后向概率 $\beta(t_i=t)$。由于词性标签的边缘概率之和为 1，即 $\sum_{t'}\sum_t \xi_i(t',t)=1$，可以得到：

$$\xi_i(t',t)=\frac{\alpha(t_{i-1}=t')P(t|t',\Theta')P(w_i|t,\Theta')\beta(t_i=t)}{\sum_{u'}\sum_u \alpha(t_{i-1}=u')P(u|u',\Theta')P(w_i|u,\Theta')\beta(t_i=u)} \tag{7.20}$$

其中 $u'\in L$ 与 $u\in L$ 表示任意标签。

需要注意的是，

$$\begin{aligned}
&\sum_{u'}\sum_{u}\alpha(t_{i-1}=u')P(u|u',\Theta')P(w_i|u,\Theta')\beta(t_i=u)\\
&\quad=\sum_{u}\Big(\sum_{u'}\alpha(t_{i-1}=u')P(u|u',\Theta')P(w_i|u,\Theta')\Big)\beta(t_i=u)\\
&\quad=\sum_{u}\alpha(t_i=u)\beta(t_i=u)
\end{aligned} \tag{7.21}$$

根据 7.3.1 节末尾对 $\alpha(t_i)$ 进行增量计算的推导过程，可证明该式的最后一步成立，因此式 (7.20) 可进一步改写为：

$$\xi_i(t',t)=\frac{\alpha(t_{i-1}=t')P(t|t',\Theta')P(w_i|t,\Theta')\beta(t_i=t)}{\sum_{u\in L}\alpha(t_i=u)\beta(t_i=u)} \tag{7.22}$$

假定我们已经获得 γ_i 与 ξ_i $(i\in[1,\cdots,n])$ 的具体取值表，期望函数 $Q(\Theta,\Theta')$ 可被重写为包含 $\gamma_i(t)$ 与 $\xi_i(t',t)$ 的形式：

$$\begin{aligned}
Q(\Theta,\Theta')&=\sum_{i=1}^{n}\sum_{w}\sum_{t}\log P(w|t)\delta(w_i,w)\gamma_i(t)+\\
&\quad\sum_{i=1}^{n}\sum_{t'}\sum_{t}\log P(t|t')\xi_i(t',t)\\
&=\sum_{w}\sum_{t}\log P(w|t)\sum_{i=1}^{n}\delta(w_i,w)\gamma_i(t)+\\
&\quad\sum_{t'}\sum_{t}\log P(t|t')\sum_{i=1}^{n}\xi_i(t',t)
\end{aligned} \tag{7.23}$$

此处，$P(w|t)$ 和 $P(t|t')$ 为需要估计的发射参数与转移参数，$\sum_{i=1}^{n}\delta(w_i,w)\gamma_i(t)$ 可被视为句子 $W_{1:n}$ 中词性标签 t 生成相应词 w 的次数，即发射期望值，$\sum_{i=1}^{n}\xi_i(t',t)$ 可被视为句子 $W_{1:n}$ 的词性标签由 t' 变换为 t 的次数，即转移期望值。

M 步。考虑到 $\sum_w P(w|t)=1$ 及 $\sum_t P(t|t')=1$，为最大化 $Q(\Theta,\Theta')$，我们可以利用拉格朗日乘子法为每个 $w\in V$、$t\in L$ 及 $t'\in L$ 寻找模型参数 $\Theta=\{P(w|t),P(t|t')\}$ 的最佳取值。首先，定义拉格朗日函数：

163

$$\begin{aligned}\pi(\Theta,\Lambda)=&\sum_w\sum_t\log P(w|t)\sum_{i=1}^n\delta(w_i,w)\gamma_i(t)+\\&\sum_{t'}\sum_t\log P(t|t')\sum_{i=1}^n\xi_i(t',t)+\\&\sum_t\lambda_t^1\Big(1-\sum_w P(w|t)\Big)+\sum_{t'}\lambda_{t'}^2\Big(1-\sum_t P(t|t')\Big)\end{aligned}\tag{7.24}$$

$\pi(\Theta,\Lambda)$ 关于 $P(w|t)$ 的偏导数为：

$$\frac{\partial\pi(\Theta,\Lambda)}{\partial P(w|t)}=\frac{\sum_{i=1}^n\delta(w_i,w)\gamma_i(t)}{P(w|t)}-\lambda_t^1$$

令 $\dfrac{\partial\pi(\Theta,\Lambda)}{\partial P(w|t)}=0$ 以找到极值点对应的 $P(w|t)$，由于 $P(w|t)\lambda_t^1=\sum_{i=1}^n\delta(w_i,w)\gamma_i(t)$，由于 $\sum_{w\in V}P(w|t)=1$ 可以得到：

$$\begin{aligned}\lambda_t^1&=\sum_w P(w|t)\lambda_t^1=\sum_w\sum_{i=1}^n\delta(w_i,w)\gamma_i(t)\\&=\sum_{i=1}^n\sum_w\delta(w_i,w)\gamma_i(t)=\sum_{i=1}^n\gamma_i(t)\sum_w\delta(w_i,w)=\sum_{i=1}^n\gamma_i(t)\end{aligned}$$

和

$$P(w|t)=\frac{\sum_{i=1}^n\delta(w_i,w)\gamma_i(t)}{\lambda_t^1}=\frac{\sum_{i=1}^n\delta(w_i,w)\gamma_i(t)}{\sum_{i=1}^n\gamma_i(t)}\tag{7.25}$$

直观而言，式 (7.25) 中的分子表示标签为 t，并且 t 的发射词为 w 的事件发生次数，分母表示标签为 t 的次数。因此，该式也可以理解为利用频数对概率进行估计，这是期望最大算法不同于最大似然估计算法的特点之一。

我们可以采用同样的方法获得 $P(t|t')$ 的估值：

$$P(t|t')=\frac{\sum_{i=1}^n\xi_i(t',t)}{\sum_u\sum_{i=1}^n\xi_i(t',u)}=\frac{\sum_{i=1}^n\xi_i(t',t)}{\sum_{i=1}^n\sum_u\xi_i(t',u)}=\frac{\sum_{i=1}^n\xi_i(t',t)}{\sum_{i=1}^n\gamma_i(t')}\tag{7.26}$$

其中，分子 $\sum_{i=1}^n\xi_i(t',t)$ 为由标签 t' 至 t 转移事件的发生次数，分母代表标签为 t 的次数。

给定包含 N 个观测序列的语料库 $D=\{W_k\}|_{k=1}^N$，$W_k=w_1^kw_2^k\cdots w_{n_k}^k$，其期望函数为：

$$\begin{aligned}Q(\Theta,\Theta')=&\sum_w\sum_t\log P(w|t)\sum_{k=1}^N\sum_{i=1}^{n_k}\delta(w_i^k,w)\gamma_i^k(t)+\\&\sum_{t'}\sum_t\log P(t|t')\sum_{k=1}^N\sum_{i=1}^{n_k}\xi_i^k(t',t)\end{aligned}\tag{7.27}$$

164

其中，$\delta(w_i^k, w)$ 用于测试 W_k 中第 i 个词是否为 w，$\gamma_i^k(t')$ 与 $\xi_i^k(t', t)$ 分别表示第 k 个实例的 $\gamma_i(t')$ 与 $\xi_i(t', t)$ 值，可分别通过式 (7.16) 及式 (7.18) 进行计算。

对于 N 个观测值，我们需要对每个观测序列中分母和分子的计数分别进行累计：

$$
\begin{aligned}
P(w|t) &= \frac{\sum_{k=1}^{N} \sum_{i=1}^{n_k} \delta(w_i^k, w)\gamma_i^k(t)}{\sum_{k=1}^{N} \sum_{i=1}^{n_k} \gamma_i^k(t)} \\
P(t|t') &= \frac{\sum_{k=1}^{N} \sum_{i=1}^{n_k} \xi_i^k(t', t)}{\sum_{k=1}^{N} \sum_{i=1}^{n_k} \gamma_i^k(t')}
\end{aligned} \tag{7.28}
$$

算法 7.8 展示了一阶隐马尔可夫模型的期望最大算法伪代码，其中前向算法和后向算法分别如算法 7.3 和算法 7.4 所示。算法 7.8 首先随机初始化一阶隐马尔可夫模型的模型参数，再计算期望频数 $\gamma_i(t)$ 与 $\xi_i(t', t)$，最后对期望进行归一化求得 $P(w|t)$ 与 $P(t|t')$。不断重复上述过程，直到满足收敛条件为止，收敛条件可以是期望函数值基本不再发生变化或 $P(w|t)$ 与 $P(t|t')$ 基本不再变化，具体可用 KL 散度进行衡量。与大多数期望最大算法类似，算法 7.8 可收敛到局部最优值，模型收敛效果受参数初始化的影响，在实际应用中建议多次试验以找到更佳模型。

我们将二阶隐马尔可夫模型的期望最大算法留作习题 7.9。

算法 7.8: 一阶隐马尔可夫模型的期望最大算法

```
Inputs: s = W_{1:n};
Initialisation: 随机初始化 P(t|t')（t, t' ∈ L），P(w|t)（w ∈ V, t ∈ L）的一阶隐马尔可夫模型;
Variables: α, β, γ, ξ;
while not CONVERGE (W_1^n, P(t|t'), P(w|t)) do
    α ← FORWARD(W_1^n, model);
    β ← BACKWARD(W_1^n, model);
    for i ∈ [1, ···, n] do
        total ← 0;
        for t ∈ L do
            total ← total + α[t][i] × β[t][i];
        for t ∈ L do
            γ[t][i] ← (α[t][i] × β[t][i]) / total;
            for t' ∈ L do
                ξ[t][t'][i] ← (α[t'][i − 1]P(t|t')P(w_i|t)β[t][i]) / total;
    for t ∈ L do
        total_t ← 0;
        for w ∈ V do
            count[w] ← 0;
        for i ∈ [1, ···, n] do
```

$\text{total}_t \leftarrow \text{total}_t + \gamma[t][i]$;
$\text{count}[w_i] \leftarrow \text{count}[w_i] + \gamma[t][i]$;
for $w \in V$ **do**
$P(w|t) \leftarrow \frac{\text{count}[w]}{\text{total}_t}$;
for $t' \in L$ **do**
$\text{total}_{t'} \leftarrow 0$;
for $t \in L$ **do**
$\text{count}[t] \leftarrow 0$;
for $i \in [1, \cdots, n]$ **do**
$\text{total}_{t'} \leftarrow \text{total}_{t'} + \gamma[t'][i]$;
for $t \in L$ **do**
$\text{count}[t] \leftarrow \text{count}[t] + \xi[t][t'][i]$;
for $t \in L$ **do**
$P(t|t') \leftarrow \frac{\text{count}[t]}{\text{total}_{t'}}$;

Outputs: $w \in V, t, t' \in L$ 的一阶隐马尔可夫模型 $\{P(w/t), P(t/t')\}$;

总结

本章介绍了：

- 隐马尔可夫模型。
- 隐马尔可夫模型的维特比解码算法。
- 隐马尔可夫模型的前向–后向算法。
- 隐马尔可夫模型的期望最大算法。

注释

165 ~ 166

Rabiner 和 Juang (1986)、Jelinek (1997) 和 Eddy (1998) 详细介绍了隐马尔可夫模型理论。Baum 和 Petrie (1966) 介绍了隐马尔可夫模型的数学原理。维特比算法 (Viterbi, 1967) 早期被用于语音识别 (Vintsyuk, 1968)。Baum (1972) 采用 Stratonovich (1965) 描述的前向及后向递归算法来计算隐马尔可夫模型的边缘概率。Bilmes 等人 (1998) 介绍了期望最大算法在隐马尔可夫模型参数估计中的应用。

隐马尔可夫模型的早期应用之一为语音识别 (Baker, 1975; Jelinek 等人, 1975)。Church (1989)、Kupiec (1992) 和 Weischedel 等人 (1993) 将隐马尔可夫模型应用于词性标注任务。Thede 和 Harper (1999) 利用二阶隐马尔可夫模型进行词性标注。Brants (2000) 则讨论了最新的隐马尔可夫词性标注器。

习题

7.1 给定输入句子 $s = W_{1:n}$ 及用于词性标注任务的局部模型，该模型利用 $[w_{i-2}, w_{i-1}, w_i, w_{i+1}, w_{i+2}]$ 中的特征预测 $t_i \in L$，L 为所有可能的词性标签集合。

（1） 若将 $[w_{i-2}, w_{i-1}, w_i, w_{i+1}, w_{i+2}]$ 视为文档，t_i 视为其类别标签，试构造一个朴素贝叶斯分类器并阐述该模型的参数类型与参数实例。试绘图说明模型的生成过程。

（2） 输入序列的长度是固定的，试通过放宽词之间的独立同分布假设，以不同方式建模 w_{i-2}、w_{i-1}、w_i、w_{i+1} 和 w_{i+2}。试阐述新模型的参数类型与参数实例，并比较该模型与（1）中模型的参数实例数量。

（3） 试构建与（2）中模型参数类型相同的判别式线性模型，并阐述其功能模板、特征向量形式及附加特征。

7.2 试对 $W_{1:n} = w_1 w_2 \cdots w_n$ 进行序列标注。$\hat{T}_{1:i} (i \in [1, \cdots, n])$ 表示所有 $T_{1:i}$ 中得分最高的序列，其最后两个标签为 $\hat{t}_{i-1}$ 和 $\hat{t}_i$。试证明子序列 $\hat{T}_{1:i-1}$ 是所有以 $\hat{t}_{i-1}$ 结尾的标签序列 $T_{1:i-1}$ 中得分最高的序列。（提示：可利用反证法。）

7.3 对于二阶隐马尔可夫模型的解码算法，试证明得分最高的标签序列 $\hat{T}_{1:i}$ 的子序列 $\hat{T}_{1:i-1}$ 为所有以二元组 $\hat{t}_{i-2}\hat{t}_{i-1}$ 结尾的标签序列 $T_{1:i-1}$ 中得分最高的序列。

7.4 根据 7.2.2 节中用于一阶隐马尔可夫模型解码的示例，利用表 7.4 中的模型与输入语句，列出用于二阶隐马尔可夫模型解码的维特比表结构。

7.5 一阶隐马尔可夫模型的维特比算法和前向算法在结构上非常相似，不同之处在于维特比算法使用*最大化*函数构建表格，而前向算法利用*求和*函数构建表格。试构建一个更为通用的算法，可利用不同运算符及其他参数实例化为维特比算法及前向算法。

7.6 根据表 7.2 与表 7.3 分别计算 $P(t_2|W_{1:3})$ 与 $P(t_2|W_{1:6})$，并给出表 7.2 和表 7.3 的前向算法与后向算法表结构。

表 7.3 二阶隐马尔可夫模型示例，$L = \{\ell_1, \ell_2, \ell_3\}$，句子为 $W_{1:6} = w_1 w_2 w_3 w_2 w_1$

$P(\ell_1\|\langle B\rangle\langle B\rangle) = 0.6$	$P(\ell_1\|\langle B\rangle\ell_1) = 0.1$	$P(\ell_1\|\langle B\rangle\ell_2) = 0.3$	$P(\ell_1\|\langle B\rangle\ell_3) = 0.25$
$P(\ell_2\|\langle B\rangle\langle B\rangle) = 0.2$	$P(\ell_2\|\langle B\rangle\ell_1) = 0.5$	$P(\ell_2\|\langle B\rangle\ell_2) = 0.2$	$P(\ell_2\|\langle B\rangle\ell_3) = 0.5$
$P(\ell_3\|\langle B\rangle\langle B\rangle) = 0.2$	$P(\ell_3\|\langle B\rangle\ell_1) = 0.4$	$P(\ell_3\|\langle B\rangle\ell_2) = 0.5$	$P(\ell_3\|\langle B\rangle\ell_3) = 0.25$
$P(\ell_1\|\ell_1\ \ell_1) = 0.2$	$P(\ell_1\|\ell_1\ \ell_2) = 0.2$	$P(\ell_1\|\ell_1\ \ell_3) = 0.8$	$P(\ell_1\|\ell_2\ \ell_1) = 0.3$
$P(\ell_2\|\ell_1\ \ell_1) = 0.6$	$P(\ell_2\|\ell_1\ \ell_2) = 0.1$	$P(\ell_2\|\ell_1\ \ell_3) = 0.1$	$P(\ell_2\|\ell_2\ \ell_1) = 0.3$
$P(\ell_3\|\ell_1\ \ell_1) = 0.2$	$P(\ell_3\|\ell_1\ \ell_2) = 0.7$	$P(\ell_3\|\ell_1\ \ell_3) = 0.1$	$P(\ell_3\|\ell_2\ \ell_1) = 0.4$
$P(\ell_1\|\ell_2\ \ell_2) = 0.05$	$P(\ell_1\|\ell_2\ \ell_3) = 0.5$	$P(\ell_1\|\ell_3\ \ell_1) = 0.2$	$P(\ell_1\|\ell_3\ \ell_2) = 0.4$
$P(\ell_2\|\ell_2\ \ell_2) = 0.9$	$P(\ell_2\|\ell_2\ \ell_3) = 0.3$	$P(\ell_2\|\ell_3\ \ell_1) = 0.2$	$P(\ell_2\|\ell_3\ \ell_2) = 0.25$
$P(\ell_3\|\ell_2\ \ell_2) = 0.05$	$P(\ell_3\|\ell_2\ \ell_3) = 0.2$	$P(\ell_3\|\ell_3\ \ell_1) = 0.6$	$P(\ell_3\|\ell_3\ \ell_2) = 0.35$
$P(\ell_1\|\ell_3\ \ell_3) = 0.4$	$P(\ell_2\|\ell_3\ \ell_3) = 0.1$	$P(\ell_3\|\ell_3\ \ell_3) = 0.5$	

a) 转移概率

$P(w_1\|\ell_1) = 0.5$	$P(w_2\|\ell_1) = 0.4$	$P(w_3\|\ell_1) = 0.1$
$P(w_1\|\ell_2) = 0.2$	$P(w_2\|\ell_2) = 0.2$	$P(w_3\|\ell_2) = 0.6$
$P(w_1\|\ell_3) = 0.8$	$P(w_2\|\ell_3) = 0.1$	$P(w_3\|\ell_3) = 0.1$

b) 发射概率

167

7.7 比较用于词性标注的一阶隐马尔可夫模型与二阶隐马尔可夫模型。对输出词性标签之间做 0 阶隐马尔可夫独立性假设，定义一个 0 阶隐马尔可夫模型，将其与一阶、二阶隐马尔可夫模型及习题 7.1（1）和（2）中的模型进行比较，其模型结构有何区别？哪些因素会影响模型性能？

7.8 表 7.4 中给出了三个句子及其频数，假设存在三个可能的隐藏状态 {N, V, D}，试回答以下问题。

表 7.4　例句

句子	频数
John loves the cat	10
John loves Mary	10
Mary loves the cat	20

（1）利用期望最大算法对一阶隐马尔可夫模型的参数进行估算。

（2）假设隐藏标签序列为部分可见，试对标准期望最大算法进行调整。具体地，若词“the”始终与标签“D”相关联，计算其估计结果，并将其与（1）中的估算结果进行比较。

（3）如前所述，我们利用 $P(t_1|\langle \mathrm{B} \rangle)$ 表示第一个标签为 t_1 的概率，使得标签开始概率的估计与转移概率的估计相同。假设将序列标注的起始位置标签 $\langle \mathrm{B} \rangle$ 替换为参数 $\pi(t)$，该参数描述第一个标签 t 的概率，试推导 π 的期望最大算法估计方程。

168

7.9 试写出二阶隐马尔可夫模型的期望最大算法伪代码。

参考文献

James Baker. 1975. The dragon system-an overview. IEEE Transactions on Acoustics, Speech, and Signal Processing, 23(1):24–29.

Leonard E. Baum. 1972. An inequality and associated maximaization technique in stattistical estimation for probablistic functions of markov process. Inequalities, 3:1–8.

Leonard E. Baum and Ted Petrie. 1966. Statistical inference for probabilistic functions of finite state markov chains. The annals of mathematical statistics, 37(6):1554–1563.

Jeff A Bilmes et al. 1998. A gentle tutorial of the em algorithm and its application to parameter estimation for gaussian mixture and hidden markov models. International Computer Science Institute, 4(510):126.

Thorsten Brants. 2000. Tnt: a statistical part-of-speech tagger. In Proceedings of the sixth conference on Applied natural language processing, pages 224–231. Association for Computational Linguistics.

Kenneth Ward Church. 1989. A stochastic parts program and noun phrase parser for unrestricted text. In International Conference on Acoustics, Speech, and Signal Processing, pages 695–698. IEEE.

Sean R. Eddy. 1998. Profile hidden markov models. Bioinformatics (Oxford, England), 14(9):755–763.

Frederick Jelinek. 1997. Statistical Methods for Speech Recognition. Language, speech, and communication. MIT Press.

Frederick Jelinek, Lalit Bahl, and Robert Mercer. 1975. Design of a linguistic statistical decoder for the recognition of continuous speech. IEEE Transactions on Information Theory, 21(3):250–256.

Julian Kupiec. 1992. Robust part-of-speech tagging using a hidden markov model. Computer Speech & Language, 6(3):225–242.

Lawrence R Rabiner and Biing-Hwang Juang. 1986. An introduction to hidden markov models. ieee assp magazine, 3(1):4–16.

Ruslan Leont' evich Stratonovich. 1965. Conditional markov processes. In Non-linear transformations of stochastic processes, pages 427–453. Elsevier.

Scott M Thede and Mary P Harper. 1999. A second-order hidden markov model for partof- speech tagging. In Proceedings of the 37th annual meeting of the Association for Computational Linguistics, pages 175–182.

Taras K Vintsyuk. 1968. Speech discrimination by dynamic programming. Cybernetics, 4(1):52–57.

Andrew Viterbi. 1967. Error bounds for convolutional codes and an asymptotically optimum decoding algorithm. IEEE transactions on Information Theory, 13(2):260–269.

Ralph Weischedel, Richard Schwartz, Jeff Palmucci, Marie Meteer, and Lance Ramshaw. 1993. Coping with ambiguity and unknown words through probabilistic models. Computational linguistics, 19(2):361–382.

判别式序列标注任务

隐马尔可夫模型和朴素贝叶斯模型均属于生成概率模型，其结构分别如图 7.1 和图 2.5b 中的概率图所示，这两种模型通过计算输入输出的联合概率来获得输出概率，概率计算涉及概率图中的所有节点。朴素贝叶斯模型的概率图只包含一个输出节点，而隐马尔可夫模型则由多个输出节点构成一个结构，这一对比体现了分类预测模型和结构化预测模型的本质区别。

相较于生成式模型，支持向量机、对数线性模型等判别式模型能利用更丰富的特征进行分类预测，因此如何将判别式模型应用于序列标注等结构学习任务是许多学者研究的方向。除了特征上的限制，隐马尔可夫模型还存在另一个潜在问题，即只能根据各个标签自身的上下文，单独、局部地训练序列中每个标签的概率。对于给定序列，我们希望输出得分最高的整体标签序列，这实际上是一个全局搜索任务，因此隐马尔可夫模型的局部训练方式和序列标注任务中的全局搜索存在不一致性，从而导致一定的性能损失。本章将介绍条件随机场（Condition Random Field，CRF）模型，该模型属于判别式模型并且支持全局建模。此外，本章还将介绍感知机和支持向量机在结构化预测任务中的应用。

8.1 局部训练的判别式序列标注模型

给定输入单词序列 $W_{1:n}$，序列标注任务的目标旨在获得最优的输出标签序列 $\hat{T}_{1:n}$。我们尝试建立一个较为简单的判别式模型直接计算 $P(T_{1:n}|W_{1:n})$，而非前几章中所介绍的 $P(W_{1:n}, T_{1:n})$。根据概率链式法则，序列级输出概率可被分解为：

$$P(T_{1:n}|W_{1:n}) = \prod_{i=1}^{n} P(t_i|T_{1:i-1}, W_{1:n})$$

与隐马尔可夫模型类似，我们可以对标签序列进行马尔可夫假设。对于 k 阶马尔可夫假设，标签序列 $T_{1:n}$ 中标签 t_i 的值仅取决于前驱条件 $T_{i-k:i-1}$，使得 $P(t_i|T_{1:i-1}, W_{1:n}) = P(t_i|T_{i-k:i-1}W_{1:n})$。

模型。以基于判别因子分解的序列标注模型为例，给定一个输入句子 $W_{1:n}$ 与相应的标签序列 $T_{1:n}$，我们可以利用分类模型来计算标签概率 $P(t_i|T_{i-k:i-1}, W_{1:n})$，其中输入为前 k 个历史标签 $T_{i-k:i-1} = t_{i-k}, \cdots, t_{i-1}$ 和单词序列 $W_{1:n} = w_1, w_2, \cdots, w_n$，输出为第 i 个词 w_i 的输出标签 t_i。为计算概率 $P(t_i|T_{i-k:i-1}, W_{1:n})$，我们将输入输出对 $\Big((T_{i-k:i-1}, W_{1:n}), t_i\Big)$ 映射为特征向量 $\vec{\phi}(t_i, T_{i-k:i-1}, W_{1:n})$，并直接利用第 3 章、第 4 章所介绍的判别式模型进

行分类。例如，我们可以利用对数线性模型，基于以下计算方式对每个可能的 $t_i = t$ 进行评分：

$$P(t_i = t|T_{i-k:i-1}, W_{1:n}) = \frac{\exp\left(\vec{\theta} \cdot \vec{\phi}(t_i = t, T_{i-k:i-1}, W_{1:n})\right)}{\sum_{t' \in L} \exp\left(\vec{\theta} \cdot \vec{\phi}(t_i = t', T_{i-k:i-1}, W_{1:n})\right)} \tag{8.1}$$

其中 L 表示所有可能的输出标签集，$\vec{\theta}$ 表示模型的参数向量。基于第 5 章中所讨论的最大熵模型与对数线性模型之间的关联，该判别式模型又被称为**最大熵马尔可夫模型**（Maximum Entropy Markov Model，MEMM）。

训练。模型 $\vec{\theta}$ 可以通过人工标注的 $(W_{1:n}, T_{1:n})$ 数据集进行训练，数据集中每一组单独的 $\left((T_{i-k:i-1}, W_{1:n}), t_i\right)$ 对均可作为模型训练的金标样本。同时，我们利用第 4 章所介绍的标准随机梯度下降算法对对数似然训练目标进行优化。

特征。由于不存在特征独立性假设，$\vec{\phi}(t_i, T_{i-k:i-1}, W_{1:n})$ 可基于多种特征进行定义。表 8.1 展示了一组基于一阶马尔可夫假设（$k = 1$）的英文词性标注特征模板样例：$t_{i-1}t_i$ 表示输出标签二元组；t_i 表示当前标签；w_it_i 表示单词/标签对；$w_{i-1}t_i$ 与 $w_{i+1}t_i$ 表示上下文特征；第五个特征模板表示形态特征，其中前缀和后缀可包含长度为 $1 \sim 4$ 个字符的子字符串；第六个特征模板表示附加的词形特征，连字符特征表示一个词是否包含连字符，带有连字符的复合词通常为 “well-known”（著名的）、“five-year-old”（五岁的）、“state-of-the-art”（最先进的）等形容词，或 “sister-in-law”（嫂子）、“editor-in-chief”（主编）等名词，或 “fifty-seven”（五十七）等数词；大小写特征表示单词是否为大写，若某个单词所有字母均为大写，则该单词可能为专有名词，例如 “U.S”（美国）或 “NASA”（美国航空航天局），若某个单词只有首字母大写，则该单词可能为人名，例如 “John”（约翰）和 “Mary”（玛丽）。

表 8.1 一阶词性标注模型的特征模板样本集

索引	特征模板
1	$t_{i-1}t_i$
2	t_i
3	w_it_i
4	$w_{i-1}t_i,\ w_{i+1}t_i,\ w_{i-2}t_i,\ w_{i+2}t_i$
5	$\text{PREFIX}(w_i) \cdot t_i,\ \text{SUFFIX}(w_i) \cdot t_i$
6	$\text{HYPHEN}(w_i) \cdot t_i,\ \text{CASE}(w_i) \cdot t_i$

给定句子 “The man went to the park.”（那个人去了公园。），我们可以通过以下特征模板将单词 “park”（公园）标记为 “NN”：$\{t_{i-1}t_i = \text{DT}|\text{NN}$，$t_i = \text{NN}$，$w_it_i = \text{park}|\text{NN}$，$w_{i-1}t_i = \text{the}|\text{NN}$，$w_{i+1}t_i = .|\text{NN}$，$w_{i-2}t_i = \text{to}|\text{NN}$，$w_{i+2}t_i = \text{</S>}|\text{NN}$，$\text{PREFIX}_1(w_i)t_i = $ “p” $|\text{NN}$，$\text{PREFIX}_2(w_i)t_i = $ “pa” $|\text{NN}$，$\text{PREFIX}_3(w_i)|t_i = $ “par” $|\text{NN}$，$\text{PREFIX}_4(w_i)|t_i = $ “park” $|\text{NN}$，$\text{SUFFIX}_1(w_i)t_i = $ “k” $|\text{NN}$，$\text{SUFFIX}_2(w_i)t_i = $ “rk” $|\text{NN}$，$\text{SUFFIX}_3(w_i)t_i = $ “ark” $|\text{NN}$，$\text{SUFFIX}_4(w_i)t_i = $ “park” $|\text{NN}$，$\text{HYPHEN}(w_i)t_i = 0|\text{NN}$，$\text{CASE}(w_i)t_i = 0|\text{NN}\}$。 170

解码。在测试阶段，给定模型 $\vec{\theta}$ 与输入序列 $W_{1:n}$，可通过下式得到模型输出：

$$\begin{aligned}
\hat{T}_{1:n} &= \arg\max_{T_{1:n}} P(T_{1:n}|W_{1:n}) \\
&= \arg\max_{T_{1:n}} \prod_{i=1}^{n} P(t_i|T_{i-k:i-1}, W_{1:n}) \\
&= \arg\max_{T_{1:n}} \prod_{i=1}^{n} \frac{\exp\left(\vec{\theta}\cdot\vec{\phi}(t_i, T_{i-k:i-1}, W_{1:n})\right)}{\sum_{t\in L}\exp\left(\vec{\theta}\cdot\vec{\phi}(t, T_{i-k:i-1}, W_{1:n})\right)} \\
&= \arg\max_{T_{1:n}} \log\prod_{i=1}^{n} \exp\left(\vec{\theta}\cdot\vec{\phi}(t_i, T_{i-k:i-1}, W_{1:n})\right) \\
&= \arg\max_{T_{1:n}} \exp\left(\sum_{i=1}^{n}\vec{\theta}\cdot\vec{\phi}(t_i, T_{i-k:i-1}, W_{1:n})\right) \\
&= \arg\max_{T_{1:n}} \sum_{i=1}^{n}(\vec{\theta}\cdot\vec{\phi}(t_i, T_{i-k:i-1}, W_{1:n})
\end{aligned} \tag{8.2}$$

解码的目标是在给定 $W_{1:n}$ 的情况下让模型找到输出概率最大的 $\hat{T}_{1:n}$。不考虑特征差异，该解码目标与第 3 章、第 4 章中所介绍的判别式线性分类器的解码目标相同，即利用线性模型找到得分最高的输出标签，不同点在于序列标注任务的候选输出序列为指数量级，而分类任务的候选输出往往数量是固定的。

与隐马尔可夫模型类似，序列标注任务候选输出的数量 $T_{1:n}$ 与输入长度 n 为指数关系，即 $|L|^n$，L 表示所有标签的集合。因此，通过暴力枚举的方式计算所有可能的输出序列在算力上是难以实现的，但基于马尔可夫假设，我们可以利用动态规划实现这一目标。为简单起见，我们仍然以一阶马尔可夫假设为基础，其马尔可夫特征仅限于二元语法 $t_{i-1}t_i = t't$，从而 $\hat{T}_{1:n}$ 可以通过 $\hat{T}_{1:i}(t_i = t) = \arg\max_{t'} \text{score}\left(\hat{T}_{1:i-1}(t_{i-1} = t')\right) + \vec{\theta}\cdot\vec{\phi}(t_i = t, t_{i-1} = t', W_{1:n})$ 逐步得到。最终，如算法 8.1 所示，式 (8.2) 可以通过维特比（Viterbi）算法进行有效求解。该算法与隐马尔可夫模型的维特比算法相似，具体而言，我们记录 tb 和 bp 两个表，其中表 tb 中的元素 tb[t][i] 表示当 $t_i = t$ 时，i 处 $\hat{T}_{1:i}(t_i = t)$ 的最高分。在对 tb[t][i] 进行求解时，算法将枚举 $i-1$ 处所有可能的 t' 以计算 tb[t'][$i-1$]，同时加上 $\vec{\theta}\cdot\vec{\phi}(t_i = t, t_{i-1} = t', W_{1:n})$，从枚举的 t' 中选取最大值 $\arg\max_{t'}(\text{tb}[t'][i-1] + \vec{\theta}\cdot\vec{\phi}(t_i = t, t_{i-1} = t', W_{1:n})$，并将所对应的 t' 的具体标签存入 tb[t][i]。最后，我们再从 bp 表中回溯最优标签序列。

171

基于一阶最大熵马尔可夫模型的解码方法，可推导出高阶最大熵马尔可夫模型的训练与解码方式（参考习题 8.1）。

算法 8.1: 一阶最大熵马尔可夫模型的维特比解码算法

Inputs: $s = W_{1:n}$，带有特征向量 $\vec{\phi}(t_i, t_{i-1}, W_{1:n})$ 的用于词性标注的一阶 CRF 模型，以及特征权重向量 $\vec{\theta}$;

Variables: tb, bp;

Initialisation: $\text{tb}[t][i] \leftarrow -\infty$; $\text{bp}[t][i] \leftarrow$ NULL for $t \in L \bigcup \{\langle \text{B} \rangle\}, i \in [1, \cdots, n], \text{tb}[\langle \text{B} \rangle][0] \leftarrow 0$;

for $i \in [1, \cdots, n]$ **do**

  for $t \in L$ **do**

    for $t' \in L \bigcup \{\langle \text{B} \rangle\}$ **do**

      $\text{score} \leftarrow \vec{\theta} \cdot \vec{\phi}(t_i = t, t_{i-1} = t', W_{1:n})$;

      if $\text{tb}[t'][i-1] + \text{score} > \text{tb}[t][i]$ **then**

        $\text{tb}[t][i] \leftarrow \text{tb}[t'][i-1] + \text{score}$;

        $\text{bp}[t][i] \leftarrow t'$;

$y_n \leftarrow \arg\max_t \text{tb}[t][n]$;

for $i \in [n, \cdots, 2]$ **do**

  $y_{i-1} \leftarrow \text{bp}[y_i][i]$;

Outputs: $y_1 \cdots y_n$;

8.2 标注偏置问题

最大熵马尔可夫模型利用概率链式法则将训练标签序列拆分为独立标签概率 $P(t_i/T_{i-k:i-1}, W_{1:n})$，该方法利用局部训练方式完成了因子模型 $P(t_i|T_{i-k:i-1}, W_{1:n})$ 的参数学习，但忽略了训练数据中标签的完整序列分布。测试过程需要计算全局标签序列 $P(T_{1:n}|W_{1:n})$ 的输出概率，但上述局部训练方式在计算 $P(t_i|T_{i-k:i-1}, W_{1:n})$ 时只考虑了输出标签的局部上下文信息，未对完整标签序列 $T_{1:n}$ 进行建模，这种不一致性可能导致对标签序列作出错误预测。

为举例说明以上问题，我们暂时忽略输入序列，只考虑输出标签序列，并假设标签集只包含四类标签：$L = \{\langle \text{B} \rangle, \ell_1, \ell_2, \ell_3\}$，其中 $\langle \text{B} \rangle$ 表示输出序列的起始。我们训练一阶马尔可夫模型来获取模型参数 $P(t_n|t_{n-1})$，通过 $P(t_1 t_2 \cdots t_n) = P(t_1|\langle \text{B} \rangle)P(t_2|t_1) \cdots P(t_n|t_{n-1})$ 对输出序列 $t_1 t_2 \cdots t_n$ 进行建模，计算其概率得分。给定如表 8.2 所示的训练集 $D = \{d_i\}|_{i=1}^6$，我们可以利用最大似然估计来计算模型参数 $P(t_i|t_{i-1})$，最终结果如表 8.3 所示。 172

根据模型参数值，我们可以得到以下结果：

$$P(d_4) = P(\ell_1 \ell_3 \ell_1) = P(\ell_1|\langle \text{B} \rangle)P(\ell_3|\ell_1)P(\ell_1|\ell_3) = \frac{5}{6} \times \frac{1}{3} \times \frac{1}{2} = \frac{5}{36} \tag{8.3}$$

以及

$$P(d_6) = P(\ell_1 \ell_2 \ell_2) = P(\ell_1|\langle \text{B} \rangle)P(\ell_2|\ell_1)P(\ell_2|\ell_2) = \frac{5}{6} \times \frac{1}{3} \times 1 = \frac{5}{18} \tag{8.4}$$

因此，根据当前模型我们可以推断 $P(d_6) > P(d_4)$。然而该结果直观上与训练集 D 相矛盾，在训练集中 $d_4 = d_5$ 出现了两次，而 d_6 只出现了一次。我们进一步以整体序列为单

位在 D 上训练，基于最大似然计算 $P(\langle\mathrm{B}\rangle t_1t_2t_3)$ 可以得到：

$$P(d_4)=\frac{1}{3}>P(d_6)=\frac{1}{6} \tag{8.5}$$

表 8.2　训练集样例

索引	标签序列
d_1	$\ell_3\ell_3\ell_3$
d_2	$\ell_1\ell_1\ell_2$
d_3	$\ell_1\ell_1$
d_4	$\ell_1\ell_3\ell_1$
d_5	$\ell_1\ell_3\ell_1$
d_6	$\ell_1\ell_2\ell_2$

表 8.3　一阶马尔可夫词性标注模型的最大似然估计

选项	概率	选项	概率
$P(\ell_1\|\langle\mathrm{B}\rangle)$	$\frac{5}{6}$	$P(\ell_1\|\ell_2)$	0
$P(\ell_2\|\langle\mathrm{B}\rangle)$	0	$P(\ell_2\|\ell_2)$	1
$P(\ell_3\|\langle\mathrm{B}\rangle)$	$\frac{1}{6}$	$P(\ell_3\|\ell_2)$	0
$P(\ell_1\|\ell_1)$	$\frac{1}{3}$	$P(\ell_1\|\ell_3)$	$\frac{1}{2}$
$P(\ell_2\|\ell_1)$	$\frac{1}{3}$	$P(\ell_2\|\ell_3)$	0
$P(\ell_3\|\ell_1)$	$\frac{1}{3}$	$P(\ell_3\|\ell_3)$	$\frac{1}{2}$

上述错误的原因在于模型的局部训练，它忽略了标签序列的完整分布。具体而言，在数据集 D 中，ℓ_2 后的概率标签仅有 ℓ_2 一种可能性，且基于 ℓ_2 的标签转换 $\ell_2\rightarrow\ell_2$ 只在数据集中存在一次，这意味着在局部训练中 ℓ_2 只能推导出 ℓ_2，因此 $P(\ell_2|\ell_2)=1$。相比之下，标签 ℓ_3 能推导出标签 ℓ_1 及标签 ℓ_3，且概率各占一半，因此局部概率 $P(\ell_1|\ell_3)=\frac{1}{2}$。另一方面，标签转换 $\ell_3\rightarrow\ell_1$ 在数据集中出现了两次，比标签转换 $\ell_2\rightarrow\ell_2$ 更为频繁。但在局部模型训练过程中，模型对条件概率 $P(\cdot|\ell_2)$ 进行了局部归一化，导致模型忽略了上述情况，从而使模型更偏向于选择包含 $\ell_2\rightarrow\ell_2$ 的标签序列。这一问题被称为**标注偏置**问题。

173

为解决标注偏置问题，我们可以以整个输出标签序列为单位进行判别式模型的训练，并在模型归一化时考虑输入输出的统计特征信息。8.3 节、8.4 节和 8.5 节将讨论如何利用对数线性模型、感知机和支持向量机实现这一全局建模。

8.3　条件随机场

条件随机场（Condition Random Field, CRF）是一种以完整输入输出序列 $P(T_{1:n}|W_{1:n})$ 为训练单位的对数线性模型，常用于序列标注任务。给定任一输入序列 $W_{1:n}$，可通过下式对候选序列 $T_{1:n}$ 的输出概率进行建模：

$$P(T_{1:n}|W_{1:n})=\frac{\exp\left(\vec{\theta}\cdot\vec{\phi}(T_{1:n},W_{1:n})\right)}{\sum_{T'_{1:n}}\exp\left(\vec{\theta}\cdot\vec{\phi}(T'_{1:n},W_{1:n})\right)} \tag{8.6}$$

其中，$\vec{\phi}(T_{1:n},W_{1:n})$ 表示输入输出对 $(W_{1:n},T_{1:n})$ 的全局特征向量，$T'_{1:n}$ 表示可能的标注序列。

若不考虑特征向量 ϕ 在序列标注任务与分类任务间的差异，式 (8.6) 等同于式 (4.2) 中的多分类对数线性模型。因此条件随机场模型与最大熵马尔可夫模型均属于对数线性模型，两者的主要区别类似于式 (8.5) 与式 (8.3)、式 (8.4) 之间的区别，即前者通过对所有标签序列进行归一化来计算整个标签序列的输出概率，进而达成全局训练，后者则将标签序列的输出概率分解为单个标签概率的乘积，形成局部归一化。因此，条件随机场模型不会受到标注偏置问题的影响。

8.3.1 全局特征向量

条件随机场与最大熵马尔可夫模型都属于判别式模型，因此最大熵马尔可夫模型中的各类特征都可被条件随机场模型利用。仍然以 k 阶马尔可夫假设为基础，我们将 $\vec{\phi}(T_{1:n}, W_{1:n})$ 定义为在输入序列 $1 \leqslant i \leqslant n$ 上聚合 $\vec{\phi}(t_i, T_{i-1:i-1}, W_{1:n})$ 的结果。以一阶马尔可夫（$k = 1$）为例，可得到：

$$\vec{\phi}(T_{1:n}, W_{1:n}) = \sum_{i=1}^{n} \vec{\phi}(t_i, t_{i-1}, W_{1:n})$$

例如，对于句子“The（那个）/DT man（人）/NN went（去）/VBD to（了）/TO the（那个）/DT park（公园）/NN ./.”，我们可以通过以下方式获得其各个位置的局部特征：

$$\begin{aligned}
\vec{\phi}(t_1, t_0, W_{1:7}) = {} & <0, 0, \cdots, f_{47}(t_i = \text{DT}) = 1, 0, \cdots, 0, f_{201} \\
& (t_{i-1}t_i = \langle \text{B} \rangle \text{DT}) = 1, 0 \cdots, 0, f_{501}\,(w_i = \text{the}, t_i = \text{DT}) \\
= {} & 1, 0, \cdots, 0> \\
\vec{\phi}(t_2, t_1, W_{1:7}) = {} & < \cdots, f_{59} = (t_i = \text{NN}), \cdots, f_{472} = (t_{i-1}t_i = \text{DT NN}), \\
& \cdots, f_{748} = (w_i = \text{man}, t_i = \text{NN})>, \\
& \vdots \\
\vec{\phi}(t_6, t_5, W_{1:7}) = {} & < \cdots, f_{59} = (t_i = \text{NN}), \cdots, f_{472} = (t_{i-1}t_i = \text{DT NN}), \\
& \cdots, f_{932} = (w_i = \text{park}, t_i = \text{NN}), \cdots > \\
\vec{\phi}(t_7, t_6, W_{1:7}) = {} & < \cdots, f_{80} = (t_i = .), \cdots, f_{516} = (t_{i-1}t_i = \text{NN}.), \\
& \cdots, f_{1063} = (w_i = ., t_i = .) \cdots >
\end{aligned}$$

174

以及

$$\begin{aligned}
\vec{\phi}(T_{1:7}, W_{1:7}) = {} & <0, \cdots, f_{47} = 1, \cdots, f_{59} = 2, 0, \cdots, f_{201} = 1, \cdots, f_{472} = 2, \cdots, \\
& f_{501} = 1, 0, \cdots 0, f_{748} = 1, 0, \cdots 0, f_{932} = 1, \cdots, f_{1063} = 1, 0, \cdots 0>
\end{aligned}$$

由于“the man”（那个人）和“the park”（那个公园）对应的标记二元组都是“DT NN”，因此 $\vec{\phi}(T_{1:7}, W_{1:7})$ 中对应于特征实例 $t_i = \text{DT}$ 和 $t_{i-1} = \text{NN}$ 的 f_{472} 值为 2。向量相

加则被定义为对所有非零元素的值进行求和。

团和团势能。由于单个特征的局部性，我们可以对式 (8.6) 进行分解，序列中各个局部特征的上下文 $T_{i-k:i-1}$ 称为**团**，进而有：

$$
\begin{aligned}
P(T_{1:n}|W_{1:n}) &= \frac{1}{Z}\exp\left(\vec{\theta}\cdot\vec{\phi}(T_{1:n},W_{1:n})\right) \\
&= \frac{1}{Z}\exp\left(\sum_{i=1}^{n}\vec{\theta}\cdot\vec{\phi}(t_i,T_{i-k:i-1},W_{1:n})\right) \\
&= \frac{1}{Z}\prod_{i=1}^{n}\exp\left(\vec{\theta}\cdot\vec{\phi}(t_i,T_{i-k:i-1},W_{1:n})\right) \\
&= \frac{1}{Z}\prod_{i=1}^{n}\psi(t_i,T_{i-k:i-1},W_{1:n})
\end{aligned}
\tag{8.7}
$$

其中，Z 为归一化因子，$\psi(t_i,T_{i-k:i-1},W_{1:n})$ 为**团势能函数**。

8.3.2 解码

模型训练完成后，给定输入序列 $W_{1:n}$，模型解码的目标是找到概率最大的输出序列 $\hat{T}_{1:n}=\arg\max_{T_{1:n}} P(T_{1:n}|W_{1:n})=\arg\max_{T_{1:n}}\exp\left(\vec{\theta}\cdot\vec{\phi}(T_{1:n},W_{1:n})\right)$，它等价于 $\arg\max_{T_{1:n}}$ $\vec{\theta}\cdot\vec{\phi}(T_{1:n},W_{1:n})$，其中 $\vec{\phi}(T_{1:n},W_{1:n})$ 表示输入输出对的全局特征向量，$\vec{\theta}$ 参数向量对应于 $\vec{\phi}(T_{1:n},W_{1:n})$ 中每个特征的权重。

175

与隐马尔可夫和最大熵马尔可夫模型类似，我们可以利用输出序列的马尔可夫性快速地从指数空间输出 $T_{1:n}$ 中找到最优的 $\hat{T}_{1:n}$。以一阶马尔可夫性为例：

$$
\begin{aligned}
\vec{\theta}\cdot\vec{\phi}(T_{1:n},W_{1:n}) &= \vec{\theta}\cdot\left(\sum_i\vec{\phi}(t_i,t_{i-1},W_{1:n})\right) \\
&= \sum_i\left(\vec{\theta}\cdot\vec{\phi}(t_i,t_{i-1},W_{1:n})\right)
\end{aligned}
\tag{8.8}
$$

直观而言，通过 i 从 1 逐步增加到 n 的过程，局部分数分量 $\vec{\theta}\cdot\vec{\phi}(t_i,t_{i-1},W_{1:n})$ 逐步相加，因此，式 (8.8) 可以从左到右递增地计算全局分数 $\vec{\theta}\cdot\vec{\phi}(T_{1:n},W_{1:n})$。

我们发现，式 (8.8) 中每个增量 $\vec{\theta}\cdot\vec{\phi}(t_i,t_{i-1},W_{1:n})$ 在形式上与式 (8.1) 所描述的最大熵马尔可夫模型的解码增量相同，因此算法 8.1中用于最大熵马尔可夫模型的维特比解码器同样也适用于条件随机场模型的解码。基于此，同为判别式线性模型的最大熵马尔可夫模型和条件随机场的解码目标均为 $\hat{T}_{1:n}=\arg\max_{T_{1:n}}\vec{\theta}\cdot\vec{\phi}(t_i,t_{i-1},W_{1:n})$，两者解码算法一致，唯一区别就是训练目标不同，前者为局部训练 $P(t_i|t_{i-1},W_{1:n})$，后者则是全局训练 $P(T_{1:n}|W_{1:n})$。因此，如 8.2 节所述，条件随机场可以通过全局训练的方式有效避免标注偏置问题。

8.3.3 边缘概率计算

与隐马尔可夫模型类似，给定模型 $\vec{\theta}$ 与输入输出对 $(W_{1:n}, T_{1:n})$，计算边缘概率 $P(t_i = t|W_{1:n})$ 非常重要，能加深对条件随机场训练过程的理解。条件随机场模型可以计算任意输出序列的输出概率 $P(T_{1:n}|W_{1:n})$，在此基础上，我们可以通过所有 $t_j(j \neq i)$ 的累加来计算边缘概率：

$$P(t_i = t|W_{1:n}) = \sum_{t_1\in L}\sum_{t_2\in L}\cdots\sum_{t_{i-1}\in L}\sum_{t_{i+1}\in L}\cdots\sum_{t_n\in L} P\left(T_{1:n}(t_i = t)|W_{1:n}\right) \tag{8.9}$$

该式包含 $O(|L|^{n-1})$ 次求和，因此较难直接处理，基于一阶马尔可夫假设，我们可以采用动态规划的方式以多项式的时间复杂度进行计算。首先，根据条件随机场的定义，

$$\begin{aligned}
P(T_{1:n}|W_{1:n}) &= \frac{\exp\left(\vec{\theta}\cdot\vec{\phi}(T_{1:n}, W_{1:n})\right)}{Z} \\
&= \frac{\exp\left(\vec{\theta}\cdot\left(\sum_i \vec{\phi}(t_i, t_{i-1}, W_{1:n})\right)\right)}{Z} \\
&= \frac{\exp\left(\sum_i \vec{\theta}\cdot\vec{\phi}(t_i, t_{i-1}, W_{1:n})\right)}{Z} \\
&= \frac{\prod_i \exp\left(\vec{\theta}\cdot\vec{\phi}(t_i, t_{i-1}, W_{1:n})\right)}{Z}
\end{aligned} \tag{8.10}$$

其中，$Z = \sum_{T'_{1:n}} \exp\left(\vec{\theta}\cdot\vec{\phi}(T'_{1:n}, W_{1:n})\right)$ 为归一化因子，于是式 (8.9) 可转写为

$$\begin{aligned}
P(t_i = t|W_{1:n}) &= \sum_{t_1\in L}\cdots\sum_{t_{i-1}\in L}\sum_{t_{i+1}\in L}\cdots\sum_{t_n\in L}\frac{1}{Z}\prod_{j=1}^{n}\exp\left(\vec{\theta}\cdot\vec{\phi}(t_j, t_{j-1}, W_{1:n})\right), t_i = t \\
&= \frac{1}{Z}\left(\sum_{t_1\in L}\cdots\sum_{t_{i-1}\in L}\prod_{j=1}^{i}\exp\left(\vec{\theta}\cdot\vec{\phi}(t_j, t_{j-1}, W_{1:n})\right)\right) \\
&\quad\left(\sum_{t_{i+1}\in L}\cdots\sum_{t_n\in L}\prod_{j=i+1}^{n}\exp\left(\vec{\theta}\cdot\vec{\phi}(t_j, t_{j-1}, W_{1:n})\right)\right)
\end{aligned} \tag{8.11}$$

其中，$t_i = t$ (分配律)

前向算法。基于点 i，式 (8.11) 将完整的求和公式拆分为两项，并将边缘概率表示为两项乘积，两项均可通过动态规划进行有效计算。我们将式 (8.11) 中的第一项和第二项分别定义为 α 和 β，其中，α 表示从句子起始到标签 t_i 的输出标签序列，β 表示从 t_i 到句子结束的输出标签序列。首先，对于第一项 α：

176

$$\alpha(j,t) = \sum_{t_1 \in L} \cdots \sum_{t_{j-1} \in L} \prod_{k=1}^{j} \exp\left(\vec{\theta} \cdot \vec{\phi}(t_k, t_{k-1}, W_{1:n})\right), \text{ 其中}, t_j = t$$

由于有：

$$\prod_{k=1}^{j} \exp\left(\vec{\theta} \cdot \vec{\phi}(t_k, t_{k-1}, W_{1:n})\right) = \left(\prod_{k=1}^{j-1} \exp\left(\vec{\theta} \cdot \vec{\phi}(t_k, t_{k-1}, W_{1:n})\right)\right) \cdot \exp\left(\vec{\theta} \cdot \vec{\phi}(t_j, t_{j-1}, W_{1:n})\right)$$

因此，我们可以遍历所有可能的 $t' \in L$，通过 $\alpha(j-1, t')$ 的加和计算 $\alpha(j,t)$：

177

$$\alpha(j,t) = \sum_{t' \in L} \left(\alpha(j-1, t') \cdot \exp\left(\vec{\theta} \cdot \vec{\phi}(t_j = t, t_{j-1} = t', W_{1:n})\right)\right) \tag{8.12}$$

其中 $\alpha(0, \langle \mathrm{B} \rangle)$ 被初始化为 1。算法 8.2 展示了利用式 (8.12) 逐步递推计算 $\alpha(j,t)$ 的过程，其中 $j \in [1, \cdots, i], t \in L$。

算法 8.2: 一阶条件随机场模型的前向算法

Inputs: $s = W_{1:n}$，带有特征向量 $\vec{\phi}(t_i, t_{i-1}, W_{1:n})$ 的用于词性标注的一阶条件随机场模型，以及特征权重向量 $\vec{\theta}$;
Variables: α;
Initialisation: $\alpha[0][\langle \mathrm{B} \rangle] \leftarrow 1$, $\alpha[i][t] \leftarrow 0$ for $i \in [1, \cdots, n], t \in L$;
for $t \in L$ **do**
　$\alpha[1][t] \leftarrow \alpha[0][\langle \mathrm{B} \rangle] \cdot \exp\left(\vec{\theta} \cdot \vec{\phi}(t_1 = t, t_0 = \langle \mathrm{B} \rangle, W_{1:n})\right)$
for $i \in [2, \cdots, n]$ **do**
　for $t \in L$ **do**
　　for $t' \in L$ **do**
　　　$\alpha[i][t] \leftarrow \alpha[i][t] + \alpha[i-1][t'] \cdot \exp\left(\vec{\theta} \cdot \vec{\phi}(t_i = t, t_{i-1} = t', W_{1:n})\right)$;
Outputs: α;

后向算法。与 α 类似，β 的具体形式为：

$$\beta(j,t) = \sum_{t_{j+1} \in L} \cdots \sum_{t_n \in L} \prod_{k=j+1}^{n+1} \exp\left(\vec{\theta} \cdot \vec{\phi}(t_k, t_{k-1}, W_{1:n})\right), t_{n+1} = \langle \mathrm{B} \rangle, t_j = t$$

通过遍历所有 t' 并枚举其对应的 $\beta(j+1, t')$，按照下式加和可计算 $\beta(j,t)$：

$$\beta(j,t) = \sum_{t' \in L} \left(\beta(j+1, t') \cdot \exp\left(\vec{\theta} \cdot \vec{\phi}(t_{j+1} = t', t_j = t, W_{1:n})\right)\right) \tag{8.13}$$

算法 8.3 展示了 $\beta(j,t)$ 的计算过程，其中 $j \in [n, \cdots, i], t \in L$。算法 8.2 和 8.3 分别与隐马尔可夫模型的算法 7.3 和 7.4 类似，因此我们将这两个算法分别命名为**前向算法**和**后向算法**。

算法 8.3: 一阶条件随机场的后向算法

Inputs: $s = W_{1:n}$，带有特征向量 $\vec{\phi}(t_i, t_{i-1}, W_{1:n})$ 的用于词性标注的一阶 CRF 模型，以及特征权重向量 $\vec{\theta}$;

Variables: β;

Initialisation: $\beta[i][t] \leftarrow 0$, $\beta[n+1][\langle \mathrm{B} \rangle] \leftarrow 1$ for $t \in L$, for $i \in [1 \cdots n], t \in L$;

for $t \in L$ **do**

　$\beta[n][t] \leftarrow \beta[n+1][\langle \mathrm{B} \rangle] \cdot \exp\Big(\vec{\theta} \cdot \vec{\phi}(t_{n+1} = \langle \mathrm{B} \rangle, t_n = t, W_{1:n})\Big)$;

for $i \in [n-1 \cdots 1]$ **do**

　for $t' \in L$ **do**

　　for $t \in L$ **do**

　　　$\beta[i][t'] \leftarrow \beta[i][t'] + \beta[i+1][t] \cdot \exp\Big(\vec{\theta} \cdot \vec{\phi}(t_{i+1} = t, t_i = t', W_{1:n})\Big)$;

Outputs: β;

与隐马尔可夫模型类似，基于式 (8.11)，我们可以将 $P(t_i = t|W_{1:n})$ 的计算转化为 $\frac{1}{Z}\alpha(i,t)\beta(i,t)$，其中 $Z = \sum_{t \in |L|} \alpha(i,t)\beta(i,t)$。

实现技巧：平滑最大值函数 logsumexp。式 (8.12) 和式 (8.13) 均包含指数乘法，可能导致计算结果超出系统数值上限。为提高数值计算的稳定性，我们使用平滑最大值函数 **logsumexp 技巧**来计算指数和的对数，以替代直接的指数乘法运算：

$$
\begin{aligned}
\mathrm{logsumexp}(x_1, x_2, \cdots, x_n) &= \log\Big(\exp(x_1) + \exp(x_2) + \cdots + \exp(x_n)\Big) \\
&= x_{\max} + \log\Big(\exp(x_1 - x_{\max}) + \exp(x_2 - x_{\max}) + \\
&\qquad \cdots + \exp(x_n - x_{\max})\Big)
\end{aligned}
$$

其中 $x_{\max} = \max(x_1, x_2, \cdots, x_n)$，且 $x_j \leqslant x_{\max}$，$\exp(x_j - x_{\max}) \leqslant 1$，因此数值的稳定性得以保证。基于该技巧，式 (8.12) 可转换为：

$$
\begin{aligned}
\alpha(j,t) &= \sum_{t' \in L}\Big(\alpha(j-1,t') \cdot \exp\Big(\vec{\theta} \cdot \vec{\phi}(t_j = t, t_{j-1} = t', W_{1:n})\Big)\Big) \\
&= \sum_{t' \in L}\Big(\exp\Big(\log\alpha(j-1,t')\Big) \cdot \exp\Big(\vec{\theta} \cdot \vec{\phi}(t_j = t, t_{j-1} = t', W_{1:n})\Big)\Big) \\
&= \sum_{t' \in L}\Big(\exp\Big(\log\alpha(j-1,t') + \vec{\theta} \cdot \vec{\phi}(t_j = t, t_{j-1} = t', W_{1:n})\Big)\Big)
\end{aligned}
$$

178

从而

$$
\begin{aligned}
\log\alpha(j,t) = \mathrm{logsumexp}\Big(&\log\alpha(j-1,\boldsymbol{\ell}_1) + \vec{\theta} \cdot \vec{\phi}(t_j = t, t_{j-1} = \boldsymbol{\ell}_1, W_{1:n}), \\
&\log\alpha(j-1,\boldsymbol{\ell}_2) + \vec{\theta} \cdot \vec{\phi}(t_j = t, t_{j-1} = \boldsymbol{\ell}_2, W_{1:n}), \\
&\qquad\vdots \qquad\qquad\qquad \vdots
\end{aligned}
$$

$$\log\alpha(j-1,\boldsymbol{\ell}_{|L|})+\vec{\theta}\cdot\vec{\phi}(t_j=t,t_{j-1}=\boldsymbol{\ell}_{|L|},W_{1:n})\Big) \tag{8.14}$$

其中 $\{\boldsymbol{\ell}_i=l\}$。$\beta$ 函数的计算与之类似。在实际计算中，我们可以以 $\log\alpha$ 和 $\log\beta$ 为基本函数代替 α 和 β，进而分别开展运算。

8.3.4　训练

给定一组训练数据 $D=\{(W_i,T_i)\}|_{i=1}^n$，其中 W_i 为输入句子序列，T_i 为对应的正确输出标签序列，条件随机场的训练目标为最大化训练数据 D 的对数概率：

$$\begin{aligned}
\hat{\vec{\theta}}&=\arg\max_{\vec{\theta}}\log P(D)\\
&=\arg\max_{\vec{\theta}}\log\prod_i P(T_i|W_i)\quad\text{(i.i.d.)}\\
&=\arg\max_{\vec{\theta}}\sum_i\log P(T_i|W_i)\\
&=\arg\max_{\vec{\theta}}\sum_i\log\frac{\exp\left(\vec{\theta}\cdot\vec{\phi}(T_i,W_i)\right)}{\sum_{T'}\exp\left(\vec{\theta}\cdot\vec{\phi}(T',W_i)\right)}\\
&=\arg\max_{\vec{\theta}}\sum_i\left(\log\exp\left(\vec{\theta}\cdot\vec{\phi}(T_i,W_i)\right)-\log\sum_{T'}\exp\left(\vec{\theta}\cdot\vec{\phi}(T',W_i)\right)\right)\\
&=\arg\max_{\vec{\theta}}\sum_i\left(\vec{\theta}\cdot\vec{\phi}(T_i,W_i)-\log\sum_{T'}\exp\left(\vec{\theta}\cdot\vec{\phi}(T',W_i)\right)\right)
\end{aligned}\tag{8.15}$$

与第 4 章类似，我们可以利用随机梯度下降算法对上述目标进行优化，对每个训练样本最大化局部目标：

179

$$\vec{\theta}\cdot\vec{\phi}(T_i,W_i)-\log\left(\sum_{T'}\exp\left(\vec{\theta}\cdot\vec{\phi}(T',W_i)\right)\right)$$

其局部梯度为：

$$\begin{aligned}
\frac{\partial\log P(T_i|W_i)}{\partial\vec{\theta}}&=\vec{\phi}(T_i,W_i)-\frac{\sum_{T'}\exp\left(\vec{\theta}\cdot\vec{\phi}(T',W_i)\right)\cdot\vec{\phi}(T',W_i)}{\sum_{T''}\exp\left(\vec{\theta}\cdot\vec{\phi}(T'',W_i)\right)}\\
&=\vec{\phi}(T_i,W_i)-\sum_{T'}\frac{\exp\left(\vec{\theta}\cdot\vec{\phi}(T',W_i)\right)}{\sum_{T''}\left(\vec{\theta}\cdot\vec{\phi}(T'',W_i)\right)}\cdot\vec{\phi}(T',W_i)\\
&=\vec{\phi}(T_i,W_i)-\sum_{T'}P(T'|W_i)\vec{\phi}(T',W_i)\quad(\text{见}P(T'|W_i)\text{的定义})
\end{aligned}\tag{8.16}$$

若不考虑 T_i 和 T' 的结构特性以及它们对 $\vec{\phi}(T', W_i)$ 的影响，式 (8.16) 与第 4 章中关于对数线性分类器的式 (4.7) 相同。一方面，若以 T_i 为单位，我们不难发现判别式序列标记模型的对数线性表示形式与对数线性分类器相同；另一方面，对于解码过程而言，给定输入序列 W_i，候选输出序列 T' 可达到指数量级，使得 $\sum_{T'} P(T'|W_i)\vec{\phi}(T', W_i)$（即全局特征向量关于所有可能输出标签序列 T' 的期望）的计算变得非常困难。

这里，我们再次利用特征局部性特点来解决这一问题，我们将候选输出表示为 $T' = T'_{1:n_i} = t'_1 t'_2 \cdots t'_{n_i}$，其中 n_i 为输入序列 W_i 的长度。结合一阶马尔可夫性，我们可以得到：

180

$$\vec{\phi}(T', W_i) = \sum_{j=1}^{n_i} \vec{\phi}(t'_j, t'_{j-1}, W_i)$$

从而 $\sum_{T'} P(T'|W_i)\vec{\phi}(T', W_i)$ 可转换为：

$$\begin{aligned}
\sum_{T'} P(T'|W_i)\vec{\phi}(T', W_i) &= \sum_{T'} P(T'|W_i)\Big(\sum_{j} \vec{\phi}(t'_j, t'_{j-1}, W_i)\Big) \\
&= \sum_{T'} \sum_{j} P(T'|W_i)\vec{\phi}(t'_j, t'_{j-1}, W_i) \\
&= \sum_{j} \Big(\sum_{T'} P(T'|W_i)\vec{\phi}(t'_j, t'_{j-1}, W_i)\Big) \\
&= \sum_{j} E_{T' \sim P(T'|W_i)}\vec{\phi}(t'_j, t'_{j-1}, W_i)
\end{aligned} \tag{8.17}$$

公式 (8.17) 表明，全局特征向量 $\vec{\phi}(T', W_i)$ 对所有 T' 的期望等价于每个局部特征向量 $\vec{\phi}(t'_i, t'_{i-1}, W_i)$ 对所有 T' 的期望之和。

由于局部特征 $\vec{\phi}(t'_j, t'_{j-1}, W_i)$ 是仅由 t'_j 和 t'_{j-1} 组成的团（W_i 为静态输入序列，故可以忽略），因此可以进一步得到：

$$\begin{aligned}
\sum_{j} E_{T' \sim P(T'|W_i)}\vec{\phi}(t'_j, t'_{j-1}, W_i) &= \sum_{j} E_{t'_{j-1}t'_j \sim P(t'_{j-1}t'_j|W_i)}\vec{\phi}(t'_j, t'_{j-1}, W_i) \\
&= \sum_{j} \Big(\sum_{t'_j \in L, t'_{j-1} \in L} P(t'_{j-1}t'_j|W_i)\vec{\phi}(t'_j, t'_{j-1}, W_i)\Big)
\end{aligned} \tag{8.18}$$

根据上式，若我们能够有效地计算边缘概率 $P(t'_{j-1}t'_j|W_i)$，则 $\vec{\phi}(t'_j, t'_{j-1}, W_i)$ 对所有 T' 的期望可以通过计算所有团 $t'_{j-1}t'_j$ 的期望实现，同时枚举的时间复杂度由 L^{n_i} 减少到 L^2。

我们采用类似于 8.3.3 节的方法来计算这一边缘概率：

$$
\begin{aligned}
P(t'_{j-1}t'_j|W_i) &= \sum_{t'_1 \in L} \cdots \sum_{t'_{j-2} \in L} \sum_{t'_{j+1} \in L} \cdots \sum_{t'_{n_i} \in L} P(T'_{1:n_i}|W_i) \\
&= \sum_{t'_1 \in L} \cdots \sum_{t'_{j-2} \in L} \sum_{t'_{j+1} \in L} \cdots \sum_{t'_{n_i} \in L} \left(\frac{1}{Z} \prod_{k=1}^{n_i} \exp\left(\vec{\theta} \cdot \vec{\phi}(t'_j, t'_{j-1}, W_i) \right) \right) \\
&= \frac{1}{Z} \left(\sum_{t'_1 \in L} \cdots \sum_{t'_{j-2} \in L} \prod_{k=1}^{j-1} \exp\left(\vec{\theta} \cdot \vec{\phi}(t'_k, t'_{k-1}, W_i) \right) \right) \\
&\quad \exp\left(\vec{\theta} \cdot \vec{\phi}(t'_j, t'_{j-1}, W_i) \right) \\
&\quad \left(\sum_{t'_{j+1} \in L} \cdots \sum_{t'_{n_i} \in L} \prod_{k=j+1}^{n_i} \exp\left(\vec{\theta} \cdot \vec{\phi}(t'_k, t'_{k-1}, W_i) \right) \right) \quad (\text{乘法分配律}) \qquad (8.19)
\end{aligned}
$$

进一步，我们分别令

$$
\alpha(k,t) = \sum_{t'_1 \in L} \cdots \sum_{t'_{k-1} \in L} \prod_{m=1}^{k} \exp\left(\vec{\theta} \cdot \vec{\phi}(t'_m, t'_{m-1}, W_i) \right), t'_k = t
$$

以及

$$
\beta(k,t) = \sum_{t'_{k+1} \in L} \cdots \sum_{t'_{n_i} \in L} \prod_{m=k}^{n_i} \exp\left(\vec{\theta} \cdot \vec{\phi}(t'_{m+1}, t'_m, W_i) \right), t'_k = t
$$

$\alpha(k,t)$ 和 $\beta(k,t)$ 分别与式 (8.12) 中的 $\alpha(j,t)$ 和式 (8.13) 中的 $\beta(j,t)$ 含义相同，因此我们可以利用算法 8.4 中的前向后向算法分别为 α 和 β 构建 $n_i \times |L|$ 表。

算法 8.4: 一阶条件随机场模型的前向后向算法

Inputs: $s = W_{1:n}$, 带有特征向量 $\vec{\phi}(t_i, t_{i-1}, W_{1:n})$ 的用于词性标注的一阶条件随机场模型，以及特征权重向量 $\vec{\theta}$;

Variables: tb, α, β;

使用算法 8.2：$\alpha \leftarrow \text{Forward}(W_{1:n}, \vec{\phi}, \vec{\theta})$;

使用算法 8.3：$\beta \leftarrow \text{Backward}(W_{1:n}, \vec{\phi}, \vec{\theta})$;

for $j \in [1, \cdots, n]$ **do**

    total $\leftarrow 0$;

    for $t \in L$ **do**

        for $t' \in L$ **do**

            $\text{tb}[t'][t][j] \leftarrow \alpha[t'][j-1] \cdot \beta[t][j] \cdot \exp\left(\vec{\theta} \cdot \vec{\phi}(t, t', W_i) \right)$;

            total $\leftarrow$ total + $\text{tb}[t'][t][j]$;

    for $t \in L$ **do**

        for $t' \in L$ **do**

            $\text{tb}[t'][t][j] \leftarrow \frac{\text{tb}[t'][t][j]}{\text{total}}$;

Outputs: tb;

在获取所有 $k \in [1, \cdots, n_i]$ 及 $t \in L$ 对应的 $\alpha(k,t)$ 和 $\beta(k,t)$ 后，我们可根据式 (8.19) 计算 $P(t'_{j-1}t'_j|W_i)$：

$$P(t'_{j-1}t'_j|W_i) = \alpha(j-1, t'_{j-1})\beta(j, t'_j)\exp\left(\vec{\theta} \cdot \vec{\phi}(t'_j, t'_{j-1}, W_i)\right)/Z$$

最终结果将代回式 (8.17) 与式 (8.16) 中，让我们在多项式时间内实现了条件随机场训练。相较于对数线性分类器的训练，条件随机场在训练过程中会额外利用动态规划算法完成指数量级的期望求和。

181

8.4 结构化感知机

本书第一部分介绍了两类判别式模型，分别为基于间隔的模型（第 3 章）与对数线性模型（第 4 章）。如本章前几节所述，条件随机场是一种可用于结构化预测的对数线性模型，那么与对数线性模型相似，感知机、支持向量机等最大间隔判别式线性模型也可用于序列标注任务。本节将介绍感知机在序列标注任务中的应用，下一节将扩展讨论支持向量机模型。

延续 8.3 节的思路，我们将整个输出标签序列视为基本单元，并将其与输入序列一起映射到一个全局特征向量中，以便利用相同的判别式模型对序列进行打分。对于序列标注任务，给定一个输入序列，其候选输出标签序列可达到指数量级，这一特性为模型的训练和解码带来巨大困难。

模型定义。给定输入输出序列对 $(W_{1:n}, T_{1:n})$，感知机将通过下式对该输入输出对进行打分：

$$\text{score}(T_{1:n}, W_{1:n}) = \vec{\theta} \cdot \vec{\phi}(T_{1:n}, W_{1:n}) \tag{8.20}$$

该式与线性判别分类器和条件随机场的思路一致。

式 (8.20) 中的 $\vec{\phi}(T_{1:n}, W_{1:n})$ 为全局特征向量，代表 $T_{1:n}$ 在向量空间中的属性。参数向量 $\vec{\theta}$ 与 $\vec{\phi}(T_{1:n}, W_{1:n})$ 维度相同，$\vec{\theta}$ 中每个维度的值对应于 $\vec{\phi}(T_{1:n}, W_{1:n})$ 中每个元素的权重。$\vec{\phi}(T_{1:n}, W_{1:n})$ 的定义等同于对数线性模型，因此参考表 8.1 中的示例，感知机模型也可适用于英文词性标注任务。

182

解码。给定输入序列 $W_{1:n}$，模型解码的目标旨在得到最佳输出标签序列 $\hat{T}_{1:n} = \arg\max_{T_{1:n}} \text{score}(T_{1:n}, W_{1:n})$。与条件随机场类似，由于 $\vec{\phi}(T_{1:n}, W_{1:n}) = \sum_{i=1}^{n} \vec{\phi}(t_i, t_{i-1}, W_{1:n})$，我们可以利用维特比算法在线性时间复杂度内从 L^n 个候选标签序列（n 表示句子长度）中搜索出分数最高的标签序列。因此，在使用相同特征模板的情况下，我们可以直接利用算法 8.2 进行解码。与分类任务相似，感知机、支持向量机和条件随机场等判别式序列标注器的打分形式和解码过程都是相同的。

训练。对于分类任务，感知机的训练目标是在向量空间中找到一个超平面来区分训练样本中的正负例。结构化预测任务可以采用与多分类任务相似的做法，即把正确标签序列当作正样本，错误标签序列当作负样本。事实上，感知机的训练过程只需利用向量空间中的全局特征向量 $\vec{\phi}$，并不关心原始输出结构的类别、序列等性质。

通过将算法 3.3（第 3 章）中的 x 替换为 $W_{1:n}$，c 替换为 $T_{1:n}$，$\vec{v}(x,c)$ 替换为 $\vec{\phi}(T_{1:n}, W_{1:n})$，我们可以直接利用该算法对感知机进行训练。在算法第 5 行，我们计算 $Z_{1:n} = \arg\max_{Z'_{1:n}} \text{score}(Z'_{1:n}, W_{1:n})$，利用解码过程找到最违反边界约束的序列。由于所有可能的输出序列数为指数量级，我们同样采用维特比算法进行解码，而非直接暴力枚举。

与多分类任务相似，给定数据集 $D = \{W_i, T_i\}|_{i=1}^{N}$，结构感知机算法通过最小化以下目标函数进行训练：

$$\sum_{i=1}^{N} \left(\max_{Z'_{1:n}} \vec{\theta} \cdot \vec{\phi}(W_{1:n}, Z'_{1:n}) - \vec{\theta} \cdot \vec{\phi}(W_{1:n}, T_{1:n}) \right) \tag{8.21}$$

综上所述，相较于多分类感知机，结构化感知机需要在训练过程中利用动态规划算法从指数量级的候选输出序列中找到最违反边界约束的序列，其训练过程更为复杂。

平均感知机

平均感知机是标准感知机算法的一个变体，常用于结构化预测任务。其基本思想是在每个样本训练完成后分别记录参数 $\vec{\theta}$，并取平均值作为最终模型参数，而非直接利用最后一轮训练所得到的 $\vec{\theta}$ 作为模型参数。

将第 i 个训练样本在第 t 轮迭代中得到的参数 $\vec{\theta}$ 表示为 $\vec{\theta^{i,t}}$，每个 $\vec{\theta^{i,t}}$ 都可视为一个独立的感知机模型，我们对所有独立感知机模型参数向量进行平均，得到：

$$\vec{\gamma} = \frac{1}{\text{NT}} \sum_{i \in [1,\cdots,N], t \in [1,\cdots,T]} \vec{\theta^{i,t}},$$

183

其中 N 为训练样本数，T 为迭代数。给定输入输出对 (x, y)（y 为类标签或标签序列），平均感知机通过以下公式对其进行打分：

$$\begin{aligned}
\overline{\text{score}}(x,y) &= \Big(\frac{1}{\text{NT}} \sum_{i,t} \vec{\theta^{i,t}}\Big) \cdot \vec{\phi}(x,y) \\
&= \frac{1}{\text{NT}} \sum_{i,t} \left(\vec{\theta^{i,t}} \cdot \vec{\phi}(x,y) \right) \\
&= \frac{1}{\text{NT}} \sum_{i,t} \text{score}^{i,t}(x,y)
\end{aligned} \tag{8.22}$$

其中，$\text{score}^{i,t}(x,y)$ 表示某个独立参数向量 $\vec{\theta^{i,t}}$ 对输入输出对 (x,y) 的打分。根据式 (8.22)，我们不难发现平均后的参数向量 $\vec{\gamma}$ 对输入输出对的打分等价于每个 $\vec{\theta^{i,t}}$ 打分的平均值，因此平均感知机可以看作一种投票策略（第 4 章），可有效避免模型过拟合问题。实验证明，平均感知机在大部分任务和数据集上能取得良好效果。

平均感知机的伪代码如算法 8.5 所示。除参数 $\vec{\theta}$ 外，该算法还额外定义了加和向量 $\vec{\sigma}$，$\vec{\sigma}$ 初始化为 $\vec{0}$，样本 (x_i, y_i) 完成 t 轮迭代训练后，$\vec{\sigma}$ 与 $\vec{\theta}^{i,t}$ 相加以更新原始 $\vec{\sigma}$ 值，在 T 轮训练迭代结束后，均值 $\vec{\gamma} = \vec{\sigma}/\mathrm{NT}$ 即为平均感知机的最终参数向量。

算法 8.5: 平均感知机算法

```
Inputs: D = {(W_i, T_i)}|_{i=1}^N
Initialisation: θ ← 0; σ ← 0; t ← 0;
repeat
    for i ∈ [1, ··· , N] do
        Z_i ← argmax_z θ · φ(W_i, z);
        if Z_i ≠ T_i then
            θ ← θ + φ(W_i, T_i) − φ(W_i, Z_i);
        σ ← σ + θ;
    t ← t + 1;
until t = T;
σ ← σ / NT;
```

实现技巧：延迟更新。平均感知机的训练过程将保留完整的模型参数，若特征向量维度较大，为每个训练样本重新计算全部参数向量 $\vec{\sigma}$ 会带来较高的计算成本。实际训练时，由于每个输入样本的特征向量极其稀疏，参数向量 $\vec{\theta}^{i,t}$ 在学习了某个训练样本后只会更新较小一部分维度，因此我们可以在训练过程中引入延迟更新技巧来降低 $\vec{\sigma}$ 的计算成本。具体地，我们定义一个更新向量 $\vec{\tau}$ 来记录感知机参数向量中每个维度最后一次更新的时刻，$\vec{\tau}$ 将为模型参数 $\vec{\sigma}$ 的每个维度都维护一个索引对（i，t），其中 i 和 t 分别表示该维度最后一次更新时所对应的训练语句索引和训练迭代轮次。基于 $\vec{\tau}$，每个样本训练完成后，我们只需更新该训练样本所修改的部分参数维度，而非参数向量的所有维度。

184

以训练过程中第 t 轮迭代的第 i 个样本为例，我们将所涉及的各个向量中的第 s 维表示为 $\vec{\theta}_s^{i-1,t}$、$\vec{\sigma}_s^{i-1,t}$ 和 $\tau_s^{i-1,t} = (i_{\tau,s}, t_{\tau,s})$。假设解码器输出 $z_{i,t}$ 与正确输出 T_i 不同，则可通过以下方式对 $\vec{\theta}_s^{i,t}$、$\vec{\sigma}_s^{i,t}$、$\tau_s^{i,t}$ 分别进行更新：

$$\vec{\sigma}_s^{i,t} = \vec{\sigma}_s^{i-1,t} + \vec{\theta}_s^{i-1,t} \times (tN + i - t_{\tau,s}N - i_{\tau,s})$$

$$\vec{\theta}_s^{i,t} = \vec{\theta}_s^{i-1,t} + \vec{\phi}(W_{1:n}, T_{1:n}) - \vec{\phi}(W_{1:n}, z_{i,t})$$

$$\vec{\sigma}_s^{i,t} = \vec{\sigma}_s^{i,t} + \vec{\phi}(W_{1:n}, T_{1:n}) - \vec{\phi}(W_{1:n}, z_{i,t})$$

$$\tau_s^{i,t} = (i, t)。$$

对于加和向量 $\vec{\sigma}_s^{i,t}$，我们首先将其与上一次更新的原始 $\vec{\theta}$ 值相加，再与本轮迭代更新的 $\vec{\theta}$ 值相加，以此更新加和向量 $\vec{\sigma}_s^{i,t}$ 和向量维度 s。

平均感知机的模型形式及解码过程与普通感知机相同，因此这里我们只讨论训练问题，其模型形式和解码过程请参考前文部分。

8.5 结构化支持向量机

遵循对数线性模型和感知机算法的思想，支持向量机也可从多分类任务转换到结构化预测任务上。支持向量机的模型形式和解码过程与感知机相同，因此本节只介绍面向结构化预测任务的支持向量机训练方式。

训练。支持向量机的训练目标旨在在训练数据所对应的向量空间中找到一个分离超平面，使得最近的训练样本与该超平面之间的距离最大。与感知机算法类似，给定输入输出对 (x, y)，获得 $\vec{\phi}(x, y)$ 后，原始输出 y（类标签或序列）的性质对训练目标而言将不再重要。因此，直接将式 (3.14)（第 3 章）中的 x 替换为 $W_{1:n}$，c 替换为 $T_{1:n}$，$\vec{\phi}(x, c)$ 替换为 $\vec{\phi}(W_{1:n}, T_{1:n})$，该式即可作为结构化支持向量机的训练目标：

$$\min_{\vec{\theta}} \frac{1}{2}||\vec{\theta}||^2 + C\left(\sum_{i=1}^{N} \max\left(0, 1 - \vec{\theta} \cdot \vec{\phi}(W^{(i)}{}_{1:n}, T^{(i)}{}_{1:n}) + \max_{T'{}_{1:n} \neq T^{(i)}{}_{1:n}} \left(\vec{\theta} \cdot \vec{\phi}(W^{(i)}{}_{1:n}, T'{}_{1:n})\right)\right)\right) \tag{8.23}$$

其中 C 为模型超参数。与感知机类似，我们可以直接利用第 4 章中的算法 4.8 来优化此训练目标，采用维特比算法代替暴力枚举，从指数量级的候选项中找到 $\arg\max_{T'{}_{1:n}} \text{score}(T'{}_{1:n}, W_{1:n})$。感知机和支持向量机只修正训练过程中最违反边界约束的样例，因此我们不必像条件随机场那样计算所有全局输出特征的期望。

代价敏感训练

与分类任务不同，结构化预测任务中的误分类样本的错误程度往往有所不同。例如，给定一组由 5 个单词构成的序列，某一组候选词性标注序列可能只包含 1 个错误词性标签，而另一组候选词性标注序列则包含 4 个错误词性标签。结构化支持向量机将每组词性标签序列视为一个独立单元，并将其表示为单一特征向量，这导致不同错误输出序列之间的错误程度差异被忽略了，从而使所有错误序列被平等地定位到负子特征空间中。设想在模型输出序列一定包含错误分类的情况下，我们更希望得到只有 1 个错误标签的输出序列，而不是带有 4 个错误标签的输出序列。

185

因此，我们需要**代价敏感**（**cost-sensitive**）模型，该模型不仅对正确输出序列的打分比错误输出序列更高，而且对错误较少输出序列的打分比错误较多的输出序列更高。为此，我们定义 $\Delta(T'{}_{1:n}, T_{1:n})$ 为模型将正确输出序列 $T_{1:n}$ 错误预测为 $T'{}_{1:n}$ 的**代价**（**cost**），并利用*海明距离*（Hamming distance）作为代价函数，来度量单词序列中错误标记的数量。

代价敏感训练目标。利用实际代价对分数进行重新调整可以实现代价敏感训练：对于代价更高的错误输出序列，我们希望其向量表示与正确输出序列向量表示之间的距离更远，这意味着错误更多输出序列和正确输出序列之间将会有更大的分数差距，而非恒定为 1 [式 (8.23)]。

给定训练样本 $D=\{(W_i,T_i)\}|_{i=1}^N$，代价敏感结构化支持向量机的训练目标为：

$$\min_{\vec{\theta}} \frac{1}{2}||\vec{\theta}||^2 + C\Bigg(\sum_{i=1}^{N} \max\Big(0, \Delta(\hat{T}'^{(i)}, {T^{(i)}}_{1:n}) - \vec{\theta}\cdot\vec{\phi}({W^{(i)}}_{1:n}, {T^{(i)}}_{1:n}) + \vec{\theta}\cdot\vec{\phi}({W^{(i)}}_{1:n}, \hat{T}'^{(i)})\Big)\Bigg) \tag{8.24}$$

其中 $\hat{T}'^{(i)} = \max_{T'\neq {T^{(i)}}_{1:n}} \Big(\Delta(T', {T^{(i)}}_{1:n}) + \vec{\theta}\cdot\vec{\phi}({W^{(i)}}_{1:n}, T')\Big)$。

代价增强解码。在式 (8.24) 中，间隔侵犯 $\Delta(T',T_i)-\vec{\theta}\cdot\vec{\phi}(T_i,W_i)+\vec{\theta}\cdot\vec{\phi}(W_i,T')$ 会随着 $\Delta(T',T_i)$ 缩放，因此最违反边界约束的序列 $\max_{T'}\Big(0,\Delta(T',T_i)-\vec{\theta}\cdot\vec{\phi}(T_i,W_i)+\vec{\theta}\cdot\vec{\phi}(T',W_i)\Big)$ 不一定就是得分最高的输出序列 $\arg\max_{T'}\vec{\theta}\cdot\vec{\phi}(T',W_i)$。基于此，我们不能直接利用算法 8.1 中的维特比解码器找到最优候选序列，暴力枚举的方式也难以得到 T'。

为解决上述问题，我们可以像分解全局特征向量 $\vec{\phi}(T_{1:n},W_{1:n})$ 一样，将海明距离形式的代价 $\Delta({T'}_{1:n},T_{1:n})$ 分解为局部分量：

$$\Delta(T'_{1:n},T_{1:n})=\sum_{i=1}^{n}\delta(t'_i,t_i)$$

其中 $\delta(t'_i,t_i)=1$，当且仅当 $t'_i=t_i$。

通过将 $\Delta({T'}_{1:i},T_{1:i})$ 表示为 $\sum_{j=1}^{i}\delta(t'_j,t_j)$，我们可以推断出 $\hat{T}'_{1:i}=\arg\max_{T'_{1:i}}\Big(\vec{\theta}\cdot\Big(\sum_{j=1}^{i}\phi(t'_j,t'_{j-1},W_{1:n})\Big)+\Delta(T'_{1:i},T_{1:i})\Big)$ 中包含 $\hat{T}'_{1:i-1}=\arg\max_{T'_{1:i-1}}\Big(\vec{\theta}\cdot\Big(\sum_{j=1}^{i-1}\phi(t'_j,t'_{j-1},W_{1:n})\Big)+\Delta(T'_{1:i-1},T_{1:i-1})\Big)$，于是 $\hat{T}'_{1:i}$ 可以表示为：

186

$$\hat{T}'_{1:i}(t'_i=t)=\mathop{\arg\max}_{T'_{1:i-1}(t'_{i-1}=t')}\Bigg(\Bigg(\vec{\theta}\cdot\Big(\sum_{j=1}^{i-1}\vec{\phi}(t'_j,t'_{j-1},W_{1:n})\Big)+\Delta(T'_{1:j-1},T_{1:j-1})\Bigg)+\Big(\vec{\theta}\cdot\vec{\phi}(t'_i=t,t'_{i-1}=t',W_{1:n})+\delta(t,t_i)\Big)\Bigg) \tag{8.25}$$

综上，我们可以通过在算法 8.1 的解码过程中添加 $\delta(t'_i,t_i)$ 来实现该算法，其伪代码如算法 8.6 所示。由于我们在搜索最违反约束的序列时考虑了代价函数，因此该算法也被称为**代价增强解码**算法。尽管被称为“解码算法”，实际上该算法只被应用于训练过程，以达到代价敏感性模型训练的目的。在测试阶段，不论模型是否对代价敏感，其解码算法与算法 8.1 完全相同。

算法 8.6: 一阶词性标注的代价增强解码算法

Inputs: $s = W_{1:n}$，具有针对 t，vocab$t' \in L$ 的特征向量 $\vec{\phi}(t_i, t_{i-1}, W_{1:n})$ 的一阶词性标注模型以及特征权重向量 $\vec{\theta}$;

Variables: tb, bp;

Initialisation: tb$[t][i] \leftarrow -\infty$; bp$[t][i] \leftarrow$ NULL for $t \in L, i \in [1, \cdots, n]$;

```
for i ∈ [1, ··· , n] do
    for t ∈ L do
        for t' ∈ L do
            score ← θ · φ(t_i = t, t_{i-1} = t', W_{1:n}) + δ(t, t_i^g);
            if tb[t'][i-1] + score > tb[t][i] then
                tb[t][i] ← tb[t'][i-1] + score;
                bp[t][i] ← t';
y_n ← arg max_t tb[t][n];
for i ∈ [n, ··· , 2] do
    y_{i-1} ← bp[y_i][i];
```

Outputs: $y_1 \cdots y_n$;

总结

本章介绍了：

- 最大熵马尔可夫模型（MEMM）及标注偏置问题。
- 条件随机场（CRF）。
- 结构化感知机与平均感知机。
- 结构化支持向量机与代价敏感训练。

187

注释

Ratnaparkhi (1996) 首次利用最大熵马尔可夫模型进行词性标注任务，McCallum 等人 (2000) 将最大熵马尔可夫模型用于信息提取和文本分割，Toutanova 等人 (2003) 则构建了一个特征丰富的最大熵马尔可夫模型，用于处理序列标注任务。Lafferty 等人 (2001) 首次利用条件随机场进行词性标注任务，Sutton 等人 (2012) 对条件随机场进行了更加详细的介绍，随后，条件随机场在自然语言处理领域中被广泛用于序列标注任务 (Sha 和 Pereira, 2003; McCallum 和 Li, 2003)。Collins (2002) 首次利用感知机算法来训练序列标注模型，Tsochantaridis 等人 (2004) 提出结构化支持向量机，Elkan (2001) 进一步介绍了代价敏感训练。

习题

8.1 请通过指定 $P(T_{1:n}|W_{1:n})$、特征以及维特比解码器来定义二阶最大熵马尔可夫模型。

8.2 给定 $W_{1:n}$，以下哪项特征为局部特征，且能通过维特比算法找到 $\hat{T}_{1:n} = \arg\max_{T_{1:n}} \vec{\theta} \cdot \vec{\phi}(T_{1:n}, W_{1:n})$？

（1） $t_{i-3}t_i$
（2） $\text{LEN}(W_{1:n})t_i$
（3） $t_1 t_{i-1}$
（4） $t_i t_n$
（5） $t_1 t_n$
（6） $\text{SUFFIX}(t_i)\text{PREFIX}(t_{i-2})$

8.3 回顾表 8.1 中的词性标注特性：

（1） 特征向量是否可以写成 $\phi(t_i, t_{i-1}, w_{i-1}, w_i, w_{i+1})$？
（2） 为什么每个特征模板中都包含 t_i？
（3） 若将 w_1 和 w_n 用于额外模板，是否会影响到条件随机场的有效解码或训练？
（4） 若将 t_1 和 t_n 用于额外模板，是否会影响到条件随机场的有效解码或训练？
（5） 特征实例是否对 i 的值敏感？假设 w_1t_1 和 w_3t_3 均表示“the（那个）|DT”，则应将它们实例化为两个不同的特征实例，还是两次均实例化为同一特征实例？请分别考虑最大熵马尔可夫模型和条件随机场中的情况。
（6） 感知机和支持向量机在序列标注任务中是否需要像条件随机场一样遵循马尔可夫假设？
（7） 给定一阶条件随机场模型 $\vec{\theta}$，请推导出计算 $P(t_i, t_{i+1}|W_{1:n})$ 的前向后向算法。

8.4 给定二阶条件随机场模型，请推导出计算 $P(t_i = t|W_{1:n})$ 的前向后向算法。 188

8.5 在给定谓词的情况下，第 1 章中所介绍的语义角色标注（SRL）任务可转换为序列标注任务。表 8.1 中定义的词性标注特征是否也可用于语义角色标注任务？是否存在其他对语义角色标注任务有用的特征？若给定输入句子的语法树，哪些特征会对语义角色标注任务有帮助？这些特征是否会影响解码速率？

8.6 与条件随机场相比，生成式序列标注模型（如隐马尔可夫模型）在有监督分词任务中效果甚微。请分析其原因。

8.7 请用下列选项补全表 8.4。

（1） 条件随机场
（2） 标准感知机
（3） 标准支持向量机
（4） 朴素贝叶斯
（5） 隐马尔可夫模型

表 8.4 不同模型间的关联

任务	模型		
	对数线性模型	感知机	支持向量机
分类	逻辑回归模型		
序列标注			

8.8 请对比用于序列标注任务的条件随机场和结构化感知机模型，分别列出两者在输出分数、训练速度、解码速度以及特征定义自由度等方面的相对优势。 189

参考文献

Michael Collins. 2002. Discriminative training methods for hidden markov models: Theory and experiments with perceptron algorithms. In Proceedings of the ACL-02 conference on Empirical methods in natural language processing-Volume 10, pages 1–8. Association for Computational Linguistics.

Charles Elkan. 2001. The foundations of cost-sensitive learning. In International joint conference on artificial intelligence, volume 17, pages 973–978. Lawrence Erlbaum Associates Ltd.

John Lafferty, Andrew McCallum, and Fernando CN Pereira. 2001. Conditional random fields: Probabilistic models for segmenting and labeling sequence data.

Andrew McCallum, Dayne Freitag, and Fernando CN Pereira. 2000. Maximum entropy markov models for information extraction and segmentation. In Icml, volume 17, pages 591–598.

Andrew McCallum and Wei Li. 2003. Early results for named entity recognition with conditional random fields, feature induction and web-enhanced lexicons. In Proceedings of the seventh conference on Natural language learning at HLT-NAACL 2003-Volume 4, pages 188–191. Association for Computational Linguistics.

Adwait Ratnaparkhi. 1996. A maximum entropy model for part-of-speech tagging. In Conference on Empirical Methods in Natural Language Processing.

Fei Sha and Fernando Pereira. 2003. Shallow parsing with conditional random fields. In Proceedings of the 2003 Conference of the North American Chapter of the Association for Computational Linguistics on Human Language Technology-Volume 1, pages 134–141. Association for Computational Linguistics.

Charles Sutton, Andrew McCallum, et al. 2012. An introduction to conditional random fields. Foundations and Trends® in Machine Learning, 4(4):267–373.

Kristina Toutanova, Dan Klein, Christopher D Manning, and Yoram Singer. 2003. Featurerich part-of-speech tagging with a cyclic dependency network. In Proceedings of the 2003 conference of the North American chapter of the association for computational linguistics on human language technology-volume 1, pages 173–180. Association for Computational Linguistics.

Ioannis Tsochantaridis, Thomas Hofmann, Thorsten Joachims, and Yasemin Altun. 2004. Support vector machine learning for interdependent and structured output spaces. In Proceedings of the twenty-first international conference on Machine learning, page 104. ACM.

序列分割

前文已经介绍了生成式模型和判别式模型在序列标注任务上的应用。与分类任务不同，序列标注任务的输出标签之间往往相互关联并呈现一定的结构性。相较于分类预测，结构预测具有指数级搜索空间，且同时影响模型训练和测试解码两个阶段——训练阶段要求模型为正确候选项输出较高分数，解码阶段则要求模型基于给定输入返回得分最高的候选结构。本章和下一章将介绍结构预测任务的相关训练和解码方法，本章主要关注分词、句法组块分析、命名实体识别等序列分割问题，序列分割旨在将一段输入序列分为若干片段。

序列分割任务与序列标注任务紧密相关，前者可以通过各个输入单元上的标签 (如“分离”和“依附”) 来获取分割信息，因此序列标注模型也可直接应用于序列分割任务。但基于标注序列的马尔可夫假设使其难以利用输出序列中显式的片段特征，事实上，除了基于 k 个连续单词的特征外，片段级别的完整短语信息对于句法组块分析也至关重要。为充分利用片段特征，我们将讨论特定的动态规划训练和解码算法。此外，我们还将介绍感知机和柱搜索框架，该框架采用近似方法替换基于精准推理的动态规划算法，其最大优势在于不需要马尔可夫约束，因此模型特征更为丰富。

9.1 基于序列标注的序列分割任务

序列分割任务以一串连续序列为输入，输出为具有特定意义的分割片段，其中每个片段均为输入序列的连续子序列。表 9.1展示了自然语言处理中典型的序列分割任务——分词、句法组块分析以及命名实体识别（NER）。分词任务的输入为字符序列，输出为相应的词序列；句法组块分析任务的输入为词序列，输出为语法短语序列；命名实体识别任务的输入为词序列，输出则包含该句中所有命名实体块以及不属于任何实体的单个词。

通过对目标输出片段中的各个输入单元（字、词等）进行特殊标注，**序列分割任务**可被转化为序列标注问题。以分词为例，当前字符或与前一字符分离，或依附于前一字符，因此各个输入字符可按照其在词中的位置进行标签化，分别用 S(分离) 或 A(依附) 表示该字符与前一字符的关系。实际操作中，我们通常利用表现力更强、颗粒度更细的标签集对词进行标记，例如 B(Beginning，开始)、I(Internal，中间)、E(Ending，结尾) 以及 S(Single，单字词)。如表 9.1所示，B、I、E 分别表示多字词的首字符、中间字符及尾字符，S 表示单字词。相较于简单的二类标签集，这种细粒度的标签集可以带来更丰富的信息特征表示，从而获得更好的模型性能。

句法组块分析任务通常采用 {B, I} 标签分别表示句法短语块的开始“(beginning)”及内部“(internal)”。如表 9.1所示，相较于分词任务，句法组块分析通常还需预测各个句法短语具体的句法类别，因此，片段序列的标记需要结合分割标记和句法类别，从而得到如 B-VP 或 I-NP 之类的标签。

命名实体识别任务则通常采用 {B, I, O} 标签集分别表示命名实体块的开始(*b*eginning)、内部 (internal) 以及非命名实体的单字词 (out of entities)。类似于句法组块分析，各个命名实体都有相应的实体类别，例如人名 (person，PER)、地名 (location，LOC) 或组织机构名 (organization，ORG) 等，因此命名实体识别任务同样需要结合分割标签和实体类别来构成最终的标记序列 (见表 9.1)。此外，分词中常用的标签集 {B, I, E, S} 也可用于表示细粒度的命名实体边界信息，将其与实体类别结合便可得到新标签集 {B-X, I, E, S-X, O}，其中 X 表示实体类型。实验表明这套更细粒度的标签集优于 BIO 标签集。

表 9.1　序列分割任务示例

中文分词	输入	那几年, 南京市里面和米很贵
	输出	那 几 年, 南京市 里 面 和 米 很 贵
	标签	S S S S B I E S S S S S S
句法分块	输入	Mary went to Chicago to meet her boyfriend John Smith.
	输出	[Mary]$_{NP}$ [went]$_{VP}$ [to]$_{PP}$ [Chicago]$_{NP}$ [to]$_{PP}$ [meet]$_{VP}$ [her boyfriend John Smith]$_{NP}$.
	标签	B-NP B-VP B-PP B-NP B-PP B-VP B-NP I-NP I-NP I-NP
命名实体识别	输入	Mary went to Chicago to meet her boyfriend John Smith.
	输出	[Mary]$_{PER}$ went to [Chicago]$_{LOC}$ to meet her boyfriend [John Smith]$_{PER}$
	标签	B-PER O O B-LOC O O O O B-PER I-PER

任务特性。条件随机场和结构化感知机等判别式序列标注模型均可应用于上述任务。但需要注意的是，给定分段标签集，某些标签转换是不可能发生的。以 BIES 标签集为例，若上一预测标签为 B，则当前预测标签不可能为 B 或 S，因为在当前片段未结束之前不可能开始新的片段。同理，若上一预测标签为 E，则当前标签不可能为 I 或 E。此类约束可作为硬约束被添加到序列标注模型中，从而减少搜索空间中无意义的标记序列。在为不同的任务构建模型时，我们通常需要采用不同的特征模板，这些特征模板能够有针对性地为相应目标任务提供有用信息。下一章将讨论序列分割任务中常用的特征模板。

191

9.1.1　面向分词的序列标注特征

表 9.2展示了基于字符标记序列的中文分词特征模板，其中，c_i 表示输入序列中的第 i 个字符，Punc 表示当前字符是否为标点符号，Type 返回当前字符的类别，例如数字、日

期时间指示符（“年”“月”“日”“时”“分”“秒”）、英文字母及其他字符。给定表 9.1中的例句一，当 $i=2$ 时，特征模板 $4(c_{i-1}c_ic_{i+1})$ 对应于三元组“那几年”。

表 9.2　基于字符标记序列的中文分词特征模板

索引	特征模板	索引	特征模板
1	c_{i-1}, c_i, c_{i+1}	4	$c_{i-1}c_ic_{i+1}$
2	$c_{i-1}c_i$, c_ic_{i+1}	5	$\textsc{Punc}(c_i)$
3	$c_{i-1}c_{i+1}$	6	$\textsc{Type}(c_{i-1})\textsc{Type}(c_i)\textsc{Type}(c_{i+1})$

表 9.2中每个特征模板在实例化过程中都会与一组标签相关的特征模板相匹配，包括一元组标签 t_i、二元组标签 $t_{i-1}t_i$ 以及三元组标签 $t_{i-2}t_{i-1}t_i$(二阶马尔可夫序列)。以特征模板 4 为例，该特征模板可实例化地扩展为 $c_{i-1}c_ic_{i+1}t_i$ 、$c_{i-1}c_ic_{i+1}t_{i-1}t_i$ 和 $c_{i-1}c_ic_{i+1}t_{i-2}t_{i-1}t_i$。当 $i=2$ 时，相应的三个特征实例分别为“$c_{i-1}c_ic_{i+1}=$ 那几年$,t_i=\text{S}$”，“$c_{i-1}c_ic_{i+1}=$ 那几年$,t_{i-1}=\text{S},t_i=\text{S}$”以及“$c_{i-1}c_ic_{i+1}=$ 那几年$,t_{i-2}=\langle\text{B}\rangle,t_{i-1}=\text{S},t_i=\text{S}$”。此外，上述 n 元组标签特征 t_i, $t_{i-1}t_i$ 与 $t_{i-2}t_{i-1}t_i$ 也可以单独使用，不需要和表 9.2中的特征模板相结合。

面向分词的序列标注特征模板共有 6×3（表 9.2和 n 元组标签模板组合）+3（单独使用标签特征模板）$=21$ 种，它们为分割结果的消歧提供了信息资源。例如，二元字符特征比一元字符特征更为具体，特征实例“$c_{i-1}c_i=$ 里面$,t_i=E$”可以为正确识别中文词“里面”提供有价值的指示信息。三元组字符特征 $c_{i-1}c_ic_{i+1}$ 比二元特征更为具体，但同时也更为稀疏，表 9.2中的特征模板 $c_{i-1}c_{i+1}$ 可被视为三元组特征的回退版本。我们也可以采用稀疏性较弱且与分词任务高度相关的标点符号特征和字符类型特征（如表 9.2中的模板 5 和模板 6）来替代字符特征。

给定输入 $C_{1:n}=c_1c_2\cdots c_n$ 和相应的输出标签序列 $T_{1:n}=t_1,t_2\cdots t_n$，我们可以通过在 $i\in[1,\cdots,n]$ 范围内对局部特征向量 $\vec{\phi}(C_{1:n},T_{1:n},i)$ 求和，得到全局特征向量 $\vec{\phi}(C_{1:n},T_{1:n})$:

$$\vec{\phi}(C_{1:n},T_{1:n})=\sum_{i=1}^{n}\vec{\phi}(C_{1:n},T_{1:n},i) \tag{9.1}$$

其中，$\vec{\phi}(C_{1:n},T_{1:n},i)$ 代表标签 i 基于上述 21 种词-标签混合模板进行实例化的结果。

192

在实际操作中，特征工程对于给定数据集找到最有效的特征模板至关重要，因此为实现最佳性能，表 9.2中某些特征可能不会被采用，相应地，我们会引入额外特征，例如音调特征（中文包含四种音调）、重复指示特征（是否存在 $c_{i-1}=c_i$）、偏旁特征（如“火”对于“烧”，“扌”对于“打”）等。由于这些类别特征与字符特征具有一定程度的信息重叠，难以应用于隐马尔可夫等生成式序列标注模型中，因此，多数中文分词的相关工作均采用判别式模型。

9.1.2　面向句法组块分析的序列标注特征

词性标注特征对于句法语块消歧具有重要意义，因此大多数句法组块分析工作均默认词性标注为预处理任务。表 9.3罗列了一组典型的句法组块分析特征模板，其中 w_i 表示第 i 个输入单词，p_i 表示单词 i 的词性标签，t_i 表示输出 i 的分段标签。这些特征模板包含了五词上下文窗口中的各个词及其相应词性，以及三词窗口中的各类二元组。与分词任务类似，输出标签特征 t_i 以及转换标签特征 $t_{i-1}t_i$（未使用三元组输出标记）可以和表 9.3中的特征模板相结合，也可以独立使用，它们分别代表某个句法语块标签的先验，以及已知前一输入单元输出情况下当前句法语块标签的条件先验，例如，若上一词输出标签为 I-VP，则当前词输出标签为 I-VP 或 B-NP 的概率相对较高。

表 9.3　面向句法组块分析的序列标注特征

索引	特征模板	索引	特征模板
1	w_{i-2}, w_{i-1}, w_i, w_{i+1}, w_{i+2}	4	$p_{i-1}p_i$, p_ip_{i+1}, $p_{i-1}p_{i+1}$
2	p_{i-2}, p_{i-1}, p_i, p_{i+1}, p_{i+2}	5	$w_{i-1}p_{i-1}$, w_ip_i, $w_{i+1}p_{i+1}$
3	$w_{i-1}w_i$, w_iw_{i+1}, $w_{i-1}w_{i+1}$	6	$t_{i-1}t_i$

9.1.3　面向命名实体识别的序列标注特征

命名实体识别往往也将词性标注作为预处理步骤，因此词性特征也可用于命名实体识别任务中。表 9.4罗列了一组命名实体识别任务中常见的特征模板，这些特征模板由上下文窗口中的单词本身及其词性和形态特征（如前缀、后缀、大小写和连字符）组成，每个特征模板都可与输出标签 n 元组（如 t_i、$t_{i-1}t_i$ 和 $t_{i-1}t_{i-1}t_i$）相结合。第 8 章所介绍的词性标注以及上一节中所讨论的句法组块分析都采用了类似特征。

193

表 9.4　面向命名实体识别的序列标注特征

索引	特征模板
1	w_{i-2}, w_{i-1}, w_i, w_{i+1}, w_{i+2}
2	p_{i-2}, p_{i-1}, p_i, p_{i+1}, p_{i+2}
3	PREFIX(w_i), SUFFIX(w_i)
4	CASE(w_i)
5	HYPHEN(w_i)
6	SHAPE(w_{i-2}), SHAPE(w_{i-1}), SHAPE(w_i), SHAPE(w_{i+1}), SHAPE(w_{i+2})
7	SHORTSHAPE(w_{i-2}), SHORTSHAPE(w_{i-1}), SHORTSHAPE(w_i), SHORTSHAPE(w_{i+1}), SHORTSHAPE(w_{i+1})
8	GAZETTEER(w_i)

词形。连字符特征（HYPHEN）表示单词是否包含连字符“-”，是“Semi-CRF”“ACL-2009”“GM-CSF promoter”等复合实体识别的重要线索。大小写和符号组合在命名实体识别中同样起着重要作用，我们可以通过将所有大写字母替换为“X”，小写字母替换为“x”，数字替换为“d”，并保持所有标点符号（如“-”）不变来获得相关形态特征，从而得到稀

疏性较弱的字形表示特征（SHAPE），例如，$\textsc{Shape}(w_i = \text{“ELMo”}) = \text{“XXXx”}$。短词形特征（SHORTSHAPE）进一步将连续出现的相同字母类型压缩为单个字母，以此降低稀疏性。词形特征在分词中起到与字形特征相似的作用。

实体词典特征。当前词是否存在于某个实体词典中，该信息对命名实体识别任务至关重要。实体词典包含已知的人名、地理位置名称、组织名称等，此类特征能够极大地为命名实体识别提供指示信息，尤其是在某些受限领域中。若我们使用不同领域的命名实体词典，表 9.4中的特征模板 $\textsc{Gazetteer}(w_i)$ 代表包含 w_i 的特定实体词典所对应的实体标签索引。

9.1.4 序列分割输出的评价方式

序列分割的输出可以表示为一个由三元组构成的集合 $\{(b_i, e_i, l_i)\}$，其中 b_i、e_i 和 l_i 分别表示片段的开始索引、终点索引和标签（如果必要的话）。例如，“John visited Las Vegas”中包含的正确命名实体为 $\{(1,1,\text{PER}),(3,4,\text{LOC})\}$，其中 $(1,1,\text{PER})$ 对应“John”，$(3,4,\text{LOC})$ 对应“Las Vegas”。分词任务可忽略片段标签。

给定正确输出 S_g 和模型预测输出 S，我们可以通过 $S_m = S_g \bigcap S$ 得到其共同片段子集。若模型输出错误，S_m 中将会缺失 S_g 和 S 中的部分片段。具体地，我们用**精确率**表示预测结果 S 中正确片段的百分比：

$$P = \frac{S_m}{S}$$

194

用**召回率**表示所有正确片段中被成功预测部分的百分比：

$$R = \frac{S_m}{S_g}$$

F**值**同时考虑精确率和召回率，可用于评价序列分割的综合性能：

$$F = \frac{2PR}{P+R}$$

若精确率和召回率均为 1，则 $F = 1$，代表输出结果完全正确; 若精确率或召回率较低，则 F 值也会随之降低。因此，F 值提供了精确率和召回率的平衡组合，不偏向于任何一方。文献中也将该值标记为 $F1$。

9.2 面向序列分割的判别式模型

在第 8 章中，我们通过引入基于输出标签序列的马尔可夫假设，实现了序列标注模型的高效解码和训练。以中文分词为例，二阶马尔可夫模型允许在三个连续输出标签上定义特征，但是无法表示多于三个字符的词，例如

$$\text{“}w_{i-1} = \text{萧规曹随}, t_i = B\text{”}$$

等有效特征无法直接应用在二阶马尔可夫序列标注模型上。对于分词、句法分块和命名实体识别等任务，完整的片段特征具有重要价值，而基于马尔可夫链的序列标注模型却无法直接利用这些特征。

针对上述问题，我们可以通过直接对序列分割的输出结构进行建模，构建判别式结构预测模型并利用片段特征，这种判别式模型可以在输出结构不同于普通序列标注任务时替换标准的序列标注模型。具体地，我们可以利用第 7 章和第 8 章中所讨论的结构化预测技术，同时采用不同的结构特征以及解码和训练算法。对于序列分割任务，特别是当特征上下文受限于固定数量的 k 个连续段时，我们可以尝试采用动态规划算法，找到得分最高的输出，并精准训练对数线性模型。

本节将以中文分词为例，介绍针对序列分割任务的判别式线性模型。我们首先介绍基于片段输出结构的特征定义，再讨论模型打分函数和解码算法，最后引入不同的判别式模型训练算法，包括对数线性模型训练和基于最大间隔的训练方法。对数线性模型与条件随机场模型相关，因此也被称为**半马尔可夫条件随机场**。

分词任务的输入单元为字符序列，输出单元为词序列，因此我们利用 $C_{1:n} = c_1c_2\cdots c_n$ 表示输入，$W_{1:|W|} = w_1w_2\cdots w_{|W|}$ 表示输出。下一节我们将讨论以词序列作为输入、语块序列作为输出的任务。

195

9.2.1　分词中的词级别特征

为直接对输出结构进行建模，我们可以提取词级别特征，具体地，我们将特征提取限定在两个连续的词（又称双字词组）上。对于输入句子 $C_1 : n$ 及其分词结果 $W_{1:|W|}$, 对任意 j，$w_j = c_{b(j)}c_{b(j)+1}\cdots c_{e(j)}$, 其中 $b(j)$ 和 $e(j)$ 分别表示词 w_j 的首尾索引。以句子 $C_{1:7}=$ “以前天下雨为例” 为例，其中 $c_1 =$ “以”，$c_2 =$ “前”，$c_7 =$ “例”，其正确分词输出应该为 “以 前天 下雨 为例”，共包含 4 个词，分别为 $w_1 =$ “以”、$w_2 =$ “前天”、$w_3 =$ “下雨”、$w_4 =$ “为例”，其中 $b(1) = 1, e(1) = 1$，$b(3) = 4$，$e(3) = 5$ 。错误的分词结果为 “以前 天下 雨 为例”，该输出序列同样包含 4 个词，分别为 $w_1 =$ “以前”、$w_2 =$ “天下”、$w_3 =$ “雨” 和 $w_4 =$ “为例”，其中 $b(1) = 1, e(1) = 2, b(3) = 5$，$e(3) = 5$。

给定输入输出句子对 $(C_{1:n}, W_{1:|W|})$, 全局特征向量 $\vec{\phi}(W_{1:|W|})$ 可以通过在所有双字词组 $w_{j-1}w_j$ 上累加局部特征向量 $\vec{\phi}(w_{j-1}, w_j)$ 得到：

$$\vec{\phi}(W_{1:|W|}) = \sum_{j=2}^{|W|} \vec{\phi}(w_{j-1}, w_j)$$

局部特征向量 $\vec{\phi}(w_{j-1}, w_j)$ 也可以使用字符索引表示为 $\vec{\phi}_c(C_{1:n}, b(j-1), e(j-1), e(j))$。例如，在上面的分词输出 “以 前天 下雨 为例” 中，局部特征向量在 “前天 下雨” 上可以直接表示为 $\vec{\phi}$(“前天”，“下雨”）或基于字符索引的 $\vec{\phi}_c$(“以前天下雨为例”, 2, 3, 5)。

为了方便引入句子开头和结尾的位置信息，我们在句子两端分别添加 $w_0 = \langle s\rangle$ 和 $w_{|W|+1} = \langle /s\rangle$，从而提取额外的特征实例 $\vec{\phi}(w_0, w_1)$ 和 $\vec{\phi}(w_{|W|}, w_{|W|+1})$。

基于上述符号表示法，表 9.5列出了一组基于词的特征模板，用于建模上述局部上下文特征表示，其中 $\text{LEN}(w_j)$ 表示 w_j 中的字符数，$b(j)$ 和 $e(j)$ 与前文意义相同。这组特征模板可以看作二元组 $w_{j-1}w_j$ 与其不同回退形式的各种组合，例如词的首字符和词的长度均可视为该词稀疏性较低的表示形式。通过表 9.2和表 9.5的对比，我们不难发现由于信息来源不同，基于词的特征与基于字符的序列标注特征也大不相同。

表 9.5 基于词的中文分词特征模板

索引	特征模板	索引	特征模板
1	单词 w_j	8	$c_{b(j)}c_{e(j)}$
2	二元组单词 $w_{j-1}w_j$	9	$w_jc_{e(j)+1}$
3	w_j 是不是一个单字符字，$\text{SINGLE}(w_j)$	10	$w_jc_{e(j-1)}$
4	$c_{b(j)}\text{LEN}(w_j)$	11	$c_{b(j-1)}c_{b(j)}$
5	$c_{e(j)}\text{LEN}(w_j)$	12	$c_{e(j-1)}c_{e(j)}$
6	以空格分隔的字符，$c_{e(j-1)}c_{b(j)}$	13	$w_j\text{LEN}(w_{j-1})$
7	w_j 的字符二元组	14	$w_{j-1}\text{LEN}(w_j)$

不同于分词任务，句法组块分析和命名实体识别任务的输出片段可能带有类别标签，此外，也可以利用词性信息来构造特征。习题 9.3 将讨论这些任务可能涉及的特征模板。 196

9.2.2 基于动态规划的精确搜索解码

模型。与前几章所介绍的方法类似，给定输入 $C_{1:n}$，我们可以利用判别式线性模型对不同的分割输出 $W_{1:|W|}$ 进行打分。给定特征表示 $\vec{\phi}(W)$ 以及模型参数向量 $\vec{\theta}$，可以得到：

$$\text{score}(W) = \vec{\theta} \cdot \vec{\phi}(W)$$

对数线性模型和最大间隔模型的解码目标相同，均为基于模型 $\vec{\theta}$ 找到分数最高的输出 $\hat{W}$：

$$\hat{W} = \arg\max_{W} \vec{\theta} \cdot \vec{\phi}(W)$$

给定输出 $W_{1:|W|}$，假定特征限定于双字词组上下文窗口，我们可以通过递增式的方式得到判别式模型对该输出的打分：

$$\begin{aligned}
\vec{\theta} \cdot \vec{\phi}(W_{1:|W|}) &= \vec{\theta} \cdot \Big(\sum_{j=2}^{|W|} \vec{\phi}(w_{j-1}, w_j)\Big) \\
&= \sum_{j=2}^{|W|} \vec{\theta} \cdot \vec{\phi}(w_{j-1}, w_j) \\
&= \sum_{j=2}^{|W|} \vec{\theta} \cdot \vec{\phi}_c(C_{1:n}, b(j-1), e(j-1), e(j)) \qquad (9.2)
\end{aligned}$$

我们用 $W(b,e)$ 表示最后一个词为 $C_{b:e} = c_b c_{b+1} \cdots c_e$ $(b \leqslant e)$ 的输出序列（它可以是对 $C_{1:n}$ 部分的解码结果），若子序列 $W(b,e)$ 和 $W(b',b-1)$ $(b' < b \leqslant e)$ 仅相差一个词 $C_{b:e}$，它们之间的分数具有以下相关性：

$$\text{score}(W(b,e)) = \text{score}\big(W(b',b-1)\big) + \vec{\theta} \cdot \vec{\phi}_c(C_{1:n}, b', b-1, e)$$

基于该公式，我们可以采用增量计算方式计算完整分词解码结果。为了采用动态规划方式进行解码，我们需要进一步证明该公式是否满足最佳子问题，我们用 $\hat{W}(b,e)$ 表示最后一个词为 $C_{b:e}$ 且得分最高的部分输出，$C_{\hat{b}':b-1}$ 表示 $\hat{W}(b,e)$ 中的倒数第二个词，于是 $\hat{W}(\hat{b}',b-1)$ 相当于 $\hat{W}(b,e)$ 的一个子序列（去掉最后一个词），我们需要证明在所有以词 $C_{\hat{b}':b-1}$ 结尾的输出子序列中，$\hat{W}(\hat{b}',b-1)$ 得分最高。这一结论是显而易见的。

197

根据上述等式，我们可以增量地构建一个得分表，该表针对所有有效的 b 和 e，存储序列 $\hat{W}(b,e)$ 的分数：

$$\text{score}(\hat{W}(b,e)) = \mathop{\arg\max}_{1 \leqslant b' \leqslant b-1} \Big(\text{score}\big(\hat{W}(b',b-1)\big) + \vec{\theta} \cdot \vec{\phi}_c(C_{1:n}, b', b-1, e)\Big) \tag{9.3}$$

最终得分最高的输出为

$$\hat{W} = \mathop{\arg\max}_{b \in [1 \cdots n]} \text{score}(\hat{W}(b,n))$$

算法 9.1展示了上述算法的伪代码，该算法使用了两种表结构，其中 $\text{tb}[b,e]$ 用于保存 $\text{score}(\hat{W}(b,e))$，$\text{bp}[b,e]$ 用于保存回溯指针

$$\mathop{\arg\max}_{b' \in [1,\cdots,b-1]} \ \text{score}(\hat{W}(b',b-1)) + \vec{\theta} \cdot \vec{\phi}_c(C_{1:n}, b', b-1, e)$$

该算法首先初始化 $\text{tb}[1,e]$ $(e \in [1,\cdots,n])$ 的边界特征 $\vec{\phi}(C_{1:n},0,0,e)$，其中 $c_0 =< s >$，然后从 2 到 n 分别枚举 b 和 e 并逐步构建表结构，通过枚举 $b \in [1,\cdots,n]$ 找到最高的输出分数，也就是最高整体得分 $\text{tb}[b,n]$。最后，通过*回溯算法*（习题 9.4）即可找到得分最高的分词输出 $W_{1:|W|}$。

198

算法 9.1分别对 e、b 和 b' 进行枚举，其复杂度为 $O(n^3)$。与第 8 章中用于序列标注的维特比解码算法（算法 8.1）相比，该解码器速度较慢，我们可以通过限制最大词长度为 M 来降低算法复杂度，长度 M 的具体值可以根据训练数据（习题 9.4）凭经验决定。该方法可以将算法 9.1 优化为线性时间复杂度。另外，该方法通过强加硬约束条件，使得模型无法预测长度超过 M 的词，而这些词可能出现在模型未见过的测试句子中。

接下来的两节将介绍模型的训练方法，类似于序列标注任务的模型训练，我们可以利用判别式线性模型中广泛使用的对数似然（9.2.3 节）和最大间隔（9.2.4 节）作为训练目标。

算法 9.1: 序列分割动态解码算法

Inputs: 序列 $C_{1:n} = c_1 c_2 \cdots c_n$, 模型参数 $\vec{\theta}$;

Initialisation:

for $e \in [1, \cdots, n]$ **do**

  for $b \in [1, \cdots, e]$ **do**

    $\text{tb}[b, e] \leftarrow -\infty$;

    $\text{bp}[b, e] \leftarrow -1$;

  $\text{tb}[1, e] \leftarrow \vec{\theta} \cdot \vec{\phi}_c(C_{1:n}, 0, 0, e)$;

Algorithm:

for $e \in [2, \cdots, n]$ **do**

  for $b \in [2, \cdots, e]$ **do**

    for $b' \in [1, \cdots, b-1]$ **do**

      if $\text{tb}[b', b-1] + \vec{\theta} \cdot \vec{\phi}_c(C_{1:n}, b', b-1, e) > \text{tb}[b, e]$ **then**

        $\text{tb}[b, e] \leftarrow \text{tb}[b', b-1] + \vec{\theta} \cdot \vec{\phi}_c(C_{1:n}, b', b-1, e)$;

        $\text{bp}[b, e] \leftarrow b'$;

$\text{max\_score} \leftarrow \max_{b'} \in [1, \cdots, n] \text{tb}[b', n] + \vec{\phi}_c(C_{1:n}, b', n, n+1)$;

基于 bp 进行回溯;

Outputs: 分割序列 $W_{1:|W|} = w_1 w_2 \cdots w_{|W|}$;

9.2.3 半马尔可夫条件随机场

半马尔可夫条件随机场是一种用于序列分割的对数线性模型。与面向分类任务和序列标注任务的对数线性模型相似，半马尔可夫条件随机场利用条件概率对输出结构进行评分。给定一对输入和输出 $(C_{1:n}, W_{1:|W|})$，其条件概率 $P(W|C)$ 的计算公式为：

$$P(W|C) = \frac{\exp\left(\vec{\theta} \cdot \vec{\phi}(W)\right)}{\sum_{W' \in \textsc{Gen}(C)} \exp\left(\vec{\theta} \cdot \vec{\phi}(W')\right)}$$

其中 $\textsc{Gen}(C)$ 表示 C 的所有可能分词结果。这种形式的条件概率计算与第 4 章所介绍的对数线性分类器以及第 8 章中所讨论的条件随机场相同，但由于输出结构和特征上下文范围的不同，这里我们将介绍面向半马尔可夫条件随机场的特定动态规划算法。我们首先讨论分割片段边缘概率的计算方法。

计算边缘概率。序列分割中某个片段的概率计算类似于序列标注任务中边缘标签概率的计算。我们仍以中文分词为例，给定输入 $C_{1:n}$，$P(\textsc{IsWord}(C_{b:e})|C_{1:n})$ 表示 $C_{b:e} = c_b c_{b+1} \cdots c_e$ 为一个词的概率，其中 $\textsc{IsWord}(C_{b:e})$ 表示 $C_{b:e}$ 是输出序列中的一个词。

该边缘概率可以通过对片段序列概率 $P(W_{1:|W|}|C_{1:n})$ 进行求和来计算。我们用 $\textsc{Gen}(C_{1:n})$ 表示字序列 $C_{1:n}$ 的所有可能分词输出，则边缘概率 $P(\textsc{IsWord}(C_{b:e})|C_{1:n})$ 的计算方式为：

$$P(\textsc{IsWord}(C_{b:e})|C_{1:n}) = \sum_{W \in \textsc{Gen}(C_{1:n}) \text{且 } C_{b:e} \in W} P(W|C_{1:n}) \tag{9.4}$$

($W \in \textsc{Gen}(C_{1:n})$且 $C_{b:e} \in W$) 表示 $C_{1:n}$ 所有分词结果中包含词 $C_{b:e}$ 的候选项。

199

式 (9.4) 包含指数数量级的求和，因此其实现较为困难。但是，若假设特征是双字词组的局部特征，我们可以在多项式时间内利用动态规划计算其总和。给定一个半马尔可夫条件随机场模型 $\vec{\theta}$，我们可以得到：

$$
\begin{aligned}
P(W|C_{1:n}) &= \frac{\exp\left(\vec{\theta}\cdot\vec{\phi}(W)\right)}{Z} \\
&= \frac{\exp\left(\vec{\theta}\cdot\left(\sum_j \vec{\phi}(w_{j-1}, w_j)\right)\right)}{Z} \\
&= \frac{\prod_j \exp\left(\vec{\theta}\cdot\vec{\phi}(w_{j-1}, w_j)\right)}{Z}
\end{aligned} \tag{9.5}
$$

其中 Z 为归一化因子 $\sum_W \exp\left(\vec{\theta}\cdot\vec{\phi}(W)\right)$。

根据式 (9.4) 和式 (9.5)，我们有

$$
\begin{aligned}
P(\textsc{IsWord}(C_{b:e})|C_{1:n}) &= \sum_{W\in\textsc{Gen}(C_{1:n})\ \text{且} C_{b:e}\in W} \left(\frac{1}{Z}\prod_{j=1}^{|W|}\exp\left(\vec{\theta}\cdot\vec{\phi}(w_{j-1}, w_j)\right)\right) \\
&= \frac{1}{Z}\left(\sum_{W^l\in\textsc{Gen}(C_{1:e})\ \text{且} C_{b:e}\in W^l}\prod_{j=1}^{|W^l|}\exp\left(\vec{\theta}\cdot\vec{\phi}(w^l_{j-1}, w^l_j)\right)\right) \\
&\quad \left(\sum_{W^r\in\textsc{Gen}(C_{e+1:n})}\prod_{j=1}^{|W^r|+1}\exp\left(\vec{\theta}\cdot\vec{\phi}(w^r_{j-1}, w^r_j)\right)\right)
\end{aligned} \tag{9.6}
$$

其中 $\textsc{Gen}(C_{1:e})$ 和 $\textsc{Gen}(C_{e+1:n})$ 分别代表子序列 $C_{1:e} = c_1 \cdots c_e$ 和 $c_{e+1} \cdots c_n$ 的所有可能切分方式。因此，$W^l = w^l_1 \cdots w^l_{|W^l|}$ 和 $W^r = w^r_1 \cdots w^r_{|W^r|}$ 代表所有以 c_e 结束、c_b 开始的分词子序列，并且 $w^l_{|W_l|} = w^r_1 = C_{b:e}$。

式 (9.6) 以 $C_{b:e}$ 为分割点，将求和过程切分为两个分量的乘积，因此与条件随机场类似，我们将其分别表示为前向分量 α 和后向分量 β，并利用动态规划来有效计算每个分量的值。对于前向分量，我们将其表示为：

$$
\alpha(b', e') = \sum_{W^l\in\textsc{Gen}(C_{1:e'})\ \text{且} C_{b':e'}\in W^l}\prod_{j=1}^{|W^l|}\exp\left(\vec{\theta}\cdot\vec{\phi}(w^l_{j-1}, w^l_j)\right) \tag{9.7}
$$

通过对所有合法 b'' 进行枚举，我们可以得到 $\alpha(b'', b'-1)$ 的相关值，并进行求和来增量计算 $\alpha(b', e')$:

$$
\alpha(b', e') = \sum_{b''\in[1,\cdots,b'-1]}\left(\alpha(b'', b'-1)\cdot\exp\left(\vec{\theta}\cdot\vec{\phi}_c(C_{1:e}, b'', b'-1, e')\right)\right)
$$

其中 $b' \in [1, \cdots, e]$，$e' \in [b', \cdots, e]$。

从边界值 $\alpha(1, e') = \exp\left(\vec{\theta} \cdot \vec{\phi}_c(C_{1:e}, 0, 0, e')\right)$ 开始（$e' \in [1, \cdots, e]$），算法 9.2 为所有 $\alpha(b', e')(b' \in [1, \cdots, e], e' \in [b', \cdots, e])$ 逐步建立前向分量表。

200

算法 9.2: 半马尔可夫条件随机场模型的前向算法

Inputs: $s = C_{1:e}$, 半马尔可夫模型以及相应的特征权重向量 $\vec{\theta}$;
Variables: α;
Initialisation:
for $e' \in [1, \cdots, e]$ **do**
  $\alpha[1, e'] \leftarrow \vec{\theta} \cdot \vec{\phi}(C_{1:e}, 0, 0, e')$;
Algorithm:
for $b \in [2, \cdots, e]$ **do**
  for $e \in [b', \cdots, e]$ **do**
    $\alpha[b', e'] \leftarrow 0$;
    for $b'' \in [1, \cdots, b' - 1]$ **do**
      $\alpha[b', e'] \leftarrow \alpha[b', e'] + \alpha[b'', b' - 1] \cdot \exp\left(\vec{\theta} \cdot \vec{\phi}_c(C_{1:n}, b'', b' - 1, e')\right)$;
Outputs: α;

为计算式 (9.6) 中的第二个分量, 我们采用以下公式:

$$\beta(b', e') = \sum_{W^r \in \textsc{Gen}(C_{b':n}) \text{ 且 } C_{b':e'} \in W^r} \prod_{j=1}^{|W^r|+1} \exp\left(\vec{\theta} \cdot \vec{\phi}(w_{j-1}^r, w_j^r)\right) \tag{9.8}$$

通过将所有 $\beta(e' + 1, e'')$ 的相关值相加，我们可以逐步得到 $\beta(b', e')$，其中 $e'' \in [e' + 1, \cdots, n]$：

$$\beta(b', e') = \sum_{e'' \in [e'+1, \cdots, n]} \left(\beta(e' + 1, e'') \cdot \exp\left(\vec{\theta} \cdot \vec{\phi}_c(C_{e+1:n}, b', e', e'')\right)\right)$$

其中 $b' \in [e + 1, \cdots, n]$，$e' \in [e + 1, \cdots, n]$。

从边界值 $\beta(b', n) = 1$ 开始，算法 9.3从句尾逐步往前回溯，构建后向分量表，存储所有有效的 $\beta(b', e')$，其中 $b' \in [e + 1, \cdots, n], e' \in [e + 1, \cdots, n]$。

$\alpha(b', e')$ 和 $\beta(b', e')$ 计算完成后，可以通过以下公式计算得到 $P(\textsc{IsWord}(C_{b:e}|C_{1:n}))$：

$$\frac{1}{Z}\alpha(b, e)\beta(e + 1, e')$$

上式中的 $\alpha(b, e)$ 和 $\beta(e + 1, e')$ 分别对应于式 (9.6) 中的第一项和第二项，归一化函数 Z 与式 (9.5) 和式 (9.6) 相同，可以通过算法 9.4进行计算，该算法将最大算子改为求和算子，是算法 9.1的改版。tb$[b, e]$ 记录了 $\sum_{W(b,e)} \exp(\vec{\theta}, \vec{\phi}(W(b, e)))$，因此 tb$[b, e] = \sum_{b'}$(tb $[b', b - 1] \cdot \exp(\vec{\theta} \cdot \vec{\phi}_c(C_{1:n}, b', b - 1, e)))$。与第 8 章中的条件随机场类似，我们可以在表 $[b, e]$

201

中存储 $\log(\sum_{W(b,e)}\exp(\vec{\theta}\cdot\vec{\phi}(W(b,e))))$，利用 logsumexp 技巧来避免指数数值溢出。

算法 9.3: 半马尔可夫条件随机场模型的后向算法

Inputs: $s = C_{e+1:n}$, 半马尔可夫训练模型以及相应的特征权重向量 $\vec{\theta}$;
Variables: β;
Initialisation:
for $b' \in [n, \cdots, e+1]$ **do**
  $\beta[b', n] \leftarrow \vec{\theta}\cdot\vec{\phi}_c(C_{e+1:n}, b', n, n+1)$;
Algorithm:
for $e' \in [n-1, \cdots, e+1]$ **do**
  for $b' \in [e', \cdots, e+1]$ **do**
    $\beta[b', e'] \leftarrow 0$;
    for $e'' \in [e'+1, \cdots, n]$ **do**
      $\beta[b', e'] \leftarrow \beta[b', e'] + \beta[e'+1, e'']\cdot\exp\Big(\vec{\theta}\cdot\vec{\phi}_c(C_{e+1:n}, b', e', e'')\Big)$;
Outputs: β;

算法 9.4: 半马尔可夫条随机场的归一化算法

Inputs: $s = C_{1:n}$, 半马尔可夫训练模型以及相应的特征权重向量 $\vec{\theta}$;
Initialisation:
for $e \in [1, \cdots, n]$ **do**
  for $b \in [1, \cdots, e]$ **do**
    $\text{tb}[b, e] \leftarrow -\infty$;
    $\text{bp}[b, e] \leftarrow -1$;
  $\text{table}[1, e] \leftarrow \vec{\theta}\cdot\vec{\phi}_c(C_{1:n}, 0, 0, e)$;
Algorithm:
for $e \in [2, \cdots, n]$ **do**
  for $b \in [2, \cdots, e]$ **do**
    $\text{scores} \leftarrow []$;
    for $b' \in [1, \cdots, b-1]$ **do**
      $\textsc{Append}\Big(\text{scores},\ \text{tb}[b', b-1] + \vec{\theta}\cdot\vec{\phi}_c(C_{1:n}, b', b-1, e)\Big)$;
    $\text{tb}[b, e] \leftarrow \text{logsumexp}(\text{scores})$;
$\text{scores} \leftarrow []$;
for $b' \in [1, \cdots, n]$ **do**
  $\textsc{Append}\Big(\text{scores}, \text{tb}[b', n] + \vec{\phi}_c(C_{1:n}, b', n, n+1)\Big)$;
$Z \leftarrow \exp(\text{logsumexp}(\text{scores}))$;
Outputs: Z;

训练。给定一组训练数据 $D = \{(C_i, W_i)\}|_{i=1}^N$，其中 C_i 代表一个句子，W_i 为对应的正确分割结果，半马尔可夫条件随机场的训练目标为最大化 D 的对数似然：

202

$$\hat{\vec{\theta}} = \arg\max_{\vec{\theta}} \log P(D)$$

$$
\begin{aligned}
&= \arg\max_{\vec{\theta}} \sum_i \log P(W_i|C_i) \\
&= \arg\max_{\vec{\theta}} \sum_i \log \frac{\exp\left(\vec{\theta}\cdot\vec{\phi}(W_i)\right)}{\sum_{W'\in \text{GEN}(C_i)} \exp\left(\vec{\theta}\cdot\vec{\phi}(W')\right)} \\
&= \arg\max_{\vec{\theta}} \sum_i \left(\vec{\theta}\cdot\vec{\phi}(W_i) - \log\left(\sum_{W'\in \text{GEN}(C_i)} \exp\left(\vec{\theta}\cdot\vec{\phi}(W')\right)\right)\right)
\end{aligned} \tag{9.9}
$$

与条件随机场的训练方式相同，随机梯度下降法同样可以用于优化上述训练目标。具体地，每个训练样本的局部训练目标为最大化

$$
\vec{\theta}\cdot\vec{\phi}(W_i) - \log\left(\sum_{W'\in \text{GEN}(C_i)} \exp\left(\vec{\theta}\cdot\vec{\phi}(W')\right)\right)
$$

其关于 $\vec{\theta}$ 的局部梯度为：

$$
\begin{aligned}
&\vec{\phi}(W_i) - \frac{\sum_{W'\in \text{GEN}(C_i)} \exp\left(\vec{\theta}\cdot\vec{\phi}(W')\right)\cdot\vec{\phi}(W')}{\sum_{W''\in \text{GEN}(C_i)} \exp\left(\vec{\theta}\cdot\vec{\phi}(W'')\right)} \\
=&\vec{\phi}(W_i) - \sum_{W'\in \text{GEN}(C_i)} P(W'|C_i)\vec{\phi}(W'),\ (\text{见}P(W'|C_i)\text{的定义})
\end{aligned} \tag{9.10}
$$

式 (9.10) 的输出结构为分词序列 W，而不是标签序列 T。与序列标注任务类似，式 (9.10) 中的第二项涉及指数量级的求和运算，其实现较为困难。

我们再次尝试利用特征局部性来解决上述计算问题。给定训练集 $D = \{(C_i, W_i)\}|_{i=1}^N$ 中的训练样本 C_i，假设特征局限于双字词组上下文，$\sum_{W'} P(W'|C_i)\vec{\phi}(W')$ 可进一步展开为：

$$
\begin{aligned}
\sum_{W'} P(W'|C_i)\vec{\phi}(W') &= \sum_{W'\in \text{GEN}(C_i)} P(W'|C_i)\left(\sum_{j=1}^{|W'|}\vec{\phi}(w_{j-1}, w_j)\right) \\
&= E_{W'\sim P(W'|C_i)}\left(\sum_{j=1}^{|W'|}\vec{\phi}(w_{j-1}, w_j)\right)
\end{aligned} \tag{9.11}
$$

式 (9.11) 通过枚举 C_i 的所有切分结果以及每个切分结果的二元词组局部特征，来具体计算输出概率对所有局部特征向量进行加权。对于任意二元词组 $C_{b':b-1}C_{b:e}(b' \in [1, \cdots, |C_i|-1], b \in [b'+1, \cdots, |C_i|], e \in [b, \cdots, |C_i|])$，其局部特征向量值 $\vec{\phi}_c(C_i, b', b-1, e)$ 等价于对 C_i 中所有包含该二元词组切分输出的加权求和，其权重为相应输出的概率：

$$
\begin{aligned}
&E_{W'\sim P(W'|C_i)}\left(\sum_{j=1}^{|W'|}\vec{\phi}(w_{j-1}, w_j)\right) \\
&= E_{W'\sim P(W'|C_i)}\left(\sum_{C_{b':b-1}C_{b:e},\, C_{b':b-1}\in W',\, C_{b:e}\in W'} \vec{\phi}_c(C_i, b', b-1, e)\right)
\end{aligned}
$$

$$= \sum_{C_{b':b-1}C_{b:e} \in \text{BIGRAMS}(C_i)} E_{C_{b':b-1}C_{b:e} \sim P(\text{ISBIGRAM}(b',b-1,e)|C_i)} \vec{\phi}_c(C_i, b', b-1, e) \tag{9.12}$$

其中 $C_{b':b-1}C_{b:e}$ 表示 C_i 所有可能切分结果中的某一特定二元词组。式 (9.12) 通过边缘二元概率 $P(\text{ISBIGRAM}(b', b-1, e) \mid C_i)$ 加权求和得到特征向量 $\vec{\phi}_c(C_i, b', b-1, e)$ 的期望，这里 ISBIGRAM $(b', b-1, e) = \text{ISWORD}(b', b-1)$，ISWORD (b, e) 将返回一个布尔值，表示 $C_{b':b-1}C_{b:e}$ 在当前输出中是否为一个二元词组。

因此，式 (9.12) 可将上述特征期望转化为计算所有可能二元词组的边缘概率 $P(\text{ISBIGRAM}(b', b-1, e)|C_i)$。若词的最大字长限制为 M 字符，则相应的计算复杂度减少为 $O(|C_i|^3)$ 或 $O(M^2|C_i|)$。

同样，我们可以利用特征局部性计算边缘概率。根据式 (9.5) 中 $P(W|C_{1:n})$ 的定义，我们可以得到：

$$\begin{aligned}
&P(\text{ISBIGRAM}(b', b-1, e)|C_i) \\
&= \sum_{W \in \text{GEN}(C_i), C_{b':b-1} \in W, C_{b:e} \in W} \frac{1}{Z} \prod_{j=2}^{|W|} \exp\left(\vec{\theta} \cdot \vec{\phi}(w_{j-1}, w_j)\right) \\
&= \frac{1}{Z}\left(\sum_{W^l \in \text{GEN}(C_{1:b-1}), C_{b':b-1} \in W^l} \prod_{j=2}^{|W^l|} \exp\left(\vec{\theta} \cdot \vec{\phi}(w^l_{j-1}, w^l_j)\right)\right) \\
&\quad \left(\sum_{W^r \in \text{GEN}(C_{b:n}), C_{b:e} \in W^r} \prod_{j=1}^{|W^r|} \exp\left(\vec{\theta} \cdot \vec{\phi}(w^r_{j-1}, w^r_j)\right)\right)
\end{aligned} \tag{9.13}$$

其中 Z 为式 (9.5) 中定义的归一化因子，可以利用算法 9.4进行计算。

式 (9.13) 可以利用与式 (9.6) 相同的方法进行计算，其中 $\alpha(b', e')$ 与 $\beta(b', e')$ 分别与式 (9.7) 和式 (9.8) 中的定义相同。我们可以利用算法 9.2 和算法 9.3 中的前向后向算法直接查找 $\alpha(b', e')$ 和 $\beta(b', e')$ 的所有值，于是，$P(\text{ISBIGRAM}(b', b-1, e)|C_i)$ 的值可以通过下式得出：

$$P(\text{ISBIGRAM}(b', b-1, e)|C_i) = \frac{\alpha(b', b-1)\beta(b, e) \exp\left(\vec{\theta} \cdot \vec{\phi}_c(C_i, b', b-1, e)\right)}{Z}$$

204

算法 9.5展示了半马尔可夫条件随机场训练过程的伪代码。

9.2.4 最大间隔模型

面向序列分割的最大间隔判别式模型与面向序列标注的最大间隔模型基本相似。给定输入 $C_{1:n}$，结构化感知机和结构化支持向量机将不同候选输出 $W \in \text{GEN}(C)$ 转化为特征向量 $\vec{\phi}(S)$，然后根据模型参数 $\vec{\phi}(W)$ 对每个 W 进行打分：

$$\text{score}(W) = \vec{\theta} \cdot \vec{\phi}(W)$$

算法 9.5: 半马尔可夫条件随机场的前向后向算法

Inputs: $s = C_{1:n}$, 半马尔可夫模型及其特征权重向量 $\vec{\theta}$;
Variables: tb, α, β;
$\alpha \leftarrow \text{FORWARD}(C_{1:n}, \vec{\phi}, \vec{\theta})$ 利用算法 9.2;
$\beta \leftarrow \text{BACKWARD}(C_{1:n}, \vec{\phi}, \vec{\theta})$ 利用算法 9.3;
$Z \leftarrow \text{PARTITION}(C_{1:n}, \vec{\phi}, \vec{\theta})$ 利用算法 9.4;
for $b \in [1, \cdots, n]$ **do**
　for $e \in [b, \cdots, n]$ **do**
　　for $b' \in [1, \cdots, b-1]$ **do**
　　　$table[b'][b-1][e] \leftarrow \alpha[b'][b-1] \cdot \beta[b][e] \cdot \exp\left(\vec{\theta} \cdot \vec{\phi}_c(C_{1:n}, b', b-1, e)\right)/Z$;
Outputs: *table*;

给定一组训练数据 $D = \{(C_i, W_i)\}|_{i=1}^N$，这两种结构化模型的训练目标均为界定标准训练样本得分和模型预测结果得分之间的差距，具体而言，对于结构化感知机，其训练目标为最小化：

$$\sum_{i=1}^{N} \max\left(0, \max_{W'}\left(\vec{\theta} \cdot \vec{\phi}(W')\right) - \vec{\theta} \cdot \vec{\phi}(W_i)\right) \tag{9.14}$$

而对于结构化支持向量机，其训练目标则是最小化：

$$\frac{1}{2}||\vec{\theta}||^2 + C\left(\sum_{i=1}^{N} \max\left(0, 1 - \vec{\theta} \cdot \vec{\phi}(W_i) + \max_{W' \neq W_i}\left(\vec{\theta} \cdot \vec{\phi}(W')\right)\right)\right) \tag{9.15}$$

在式 (9.14) 和式 (9.15) 中，$\max_{W'}\left(\vec{\theta} \cdot \vec{\phi}(W')\right)$ 的计算需要依据解码过程找到分数最高的模型预测结果。与序列标注任务类似，感知机、支持向量机和对数线性模型在序列分割任务上的解码过程相同，如算法 9.1 所示。相较于针对序列标注任务的式 (8.17) 与式 (8.19)，式 (9.14) 与式 (9.15) 的不同点在于输入输出到特征向量的映射函数。另外，由于任务中固有的结构差异，序列分割的特征上下文与序列标注的特征上下文也不同，因此获得分数最高切分结果的 $\arg\max_{s'} \text{score}(W')$ 也不同于序列标注任务的维特比解码算法。

205

9.3 结构化感知机与柱搜索

片段级别特征能够提供更大范围的上下文内容以及和输出结构直接相关的信息源，因此在序列分割任务中起着重要作用。但这些特征也会为结构化模型带来两个潜在问题，第一个问题是特征稀疏性。以句法组块分析任务为例，一个名词短语可能由数十个词组成，且词的组合数量往往是一个规模较大的开放集。因此对于某些任务和数据集，片段级别的特征稀疏性较强，在定义语块级特征时应慎重考虑，在给定特定任务和数据集的情况下需要凭经验验证其有效性。这也是**特征工程**常用的解决方案，但成本较高，因此我们将在本书的第三部分讨论稀疏性问题更精巧的解决方法。

片段级别特征引入的第二个潜在问题为解码效率低下。如前文所述，在不限制片段大小的情况下，基于二元组特征上下文进行解码时，我们可以通过动态规划获得 $O(n^3)$ 的时间复杂度，当特征上下文增加为三元组时，其复杂度将增加到 $O(n^4)$。相较于第 8 章所介绍的维特比解码器，$O(n^4)$ 的复杂度会使解码速度降低好几个数量级。

为解决特征上下文和解码效率之间的内在矛盾，我们可以利用*不精确搜索*，该方法使得解码器不再依赖于最佳子问题的约束，从而将特征上下文大小与解码效率进行解耦。本节将介绍基于柱搜索的解码算法，该算法从左至右递增式地处理输入序列，能够以线性时间复杂度逐步构建输出结构。不精确搜索的缺点在于无法保证解码器找到得分最高的候选输出结构，因此，模型性能可能会受到一定损失。另外，模型分数最高也并不能保证对于任何输入都能够预测出正确的结果，经验模型和实际数据很难完全一致，这一问题对于所有机器学习模型都是无法避免的。实践证明，通过将建模和解码过程融为一体，我们可以将模型错误和搜索错误统一为一个问题。具体而言，我们可以通过将训练目标设置为最小化搜索错误来达到这个目标，我们将介绍如何在感知机的训练算法中集成该策略。

9.3.1 放宽特征局部约束

本节我们讨论词序列分割任务，输入为词序列 $W_{1:n} = w_1 \cdots w_n$，输出为词片段序列 $S_{1:|S|} = s_1 \cdots s_{|S|}$。给定输入序列 $W_{1:n}$，我们考虑从左至右逐步构建输出结构，每一步对从句子起始到当前词的部分输出结果进行评分，并采用柱搜索的方式，在整个输出结果上计算非局部特征向量。基于不精确柱搜索解码方式，我们不再受特征局部性约束，因此序列分割的呈现方式（序列标注形式的标签表示法或是直接片段输出）并不重要，解码器也不需要对分割标签序列进行马尔可夫假设。考虑到序列分割可以转化为序列标注，因此我们以序列标注为例，来统一表示序列分割和序列标注任务。

206

给定输入序列 $W_{1:n}$，输出为一个从左至右的标签序列 $T_{1:n} = t_1 t_2 \cdots t_n$，其中 t_i 为输入 w_i 的 **局部输出标签**。对于序列标注任务，t_i 为 w_i 的局部属性标签；对于序列分割任务，t_i 为切分边界标签，例如 $t_i \in \{B, I, O\}$；对于命名实体识别任务，t_i 还包含从 w_i 开始的分段标签，即实体类别标签。

柱搜索解码器从左至右逐步构建 $T_{1:n}$。具体而言，在第 i 步时，当前部分输出 $T_{1:i}$ 的特征向量是基于上一步增量所构建的：

$$\vec{\phi}(W_{1:n}, T_{1:i}) = \vec{\phi}(W_{1:n}, T_{1:i-1}) + \vec{\phi}_\Delta(W_{1:n}, T_{1:i-1}, t_i)$$

其中 $\vec{\phi}_\Delta(W_{1:n}, T_{1:i-1}, t_i)$ 表示关于从 $T_{1:i-1}$ 扩展到 $T_{1:i}$ 形成的增量特征向量。

$\vec{\phi}_\Delta(W_{1:n}, T_{1:i-1}, t_i)$ 与第 8 章所介绍的序列标注任务中的增量特征 $\vec{\phi}(W_{1:n}, T_{i-k:i-1}, t_i)$ 类似，其主要区别为：首先，$\vec{\phi}_\Delta(W_{1:n}, T_{1:i-1}, t_i)$ 的特征提取无须马尔可夫限制，因此 t_i 可以依赖于远距离标签，甚至是 t_1，例如句子开头为代词，当前标签为动词；其次，对于序列分割任务，特征既可以通过分割标签提取，也可以直接在当前分割序列上定义。例如，我们可以构建特征“前两个词为‘the movie’，当前实体为‘New York’，当前命名实体类型为 MISC”。增量特征向量 $\vec{\phi}_\Delta(W_{1:n}, T_{1:i-1}, t_i)$ 不受任何形式的限制，可以基于当前标签 t_i 的任意语义模式进行定义。

9.3.2 柱搜索解码

算法 9.6展示了柱搜索解码算法的伪代码，该解码算法可以利用任意长度上下文的非局部特征。给定输入句子 $W_{1:n}$，该算法从左至右逐步构建输出序列 $T_{1:n}$，在每一步都使用 agenda 维护得分最高的 k 个当前部分输出 $T_{1:i}$。初始 agenda 中保存一个空序列，解码器通过为 agenda 中的每个序列枚举与当前词相关的所有可能标签关系来扩展 agenda 中的候选项，将新标签附加到部分输出标签序列后，算法为每个新候选项更新分数，并将其中分数最高的 k 个候选项输出放回 agenda 中，以开展下一轮迭代。该过程一直重复，直到整个句子处理完毕，最终将 agenda 中得分最高的输出序列作为解码结果。

算法 9.6: 柱搜索解码算法

```
Inputs: θ⃗ —判别式线性模型参数;
W_{1:n} — 输入序列;
k — 柱大小;
Initialisation: agenda ← [([], 0)];
Algorithm:
for i ∈ [1, ··· , n] do
    candidates ← agenda;
    agenda ← [];
    for candidate ∈ candidates do
        T_{1:i-1} ← candidate[0];
        score ← candidate[1];
        for t ∈ L do
            T_{1:i} ← EXPAND(T_{1:i-1}, t);
            new_score ← score + θ⃗ · φ⃗_Δ(W_{1:n}, T_{1:i-1}, t);
            APPEND(agenda, (T_{1:i}, new_score));
    agenda ← TOP-K(agenda, k);
Outputs: TOP-K(agenda, 1)[0];
```

算法 9.6 中 agenda 的数据结构为元组列表，每个元组由部分标签序列 $T_{1:i}$ 和它对应的分数组成，$\vec{\phi}_\Delta(W_{1:n}, T_{1:i-1}, t)$ 用于提取增量特征 $\vec{\phi}_\Delta(W_{1:n}, T_{1:i-1}, t_i = t)$。EXPAND$(T_{1:i-1}, t)$ 将 t 附加到标签序列 $T_{1:i-1}$ 的末尾，以形成 $T_{1:i}$。APPEND 操作可将元素添加至列表末尾，TOP-K(agenda, k) 操作可返回 agenda 中得分最高的 k 个元素。

207

训练。基于感知机训练算法的柱搜索过程如算法 9.7所示。给定训练数据集 D，$(W_{1:n}, T_{1:n})$ 代表一组训练样本，其中 $T_{1:n}$ 为 $W_{1:n}$ 的正确词级别标记序列。与标准感知机类似，该算法首先将 $\vec{\theta}$ 初始化为零，然后重复利用当前模型参数 $\vec{\theta}$ 来解码训练样本。对于每个训练样本，算法 9.6采用柱搜索解码器，同时在每一步监控正确输出序列 $T_{1:i}$ 的得分。

若正确的局部结构序列 $T_{1:i}$ 在第 i 步脱离 agenda，则模型训练有误，且后续步骤也无法输出正确结果，此时算法停止对当前输入 $W_{1:n}$ 的解码过程，并以 $T_{1:i}$ 为正例更新模型参数 $\vec{\theta}$，同时将 agenda 中分数最高的部分输出 $\hat{T}_{1:i}$ 作为负例，以便下次处理同一训练实例时，模型可为正确序列 $T_{1:i}$ 分配更高分数，从而避免同样的错误发生。

算法 9.7: 柱搜索训练算法

Inputs: D — 训练集;
M — 训练样本数;
k — 柱大小;
Initialisation: $\vec{\theta} \leftarrow 0$;
Algorithm:
for $t \in [1, \cdots, M]$ **do**
　for $(W_{1:n}, T_{1:n}) \in D$ **do**
　　agenda← $[([], 0)]$
　　for $i \in [1, \cdots, n]$ **do**
　　　candidates ← agenda;
　　　agenda ← [];
　　　for candidate ∈ candidates **do**
　　　　$T_{1:i-1} \leftarrow$ candidate[0];
　　　　score ← candidate[1];
　　　　for $t \in L$ **do**
　　　　　$T_{1:i} \leftarrow \text{EXPAND}(T_{1:i-1}, t)$;
　　　　　new_score ← score + $\vec{\theta} \cdot \vec{\phi}_\Delta(W_{1:n}, T_{1:i-1}, t)$;
　　　　　APPEND(agenda, $(T_{1:i}$, new_score));
　　　agenda ← TOP-K(agenda, k);
　　　if not CONTAIN($T_{1:i}$, agenda) **then**
　　　　pos ← $T_{1:i}$;
　　　　neg ← TOP-K(agenda, 1)[0];
　　　　$\vec{\theta} \leftarrow \vec{\theta} + \vec{\phi}(\text{pos}) - \vec{\phi}(\text{neg})$;
　　　　return;
　　if $T_{1:n} \neq$ TOP-K(agenda, 1)[0] **then**
　　　$\vec{\theta} \leftarrow \vec{\theta} + \vec{\phi}(T_{1:n}) - \vec{\phi}(\text{TOP-K}(\text{agenda}, 1)[0])$;
Outputs: $\vec{\theta}$;

若解码器在增量计算过程中始终能够恢复正确答案（即在 agenda 中），则该算法将利用标准感知机进行参数更新。具体地，得分最高的输出 $\hat{T}_{1:n}$ 将与正确答案 $T_{1:n}$ 进行比较，若 $\hat{T}_{1:n}$ 得分更高，则模型以 $T_{1:n}$ 为正例、以 $\hat{T}_{1:n}$ 为负例执行感知机更新。

208

该算法可以对训练数据集 D 进行 M 次迭代，取最终 $\vec{\theta}$ 的值作为模型参数。第 8 章介绍的平均感知机模型也可用于该算法，以避免过拟合问题。由于柱搜索解码过程中的参数更新会中断解码以修复搜索错误，因此也被称为**提前更新**（early-update）。

总结

本章介绍了：

- 基于序列标注模型的序列分割任务。
- 序列分割任务中的判别式模型。
- 半马尔可夫随机场。
- 面向序列标注任务，基于感知机训练算法的柱搜索框架。

209

注释

序列标注方法被广泛应用于序列分割任务中 (Xue 和 Shen, 2003; Peng 等人, 2004; McCallum 等人, 2000; Sha 和 Pereira, 2003; Pinto 等人, 2003)。词级别特征在分词 (Nakagawa, 2004; Zhang 和 Clark, 2007) 和命名实体识别任务 (Ratinov 和 Roth, 2009; Tkachenko 和 Simanovsky, 2012) 中均有应用。Sarawagi 和 Cohen (2005) 提出用于序列分割的半马尔可夫模型。Collins 和 Roark (2004) 首次提出带有提前更新机制的柱搜索感知机算法。

习题

9.1　考虑利用序列标注模型来解决命名实体识别任务。假设实体类型包括人（PER）、组织（ORG）、位置（LOC）和地缘政治实体（GPE），给定输入 $W_{1:n} = w_1w_2\cdots w_n$，试讨论 $w_j\cdots w_k(j \leqslant k)$ 的实体类型为 PER 的边缘概率计算方法。

9.2　回顾用于中文分词的词级别特征。

（1）根据表 9.5中的特征模板，分词结果“以 前天 下雨 为例”的特征向量 $\vec{\phi}(W_{1:4})$ 是什么？请说明非零特征实例及其数量。

（2）若 $w_0 = \langle \mathrm{s} \rangle$，且 $w_{|W|+1} = \langle /\mathrm{s} \rangle$，表 9.5中哪些特征模板可以用于获得 $\vec{\phi}(w_0, w_1)$ 和 $\vec{\phi}(w_{|W|}, w_{|W|}+1)$？

9.3　试讨论 (1) 句法组块分析和 (2) 命名实体识别任务中的块级特征，并将其与分词任务中的特征进行对比，二者有哪些显著差异与相似之处？分别将特征模板与表 9.3 和表 9.4 进行对比，提出基于序列标注的句法组块分析和命名实体识别解决方案。

9.4　回顾算法 9.1，

（1）如何从表 bp 中恢复得分最高的单词序列？请给出伪代码。

（2）若最大字长限制为 M 个字符，算法 9.1 应如何调整？试计算新算法的渐近复杂度。

（3）若特征上下文由二元词组扩大到三元词组，在进行字符序列分割时，解码算法应如何调整？

9.5　上一章介绍了序列标注任务，本章侧重学习面向序列分割的判别式模型。上一章中的条件随机场对应于本章中所讨论的半马尔可夫条件随机场，而第 7 章中的生成式隐

210

马尔可夫模型（HMMs）可对应于隐半马尔可夫模型（HSMMs）。隐半马尔可夫模型由一系列隐变量 $T_{1:m}$ 和一组观察变量 $W_{1:n}$ 组成，后者可以是一个输入句子，前者可以是一系列块标签。$T_{1:m}$ 遵循马尔可夫假设，每个 t_i 对应于输入 $W_{b(i):e(i)}$ 中的一个块。模型包含两种概率，即转移概率 $P(t_i|T_{i-k:i-1})$（k-阶马尔可夫模型）和发射概率 $P(W_{b(i):e(i)}|t_i)$。发射概率本身可以转换为马尔可夫模型，因此 $W_{b(i):e(i)}$ 中的每个单词都可以根据 t_i 及其前面的单词生成。

（1）对比隐半马尔可夫模型与隐马尔可夫模型，试讨论二者的相同点与不同点。

（2）给定一组带标签的训练数据，试讨论隐半马尔可夫模型的训练方式。

（3）给定一组未标注文本，试通过扩展隐马尔可夫模型的最大期望算法，推导出隐半马尔可夫模型的最大期望。

9.6 本章所讨论的半马尔可夫条件随机场可以视为一阶半马尔可夫条件随机场，试考虑一个 0 阶半马尔可夫条件随机场模型, 其特征上下文仅限于一个输出结果，试讨论：

（1）对解码过程的影响。

（2）对分段边缘概率计算过程的影响。

（3）对训练过程的影响。

（4）若每个输出结构都带有一个来自 L 的标签，请说明 0 阶半马尔可夫条件随机场的解码和训练算法。

（5）对于标注序列分割，若特征上下文受限于 $\vec{\phi}(l(s_{j-1}), b(s_j), e(s_j), l(s_j))$，其中 $l(s)$ 代表分割结果 s 的标签，请说明模型解码和训练算法。

9.7 回顾基于一阶半马尔可夫条件随机场的标注序列分割任务，试讨论如何利用解码算法 9.1、边缘概率计算算法 9.2、算法 9.3 以及算法 9.4 来引入标签特征。

9.8 算法 9.7 中的哪些行执行提前更新？哪一行确保算法在执行更新后不会继续当前的实例的训练？哪些行以标准结构化感知机的方式执行最终更新？对比参与提前更新和最终更新的特征向量，说明两者的主要区别。

9.9 给定特定输入，不同分割结果会有不同的错误。参考 8.5 节所介绍的内容，试考虑将这些错误代价融入最大间隔序列分割器中，请修改式 (9.14) 与式 (9.15) 以重新定义训练目标。试讨论错误代价的分解方法以及代价增强解码的实现方式。

211

参考文献

Michael Collins and Brian Roark. 2004. Incremental parsing with the perceptron algorithm. In Proceedings of the 42nd Annual Meeting on Association for Computational Linguistics, page 111. Association for Computational Linguistics.

Andrew McCallum, Dayne Freitag, and Fernando CN Pereira. 2000. Maximum entropy markov models for information extraction and segmentation. In Icml, volume 17, pages 591–598.

Tetsuji Nakagawa. 2004. Chinese and japanese word segmentation using word-level and character-level information. In Proceedings of the 20th international conference on Computational Linguistics, page 466. Association for Computational Linguistics.

Fuchun Peng, Fangfang Feng, and Andrew McCallum. 2004. Chinese segmentation and new word detection using conditional random fields. In Proceedings of the 20th international conference on Computational Linguistics, page 562. Association for Computational Linguistics.

David Pinto, Andrew McCallum, Xing Wei, and W Bruce Croft. 2003. Table extraction using conditional random fields. In Proceedings of the 26th annual international ACM SIGIR conference on Research and development in information retrieval, pages 235-242.

Lev Ratinov and Dan Roth. 2009. Design challenges and misconceptions in named entity recognition. In Proceedings of the thirteenth conference on computational natural language learning, pages 147-155. Association for Computational Linguistics.

Sunita Sarawagi and William W. Cohen. 2005. Semi-markov conditional random fields for information extraction. In Advances in neural information processing systems, pages 1185-1192.

Fei Sha and Fernando Pereira. 2003. Shallow parsing with conditional random fields. In Proceedings of the 2003 Conference of the North American Chapter of the Association for Computational Linguistics on Human Language Technology-Volume 1, pages 134-141. Association for Computational Linguistics.

Maksim Tkachenko and Andrey Simanovsky. 2012. Named entity recognition: Exploring features. In KONVENS, pages 118-127.

Nianwen Xue and Libin Shen. 2003. Chinese word segmentation as lmr tagging. In Proceedings of the second SIGHAN workshop on Chinese language processing-Volume 17, pages 176-179. Association for Computational Linguistics.

Yue Zhang and Stephen Clark. 2007. Chinese segmentation with a word-based perceptron algorithm. In Proceedings of the 45th Annual Meeting of the Association of Computational Linguistics, pages 840-847.

树结构预测

除序列结构外，树结构也是自然语言处理领域常见的结构之一。根据句法规则，句子可被表示为不同类型的句法树。本章将以成分句法分析任务为例，分别讨论生成式与判别式树结构预测模型。直观而言，基于动态规划的训练及解码算法可以枚举搜索空间中的所有句法树，但运行效率消耗较大，我们将针对该问题对重排序 (reranking) 策略进行介绍。

10.1 生成式成分句法分析

如第 1 章所述，成分句法分析旨在基于给定句子预测其短语结构句法树。图 10.1a 展示了针对句子“Here are the net contributions of the experts.”的结构化句法树表示，该句法树由子句级成分及词级成分构成，其中子句级成分 S 对应 ADVP （“Here”）、VP（“are”）、NP （“the net contributions of the experts”）、NP （“the net contributions”）、PP（“of the experts”）、NP （“the experts”）6 个短语，词级成分对应句法树中带有词性标签的 9 个输入词节点（包括“.”）。句法成分存在嵌套性，因此我们可以利用括号结构（bracketed structure）对成分句法树进行表示，例如：

```
(S
    (ADVP (RB “Here”))
    (VP (VBP “are”))
    (NP
        (NP (DT “the”) (JJ “net”) (NNS “contributions”)))
        (PP (IN “ of”)(NP (DT “the”) (NNS “experts”))))
    (. “.”))
```

根据子节点数量，成分句法树中的内部节点可分为一元节点、二元节点、三元节点等。以图 10.1a 为例，节点 ADVP 为一元节点，节点 S 为四元节点。n 元节点即表示该节点包含 n 个子节点，n 也被称为分支因子（branching factor）。

成分句法树二叉化。成分句法树的分支因子可为任意值，为便于模型处理，我们通常将多元结构句法树转换为由一元或二元节点组成的二叉树，同时保留其原始信息，以便反向恢复为多元句法树。成分句法树的二叉化即为其 $n(n>2)$ 元节点的二叉化，常用的两种策略包括**左二叉化** (left-binarisation) 与**右二叉化** (right-binarisation)。如图 10.1b 与 10.1c 所示，左（右）二叉化将每个 n 元非终端节点转换为一棵从左（右）侧向下生长的二叉子树，二叉化过程中构造的临时节点由特殊符号 * 进行标识，以便将二叉树重构为原始树。

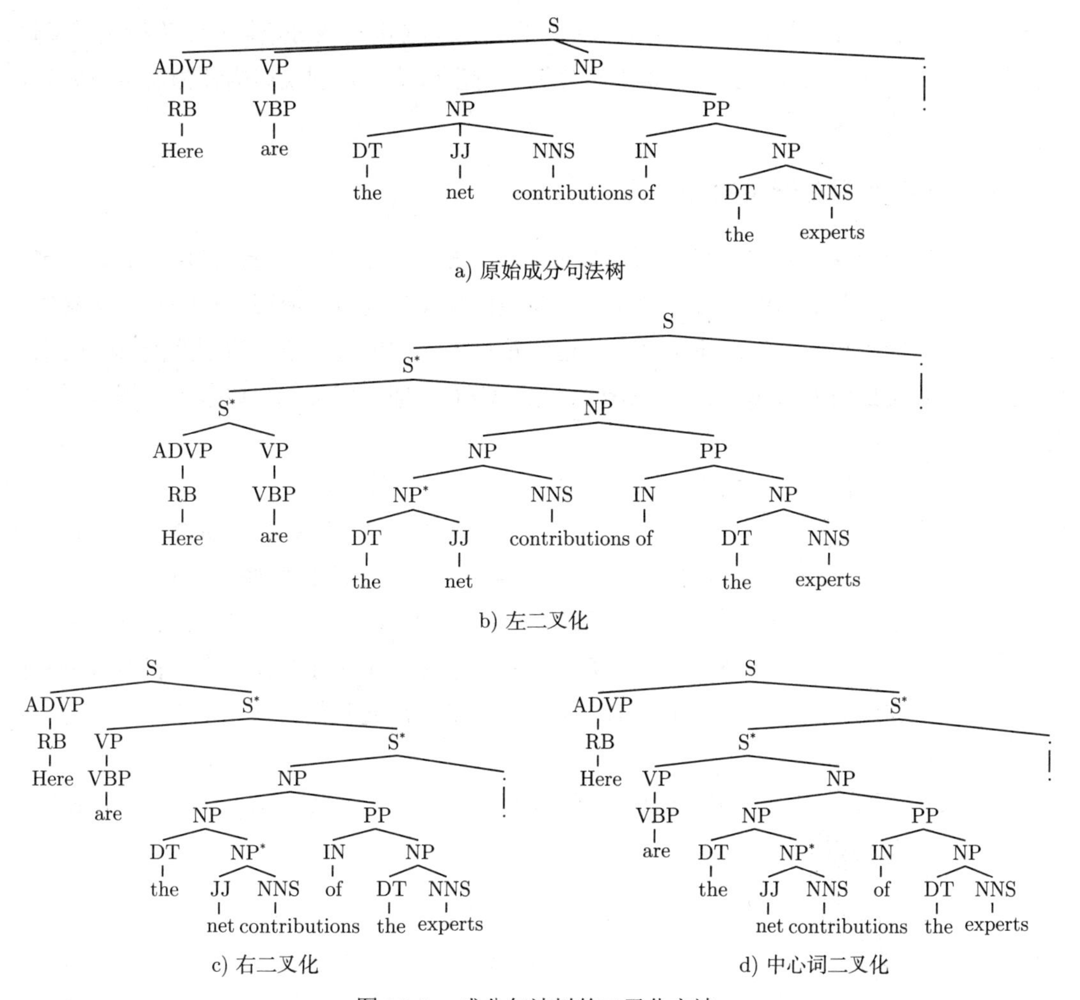

图 10.1　成分句法树的二叉化方法

213

每个句法成分通常包含一个占主导地位的**中心词** (head word)，例如句子 “Tim loves Mary” 中的谓语动词 “loves”，名词短语 “a cat in the corner” 中的名词 “cat”，而左二叉化与右二叉化的方法在一定程度上忽略了这类语言学信息，图 10.1d 则展示了一种更具语言学意义的二叉化方法——**中心词二叉化** (head-binarisation)。该方法以中心词为主干，依次逐步扩展至左右两侧的修饰词，从而形成一棵二叉树。以图 10.1a 为例，句法成分 S 包含 ADVP、VP、NP 和. 四个子节点，中心词位于 VP 子节点，因此我们以 VP 为主干，对其他修饰成分进行分支处理。具体地，我们先取出左侧节点 ADVP，将 S 分解为两个子节点 ADVP 与 S*，S* 表示新的临时节点，包含 VP、NP 和. 三个子节点，然后我们取出节点 VP 中最右侧的节点.，得到新的临时节点 S*，该节点包含 VP 与 NP 两个子节点。此时节点 S 被完全二叉化，最终结果如图 10.1d 所示。

基于上述二叉化方法，成分句法分析任务可被定义为基于给定句子找到其对应的二叉成分句法树。虽然树结构与序列结构存在本质差别，但与序列标注和序列分割任务类似，树中的子结构往往相互关联，因此树结构分析任务也可视为结构预测任务。树结构预测任务的难点在于两类歧义问题：一为结构歧义性，即区分句子间的成分语块；二为标签歧义性，即为各个语块分配句法标签。以下章节将分别讨论生成式与判别式结构预测模型在成分句法分析任务中的应用。

10.1.1 概率上下文无关文法

生成式成分句法分析模型的目标是以概率生成的方式，基于起始符号 S 生成一句自然语言，同时建立其对应的成分句法树。与序列标注任务类似，模型需将完整句法树的生成概率分解为较小单元的生成概率之积，这些较小单元的生成概率自然而然地成为模型参数。**上下文无关文法**（Context Free Grammar，CFG）即为成分句法树基本分解单元的定义基础。

上下文无关文法可被定义为四元组 $< N, \Sigma, R, S >$，其中，N 为非终结符集合（包含词性标签在内的句法成分标签，例如 S、NP、VP），Σ 为终结符集合（如句子中的词），R 为**推导规则**（production rule）集合，S 为*起始符号*。按照文献中的惯例，终结符可表示为小写字母（如 a、b、c 等），非终结符可表示为大写字母（如 A、B、C 等），字符串可表示为希腊符号（如 α、β、γ 等），推导规则可表示为 A → α。在二叉树中，任意成分句法树均可基于规则集合 A → BC、A → B、A → a 生成，因此我们将这三类规则统一为一般形式 A → γ。

基于起始符号 S 及推导规则即可生成一棵成分句法树，例如，给定字符串 αAβ 与规则 A → γ，我们可以得到 αγβ:

214

$$\alpha \mathrm{A} \beta \overset{\mathrm{A}\rightarrow\gamma}{\Longrightarrow} \alpha\gamma\beta$$

非终结符节点基于一系列规则转化为字符串的过程称为**推导**（derivation），例如，$\mathrm{S} \overset{*}{\Longrightarrow} w_1 w_2 \cdots w_n$ 为一个多步推导过程，可得到句子 $w_1 w_2 \cdots w_n$ 的成分句法结构。我们也可以基于成分句法树结构获得推导过程中的规则序列，以图 10.1d 为例，句子“Here are the net contribution of the experts.”的推导过程由语法规则 S → ADVP S*, ADVP → RB, S* → S* ., S* → VP NP, VP → VBP, NP → NP PP, NP → DT NP*, NP* → JJ NNS, PP → IN NP, NP → DT NNS, RB → Here, VBP → are, DT → the, JJ → net, NNS → contributions, IN → of，DT→the 和 NNS → experts 组成。

概率上下文无关文法（Probabilistic Context Free Grammar，PCFG）。将上下文无关文法与推导规则概率相关联，即可得到概率上下文无关文法。将规则 A → γ 的概率表示为 $P(\mathrm{A} \rightarrow \gamma)$，一步推导的概率可表示为：

$$P(\alpha \overset{\mathrm{A}\rightarrow\gamma}{\Longrightarrow} \beta) = P(\mathrm{A} \rightarrow \gamma)$$

完整成分句法树的概率可表示为从根节点到子结点所包含的多步推导概率：

$$P(\alpha \overset{\mathrm{A}_1\rightarrow\gamma_1}{\Longrightarrow} \beta_1 \overset{\mathrm{A}_2\rightarrow\gamma_2}{\Longrightarrow} \beta_2 \Longrightarrow \cdots \overset{\mathrm{A}_k\rightarrow\gamma_k}{\Longrightarrow} \beta_k) = \prod_{i=1}^{k} P(\mathrm{A}_i \rightarrow \gamma_i)$$

上式将多步规则序列概率转换为单个规则概率的乘积，因此可以看作利用概率链式法则及独立性假设 (即每条规则的应用独立于前一规则) 对成分句法树进行概率建模，其中，各个 $P(\mathrm{A}_i \rightarrow \gamma_i) = P(\gamma_i|\mathrm{A}_i)$。

基于此，给定图 10.1d 中的成分句法树，S $\Rightarrow$ Here are the net contributions of the experts. 的推导概率的计算方式为 $P(\mathrm{S} \rightarrow \mathrm{ADVP\ S^*})P(\mathrm{ADVP} \rightarrow \mathrm{RB})P(\mathrm{S^*} \rightarrow \mathrm{S^*\ .})P(\mathrm{S^*} \rightarrow \mathrm{VP\ NP})P(\mathrm{VP} \rightarrow \mathrm{VBP})P(\mathrm{NP} \rightarrow \mathrm{NP\ PP})P(\mathrm{NP} \rightarrow \mathrm{DT\ NP^*})P(\mathrm{NP^*} \rightarrow \mathrm{JJ\ NNS})P(\mathrm{PP} \rightarrow \mathrm{IN\ NP})P(\mathrm{NP} \rightarrow \mathrm{DT\ NNS})P(\mathrm{RB} \rightarrow \mathrm{Here})P(\mathrm{VBP} \rightarrow \mathrm{are})P(\mathrm{DT} \rightarrow \mathrm{the})P(\mathrm{JJ} \rightarrow \mathrm{net})$ $P(\mathrm{NNS} \rightarrow \mathrm{contributions})P(\mathrm{IN} \rightarrow \mathrm{of})P(\mathrm{DT} \rightarrow \mathrm{the})P(\mathrm{NNS} \rightarrow \mathrm{experts})$。

利用概率上下文无关文法对具有多个非终结符的字符串进行推导时，非终结符的推导顺序会有所不同，典型的顺序为*最左推导* (leftmost derivation)，即在每步推导中优先替换最左侧非终结符。仍以图 10.1d 中的句子为例，其推导顺序 (即通过规则进行替换的成分) 可表示为 S, ADVP, RB, S*, S*, VP, VBP, NP, NP, DT, NP*, JJ, NNS, PP, IN, NP, DT, NNS .，由此可见，最左推导法可自然地将推导视为字符串被逐步替换的过程。另一种推导顺序为*自上而下*（top-down）法，以上例句的节点替换顺序依次为 S, ADVP, S*, RB, S*, ., VP, NP, VBP, NP, PP, DT, NP*, IN, NP, JJ, NNS, DT, NNS。无论顺序如何，我们可以发现，句法成分（例如 PP）到其所覆盖的成分语块（“of the experts”）的推导概率始终为该节点所支配的所有子树推导规则的概率之积 [即 $P(\mathrm{PP} \rightarrow \mathrm{IN\ NP})P(\mathrm{IN} \rightarrow \mathrm{of})P(\mathrm{NP} \rightarrow \mathrm{DT\ NNS})P(\mathrm{DT} \rightarrow \mathrm{the})P(\mathrm{NNS} \rightarrow \mathrm{experts})$]。我们将句法成分节点及其支配的语块表示为 (b, e, c)，其中，b 和 e 表示语块的起始和结束索引 (例如，图 10.1d 中语块“of the experts”的起始和结束索引分别为 6 和 8)，c 表示成分句法标签 (例如 PP)。在本章其余部分，我们利用 C 来表示句法成分标签集合，该集合包含 NP 等短语级句法标签以及 NN 等词级词性标签，我们将每个子树表示为 $T(b, e, c)$，其推导概率表示为 $P(T(b, e, c)) = \prod_{r \in T(b,e,c)} P(r)$，其中 r 表示 NNS $\rightarrow$ experts 等语法规则。基于该表示法，推导概率等价于句法树概率。

215

概率上下文无关文法模型的训练。总体而言，二叉成分句法树的概率上下文无关文法生成模型仅包含一类模型参数，即 $P(\mathrm{A} \rightarrow \gamma)$。给定训练语料 $D = \{(W_i, T_i)\}|_{i=1}^N$，$W_i$ 表示一个句子，T_i 为 W_i 二叉化成分句法树的人工标注结果，则该模型中各个参数的计算方式为：

$$
\begin{aligned}
P(\mathrm{A} \rightarrow \gamma) = P(\gamma|\mathrm{A}) &= \frac{\mathrm{count}(\mathrm{A} \rightarrow \gamma)}{\mathrm{count}(\mathrm{A})} \\
&= \frac{\sum_{i=1}^N \mathrm{count}(\mathrm{A} \rightarrow \gamma, T_i)}{\sum_{i=1}^N \mathrm{count}(\mathrm{A}, T_i)}
\end{aligned} \tag{10.1}
$$

D 为成分句法树集合，因此这种语料库也被称为**树库** (treebank)。

10.1.2 CKY 解码

给定一个训练好的概率上下文无关文法模型及一个句子输入，我们可以得到该句子的最佳推导结果，这一过程叫作*句法解析*（parsing）或*句法推断*（inference）。句法解析任务非常复杂，其可能的结果数量与输入句子的长度呈指数关系 (见习题 10.2)，因此，参照维特比解码算法的思路，我们同样可以利用动态规划算法在多项式时间内实现这一解码过程。根据式 (10.1)，各个推导规则的概率估计均为局部概率，因此我们可以建立一个最优子问题结构。具体地，给定一个成分句法语块 (b,e,c) 及其子树 [例如图 10.1d 中的语块 $(6,8,\text{PP})$]，其最顶层的语法规则为二元推导式 $c \to c_1c_2(c,c_1,c_2 \in C)$，假设 c_1 支配成分语块 (b,k,c_1) [例如图 10.1d 中的 $(6,6,\text{of})$]，c_2 支配成分语块 $(k+1,e,c_2)$ [例如图 10.1d 中的语块 $(7,8,\text{the experts})$]，则我们可以得到 $P(T(b,e,c)) = P(T(b,k,c_1))P(T(k+1,e,c_2))P(c \to c_1c_2)$，从而为最优子结构建模提供了基础。

给定输入句子 $W_{1:n} = w_1w_2\cdots w_n$，我们用 $\hat{T}(b,e,c)$ 表示任意语块 $w_bw_{b+1}\cdots w_e$ 的句法标签为 c 时最可能的句法树，其中 $b \in [1,\cdots,n]$ 和 $e \in [b,\cdots,n]$ 分别表示语块的起始和结束位置，对于起始位置为 i、长度为 s 的语块，我们可以得到：

$$\begin{aligned}\text{score}\big(\hat{T}(i,i+s-1,c)\big) = \max_{c_1,c_2\in C, j\in[i+1,\cdots,i+s-1]} \Big(&\text{score}\big(\hat{T}(i,j-1,c_1)\big)+ \\ &\text{score}\big(\hat{T}(j,i+s-1,c_2)\big) + \log P(c \to c_1c_2)\Big)\end{aligned} \tag{10.2}$$

其中 j 为将语块 $w_i\cdots w_{s+i-1}$ 切分为子语块 $w_i\cdots w_{j-1}$ 与 $w_j\cdots w_{s+i-1}$ 的分割点，概率乘积被转化为对数概率求和的形式。该公式可以利用反证法加以证明，具体见习题 10.3。

式 (10.2) 说明一系列概率最大的子推导结果可构成概率最大的最终推导结果。因此，假设概率上下文无关文法中存在二元非终结符推导式 $c \to c_1c_2$ 及一元终结符推导式 $c \to w$，但缺乏一元非终结符推导式 $c \to c_1$（$c,c_1,c_2 \in C$，$w \in V$），则可以采用自底向上迭代的方式找到最可能的成分语块推导结果。具体地，我们首先自底向上构建一个**表格** (chart)，其各个单元格存储 i、s 和 c 在特定组合下的得分 $\text{score}\big(\hat{T}(i,i+s-1,c)\big)$。如算法 10.1所示，$s$ 由 2 开始逐渐递增，同时顺序遍历 i，直至表格填充完毕。chart 对应于得分表，bp 为一组反向指针，用于查找给定表格中得分最高的推导结果 (习题 10.4 将讨论回溯查找算法)。该算法的时间复杂度为 $O(n^3|G|)$，n 表示句子长度，G 为推导规则集合。该算法由 Cocke、Kasami 和 Younger 提出，因此根据他们的姓名首字母将其命名为 CKY 解码算法。

216

上述缺乏一元非终结符推导规则的语法形式也被称为上下文无关文法的**乔姆斯基范式** (Chomsky Normal Form，CNF)，该范式不允许构造 S → VP → VB 等存在单叉节点的成分句法树，习题 10.5 将讨论将一元推导规则添加到算法中的方法。理论上，成分句法树可由一个无限长的一元推导规则序列构成，从而导致灾难性的解码时间，因此我们可以根据训练集中一元推导式的最长链为连续一元推导式序列设定最大阈值。此外，我们也可以将训练集中的所有一元推导链折叠为一个推导式，例如将 S → VP → VB 折叠为 S → VB 或 S → VP/VB，VP|VB 为标签，通过扩充标签集 C 也有助于保留句法树的原始结构。

概率上下文无关文法模型由起始符号 S 生成句子，自上而下地构建推导过程，相反，CKY 解码算法需要通过填表查找得分最高的推导结果，因此，解码过程是自下而上执行的。

算法 10.1: CKY 算法

```
Inputs: W_{1:n} = w_1 w_2 ··· w_n, 概率上下文无关文法模型 P(c → c_1 c_2), P(c → w);
Variables: chart, bp;
Initialisation:
for i ∈ [1, ··· , n] do                                          ▷ 起始索引
    for c ∈ C do                                                 ▷ 成分句法标签
        chart[1][i][c] ← log P(c → w_i);
for s ∈ [2, ··· , n] do                                          ▷ 长度
    for i ∈ [1, ··· , n − s + 1] do                              ▷ 起始索引
        for c ∈ C do                                             ▷ 成分句法标签
            chart[s][i][c] ← −∞;
            bp[s][i][c] ← −1;
Algorithm:
for s ∈ [2, ··· , n] do                                          ▷ 长度
    for i ∈ [1, ··· , n − s + 1] do                              ▷ 起始索引
        for j ∈ [i + 1, ··· , i + s − 1] do                      ▷ 断点
            for c, c_1, c_2 ∈ C do                               ▷ c → c_1 c_2
                score ← chart[j − i][i][c_1] + chart[s − j + i][j][c_2]
                        + log P(c → c_1 c_2);
                if chart[s][i][c] < score then
                    chart[s][i][c] ← score;
                    bp[s][i][c] ← (j, c_1, c_2);
Outputs: FindDerivation(bp[n][1][arg max_c chart[n][1][c]]);
```

10.1.3 成分句法解析器的性能评估

成分句法解析器的输出可表示为句法成分 (即句法短语) 集合 (b, e, c)，成分句法解析器的性能评估目标为计算模型输出结果与人工标注句法成分集之间的一致性。可以利用第 8 章介绍的 F 值 (F-score) 实现定量计算，具体地，*精确率* (precision) 为模型输出结果中正确句法成分的百分比，*召回率* (recall) 为人工标注结果中被解析器成功识别的句法成分的百分比。F 值通常有两种计算方式，*带标签的 F 值* (labeled F-score) 关注句法成分语块及其标签是否均预测正确，*无标签的 F 值* (unlabeled F-score) 则只考虑句法成分是否识别正确。

10.1.4 边缘概率的计算

边缘概率 $P(T(i,j,c)|W_{1:n})$（$i \leqslant j$，$c \in C$）是指在给定句子 $W_{1:n}$ 的条件下，语块 $w_i w_{i+1} \cdots w_j$ 成分标签为 c 的概率。基于生成式概率上下文无关文法模型，边缘概率的计算方式为 $\dfrac{P(T(i,j,c), W_{1:n})}{\sum_{i',j'} P(T(i',j',c), W_{1:n})}$。根据独立性假设，我们可以得到：

$$P(T(i,j,c), W_{1:n}) = P(\mathrm{S} \stackrel{*}{\Rightarrow} w_1 w_2 \cdots w_{i-1} c w_{j+1} w_{j+2} \cdots w_n \stackrel{*}{\Rightarrow} W_{1:n})$$

$$= P(\mathrm{S} \overset{*}{\Rightarrow} w_1 w_2 \cdots w_{i-1} c w_{j+1} w_{j+2} \cdots w_n) P(c \overset{*}{\Rightarrow} w_i w_{i+1} \cdots w_j) \quad (10.3)$$

该式之所以成立，其核心思想在于完整推导结果的概率为所有局部推导规则的概率之积。该式中的第二项

$$\begin{aligned} P(c \overset{*}{\Rightarrow} w_i w_{i+1} \cdots w_j) &= \sum_{\text{rules} \in \text{GEN}(W_{i:j}(c))} P(c \overset{\text{rules}}{\Rightarrow} w_i w_{i+1} \cdots w_j) \\ &= \sum_{\text{rules} \in \text{GEN}(W_{i:j}(c))} \prod_{r \in \text{rules}} P(r) \end{aligned}$$

被称为 $T(i,j,c)$ 的**内部概率** (inside probability)，等价于所有推导过程 $c \overset{*}{\Rightarrow} W_{i:j}$ 的总概率，也可以看作语块 (i,j,c) 对应的所有可能树结构 $T(i,j,c)$ 的总概率。$\text{GEN}(W_{i:j}(c))$ 表示语块 $w_i w_{i+1} \cdots w_j$ 的句法标签为 c 时所有可能的成分句法树。

相应地，式 (10.3) 中的第一项

$$\begin{aligned} & P(\mathrm{S} \overset{*}{\Rightarrow} w_1 w_2 \cdots w_{i-1} c w_{j+1} w_{j+2} \cdots w_n) \\ &= \sum_{\text{rules} \in \text{GEN}(W_{1:n}(S)[c \overset{*}{\Rightarrow} W_{i:j}])} P(\mathrm{S} \overset{\text{rules}}{\Rightarrow} W_{1:i-1} c W_{j+1:n}) \\ &= \sum_{\text{rules} \in \text{GEN}(W_{1:n}(S)[x \overset{*}{\Rightarrow} W_{i:j}])} \prod_{r \in \text{rules}} P(r) \end{aligned} \quad (10.4)$$

217～218

被称为 $T(i,j,c)$ 的**外部概率** (outside probability)，等价于所有推导过程 $\mathrm{S} \overset{*}{\Rightarrow} W_{1:i-1} c W_{j+1:n}$ 的总概率，也可记为 $T(1,n,S)[c \overset{*}{\Rightarrow} W_{i:j}]$。$T(i,j,c)$ 的外部概率也可视为 $(1,n,S)$ 内、(i,j,c) 外所有推导规则的乘积，其中 $\text{GEN}(W_{1:n}(S)[c \overset{*}{\Rightarrow} W_{i:j}])$ 表示 $w_1 \cdots w_n$ 对应的所有标签为 S 、子树为 (i,j,c) 的成分句法树。

内部概率和外部概率可以利用动态规划算法在多项式时间内进行计算。假设句法遵循上下文无关文法，将 $P(c \overset{*}{\Rightarrow} W_{i:j})$ 表示为 $\text{inside}(i,j,c)$，我们可以得到：

$$\begin{aligned} & \text{inside}(i,j,c) \\ &= \sum_{k \in [i+1,\cdots,j]} \sum_{c_1,c_2 \in C} \text{inside}(i,k-1,c_1) \times \text{inside}(k,j,c_2) \times P(c \to c_1 c_2) \end{aligned} \quad (10.5)$$

其中，若 $c = \text{POS}(w_i)$ (即 w_i 的词性标签)，则 $\text{inside}(i,j,c) = P(c \to w_i) = P(w_i|c)$，否则等于 0。通过构造表格 $\text{inside}[i][j][c]$ ，我们可以自底向上地逐步找到 $\text{inside}(i,j,c)$，这种计算方式称为**内部算法** (inside algorithm)，其伪代码如算法 10.2所示。

基于同样的上下文无关文法假设，外部概率可以自顶向下地递增计算。以一步增量计算 $\text{outside}(i,j,c) = P(\mathrm{S} \overset{*}{\Rightarrow} W_{1:i-1} c W_{j+1:n})$ 为例，根据 c 在推导规则右侧的相对位置，通过规则 $c' \to c c_2$ 或 $c' \to c_2 c$ ，我们可以推导出 $W_{i:j}$ 上的句法成分 c 。若 c' 的外部概率已

知，则 c 的外部概率可以通过与 c_2 的内部概率相乘的方式得到，因此，我们只需要枚举 c' 与 c_2，并结合它们的相关概率式 (10.4)，即可得到 $T(i,j,c)$ 的外部概率

$$
\begin{aligned}
&\text{outside}(i,j,c) \\
&= \sum_{k\in[j+1,\cdots,n]} \sum_{c',c_2\in C} \text{outside}(i,k,c') \times \text{inside}(j+1,k,c_2) \times P(c' \to cc_2) + \\
&\quad \sum_{k\in[1,\cdots,i-1]} \sum_{c',c_2\in C} \text{outside}(k,j,c') \times \text{inside}(k,i-1,c_2) \times P(c' \to c_2c) \qquad (10.6)
\end{aligned}
$$

算法 10.2: 内部算法

```
Inputs: W_{1:n} = w_1 w_2 ··· w_n, 概率上下文无关文法模型 P(c → c_1 c_2), P(c → w), 起始索引 b,
结束索引 e, 成分句法标签 X;
Variables: inside;
Initialisation:
for i ∈ [1, ··· , n] do
    for j ∈ [i + 1, ··· , n] do
        for c ∈ C do
            inside[i][j][c] ← 0;
    for c ∈ C do
        inside[i][i][c] ← P(c → w_i);
Algorithm:
for s ∈ [2, ··· , n] do
    for i ∈ [1, ··· , n − s + 1] do
        for j ∈ [i + 1, ··· , i + s − 1] do
            for c, c_1, c_2 ∈ C do                                  ▷ c → c_1 c_2
                inside[i][i + s − 1][c] ← inside[i][i + s − 1][c]+
                  inside[i][j − 1][c_1] × inside[j][i + s − 1][c_2] × P(c → c_1 c_2);
Outputs: inside[b][e][X];
```

其中，若 $X = S$ ，则 $\text{outside}(1,n,X) = 1$，否则等于 0。我们可以自上而下地构造表格 $\text{outside}[i][j][X]$，这种计算方法称为**外部算法** (outside algorithm)，其伪代码如算法 10.3所示，其中 i 和 s 分别表示当前语块的起始与结束索引。需要注意的是，此处的单元格枚举顺序不同于式 (10.6)（见习题 10.6）。

边缘概率可以通过内部概率与外部概率的标准化乘积进行计算，因此边缘概率的计算算法称为**内部–外部算法**（inside-outside algorithm）。这一算法在概念上与序列标注任务中计算边缘概率的前向后向算法非常类似，其主要区别在于前者的每个成分节点具有两个子节点，而后者只有一个。算法 10.2与算法 10.3只考虑了在乔姆斯基范式下的情况，习题 10.5 将讨论一元规则下的内部–外部算法。

算法 10.3: 外部算法

Inputs: $W_{1:n} = w_1 w_2 \cdots w_n$, 概率上下文无关文法模型, 起始索引 b, 结束索引 e, 成分句法标签 X;

Variables: outside;

Initialisation:

for $i \in [1, \cdots, n]$ **do**
  for $j \in [i, \cdots, n]$ **do**
    for $c \in C$ **do**
      $\text{outside}[i][j][c] \leftarrow 0$;

$\text{outside}[1][n][S] \leftarrow 1$;

Algorithm:

for $s \in [1, \cdots, n]$ **do**
  for $i \in [1, \cdots, n-s+1]$ **do**
    for $j \in [i+1, \cdots, i+s-1]$ **do**
      for $c, c_1, c_2 \in C$ **do** ▷ $c \rightarrow c_1 c_2$
        $\text{outside}[i][j-1][c_1] \leftarrow \text{outside}[i][j-1][c_1] +$
        $\text{outside}[i][i+s-1][c] \times \text{inside}[j][i+s-1][c_2] \times P(c \rightarrow c_1 c_2)$;
        $\text{outside}[j][i+s-1][c_2] \leftarrow \text{outside}[j][i+s-1][c_2] +$
        $\text{outside}[i][i+s-1][c] \times \text{inside}[i][j-1][c_1] \times P(c \rightarrow c_1 c_2)$;

Outputs: $\text{outside}[b][e][X]$;

219 ~ 220

10.2 成分句法分析的特征

作为生成式模型，概率上下文无关文法提供了一组十分简单的特征进行语义消歧，从而限制了模型性能。常用的方法能将更丰富的特征集成到成分句法解析器中，例如通过扩展概率上下文无关文法的生成特性来丰富特征，或利用判别式模型来容纳重叠特征。本节首先讨论概率上下文无关文法的特征限制，介绍融入词特征的词汇化概率上下文无关文法模型，并研究基于树结构输出构造对数线性模型与最大间隔模型的方法。

10.2.1 词汇化概率上下文无关文法

概率上下文无关文法存在一定局限性，除了与成分句法树中叶子节点有关的推导式外，其他推导规则均对词信息不敏感。以动词短语规则为例，推导式 VP → V NP 可描述及物动词及其宾语短语，VP → V 可描述不及物动词短语，在概率上下文无关文法模型中，这两个推导式的概率计算方式与实际动词无关，因此对于含有及物动词 (如 like) 的句子，概率上下文无关文法无法判断出推导式 VP → V NP 更有助于生成该句子的动词短语。

在概率上下文无关文法模型的基础上增加词信息可解决上述问题。具体地，我们可在成分标签 VP 中引入词汇特征，将其细分为 VP[like]、VP[eat]、VP[understand]等多个成分标签，这样的方法称为**词汇化概率上下文无关文法** (lexicalised PCFG)。假设成分句法树以中心词进行二叉化，各个语法规则为一元分支或二元分支，图 10.2展示了图 10.1d 所示例句对应的中心词词汇化结果，树中的各个句法成分标签都增加了相应的中心词，因此，原始句法成分 (3, 5, NP) 可转化为 (3, 5, NP[contributions])，从而为模型带来更丰富的特征。为便于标记，我们仍将原始标签集表示为 C (例如 {NP, VBZ, $\cdots$})，将词汇化后的标签集表示为 C_l (例如 {VP[like], NP[contributions], $\cdots$})。

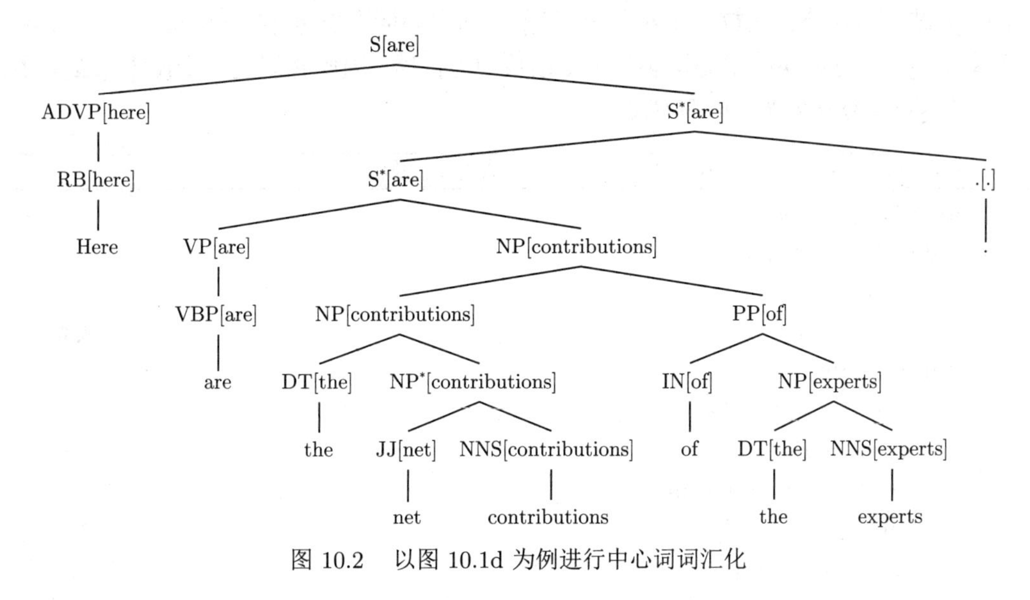

图 10.2 以图 10.1d 为例进行中心词词汇化

给定一个经过中心词词汇化的树库 D，我们仍然可以利用式 (10.1) 训练词汇化概率上下文无关文法模型。标签集 C_l 为模型引入了更多细粒度语法规则，例如，相较于未经过词汇化的推导式 S → VP NP，S[are] → VP[are] NP[contributions] 具有更强的消歧能力，我们也很容易地判断出 VP[eat] → VB[eat] NP[pizza] 比 VP[eat] → VB[eat] NP[poster] 具有更强的合理性。另一方面，词汇化后的推导规则更为稀疏，为了避免概率为零，我们可以结合 C 与 C_l 中的标签，并利用回退（back-off）策略对不同规则下的概率进行组合，从而提取粒度较粗的推导式。例如，我们可以通过计算 $\lambda_1 P(\text{VP[eat]} \rightarrow \text{VB[eat] NP[pizza]}) + \lambda_2 P(\text{VP[eat]} \rightarrow \text{VB[eat] NP}) + \lambda_3 P(\text{VP} \rightarrow \text{VB NP})$ 来近似得到 $P(\text{VP[eat]} \rightarrow \text{VB[eat] NP[pizza]})$，其中 $\lambda_1 > 0, \lambda_2 > 0, \lambda_3 > 0$ 为超参数，$\lambda_1 + \lambda_2 + \lambda_3 = 1$。

粗粒度词汇化推导式仍然可以利用式 (10.1) 进行计算，例如，

$$P(\text{VP[like]} \rightarrow \text{VB[like] NP}) = \frac{\text{count}(\text{VP[like]} \rightarrow \text{VB[like] NP})}{\text{count}(\text{VP[like]})}$$

解码。词汇化概率上下文无关文法的特征类型在形式上与概率上下文无关文法相同，因此将 C 替换为 C_l，我们仍然可以利用算法 10.1所述的 CKY 算法对模型进行解码。但相比之下，$C_l \gg C$，且词表 V 的规模更大，导致解码复杂度为 $O(n^3 C_l^3)$，对效果影响较大。因此，对于算法 10.1中的第 16 行，我们不再枚举 C_l 中的所有非终结符，其理论依据为句子中某个成分语块的中心词应为输入序列中的词，而非整个词表上的词。因此对于各个单元格，我们只需存储非词汇化成分标签及输入句子中的中心词位置信息。算法 10.4展

示了基于上述问题改进后的 CKY 解码器。相较于算法 10.1，算法 10.4同样利用 C 作为句法成分标签，但该算法利用表 chart$[s][i][c][h]$ 存储文本语块 $w_i \cdots w_{i+s-1}$ 中得分最高、句法标签为 c 、中心词索引为 h 的句法成分 $\hat{T}(i, i+s-1, c[w_h])$ 的概率。算法 10.4还枚举了用于构建各个单元格数值的中心词位置，在主算法中，除了对语块大小 s、起始索引 i 和分割点 j 进行循环外，还枚举了左语块 $W_{i:j-1}$ 的中心词索引 h_1 及右语块 $W_{j:i+s-1}$ 的中心词索引 h_2。成分语块的中心词必须由子语块向上传播，因此我们进一步在 $\{h_1, h_2\}$ 中枚举 h，最终算法复杂度为 $O(n^5C^2)$。

222

算法 10.4: 基于中心词词汇化概率上下文无关文法的 CKY 算法

```
Inputs: W_{1:n} = w_1 w_2 ··· w_n;
Variables: chart, bp;
Initialisation:
for i ∈ [1, ··· , n] do                                          ▷ 起始索引
    for c ∈ C do                                                 ▷ 成分句法标签
        chart[1][i][c][i] ← log P(c[w_i] → w_i);
for s ∈ [2, ··· , n] do                                          ▷ 长度
    for i ∈ [1, ··· , n − s + 1] do                              ▷ 起始索引
        for h ∈ [i, ··· , i + s − 1] do                          ▷ 中心词
            for c ∈ C do                                         ▷ 成分句法标签
                chart[s][i][c][h] ← −∞;
                bp[s][i][c][h] ← −1;
Algorithm:
for s ∈ [2, ··· , n] do                                          ▷ 长度
    for i ∈ [1, ··· , n − s + 1] do                              ▷ 起始索引
        for j ∈ [i + 1, ··· , i + s − 1] do                      ▷ 断点
            for h_1 ∈ [i, ··· , j − 1] do                        ▷ 左子树中心词
                for h_2 ∈ [j, ··· , i + s − 1] do                ▷ 右子树中心词
                    for h ∈ {h_1, h_2} do                        ▷ 中心词
                        for c, c_1, c_2 ∈ C do                   ▷ c → c_1 c_2
                            score ← chart[j − i][i][c_1][h_1] + chart[s − j + i][j][c_2][h_2] +
                              log P(c[W_h] → c_1[w_{h_1}] c_2[w_{h_2}]);
                            if chart[s][i][c][h] < score then
                                chart[s][i][c][h] ← score;
                                bp[s][i][c][h] ← (j, c_1, c_2, h_1, h_2);
Outputs: FindDerivation(bp[n][1][arg max_{c,h} chart[n][1][c][h]]);
```

基于上述优化，算法 10.4的复杂度仍远高于算法 10.1，因此我们引入**柱搜索** (beam-search)，即针对 k 个得分最高的成分进行存储，这使得我们仍然可以利用原始表格结构 chart$[s][i][c]$，其中 s、i、c 分别表示起始索引、结束索引及标签。习题 10.7 将就该算法展开讨论。

作为生成式模型，词汇化概率上下文无关文法仍会出现 VP[eat] $\rightarrow$ VB[eat]NP 、VP $\rightarrow$

VB NP 等特征重叠问题，只能通过回退等工程技巧加以解决。判别式模型可以在训练过程中更好地处理这些特征，我们将在下一节讨论判别式成分句法解析器。

10.2.2 判别式成分句法分析模型

223

基于给定句子，判别式模型可将成分句法树映射为特征向量并进行打分。与分类、序列标注、序列分割等任务的判别式模型类似，成分句法分析任务中的判别式模型也需要借助特征工程。例如，我们可以利用完全词汇化及部分词汇化的推导规则作为特征模板，生成 VP[eat] → VP[eat] NP[pizza]、VP[eat] → VP[eat] NP 和 VP → VP NP 等特征实例。此外，我们也可以利用 X 表示任意句法成分，或利用前、后缀表示词，生成 VP[eat] → VP[eat] X、VP[eat*] → VP[eat*] NP[pizza]等特征实例，其中 $*$ 表示包含空字符串的任意字符串（例如“ed”和“ing”）。习题 10.8 将进一步讨论成分句法分析任务中的特征。

给定输入句子 $W_{1:n}$ 及其成分句法树 T，线性模型首先将 $(W_{1:n}, T)$ 映射为全局特征向量 $\vec{\phi}(W_{1:n}, T)$，再进行打分：

$$\text{score}(W_{1:n}, T) = \vec{\theta} \cdot \vec{\phi}(W_{1:n}, T) \tag{10.7}$$

其中 $\vec{\theta}$ 为参数向量。该式与本书所讨论的用于多分类和结构预测任务的判别式线性模型一致。

特征局部性。为了进行高效的训练和解码，我们将 $\vec{\phi}(W_{1:n}, T)$ 分解为局部特征分量。与概率上下文无关文法模型一致，我们限定特征范围以各个推导规则为单位，从而得到:

$$\vec{\phi}(W_{1:n}, T) = \sum_{r \in T} \vec{\phi}(W_{1:n}, r) \tag{10.8}$$

r 表示 T 推导过程中的推导规则。

基于式 (10.8)，假设子树 $T(i, j, c)$ 由 $T(i, k, c_1)$ 和 $T(k+1, j, c_2)$ 构成，推导规则为 $c \to c_1 c_2$，则

$$\text{score}(T(i,j,c)) = \text{score}(T(i,k,c_1)) + \text{score}(T(k+1,j,c_2)) + \vec{\theta} \cdot \vec{\phi}(W_{1:n}, c \to c_1 c_2)$$

解码。根据上述特征局部性，给定模型 $\vec{\theta}$，我们可以利用动态规划算法找到得分最高的输出 $\hat{T} = \arg\max_{T \in \text{GEN}(W_{1:n})} \text{score}(T)$，推导过程中的分数可根据各个语法规则递增地计算，因此该任务具有最优子问题特征结构。给定文本语块 $w_i w_{i+1} \cdots w_j$，其句法标签为 c，中心词为 $w_h (h \in [i, \cdots, j])$，我们将得分最高的成分句法树表示为 $\hat{T}(i, j, h, c)$，则：

$$\begin{aligned}\text{score}(\hat{T}(i,j,h,c)) = & \mathop{\arg\max}_{k \in [i,\cdots,j-1], h_1 \in [i,\cdots,k], h_2 \in [k+1,\cdots,j], c_1, c_2 \in C} \Big(\text{score}\big(\hat{T}(i,k,h_1,c_1)\big) + \\ & \text{score}\big(\hat{T}(k+1,j,h_2,c_2)\big) + \\ & \vec{\theta} \cdot \vec{\phi}(W_{1:n}, c[w_h] \to c_1[w_{h_1}] c_2[w_{h_2}])\Big)\end{aligned} \tag{10.9}$$

其中，h_1 和 h_2 分别表示语块 $w_1 \cdots w_k$ 和 $w_{k+1}w_{k+2}\cdots w_j$ 的中心词，c_1 和 c_2 分别表示其对应的句法标签，k 表示根据二元推导式 $c \rightarrow c_1c_2$，从 (i,j,c) 到 (i,k,c_1) 和 $(k+1,j,c_2)$ 的分割点。

224

算法 10.5为基于上述公式调整后的 CKY 算法，它在结构上与算法 10.4类似，唯一的区别是语法规则的打分函数。

算法 10.5: 基于判别式线性句法解析的 CKY 算法

```
Inputs: W_{1:n} = w_1 w_2 ··· w_n, 模型参数 θ⃗;
Variables: chart, bp;
Initialisation:
for i ∈ [1, ··· , n] do                                              ▷ 起始索引
    for c ∈ C do                                                     ▷ 成分句法标签
        chart[1][i][c][i] ← θ⃗ · φ(W_{1:n}, c[w_i] → w_i);
for s ∈ [2, ··· , n] do                                              ▷ 长度
    for i ∈ [1, ··· , n − s + 1] do                                  ▷ 起始索引
        for h ∈ [i, ··· , i + s − 1] do                              ▷ 中心词
            for c ∈ C do                                             ▷ 成分句法标签
                chart[s][i][c][h] ← −∞;
                bp[s][i][c][h] ← −1;
Algorithm:
for s ∈ [2, ··· , n] do                                              ▷ 长度
    for i ∈ [1, ··· , n − s + 1] do                                  ▷ 起始索引
        for j ∈ [i + 1, ··· , i + s − 1] do                          ▷ 断点
            for h_1 ∈ [i, ··· , j − 1] do                            ▷ 左子树中心词
                for h_2 ∈ [j, ··· , i + s − 1] do                    ▷ 右子树中心词
                    for h ∈ {h_1, h_2} do                            ▷ 中心词
                        for c, c_1, c_2 ∈ C do                       ▷ c → c_1c_2
                            score ← chart[j − i][i][c_1][h_1]
                            +chart[s − j + i][j][c_2][h_2] + θ⃗ · φ⃗(W_{1:n}, c[w_h] → c_1[w_{h_1}]c_2[w_{h_2}]);
                            if chart[s][i][c][h] < score then
                                chart[s][i][c][h] ← score;
                                bp[s][i][c][h] ← (j, c_1, c_2, h_1, h_2);
Outputs: FindDerivation(bp[n][1][arg max_{c,h} chart[n][1][c][h]]);
```

训练。以下两节将分别讨论利用对数线性损失函数及最大间隔损失函数对式 (10.7) 中的模型进行训练的方法。

10.2.3 面向成分句法分析的对数线性模型

给定句子 $W_{1:n}$ 及其成分句法树 T，对数线性模型可通过以下方式计算 T 的条件概率:

225

$$P(T|W_{1:n}) = \frac{\exp(\vec{\theta} \cdot \vec{\phi}(W_{1:n}, T))}{\sum_{T' \in \text{Gen}(W_{1:n})} \exp(\vec{\theta} \cdot \vec{\phi}(W_{1:n}, T'))} \tag{10.10}$$

其中 T' 表示句子 $W_{1:n}$ 上所有可能的成分句法树。该公式的形式与条件随机场相同，因此这种对数线性模型也被称为**树形条件随机场**（tree CRF）。

给定训练数据 $D=\{(W_i,T_i)\}|_{i=1}^N$，W_i 表示一个句子，T_i 表示其对应的人工标注成分句法树，则模型的训练目标为最大化 D 的对数似然：

$$
\begin{aligned}
\hat{\vec{\theta}} &= \arg\max_{\vec{\theta}} \log P(D) \\
&= \arg\max_{\vec{\theta}} \log \prod_i P(T_i|W_i) \quad \text{(i.i.d.)} \\
&= \arg\max_{\vec{\theta}} \sum_i \log \frac{\exp\left(\vec{\theta}\cdot\vec{\phi}(W_i,T_i)\right)}{\sum_{T'\in\text{GEN}(W_i)}\exp\left(\vec{\theta}\cdot\vec{\phi}(W_i,T')\right)} \\
&= \arg\max_{\vec{\theta}} \sum_i \left(\vec{\theta}\cdot\vec{\phi}(W_i,T_i) - \log \sum_{T'\in\text{GEN}(W_i)} \exp\left(\vec{\theta}\cdot\vec{\phi}(W_i,T')\right)\right)
\end{aligned}
\tag{10.11}
$$

在利用随机梯度下降算法进行训练时，各个训练样本的训练目标为最大化

$$
\log P(T_i|W_i) = \vec{\theta}\cdot\vec{\phi}(W_i,T_i) - \log\left(\sum_{T'\in\text{GEN}(W_i)} \exp\left(\vec{\theta}\cdot\vec{\phi}(W_i,T')\right)\right)
$$

因此，训练目标关于 $\vec{\theta}$ 的梯度为

$$
\frac{\partial \log P(T_i|W_i)}{\partial \vec{\theta}} = \vec{\phi}(W_i,T_i) - \sum_{T'\in\text{GEN}(W_i)} P(T'|W_i)\vec{\phi}(W_i,T') \quad (\text{见}P(T'|W_i)\text{的定义}) \tag{10.12}
$$

类似于第 4 章、第 8 章及第 9 章所介绍的对数线性模型的训练方法，给定输入 W_i，当前模型的候选输出 T' 为指数级别，使得 $\sum_{T'} P(T'|W_i)\vec{\phi}(W_i,T')$ 的计算较为困难。因此我们利用特征局部性的特点，得到：

$$
\vec{\phi}(W_i,T') = \sum_{r\in T'} \vec{\phi}(W_i,r)
$$

其中 $r\in T'$ 表示 T' 中的推导规则。于是我们可以得到

$$
\begin{aligned}
&\sum_{T'\in\text{GEN}(W_i)} P(T'|W_i)\vec{\phi}(W_i,T') \\
&= \sum_{T'\in\text{GEN}(W_i)} P(T'|W_i)\Big(\sum_{r\in T'}\vec{\phi}(W_i,r)\Big) \\
&= \sum_{T'\in\text{GEN}(W_i)} \sum_{r\in T'} P(T'|W_i)\vec{\phi}(W_i,r) \\
&= \sum_{r\in\text{GENR}(W_i)} \Big(\sum_{T'\in\text{GEN}(W_i)} P(T'|W_i)\vec{\phi}(W_i,r)\cdot 1(r\in T')\Big) \\
&= \sum_{r\in\text{GENR}(W_i)} E_{T'\sim P(T'|W_i)}\Big(\vec{\phi}(W_i,r)\cdot 1(r\in T')\Big)
\end{aligned}
\tag{10.13}
$$

226

式 (10.13) 表明，全局特征向量 $\vec{\phi}(W_i, r)$ 在所有 T' 上的期望等价于各个局部特征向量 $\vec{\phi}(W_i, r)$ 在所有可能的 T' 上的期望之和。式中的 $\text{GenR}(W_i)$ 表示基于输入 W_i 所有可能的成分句法树中的语法规则集合，当前模型的语法规则是词汇化的，形式为 $c[w_h] \rightarrow c_1[w_{h_1}]c_2(w_{h_2})$，其中 $c, c_1, c_2 \in C$，$h_0, h_1, h_2 \in [1, \cdots, |W_i|]$。若 $r \in T'$，则项 $1(r \in T')$ 等于 1，否则为 0。

进一步，我们还可以观察到 T' 的期望以及 r 上的期望满足如下关系：

$$\sum_{r \in \text{GenR}(W_i)} E_{T' \sim P(T'|W_i)} \Big(\vec{\phi}(W_i, r) \cdot 1(r \in T') \Big) = \sum_{r \in \text{GenR}(W_i)} E_{r \sim P(r|W_i)} \vec{\phi}(W_i, r) \tag{10.14}$$

因此，若我们能够有效计算边缘概率 $P(r|W_i)$，结合上式便可求出所有可能的 T' 关于 $\vec{\phi}(W_i, r)$ 的期望，等价于给定 W_i 的情况下所有可能 r 的期望，即 $\sum_{r \in \text{GenR}(W_i)} P(r|W_i)$ $\vec{\phi}(W_i, r)$。

推导式边缘概率的计算。对于 $P(r|W_{1:n})$，推导式 r 的形式可为 $(b, b', e, h, h_1, h_2, c, c_1, c_2)$，其中 (b, e, c, h) 表示父类句法成分，$(b, b'-1, c_1, h_1)$ 和 (b', e, c_2, h_2) 表示子类句法成分。

对数线性模型可以得到 $P(T|W_{1:n})$，通过将包含 r 的所有成分句法树的条件概率相加，我们可以进一步计算出 $P(r|W_{1:n})$：

$$\begin{aligned} P(r|W_{1:n}) &= \sum_{T \in \text{Gen}(W_{1:n}) \text{s.t.} r \in T} P(T|W_{1:n}) \\ &= \sum_{T \in \text{Gen}(W_{1:n}) \text{s.t.} r \in T} \prod_{r' \in T} \exp\Big(\vec{\theta} \cdot \vec{\phi}(W_{1:n}, r')\Big) \end{aligned} \tag{10.15}$$

式 (10.15) 为指数级求和项，可围绕 r 分割为三部分。以 10.1.4 节中定义的术语为例，我们用 $\text{Inside}(b, e, c, h, W_{1:n})$ 表示子树 $T(b, e, c[w_h])$ 内部的所有推导结果，即 $c[w_h] \stackrel{*}{\Longrightarrow} w_b w_{b+1} \cdots w_e$ 的推导过程，用 $\text{Outside}(b, e, c, h, W_{1:n})$ 表示 $T(b, e, c[w_h])$ 以外的所有结构，即 $\text{S}[w_*] \stackrel{*}{\Longrightarrow} w_1 w_2 \cdots w_{b-1} c w_{e+1} \cdots w_n$ 的推导过程，w_* 表示句子 $W_{1:n}$ 中的中心词。

于是，我们得到

$$\begin{aligned} &\text{InsideScore}(b, e, c, h, W_{1:n}) \\ &= \sum_{T(b,e,c[w_h]) \in \text{Inside}(b,e,c,h,W_{1:n})} \prod_{r' \in T(b,e,c[w_h])} \exp\Big(\vec{\theta} \cdot \vec{\phi}(W_{1:n}, r')\Big) \end{aligned}$$

和

$$\begin{aligned} &\text{OutsideScore}(b, e, c, h, W_{1:n}) \\ &= \sum_{\bar{T}(b,e,c[w_h]) \in \text{Outside}(b,e,c,h,W_{1:n})} \prod_{r' \in \bar{T}(b,e,c[w_h])} \exp\Big(\vec{\theta} \cdot \vec{\phi}(W_{1:n}, r')\Big) \end{aligned}$$

从而有

$$P(r|W_{1:n}) \propto \textsc{InsideScore}(b, b'-1, c_1, h_1, W_{1:n})\textsc{InsideScore}(b', e, c_2, h_2, W_{1:n})$$

227

$$\textsc{Outsdie}(b, e, c, h, W_{1:n}) \exp\left(\vec{\theta} \cdot \vec{\phi}(W_{1:n}, r)\right)$$

对算法 10.2和算法 10.3稍做修改，便可以计算得到 $\textsc{InsideScore}(b, e, c, h, W_{1:n})$ 和 $\textsc{OutsideScore}(b, e, c, h, W_{1:n})$。习题 10.10 将对推导过程做详细讨论。

10.2.4　面向成分句法分析的最大间隔模型

对于结构化感知机和支持向量机模型，其训练目标均为基于给定训练数据 $D = \{(W_i, T_i)\}|_{i=1}^{N}$，最小化人工标注结果和模型错误输出间的间隔。具体地，对于结构化感知机模型，其训练目标为最小化：

$$\sum_{i=1}^{N} \max\left(0, \max_{T' \in \textsc{Gen}(W_i)} \left(\vec{\theta} \cdot \vec{\phi}(W_i, T')\right) - \vec{\theta} \cdot \vec{\phi}(W_i, T_i)\right) \tag{10.16}$$

对于结构化支持向量机，其训练目标为最小化：

$$\frac{1}{2}||\vec{\theta}||^2 + C\left(\sum_{i=1}^{N} \max\left(0, 1 - \vec{\theta} \cdot \vec{\phi}(W_i, T_i) + \max_{T' \neq T_i}\left(\vec{\theta} \cdot \vec{\phi}(W_i, T')\right)\right)\right) \tag{10.17}$$

其中 $T' \in \textsc{Gen}(W_i)$。

式 (10.16) 和式 (10.17) 中 $\max_{T' \in \textsc{Gen}(W_i)}\left(\vec{\theta} \cdot \vec{\phi}(W_i, T')\right)$ 的计算涉及算法 10.5中的解码过程，这一点与序列标注和序列分割任务类似，因此可以采用相同的算法框架进行模型参数的学习。但由于特征向量的定义以及特征逐步计算的过程不同，成分句法结构的解码算法不适用于其他结构化预测任务。

10.3　重排序

特征对于成分句法解析器的性能具有重要意义：非局部特征有助于树结构的消歧，例如，我们可以定义*非二元推导式*（unbinarised rules）特征，该特征可表示折叠之前的 n 元推导规则（如图 10.1所示的规则 S → ADVP VP NP .，中心词为 VP），其回退版本可覆盖推导式左侧（例如 S）及右侧的 n 元组（例如 ADVP　VP　NP）；我们也可以利用*祖父母信息*（grandparent feature）形成二阶特征，例如推导规则及其非终结符，这类特征往往具有较强的判别能力，也可进一步扩展为 S → VP → VBP 等双链语法规则；树结构本身也蕴含着重要特征，例如英语等语种的成分句法树可能存在右分支偏向，即成分节点的右子树大于左子树，因此由成分节点最右分支节点数量形成的“右分支”特征可用于捕捉偏向趋势。此外，成分大小（词数）及相对位置也能为模型提供必要信息，极端情况下，整个未词汇化的子树也可视为一个特征。对于词与词之间的关系，子节点和父节点间的中心词、句

228 子中主语–动词–论元的模式等均可作为重要特征。习题 10.8 将对这些特征展开详细讨论。与序列标注和序列分割任务相似，成分句法分析中动态规划算法的时间复杂度与特征上下文范围息息相关，当特征扩展到推导规则之外时，算法 10.1、算法 10.2及算法 10.3的渐近复杂度可高达甚至超过 $O(n^3)$ 。因此，上述特征的引入在一定程度上会影响动态规划算法的使用。

重排序（reranking）机制可对各类非局部特征进行有效组合，且不会引入额外的时间复杂度，其基本思想为基于给定输入句子，由仅具有局部特征的*基础解析器*（base parser）提供一组高置信度（即模型得分）的输出候选项，根据基础解析器的模型得分与一组额外的非局部特征（这些特征无法集成到基础解析器中），利用一个单独的*重排序器*（reranker）对候选集进行重新打分。重排序器只需考虑基础解析器中的少量候选输出，因此可以通过暴力枚举的方式来查找重排序分数最高的输出。重排序器具有一组单独的模型参数，其训练过程位于基础解析器之后。

由基础解析器生成候选输出。从基础解析器中获取高置信度候选输出的方法主要有两类：第一类为获得固定数量的 k 个最佳候选；第二类则是通过基础模型获得得分高于阈值 $\beta \cdot \text{base\_score}(\hat{T})$ 的一组候选，其中 $\hat{T}$ 为得分最高的候选输出，$\text{base\_score}(T)$ 表示基础模型对 T 的打分，$\beta \in (0,1)$ 为模型超参数，根据经验，通常将 β 设为 0.1、0.001 等。对维特比算法、CKY 算法等标准解码算法进行适当修改，即可获得以上所述的最佳候选输出。习题 10.11 将针对该问题展开讨论。

测试。我们将重排序器的输入数据集表示为 $D = \{(W_i, \text{TS}_i)\}|_{i=1}^N$，$N$ 为用于测试的句子总数，$\text{TS}_i = \{T_i^1, T_i^2, \cdots, T_i^{n_i}\}$ 为基础解析器得到的 n_i 个最佳候选输出集合，则由重排序器给出的候选输出树 T_i^j 的得分可定义为

$$\text{score}(T_i^j) = \alpha_0 \cdot \text{base\_score}(T_i^j) + \sum_{k=1}^{m} \alpha_k \cdot f_k(W_i, T_i^j) \tag{10.18}$$

其中 $f_k(W_i, T_i^j)(k \in [1, \cdots, m])$ 表示重排序器的非局部特征。

式 (10.18) 为线性模型，该模型从基础解析器得分及非局部特征的特征模板中提取特征，我们将其分别表示为 $\vec{\theta} = \langle \alpha_0, \alpha_1, \cdots, \alpha_m \rangle$ 和 $\vec{\phi}(W_i, T_i^j) = \langle \text{base\_score}(T_i^j), f_1(W_i, T_i^j), f_2(W_i, T_i^j), \cdots, f_m(W_i, T_i^j) \rangle$ ，则有

$$\text{score}(T_i^j) = \vec{\theta} \cdot \vec{\phi}(W_i, T_i^j) \tag{10.19}$$

需注意的是，$\text{base\_score}(T_i^j)$ 的值为实值，是基础模型基于 W_i 计算得到的 T_i^j 的概率对数，因此属于*实数特征*，不同于特征 $f_k(W_i, T_i^j)$，这点我们在第 3 章中已讨论过。

利用对数似然损失函数训练重排序模型。我们将训练数据集表示为 $D = \{(W_i, \{T_i\} \cup \text{TS}_i)\}|_{i=1}^N$，$N$ 为用于训练的句子总数，$\text{TS}_i = \{T_i^1, T_i^2, \cdots, T_i^{n_i}\}$ 为基础解析器预测的 n_i 个最佳候选输出，人工标注的句法树 T_i 可能不在该集合中，因此我们将其手动添加到基础 229 解析器的输出列表中，以确保重排序器能够学习到正确的句法树结构。

根据最大似然估计，模型的训练目标为最大化似然 $P(D)=\prod_i P(T_i|W_i)$，

$$P(T_i|W_i)=\frac{\exp\Big(\text{score}(T_i)\Big)}{\exp\Big(\text{score}(T_i)\Big)+\sum_{j\in[1,\cdots,n_i]\text{s.t.}T_i^j\neq T_i}\exp\Big(\text{score}(T_i^j)\Big)} \tag{10.20}$$

上式中，分母 $Z=\exp\Big(\text{score}(T_i)\Big)+\sum_{j\in[1,\cdots,n_i]\text{s.t.}T_i^j\neq T_i}\exp\Big(\text{score}(T_i^j)\Big)$ 包括人工标注的句法树与 n_i 个基础解析器的输出，并非所有句法树的集合，较小的采样空间可使重排序器避免时间复杂度问题。

基于上述定义的 $P\left(T_i\mid W_i\right)$ ，模型的训练目标即为最大化

$$\begin{aligned}\log P(D)&=\sum_i\log P(T_i|W_i)\\&=\sum_i\left(\text{score}(T_i)-\log\left(\exp(\text{score}(T_i))+\sum_{j=1}^{n_i}\exp(\text{score}(T_i^j))\right)\right)\end{aligned} \tag{10.21}$$

我们可以利用随机梯度下降算法进行参数优化。对于训练样本 i，其梯度为：

$$\begin{aligned}\frac{\partial}{\partial\vec{\theta}}\log P(T_i|W_i)&=\vec{\phi}(W_i,T_i)-\left(P(T_i|W_i)\cdot\vec{\phi}(W_i,T_i)+\sum_{j=1}^{n_i}P(T_i^j|W_i)\cdot\vec{\phi}(W_i,T_i^j)\right)\\&=\Big(1-P(T_i|W_i)\Big)\cdot\vec{\phi}(W_i,T_i)+\sum_{j=1}^{n_i}P(T_i^j|W_i)\cdot\vec{\phi}(W_i,T_i^j)\end{aligned} \tag{10.22}$$

利用最大间隔损失函数训练重排序模型。我们也可以利用第 4 章所介绍的最大间隔损失函数来训练重排序模型，其训练目标为针对所有 W_i 最小化 T_i 和 $T'\in\text{TS}_i$ 间的分数间距。以支持向量机为例，在不考虑正则项的情况下，其目标函数可以形式化为最小化得分间隔函数：

$$\max\left(0,1+\max_{T'\in\text{TS}}\Big(\vec{\theta}\cdot\vec{\phi}(W_i,T')\Big)-\vec{\theta}\cdot\vec{\phi}(W_i,T_i)\right) \tag{10.23}$$

同样，我们可以利用随机梯度下降算法进行参数优化。对于训练样本 i，其梯度为：

$$\begin{cases}0 & \text{若 } \vec{\theta}\cdot\vec{\phi}(W_i,T_i)>\max\limits_{T'\in\text{TS}_i}\vec{\theta}\cdot\vec{\phi}(W_i,T')+1\\\vec{\phi}(W_i,T_i)-\max\limits_{T'\in\text{TS}_i}\vec{\phi}(W_i,T') & \text{其他情况}\end{cases} \tag{10.24}$$

训练过程中，根据式 (10.21) 与式 (10.23)，我们将金标的成分树添加到各个 W_i 的训练集中。但在测试时，金标的结果可能不在基础模型的最佳输出列表中，因此导致训练和测试场景的不一致。为解决该问题，在训练阶段我们不将金标的句法树添加到 TS_i 中，而是将 F 值最高的候选结果近似为金标结果，该结果也被称为 **oracle 数据**。利用该方法

进行训练时，非 oracle 数据中金标数据的作用会被削弱，而 oracle 数据中非金标数据的特征会被增强，因此，是否将金标的正确树结构添加到重排序器训练实例中是一个经验性问题。

10.4 序列和树结构总结及展望

目前为止，我们已经讨论了序列标注、序列分割、成分句法树等结构预测模型，这些模型均涉及通用建模技术。例如，概率链式法则、独立性假设、贝叶斯规则可用于生成式模型的参数优化，动态规划可用于解码以及对数线性模型训练中边缘概率的计算。基于这些技术所设计的结构预测模型在其他自然语言处理任务中也发挥着重要作用。

在第 1 章中，我们介绍了另一种典型的树状语法结构表示方法，即依存树结构。动态规划解码器和最大间隔判别式模型也被广泛应用于依存树分析模型中。与序列标注、序列分割、成分句法分析等任务相似，依存句法分析的动态规划解码器同样要求特征局限于较小的上下文范围内。以弧分解模型（arc-factored model）为例，其特征限制于单个依存弧，从而使得精确推理的时间复杂度为 $O(n^3)$，n 表示输入句子的长度。更大的特征上下文（例如多个邻接依存弧）自然会带来较好的性能，但精确推理的时间复杂度也会随之增加。通过近似推理算法，我们可以在不影响运行速率的情况下更好地利用非局部信息，下一章将针对此目的介绍新的模型框架，该框架利用基于学习指导的搜索（learning-guided-search）方法来解决非精确搜索（inexact search）的潜在问题。

总结

本章介绍了：

- 生成式成分句法分析、二叉化、概率上下文无关文法。
- CKY 算法、内部–外部算法、词汇化概率上下文无关文法。
- 判别式成分句法分析的对数线性模型。
- 判别式成分句法分析的最大间隔模型。
- 重排序。

注释

Chomsky (1957) 提出了生成式文法。Booth 和 Thompson (1973) 以及 Grenander (1976) 提出了概率上下文无关文法。Kasami (1966)、Younger (1967)、Cocke (1969) 和 Kay (1967) 提出了 CKY 解码算法。Aho 和 Ullman (1973) 讨论了基于计算机编程语言的解析方法，从而推动了成分句法分析的研究。基于统计的句法分析在结构化预测任务中是一个重要问题 (Fujisaki 等人, 1989; Schabes 等人, 1993; Jelinek 等人, 1994; Magerman, 1995; Collins, 1997; Charniak, 2000)。对数线性模型可被用于判别式句法分析任务 (Abney, 1997; Della Pietra 等人, 1997; Clark 和 Curran, 2003; Johnson 等人, 1999)。丰富的词汇

231

化特征 (Magerman, 1995; Collins, 1996; Charniak, 2000) 以及非词汇化特征 (Klein 和 Manning, 2003; Petrov 和 Klein, 2007) 受到了广泛的研究关注。Freund 等人 (2003) 提出了重排序问题，并被 Collins 和 Koo (2005) 进一步应用于成分句法分析任务中。

习题

10.1 中心词查找规则对成分句法树结构的二叉化至关重要。表 10.1展示了非终结符 NP 和 VP 的中心词查找规则，以 NP 为例，其规则中包含很多由“;”分隔的组，算法从第一组开始查找，若搜索算法未返回有效中心词，则继续在下一组中查找。具体地，在第一组“r POS NN NNP NNPS NNS”中，“r”表示搜索方向，“POS NN NNP NNPS NNS”为标签集合的搜索顺序。算法从右向左遍历子结构并尝试查找带有标签“POS”的子结构，若有，则返回该子结构对应的词作为中心词，若没有，则继续搜索带有标签“NN”的子结构。一旦找到带有目标标签的子结构，该过程就会停止，否则，该过程重复直到最后一个标签“NNS”。若在第一组中搜索不成功，则将相同的逻辑应用于第二组。若目标标签为 QP、NP 等非终结符，则算法将递归式地利用 QP 或 NP 的中心词查找规则来查找中心词。若算法在“r NP”组之后仍未找到中心词，则将启用默认规则。最后一组“r”表示最右侧子结构的中心词默认作为最终结果。

（1） 给定成分句法树“(S (NP (DT The) (JJ little) (NN boy)) (VP (VBZ likes) (NP (JJ red) (NN tomato))) (. .))”，试利用表 10.1中的规则标注出 NP 和 VP 的中心词。

（2） 试推导 ADJP 的中心词查找规则。

（3） 试对图 10.1b、图 10.1c、图 10.1d 中的二叉树进行还原。

232

表 10.1 NP 和 VP 的中心词查找规则

非终结符	规则
NP	r POS NN NNP NNPS NNS; r NX; r JJR; r CD; r JJ; r JJS; r RB; r QP; r NP; r
VP	l VBD; l VBN; l MD; l VBZ; l VB; l VBG; l VBP; l VP; l ADJP; l NN; l NNS; l NP; l

10.2 给定一个句子，试计算其可能的二叉树数量。（提升：结果为卡塔兰数。）

10.3 试利用反证法证明式 (10.2) 的正确性。

10.4 给定反向指针 bp，试描述用于 CKY 解码算法的回溯算法 FindDerivation。（提示：假设 $\text{bp}[s][i][c] = (j, c_1, c_2)$，针对 $\text{bp}[j-i][i][c_1]$ 及 $\text{bp}[s-j+i][j][c_2]$ 递归式调用函数 FindDerivation。）

10.5 算法 10.1、算法 10.2及算法 10.3仅考虑了乔姆斯基范式，即忽略一元推导式的语法形式。试针对一元推导式对以上算法进行拓展。试讨论针对 CKY 算法（算法 10.1）的回溯算法，分析循环推导式（例如 NP → NP）对该算法产生的负面影响并提出解决方法。

10.6 试利用算法 10.3计算式 (10.6)。

10.7 **柱搜索**。算法 10.4和算法 10.5均涉及句法成分中的中心词，其时间复杂度高达 $O(n^5)$，导致解析器在处理 20 词以上的句子时速度非常缓慢。为解决该问题，我们可以利用柱搜索进行近似解码，删除对 h_1、h_2、h 的枚举，将 $\hat{T}(i, i+s-1, c[w_h])$ 中不同 h 的 k 个得分最高的成分树存储于表格 chart$[s][i][c]$ 中。该方法可视为算法 10.1的拓展，当需要额外考虑中心词信息时，该方法通过调整表结构，用 k 个局部最大值代替单个最优值。试写出柱搜索解码器的伪代码，并计算其时间复杂度。

10.8 **特征**。回顾判别式成分句法解析器中的特征，基于上下文无关文法，试讨论有助于提升模型性能的句法模式。对于超过一个语块的语法规则，试讨论对模型有效的非局部特征模式。

10.9 扩大非终结符集合有助于增加概率上下文无关文法的特征表达能力，中心词词汇化即为一个典型案例。此外，我们也可以对成分句法树中的各个非终结符进行**父结构标注**（parent annotation），以图 10.1a 中的成分句法树为例，“the net contributions of the experts” 上 NP 的父节点为 S，因此，NP 可被重新标记为带有父结构信息的 NP@S。相应地，句法规则 NP → NP PP 可转换为 NP@S → NP@S PP。相较于中心词词汇化方法，父结构标注法可将概率上下文无关文法特征的上下文范围由单个规则拓展至两个连续规则。回顾概率上下文无关文法中的最大似然估计训练目标及 CKY 解码算法，试讨论父结构标注对模型的影响，并计算最小解码时间。

10.10 试对内部算法（算法 10.2）与外部算法（算法 10.3）进行拓展，以利用这两个算法计算对数线性模型训练过程中的边缘规则概率（10.2.3 节）。请考虑额外的中心词索引枚举，并用局部特征分数取代概率上下文无关文法中的概率。

233

10.11 试对算法 10.5进行修改，使之在句法分析任务中生成 k 个最佳候选输出，而非一个最优输出。利用柱搜索进行解码，可在大小为 S 的集束中得到包含 k 个最优输出的列表。试分析该列表是否就是 k 个得分最高的输出，并提出基于动态规划算法的解决方法。

10.12 概率上下文无关文法可以视为树结构的隐马尔可夫模型。第 7 章介绍了基于最大期望算法（EM algorithm）的隐马尔可夫模型无监督训练方式。试考虑利用原始语料 $D = \{W_i|_{i=1}^N\}$（W_i 为一个句子），训练概率上下文无关文法，并给出模型中的隐变量 H 及观测变量 O。根据概率上下文无关文法的参数化过程，试对 Q 函数进行定义，并讨论参数估计中的 E 过程与 M 过程。

234

参考文献

Steven Abney. 1997. Part-of-speech tagging and partial parsing. In Corpus-based methods in language and speech processing, pages 118–136. Springer.

Alfred V Aho and Jeffrey D Ullman. 1973. The theory of parsing, translation, and compiling.

Taylor L. Booth and Richard A. Thompson. 1973. Applying probability measures to abstract languages. IEEE transactions on Computers, 100(5):442–450.

Eugene Charniak. 2000. A maximum-entropy-inspired parser. In Proceedings of the 1st North American chapter of the Association for Computational Linguistics conference, pages 132 – 139. Association for Computational Linguistics.

Noam Chomsky. 1957. Syntactic structures (the hague: Mouton, 1957). Review of Verbal Behavior by BF Skinner, Language, 35:26–58.

Stephen Clark and James R. Curran. 2003. Log-linear models for wide-coverage ccg parsing.

John Cocke. 1969. Programming languages and their compilers: Preliminary notes.

Michael Collins. 1997. Three generative, lexicalised models for statistical parsing. In 35th Annual Meeting of the Association for Computational Linguistics and 8th Conference of the European Chapter of the Association for Computational Linguistics, pages 16–23, Madrid, Spain. Association for Computational Linguistics.

Michael Collins and Terry Koo. 2005. Discriminative reranking for natural language parsing. Computational Linguistics, 31(1):25–70.

Michael J. Collins. 1996. A new statistical parser based on bigram lexical dependencies. In Proceedings of the 34th annual meeting on Association for Computational Linguistics, pages 184–191. Association for Computational Linguistics.

Stephen Della Pietra, Vincent Della Pietra, and John Lafferty. 1997. Inducing features of random fields. IEEE transactions on pattern analysis and machine intelligence, 19(4):380–393.

Yoav Freund, Raj Iyer, Robert E Schapire, and Yoram Singer. 2003. An efficient boosting algorithm for combining preferences. Journal of machine learning research, 4(Nov):933–969.

T. Fujisaki, F. Jelinek, J. Cocke, E. Black, and T. Nishino. 1989. Probabilistic parsing method for sentence disambiguation. In Proceedings of the First International Workshop on Parsing Technologies, pages 85–94, Pittsburgh, Pennsylvania, USA. Carnegy Mellon University.

Ulf Grenander. 1976. Lectures in pattern theory-volume 1: Pattern synthesis. Applied Mathematical Sciences, Berlin: Springer, 1976.

E Jelinek, John Lafferty, David Magerman, Robert Mercer, Adwait Ratnaparkhi, and Salim Roukos. 1994. Decision tree parsing using a hidden derivation model. In HUMAN LANGUAGE TECHNOLOGY: Proceedings of a Workshop held at Plainsboro, New Jersey, March 8-11, 1994.

Mark Johnson, Stuart Geman, Stephen Canon, Zhiyi Chi, and Stefan Riezler. 1999. Estimators for stochastic unification-based grammars. In Proceedings of the 37th annual meeting of the Association for Computational Linguistics on Computational Linguistics, pages 535–541. Association for Computational Linguistics.

Tadao Kasami. 1966. An efficient recognition and syntax-analysis algorithm for context-free languages. Coordinated Science Laboratory Report no. R-257.

Martin Kay. 1967. Experiments with a powerful parser. In COLING 1967 Volume 1: Conference Internationale Sur Le Traitement Automatique Des Langues.

Dan Klein and Christopher D Manning. 2003. Accurate unlexicalized parsing. In Proceedings of the 41st Annual Meeting on Association for Computational Linguistics-Volume 1, pages 423–430. Association for Computational Linguistics.

David M. Magerman. 1995. Statistical decision-tree models for parsing. In Proceedings of the 33rd annual meeting on Association for Computational Linguistics, pages 276 – 283. Association for

Computational Linguistics.

Slav Petrov and Dan Klein. 2007. Improved inference for unlexicalized parsing. In Human Language Technologies 2007: The Conference of the North American Chapter of the Association for Computational Linguistics; Proceedings of the Main Conference, pages 404–411.

Yves Schabes, Michal Roth, and Randy Osborne. 1993. Parsing the wall street journal with the inside-outside algorithm. In Sixth Conference of the European Chapter of the Association for Computational Linguistics, Utrecht, The Netherlands. Association for Computational Linguistics.

Daniel H. Younger. 1967. Recognition and parsing of context-free languages in time n3. Information and control, 10(2):189–208.

基于转移的结构预测模型

目前为止，我们已经介绍了一系列判别式结构预测模型。给定具体任务，此类模型可针对结构化输出定义特征模板，将输入输出对映射至特征空间，并利用线性模型对候选结构进行打分。适应特征上下文的动态规划算法可帮助此类模型实现高效训练及解码。判别式结构预测模型可用于序列标注、序列分割及树结构预测任务，分别形成条件随机场、半条件随机场、树条件随机场模型，以及这三种模型对应的结构化感知机与支持向量机模型。

针对序列分割与序列标注任务，本书第 9 章介绍了一种不同的判别式方法，即采用基于学习的柱搜索算法进行解码，利用提前更新（early-update）策略的感知机算法进行训练，在线性时间复杂度下充分利用各类特征。上一章尚未讨论该方法在树结构预测任务中的应用，为此，本章以第 9 章所介绍的顺序决策过程为基础，进一步拓展至状态转移过程——状态表示当前的部分结构化输出，一系列转移动作则用于逐步构建完整的输出结构。本章以成分句法分析、依存句法分析及联合句法分析任务为例，介绍基于转移的结构预测模型。基于转移的结构预测模型可利用任意非局部特征，因此十分具有竞争力。

11.1 基于转移的结构化预测

给定输入数据，基于转移的结构化预测模型将输出结构的构造过程建模为状态转移过程，其中，**状态** (state) 表示解码过程中某个时刻的部分结构化输出，**转移动作** (transition action) 表示逐步构造输出结构的步骤。具体而言，给定输入 X，模型从**初始状态** s_0 开始，通过转移动作序列 a_i 逐步构造相应部分的输出结构。每个转移动作将状态 s_{i-1} 向前推进一步至 s_i，直到到达完整输出结构对应的**终止状态** $\bar{s}_{|S|}$。$|S|$ 表示除 s_0 外所有的状态数量或动作数量。

以分词任务为例，状态可被形式化地表示为 $s=(\sigma,\omega,\beta)$，其中 σ 代表局部输出，即已经识别出的词列表，ω 表示当前正在构造的局部词 (partial word)，β 表示待处理的序列。给定输入句子 $X=C_{1:n}=c_1c_2\cdots c_n$，其初始状态为 $s_0=([\,],\text{“ ”},C_{1:n})$，输出词序列及当前局部词均为空，待处理序列包含所有输入字符。对应的终止状态为 $\bar{s}=(W_{1:|W|},\text{“ ”},[\,])$，其中输出 $W_{1:|W|}=w_1w_2\cdots w_{|W|}$ 表示切分完成的分词结果，局部词及待处理序列均为空。

状态转移过程通常包含三种动作：

- Sep(分离，separate)，即将 ω 移至 σ 中，同时将 β 中最靠前的字符 β_0 移至 ω 中，以 β_0 作为新的 ω。
- App(追加，append)，即移除 β 中的第一个字符 β_0，将其追加至 ω 的末尾。

- FIN(结束，finish)，当 β 为空时，将当前非空的局部词 ω 移至 σ 中。

图 11.1对上述转移动作进行了形式化描述。如表 11.1所示，给定输入 $C_{1:7}=$ “以 前 天 下 雨 为 例”，动作序列 $A_{1:7}=$ “SEP，SEP，APP，SEP，APP，SEP，APP”可得到输出结果“以 前天 下雨 为例”。

Axiom:	$([\,],[\,],\beta)$	APP:	$\dfrac{(\sigma,\omega,[\beta_0\|\beta])}{(\sigma,\omega{+}\beta_0,\beta)}$
Goal:	$(\sigma,[\,],[\,])$		
SEP:	$\dfrac{(\sigma,\omega,[\beta_0\|\beta])}{([\sigma\|\omega],\beta_0,\beta)}$	FIN:	$\dfrac{(\sigma,\omega,[\,])}{(\sigma\|\omega,[\,],[\,])}$

图 11.1　分词任务的状态转移示例，| 表示列表头部及尾部分隔符，+ 表示字符串拼接

模型。基于转移的结构化预测模型的目标为学习一个映射函数，针对给定输入找到状态转移动作序列，并通过该序列获取正确的结构化输出。在表 11.1所示的例子中，输入为 $C_{1:7}$，输出为 $A_{1:7}$，模型从状态 $s_i(i\in[0,7])$ 中抽取特征，并基于特征对候选动作进行打分，分数最高的动作序列即为输出。

表 11.1　基于转移的分词过程示例，输入句子为“以前天下雨为例”

步骤	状态 $s_i=(\sigma,w,\beta)$	下一动作 a_{i+1}
0	([ ], [ ], [以, 前, 天, 下, 雨, 为, 例])	SEP
1	([ ], [以], [前, 天, 下, 雨, 为, 例])	SEP
2	([以], [前], [天, 下, 雨, 为, 例])	APP
3	([以], [前天], [下, 雨, 为, 例])	SEP
4	([以, 前天], [下], [雨, 为, 例])	APP
5	([以, 前天], [下雨], [为, 例])	SEP
6	([以, 前天, 下雨], [为], [例])	SEP
7	([以, 前天, 下雨, 为], [例], [ ])	FIN
8	([以, 前天, 下雨, 为, 例], [ ], [ ])	

236

该过程以从左至右的顺序对各个字符执行“SEP”或“APP”动作，因此与字符标注任务非常类似。实际上，在某些特定设置下，基于转移的序列标注模型与第 7 章所介绍的基于贪心搜索的序列标注模型是相同的，只不过基于转移的方法在处理高度复杂的结构任务（例如树和图）时更具优势。将结构化输出转换为动作序列，基于转移的模型可将结构歧义转换为状态转移过程中的转移动作歧义，因此，建模目标也由结构选择转换为动作选择。基于给定输入，基于转移的模型从状态中提取特征，进而对转移动作打分。此类模型便于融入非局部特征，第 9 章介绍了用于序列标注的非局部特征实例，本章后半部分将针对句法解析任务介绍更多的非局部特征。相比之下，第 8 章所介绍的条件随机场序列标注模型需要引入马尔可夫假设（第 2 章），以便利用动态规划算法从输出标签中提取特征，第 9 章中的半条件随机场序列分割算法与第 10 章中的树条件随机场成分句法树解析算法也具有相似机制，即直接提取局部特征用于输出图结构。这些模型与基于转移的模型存在较大区别，我们将其称为**基于图的模型**（graph-based model）。

基于转移的结构化预测模型利用非局部特征，因此动态规划算法是不适用的。下一节首先介绍可为每个动作独立打分的局部模型，再进一步介绍将整个动作序列作为整体进行打分的全局模型。

11.1.1　贪心式局部模型

给定状态 s_{i-1}，判别式模型可对所有可能的转移动作 $a_i \in \textsc{PossibleActions}(s_{i-1})$ 进行打分，进而选择最佳动作。模型首先抽取特征向量 $\vec{\phi}(s_{i-1}, a_i)$ 用于表示输入输出对 (s_{i-1}, a_i)，动作 a_i 的分数表示为：

$$\text{score}(a_i|s_{i-1}) = \vec{\theta} \cdot \vec{\phi}(s_{i-1}, a_i) \tag{11.1}$$

其中 $\vec{\theta}$ 为模型参数向量。

以表 11.1所示的状态转移过程为例，第 4 步的状态为 $s_4 = ([\text{以 前天}], [\text{下}], [\text{雨}, \text{为}, \text{例}])$，可利用特征“$\sigma_0 =$ 前天，$\omega =$ 下，$\beta_0 =$ 雨”以及“$a = \textsc{App}$”为动作打分 [⊖]。这一特征实际上与第 9 章表 9.5 中的特征“$w_{j-1} =$ 前天，$w_j =$ 下雨”类似，均可对二元组词进行消歧。另外，基于转移的模型不直接对输出结构打分，而是对下一个动作 a_5 打分，因此可充分利用非局部特征“$\sigma_{|\sigma|-1} =$ 以，$\omega =$ 为，$\beta_0 =$ 例，$a = \textsc{App}$”（“以 …… 为例”）进行建模。表 11.2展示了更多的特征模板。转移模型中所有特征实例必须同时包含状态及动作两个属性。

237

表 11.2　基于转移的分词模型特征模板。其中，σ_0 表示栈顶词，σ_1 表示栈顶前一个词，σ_{-1} 表示栈底词，β_0、β_1、β_2 表示队列中前三个字符，ω 表示部分词，a 表示动作。START、END 以及 LEN 分别表示词的起始字符、结束字符及词长

索引	特征	索引	特征
1	ω, a	10	β_0, β_1, β_2, a
2	β_0, a	11	$\textsc{End}(\sigma_0)$, ω, β_0, a
3	$\textsc{Len}(\omega)$, β_0, a	12	$\textsc{Start}(\sigma_0)$, ω, β_0, a
4	$\textsc{Start}(\omega)$, $\textsc{Len}(\omega)$, a	13	$\textsc{Start}(\sigma_0)$, $\textsc{Start}(\omega)$, β_0, a
5	ω, β_0, a	14	$\textsc{Len}(\sigma_0)$, $\textsc{Len}(\omega)$, β_0, a
6	$\textsc{Start}(\omega)$, β_0, a	15	$\textsc{End}(\sigma_0)$, $\textsc{End}(\omega)$, β_0, a
7	$\textsc{End}(\omega)$, β_0, a	16	σ_0, ω, β_0, a
8	$\textsc{Len}(\omega)$, β_0, a	17	σ_1, σ_0, ω, β_0, a
9	$\textsc{End}(\omega)$, β_0, β_1, a	18	σ_{-1}, ω, β_0, a

训练与解码。基于局部贪心的算法是最简单有效的训练及解码方法。式 (11.1) 可训练局部分类器，该分类器可基于当前状态预测下一动作。测试阶段则重复利用训练好的局部分类器，采用贪心算法找到最佳转移动作来构建输出。具体地，在训练过程中，给定金标数据集 $D = \{(X_i, Y_i)\}|_{i=1}^N$，我们将各个训练样例 (X_i, Y_i) 分解为状态转移序列 $(s_{j-1}^{(i)}, a_j^{(i)})$，

⊖　σ 中的词按倒序进行索引，最后一个词为 σ_0，第一个词为 $\sigma_{|\sigma|-1}$。

并将所有状态-动作对合并以形成训练集。支持向量机、感知机及对数线性模型等判别式模型均可用于训练式 (11.1) 所示的分类器。在测试过程中，给定输入 X，解码器从初始状态 $s_0(X)$ 开始，反复利用模型 $\vec{\theta}$ 查找动作 $\hat{a}_i = \arg\max_a \vec{\theta} \cdot \vec{\phi}(s_{i-1}, a)$，直到到达最终状态。

局部模型的概念非常简单，即利用分类器处理结构化预测任务。根据表 11.2所示的特征，基于转移的局部贪心模型可实现与第 9 章中半条件随机场模型相当的准确率，且运行速度要快得多。但对于成分句法分析等复杂问题，其准确率相较于性能最佳的基于图的模型还有一定差距，其原因在于：首先，局部贪心决策易造成解码过程中的错误传播，因为错误动作会导致错误状态，错误状态会对后续动作产生负面影响。与分割和序列标记任务相比，句法分析任务各序列的动作之间具有更强的依赖性，因此错误传播的问题更为严重。238其次，局部模型无法考虑整体结构，对于基于转移的结构化预测任务，转移动作序列对应于整体的结构化输出，而在全局最佳动作序列中，每个局部动作不一定是最佳选择，因此局部分类模型在选择最佳动作序列时存在固有缺陷。该问题与第 8 章所讨论的标注偏置问题类似。为解决这一问题，可利用全局模型对整个状态-动作序列进行学习和打分。

11.1.2　结构化全局模型

基于转移的全局模型将转移动作序列视为整体进行打分，对应于全局结构。给定输入 X，基于转移的全局模型直接计算 $\text{score}(A|X)$，$A_{1:|A|} = a_1 a_2 \cdots a_{|A|}$ 为构造 X 对应的整体输出结构的转移动作序列。以中文分词为例，全局模型计算输入 $C_{1:n}$ 的 $\text{score}(A_{1:n}|C_{1:n})$，动作数量等同于输入单元的数量 n。在其他任务中，$|A|$ 与 $|X|$ 可能不同。

$\text{score}(A|X)$ 可通过全局线性模型进行计算：

$$\text{score}(A|X) = \vec{\theta} \cdot \vec{\phi}(A, X)$$

其中，$\vec{\theta}$ 为模型参数向量，$\vec{\phi}(A, X)$ 为特征向量。

为进行逐步解码，我们可将 $\vec{\phi}(A, X)$ 分解为针对每步转移动作的相互独立的特征向量：

$$\vec{\phi}(A, X) = \sum_{i=1}^{|A|} \vec{\phi}(s_{i-1}, a_i)$$

其中，s_{i-1} 表示第 $i-1$ 步的状态，a_i 表示将状态 s_{i-1} 转变为状态 s_i 的动作，特征 $\vec{\phi}(s_{i-1}, a_i)$ 可以用与式 (11.1) 类似的方式进行定义。

由此，全局打分函数 $\text{score}(A|X)$ 可被分解为：

$$\text{score}(A|X) = \vec{\theta} \cdot \vec{\phi}(A, X) = \vec{\theta} \cdot \Big(\sum_{i=1}^{|A|} \vec{\phi}(s_{i-1}, a_i)\Big) = \sum_{i=1}^{|A|} \Big(\vec{\theta} \cdot \vec{\phi}(s_{i-1}, a_i)\Big) \tag{11.2}$$

基于上述逐步进行的特征抽取及转移动作打分过程，我们可适度调整第 9 章所介绍的柱搜索框架，进而执行解码和训练。在解码过程中，柱搜索可在各步同时考虑多个最高得分状态，一定程度上缓解了贪心搜索的错误传播问题。在训练过程中，我们利用带有提前更新策略的感知机对模型进行全局训练，从而对状态转移动作序列进行打分，最大限度地减少搜索错误。

解码。全局模型柱搜索解码的伪代码如算法 11.1所示，该算法类似于第 9 章中的算法 9.6，只是将每一步的结构特征抽取调整为状态转移过程。给定输入 X，解码器在每一步利用大小为 K 的柱来记录得分最高的 K 个状态并逐步搜索输出。agenda 表示柱，对应于状态-得分对 (state, score) 列表。在初始阶段，agenda 仅包含初始状态 (StartState(X), 0)，算法利用转移动作反复拓展 agenda 内的状态。具体地，在第 t 步时，agenda 中的每个状态 s_i^t ($i \in [1, \cdots, K]$) 可通过所有可能动作 a 进行拓展，将式 (11.2) 计算得到的新动作得分 $\vec{\theta} \cdot \vec{\phi}(s_{i-1}^t, a_i)$ 添加到各个扩展状态 s_i^t 的得分上，以此对每个新状态进行递增式打分。通过以上过程，我们可得到更多新状态及其对应得分，然后从中选择 K 个得分最高的新状态 $s_1^{t+1}, \cdots, s_K^{t+1}$ 放回到 agenda 中。上述过程一直重复，直到 agenda 满足终止条件 (例如柱中所有状态均为终止状态)，最后 agenda 中得分最高的状态即为解码输出。

239

算法 11.1: 基于转移的结构化预测的柱搜索解码算法

```
Inputs: θ —判别式线性模型参数;
X — 输入;
K — 柱大小;
Initialisation: agenda ← [(StartState(X), 0)];
Algorithm:
while not AllTerminal(agenda) do
    to_expand ← agenda;
    agenda ← [];
    for (state, score) ∈ to_expand do
        for a ∈ PossibleActions(state) do
            new_state ← Expand(state, a);
            new_score ← score + θ · φ(state, a);
            Append(agenda, (new_state, new_score));
    agenda ← Top-k(agenda, K);
Outputs: Top-k(agenda, 1)[0];
```

训练。给定金标数据集 $D = \{(X_i, Y_i)\}|_{i=1}^N$ ，训练算法的伪代码如算法 11.2所示。该算法对第 9 章中的算法 9.7 进行了微小调整，对于训练样本 (X, Y)，算法首先将输出结构 Y 转换为转移动作序列 $G = g_1 g_2 \cdots g_{|G|}$，训练过程在整个训练数据集上迭代 T 轮。对于各个训练样本，模型先对输入 X 进行解码，初始 agenda 中仅包含 X 的初始状态。与测试阶段的解码不同，训练阶段的解码过程将额外保存一个金标状态，其初始值也为初始状态 StartState(X)，模型在每一步利用转移动作对柱中的状态进行拓展时，也会利用金标动作对金标状态进行拓展。若新产生的金标状态从柱中掉出，则解码立刻停止，金标状态为正例，得分最高的新状态为负例，执行感知机模型更新。该过程即为第 9 章所述的**提前停止**（early-stop）或**提前更新**（early-update）机制。若整个解码步骤持续到最后一步，则将

240

最终金标状态与 agenda 中得分最高的最终状态进行对比，感知机模型进行更新。在 T 轮迭代之后，我们便得到了最终可用于测试的模型参数。在实际训练中，第 8 章所讨论的加权感知机算法可以用来进一步提升模型性能，具体讨论留做习题 11.2。

算法 11.2: 基于转移的结构化预测的柱搜索训练算法

```
Inputs: D — 训练集;
K — 柱大小;
T — 训练迭代次数;
Initialisation: θ⃗ ← 0;
Algorithm:
for t ∈ [1, ··· , T] do
    for (X, Y) ∈ D do
        G ← GoldActionSeq(X, Y);
        agenda ← [(StartState(X), 0)];
        gold_state ← StartState(X);
        i ← 0;
        while not AllTerminal(agenda) do
            i ← i + 1 ;
            to_expand ← agenda ;
            agenda ← [];
            for (state, score) ∈ to_expand do
                for a ∈ PossibleActions(state) do
                    new_state ← Expand(state, a);
                    new_score ← score + θ⃗ · φ⃗(state, a);
                    Append(agenda, (new_state, new_score));
            agenda ← Top-k(agenda, K);
            gold_state ← Expand(gold_state, G[i]);
            if not Contain(agenda, gold_state) then
                pos ← gold_state;
                neg ← Top-k(agenda, 1)[0];
                θ⃗ ← θ⃗ + φ⃗(pos) − φ⃗(neg);
                return;
        if gold_state ≠ Top-k(agenda, 1)[0] then
            θ⃗ ← θ⃗ + φ⃗(gold_state) − φ⃗(Top-k(agenda, 1)[0]);
Output: θ⃗;
```

应用。基于图的模型需要利用针对特定任务的动态规划算法实现有效的训练和解码，动态规划算法需要综合任务的输出结构及局部特征上下文。相比之下，基于转移的模型允许任意大小的特征上下文，因此可更好地利用上述训练及解码框架执行不同任务，也可以将它们轻松地应用于结构化预测任务。对于结构化预测任务，我们需要关注的点包括：(1) 找到用于构建候选输出的状态转移过程；(2) 定义一组用于表示状态转移的特征模板。

241

后续章节将以句法分析问题为例，介绍利用基于转移的模型架构实现上述任务的方法。

11.2 基于转移的成分句法分析

本书第 10 章讨论了基于图的成分句法分析，基于图的方法需借助重排序算法来利用非局部特征，而基于转移的结构化预测模型可直接利用非局部特征构造成分句法解析器。如前所述，我们需要定义一个状态转移过程来构造成分句法树，这里我们介绍**移进归约**(shift-reduce)转移算法，该算法利用一系列从左至右的递增操作逐步构建二叉化句法树，其中，“移进”(shift)指读取下一个输入词形成一个句法成分，“归约”(reduce)指将两个相邻句法成分组合为更大的句法成分。

11.2.1 移进归约成分句法分析

与第 10 章类似，我们以二叉化成分句法树为例，为进一步简化任务，我们假设在句法分析之前已完成词性标注，即各个词的词性标签已知，这也是多数句法分析研究工作普遍采用的设置。我们将在 11.4 节讨论词性标签未知的实验设置。

为构建基于转移的成分句法解析器，我们首先定义状态转移过程。令状态表示为二元组 (σ, β)，σ 表示包含已有成分句法子树序列的栈结构，β 表示待处理的输入词列表。给定输入句子 $W_{1:n}$，*初始状态*包括一个空的栈以及一个包含所有输入词的列表。状态转移过程通过移进归约法逐步消除队列中的待处理词，将其移动到成分子树序列中，同时合并栈中的输出句法树。最终，终止状态由一个仅包含一棵成分句法树的栈及一个空列表组成。具体地，状态转移系统的动作包括：

- SHIFT 转换，将队列中的最前面的词移入栈中，作为成分树终端节点。
- REDUCE-L/R-X 转换，弹出栈顶的两个节点，以此为子节点构造句法标签为 X 的二叉父节点，并将新构造的节点移回栈中。(L 与 R 分别表示新节点的中心词来自左子节点或右子节点；中心词在特征抽取过程中至关重要。)

242

- UNARY-X 转换，弹出栈顶节点，以此为子节点构造句法标签为 X 的单叉父节点，并将新构造的节点移回栈中。

给定句子 “The little boy likes red tomatoes.”，我们可以通过动作序列 SHIFT，SHIFT，SHIFT，REDUCE-R-NP*，REDUCE-R-NP，SHIFT，SHIFT，SHIFT，REDUCE-R-NP，REDUCE-L-VP，SHIFT，REDUCE-L-S，REDUCE-R-S，IDLE 构造其成分句法树。构造过程的前 6 步如表 11.3 所示，后续步骤留作习题 11.4。给定输入句子，上述基于转移的方法可用于构建该句子所有可能的二叉成分句法树。

添加 IDLE 动作。为利用 11.1.2 节介绍的全局模型，我们需额外添加动作 IDLE，该动作位于终止状态之后且不会对状态造成改变。一元节点的引入导致同一句子不同成分句法树所需要的动作数目各不相同，从而造成序列打分的不公平性，IDLE 转换可用于缓解这一不公平性。以短语 “address issues”(图 11.2)为例，该短语可以构造出包含三个节点的成分 (NP (NN address) (NNS issues))，也可以构造出包含四个节点的成分 (VP (VB address)

表 11.3 基于转移的成分句法解析过程示例。成分标签中的 l 和 r 分别表示中心词位于左子节点或右子节点

步骤	栈	列表	动作
0		(DT The) (ADJ little) (NN boy) (VV likes) (ADJ red) (NNS tomatoes) (. .)	SHIFT
1	(DT The)	(ADJ little) (NN boy) (VV likes) (ADJ red) (NNS tomatoes) (. .)	SHIFT
2	(DT The) (ADJ little)	(NN boy) (VV likes) (ADJ red) (NNS tomatoes) (. .)	SHIFT
3	(DT The) (ADJ little) (NN boy)	(VV likes) (ADJ red) (NNS tomatoes) (. .)	REDUCE-R-NP*
4	(DT The) (NP-r (ADJ little) (NN boy))	(VV likes) (ADJ red) (NNS tomatoes) (. .)	REDUCE-R-NP
5	(NP-r (DT The) (NP-r (ADJ little) (NN boy)))	(VV likes) (ADJ red) (NNS tomatoes) (. .)	SHIFT
6	(NP-r (DT The) (NP-r (ADJ little) (NN boy))) (VV likes)	(ADJ red) (NNS tomatoes) (. .)	SHIFT

(NP (NNS issues)))，因此当某个句子包含该短语时，其成分句法树可能对应不同长度的动作转移序列。为了公平地比较不同长度的候选句法结构，模型的全局特征向量应由相同

数量的转移动作组成。因此，我们可以在终止状态后添加 IDLE 动作，使 agenda 中的所有状态都转移到终止状态时各个结构能拥有相同数量的转移动作。图 11.3形式化地展示了 IDLE 转换的作用。

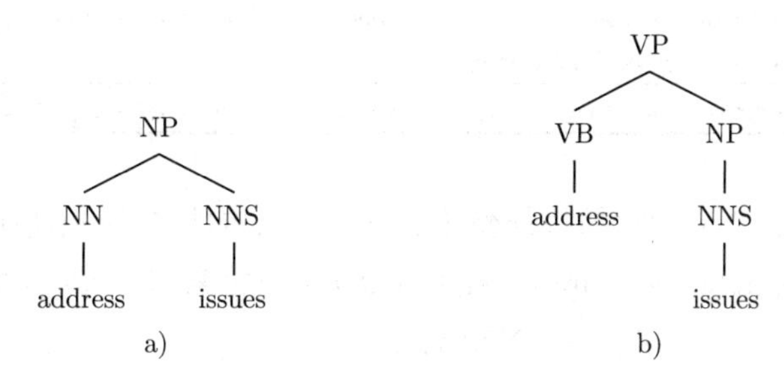

图 11.2　短语“address issues”的成分句法树结构

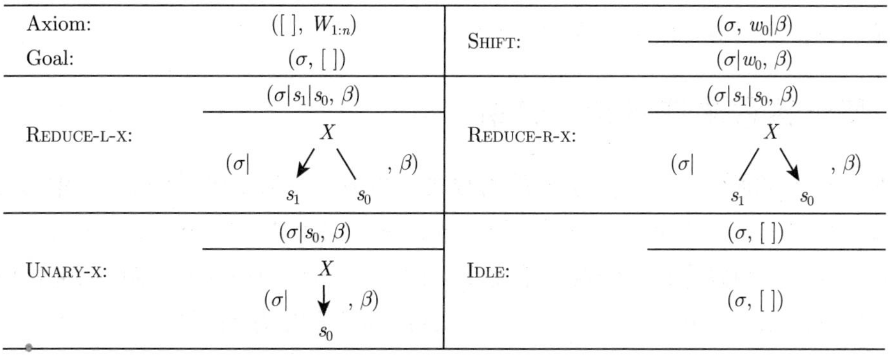

Axiom: Goal:	$([\,], W_{1:n})$ $(\sigma, [\,])$	SHIFT:	$\dfrac{(\sigma,\ w_0\|\beta)}{(\sigma\|w_0,\ \beta)}$
REDUCE-L-X:	$\dfrac{(\sigma\|s_1\|s_0,\ \beta)}{(\sigma\|\ X(\swarrow s_1,\ \diagdown s_0)\ ,\beta)}$	REDUCE-R-X:	$\dfrac{(\sigma\|s_1\|s_0,\ \beta)}{(\sigma\|\ X(\diagup s_1,\ \searrow s_0)\ ,\beta)}$
UNARY-X:	$\dfrac{(\sigma\|s_0,\ \beta)}{(\sigma\|\ X(\downarrow s_0)\ ,\beta)}$	IDLE:	$\dfrac{(\sigma, [\,])}{(\sigma, [\,])}$

图 11.3　基于移进归约的成分句法分析转移系统，箭头所指为中心词

243 ~ 244

11.2.2　特征模板

表 11.4展示了移进归约成分句法解析器的常用特征模板，其中，$[s_0, s_1, s_2, \cdots]$ 表示栈顶节点，$[b_0, b_1, b_2, \cdots]$ 表示队列头部节点，w 表示词，p 表示词性标签，c 表示句法成分标签。xw 表示 x 中的词，xp 表示 x 的词性标签（非终端节点的词和词性标签为其中心词节点的词和词性标签），xc 表示 x 的句法标签，$x_{.l}$、$x_{.r}$、$x_{.u}$ 分别表示 x 的左子节点、右子节点及一元子节点（例如，s_0w 表示栈顶节点包含的词，$s_{0.r}c$ 表示 s_0 右子节点的成分句法标签）。

如表 11.4 所示，特征集合通常包含栈顶前四个节点和队列前四个输入词的词形、词性标签和成分句法标签。原子特征相互结合，形成更复杂的特征，以更好地消除歧义。状态转移过程通过特征模板对状态-动作对 (s_{i-1}, a_i) 进行匹配，并利用式 (11.2) 生成特征向量 $\vec{\phi}(s_{i-1}, a_i)$。以表 11.3 所示的句法分析过程为例，在第 6 步时，栈顶第二个句法成分的标签为 NP，中心词“boy”的词性标签为 NN，因此特征模板 s_1ps_1c 可实例化为具体特征 NN|NP。该特征与动作 a_i 组合形成 $\vec{\phi}(s_{i-1}, a_i)$ 中的消歧特征，$\vec{\phi}(s_{i-1}, a_i)$ 包含了上述过程形成的所有特征模板实例。

表 11.4 移进归约成分句法解析器的特征模板

特征类型	特征模板
一元组	s_0ps_0c, s_0ws_0c, s_1ps_1c, s_1ws_1c, s_2ps_2c, s_2ws_2c, s_3ps_3c, s_3ws_3c, b_0wb_0p, b_1wb_1p, b_2wb_2p, b_3wb_3p, $s_{0.l}ws_{0.l}c$, $s_{0.r}ws_{0.r}c$, $s_{0.u}ws_{0.u}c$, $s_{1.l}ws_{1.l}c$, $s_{1.r}ws_{1.r}c$, $s_{1.u}ws_{1.u}c$
二元组	s_0ws_1w, s_0ws_1c, s_0cs_1w, s_0cs_1c, s_0wb_0w, s_0wb_0p, s_0cb_0w, s_0cb_0p, b_0wb_1w, b_0wb_1p, b_0pb_1w, b_0pb_1p, s_1wb_0w, s_1wb_0p, s_1cb_0w, s_1cb_0p
三元组	$s_0cs_1cs_2c$, $s_0ws_1cs_2c$, $s_0cs_1wb_0p$, $s_0cs_1cs_2w$, $s_0cs_1cb_0p$, $s_0ws_1cb_0p$, $s_0cs_1wb_0p$, $s_0cs_1cb_0w$

相较于第 9 章表 9.5 所示的特征模板，表 11.4中的特征模板超越了单一语法规则的限制，以句子“The little boy likes red tomatoes.”的第 6 步转移过程为例，特征实例 $\langle s_0ps_0c = \text{VBZ|VP}, \cdots, s_1ps_1c = \text{NN|NP}, \cdots, s_{1.r}ws_{1.r}c = \text{boy|NP}, \cdots, s_0cs_1cb_0w = \text{NULL|NP|red}\rangle$ 不仅包含局部特征，还覆盖了最终句法树中成分 $(4, 4, \text{VV})$、$(1, 3, \text{NP})$、$(2, 3, \text{NP})$ 的上下文。通常，给定一个数据集，我们可以根据开发数据集上的性能指标来进行特征工程，以获得一组最有效的特征模板。

245

11.3 基于转移的依存句法分析

如本书第 1 章所述，依存句法侧重词对之间的关系，例如在“I ran .”中，“I”为主语，修饰动词“ran”。给定一个句子，可以找到一个词为其句法根节点，该词不修饰任何词，而其余所有词均修饰且仅修饰一个父节点词。基于此，依存解析的结果通常以树状结构呈现，图 11.4展示了句子“He gave her a tomato.”的依存句法树。

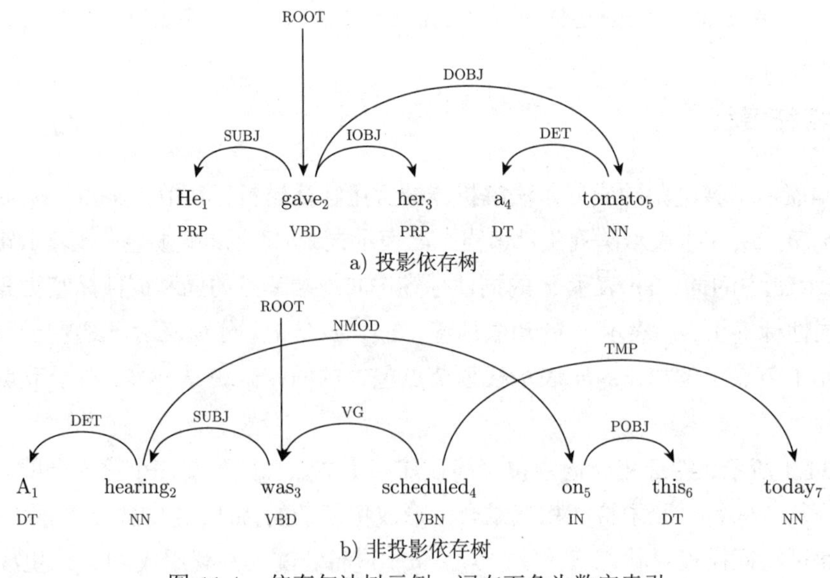

图 11.4 依存句法树示例，词右下角为数字索引

依存句法树可分为*投影*（projective）或*非投影*（non-projective）结构。在投影依存树中，任何词及其子节点均可形成一个连续词序列，以图 11.4a 为例，词“tomato”为名词短语“a tomato”对应子树的根节点，词“gave”为短语“He gave her a tomato.”对应

子树的根节点，依存关系两两不交叉，并且可以直接投影到平面上形成一个嵌套结构。相反，非投影依存树中存在交叉弧，且通常由子句移动引起，如图 11.4b 所示，在句子“A hearing was scheduled on this today.”中，“hearing”的修饰短语“on this”被移动到动词短语“was scheduled”之后，使得依存树中出现交叉关系。非投影依存关系在英语中较为少见，但在捷克语、德语及其他词法形态丰富的语言中颇为常见，这类语言中丰富的词形变化使得语法关系可以由相对自由的词序来表达。

给定一个由 n 个词构成的句子，每个词均带有词性标签，依存句法分析任务的目标是构造其依存句法树，也就是为每一个词找到父节点并形成依存弧，根节点词的父节点指向句子外部。投影及非投影依存句法分析均可定义状态转移过程。

246

11.3.1 标准弧转移依存句法分析

标准弧转移 (arc-standard) 模型是投影依存句法分析的代表性状态转移模型，同时也属于移进归约依存句法解析模型。类似于 11.2 节所介绍的移进归约成分句法解析器，标准弧转移依存句法解析器也通过栈来保存模型构造的输出结构，通过队列来保存待处理的词。标准弧转移解析器也可视为状态转移系统，状态表示为三元组 (σ, β, A)，其中 σ 表示栈，β 表示队列，A 表示构造出的依存弧集合。

给定一个句子，初始状态由空栈和包含输入句子所有词的队列构成，状态转移动作序列逐步将词从队列中移出并构造输出结构，最终的终止状态由一个仅包含根节点词的栈、空队列及包含 $n-1$(n 为句子长度) 个依存弧的集合 A 构成。具体地，转移动作可分为以下三类：

- Shift 转换，将队列中的第一个词移入栈中。
- Left-Arc-X 转换，在栈顶的前两个词之间构造标签为 X 的依存弧，以第一个词为弧的出发节点，弹出第二个词。
- Right-Arc-X 转换，在栈顶的前两个词之间构造标签为 X 的依存弧，以第二个词为弧的出发节点，弹出第一个词。

图 11.5形式化地描述了上述转移系统。以表 11.5为例，给定句子“He gave her a tomato.”，可通过动作序列 Shift, Shift, Left-arc-Subj, Shift, Right-arc-Iobj, Shift, Shift, Left-arc-Det, Right-arc-Dobj 构造其依存句法树结构。

特征模板。给定状态转移系统，我们可以利用 11.1.1 节所介绍的局部模型、11.1.2 节所介绍的全局模型以及特征模板来构造标准弧转移依存句法解析器。表 11.6列举了转移动作消歧能力较强的特征模板，其中，s_0 表示栈顶节点，b_0, b_1, b_2 表示队列前端词，下标 h、h_2、l、r、l_2、r_2 分别表示中心词、中心词的中心词、最左侧依赖关系、最右侧依赖关系、左侧第二个依赖关系以及右侧第二个依赖关系，d 表示 s_0 与 b_0 之间词的数量，下标 s_l、s_r、v_l、v_r 分别表示左依赖依存弧标签集合、右依赖依存弧标签集合、左依赖数量、右依赖数量。通常，我们可以根据经验将栈顶多个节点的词 (w)、词性 (p)、依存标签 (l) 以及列表前端多个词及其词性信息进行排列组合，由此构成特征模板。

Axiom:	$([\,], W_{1:n}, \phi)$	LEFT-ARC-X:	$\dfrac{(\sigma\|s_1\|s_0, \beta, A)}{(\sigma\|s_0, \beta, A\cup\{s_1 \overset{X}{\curvearrowleft} s_0\})}$
Goal:	$([s_0], [\,], A)$		
SHIFT:	$\dfrac{(\sigma, b_0\|\beta, A)}{(\sigma\|b_0, \beta, A)}$	RIGHT-ARC-X:	$\dfrac{(\sigma\|s_1\|s_0, \beta, A)}{(\sigma\|s_1, \beta, A\cup\{s_1 \overset{X}{\curvearrowright} s_0\})}$

图 11.5　标准弧转移依存分析示例

表 11.5　标准弧转移依存句法解析过程示例

步骤	状态	动作
0	([ ], [He, gave, her, a, tomato], { })	SHIFT
1	([He], [gave, her, a, tomato], { })	SHIFT
2	([He, gave], [her, a, tomato], { })	LEFT-ARC-SUBJ
3	([gave], [her, a, tomato], { $1 \overset{\text{SUBJ}}{\curvearrowleft} 2$ })	SHIFT
4	([gave, her], [a, tomato], { $1 \overset{\text{SUBJ}}{\curvearrowleft} 2$ })	RIGHT-ARC-IOBJ
5	([gave], [a, tomato], { $1 \overset{\text{SUBJ}}{\curvearrowleft} 2$, $2 \overset{\text{IOBJ}}{\curvearrowright} 3$ })	SHIFT
6	([gave, a], [tomato], { $1 \overset{\text{SUBJ}}{\curvearrowleft} 2$, $2 \overset{\text{IOBJ}}{\curvearrowright} 3$ })	SHIFT
7	([gave, a, tomato], [ ], { $1 \overset{\text{SUBJ}}{\curvearrowleft} 2$, $2 \overset{\text{IOBJ}}{\curvearrowright} 3$ })	LEFT-ARC-DET
8	([gave, tomato], [ ], { $1 \overset{\text{SUBJ}}{\curvearrowleft} 2$, $2 \overset{\text{IOBJ}}{\curvearrowright} 3$, $4 \overset{\text{DET}}{\curvearrowleft} 5$ })	RIGHT-ARC-DOBJ
9	([gave], [ ], { $1 \overset{\text{SUBJ}}{\curvearrowleft} 2$, $2 \overset{\text{IOBJ}}{\curvearrowright} 3$, $4 \overset{\text{DET}}{\curvearrowleft} 5$, $2 \overset{\text{DOBJ}}{\curvearrowright} 5$ })	

表 11.6　标准弧转移依存句法解析器的特征模板

特征类型	特征模板	特征类型	特征模板
单个词	s_0wp; s_0w; s_0p; b_0wp; b_0w; b_0p; b_1wp; b_1w; b_1p; b_2wp; b_2w; b_2p;	依赖数量	s_0wv_r; s_0pv_r; s_0wv_l; s_0pv_l; b_0wv_l; b_0pv_l;
词对	s_0wpb_0wp; s_0wpb_0w; s_0wpb_0p; s_0wb_0wp; s_0pb_0wp; s_0wb_0w; s_0pb_0p; b_0pb_1p;	单元特征	$s_{0.h}w$; $s_{0.h}p$; $s_{0.l}$; $s_{0.l}w$; $s_{0.l}p$; $s_{0.l}l$; $s_{0.r}w$; $s_{0.r}p$; $s_{0.r}l$; $b_{0.l}w$; $b_{0.l}p$; $b_{0.l}l$;
三个词	$b_0pb_1pb_2p$; $s_0pb_0pb_1p$; $s_{0.h}ps_0pb_0p$; $s_0ps_{0.l}pb_0p$; $s_0ps_{0.r}pb_0p$; $s_0pb_0pb_{0.l}p$;	三阶特征	$s_{0.h_2}w$; $s_{0.h_2}p$; $s_{0.h}l$; $s_{0.l_2}p$; $s_{0.l_2}l$; $s_{0.r_2}w$; $s_{0.r_2}p$; $s_{0.r_2}l$; $b_{0.l_2}w$; $b_{0.l_2}p$; $b_{0.l_2}l$; $s_0ps_{0.l}ps_{0.l_2}p$; $s_0ps_{0.r}ps_{0.r_2}p$; $s_0ps_{0.h}ps_{0.h_2}p$; $b_0pb_{0.l}pb_{0.l_2}p$;
距离	s_0wd; s_0pd; b_0wd; b_0pd; s_0wb_0wd; s_0pb_0pd;	标签集	s_0ws_r; s_0ps_r; s_0ws_l; s_0ps_l; n_0ws_l; n_0ps_l

伪歧义。图 11.5所示的转移系统中，同一个依存句法树可能对应多个转移序列，即转移动作序列和依存句法树之间存在多对一的关系。以句子“He likes tomatoes.”为例，转移动作序列 SHIFT，SHIFT，SHIFT，LEFT-ARC-OBJ，RIGHT-ARC-SUBJ 和 SHIFT，SHIFT，LEFT-ARC-SUBJ，SHIFT，RIGHT-ARC-OBJ 具有不同的弧预测顺序，但都可以用于构造正确的依存句法树。这种歧义被称为**伪歧义** (spurious ambiguities)，即由转移系统引入的歧义而非真实的句法结构歧义。

247 ~ 248

我们希望通过建立模型来解决真实的结构性歧义而非伪歧义，因此可以指定一组**规范动作序列** (canonical action sequences)，例如，我们可以规定先构造右修饰符后构造左修饰符，或对训练过程进行调整，规定正确解析树对应的动作序列得分高于其他任何动作序列。具体讨论留作习题 11.13。

11.3.2 依存句法解析器的评价方法

我们可以在测试集上计算依存弧识别正确率来评估依存句法解析器的性能。如图 11.4所示，除了每个句子根节点对应的依存弧外，每个词均有一个传入的依存弧，因此正确率可被定义为有正确父节点的词的比例。若不考虑依存弧上的标签，我们可以利用*无标签依存连接分数*（Unlabelled Attachment Score，UAS）表示依存句法解析器的性能，若考虑依存弧上的标签，则利用*带标签依存连接分数*（Labelled Attachment Score，LAS）来计算词和标签均识别正确的百分比。

11.3.3 贪心弧转移依存句法分析

除标准弧转移解析器外，主流的句法解析器还包括*贪心弧转移* (arc-eager) 解析器。贪心弧转移解析器以从左至右的顺序构造依存弧，与标准弧转移解析器相似，贪心弧转移的状态也由三元组 (σ, β, A) 表示，其中 σ 为存储已处理过的词的栈，β 为存储待处理词的列表，A 表示已构建完成的依存弧集合。贪心弧转移模型的初始状态为空栈、包含所有输入词的列表以及空的依存弧集合，最终状态为仅包含一个根节点词的栈、空列表以及包含 $n-1$(n 为句子长度) 个弧的依存弧集合。具体地，转移动作可分为以下四类：

- Shift 转换，将列表中最前面的词移入栈中。
- Left-Arc-X 转换，构造一条标签为 X 的依存弧，该依存弧由队列中的第一个词指向栈顶词，同时将栈顶词弹出。
- Right-Arc-X 转换，构造一条标签为 X 的依存弧，该依存弧由栈顶词指向列表中的第一个词，同时将队列中的第一个词移入栈中。
- Reduce 转换，将栈顶词弹出。

图 11.6形式化地描述了上述转移系统。需注意的是，Left-Arc 和 Reduce 转换均有前提条件，前者要求栈顶词未被分配中心词，后者则要求栈顶词已被分配父节点中心词。给定句子 “He gave her a tomato.”，我们可以通过转移动作序列 Shift，Left-Arc-Subj，Shift，Right-arc-Iboj，Reduce，Shift，Left-arc-Det，Right-arc-Dobj，Reduce 构造其依存句法树 (详细讨论见习题 11.5)。 249

标准弧转移和贪心弧转移依存句法解析器均可用于构造投影依存句法树，可根据经验、特征、数据集等因素选择不同方法。习题 11.6 讨论了贪心弧转移依存解析器的常用特征模板。

Axiom:	$([\,],\ W_{1:n},\ \phi)$	LEFT-ARC-X:	$\dfrac{(\sigma\|s_0,\ b_0\|\beta,\ A),\ \text{s.t.}\ \neg\left(\exists(k,\ \text{L})w_k\overset{\text{L}}{\curvearrowright}s_0\in A\right)}{(\sigma,\ b_0\|\beta,\ A\cup\{s_0\overset{\text{X}}{\curvearrowleft}b_0\})}$
Goal:	$([s_0],\ [\,],\ A)$		
SHIFT:	$\dfrac{(\sigma,\ b_0\|\beta,\ \phi)}{(\sigma\|b_0,\ \beta,\ \phi)}$	RIGHT-ARC-X:	$\dfrac{(\sigma\|s_0,\ b_0\|\beta,\ A)}{(\sigma\|s_0\|b_0,\ \beta,\ A\cup\{s_0\overset{\text{X}}{\curvearrowright}b_0\})}$
		REDUCE:	$\dfrac{(\sigma\|s_0,\ \beta,\ A),\ \text{s.t.}\ \left(\exists(k,\ \text{L})w_k\overset{\text{L}}{\curvearrowright}s_0\in A\right)}{(\sigma,\ \beta,\ A)}$

图 11.6　贪心弧转移依存分析示例

11.3.4　基于 SWAP 动作的非投影树解析

标准弧转移和贪心弧转移依存句法解析器均不能构造非投影树，标准弧转移和贪心弧转移依存句法要求两个词之间的所有词均从栈中弹出后才能构造两个词上的依存弧，因此无法形成交叉弧。交叉弧可以看成是由子句移动造成的，因此一种实现非投影解析的方法为将移动后的子句移回到可投影的位置，再利用投影解析器构造依存弧。以非投影句子“A hearing was scheduled on this today.”为例，我们先将其转换为“A hearing on this was scheduled today.”，再构造投影依存句法树，最后在不影响依存关系的情况下恢复子句位置。该过程需在标准弧转移系统中添加 SWAP 动作：

- SWAP 动作，将栈顶第二个词移回到队列最前端位置。

非投影树句法解析器的其他动作和标准弧转移解析器相同，图 11.7形式化地描述了非投影依存句法树的转移系统，其中 $\text{IDX}(w)$ 用于返回 w 在句子 $W_{1:n}$ 中的索引。如表 11.7所示，给定句子“A hearing was scheduled on this today”，我们可以通过动作序列 SHIFT，SHIFT，LEFT-ARC-DET，SHIFT，SHIFT，SHIFT，SWAP，SWAP，SHIFT，SHIFT，SHIFT，SWAP，SWAP，RIGHT-ARC-POBJ，RIGHT-ARC-NMOD，SHIFT，LEFT-ARC-SUBJ，SHIFT，SHIFT，RIGHT-ARC-TMP，RIGHT-ARC-VG 将句子重排序为“A hearing on this was scheduled today”，并以此构造其非投影依存句法树。

Axiom:	$([\,],\ W_{1:n},\ \phi)$	LEFT-ARC-X:	$\dfrac{([\sigma\|s_1\|s_0],\ \beta,\ A)}{([\sigma\|s_0],\ \beta,\ A\cup\{s_1\overset{X}{\curvearrowleft}s_0\})}$
Goal:	$([s_0],\ [\,],\ A)$		
SHIFT:	$\dfrac{(\sigma,\ [b_0\|\beta],\ \phi)}{([\sigma\|b_0],\ \beta,\ \phi)}$	RIGHT-ARC-X:	$\dfrac{([\sigma\|s_1\|s_0],\ \beta,\ A)}{([\sigma\|s_1],\ \beta,\ A\cup\{s_1\overset{X}{\curvearrowright}s_0\})}$
		SWAP:	$\dfrac{([\sigma\|s_1\|s_0],\ \beta,\ A),\ \text{s.t.}\ \text{IDX}(s_1)<\text{IDX}(s_0)}{([\sigma\|s_0],\ [s_1\|\beta],\ A)}$

图 11.7　非投影依存树的依存句法分析示例

表 11.7　带有 Swap 动作的标准弧转移解析过程

状态	动作
([ ], [A, hearing, was, scheduled, on, this, today], { })	Sh
([A], [hearing, was, scheduled, on, this, today], { })	Sh
([A, hearing], [was, scheduled, on, this, today], { })	LA-Det
([hearing], [was, scheduled, on, this, today], $\{1 \overset{\text{DET}}{\curvearrowleft} 2\}$)	Sh
([hearing, was], [scheduled, on, this, today], $\{1 \overset{\text{DET}}{\curvearrowleft} 2\}$)	Sh
([hearing, was, scheduled], [on, this, today], $\{1 \overset{\text{DET}}{\curvearrowleft} 2\}$)	Sh
([hearing, was, scheduled, on], [this, today], $\{1 \overset{\text{DET}}{\curvearrowleft} 2\}$)	Sw
([hearing, was, on], [scheduled, this, today], $\{1 \overset{\text{DET}}{\curvearrowleft} 2\}$)	Sw
([hearing, on], [was, scheduled, this, today], $\{1 \overset{\text{DET}}{\curvearrowleft} 2\}$)	Sh
([hearing, on, was], [scheduled, this, today], $\{1 \overset{\text{DET}}{\curvearrowleft} 2\}$)	Sh
([hearing, on, was, scheduled], [this, today], $\{1 \overset{\text{DET}}{\curvearrowleft} 2\}$)	Sh
([hearing, on, was, scheduled, this], [today], $\{1 \overset{\text{DET}}{\curvearrowleft} 2\}$)	Sw
([hearing, on, was, this], [scheduled, today], $\{1 \overset{\text{DET}}{\curvearrowleft} 2\}$)	Sw
([hearing, on, this], [was, scheduled, today], $\{1 \overset{\text{DET}}{\curvearrowleft} 2\}$)	RA-Pobj
([hearing, on], [was, scheduled, today], $\{1 \overset{\text{DET}}{\curvearrowleft} 2, 5 \overset{\text{POBJ}}{\curvearrowright} 6\}$)	RA-Nmod
([hearing], [was, scheduled, today], $\{1 \overset{\text{DET}}{\curvearrowleft} 2, 5 \overset{\text{POBJ}}{\curvearrowright} 6, 2 \overset{\text{NMOD}}{\curvearrowright} 5\}$)	Sh
([hearing, was], [scheduled, today], $\{1 \overset{\text{DET}}{\curvearrowleft} 2, 5 \overset{\text{POBJ}}{\curvearrowright} 6, 2 \overset{\text{NMOD}}{\curvearrowright} 5\}$)	LA-Subj
([was], [scheduled, today], $\{1 \overset{\text{DET}}{\curvearrowleft} 2, 5 \overset{\text{POBJ}}{\curvearrowright} 6, 2 \overset{\text{NMOD}}{\curvearrowright} 5, 2 \overset{\text{SUBJ}}{\curvearrowleft} 3\}$)	Sh
([was, scheduled], [today], $\{1 \overset{\text{DET}}{\curvearrowleft} 2, 5 \overset{\text{POBJ}}{\curvearrowright} 6, 2 \overset{\text{NMOD}}{\curvearrowright} 5, 2 \overset{\text{SUBJ}}{\curvearrowleft} 3\}$)	Sh
([was, scheduled, today], [ ], $\{1 \overset{\text{DET}}{\curvearrowleft} 2, 5 \overset{\text{POBJ}}{\curvearrowright} 6, 2 \overset{\text{NMOD}}{\curvearrowright} 5, 2 \overset{\text{SUBJ}}{\curvearrowleft} 3\}$)	RA-tmp
([was, scheduled], [ ], $\{1 \overset{\text{DET}}{\curvearrowleft} 2, 5 \overset{\text{POBJ}}{\curvearrowright} 6, 2 \overset{\text{NMOD}}{\curvearrowright} 5, 2 \overset{\text{SUBJ}}{\curvearrowleft} 3, 4 \overset{\text{TMP}}{\curvearrowright} 7\}$)	RA-Vg
([was], [ ], $\{1 \overset{\text{DET}}{\curvearrowleft} 2, 5 \overset{\text{POBJ}}{\curvearrowright} 6, 2 \overset{\text{NMOD}}{\curvearrowright} 5, 2 \overset{\text{SUBJ}}{\curvearrowleft} 3, 4 \overset{\text{TMP}}{\curvearrowright} 7, 3 \overset{\text{VG}}{\curvearrowright} 4\}$)	

11.4　句法分析联合模型

对多个自然语言处理任务进行联合建模可带来两点收益：第一是信息共享，例如词性标注和句法分析任务可共享词法信息，联合建模可将多个特定任务训练数据中的信息融合到同一模型中，从而相互获益；第二是降低错误传播，分词 → 词性标注 → 句法分析以及命名实体识别 → 关系抽取等流水线式任务的后一步任务需在前一步任务的基础上进行，因此通常存在错误传播问题，联合建模可减少错误传播，促进跨任务信息融合。本节重点讨论句法分析相关的联合模型，其他联合建模问题将在第 17 章展开讨论。

251

我们首先考虑词性标注和句法分析的联合模型。在流水线模型中，句法解析器的输入为带有词性标签的词，词性标签通常由词性标注器生成，流水线模型无法对错误的词性输入进行修正，因此错误的词性标签会影响句法解析的准确性。相反，联合模型以单纯的词为输入，直接输出带有词性标签的句法树。我们可以对基于转移的句法解析器进行拓展，以满足词性标注和句法分析的联合任务。以依存句法分析任务为例，我们将标准弧转移算法中的 Shift 动作替换为 Shift-X 动作，即可获得词性标注和依存句法分析的联合建模。

- Shift-X 动作，将队列最前端的词移入栈中，并为该词生成词性标签 X。

基于这一拓展，句子“John loves Mary.”可通过动作序列 Shift-PN，Shift-VBZ，Left-arc-Subj，Shift-PN，Right-arc-Dobj 构建出带有词性的依存句法树。参考 11.2.2 节所介绍的特征模板，联合模型也可对栈和队列中的词节点抽取特征以进行消歧，但列表中的词缺乏词性特征，可能会对句法解析的准确性产生负面影响，习题 11.8 将讨论该问题的解决方法。

11.4.1　分词、词性标注与依存句法分析联合模型

252

分词 → 词性标注 → 依存句法分析的流水线模型包含三个任务，因此与两个任务的流水线模型相比，存在更多的错误传播问题。端到端的联合模型可充分利用分词、词性及句法信息之间的互利关系，在很大程度上缓解错误传播问题。我们以贪心弧转移句法解析器为例介绍联合分析模型，关于标准弧转移解析器的讨论则留作习题 11.9。

我们首先考虑词的内部结构。在中文分词任务中，字与字之间具有一定的句法关系，例如对于词“考古”，“考”为动词，“古”为动作对象，这两个字在句法上呈现动宾关系，对于词“科技”，“科”与“技”为并列关系，而对于词“制服”，“服”为动词“制”的副词，起修饰作用。为简便起见，假设单词中字符之间的句法关系为未标注，而词之间的关系为已标注。

分词、词性和依存句法的联合结构状态转移系统由词级别的依存句法树、词性标签及内部无句法标注的字依存树组成。联合结构模型的输入为字符序列，贪心弧转移句法解析器可在词之间建立依存弧，因此我们需要添加一种机制来识别字序列中的词，从而利用贪心弧转移句法解析器同时构建字间与词间依存弧。

具体地，我们在栈 σ 及输入队列 β 之间添加局部词队列 δ，作为解析字间依存关系的栈以及词间依存关系的队列。转移状态可定义为四元组 $(\sigma, \delta, \beta, A_c, A_w)$，其中 A_c 和 A_w 分别表示字间及词间依存弧集合。我们还需构建两套贪心弧转移动作集合，分别用于在 δ、β 之间构造字间依存关系，以及在 σ、δ 之间构造词间依存关系。此外，再添加弹出动作 Pop 来识别 δ 中的字级别依存子树能否构成一个完整的词，并为其标注词性标签。

整体上，我们采用的转移动作包括：

- Shift-C 转换，将 β 中最前端的字移入 δ 中。
- Left-arc-C 转换，将 δ 中最后一个字移出，作为 β 中第一个字的子节点，形成一个字符级别的左依存弧，存入 A_c 中。
- Right-arc-C 转换，将 β 中最前端的字移入 δ 中，形成一个由其指向原 δ 中最后一个字的右依存弧，存入 A_c 中。
- Reduce-C 转换，将 δ 中最后一个字移出。
- Pop-X 转换，当 δ 中只有一个字时，将其从 δ 中移出，将其所支配子树形成的字序列以词的形式移回 δ 中，并为该词标注词性 X。

- SHIFT 转换，移出 δ 中唯一的词，并移入 σ 中。
- LEFT-ARC-X 转换，将 σ 顶部的词弹出，建立由该词指向 δ 中词的依存弧，弧标签为 X，并将该弧存入 A_w 中。
- RIGHT-ARC-X 转换，将 δ 中的词移入 σ 中，建立由该词指向原 σ 中栈顶词的依存弧，弧标签为 X，并将该弧存入 A_w 中。
- REDUCE 转换，弹出 σ 中的栈顶词。

253

上述转移系统的推导如图 11.8所示。给定句子“我来到会客室”，其分词结果为“我 来到 会客室”，表 11.8罗列了构建该句子端到端句法树的动作转移序列。

Axiom: $([\ ], [\ ], C_{1:n}, \phi, \phi)$

Goal: $([S_0], [\ ], [\ ], A_c, A_w)$

LEFT-ARC-C:
$$\frac{(\sigma, \delta|d_0, b_0|\beta, A_c, A_w)\text{ such that }\neg(\exists d, \in\delta, d \curvearrowright d_0 \in A_c)}{(\sigma, \delta, b_0|\beta, A_c \cup \{d_0 \curvearrowleft b_0\}, A_w)}$$

LEFT-ARC-X:
$$\frac{(\sigma|s_0, [d_0], \beta, A_c, A_w)\text{ such that }\neg(\exists s, \in\sigma, s \overset{l}{\curvearrowright} s_0 \in A_w)}{(\sigma, [d_0], \beta, A_c, A_w \cup \{s_0 \curvearrowleft d_0\})}$$

SHIFT:
$$\frac{(\sigma, [d_0], \beta, A_c, A_w)}{(\sigma|d_0, [\ ], \beta, A_c, A_w)}$$

SHIFT-C:
$$\frac{(\sigma, \delta, b_0|\beta, A_c, A_w)}{(\sigma, \delta|b_0, \beta, A_c, A_w)}$$

RIGHT-ARC-C:
$$\frac{(\sigma, \delta|d_0, b_0|\beta, A_c, A_w)}{(\sigma, \delta|d_0|b_0, \beta, A_c \cup \{d_0 \curvearrowright b_0\}, A_w)}$$

RIGHT-ARC-X:
$$\frac{(\sigma|s_0, [d_0], \beta, A_c, A_w \cup \{s_0 \curvearrowright d_0\})}{(\sigma|s_0|d_0, [\ ], \beta, A_c, A_w)}$$

POP-X:
$$\frac{(\sigma, [d_0], \beta, A_c, A_w)}{(\sigma, [\text{SUBTREE}(d_0, A_c)/X], \beta, A_c, A_w)}$$

REDUCE-C:
$$\frac{(\sigma, \delta|d_0, \beta, A_c, A_w)\text{ such that }\exists d \in \delta, d \curvearrowright d_0 \in A_c}{(\sigma, \delta|b_0, \beta, A_c, A_w)}$$

REDUCE:
$$\frac{(\sigma|s_0, \delta, \beta, A_c, A_w)\text{ such that }\exists s \in \sigma, s \curvearrowright s_0 \in A_w}{(\sigma, \delta, \beta, A_c, A_w)}$$

图 11.8 分词、词性标注、依存分析联合模型的推导系统

表 11.9展示了分词、词性标注、依存句法分析联合模型所需的特征模板，包含 s、δ 及 b_0 中的字、词、词性标签及依存结构等原子特征。其中，下标 l_1 和 r_1 分别表示距离最近的左子节点及右子节点，下标 l_2 和 r_2 分别表示第二个左子节点及右子节点（例如 $s_{0.l_1}$ 表示栈顶词的最左子节点），w 表示词，c 和 p 分别表示中心字及词性标签（例如 $\delta_{r_1}cp$ 表示 δ 中最右子节点的中心字及词性标签）。原子特征的组合可形成一系列特征模板。从表中可

以看出，联合分析模型的特征模板非常复杂。在实际应用中，利用开发集开展繁重的特征工程有助于找到一组最有效的特征。输出结构越复杂，引入特征工程的挑战也越大。本书第 15 章将介绍基于神经网络的转移结构预测方法，此类方法可自动学习特征组合，免于定义复杂的特征模板。

表 11.8　例句“我来到会客室”的分词、词性标注、依存分析联合转移模型

步骤	状态	动作
0	[[ ], [ ], [我, 来, 到, 会, 客, 室], ϕ, ϕ]	SHC
1	[[ ], [我], [来, 到, 会, 客, 室], ϕ, ϕ]	P-PN
2	[[ ], [我/PN], [来, 到, 会, 客, 室], ϕ, ϕ]	SW
3	[[我/PN], [ ], [来, 到, 会, 客, 室], ϕ, ϕ]	SHC
4	[[我/PN], [来], [到, 会, 客, 室], ϕ, ϕ]	LAC
5	[[我/PN], [来], [到, 会, 客, 室], [来 $\curvearrowleft$ 到], ϕ]	P-VV
6	[[我/PN], [来到/VV], [会, 客, 室], [来 $\curvearrowleft$ 到], ϕ]	LA-SUBJ
7	[], [来到/VV], [会, 客, 室], [来 $\curvearrowleft$ 到], [我/PN $\overset{\text{SUBJ}}{\curvearrowleft}$ 来到/VV]	SH
8	[来到/VV], [], [会, 客, 室], [来 $\curvearrowleft$ 到], [我/PN $\overset{\text{SUBJ}}{\curvearrowleft}$ 来到/VV]	SHC
9	[来到/VV], [会], [客, 室], [来 $\curvearrowleft$ 到], [我/PN $\overset{\text{SUBJ}}{\curvearrowleft}$ 来到/VV]	RAC
10	[来到/VV], [会, 客], [室], [来 $\curvearrowleft$ 到, 会 $\curvearrowright$ 客], [我/PN $\overset{\text{SUBJ}}{\curvearrowleft}$ 来到/VV]	RC
11	[来到/VV], [会], [室], [来 $\curvearrowleft$ 到, 会 $\curvearrowright$ 客], [我/PN $\overset{\text{SUBJ}}{\curvearrowleft}$ 来到/VV]	LAC
12	[来到/VV], [], [室], [来 $\curvearrowleft$ 到, 会 $\curvearrowright$ 客, 会 $\curvearrowleft$ 室], [我/PN $\overset{\text{SUBJ}}{\curvearrowleft}$ 来到/VV]	SHC
13	[来到/VV], [室], [], [来 $\curvearrowleft$ 到, 会 $\curvearrowright$ 客, 会 $\curvearrowleft$ 室], [我/PN $\overset{\text{SUBJ}}{\curvearrowleft}$ 来到/VV]	P-NN
14	[来到/VV], [会客室/NN], [], [来 $\curvearrowleft$ 到, 会 $\curvearrowright$ 客, 会 $\curvearrowleft$ 室], [我/PN $\overset{\text{SUBJ}}{\curvearrowleft}$ 来到/VV, 来到/VV $\overset{\text{SUBJ}}{\curvearrowright}$ 会客室/NN]	RA-DOBJ
15	[来到/VV, 会客室/NN], [], [], [来 $\curvearrowleft$ 到, 会 $\curvearrowright$ 客, 会 $\curvearrowleft$ 室], [我/PN $\overset{\text{SUBJ}}{\curvearrowleft}$ 来到/VV, 来到/VV $\overset{\text{SUBJ}}{\curvearrowright}$ 会客室/NN]	R
16	[来到/VV], [], [], [来 $\curvearrowleft$ 到, 会 $\curvearrowright$ 客, 会 $\curvearrowleft$ 室], [我/PN $\overset{\text{SUBJ}}{\curvearrowleft}$ 来到/VV, 来到/VV $\overset{\text{SUBJ}}{\curvearrowright}$ 会客室/NN]	

表 11.9　分词、词性标注、依存分析联合模型的特征模板

特征类型	特征模板
单一节点	s_0c, s_0cp, δc, δcp, b_0c, b_0cp, $s_{0.l_1}c$, $s_{0.r_1}c$, $\delta_{l_1}c$, $\delta_{r_1}c$,$b_{0.l_1}c$, $s_{0.l_1}cp$, $s_{0.r_1}cp$, $\delta_{l_1}cp$, $\delta_{r_1}cp$, $b_{0.l_1}cp$
节点对	$s_0c\delta c$, $s_0c\delta w$, $s_0w\delta c$, $s_0cp\delta w$, $s_0wp\delta c$, $s_0w\delta cp$, $s_0c\delta wp$, δcb_0c, δcb_0w, δwb_0c, δcpb_0w, δwpb_0c, δwb_0cp, δcb_0wp
三个节点	$s_0c\delta cs_{0.l_1}c$, $s_0c\delta cs_{0.r_1}c$, $s_0c\delta cs_{0.l_2}c$, $s_0c\delta cs_{0.r_2}c$, $s_0c\delta c\delta_{l_1}c$, $s_0c\delta c\delta_{l_2}c$, $\delta cb_0c\delta_{l_1}c$, $\delta cb_0c\delta_{r_1}c$, $\delta cb_0c\delta_{l_2}c$, $\delta cb_0c\delta_{r_2}c$, $\delta cb_0cb_{0.l_1}c$, $\delta cb_0cb_{0.l_2}c$

11.4.2　讨论

前文以句法分析任务为例介绍了基于转移的结构化预测模型，11.1 节讨论的局部和全局模型也可用于句法分析之外的其他任务，例如命名实体识别、关系抽取、事件检测、抽象语义表示（AMR）以及其他结构预测任务。自然语言处理领域的大多数结构预测问题均可以找到一种状态转移系统来构建输出。

相较于基于图的结构化预测模型，基于转移的模型有两点主要优势：首先，基于转移的模型可利用任意非局部特征提升模型性能；其次，基于转移的模型按照状态转移数以线性时间运行，状态转移数通常与输入序列长度呈线性关系，因此运行速度比图模型快得多，以成分句法分析为例，CKY 算法（第 10 章）的时间复杂度为 $O(n^5)$，基于转移的解析器则为 $O(n)$。基于转移的模型的主要缺点为搜索算法不精确，无论是基于贪心的局部模型还是基于柱搜索的全局模型，解码器均无法保证找到得分最高的输出。得益于基于柱搜索的感知机模型（11.1.2 节）以及神经网络（本书第三部分）等方法，相比于基于图的方法，基于转移的方法仍具有较强的竞争力。

254～255

总结

本章介绍了：

- 基于转移的贪心局部结构化预测模型及全局结构化预测模型。
- 移进归约成分句法解析。
- 移进归约依存句法解析。
- 分词、词性标注及依存句法分析联合模型。

注释

标准弧转移依存解析由 Yamada 和 Matsumoto (2003) 提出，贪心弧转移依存解析由 Nivre (2003) 提出。Sagae 和 Lavie (2005) 首次利用基于转移的算法处理成分句法解析问题。文献 (Nivre, 2008, 2009; Choi 和 McCallum, 2013) 和文献 (Zhu 等人, 2013; Dyer 等人, 2016; Liu 和 Zhang, 2017) 分别提出了用于依存解析和成分解析的状态转移系统。Zhang 和 Clark (2011) 首次提出将带有提前更新策略的柱搜索 (Collins 和 Roark, 2004) 用于基于转移的结构化预测。除句法解析外，基于转移的方法在其他自然语言处理联合任务中也有广泛应用 (Bohnet 和 Nivre, 2012; Hatori 等人, 2012; Qian 和 Liu, 2012; Zhang 等人, 2014; Wang 等人, 2018; Zhang 等人, 2018)。

256

习题

11.1　表 11.2罗列了基于转移的分词模型特征模板，相较于表 9.5 中的特征模板，试列举两者的相同点与不同点。两类特征模板的差异展示了基于图的方法与基于转移的方法的不同性质。

11.2　试对算法 11.2进行拓展，写出加权感知机算法的伪代码。

11.3　试定义分词及词性标注联合任务的状态转移系统，给定输入句子，输出为带有词性标签的词序列。试列举对该任务有效的特征。

11.4 回顾 11.2 节中的句子 “The little boy likes red tomatoes.”，试对表 11.3 进行补充，画出移进归约解析过程中每个状态的栈和队列。

11.5 以表 11.3 为例，画出句子 “He gave her a tomato” 的贪心弧转移解析过程。

11.6 以表 11.4为例，设计适用于标准弧转移依存解析的特征集合。

11.7 标准弧依存句法解析器以自下而上的顺序将修饰词与其中心词相关联，类似于 11.2 节介绍的移进归约成分句法解析器。但相较于成分句法树，依存树缺失短语层次结构，因此相对更为平坦。试画出图 11.4a 所示例句的短语成分句法树，比较其与依存句法树的区别，以及标准弧依存句法解析和移进归约成分句法解析的区别。

11.8 试设计适用于词性和句法联合模型（11.4.1 节）的特征模板集合，思考队列中的词是否可以利用词性信息。对转移系统进行拓展，使之适应此类特征（提示：可在栈和队列之间设计队列结构以存储带有词性标签的词）。

11.9 试为分词、词性标注、标准弧依存分析联合任务设计转移系统。

11.10 试为命名实体识别及目标情感分析联合任务设计转移系统。该任务即第 1 章所介绍的开放域目标情感分析任务，其输入为句子，输出为实体及对应的情感极性。实体为输入句子中的片段，情感极性集合为 $\{\text{positive}, \text{negative}, \text{neutral}\}$。

11.11 试为语义角色标注及句法分析联合任务设计转移系统（提示：可利用两个栈分别保存语法和语义结构）。

257

11.12 试为命名实体识别及关系抽取联合任务（第 1 章）设计转移系统，该任务的输入为句子，输出为实体集合及实体间关系集合。实体为输入句子中的片段，实体类型标签为 “person” “organisation” “location” 等。实体关系为三元组 (e_1, r, e_2)，其中 e_1、e_2 表示两个实体，r 表示 “social relation” “affiliation” 等关系类型标签。

11.13 若存在多个动作序列可形成同一结构，试对算法 11.2进行相应调整（提示：可提前更新标准并在参数更新中选择正例）。试思考算法 11.1中的解码器是否需要调整。

258

参考文献

Bernd Bohnet and Joakim Nivre. 2012. A transition-based system for joint part-of-speech tagging and labeled non-projective dependency parsing. In Proceedings of the 2012 Joint Conference on Empirical Methods in Natural Language Processing and Computational Natural Language Learning, pages 1455–1465. Association for Computational Linguistics.

Jinho D. Choi and Andrew McCallum. 2013. Transition-based dependency parsing with selectional branching. In Proceedings of the 51st Annual Meeting of the Association for Computational Linguistics (Volume 1: Long Papers), pages 1052–1062.

Michael Collins and Brian Roark. 2004. Incremental parsing with the perceptron algorithm. In Proceedings of the 42nd Annual Meeting on Association for Computational Linguistics, page 111. Association for Computational Linguistics.

Chris Dyer, Adhiguna Kuncoro, Miguel Ballesteros, and Noah A. Smith. 2016. Recurrent neural network grammars. arXiv preprint arXiv:1602.07776.

Jun Hatori, Takuya Matsuzaki, Yusuke Miyao, and Jun' ichi Tsujii. 2012. Incremental joint approach to word segmentation, pos tagging, and dependency parsing in chinese. In Proceedings of the 50th Annual Meeting of the Association for Computational Linguistics: Long Papers-Volume 1, pages 1045-1053. Association for Computational Linguistics.

Jiangming Liu and Yue Zhang. 2017. In-order transition-based constituent parsing. Transactions of the Association for Computational Linguistics, 5:413-424.

Joakim Nivre. 2003. An efficient algorithm for projective dependency parsing. In Proceedings of the Eighth International Conference on Parsing Technologies, pages 149-160, Nancy, France.

Joakim Nivre. 2008. Algorithms for deterministic incremental dependency parsing. Computational Linguistics, 34(4):513-553.

Joakim Nivre. 2009. Non-projective dependency parsing in expected linear time. In Proceedings of the Joint Conference of the 47th Annual Meeting of the ACL and the 4th International Joint Conference on Natural Language Processing of the AFNLP: Volume 1-Volume 1, pages 351-359. Association for Computational Linguistics.

Xian Qian and Yang Liu. 2012. Joint Chinese word segmentation, POS tagging and parsing. In Proceedings of the 2012 Joint Conference on Empirical Methods in Natural Language Processing and Computational Natural Language Learning, pages 501-511, Jeju Island, Korea. Association for Computational Linguistics.

Kenji Sagae and Alon Lavie. 2005. A classifier-based parser with linear run-time complexity. In Proceedings of the Ninth International Workshop on Parsing Technology, pages 125-132. Association for Computational Linguistics.

Shaolei Wang, Yue Zhang, Wanxiang Che, and Ting Liu. 2018. Joint extraction of entities and relations based on a novel graph scheme. In IJCAI, pages 4461-4467.

Hiroyasu Yamada and Yuji Matsumoto. 2003. Statistical dependency analysis with support vector machines. In Proceedings of the Eighth International Conference on Parsing Technologies.

Junchi Zhang, Yanxia Qin, Yue Zhang, Mengchi Liu, and Donghong Ji. 2018. Extracting entities and events as a single task using a transition-based neural model.

Meishan Zhang, Yue Zhang, Wanxiang Che, and Ting Liu. 2014. Character-level chinese dependency parsing. In Proceedings of the 52nd Annual Meeting of the Association for Computational Linguistics (Volume 1: Long Papers), pages 1326-1336.

Yue Zhang and Stephen Clark. 2011. Syntactic processing using the generalized perceptron and beam search. Computational linguistics, 37(1):105-151.

Muhua Zhu, Yue Zhang, Wenliang Chen, Min Zhang, and Jingbo Zhu. 2013. Fast and accurate shift-reduce constituent parsing. In Proceedings of the 51st Annual Meeting of the Association for Computational Linguistics (Volume 1: Long Papers), pages 434-443.

贝叶斯网络

前文介绍了朴素贝叶斯模型（Naïve Bayes，第 2 章）、概率潜在语义分析模型（PLSA，第 6 章）及隐马尔可夫模型（HMMs，第 7 章）等一系列生成式模型，此类模型均可被归为概率图模型，又称贝叶斯网络。给定一组条件独立的随机变量，贝叶斯网络可对变量间复杂的联合概率分布进行建模，本章首先讨论如何将具体任务转换为贝叶斯网络，再讨论贝叶斯网络的训练方式。前文介绍了监督学习场景下的最大似然估计算法以及无监督场景下的期望最大算法，本章将介绍另外两种用于参数估计的方法，即最大后验概率（Maximum A Posteriori，MAP）与贝叶斯估计（Bayesian estimation）。针对贝叶斯估计，我们将讨论利用观测变量和隐变量估算贝叶斯网络边缘概率的方法，以及利用吉布斯采样（Gibbs sampling）进行近似推断和参数估计的方法。本章最后将讨论贝叶斯网络在一元语言模型、IBM 模型 1、隐马尔可夫模型及概率潜在语义分析模型中的应用，概率潜在语义分析模型的贝叶斯网络版本也被称为潜在狄利克雷分配模型（Latent Dirichlet Allocation，LDA）。

12.1 通用概率模型

贝叶斯网络根据概率链式法则和独立性假设描述模型参数化过程，是结构化预测概率模型的一般形式。一元语言模型、朴素贝叶斯文本分类器、概率潜在语义分析模型和隐马尔可夫模型均属于贝叶斯网络，其模型参数由不同的条件概率组成。贝叶斯网络的一般性问题包括监督学习、非监督学习以及边缘概率的计算。为了定义贝叶斯网络，我们需要理解概率链式法则和条件独立性假设，这些概念决定了贝叶斯网络联合概率分布的参数化过程。具体而言，贝叶斯网络对一组随机变量 $\{x_1, x_2, \cdots, x_n\}$ 进行建模，其联合概率分布 $P(x_1, x_2, \cdots, x_n)$ 的参数化过程非常复杂，例如，假设每个随机变量都取一个布尔变量值，并且不存在任何先验知识，此时我们需要枚举所有可能的联合概率分布值，总共需要 $2^n - 1$ 个参数来定义联合概率分布。若基于概率链式法则，$P(x_1, x_2, \cdots, x_n)$ 可被重写为：

$$P(x_1, x_2, \cdots, x_n) = \prod_{i=1}^{n} P(x_i | x_1, \cdots, x_{i-1})$$

本书第 2 章介绍了基于独立性假设简化条件概率的计算方法，例如，假设所有特征相互独立，可将上式简化为朴素贝叶斯模型：

$$P(x_1, x_2, \cdots, x_n) = \prod_{i=1}^{n} P(x_i)$$

又如，假设给定 x_1，存在 $x_2, \cdots, x_n$ 条件独立于 x_1，可得到：

$$P(x_1, x_2, \cdots, x_n) = P(x_1) \prod_{i=2}^{n} P(x_i|x_1)$$

上述两个例子利用随机变量间的**条件独立性**（conditional independence）减少了模型的参数量。给定三个随机变量 x_1、x_2、x_3，给定 x_1，当且仅当 $P(x_2, x_3 \mid x_1) = P(x_2 \mid x_1)P(x_3 \mid x_1)$，$x_2$ 条件独立于 x_3，这三个变量之间的关系可以写作 $x_2 \perp\!\!\!\perp x_3 \mid x_1$。直观而言，当给定 x_1 时，x_2 和 x_3 之间的条件独立性表明 x_2 与 x_3 的取值互不影响。

贝叶斯网络利用有向无循环图表示一组随机变量间的概率关系，图中节点表示随机变量，边表示条件相关性。若边由 x_i 指向 x_j，则 x_i 为 x_j 的父节点，x_j 为 x_i 的子节点，边表示 x_j 的值取决于 x_i 的值。图 12.1展示了建模对象为股票行情的贝叶斯网络，“发布新产品”（x_1）或“任命新的首席执行官”（x_2）可能导致股价上涨（x_3），股价上涨（x_3）可能导致客户 A （x_4）或客户 B（x_5）购买股票。$x_1, \cdots, x_5$ 为表示事件是否发生的布尔型随机变量，变量之间的条件相关性反映了事件的“因果关系”。

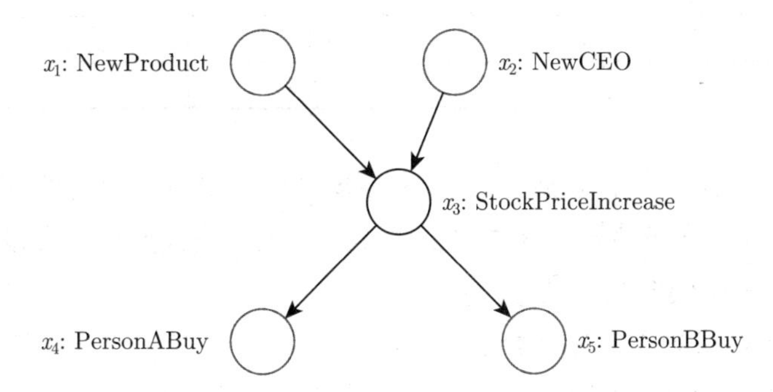

图 12.1 模拟股票价格变化的贝叶斯网络

因子分解。根据概率链式法则及条件独立性假设，贝叶斯网络可将联合概率分布分解为一系列概率因子。具体而言，将 x_i 的父节点集合表示为 $x_{\pi(i)}$，以图 12.1为例，$\pi(1) = \phi$，$\pi(3) = \{1, 2\}$，对于基于随机变量 $x_1, x_2, \cdots, x_n$ 的贝叶斯网络，其联合概率为：

260

$$P(x_1, x_2, \cdots, x_n) = \prod_{i=1}^{n} P(x_i|x_{\pi(i)}) \tag{12.1}$$

$P(x_i|x_{\pi(i)})$ 表示给定父节点集合 $x_{\pi(i)}$ 时随机变量 x_i 的局部条件概率分布。该公式表明联合概率分布可分解为各个变量的局部条件概率之积。

基于式 (12.1)，我们可以根据随机变量的拓扑次序得到任意贝叶斯网络的联合概率分布。例如，图 12.1的联合概率分布为：

$$\begin{aligned} P(x_1, x_2, x_3, x_4, x_5) &= \prod_{i=1}^{5} P(x_i|x_{\pi(i)}) \\ &= P(x_1)P(x_2)P(x_3|x_1, x_2)P(x_4|x_3)P(x_5|x_3) \end{aligned}$$

表 12.1 更加具体地展示了图 12.1 的局部条件概率。表中省略了某些概率项，省略的概率项可通过离散型随机变量所有可能取值概率之和为 1 这一条件进行计算，例如，假设 $P(x_4=T|x_3=T)=0.8$，则可以推断出 $P(x_4=F|x_3=T)=1-P(x_4=T|x_3=T)=0.2$。根据表 12.1，可得到联合概率：

$$P(x_1=T,x_2=F,x_3=T,x_4=T,x_5=F)$$

$$=P(x_1=T)P(x_2=F)P(x_3=T|x_1=T,x_2=F)$$

$$P(x_4=T|x_3=T)P(x_5=F|x_3=T)$$

$$=0.1\times(1-0.05)\times 0.6\times 0.8\times(1-0.9)=0.00456$$

表 12.1　图 12.1 的局部条件概率表

x_1	$P(x_1)$	x_2	$P(x_2)$	$x_1,\ x_2$	$P(x_3=T\|x_1,x_2)$
T	0.1	T	0.05	$F,\ F$	0.02
x_3	$P(x_4=T\|x_3)$	x_3	$P(x_5=T\|x_3)$	$T,\ F$	0.6
T	0.8	T	0.9	$F,\ T$	0.3
F	0.4	F	0.55	$T,\ T$	0.99

在这个例子中，我们原本需要 2^5-1 个参数来表示由 5 个布尔类型随机变量构成的模型，但引入独立性假设可将模型参数降低至 10。因此，当模型包含大量随机变量参数时，独立性假设可显著减少模型的参数量。

非直接相连节点间的概率相关性。贝叶斯网络中直接相连节点间的关系可明确定义，但对于任意非直接相连的两个随机变量，其在给定条件下的条件独立性无法直接定义，例如我们无法确定图 12.1 中的 x_1 与 x_5 的独立关系，即 $x_1 \perp\!\!\!\perp x_5$ 是否成立。另外，若已知 x_3，我们无法确定 x_1 与 x_5 是否互相条件独立，即 $x_1 \perp\!\!\!\perp x_5|x_3$ 是否成立。本章将介绍两个可回答上述问题的相关定理。

261

定理 12.1 基于**马尔可夫毯**（Markov blanket），某节点的马尔可夫毯指该节点的父节点、子节点及共子父节点（co-parent node）集合，共子父节点指该节点中子节点的其他父节点，例如，图 12.1 中的 x_3 和 x_4 的马尔可夫毯分别为 $\{x_1,x_2,x_4,x_5\}$ 和 $\{x_3\}$。

定理 12.1　给定节点 x_i 及其马尔可夫毯 $\mathrm{MB}(x_i)$，x_i 条件独立于其他所有节点 Y，即：

$$P(x_i|\mathrm{MB}(x_i),Y)=P(x_i|\mathrm{MB}(x_i)) \tag{12.2}$$

根据式 (12.2)，给定图 12.1中的 x_3，可得到 x_4 条件独立于 x_1、x_2 和 x_5。

定理 12.2 基于节点 x_i 的*后续及非后续节点*，后续节点指可由 x_i 通过有向路径到达的所有节点，非后续节点指除后续节点外的其他所有节点，例如在图 12.1 中，x_2 的后续节点为 $\{x_3,x_4,x_5\}$，x_3 的非后续节点为 $\{x_1,x_2\}$。x_i 的父节点及共子父节点均为该节点的非后续节点。

定理 12.2　给定节点 x_i 的父节点 $A(x_i)$，x_i 条件独立于其非后续节点 $\mathrm{ND}(x_i)$，即：

$$P(x_i|A(x_i),\mathrm{ND}(x_i)) = P(x_i|A(x_i)) \tag{12.3}$$

根据式 (12.3)，给定图 12.1中的 x_3，可得到 x_2 独立于 x_1，x_5 条件独立于 x_4。

本章 12.3 节将介绍这两个定理的应用。

12.2　贝叶斯网络的训练

给定模型结构，贝叶斯网络的训练旨在从数据中估计出贝叶斯网络的模型参数。本书第 2 章介绍了基于观测变量的最大似然估计算法，第 6 章介绍了基于隐变量的期望最大算法，朴素贝叶斯模型和隐马尔可夫模型均可利用这两种方法进行训练，本章继续介绍包括极大似然估计与期望最大算法在内的三种通用贝叶斯网络训练方法。

令模型参数集表示为 Θ，前文介绍的参数估计方法通常将 Θ 视为未知常数，并试图基于给定训练数据 D 寻找合适的 Θ 值。与此不同的是，贝叶斯模型将 Θ 视为一个随机变量，训练目标为找到 Θ 的值分布而非单个值，即计算 $P(\Theta|D)$。根据贝叶斯规则，我们有：

$$P(\Theta|D) = \frac{P(\Theta)P(D|\Theta)}{P(D)} \tag{12.4}$$

在该式中，$P(\Theta)$ 为 Θ 的**先验分布**（prior distribution），$P(D|\Theta)$ 为**数据似然函数**，$P(D)$ 为**证据因子**，它们共同定义了**后验分布**（posterior distribution）$P(\Theta|D)$，即训练目标。先验分布反映我们在看到训练数据之前的知识或经验，例如，我们知道掷硬币时正面朝上或反面朝上的概率完全平等，自然文本中的词频率满足幂律分布，文档建模时某个文档通常只包含几个主题，呈现数据稀疏性特征。而后验分布则反映我们看到训练数据之后的想法。

262

值得注意的是，模型参数的先验分布通常为连续随机变量，而非离散随机变量，例如掷硬币时正面朝上的概率 $\theta = P(\text{正面朝上})$ 为 $[0,1]$ 中的取值，其分布被描述为概率密度函数 $P(\theta)$，通过求解 $\int_{0.4}^{0.6} P(\theta)\mathrm{d}\theta$ 可得到 θ 落在 $[0.4,0.6]$ 范围内的概率。

本节介绍三种估算 Θ 的方法。方法一为**最大似然估计**（Maximum Likelihood Estimation，MLE），该方法仅关注似然 $P(D|\Theta)$，通过 $\Theta^{\mathrm{MLE}} = \arg\max_{\Theta} P(D|\Theta)$ 计算模型参数。本书前面讨论了基于可观测变量（第 2 章）及隐变量的（第 6 章）相似方法。方法二为**最大后验估计**（Maximum A Posteriori，MAP），该方法同时考虑先验分布 $P(\Theta)$ 及似然 $P(D|\Theta)$，通过 $\Theta^{\mathrm{MAP}} = \arg\max_{\Theta} P(\Theta)P(D|\Theta)$ 计算模型参数。方法三为**贝叶斯估计**（Bayesian estimation），该方法将参数集合 Θ 视为随机变量，利用后验分布 $P(\Theta|D)$ 计算模型参数。相反，最大似然估计与最大后验估计返回的估计值均为常量。

12.2.1 最大似然估计

假设存在一组最佳模型参数 Θ，我们可以通过最大化观测数据 D 的似然函数来寻找该组最佳参数，即：

$$\Theta^{\mathrm{MLE}} = \arg\max_{\Theta} P(D \mid \Theta)$$

该训练目标可被直观理解为寻找能生成最好的训练数据 D 的参数 Θ。进一步假设模型存在 K 个随机变量，即 $x_1, x_2, \cdots, x_K$，下文将针对无隐变量及有隐变量两种情况展开讨论。

无隐变量。若在训练数据中能观察到贝叶斯网络中的所有节点，则可直接利用最大似然估计计算模型参数。具体地，令训练数据集为 $D = \{X_i\}_{i=1}^N$，其中第 i 个训练样本为 $X_i = x_1^i, x_2^i, \cdots, x_K^i$，模型参数为 $\Theta = \{\theta_k\}_{k=1}^K$，其中 θ_k 表示给定父节点集 $\pi(k)$ 时随机变量 x_k 的局部条件概率分布，即 $P(x_k|\pi(k))(k \in \{1, \cdots, K\})$，则模型的对数似然函数为：

$$\begin{aligned}\Theta^{\mathrm{MLE}} &= \arg\max_{\Theta} \sum_{i=1}^{N} \log P(x_1^i, x_2^i, \cdots, x_K^i|\Theta) \\ &= \arg\max_{\Theta} \sum_{i=1}^{N} \sum_{k=1}^{K} \log P(x_k^i|x_{\pi(k)}^i, \theta_k)\end{aligned} \tag{12.5}$$

263

其中 $x_{\pi(k)}^i$ 表示在第 i 个训练样本中变量 x_k 的父节点集 $x_{\pi(k)}$ 的值。如第 2 章、第 7 章及第 10 章所述，对于伯努利分布及类别分布，我们可以通过计算相关频数来获得最佳参数：

$$\theta_k^{\mathrm{MLE}}(x_k = v|x_{\pi(k)} = v_\pi) = \frac{\#(x_k = v, x_{\pi(k)} = v_\pi)}{\#(x_{\pi(k)} = v_\pi)} \tag{12.6}$$

其中，v 和 v_π 分别表示变量 x_k 和 $x_{\pi(k)}$ 的特定值。[㊀]

有隐变量。为不失一般性，假设 $x_1, x_2, \cdots, x_j$ 为隐变量，$x_{j+1}, \cdots, x_K$ 为可观测变量，则可观测变量的似然函数为：

$$\begin{aligned}\Theta^{\mathrm{MLE}} &= \arg\max_{\Theta} \sum_{i=1}^{N} \log P(x_{j+1}^i, x_{j+2}^i, \cdots, x_K^i|\Theta) \\ &= \arg\max_{\Theta} \sum_{i=1}^{N} \log \Big(\sum_{x_1^i} \sum_{x_2^i} \cdots \sum_{x_j^i} P(x_1^i, x_2^i, \cdots, x_K^i|\Theta) \Big) \\ &= \arg\max_{\Theta} \sum_{i=1}^{N} \log \Big(\sum_{x_1^i} \sum_{x_2^i} \cdots \sum_{x_j^i} \prod_{k=1}^{K} P(x_k^i|x_{\pi(k)}^i, \theta_k) \Big)\end{aligned}$$

其中 $\sum_{x_u^i}$ 表示 $x_u^i, u \in [1, \cdots, j]$ 中所有可能值之和，本书第 6 章讨论了利用期望最大算法近似优化此目标函数的方法。

㊀ 在似然函数中，为便于标记，我们假设每个训练样本中的变量均只出现一次。隐马尔可夫等模型的训练句子中包含重复变量，例如词及词性标签，因此此类模型不能直接通过式 (12.5) 表示。

抛硬币问题示例。以抛硬币为例，假设我们独立抛掷硬币 8 次，得到观测数据 $D = HTHTHTTT$（“H”和“T”分别表示正面朝上或反面朝上），设硬币正面朝上的概率为 θ。如第 2 章所示，每次掷硬币均为伯努利实验，数据的似然函数为 $P(D|\theta) = \theta^{\#(H)}(1-\theta)^{\#(T)}$，利用最大似然估计方法，可得到：

$$\theta^{\text{MLE}} = \underset{\theta}{\operatorname{argmax}}\, \theta^{\#(H)}(1-\theta)^{\#(T)} = \frac{\#(H)}{\#(H)+\#(T)} = \frac{3}{8} = 0.375 \tag{12.7}$$

12.2.2 最大后验估计

与最大似然估计和期望最大算法相似，**最大后验估计**的目标也是基于给定训练数据 D 寻找最佳模型参数。根据式 (12.4)，最优参数 Θ^{MAP} 的计算方式为:

264

$$\begin{aligned}
\Theta^{\text{MAP}} &= \arg\max_{\Theta} P(\Theta|D) \\
&= \arg\max_{\Theta} \frac{P(D|\Theta)P(\Theta)}{P(D)} \\
&= \arg\max_{\Theta} P(\Theta)P(D|\Theta)
\end{aligned}$$

由于在所有 Θ 上 D 均为常数，因此上式最后一步可移除 $P(D)$。

对于贝叶斯网络，Θ^{MAP} 的计算方式为:

$$\begin{aligned}
\Theta^{\text{MAP}} &= \arg\max_{\Theta} \log \Big(P(\Theta)P(D|\Theta)\Big) \\
&= \arg\max_{\Theta} \Big(\log P(\Theta) + \log P(D|\Theta)\Big) \\
&= \arg\max_{\Theta} \Big(\log P(\Theta) + \sum_{i=1}^{N}\sum_{k=1}^{K} \log P(x_k|x_{\pi(k)}, \theta_k)\Big)
\end{aligned}$$

相较于最大似然估计，先验分布 $P(\Theta)$ 在这里起了作用，使得参数分布的先验知识可被整合到每个局部数据分布 $P(x_k|x_{\pi(k)})$ 中。

抛硬币问题示例。根据式 (12.7)，最大似然估计给出估计值 $\theta^{\text{MLE}} = 0.375$。相较于最大似然估计，最大后验估计通过进一步考虑利用先验 $P(\theta)$ 来最大化 $P(\theta|D)$。直观而言，关于 θ 的先验知识可能改变我们对 θ 的估计，例如，假定我们知道硬币正、反面向上的概率是平等的，即 θ 的先验值为 0.5，则基于点估计 $\theta = 0.5$ 时，$P(\theta) = 1$，否则 $P(\theta) = 0$，那么根据 $P(\theta|D)$ 得出的最终估计应大于 0.375。下面我们通过详细介绍 θ^{MAP} 的计算过程来论证该结论。

假定 $P(\theta)$ 属于某个分布族，而非限定于单个特定分布。为简便起见，以 **Beta 分布**族为例，对于 $P(\theta)$，可得到：

$$\text{Beta}(\theta|\alpha,\beta) = \frac{\theta^{\alpha-1}(1-\theta)^{\beta-1}}{B(\alpha,\beta)} \tag{12.8}$$

这里的 α 和 β 为两个可以控制分布的正超参数，归一化常数 $B(\alpha,\beta)$ 为 Beta 函数：

$$B(\alpha,\beta)=\frac{\Gamma(\alpha)\Gamma(\beta)}{\Gamma(\alpha+\beta)} \tag{12.9}$$

其中 $\Gamma(x)$ 为 Gamma 函数，它是阶乘函数 $\Gamma(n+1)=n!$ 的实数广义形式，具体为：

$$\Gamma(x)=\int_0^\infty y^{x-1}e^{-y}\mathrm{d}y$$

$\Gamma(x)$ 的一个重要特点为：

265

$$\Gamma(x+1)=x\Gamma(x) \tag{12.10}$$

图 12.2 显示了一系列 Beta 分布，α 和 β 的特定组合可形成新的分布。当 $\alpha=1$ 且 $\beta=1$ 时，Beta 分布为均匀分布；当 α 和 β 均较小时（例如 $\alpha=0.1$，$\beta=0.1$），Beta 分布会显得非常稀疏；当 α 和 β 均较大时，Beta 分布则会更加陡峭和居中。

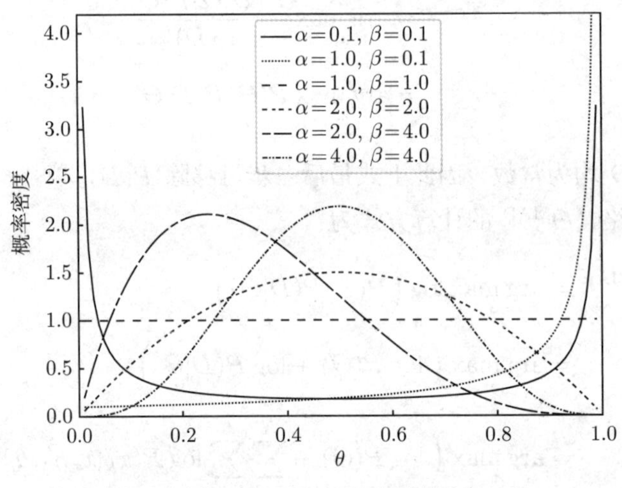

图 12.2 Beta 分布示例

$B(\alpha,\beta)$ 为常数，因此 $\text{Beta}(\theta|\alpha,\beta)\propto\theta^{\alpha-1}(1-\theta)^{\beta-1}$。在给定 D 的情况下，式 (12.11) 给出了 θ 的后验分布的简便形式：

$$\begin{aligned}P(\theta|D,\alpha,\beta)&\propto P(\theta|\alpha,\beta)P(D|\theta)\\&\propto\theta^{\alpha-1}(1-\theta)^{\beta-1}\cdot\theta^{\#(H)}(1-\theta)^{\#(T)}\\&=\theta^{\#(H)+\alpha-1}(1-\theta)^{\#(T)+\beta-1}\end{aligned} \tag{12.11}$$

忽略归一化项，式 (12.11) 可被视为具有 $(\#(H)+\alpha-1)$ 个正面观测值和 $(\#(T)+\beta-1)$ 个反面观测值的似然函数，因此 α 和 β 也被称为伪计数。从而我们可以通过与式 (12.7) 类似的方式来计算最大后验概率估计 θ^{MAP}：

$$\theta^{\text{MAP}}=\frac{\#(H)+\alpha-1}{\#(H)+\alpha-1+\#(T)+\beta-1} \tag{12.12}$$

假设我们认为硬币正、反面朝上的概率是平等的，可以将 α 和 β 均设为 4，如图 12.2 所示，这使得分布具有 0.5 左右的高概率。在这种情况下，θ^{MAP} 的估计值为：

$$\theta^{\mathrm{MAP}} = \frac{3+4-1}{3+4-1+5+4-1} = \frac{3}{7} = 0.429$$

与 $\theta^{\mathrm{MLE}} = 0.375$ 相比，θ^{MAP} 更接近于 0.5，这反映出在加入“硬币正、反面朝上的概率为平等”这一先验假设后，θ 的估值相应地偏向这一先验，同时计算结果也表明了最大后验估计将先验知识或置信度包含在参数估计中的有效性。当数据集较小，不足以得出可靠模型的情况下，最大后验估计引入适当的先验知识，可以在寻找更好的模型方面发挥重要作用。

266

12.2.3 共轭先验

回顾式 (12.11) 中的后验分布 $P(\theta|D,\alpha,\beta)$，更进一步地，我们可以得到：

$$\begin{aligned} P(\theta|D,\alpha,\beta) &\propto \theta^{\#(H)+\alpha-1}(1-\theta)^{\#(T)+\beta-1} \\ &\propto \frac{\theta^{\#(H)+\alpha-1}(1-\theta)^{\#(T)+\beta-1}}{B(\#(H)+\alpha,\#(T)+\beta)} \\ &= \mathrm{Beta}(\theta|\#(H)+\alpha,\#(T)+\beta) \end{aligned} \tag{12.13}$$

正如本书第 2 章所述，抛硬币问题的数据似然与二项分布成正比。鉴于二项分布与 Beta 先验之间的潜在联系，上述后验函数也遵循 Beta 分布。式 (12.13) 在形式上类似于式 (12.7) 中的似然函数，它允许利用与 θ^{MLE} 相同的算法来计算 θ^{MAP}，从而在计算上带来很大的便利。若后验分布与先验分布具有相同形式，对应的先验则被称为似然函数的**共轭先验**（conjugate prior），共轭先验可以大大简化后验分布的推理计算。

Beta-二项共轭。抛硬币问题的数据似然与二项分布 $\mathrm{Bin}(n_1,n_2|\theta)$ 成正比，即：

$$P(D\mid\theta) \propto \theta^{n_1}(1-\theta)^{n_2}$$

这里，$n_1=\#(H)$，$n_2=\#(T)$，分别表示伯努利实验成功和失败的次数。**Beta-二项共轭**（Beta-Binomial conjugate）可以描述为：

$$\mathrm{Beta}(\theta|\alpha,\beta)\cdot\mathrm{Bin}(n_1,n_2|\theta) \propto \mathrm{Beta}(\theta|\alpha+n_1,\beta+n_2) \tag{12.14}$$

其中，$\mathrm{Beta}(\theta|\alpha,\beta)=\dfrac{\theta^{\alpha-1}(1-\theta)^{\beta-1}}{B(\alpha,\beta)}$[式 (12.8)]，$B(\alpha,\beta)=\dfrac{\Gamma(\alpha)\Gamma(\beta)}{\Gamma(\alpha+\beta)}$[式 (12.9)]。

狄利克雷-多项式共轭（Dirichlet-Multinomial conjugate）。针对类别随机变量，即每个随机变量 e 具有 K 个可能取值 $\mathfrak{r}_1,\mathfrak{r}_2,\cdots,\mathfrak{r}_K$，其概率可表示为向量 $\vec{\theta}=\langle\theta_1,\theta_2,\cdots,\theta_K\rangle$（$0\leqslant\theta_k\leqslant 1$），并满足 $\sum_{k=1}^{K}\theta_k=1$。如第 2 章所述，我们可用随机变量对掷骰子问题进行建模，多次掷骰子的结果可视为一系列独立同分布的结果，则数据 D 的似然与多项式分布

$\text{Mult}(\vec{n} \mid \vec{\theta})$ 的概率成正比，满足：

$$P(D \mid \vec{\theta}) \propto \prod_{i=1}^{K} \theta_k^{n_k}$$

其中，$\vec{n} = \langle n_1, n_2, \cdots, n_k \rangle$ 中的 n_k 表示在所有数据中取第 k 个值 ι_k 的次数。

狄利克雷分布（Dirichlet distribution）可作为多项式分布的共轭先验。以 $\vec{\alpha} = \langle \alpha_1, \alpha_2, \cdots, \alpha_k \rangle$ 作为狄利克雷分布的超参数，我们可在 θ 上定义一个概率分布族：

267

$$P(\vec{\theta}|\vec{\alpha}) = \text{Dir}(\vec{\theta}|\vec{\alpha}) = \frac{1}{\Delta(\vec{\alpha})} \prod_{k=1}^{K} \theta_k^{\alpha_k - 1} \tag{12.15}$$

归一化常数 $\Delta(\vec{\alpha})$ 可表示为：

$$\Delta(\vec{\alpha}) = \frac{\prod_{k=1}^{K} \Gamma(\alpha_k)}{\Gamma(\sum_{k=1}^{K} \alpha_k)} \tag{12.16}$$

其中，$\Gamma(x)$ 为式 (12.10) 中定义的 Gamma 函数。

上式 $\Delta(\vec{\alpha})$ 可以看作将 Beta 函数 $B(\alpha, \beta)$ 推广至多维空间的情况。此外，由于 $P(\vec{\theta} \mid \vec{\alpha})$ 为概率分布，可以进一步得到：

$$\int_{\theta_1} \int_{\theta_2} \cdots \int_{\theta_K} P(\vec{\theta} \mid \vec{\alpha}) \mathrm{d}\theta_1 \mathrm{d}\theta_1 \cdots \mathrm{d}\theta_K = \int_{\vec{\theta}} P(\vec{\theta} \mid \vec{\alpha}) \mathrm{d}\vec{\theta} = \int_{\vec{\theta}} \frac{1}{\Delta(\vec{\alpha})} \prod_{k=1}^{K} \theta_k^{\alpha_k - 1} \mathrm{d}\vec{\theta} = 1$$

从中，我们可以看出归一化常数为：

$$\Delta(\vec{\alpha}) = \int_{\vec{\theta}} \prod_{k=1}^{K} \theta_k^{\alpha_k - 1} \mathrm{d}\vec{\theta} \tag{12.17}$$

在确定数据 D 的似然值 $P(D \mid \vec{\theta})$ 及先验概率 $P(\vec{\theta} \mid \vec{\alpha})$ 后，便可计算参数向量 $\vec{\theta}$ 的后验分布：

$$\begin{aligned}
P(\vec{\theta} \mid \vec{n}, \vec{\alpha}) &= P(\vec{\theta}) P(D \mid \vec{\theta}) \\
&\propto \text{Dir}(\vec{\theta}|\vec{\alpha}) \cdot \text{Mult}(\vec{n}|\vec{\theta}) \\
&\propto \prod_{k=1}^{K} \theta_k^{\alpha_k - 1} \cdot \prod_{i=1}^{K} \theta_k^{n_k} = \prod_{k=1}^{K} \theta_k^{n_k + \alpha_k - 1} \\
&\propto \text{Dir}(\vec{\theta}|\vec{\alpha} + \vec{n})
\end{aligned} \tag{12.18}$$

根据式 (12.18)，**狄利克雷-多项式共轭**可表示为：

$$\text{Dir}(\vec{\theta}|\vec{\alpha}) \cdot \text{Mult}(\vec{n}|\vec{\theta}) \propto \text{Dir}(\vec{\theta}|\vec{\alpha} + \vec{n}) \tag{12.19}$$

最大后验估计通常利用共轭先验进行计算。共轭先验为分布族，因此在共轭先验中包含超参数，即前述方程中的 α、β 以及 $\vec{\alpha}$。这些参数包含我们对参数分布的先验知识，同时也可以根据经验对其进行调整。与本节类似，我们在本章接下来要介绍的条件概率中也引入此类超参数，以便更深入地了解它们在模型中的作用。

12.2.4　贝叶斯估计

贝叶斯估计（Bayesian estimation）是第三种参数估计方法，相较于最大似然估计和最大后验估计，贝叶斯估计将模型参数视为随机变量，不估计模型参数的最优值，而是估计模型参数的概率分布。具体而言，贝叶斯估计利用最大后验估计中的后验概率 $P(\Theta|D)$ 计算模型参数的概率分布：

268

$$P(\Theta|D) = \frac{P(\Theta)P(D|\Theta)}{P(D)} = \frac{P(\Theta)P(D|\Theta)}{\displaystyle\int_{\Theta} P(\Theta)P(D|\Theta)\mathrm{d}\Theta} \tag{12.20}$$

与最大后验估计不同，式 (12.20) 中的 $P(D)$ 也需要进行计算，使得 $P(\Theta|D)$ 的结果更为准确。此外，相较于最大似然估计和最大后验估计，贝叶斯估计的目标是式 (12.20) 的概率分布而非 Θ 的最优值，因此贝叶斯估计不需要优化过程。Θ 的概率分布可以提供更多关于参数不确定性的信息，例如模型参数的均值和方差，其次，在进行模型测试时，我们可以通过计算 Θ 的期望减少参数的不确定性，并且通过考虑 Θ 的所有可能取值提高预测准确率。在测试过程中，给定式 (12.4) 中的模型以及输入 x、输出 y 的概率为：

$$P(y|x,D) = \int_{\Theta} P(y,\Theta|x,D)\mathrm{d}\Theta = \int_{\Theta} P(y|x,\Theta)P(\Theta|D)\mathrm{d}\Theta \tag{12.21}$$

其中，$P(y|x)$ 表示模型输出的概率。

抛硬币问题示例。我们仍以抛硬币问题为例，现已有以往抛硬币实验记录的训练数据 D，下一次投掷结果的概率为：

$$P(H|D) = \int_{\theta} P(H|\theta)P(\theta|D)\mathrm{d}\theta \tag{12.22}$$

$P(H|D)$ 表示投掷结果为正面朝上的概率。

令 $P(H|\theta)=\theta$，$P(\theta|D) = \mathrm{Beta}\Big(\theta|\#(H)+\alpha, \#(T)+\beta\Big)$，式 (12.22) 可改写为：

$$P(H|D) = \int_{\theta} \theta \cdot \mathrm{Beta}\Big(\theta|\#(H)+\alpha, \#(T)+\beta\Big)\mathrm{d}\theta \tag{12.23}$$

对于 Beta 分布 $\mathrm{Beta}(\theta|\alpha,\beta)$，有下式成立：

$$\int_{\theta} \mathrm{Beta}(\theta|\alpha,\beta)\mathrm{d}\theta = \int_{\theta} \frac{\theta^{\alpha-1}(1-\theta)^{\beta-1}}{B(\alpha,\beta)}\mathrm{d}\theta = 1$$

因此，我们可以得到：

269

$$B(\alpha,\beta)=\int_\theta \theta^{\alpha-1}(1-\theta)^{\beta-1}\mathrm{d}\theta \tag{12.24}$$

给定任意的 $\theta\in[0,1]$，我们可以计算出：

$$\begin{aligned}\int_\theta \theta\cdot \mathrm{Beta}(\theta|\alpha,\beta)\mathrm{d}\theta &= \int_\theta \theta\cdot\frac{\theta^{\alpha-1}(1-\theta)^{\beta-1}}{B(\alpha,\beta)}\mathrm{d}\theta\\ &=\frac{1}{B(\alpha,\beta)}\int_\theta \theta^{\alpha+1-1}(1-\theta)^{\beta-1}\mathrm{d}\theta\\ &=\frac{1}{B(\alpha,\beta)}\cdot B(\alpha+1,\beta) \qquad [\text{使用式 (12.24)}]\\ &=\frac{\Gamma(\alpha+\beta)}{\Gamma(\alpha)\Gamma(\beta)}\cdot\frac{\Gamma(\alpha+1)\Gamma(\beta)}{\Gamma(\alpha+\beta+1)} \qquad [\text{使用式 (12.9)}]\\ &=\frac{\alpha}{\alpha+\beta} \qquad [\text{使用式 (12.10)}]\end{aligned} \tag{12.25}$$

式 (12.25) 对所有 α 和 β 值成立。因此，式 (12.23) 中抛硬币结果的估计值可写作：

$$\begin{aligned}P(H|D)&=\int_\theta \theta\cdot\mathrm{Beta}(\theta|\alpha+\#(H),\beta+\#(T))\mathrm{d}\theta\\ &=\frac{\#(H)+\alpha}{\#(H)+\alpha+\#(T)+\beta}=\frac{3+4}{3+4+5+4}=0.438\end{aligned}$$

参数期望。式 (12.25) 计算了 $\theta\sim\mathrm{Beta}(\theta|\alpha,\beta)$ 的期望。参数期望 $\theta^{\mathrm{Expect}}=E_{\theta\sim P(\theta|D)}(\theta)=\int_\theta \theta\cdot P(\theta|D)\mathrm{d}\theta$ 对贝叶斯模型是十分有用的，本章后续章节将展开详细讨论。

现有一个狄利克雷分布 $\mathrm{Dir}(\vec{\theta}|\vec{\alpha})$，该分布的期望为向量：

$$E(\vec{\theta})=\left\langle\frac{\alpha_1}{\sum_{k=1}^K\alpha_k},\frac{\alpha_2}{\sum_{k=1}^K\alpha_k},\cdots,\frac{\alpha_K}{\sum_{k=1}^K\alpha_k}\right\rangle \tag{12.26}$$

我们将上式成立的证明过程留作习题 12.2。

贝叶斯估计与最大似然估计、最大后验估计的相关性。Θ^{Expect} 的定义为 $\Theta\sim P(\Theta|D)$ 的均值，可被当作固定的参数估计值来对输出进行预测，这一点与 Θ^{MLE} 和 Θ^{MAP} 相似。最大似然估计不考虑先验分布，容易在小训练数据集上过拟合，例如，若测试时出现了训练数据中没有的事件，最大似然估计会认为该事件的概率为零。与此相对，最大后验估计和贝叶斯估计利用先验概率来平滑概率分布，使得训练数据中未出现事件的概率也不为零。在抛硬币问题中，当我们不断增加抛硬币的次数时，Θ^{MLE}、Θ^{MAP} 和 Θ^{Expect} 都会收敛到相同值。Θ^{Expect} 足以估计出测试结果，但是对于贝叶斯模型，利用 Θ^{Expect} 代替 $P(\Theta|D)$ 往往会导致信息丢失。通常，给定一个任务，我们应该使用式 (12.21) 来计算输出概率。贝叶斯估计需要保存完整的后验分布，因此其计算成本高于最大似然估计和最大后验估计。下一节将介绍贝叶斯估计模型的应用案例。

270

12.2.5 贝叶斯一元语言模型

如第 2 章所述，给定句子 $s = w_1 w_2 \cdots w_n$，一元语言模型通过 $P(s) = \prod_{j=1}^{n} P(w_j)$ 计算句子概率。利用 $\vec{\theta} = \langle P(w_1), P(w_2), \cdots, P(w_{|V|})\rangle$ 表示模型参数，V 表示词表，语料库 D 的似然值可以写作：

$$P(D|\vec{\theta}) = \prod_{i=1}^{|V|} P(w_i)^{n_i}$$

其中，n_i 表示词表中第 i 个词 w_i 在语料库中出现的次数。由该式可得 $P(D|\vec{\theta})$ 与多项式分布 $\mathrm{Mult}(\vec{n}|\vec{\theta})$ 成正比，$\vec{n} = \langle n_1, n_2, \cdots, n_{|V|}\rangle$ 为词表中每个词在语料库中出现的次数。我们可以利用狄利克雷先验 $\mathrm{Dir}(\vec{\theta}|\vec{\alpha}) = \frac{1}{\Delta(\vec{\alpha})}\prod_{i=1}^{|V|} P(w_i)^{\alpha_i - 1}$ 计算 $P(\vec{\theta})$，因此根据式 (12.18) 中的狄利克雷-多项式共轭以及式 (12.15)，可得到后验分布：

$$P(\vec{\theta}|D) \propto \mathrm{Dir}(\vec{\theta}|\vec{n} + \vec{\alpha}) = \frac{1}{\Delta(\vec{n} + \vec{\alpha})}\prod_{i=1}^{|V|} P(w_i)^{n_i + \alpha_i - 1} \tag{12.27}$$

其中，$\Delta(\vec{n} + \vec{\alpha}) = \int_{\vec{\theta}} \prod_{i=1}^{|V|} \theta_i^{n_i + \alpha_i - 1} \mathrm{d}\vec{\theta}$[式 (12.17)]。

式 (12.27) 为贝叶斯一元语言模型，该模型可用于完成以下两项任务。首先，对于后验分布 $P(\vec{\theta}|D)$，我们可以证明一元语言模型的后验概率与 $\vec{\theta}$ 的期望相同（习题 12.7）。根据式 (12.26)，我们可得到 $\vec{\theta}$ 的期望，如式 (12.28) 中 $E(\vec{\theta})$ 所示：

$$E(\vec{\theta}) = \left\langle \frac{n_1 + \alpha_1}{\sum_{i=1}^{|V|}(n_i + \alpha_i)}, \frac{n_2 + \alpha_2}{\sum_{i=1}^{|V|}(n_i + \alpha_i)}, \cdots, \frac{n_{|V|} + \alpha_{|V|}}{\sum_{i=1}^{|V|}(n_i + \alpha_i)} \right\rangle \tag{12.28}$$

假设对任何 α_i 都有 $\alpha_i = \alpha$，以此为先验条件，则 $E(\vec{\theta})$ 可简化为：

$$E(\vec{\theta}) = \left\langle \frac{n_1 + \alpha}{N + \alpha|V|}, \frac{n_2 + \alpha}{N + \alpha|V|}, \cdots, \frac{n_{|V|} + \alpha}{N + \alpha|V|} \right\rangle \tag{12.29}$$

其中，$N = \sum_{i=1}^{|V|} n_i$ 表示语料库中词的总数。式 (12.29) 即为第 2 章所介绍的基于**加-α 平滑**的一元语言模型参数估计，据此，我们对**加-α 平滑**给出了贝叶斯解释。实际上，平滑策略可被视为先验知识的应用，其思想为即使某个词在训练数据中未出现，我们也能利用先验知识为其分配一个较小的概率。

现在让我们来看第二项任务。我们可以利用式 (12.27) 中的模型对 $\vec{\theta}$ 进行积分来计算整个语料库的概率 $P(D|\vec{\alpha})$：

$$\begin{aligned} P(D|\vec{\alpha}) &= \int_{\vec{\theta}} P(D|\vec{\theta}) P(\vec{\theta}|\vec{\alpha}) \mathrm{d}\vec{\theta} = \int_{\vec{\theta}} \prod_{i=1}^{|V|} \theta_i^{n_i} \frac{1}{\Delta(\vec{\alpha})} \cdot \prod_{i=1}^{|V|} \theta_i^{\alpha_i - 1} \mathrm{d}\vec{\theta} \\ &= \frac{1}{\Delta(\vec{\alpha})} \int_{\vec{\theta}} \prod_{i=1}^{|V|} \theta_i^{n_i + \alpha_i - 1} \mathrm{d}\vec{\theta} = \frac{\Delta(\vec{n} + \vec{\alpha})}{\Delta(\vec{\alpha})} \end{aligned} \tag{12.30}$$

其中 $\theta_i = P(w_i)$，式 (12.30) 最后一步可根据式 (12.17) 演化而来，相当于利用 $\vec{n}+\vec{\alpha}$ 替换 $\vec{\alpha}$：

$$\Delta(\vec{n}+\vec{\alpha}) = \int_{\vec{\theta}} \prod_{i=1}^{|V|} \theta_i^{n_i+\alpha_i-1} \mathrm{d}\vec{\theta} \tag{12.31}$$

我们可以利用 $P(D|\vec{\alpha})$ 计算语言模型的困惑度。式 (12.30) 的推导对多种模型适用，包括贝叶斯一元语言模型以及其他具有狄利克雷-多项式共轭结构的模型。

12.3 推理

贝叶斯网络可用于推理特定结构中某些变量的概率。前文讨论的抛硬币模型和一元语言模型均只包含一个变量，图 12.1 所示的贝叶斯网络则可用于解决多个变量之间的概率问题，例如若 A 购买了公司股票，则该公司发布新产品的概率，若公司聘请了新老板，则 B 购买该公司股票的概率等。此类问题的求解需要计算边缘概率并进行**推理**（inference）。

给定一个条件概率均确定的贝叶斯网络，推理即基于给定证据变量 $E=e$，寻找问题 X 的边缘概率 $P(X|E=e)$。通常，$P(X|E=e)$ 的计算方式为：

$$P(X|E=e) = \frac{P(X,E=e)}{P(E=e)} \tag{12.32}$$

由式 (12.32) 可知，我们需要计算 $P(X,E=e)$ 和 $P(E=e)$ 的值，贝叶斯网络的结构及变量数量决定了我们能否高效地对贝叶斯网络进行精确计算，12.3.1 节和 12.3.2 节将分别介绍推理的精确方法和近似方法。

12.3.1 精确推理

枚举。若变量数量及变量的可能取值数较少，我们可以利用第 2 章所介绍的边缘化方法计算 $P(X,E=e)$ 与 $P(E=e)$，这种精确计算的方法通常被称为枚举（enumeration）。设贝叶斯网络中除 E 和 X 之外的所有随机变量为 Z，则：

$$P(X|E=e) = \frac{P(X,E=e)}{P(E=e)} = \frac{\sum_Z P(X,E=e,Z)}{\sum_{Z,X} P(X,E=e,Z)} \propto \sum_Z P(X,E=e,Z) \tag{12.33}$$

举例来说，我们可以通过式 (12.34) 计算 $P(x_2|x_4=T)$：

$$\begin{aligned} P(x_2|x_4=T) &\propto P(x_2,x_4=T) \\ &= \sum_{x_1,x_3,x_5} P(x_1,x_2,x_3,x_4=T,x_5) \\ &= \sum_{x_1,x_3,x_5} P(x_1)P(x_2)P(x_3|x_1,x_2)P(x_4=T|x_3)P(x_5|x_3) \end{aligned} \tag{12.34}$$

通过查询表 12.1，可得到 $P(x_1)$、$P(x_2)$、$P(x_3|x_1,x_2)$、$P(x_4|x_3)$ 及 $P(x_5|x_3)$ 的值，进而计算 $P(x_2=T,x_4=T)$ 以及 $P(x_2=F,x_4=T)$，将这两个值归一化使其和为一，可求得 $P(x_2|x_4=T)$。

变量消除。与前向后向算法（第 7 章）和内部外部算法（第 10 章）的思想类似，变量消除利用贝叶斯网络结构，通过动态规划逐步对各变量执行求和运算，并将计算的中间结果存储至表中以减少计算量。仍以 $P(x_2|x_4=T)$ 为例：

$$\begin{aligned}P(x_2,x_4=T) &= \sum_{x_1,x_3,x_5} P(x_1)P(x_2)P(x_3|x_1,x_2)P(x_4=T|x_3)P(x_5|x_3) \\ &= P(x_2)\sum_{x_1}P(x_1)\sum_{x_3}P(x_3|x_1,x_2)P(x_4=T|x_3)\sum_{x_5}P(x_5|x_3) \\ &= P(x_2)\sum_{x_1}P(x_1)\sum_{x_3}P(x_3|x_1,x_2)P(x_4=T|x_3)s_{x_5}[x_3] \\ &= P(x_2)\sum_{x_1}P(x_1)s_{x_3}[x_1,x_2] \\ &= P(x_2)s_{x_1}[x_2]\end{aligned} \tag{12.35}$$

其中，$s_x[y]$ 表示每个 y 值对所有 x 求和所得的表，$s_x[y,z]$ 表示每个 y 和 z 的组合对所有 x 求和所得的表，例如，$s_{x_5}[x_3]$ 中存储着每个 x_3 的值（例如 T 和 F）对所有 $\sum_{x_5}P(x_5|x_3)$ 求和的结果。利用表来存储中间计算结果，可使我们在后续计算中无须再考虑 x，进而使得式 (12.35) 比式 (12.34) 的计算效率更高。

在 $P(x_2|x_4=T)$ 的例子中，$s_{x_5}[x_3]=1$ 对 $x_3=T$ 和 $x_3=F$ 均成立，表明 x_5 与该边缘概率无关。通常，若随机变量 y 与 X 和 E 均无关，则该变量为 X 和 E 的祖先节点（ancestor）。

12.3.2 吉布斯采样

当贝叶斯网络结构变得复杂并且网络中的随机变量较多时，精确推理的计算成本十分高昂，若随机变量为连续值而非离散值，求和运算将变成积分运算，从而导致无法进行精确推理。此时便需要进行近似推理。

采样（sampling）是近似推理的方法之一，即根据联合分布 $P(X,E=e)$ 随机抽取样本。假设我们随机生成了 100 个样本，其中 60 个样本有事件 e 成立，若事件 $(X=x,E=e)$ 出现了 28 次，则通过计算相对频率，可得到近似概率 $P(X=x,E=e)\approx\frac{28}{60}$。我们抽取的样本越多，则近似值越准确。

采样的核心问题是如何根据联合概率分布 $P(x_1,x_2,\cdots,x_n)$ 抽取样本 $\langle x_1',x_2',\cdots,x_n'\rangle$。**吉布斯采样**（Gibbs sampling）是一种有效的采样方法，适用于具有多个随机变量的分布，其核心思想是对随机变量进行逐个采样，并假设在采样某一变量时，其余变量均为固定值。具体地，吉布斯采样先对所有变量进行随机分配，再依次遍历每个变量。以变量 x_i 为例，吉

布斯采样将其余变量设为其上一次计算结果，根据边缘分布 $P(x_i|x_1, x_2, \cdots, x_{i-1}, x_{i+1}, \cdots, x_n)$ 计算 x_i。完成 x_i 的采样后，采样器根据 $P(x_{i+1}|x_1, x_2, \cdots, x_i', x_{i+2}, \cdots, x_n)$ 计算下一个随机变量 x_{i+1}，其中 x_i' 为 x_i 经过采用后的新样本。理论上，通过吉布斯采样估计的分布可以保证收敛到联合分布 $P(x_1, x_2, \cdots, x_n)$。

算法 12.1展示了基于一般联合分布 $P(x_1, x_2, \cdots, x_n)$ 的吉布斯采样算法。该算法首先随机选择一个初始点 $x^{(0)} = \langle x_1^{(0)}, x_2^{(0)}, \cdots, x_n^{(0)} \rangle$，其中 $x_n^{(t)}$ 表示在第 t 次迭代中 x_n 的样本值，然后根据边缘分布 $P(x_i|X^{\neg i})$ 不断迭代生成样本 $x_i^{(t)}$，其中 $X^{\neg i}$ 表示除 x_i 以外的其余变量。该算法将在 T 轮迭代后停止。

算法 12.1: 吉布斯采样算法

Initialisation: 创建随机样本 $X^{(0)} = \langle x_1^{(0)}, x_2^{(0)}, \cdots, x_n^{(0)} \rangle$;
Algorithm:
$t \leftarrow 0$;
for $t \in [1, \cdots, T]$ **do**
  for $i \in [1, \cdots, n]$ **do**
    Sample $x_i^{(t)} \sim P(X_i|x_1^{(t)}, x_2^{(t)}, \cdots, x_{i-1}^{(t)}, x_{i+1}^{(t-1)}, x_{i+2}^{(t-1)}, \cdots, x_n^{(t-1)})$;

为了高效计算 $P(x_i|X^{\neg i})$，我们可以根据条件独立性假设来简化边缘概率。根据定理 12.1，我们将 x_i 的马尔可夫毯表示为 $\mathrm{MB}(x_i)$，将其父节点、共子父节点、子节点分别表示为 $A(x_i)$、$C(x_i)$、$H(x_i)$，则：

$$
\begin{aligned}
P(x_i|X^{\neg i}) &= P\Big(x_i|\mathrm{MB}(x_i), Y\Big) \qquad (Y = \{X - \mathrm{MB}(x_i) - x_i\}) \\
&= P(x_i|\mathrm{MB}(x_i)) \qquad [\text{见式 } (12.2)] \\
&= P\Big(x_i|A(x_i), C(x_i), H(x_i)\Big) \\
&= \frac{P\Big(x_i, H(x_i)|C(x_i), A(x_i)\Big)}{P\Big(H(x_i)|C(x_i), A(x_i)\Big)} \\
&= \frac{P\Big(x_i|C(x_i), A(x_i)\Big)P\Big(H(x_i)|x_i, C(x_i), A(x_i)\Big)}{P\Big(H(x_i)|C(x_i), A(x_i)\Big)} \\
&\propto P\Big(x_i|C(x_i), A(x_i)\Big)P\Big(H(x_i)|x_i, C(x_i), A(x_i)\Big) \\
&\qquad (H(x_i)\text{、}C(x_i) \text{ 和 } A(x_i) \text{ 为固定值}) \\
&= P\Big(x_i|A(x_i)\Big)P\Big(H(x_i)|x_i, C(x_i)\Big) \qquad [\text{见式 } (12.3)] \\
&= P(x_i|x_{\pi(i)}) \prod_{j:x_i \in x_{\pi(j)}} P(x_j|x_{\pi(j)}) \qquad [\text{见式 } (12.1)]
\end{aligned}
\tag{12.36}
$$

$X - \mathrm{MB}(x_i) - \{x_i\}$ 表示除 x_i 和 $\mathrm{MB}(x_i)$ 外的所有其他变量。根据式 (12.36)，当我们对

x_i 进行采样时，不仅要考虑对 x_i 有影响的变量，还需考虑会被 x_i 影响的变量。$P(x_i|x_{\pi(i)})$ 为给定 x_i 父变量后影响变量 x_i 的概率分布，对于所有满足 $x_i \in x_{\pi(j)}$ 的 x_j，$P(x_j|x_{\pi(j)})$ 为受 x_i 影响的局部概率分布。举例来说，要对图 12.1 中的 x_4 进行采样，我们可以直接计算 $P(x_4|x_3)$，但若要采样 x_3，则需要计算 $P(x_3|x_1,x_2)P(x_4|x_3)P(x_5|x_3)$。

吉布斯采样和隐变量。采样在训练含有隐变量的贝叶斯模型时十分有用。如本书第 6 章开头所述，模型训练过程无法获知隐变量的数量，因此无法定义完整的数据似然函数。基于采样思想，我们可对隐变量的数量进行随机初始化，从而定义初始似然函数，再利用该初始模型和吉布斯采样来抽取新样本，以此获得新一轮各变量的计数并迭代模型，该过程会不断重复直到模型收敛。下一节将通过具体案例来加以说明。

12.4　潜在狄利克雷分配

基于上述推理方法，我们可以训练包含隐变量的贝叶斯网络。本书第 2 章介绍了朴素贝叶斯模型，其训练过程利用最大似然估计最终转化为相对频率的方式求解。进一步，我们在第 6 章介绍了引入隐变量的朴素贝叶斯模型以及概率潜在语义分析模型，并利用最大期望算法进行训练。本节将利用贝叶斯估计对概率潜在语义分析模型进行拓展，引入稀疏先验概念，假设文档只与一个或几个主题相关，并且只有少量关键字与主题匹配。

潜在狄利克雷分配（Latent Dirichlet Allocation, LDA）是用于对文档主题进行建模的贝叶斯网络，它假定每个文档包含数个潜在主题，且每个词都由其中某个主题生成。我们首先简单回顾一下概率潜在语义分析模型，给定文档 d 中的任意词 w_j（$j \in [1,\cdots,N_d]$），文档 d 生成该词的概率 $P(w_j|d)$ 为：

$$P(w_j|d)=\sum_{k=1}^{K}P(w_j|z_j=k)P(z_j=k|d) \tag{12.37}$$

275

其中，N_d 为文档 d 的词数，K 为主题数量，z_j 为 w_j 的潜在主题，$P(w_j|z_j=k)$ 为第 k 个“主题-词”分布，$P(z_j=k|d)$ 为文档 d 的“文档-主题”分布。假设文档中词 $\vec{w}_d=\langle w_1,w_2,\cdots,w_{N_d}\rangle$ 的主题向量 $\vec{z}_d=\langle z_1,z_2,\cdots,z_{N_d}\rangle$ 为已知[㊀]，且词出现在 d 中的概率是条件独立的，则主题和词的联合概率为：

$$\begin{aligned}P(\vec{z}_d,\vec{w}_d)&=\prod_{j=1}^{N_d}P(w_j|z_j)P(z_j|d)\\&=\prod_{k=1}^{K}\left(P(z=k|d)^{n_{d,k}}\prod_{i=1}^{|V|}P(w_i|z=k)^{c_{d,k,i}}\right)\end{aligned} \tag{12.38}$$

其中，V 表示词表，w_i 表示词表中的第 i 个词，$n_{d,k}$ 表示第 k 个主题出现在文档 d 中的次数，$c_{d,k,i}$ 表示文档 d 中由第 k 个主题生成词 i 的次数。

㊀ 如第 6 章所述，此处 d 为表示文档的符号，为此我们引出主题的概念，并利用 $\vec{w}_d$ 表示 d 中的词序列。

假设我们有由多个文档构成的语料库 D，各个文档之间是条件独立的，整个语料库的生成概率为：

$$
\begin{aligned}
P(D) &= \prod_{d=1}^{|D|} P(\vec{z}_d, \vec{w}_d) = \prod_{d=1}^{|D|} \left(\prod_{k=1}^{K} P(z=k|d)^{n_{d,k}} \prod_{i=1}^{|V|} P(w_i|z=k)^{c_{d,k,i}} \right) \\
&= \prod_{d=1}^{|D|} \left(\underbrace{\left(\prod_{k=1}^{K} P(z=k|d)^{n_{d,k}} \right)}_{\propto \text{每个文档多项式}} \cdot \underbrace{\left(\prod_{k=1}^{K} \prod_{i=1}^{|V|} P(w_i|z=k)^{c_{k,i}} \right)}_{\propto \text{每个主题多项式}} \right)
\end{aligned}
\tag{12.39}
$$

其中，$|D|$ 为语料库中文档的总数，$c_{k,i} = \sum_{d=1}^{|D|} c_{d,k,i}$ 为 D 中由第 k 个主题生成 w_i 的次数。

给定一组文本文档，由于无法观测 z，因此我们无法计算 $c_{d,k,i}$ 和 $n_{d,k}$。概率潜在语义模型通过将主题转换为隐变量来解决这个问题，并利用最大期望算法训练 $P(w|z)$ 和 $P(z|d)$。潜在狄利克雷分配也把主题视为隐变量，但它将同一个主题-词或文档-主题分布作为一个类别概率分布进行建模，在训练方法上使用贝叶斯估计而不是最大期望算法，并且利用了模型参数的先验分布特点。根据式 (12.39)，数据的似然值由两个分布项组成，且这两个分布项都与多项式分布成正比。因此，潜在狄利克雷分配在主题-词和文档-主题分布参数中都使用了狄利克雷先验。

图 12.3 展示了潜在狄利克雷分配模型的贝叶斯网络架构，其中 $\vec{\Phi} = \langle \vec{\varphi}_1, \vec{\varphi}_2, \cdots, \vec{\varphi}_K \rangle$ 表示主题-词分布集合，$\vec{\varphi}_k$ 表示第 k 个主题-词分布 ($k \in \{1, \cdots, K\}$)，并且存在：

276

$$
\vec{\varphi}_k = \langle P(w_1|z=k), P(w_2|z=k), \cdots, P(w_{|V|}|z=k) \rangle, k \in \{1, \cdots, K\}
$$

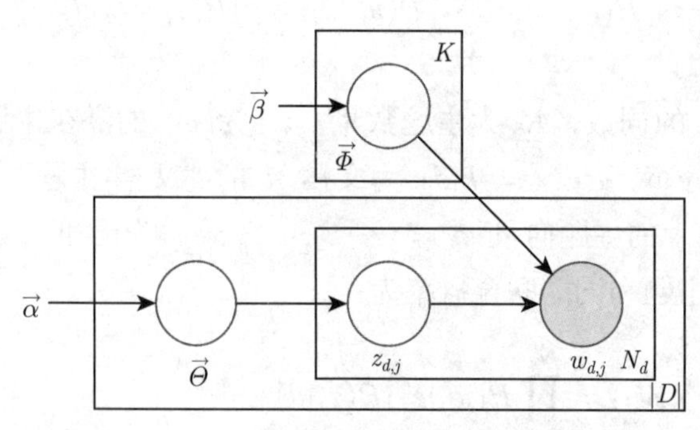

图 12.3　潜在狄利克雷分配模型的图表示法

超参数 $\vec{\beta}$ 被用于参数化狄利克雷先验 $\mathrm{Dir}(\vec{\beta})$，并被所有主题-词分布 $\vec{\varphi}_k$ 共享，$|\vec{\beta}| = |V|$。各个超参数 β_i 可被视为在实际观察之前词 i 在某个主题中出现次数的伪先验计数。

类似地，$\vec{\Theta} = \langle \vec{\theta}_1, \vec{\theta}_2, \cdots, \vec{\theta}_{|D|} \rangle$ 表示文档-主题分布集合，其中 $\vec{\theta}_d$ 表示第 d 个文档-主题分布：

$$
\vec{\theta}_d = \langle P(z=1|d), P(z=2|d), \cdots, P(z=K|d) \rangle
$$

超参数 $\vec{\alpha}$ 被用于参数化狄利克雷先验 $\mathrm{Dir}(\vec{\alpha})$，并被所有文档-主题分布 $\vec{\theta}$ 共享，$|\vec{\alpha}|=K$。各个超参数 α_k 可被视为在观测到任何 d 中的实际词之前，主题 k 在文档 d 中出现次数的伪先验计数。

在潜在狄利克雷分配模型中，根据经验可以将狄利克雷先验 $\mathrm{Dir}(\vec{\beta})$ 和 $\mathrm{Dir}(\vec{\alpha})$ 设置为对称先验（symmetric priors）$\mathrm{Dir}(\beta)$ 和 $\mathrm{Dir}(\alpha)$，其中 $\alpha=\dfrac{K}{50}$，$\beta=0.05$, 这一设置便可以编码稀疏性，即使得文档仅包含几个主题，每个主题仅包含几个关键字。

总的来说，潜在狄利克雷分配模型的生成过程可描述为：

（1）对于每个主题 k，根据 $\mathrm{Dir}(\vec{\varphi}_k|\vec{\beta})$ 生成主题-词分布 $\vec{\varphi}_k$，共计 K 个主题-词分布。

（2）对于每个文档 $d\in D$：

（a）根据 $\mathrm{Dir}(\vec{\theta}_d|\vec{\alpha})$ 生成文档-主题分布 $\vec{\theta}_d$。

（b）对于每个位置 $j\in N_d$：

i. 根据 $\vec{\theta}_d$ 生成主题 $z_{d,j}=k$。

ii. 根据 $\vec{\varphi}_k$ 生成词 $w_{d,j}$。

12.4.1 带有隐变量的训练过程

基于上述生成过程，我们可利用贝叶斯估计来确定模型，即计算后验模型参数的概率分布 $P(\vec{\theta}_d|D,\vec{\alpha})$ 和 $P(\vec{\varphi}_k|D,\vec{\beta})$。与贝叶斯一元语言模型不同，这里引入了隐变量 z，导致数据 D 无法完全观测，因此我们不能直接计算模型后验概率，即模型先验概率与数据似然 [式 (12.4)] 的乘积。

277

为此，我们的总体策略是先指定模型参数的后验概率，并将相关计数当作变量。计数 $n_{d,k}$ 和 $c_{k,i}$ 可被视为服从多项式分布的随机变量，因此我们可以直接利用式 (12.39) 中的数据似然得到整个模型。如本章前文所述，数据似然和共轭先验可用于求解后验概率 $P(\vec{\theta}_d|D,\vec{\alpha})$ 和 $P(\vec{\varphi}_k|D,\vec{\beta})$，使用这些模型后验概率和计数变量，我们便可以定义完整的贝叶斯网络。在训练过程中，计数变量可被随机初始化，然后利用当前计数计算后验分布，再通过吉布斯采样，结合当前后验概率更新计数。这两个步骤迭代执行，直到模型收敛。

参数的后验分布。根据式 (12.39)，计数变量可分为两类，即 $\vec{n}_d=\langle n_{d,1},n_{d,2},\cdots,n_{d,K}\rangle$，代表文档 d 中主题的频数向量，以及 $\vec{c}_k=\langle c_{k,1},c_{k,2},\cdots,c_{k,|V|}\rangle$，代表主题 k 中词的频数向量。我们可以利用计数变量指定模型后验，对于每个文档 d，生成模型 $\vec{\alpha}\to\vec{\theta}_d\to\vec{z}_d$ 为狄利克雷-多项式共轭结构。似然函数 $P(z=k|d)=\theta_{d,k}^{n_{d,k}}$ 中的 $n_{d,k}$ 为计数变量，根据式 (12.18)，后验分布 $P(\vec{\theta}_d|D,\vec{\alpha})$ 为：

$$P(\vec{\theta}_d|D,\vec{\alpha})=\mathrm{Dir}(\vec{\theta}_d|\vec{n}_d+\vec{\alpha})$$

对于主题 k，生成模型 $\vec{\beta}\to\vec{\varphi}_k\to\vec{w}_k$ 为狄利克雷-多项式共轭结构，根据式 (12.18)，后验分布 $P(\vec{\varphi}_k|D,\vec{\beta})$ 为：

$$P(\vec{\varphi}_k|D,\vec{\beta})=\mathrm{Dir}(\vec{\varphi}_k|\vec{c}_k+\vec{\beta})$$

计算联合分布。基于图 12.3 所描述的生成过程，给定 D，整个贝叶斯网络的联合概率分布为：

$$P(\vec{\Theta},\vec{\Phi},\vec{Z},\vec{W}|\vec{\alpha},\vec{\beta}) = \prod_{d=1}^{|D|}\mathrm{Dir}(\vec{\theta}_d|\vec{\alpha})\prod_{i=1}^{N_d}P(z_{d,i}|\vec{\theta}_d)\prod_{k=1}^{K}\mathrm{Dir}(\vec{\varphi}_k|\vec{\beta})P(w_{d,i}|\vec{\varphi}_{z_{d,i}}) \tag{12.40}$$

其中，$\vec{W}=\langle\vec{w}_1,\vec{w}_2,\cdots,\vec{w}_{|D|}\rangle$，代表各个文档 $d\in[1,\cdots,D]$ 中被观测到的词，$\vec{Z}=\langle\vec{z}_1,\vec{z}_2,\cdots,\vec{z}_{|D|}\rangle$，代表文档 $d\in[1,\cdots,D]$ 的潜在主题，$\vec{z}_d$ 和 $\vec{w}_d$ 的定义参见本节开头的内容。

给定联合分布，我们可以利用吉布斯采样来确定计数变量。在实践中，由于参数 $\vec{\Theta}$ 和 $\bar{\Phi}$ 的连续性，根据 $P(Z,W\mid\vec{\alpha},\vec{\beta})$ 来采样潜在主题比使用整个联合分布更为容易。因此，给定联合分布、变量 $n_{d,k}$ 和 $c_{k,i}$，我们的目标是计算 $P(Z,W\mid\vec{\alpha},\vec{\beta})$，这是一个标准的边缘化过程，可以通过整合 $\vec{\Theta}$ 和 $\bar{\Phi}$ 的值来实现。若给定式 (12.39)，一个更为简单的解决方案是通过狄利克雷-多项式共轭结构计算联合分布 $P(Z,W\mid\vec{\alpha},\vec{\beta})$。

278

根据图 12.3中的条件独立性，$P(\vec{Z},\vec{W}|\vec{\alpha},\vec{\beta})=P(\vec{Z}|\vec{\alpha})P(\vec{W}|\vec{Z},\vec{\beta})$，该式可被直观理解为先将所有文档整合为一个文档，利用概率分布 $P(\vec{Z}|\vec{\alpha})$ 生成该文档的主题，然后基于给定主题，根据概率分布 $P(\vec{W}|\vec{Z},\vec{\beta})$ 生成所有的词。

各个文档的主题生成独立于其他文档，因此 $P(\vec{Z}|\vec{\alpha})$ 可被分解为：

$$P(\vec{Z}|\vec{\alpha})=\prod_{d=1}^{|D|}P(\vec{z}_d|\vec{\alpha})$$

假设 $P(\vec{\theta}_d|D,\vec{\alpha})=\mathrm{Dir}(\vec{\theta}_d|\vec{n}_d+\vec{\alpha})$，根据式 (12.30) 中的狄利克雷-多项式分布推导过程，我们可以得出：

$$P(\vec{z}_d|\vec{\alpha})=\int_{\vec{\theta}_d}P(\vec{z}_d|\vec{\theta}_d)P(\vec{\theta}_d|D,\vec{\alpha})\mathrm{d}\vec{\theta}_d=\frac{\Delta(\vec{n}_d+\vec{\alpha})}{\Delta(\vec{\alpha})}$$

其中, 根据式 (12.17) 可得到

$$\Delta(\vec{\alpha})=\int_{\vec{\theta}_d}\prod_{z=1}^{K}\theta_{d,z}^{\alpha_z-1}\mathrm{d}\vec{\theta}_d$$

以及

$$\Delta(\vec{n}_d+\vec{\alpha})=\int_{\vec{\theta}_d}\prod_{z=1}^{K}\theta_{d,z}^{n_{d,z}+\alpha_z-1}\mathrm{d}\vec{\theta}_d$$

由此，我们可进一步得到 $|D|$ 个独立狄利克雷-多项式共轭的乘积：

$$P(\vec{Z}|\vec{\alpha})=\prod_{d=1}^{|D|}\frac{\Delta(\vec{n}_d+\vec{\alpha})}{\Delta(\vec{\alpha})} \tag{12.41}$$

同理，$P(\vec{W}|\vec{Z},\vec{\beta})$ 也可用类似方式分解为 K 个独立狄利克雷-多项式共轭结构的乘积。各个主题的词生成过程均独立于其他主题，因此我们可按主题生成词，给定主题 k，模型参数的后验分布 $P(\vec{\varphi}_k|D,\vec{\beta})=\text{Dir}(\vec{\varphi}_k|\vec{c}_k+\vec{\beta})$。类似于式 (12.41), $P(\vec{W}|\vec{Z},\vec{\beta})$ 可被定义为：

$$P(\vec{W}|\vec{Z},\vec{\beta})=\prod_{k=1}^{K}\frac{\Delta(\vec{c}_k+\vec{\beta})}{\Delta(\vec{\beta})} \tag{12.42}$$

其中，根据式 (12.17) 可得到：

279

$$\Delta(\vec{\beta})=\int_{\vec{\varphi}_k}\prod_{i=1}^{|V|}\varphi_{k,i}^{\beta_i-1}\mathrm{d}\vec{\varphi}_k$$

以及

$$\Delta(\vec{c}_k+\vec{\beta})=\int_{\vec{\varphi}_k}\prod_{i=1}^{|V|}\varphi_{k,i}^{c_{k,i}+\beta_i-1}\mathrm{d}\vec{\varphi}_k$$

结合式 (12.41) 和式 (12.42)，我们得到：

$$\begin{aligned}P(\vec{Z},\vec{W}|\vec{\alpha},\vec{\beta})&=P(\vec{Z}|\vec{\alpha})P(\vec{W}|\vec{Z},\vec{\beta})\\&=\prod_{d=1}^{|D|}\frac{\Delta(\vec{n}_d+\vec{\alpha})}{\Delta(\vec{\alpha})}\prod_{k=1}^{K}\frac{\Delta(\vec{c}_k+\vec{\beta})}{\Delta(\vec{\beta})}\end{aligned} \tag{12.43}$$

其中，$\vec{n}_d$ 和 $\vec{c}_k$ 可根据给定的 $\vec{z}$ 进行计算。

吉布斯采样。在式 (12.43) 中，隐变量 $\vec{\Theta}$ 和 $\vec{\Phi}$ 被边缘化了，此时潜在狄利克雷分布模型中唯一的隐变量为训练数据中的潜在主题 $\vec{z}$，它们直接决定了后验模型分布中的所有计数变量，我们可利用 12.3.2 节所讨论的吉布斯采样为各个输入词对应的主题进行采样。为了对文档 d 中各个位置 j 上的词 $w_{d,j}$ 的主题进行抽样，我们需要定义边缘概率分布 $P(z_I|\vec{Z}^{\neg I},\vec{W},\vec{\alpha},\vec{\beta})$，其中 $I=(d,j)$，$\neg I$ 表示除 I 以外的所有位置。进一步地，我们利用 i 表示词表中词 $w_{d,j}$ 的索引。固定 $\vec{Z}^{\neg I}$、$\vec{W}$、$\vec{\alpha}$ 和 $\vec{\beta}$ 的值，对 z_I 进行采样，则边缘概率分布的计算方式为：

$$\begin{aligned}&P(z_I=k|\vec{Z}^{\neg I},\vec{W},\vec{\alpha},\vec{\beta})\\&=\frac{P(\vec{Z},\vec{W}|\vec{\alpha},\vec{\beta})}{P(\vec{Z}^{\neg I},\vec{W}|\vec{\alpha},\vec{\beta})}\Big(P(\vec{Z},\vec{W}|\vec{\alpha},\vec{\beta})=P(\vec{Z}^{\neg I},\vec{W}|\vec{\alpha},\vec{\beta})\cdot P(\vec{Z}^{\neg I}|\vec{Z}^{\neg I},\vec{W},\vec{\alpha},\vec{\beta})\Big)\\&=\frac{P(\vec{Z},\vec{W}|\vec{\alpha},\vec{\beta})}{P(\vec{Z}^{\neg I},\vec{W}^{\neg I},w_I|\vec{\alpha},\vec{\beta})}=\frac{P(\vec{Z},\vec{W}|\vec{\alpha},\vec{\beta})}{P(\vec{Z}^{\neg I},\vec{W}^{\neg I}|\vec{\alpha},\vec{\beta})P(w_I|\vec{Z}^{\neg I},\vec{W}^{\neg I},\vec{\alpha},\vec{\beta})}\quad(\text{链式法则})\\&\propto\frac{P(\vec{Z},\vec{W}|\vec{\alpha},\vec{\beta})}{P(\vec{Z}^{\neg I},\vec{W}^{\neg I}|\vec{\alpha},\vec{\beta})}\quad(\vec{Z}^{\neg I}\text{、}\vec{W}^{\neg I}\text{、}\vec{\alpha}\text{、}\vec{\beta}\text{、}w_I\ \text{为常量})\end{aligned}$$

$$
\begin{aligned}
&= \frac{\prod_{d'=1}^{|D|} \frac{\Delta(\vec{n}_{d'}+\vec{\alpha})}{\Delta(\vec{\alpha})} \prod_{k'=1}^{K} \frac{\Delta(\vec{c}_{k'}+\vec{\beta})}{\Delta(\vec{\beta})}}{\prod_{d'=1}^{|D|} \frac{\Delta(\vec{n}_{d'}^{\neg I}+\vec{\alpha})}{\Delta(\vec{\alpha})} \prod_{k'=1}^{K} \frac{\Delta(\vec{c}_{k'}^{\neg I}+\vec{\beta})}{\Delta(\vec{\beta})}} \qquad \text{[见式 (12.43)]} \\
&= \frac{\Delta(\vec{n}_d+\vec{\alpha})}{\Delta(\vec{n}_d^{\neg I}+\vec{\alpha})} \frac{\Delta(\vec{c}_k+\vec{\beta})}{\Delta(\vec{c}_k^{\neg I}+\vec{\beta})} \qquad (\text{当且仅当 } d'=d \text{ 时，} \vec{n}_{d'} \text{ 不同于 } \vec{n}_{d'}^{\neg I}) \\
&= \frac{\prod_{k'=1}^{K} \Gamma(n_{d,k'}+\alpha_{k'})}{\Gamma\left(\sum_{k'=1}^{K} \left(n_{d,k'}+\alpha_{k'}\right)\right)} \frac{\Gamma\left(\sum_{k'=1}^{K} \left(n_{d,k'}^{\neg I}+\alpha_{k'}\right)\right)}{\prod_{k'=1}^{K} \Gamma(n_{d,k'}^{\neg I}+\alpha_{k'})} \\
&\quad \frac{\prod_{i'=1}^{|V|} \Gamma(c_{k,i'}+\beta_{i'})}{\Gamma\left(\sum_{i'=1}^{|V|} \left(c_{k,i'}+\beta_{i'}\right)\right)} \frac{\Gamma\left(\sum_{i'=1}^{|V|} \left(c_{k,i'}^{\neg I}+\beta_{i'}\right)\right)}{\prod_{i'=1}^{V} \Gamma(c_{k,i'}^{\neg I}+\beta_{i'})} \qquad \text{[见式 (12.16)]} \\
&= \frac{\Gamma(n_{d,k}+\alpha_k)}{\Gamma(n_{d,k}^{\neg I}+\alpha_k)} \frac{\Gamma\left(\sum_{k'=1}^{K} \left(n_{d,k'}^{\neg I}+\alpha_{k'}\right)\right)}{\Gamma\left(\sum_{k'=1}^{K} \left(n_{d,k'}+\alpha_{k'}\right)\right)} \qquad (\text{当且仅当 } k'=k \text{ 时，} n_{d,k'} \text{ 不同于 } n_{d,k'}^{\neg I}) \\
&\quad \frac{\Gamma(c_{k,i}+\beta_i)}{\Gamma(c_{k,i}^{\neg I}+\beta_i)} \frac{\Gamma\left(\sum_{i'=1}^{|V|} \left(c_{k,i'}^{\neg I}+\beta_{i'}\right)\right)}{\Gamma\left(\sum_{i'=1}^{|V|} \left(c_{k,i'}+\beta_{i'}\right)\right)} \qquad (\text{当且仅当 } i'=i \text{ 时，} c_{k,i'} \text{ 不同于 } c_{k,i'}^{\neg I}) \\
&= \frac{\Gamma(n_{d,k}^{\neg I}+\alpha_k+1)}{\Gamma(n_{d,k}^{\neg I}+\alpha_k)} \frac{\Gamma\left(\sum_{k'=1}^{K} \left(n_{d,k'}^{\neg I}+\alpha_{k'}\right)\right)}{\Gamma\left(\sum_{k'=1}^{K} \left(n_{d,k'}^{\neg I}+\alpha_{k'}\right)+1\right)} \qquad (n_{d,k}=n_{d,k}^{\neg I}+1\text{，不包括 } z_j=k) \\
&\quad \frac{\Gamma(c_{k,i}^{\neg I}+\beta_i+1)}{\Gamma(c_{k,i}^{\neg I}+\beta_i)} \frac{\Gamma\left(\sum_{i'=1}^{|V|} \left(c_{k,i'}^{\neg I}+\beta_{i'}\right)\right)}{\Gamma\left(\sum_{i'=1}^{|V|} \left(c_{k,i'}^{\neg I}+\beta_{i'}\right)+1\right)} \qquad (c_{k,i}=c_{k,i}^{\neg I}+1 \text{ 不包括 } w_j=w_i) \\
&= \frac{n_{d,k}^{\neg I}+\alpha_k}{\sum_{k'=1}^{K} \left(n_{d,k'}^{\neg I}+\alpha_{k'}\right)} \cdot \frac{c_{k,i}^{\neg I}+\beta_i}{\sum_{i'=1}^{|V|} \left(c_{k,i'}^{\neg I}+\beta_{i'}\right)} \qquad \text{[见式 (12.10)]}
\end{aligned} \tag{12.44}
$$

280

该式的结果相当直观，其中第一个分式为文档-主题分布，第二个分式为从文档 d 中排除 $z_j=k, w_j=w_i$ 后的主题-词分布。

算法 12.2展示了基于吉布斯采样的潜在狄利克雷分布模型训练算法。该算法首先为每个文档中的每个词随机选择一个主题作为初始主题，然后开始采样过程，该过程基于计数变量的当前值为每个词迭代采样新主题，再通过将旧主题的相关计数变量减少 1 并将新主题的计数增加 1 来更新计数变量，算法最终的收敛情况可通过式 (12.43) 中的似然函数值进行判定。

12.4.2 潜在狄利克雷分配模型的应用

与概率潜在语义分析模型的应用场景相似，潜在狄利克雷分配模型可被应用于文档聚类、信息检索、机器翻译、关键词挖掘等任务中，用于预测文档-主题分布及主题-词分布。文档-主题分布是文档的分布式表示，可用于衡量文档相似性，主题-词分布则有助于从每个文档中提取关键词。

在应用潜在狄利克雷分配模型时，我们需要固定的 $\vec{\theta}_d$ 值和 $\vec{\phi}_k$ 值，基于算法 12.2中取得的估计计数，我们可以得到模型参数的后验分布 $P\left(\vec{\theta}_d \mid D, \vec{\alpha}\right)$ 和 $P\left(\vec{\phi}_k \mid D, \vec{\beta}\right)$。为了获

得每个模型参数的估计值，我们可以将模型参数后验分布的期望值 (12.4.1 节) 作为每 t 次迭代的输出。根据式 (12.26)，可得到：

$$
\begin{aligned}
E(\vec{\theta}_d) &= \left\langle \frac{n_{d,1}+\alpha_1}{\sum_{k=1}^{K}(n_{d,k}+\alpha_k)}, \frac{n_{d,2}+\alpha_2}{\sum_{k=1}^{K}(n_{d,k}+\alpha_k)}, \cdots, \frac{n_{d,K}+\alpha_K}{\sum_{k=1}^{K}(n_{d,k}+\alpha_k)} \right\rangle \\
E(\vec{\varphi}_k) &= \left\langle \frac{c_{k,1}+\beta_1}{\sum_{i=1}^{V}(c_{k,i}+\beta_i)}, \frac{c_{k,2}+\beta_2}{\sum_{i=1}^{V}(c_{k,i}+\beta_i)}, \cdots, \frac{c_{k,|V|}+\beta_{|V|}}{\sum_{i=1}^{V}(c_{k,i}+\beta_i)} \right\rangle
\end{aligned}
\tag{12.45}
$$

281

算法 12.2: 潜在狄利克雷分配模型的吉布斯采样算法

Inputs: 文档集合 D, 先验参数 $\vec{\alpha}$、$\vec{\beta}$, 主题个数 K;

Initialisation:

设置文档-主题计数为 $n_{d,k}$，文档-主题总和计数为 n_d，主题-单词计数为 $c_{k,w}$，主题-单词总和计数从 c_k 到 0。

for $d \in [1, \cdots, |D|]$ **do**
- **for** $i \in [1, \cdots, N_d]$ **do**
  - $z_i = k \leftarrow$ 随机选择 $[1, \cdots, K]$;
  - $c_{k,w_i} \leftarrow c_{k,w_i} + 1$; $c_k \leftarrow c_k + 1$;
  - $n_{d,k} \leftarrow n_{d,k} + 1$;

Algorithm:

while 未 收敛 **do**
- **for** $d \in [1, \cdots, |D|]$ **do**
  - **for** $i \in [1, \cdots, N_d]$ **do**
    - $k \leftarrow z_i$;
    - $c_{k,w_i} \leftarrow c_{k,w_i} - 1$; $c_k \leftarrow c_k - 1$;
    - $n_{d,k} \leftarrow n_{d,k} - 1$;
    - 根据 $(n_{d,k}+\alpha_k) \cdot \dfrac{c_{k,i}+\beta_i}{c_k + \sum_{i=1}^{|V|}\beta_i}$，采样 $z_i = k'$;
    - $c_{k',w_i} \leftarrow c_{k',w_i} + 1$; $c_{k'} \leftarrow c_{k'} + 1$;
    - $n_{d,k'} \leftarrow n_{d,k'} + 1$;
- **for** 每次 t 迭代 **do**
  - 用式 (12.45) 估计模型参数;

Outputs: 模型参数 $\vec{\Theta}$ 和 $\vec{\Phi}$;

我们可以通过对不同迭代轮次中得到的模型参数进行平均以获得最佳模型性能。根据主题-词分布，主题可对词进行聚类，反之，某个主题下最有可能出现的词可以定义该主题的含义。

12.4.3 主题评价

对一组主题中所有词对之间的互信息进行归一化，能够得到归一化逐点互信息（normalised pointwise mutual information，NPMI）用于评估主题质量。给定主题 t，我们利用前 M 个最可能出现的词 $[w_1, \cdots, w_M]$ 计算归一化逐点互信息：

282

$$\mathrm{NPMI}(t)=\sum_{i,j\leqslant M;j\neq i}\frac{\log\frac{P(w_i,w_j)}{P(w_i)P(w_j)}}{-\log P(w_i,w_j)}\tag{12.46}$$

对各个主题的归一化逐点互信息分数进行平均即可得到该主题模型的总体归一化逐点互信息分数，分值越大则表明该主题模型的性能和相关性越好。

12.5 贝叶斯 IBM 模型 1

第 6 章所介绍的 IBM 模型 1 利用最大期望算法进行参数估计，本节将介绍该模型的贝叶斯版本。给定双语平行语料 $D=\{(X_i,Y_i)\}_{i=1}^N$，模型的目标为估计概率 $P(x|y)$，其中 x 为源语言，y 为目标语言。

以句子对 $X=\{x_i\}_{i=1}^{N_x}$ 和 $Y=\{y_i\}_{i=1}^{N_y}$ 为例，N_x 和 N_y 分别表示输入句子和输出句子的长度，A 表示 X 和 Y 之间的对齐方式，如第 6 章所示，联合概率 $P(X,Y,A|\vec{\Theta})$ 可表示为：

$$P(X,Y,A|\vec{\Theta})=\frac{\prod_{i=1}^N P(x_i|y_{a_i})}{(|Y|+1|)^{N_x}}\propto\prod_{i=1}^N P(x_i|y_{a_i})=\prod_{j=1}^{|V_y|}\prod_{i=1}^{|V_x|}P(x_j|y_i)^{c_{y_j,x_i}}$$

其中，$c_{y,x}$ 为 x 与 y 对齐的总计数。给定句子对 (X,Y)，我们可以通过吉布斯采样近似各个词对 (x_i,y_j) 之间的对齐方式。对于各个 y，源端词的可能性与类别分布 $P(x|y)$ 成正例，令 $\vec{\theta}_y=\left\langle P(x_1\mid y),P(x_2\mid y),\cdots,P\left(x_{|V_x|}\mid y\right)\right\rangle$，可得到 $\vec{\Theta}=\left\langle\vec{\theta}_1,\vec{\theta}_2,\cdots,\vec{\theta}_{|V_y|}\right\rangle$，其中 V_x 为源语言词表，V_y 为目标语言词表。对称狄利克雷先验 $\mathrm{Dir}(\alpha)$ 可应用于每个 $\vec{\theta}_y$。类似于式 (12.44)，此时可以证明吉布斯采样的边缘概率分布为：

$$P(\alpha_j=i|X,Y,A^{\neg j},\vec{\alpha})\propto\frac{c_{y_j,x_i}^{\neg j}+\alpha}{\sum_{v=1}^{|V_x|}(c_{y_j,x_v}^{\neg j}+\alpha)}$$

其中，$A^{\neg j}$ 表示除位置 j 以外的对齐方式，$c_{y_j,x_i}^{\neg j}$ 表示在不考虑 X 的第 i 个位置及 Y 的第 j 个位置的特定词对 (y_j,x_i) 时，(X,Y) 中目标词 y_j 与源端词 x_i 的对齐计数。

由此，我们可以通过随机初始化对齐方式进行模型训练，遍历每个 y_i 并根据 $P(a_j=i|X,Y,A^{\neg j},\vec{\alpha})$ 重新对齐句子，通过生成的对齐样本估计 $P(x|y,D)$。最后，这些后验分布可以直接用于贝叶斯推断。

类似于贝叶斯一元语言模型，式 (12.28) 也可用于计算后验分布的期望 $P(\vec{\theta}_y)$：

283

$$E(\vec{\theta}_y)=\left\langle\frac{c_{y,x_1}+\alpha}{c_y+|V_x|\alpha},\frac{c_{y,x_2}+\alpha}{c_y+|V_x|\alpha},\cdots,\frac{c_{y,x_{|V_x|}}+\alpha}{c_y+|V_x|\alpha)}\right\rangle\tag{12.47}$$

总结

本章介绍了：

- 贝叶斯网络。
- 最大后验概率及贝叶斯估计。

- 吉布斯采样。
- 潜在狄利克雷分配模型。
- 贝叶斯一元语言模型及贝叶斯 IBM 模型 1。

注释

Pearl (1985) 最早提出贝叶斯网络，Jensen 等人 (1996) 对该模型进行了更为全面的介绍。Neapolitan 等人 (2004) 讨论了贝叶斯网络的参数估计方法，Dempster (1968) 介绍了贝叶斯推理方法，Gelfand 等人 (1990) 则提出了利用吉布斯采样进行贝叶斯推理。关于文本聚类，Blei 等人 (2003) 介绍了潜在狄利克雷分配，Griffiths 和 Steyvers (2004) 提出了吉布斯采样的潜在狄利克雷分配模型，Heinrich (2005) 介绍了用于文本分析的贝叶斯参数估计，Porteous 等人 (2008) 提出了一种更快的折叠式吉布斯采样算法。Riley 和 Gildea (2012) 利用贝叶斯方法改进 IBM 词对齐模型。Ghahramani (2001) 引入了贝叶斯隐马尔可夫模型。Goldwater 和 Griffiths (2007) 提出了一种无监督词性标注的贝叶斯方法。贝叶斯模型也被广泛应用于无监督分词 (Goldwater 等人, 2009)，无监督语法归纳 (Johnson 等人, 2007; Borensztajn 和 Zuidema, 2007; Post 和 Gildea, 2009)，语言建模 (Neubig 等人, 2012) 及组合范畴语法解析 (Garrette 等人, 2015) 任务中。

习题

12.1 若 $x_2 \perp\!\!\!\perp x_3|x_1$，试证明 $P(x_2|x_1,x_3) = P(x_2|x_1)$。

12.2 参考式 (12.25) 的证明方法，试证明式 (12.26) 成立。

12.3 给定如图 12.4 所示的贝叶斯网络，其各个节点表示一个布尔变量。

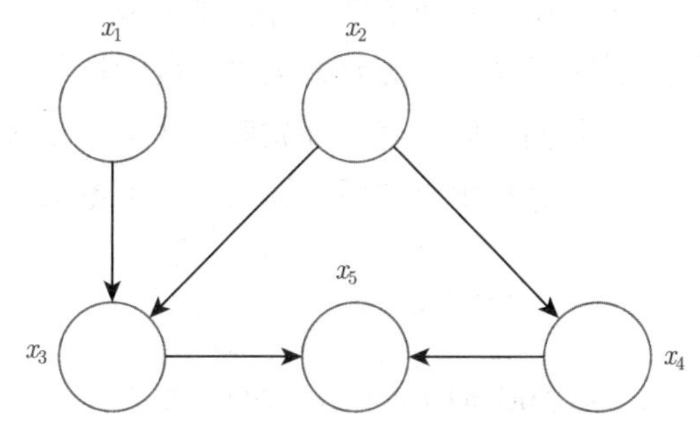

图 12.4 贝叶斯网络示例

（1） 给定 x_5，试讨论 x_1 与 x_2 是否条件独立。

（2） 试给出 x_3 的马尔可夫毯。

（3） 试讨论该模型所需参数数量。

（4） 试利用表 12.2 所示的概率计算联合分布 $P(x_1,x_2,x_3,x_4,x_5)$。

（5） 给定概率表 12.2，试写出利用吉布斯采样近似联合分布 $P(x_1,x_2,x_3,x_4,x_5)$

284

的伪代码，并说明采样 x_4 的后验分布。

（6） 试分别利用精确推理和吉布斯采样计算边缘分布 $P(x_1, x_2, x_3, x_5|x_4 = T)$。

表 12.2 图 12.4 的局部条件概率表

	$P(\cdot)$		$P(x_4 = T\|x_2)$
$x_1 = T$	0.5	$x_2 = T$	0.8
$x_2 = T$	0.5	$x_2 = F$	0.2
	$P(x_3 = T\|x_1, x_2)$		$P(x_5 = T\|x_3, x_4)$
F, F	0.09	F, F	0.02
T, F	0.01	T, F	0.6
F, T	0.1	F, T	0.4
T, T	0.9	T, T	0.06

12.4 针对抛硬币问题，假设我们在每次投掷硬币后立即对模型参数进行估计，得到一系列估计结果。

（1） 试讨论利用最大似然估计进行参数估计的顺序。

（2） 试讨论利用最大后验概率进行参数估计的顺序。

（3） 试画出每次投掷结果的后验分布，并观察后验分布的概率密度变化。

12.5 对于期望最大化算法中的最大化步骤，试讨论是否可以利用最大后验概率或吉布斯采样来选择模型参数。

12.6 试在朴素贝叶斯模型中添加先验，并讨论模型的推理方法。

285

12.7 对于贝叶斯一元语言模型，试证明其后验一元语法概率对应于 $\vec{\theta}$ 的期望。

12.8 试考虑第 7 章所介绍的用于词性标注的一阶隐马尔可夫模型的贝叶斯版本，该模型的发射概率及转移概率均遵循类别分布，因此我们可以为其添加单独的狄利克雷先验。给定一组句子，试利用吉布斯采样估计模型参数。

12.9 试考虑第 10 章所介绍的概率上下文无关文法的贝叶斯版本，该模型的语法规则概率遵循类别分布，因此我们可以为其添加狄利克雷先验来表示每个非终结符号的先验概率。给定一组句子，试利用吉布斯采样估计模型参数。

286

参考文献

David M Blei, Andrew Y Ng, and Michael I Jordan. 2003. Latent dirichlet allocation. Journal of machine Learning research, 3(Jan):993–1022.

Gideon Borensztajn and Willem Zuidema. 2007. Bayesian model merging for unsupervised constituent labeling and grammar induction. Inst. for Logic, Language and Computation.

Arthur P. Dempster. 1968. A generalization of bayesian inference. Journal of the Royal Statistical Society: Series B (Methodological), 30(2):205–232.

Dan Garrette, Chris Dyer, Jason Baldridge, and Noah A. Smith. 2015. Weakly-supervised grammar-informed bayesian ccg parser learning. In Twenty-Ninth AAAI Conference on Artificial Intelligence.

Alan E Gelfand, Susan E Hills, Amy Racine-Poon, and Adrian FM Smith. 1990. Illustration of bayesian inference in normal data models using gibbs sampling. Journal of the American Statistical Association, 85(412):972-985.

Zoubin Ghahramani. 2001. An introduction to hidden markov models and bayesian networks. In Hidden Markov models: applications in computer vision, pages 9-41. World Scientific.

Sharon Goldwater, Thomas L Griffiths, and Mark Johnson. 2009. A bayesian framework for word segmentation: Exploring the effects of context. Cognition, 112(1):21-54.

Sharon Goldwater and Tom Griffiths. 2007. A fully bayesian approach to unsupervised part-of-speech tagging. In Proceedings of the 45th annual meeting of the association of computational linguistics, pages 744-751.

Thomas L. Griffiths and Mark Steyvers. 2004. Finding scientific topics. Proceedings of the National academy of Sciences, 101(suppl 1):5228-5235.

Gregor Heinrich. 2005. Parameter estimation for text analysis.

Finn V. Jensen et al. 1996. An introduction to Bayesian networks, volume 210. UCL press London.

Mark Johnson, Thomas L Griffiths, and Sharon Goldwater. 2007. Adaptor grammars: A framework for specifying compositional nonparametric bayesian models. In Advances in neural information processing systems, pages 641-648.

Richard E. Neapolitan et al. 2004. Learning bayesian networks, volume 38. Pearson Prentice Hall Upper Saddle River, NJ.

Graham Neubig, Masato Mimura, Shinsuke Mori, and Tatsuya Kawahara. 2012. Bayesian learning of a language model from continuous speech. IEICE TRANSACTIONS on Information and Systems, 95(2):614-625.

Judea Pearl. 1985. Bayesian networks: A model cf self-activated memory for evidential reasoning.

Ian Porteous, David Newman, Alexander Ihler, Arthur Asuncion, Padhraic Smyth, and Max Welling. 2008. Fast collapsed gibbs sampling for latent dirichlet allocation. In Proceedings of the 14th ACM SIGKDD international conference on Knowledge discovery and data mining, pages 569-577. ACM.

Matt Post and Daniel Gildea. 2009. Bayesian learning of a tree substitution grammar. In Proceedings of the ACL-IJCNLP 2009 Conference Short Papers, pages 45-48.

Darcey Riley and Daniel Gildea. 2012. Improving the ibm alignment models using variational bayes. In Proceedings of the 50th Annual Meeting of the Association for Computational Linguistics: Short Papers-Volume 2, pages 306-310. Association for Computational Linguistics.

第三部分

深度学习

神经网络

基于给定输入，判别式模型的训练目标是为正确输出分配更高的分数，因此也被视为一种打分函数。特征向量是计算模型得分的主要依据，可将输入输出对中的重要特征转化为向量空间中的向量表示。本书前半部分介绍的模型均为线性模型，线性模型根据特征向量和模型权重向量的内积对候选输出进行评分，进而有效衡量所有特征对不同输出类别的判别程度。

线性模型存在一定局限性，即只有当特征向量可被超平面分割时，模型的判别能力才能起效。本章将介绍一种重要的非线性模型——神经网络。以文本分类任务为例，我们首先介绍如何通过扩展广义感知机模型（第 4 章），建立多层神经网络文本分类器，并利用随机梯度下降算法进行多层网络模型的训练。我们提出新的神经网络表示方法，并在模型设计上进行范式转换，利用低维稠密向量进行单词表示，并引入一系列神经网络结构来获取词序列向量特征表示。相较于传统统计机器学习模式中的高维稀疏表示方法，该范式无须手工设计稀疏特征向量，避免了烦琐的特征工程，但同时也增加了模型参数估计的难度。在本章的最后，我们将介绍神经网络训练过程的优化方法。

13.1 从单层网络到多层网络

我们在线性感知机模型的基础上扩展非线性神经网络模型。以二元文本分类任务为例，其输入为文本，输出为类别标签 $y \in \{+1, -1\}$，根据第 4 章所介绍的广义线性模型，我们可以通过函数 $y = f(\vec{\theta} \cdot \vec{\phi})$ 为输入文本特征向量 $\vec{\phi}$ 分配分数 y，其中 $\vec{\theta}$ 为模型参数，f 为激活函数。假设用 $\vec{x}$ 表示输入特征向量，则该模型可形式化为：

$$y = f(\vec{\theta} \cdot \vec{x}) \tag{13.1}$$

其中 y 表示 $\vec{x}$ 属于 $+1$ 类的分数。若 $f = \text{sigmoid}$，则 y 表示 $\vec{x}$ 属于 $+1$ 类的概率。图 13.1a 展示了该线性模型，这类模型也被称为广义感知机。f 可能为非线性函数，但该模型只表示 $\vec{x}$ 与 y 之间的线性映射（习题 13.1）。

289

单一二元文本分类任务可拓展为多个二元文本分类任务，即输出分别为 $y_1, y_2, \cdots, y_m$。例如，对于文本特征向量 $\vec{x}$，y_1 可以代表“$\vec{x}$ 是否与体育相关”，y_2 可以代表“$\vec{x}$ 是否包含积极情绪”，y_3 可以代表“$\vec{x}$ 是否来自 Twitter”等。如图 13.1b 所示，模型输出可视为向量 $\vec{y} = [y_1, y_2, \cdots, y_m]^{\mathrm{T}} \in \mathbb{R}^m$，其中

$$y_i = f(\vec{\theta}_i \cdot \vec{x})$$

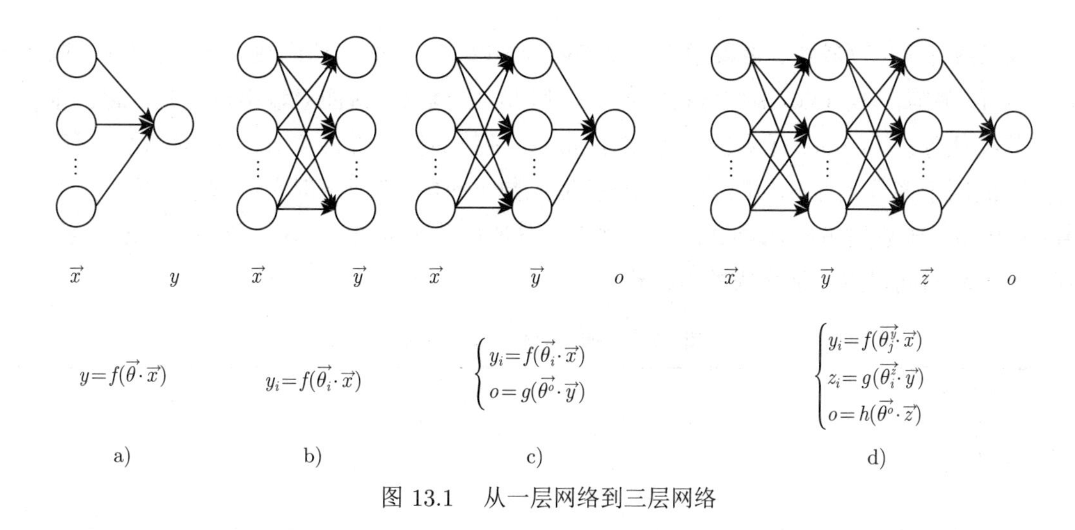

图 13.1　从一层网络到三层网络

如图 13.1b 所示，各个 y_i 的计算取决于输入 $\vec{x}$ 和模型参数 $\vec{\theta}_i$。与图 13.1a 中的标量输出情况类似，图 13.1b 中的模型只能表示输入向量 $\vec{x}$ 与输出向量 $\vec{y}$ 之间的线性映射，向量 $\vec{y}$ 反映了 $\vec{x}$ 对一组类别 m 的有效性，因此是 $\vec{x}$ 的抽象特征表示形式。该输出也可以作为另一个广义感知机的输入，为更抽象的文本分类任务计算输出得分 o：

$$o = g(\vec{\theta^o} \cdot \vec{y})$$

其中，g 为激活函数，$\vec{\theta^o}$ 为模型参数向量。

图 13.1c 展示了上式的具体模型结构，该模型包含两个感知机层，分别计算 $\vec{x} \to \vec{y}$ 和 $\vec{y} \to o$，也可以看作由 3 个节点 $\vec{x}$、$\vec{y}$ 和 o 组成的网络结构。这种**多层感知机**（Multi-Layer Perceptron，MLP）模型可以学到输入 $\vec{x}$ 和输出 o 之间的非线性映射关系：

$$o = g\Big(\vec{\theta^o} \cdot f(\vec{\theta^y} \cdot \vec{x})\Big) \tag{13.2}$$

f 和 g 可以是 sigmoid 函数或其他非线性映射函数。假设多层感知机可通过式 (13.2) 直接建模输入输出对 $(\vec{x}, o)$，而不依赖于 $\vec{y}$ 的值，则 $\vec{y}$ 被称为**隐层**，o 为**输出层**。

290

多层感知机的训练（13.1.2 节）仅需在输出层节点上提供监督信号（即损失），隐层节点并不直接接收监督信号，而是用于最小化输出层节点的损失。因此，我们不需要保证隐层能表征“类别”“情感”等文本特征，隐层可作为输入特征 $\vec{x}_i$ 的高级特征，其中每个 y_i 表示 $\vec{x}$ 中所有特征的组合。这些节点均为抽象特征，特征向量包含实值而非整数值。

如图 13.1d 所示，感知机层也可以相互叠加，其中：

$$z_i = g(\vec{\theta}_i^z \cdot \vec{y}) \qquad o = h(\vec{\theta^o} \cdot \vec{z})$$

直观而言，包含非线性激活函数的层数越多，多层感知机就越能捕捉到输入层和输出特征向量之间的复杂函数映射关系。

激活函数。表 13.1 罗列了 7 种激活函数。恒等函数 identity 为线性函数，其他函数均为非线性函数；线性整流函数 rectify 只保留输入向量的正元素，并将其他元素设置为零，该函数计算速度较快，常被用于构建深度神经网络；双曲正切函数 tanh 可将输入映射到 $[-1,1]$ 范围；sigmoid 函数可将输入映射到 $[0,1]$ 范围，从而对输出进行归一化，常用于二分类任务；softmax 函数的功能和 sigmoid 函数类似，可将实值特征标准化到概率空间，一般用于多分类任务；ELU 函数与整流函数 rectify 类似，但它可赋予负值元素非零值；softplus 函数是 ReLU 函数的平滑逼近，其取值范围为 $[0,+\infty)$。除 softmax 函数外，其他函数均对向量进行维度级的点操作。

表 13.1 神经网络的激活函数

函数名称	函数公式
identity	$\text{identity}(x)=x$
rectify	$\text{ReLU}(x)=\max(x,0)$
tanh	$\tanh(x)=\frac{e^x-e^{-x}}{e^x+e^{-x}}$
sigmoid	$\sigma(x)=\frac{1}{1+e^{-x}}$
softmax	$\text{softmax}(x_1,x_2,\cdots,x_n)=\left[\frac{e^{x_1}}{\sum_{k=1}^n e^{x_k}},\frac{e^{x_2}}{\sum_{k=1}^n e^{x_k}},\cdots,\frac{e^{x_n}}{\sum_{k=1}^n e^{x_k}}\right]$
ELU	$\text{ELU}(x)=\begin{cases}x, & 若\ x>0\\ \alpha(e^x-1) & 若\ x\leqslant 0\end{cases}$
softplus	$\text{softplus}(x)=\log(1+e^x)$

综上所述，多层感知机通常由一个输入层、一个输出层和若干隐层组成，其中，输入层接收输入数据并将其表示为向量，隐层从输入向量中逐步提取有价值的非线性特征，输出层进一步从隐层中提取特征并进行预测。如图 13.1c 所示，$\vec{x}$ 代表输入层，o 代表输出层，$\vec{y}$ 代表隐层，该模型输入层大小为 n，隐层大小为 m，输出层大小为 1。而在图 13.1d 中，$\vec{x}$ 为输入层，o 为输出层，$\vec{y}$ 和 $\vec{z}$ 均为隐层。网络结构和容量设计（如每层层数及特征数）反映了模型对特定任务或问题的拟合及泛化能力（第 4 章）。

291

13.1.1 面向文本分类任务的多层感知机

神经网络记法。我们对神经网络模型的符号表示方法推导自线性模型，这不同于文献中惯用的表示方法，因此，本节将先讨论模型参数、节点层的表示方法，采用矩阵向量表示法来编写各个神经网络层的映射函数。本书剩余部分均默认向量为列向量。以图 13.1b 为例，我们定义：

$$\mathbf{W}^y=[\vec{\theta}_1;\vec{\theta}_2;\cdots;\vec{\theta}_m]^{\mathrm{T}}$$

其中 $[\vec{\theta}_1;\vec{\theta}_2;\cdots;\vec{\theta}_m]$ 表示列向量的拼接，于是我们有：

$$\vec{y}=f(\mathbf{W}^y\vec{x})$$

每个 $\vec{x}_i$ 代表一个 n 维列向量，$\mathbf{W}^y$ 表示一个 $m\times n$ 矩阵，$\mathbf{W}^y\in\mathbb{R}^{m\times n}$，$f$ 代表激活函数，可对向量进行维度级操作。

本书剩余部分将用粗体字母表示向量和矩阵，因此图 13.1b 可表示为：

$$\mathbf{y} = f(\mathbf{W}^y\mathbf{x}) \tag{13.3}$$

其中 $\mathbf{x} \in \mathbb{R}^n$ 为列向量，$\mathbf{W}^y \in \mathbb{R}^{m\times n}$ 为参数矩阵。

同理，图 13.1c 可以表示为：

$$\mathbf{y} = f(\mathbf{W}^y\mathbf{x}) \qquad o = g(\mathbf{u}^{\mathrm{T}}\mathbf{y}) \tag{13.4}$$

其中 $\mathbf{u} = \vec{\theta}^o$、$\mathbf{u} \in \mathbb{R}^m$ 和 $\mathbf{y} \in \mathbb{R}^m$ 为列向量。

进一步，图 13.1d 可表示为：

$$\mathbf{y} = f(\mathbf{W}^y\mathbf{x}) \qquad \mathbf{z} = g(\mathbf{W}^z\mathbf{y}) \qquad o = h(\mathbf{v}^{\mathrm{T}}\mathbf{z}) \tag{13.5}$$

其中 $\mathbf{v} = \vec{\theta}^o$。

我们通常用 $\mathbf{h}$ 表示隐层，因此式 (13.5) 可重写为：

$$\mathbf{h}^1 = f(\mathbf{W}^y\mathbf{x}) \qquad \mathbf{h}^2 = g(\mathbf{W}^z\mathbf{h}^1) \qquad o = h(\mathbf{v}^{\mathrm{T}}\mathbf{h}^2)$$

多分类多层感知机。前文介绍的多层感知机模型均针对二分类任务，面向多分类任务的多层感知机模型可通过替换输出层的方式，为各个文本类别进行打分。具体地，给定输出类别集合 $C = \{c_1, c_2, \cdots, c_m\}$，以及最后一个隐层的特征向量 $\mathbf{h}$，我们可以计算： 292

$$o_1 = f(\mathbf{v}_1^{\mathrm{T}}\mathbf{h}) \qquad o_2 = f(\mathbf{v}_2^{\mathrm{T}}\mathbf{h}) \quad \cdots \quad o_m = f(\mathbf{v}_m^{\mathrm{T}}\mathbf{h}) \tag{13.6}$$

其中 $o_1, o_2, \cdots, o_m$ 表示类别 $c_1, c_2, \cdots, c_m$ 的分数，$\mathbf{v}_1, \mathbf{v}_2, \cdots, \mathbf{v}_m$ 表示相应的模型权重向量。

通过将 $o_1, o_2, \cdots, o_m$ 合并为向量 $\mathbf{o} = \langle o_1, o_2, \cdots, o_m\rangle$，$\mathbf{v}_1, \mathbf{v}_2, \cdots, \mathbf{v}_m$ 合并为矩阵 $\mathbf{W}^o = [\mathbf{v}_1; \mathbf{v}_2; \cdots; \mathbf{v}_m]^{\mathrm{T}}$，上述公示可简写为单个方程：

$$\mathbf{o} = \mathbf{W}^o\mathbf{h} \tag{13.7}$$

如第 4 章所述，利用 softmax 激活函数，可得到各个类别标签上的概率分布：

$$\mathbf{p} = \mathrm{softmax}(\mathbf{o}) \tag{13.8}$$

其中 $\mathbf{p}$ 代表类别标签的概率分布，第 i 个元素 $\mathbf{p}[i]$ 表示为 $P(c_i|\mathbf{x})$。

与线性分类器的关联。对比式 (13.6) ∼ 式 (13.8) 和第 3 章中的公式 (3.11)，我们可以发现单层感知机和多层感知机在处理多分类任务时存在显著差异。对于单层感知机模型，我们将类别标签 c 集成到所有特征实例中，将输入特征表示 $\vec{\phi}(x)$ 复制 m 份，从而形成 $\vec{\phi}(x, c_i), i \in [1, \cdots, m]$，每一份表示输入特征在指定类别 c 下的扩展结果。相反，多层感知机模型将输出层参数复制 m 次（形成 $\mathbf{v}_1, \cdots, \mathbf{v}_m$），并沿用隐层表示 $\mathbf{h}$，无须将 $\mathbf{h}$ 与特定

类别 c 进行联合表示。这两种策略本质上是相同的，就单层感知机而言，对于模型 $\vec{\theta}\cdot\vec{\phi}(x)$，$\vec{\theta}$ 中的标量权重值和特征实例一一对应，若特征向量被复制了 m 次，对应的模型参数也会扩大 m 倍。另外，对于输入输出对 (x,c)，$\vec{\phi}(x,c)$ 中只有和 $c(c\in C)$ 相关的特征具有非零值。从而，单层感知机 $\vec{\theta}\cdot\vec{\phi}(x)$ 也可被视为简单的参数扩大。基于此，得分

$$\begin{aligned}\text{score}(c_1) &= \vec{\theta}\cdot\vec{\phi}(x,c_1)\\ \text{score}(c_2) &= \vec{\theta}\cdot\vec{\phi}(x,c_2)\\ &\vdots\\ \text{score}(c_m) &= \vec{\theta}\cdot\vec{\phi}(x,c_m)\end{aligned}$$

可被重写为：

$$\begin{aligned}\text{score}(c_1) &= \vec{\theta}_1\cdot\vec{\phi}(x)\\ \text{score}(c_2) &= \vec{\theta}_2\cdot\vec{\phi}(x)\\ &\vdots\\ \text{score}(c_m) &= \vec{\theta}_m\cdot\vec{\phi}(x)\end{aligned}$$

293

其中 $\vec{\phi}(x)$ 表示没有类别标签的输入特征，$\vec{\theta}_i$ 表示 $\vec{\phi}(x,c_i),i\in[1,\cdots,m]$ 对应的权重向量。因此，对于二分类和多分类任务，多层感知机与线性感知机在线性输出上保持一致，而在隐层的使用上有所不同。

隐层特征及其表征能力。上文的类比阐述了单层感知机和多层感知机在输入特征之间的差异，以及离散线性模型和广义神经网络模型的差异。假设多层感知机和单层感知机的输出层是相同的，我们将多层感知机中最后一个隐层作为最终的输入表示，用于预测输出结果，相较于线性模型的特征向量 $\vec{\phi}(x)$，其显著区别为：隐层特征是低维的，通常在 100 ~ 1000 维的范围内，而离散模型的维度则是数百万到数十亿量级；隐层特征是密集的，每一维取值均为实数，而离散表示的各个维度通常包含整数（TF-IDF 和 PMI 除外，其值也可以取实数）；隐层特征由动态计算而非人工定义，因此神经网络模型可避免特征工程。

如前文所述，神经网络模型在文本分类任务上性能优于线性模型。在式 (13.2) 中可以看出，神经网络模型学习的是输入和输出之间的非线性映射，随着隐层数量的增加，神经网络对输入输出映射函数的拟合能力也变得更强。实验证明，具有 3 层以上结构的神经网络可以学习到输入和输出之间的任意映射函数。

上述能力也可以从向量空间的角度加以理解。线性模型使用超平面来分离向量空间中的不同类别数据，而非线性模型可以使用更灵活的超曲面进行数据分离。图 13.2a 展示了非线性模型区分非线性可分离数据的方法。多层感知机文本分类器的输出层与离散线性模型的输出层相同，因此其对数据的分离能力取决于隐层表示。如图 13.2b 所示，神经网络

可以将输入向量空间中非线性可分离的数据集有效转换为隐层向量空间中线性可分离的数据集，该过程可从输入特征中归纳出更多的抽象特征。

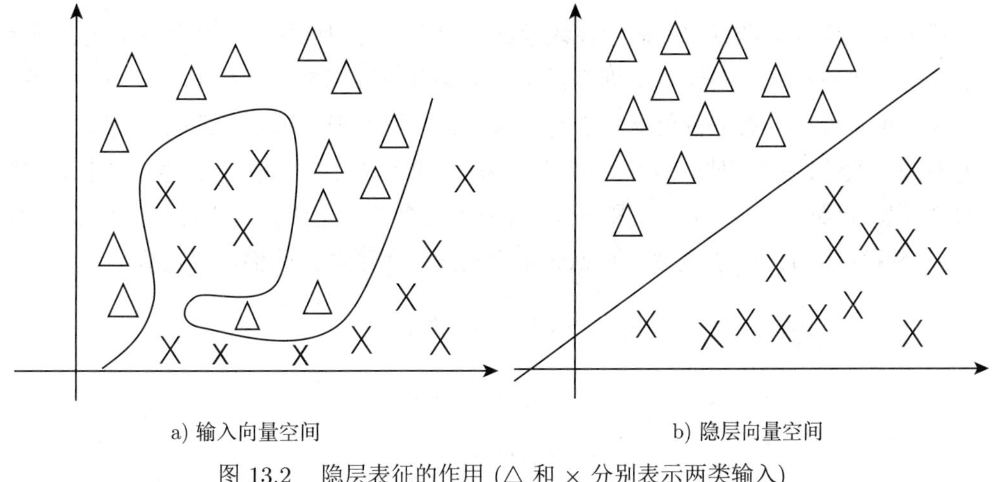

图 13.2 隐层表征的作用 (△ 和 × 分别表示两类输入)

294

隐层节点可以捕获输入特征中潜在的微妙关系，但对其意义的理解仍是一个难题。针对这一问题，多层感知机和深度神经网络中的隐层节点与前文所介绍的离散值特征有显著区别，我们将在下一章展开讨论。

深度多层感知机。深层多层感知机包含大量隐层，可以进行分层表示，从节点层 l 到节点层 $(l+1)$ 的映射函数可以定义为：

$$\mathbf{h}^l = f(\mathbf{W}^l \mathbf{h}^{l-1} + \mathbf{b}^l) \tag{13.9}$$

其中 $\mathbf{h}^0 = \mathbf{x}$ 表示输入向量，K 层网络的 $\mathbf{h}^K$ 表示输出，输出可以是二分类标量或多分类向量。后续章节将介绍不同于多层感知机的神经网络结构，但同样地，我们以 $\mathbf{h}$ 表示隐层，$\mathbf{W}$ / $\mathbf{b}$ 表示权重矩阵和向量。

13.1.2 多层感知机的训练

给定神经网络和训练集 $D = \{(\mathbf{x}_i, c_i)\}|_{i=1}^n$，$\mathbf{x}_i$ 表示输入特征向量，c_i 表示金标输出标签，通过最小化 D 上的损失函数，我们可以进行模型训练并优化神经网络的参数值。第 4 章介绍了对数似然函数（即交叉熵）、最大间隔损失、L_2 正则等多种目标函数，以基于 L_2 正则的对数似然损失为例，其整体损失函数为：

$$L = -\log P(D) + \lambda ||\Theta||^2 = -\sum_{i=1}^{N} \log P(c_i|\mathbf{x}_i) + \lambda ||\Theta||^2$$

其中 $P(c_i|\mathbf{x}_i)$ 为神经网络模型所计算的概率，Θ 表示模型参数集合，λ 为超参数。以图 13.1c 所示模型为例，则 $P(c_i|\mathbf{x}_i)$ 可根据式 (13.4) 进行计算，模型参数由 $\mathbf{W}^y$ 和 $\mathbf{u}$

组成；以图 13.1d 所示模型为例，则 $P(c_i|\mathbf{x}_i)$ 可根据式 (13.5) 进行计算，模型参数由 $\mathbf{W}^y$、$\mathbf{W}^z$ 和 $\mathbf{v}$ 组成。式中的正则项 $||\Theta||^2$ 为参数矩阵和向量中各个元素的平方和。

广义感知机模型训练的基本原理（第 4 章）仍然适用于多层感知机的训练，算法 4.9 展示了基于随机梯度下降算法的通用在线学习框架。给定训练集 D，该算法将遍历所有训练样本并进行多轮迭代，对于每个训练样本，算法首先计算损失函数关于每个模型参数的局部梯度，再对模型参数进行更新，必要时需设置学习率来控制更新速率。

295

为不失一般性，我们以图 13.1c 中的模型为例，介绍以上算法在多层感知机上的训练方法。假设模型各层由 $\mathbf{x} = \langle x_1, x_2\rangle$ 和 $\mathbf{y} = \langle y_1, y_2\rangle$ 两个节点组成，我们可以得到如图 13.3a 所示的神经网络结构，设 f 为平方函数，g 为 sigmoid 函数，我们可以得到：

$$y_1 = (w_{11}^y x_1 + w_{12}^y x_2)^2$$

$$y_2 = (w_{21}^y x_1 + w_{22}^y x_2)^2$$

$$o = \sigma(u_1 y_1 + u_2 y_2)$$

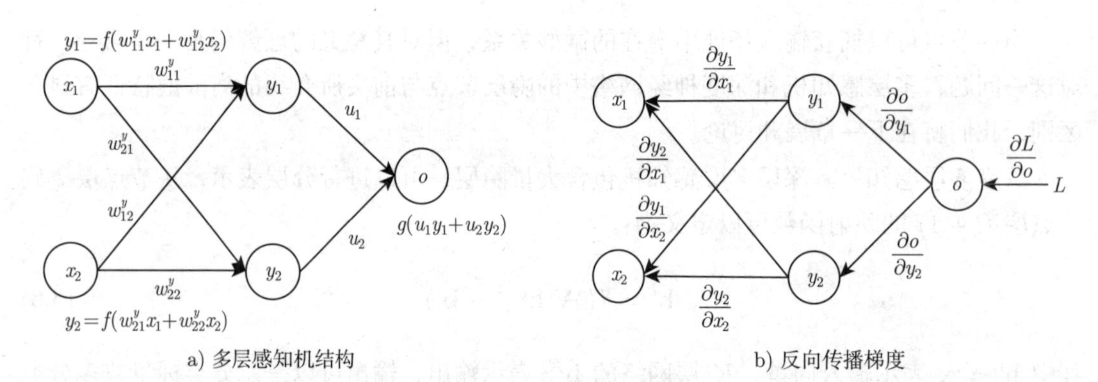

a) 多层感知机结构　　b) 反向传播梯度

图 13.3　神经网络计算图

模型参数为 $\Theta = \{w_{11}^y, w_{12}^y, w_{21}^y, w_{22}^y, u_1, u_2\}$。隐层向量表示 y_1 和 y_2 包含点积 x_1x_2，可以视为组合输入特征。当输入包含两个以上特征时，平方激活函数会基于所有可能的输入节点对，导出两两组合特征。同理，立方激活函数可以导出三个输入特征的组合。泰勒展开式可以逼近任意非线性函数，因此，我们认为所有非线性激活函数都具有实现多粒度特征自动组合的能力。

给定训练样本 $(\mathbf{x}_i, c_i)$，其损失函数为：

$$\begin{aligned}
L(\mathbf{x}_i, c_i, \Theta) &= -\log P(c_i|\mathbf{x}_i) + \lambda||\Theta||^2 \\
&= -\log \sigma(u_1y_1 + u_2y_2) + \lambda||\Theta||^2 \\
&= -\log \sigma\Big(u_1(w_{11}^y x_1 + w_{12}^y x_2)^2 + u_2(w_{21}^y x_1 + w_{22}^y x_2)^2\Big) + \\
&\quad \lambda\Big((w_{11}^y)^2 + (w_{12}^y)^2 + (w_{21}^y)^2 + (w_{22}^y)^2 + (u_1)^2 + (u_2)^2\Big)
\end{aligned}$$

该损失函数对所有模型参数的局部梯度为：

$$
\begin{aligned}
\frac{\partial L(\mathbf{x}_i, c_i, \Theta)}{\partial u_1} &= \frac{\partial - \log o}{\partial u_1} + \frac{\partial ||\Theta||^2}{\partial u_1} \\
&= -\frac{\partial\Big((u_1y_1 + u_2y_2) - \log\big(1 + \exp(u_1y_1 + u_2y_2)\big)\Big)}{\partial u_1} + 2\lambda u_1 \\
&= -\Big(y_1 - \frac{\exp(u_1y_1 + u_2y_2)}{1 + \exp(u_1y_1 + u_2y_2)} y_1\Big) + 2\lambda u_1 \\
&= -(1-o)y_1 + 2\lambda u_1 \\
\frac{\partial L(\mathbf{x}_i, c_i, \Theta)}{\partial u_2} &= -(1-o)y_2 + 2\lambda u_2 \\
\frac{\partial L(\mathbf{x}_i, c_i, \Theta)}{\partial w_{11}^y} &= -(1-o)\cdot\Big(u_1 \cdot 2(w_{11}^y x_1 + w_{12}^y x_2)\cdot x_1\Big) + 2\lambda w_{11}^y \\
&= -2(1-o)\Big(u_1(w_{11}^y x_1 + w_{12}^y x_2)\cdot x_1\Big) + 2\lambda w_{11}^y \qquad (13.10) \\
\frac{\partial L(\mathbf{x}_i, c_i, \Theta)}{\partial w_{12}^y} &= -2(1-o)\Big(u_1(w_{11}^y x_1 + w_{12}^y x_2)\cdot x_2\Big) + 2\lambda w_{12}^y \\
\frac{\partial L(\mathbf{x}_i, c_i, \Theta)}{\partial w_{21}^y} &= -2(1-o)\Big(u_2(w_{21}^y x_1 + w_{22}^y x_2)\cdot x_1\Big) + 2\lambda w_{21}^y \\
\frac{\partial L(\mathbf{x}_i, c_i, \Theta)}{\partial w_{22}^y} &= -2(1-o)\Big(u_2(w_{21}^y x_1 + w_{22}^y x_2)\cdot x_2\Big) + 2\lambda w_{22}^y
\end{aligned}
$$

296

梯度的矩阵-向量表示。式 (13.10) 可以进一步转化为矩阵向量表示，即：

$$
\begin{aligned}
\frac{\partial L(\mathbf{x}_i, c_i, \Theta)}{\partial \mathbf{u}} &= \Big\langle \frac{\partial L(\mathbf{x}_i, c_i, \Theta)}{\partial u_1}, \frac{\partial L(\mathbf{x}_i, c_i, \Theta)}{\partial u_2} \Big\rangle \\
&= \langle -(1-o)y_1 + 2\lambda u_1, -(1-o)y_2 + 2\lambda u_2 \rangle \\
&= -(1-o)\mathbf{y} + 2\lambda \mathbf{u}
\end{aligned}
$$

$\frac{\partial L(\mathbf{x}_i, c_i, \Theta)}{\partial \mathbf{W}^y}$ 也可以表示为：

$$
\begin{aligned}
\frac{\partial L(\mathbf{x}_i, c_i, \Theta)}{\partial \mathbf{W}^y} &= \begin{pmatrix} \frac{\partial L(\mathbf{x}_i, c_i, \Theta)}{\partial w_{11}^y}, \frac{\partial L(\mathbf{x}_i, c_i, \Theta)}{\partial w_{12}^y} \\ \frac{\partial L(\mathbf{x}_i, c_i, \Theta)}{\partial w_{21}^y}, \frac{\partial L(\mathbf{x}_i, c_i, \Theta)}{\partial w_{22}^y} \end{pmatrix} \\
&= -2(1-o)\begin{pmatrix} u_1(w_{11}^y x_1 + w_{12}^y x_2)x_1, u_1(w_{11}^y x_1 + w_{12}^y x_2)x_2 \\ u_2(w_{21}^y x_1 + w_{22}^y x_2)x_1, u_2(w_{21}^y x_1 + w_{22}^y x_2)x_2 \end{pmatrix} + \\
&\quad 2\lambda \begin{pmatrix} w_{11}^y, w_{12}^y \\ w_{21}^y, w_{22}^y \end{pmatrix} \qquad \text{[根据式 (13.10)]}
\end{aligned}
$$

$$= -2(1-o) \cdot \begin{pmatrix} u_1(w_{11}^y x_1 + w_{12}^y x_2), u_1(w_{11}^y x_1 + w_{12}^y x_2) \\ u_2(w_{21}^y x_1 + w_{22}^y x_2), u_2(w_{21}^y x_1 + w_{22}^y x_2) \end{pmatrix} \cdot \langle x_1, x_2 \rangle +$$

$$2\lambda \mathbf{W}^y$$

$$= -2(1-o) \cdot \Big(\mathbf{u} \otimes (\mathbf{W}^y \mathbf{x})\Big)\mathbf{x}^{\mathrm{T}} + 2\lambda \mathbf{W}^y \tag{13.11}$$

矩阵-向量表示法具有通用性，不依赖于 $\mathbf{u}$、$\mathbf{W}^y$、$\mathbf{x}$ 和 $\mathbf{y}$ 的大小，并且更为简洁。本书后续将继续使用该表示法。

297

反向传播。在梯度已知的情况下，我们可以将局部损失 L 与梯度相乘，对随机梯度下降算法中的每个参数进行增量更新。该方法难以泛化至不同的神经网络模型，并且当模型层数较大时，其计算过程将非常烦琐。针对特定模型结构和目标函数，我们可以采用基于导数链式法则的**反向传播**算法来进行多层梯度计算。

反向传播的中心思想为模块化地执行增量梯度计算。以图 13.1c 所示的网络为例，$\dfrac{\partial L(\mathbf{x}_i, c_i, \Theta)}{\partial w_{11}^y}$ 的计算可被分解为 $\dfrac{\partial L(\mathbf{x}_i, c_i, \Theta)}{\partial o} \cdot \dfrac{\partial o}{\partial y_1} \cdot \dfrac{\partial y_1}{\partial w_{11}^y}$。因此，在不考虑正则项的情况下，我们可以先计算输出层梯度 $\dfrac{\partial L(\mathbf{x}_i, c_i, \Theta)}{\partial o} = -\dfrac{1}{o}$，再计算隐层节点梯度 $-\dfrac{1}{o} \cdot \dfrac{\partial o}{\partial y_1} = -(1-o) \cdot u_1$，最后得到隐层模型参数梯度 $-(1-o) \cdot \Big(u_1 \cdot 2(w_{11}^y x_1 + w_{12}^y x_2) x_1\Big)$。采用这种方式，我们可以对梯度计算过程进行反向传播得到因式分解。

以上过程可以进一步用矩阵向量表示法进行理解。为不失一般性，我们将每一层网络的输入和输出分别表示为向量 $\mathbf{v}_i$ 和向量 $\mathbf{v}_o$，模型参数表示为 $\mathbf{W}$。对于神经网络模型的 $\mathbf{x} \to \mathbf{y}$ 层，$\mathbf{x}$ 为 $\mathbf{v}_i$，$\mathbf{y}$ 为 $\mathbf{v}_o$，参数 $\mathbf{W}$ 为 $\mathbf{W}^y$，对于 $\mathbf{y} \to o$ 层，$\mathbf{y}$ 为 $\mathbf{v}_i$，o 为 $\mathbf{v}_o$，参数 $\mathbf{W}$ 为 $\mathbf{u}$。对于每一层网络，若已知 $\dfrac{\partial L}{\partial \mathbf{v}_o}$，便可计算 $\dfrac{\partial L}{\partial \mathbf{W}}$ 和 $\dfrac{\partial L}{\partial \mathbf{v}_i}$，其中 $\dfrac{\partial L}{\partial \mathbf{v}_i}$ 可充当下一层的 $\dfrac{\partial L}{\partial \mathbf{v}_o}$。因此，反向传播通过对每层递增计算来获取 $\dfrac{\partial L}{\partial \mathbf{v}_o}$。

仍以图 13.3 为例，多层感知机模型有：

$$\mathbf{y} = (\mathbf{W}^y \mathbf{x})^2, \qquad o = \sigma(\mathbf{u}^{\mathrm{T}} \cdot \mathbf{y})$$

随机梯度下降算法的局部损失为：

$$L(\mathbf{x}, c, \Theta) = L^o + ||\Theta||^2$$

其中 $L^o = -\log o$。$\dfrac{\partial ||\Theta||^2}{\partial \Theta}$ 可以直接计算得到，我们仅需关注 L^o 的反向传播。基于对逐个元素求导的方式，我们用矩阵向量表示法输出局部梯度。对于 $\mathbf{y} \to o$ 层，假设其反向输入为 $\dfrac{\partial L^o}{\partial o}$，我们可以得到：

$$\begin{aligned} \frac{\partial L^o}{\partial \mathbf{u}} &= \frac{\partial L^o}{\partial o} \cdot o(1-o)\mathbf{y} \\ \frac{\partial L^o}{\partial \mathbf{y}} &= \frac{\partial L^o}{\partial o} \cdot o(1-o)\mathbf{u} \end{aligned} \tag{13.12}$$

对于 $\mathbf{x} \to \mathbf{y}$ 层，给定反向输入 $\frac{\partial L^o}{\partial \mathbf{y}}$，我们可以得到：

$$\frac{\partial L^o}{\partial \mathbf{W}^y} = \frac{\partial L^o}{\partial \mathbf{y}} \otimes (2\mathbf{W}^y\mathbf{x}) \cdot \mathbf{x}^{\mathrm{T}} \tag{13.13}$$

式 (13.13) 的推导方法与式 (13.11) 的推导方法类似，均可基于式 (13.10) 按维进行计算,习题 13.4 将讨论详细的推导过程。给定式 (13.12) 和式 (13.13),我们可以根据 $\partial L^o/\partial o = -1/o$ 逐步推导出式 (13.10) 中的梯度。习题 13.5 将验证增量反向传播计算的正确性，习题 13.6 将讨论一般梯度计算的经验性验证方法。 298

通过反向传播，我们可以将深度神经网络模型按组件进行模块化。具体而言，对于每个神经网络层或组件，只要我们知道正向计算（例如 $\mathbf{y} = \mathbf{W}^y\mathbf{x}$）和反向传播的计算规则，例如输出（如 $\mathbf{y}$）相对于模型参数（如 $\mathbf{W}^y$）的偏导数和输出（如 $\mathbf{y}$）相对于输入（如 $\mathbf{x}$）的偏导数，则该神经网络就可以与其他神经网络进行整合，且不必担心同步训练问题。算法 13.1 展示了任意神经网络梯度计算过程的伪代码，其中 FORWARDCOMPUTE 函数和 BACKPROPAGATE 函数代表由各个网络层指定的前向计算和反向传播函数，$\mathbf{g}_l$ 表示当前层输出的局部梯度，用于推导下一层的反向梯度 $\mathbf{g}_{l-1}$ 和当前层的模型参数梯度 $\mathbf{g}_l^{\Theta}$。本章后半部分和本书余下章节将介绍一系列多层感知机以外的神经网络组件，并介绍各个组件的正向计算和反向传播规则。

算法 13.1: 任意神经网络模型的反向传播梯度计算算法

```
Inputs: 一个 M 层的神经网络, 每层有一个 FORWARDCOMPUTE
        函数和一个 BACKPROPAGATE 函数;
        第 i 层模型参数集合 Θ_i;
        输出层的黄金输出 y;
        输入 x;
Initialisation: h_0 ← x;
for l ∈ [1, ··· , M] do                                  ▷ 前向计算
 | h_l ← FORWARDCOMPUTE(h_{l−1}, Θ_l)
L ← COMPUTELOSS(h_M, y);
g_M ← L;
for l ∈ [M, ··· , 1] do                                  ▷ 反向传播
 | g_{l−1}, g_l^Θ ← BACKPROPAGATE(g_l, Θ_l)
Outputs: {g_l^Θ}|_{l=1}^M;
```

参数初始化。前文已经介绍了计算模型参数局部梯度的方法，下面我们将讨论参数初始化并利用算法 4.9 进行模型训练。对于广义线性模型，所有参数均被初始化为 0，但这一方法并不适用于神经网络。以图 13.3a 为例，两个隐层节点 y_1 和 y_2 需要捕获关于 $\mathbf{x}$ 的不同特征，以得到更加有效的特征向量。若 $\mathbf{W}^y$ 中有两行被初始化为相同值，则 $\mathbf{u}$ 中两个元素相同，那么在整个训练过程中，我们会发现所有训练样本的 y_1 和 y_2 及其偏导数都将相同。若所有参数初始值均为 0，通过式 (13.10)，我们发现整个训练过程的导数也为 0。 299

为避免上述情况，我们需要对模型进行随机初始化，从而将各个计算单元初始化为不

同状态。给定第 l 层的模型参数 $\mathbf{W}$，$\mathbf{W} \in \mathbb{R}^{d_l \times d_{l-1}}$，$d_l$ 表示 l 层的隐层向量大小，我们可以采用以下方式对 $\mathbf{W}$ 中的各个元素进行初始化：

1. Xavier 均匀初始化，$\mathbf{W} \sim \mathcal{U}\left(-\sqrt{\frac{6}{d_l + d_{l-1}}}, \sqrt{\frac{6}{d_l + d_{l-1}}}\right)$。
2. Xavier 正则初始化，$\mathbf{W} \sim \mathcal{N}\left(0, \frac{2}{d_l + d_{l-1}}\right)$。
3. Kaiming 均匀初始化，$\mathbf{W} \sim \mathcal{U}\left(-\sqrt{\frac{6}{d_{l-1}}}, \sqrt{\frac{6}{d_{l-1}}}\right)$。
4. Kaiming 正则初始化，$\mathbf{W} \sim \mathcal{N}\left(0, \frac{2}{d_{l-1}}\right)$。

$\mathcal{U}[-a, a]$ 代表 $[-a, a]$ 上的均匀分布，$\mathcal{N}(0, \sigma^2)$ 代表方差为 σ^2、均值为零的高斯分布。Xavier 均匀初始化也称为 Glorot *初始化*。根据经验，Kaiming 均匀初始化和 Kaiming 正则初始化适用于带有 ReLU 激活函数的隐层网络，Xavier 均匀初始化和 Xavier 正则初始化则适用于带有 tanh 激活函数的隐层网络。

随机初始化会对最终模型产生以下几点影响。首先，隐层中的各个维度在不同训练过程中无法保证获得相同特征，从而降低了网络的可解释性。其次，每次训练完成后，模型的测试结果会有所不同。这意味着基于给定的测试集，模型性能可能会发生显著变化，因此，我们需要重复相同实验（例如 5 次或 10 次）并汇报模型性能的平均值和标准差。神经网络模型的训练不仅受影响于随机初始化，也受影响于隐层向量大小、正则化常数 λ、隐层层数和学习速率等其他各类超参数，我们将在 13.3 节和下一章中介绍更多关于神经网络模型的训练技巧。

13.2　构建不依赖人工特征的文本分类器

前文已经介绍了面向文本分类的神经网络模型，神经网络利用多层感知机代替线性感知机进行计算，性能更加强大，但其输入特征仍需手动设计。本书第 3 章介绍了基于计数的向量表示、bigram 二元语法特征 [式 (3.10)] 以及 TF-IDF 向量，这些特征稀疏且高维，与神经网络稠密低维的隐层和输出层有较大区别。神经网络性能优异，可以自动组合原子特征甚至归纳出更抽象的特征，因此我们可以利用神经网络模型减少人工特征工程的成本。

一个基本处理方法为将句子中的每个词转化为稠密的低维向量表示，并设计一个神经网络结构将稠密词向量组合成稠密的句子向量表示，以便用一致的稠密低维向量来表示输入层和隐层。图 13.4 展示了神经网络文本分类器的结构，与线性文本分类器不同的是，给定词序列 $W_{1:n} = w_1 w_2 \cdots w_n$，该网络首先将词序列转换为低维实值向量序列 $\mathbf{x}_1, \mathbf{x}_2, \cdots, \mathbf{x}_n$，然后通过隐层 $\mathbf{h}$，学习 $\mathbf{x}_1, \mathbf{x}_2, \cdots, \mathbf{x}_n$ 的句子级特征向量，最后根据隐层特征节点 $\mathbf{h}$，利用输出层来预测文本类别分布 $\mathbf{p}$。本节将详细讨论此类神经网络模型的工作原理，分别介绍稠密词向量（13.2.1 节）和各种神经网络结构，推导句子级向量表示（13.2.2 节），最后将介绍神经网络模型的输出层（13.2.3 节）及其训练方式（13.2.4 节）。

300

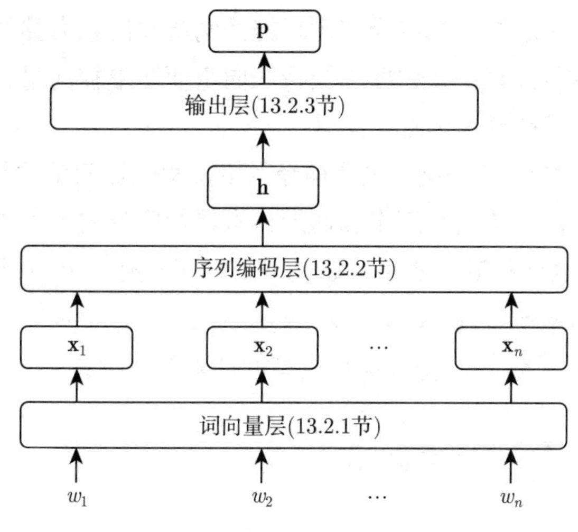

图 13.4 神经网络文本分类器

13.2.1 词嵌入

第 5 章介绍了多种词表示方法，例如 one-hot 特征向量和基于词间 PMI 值的向量。多层感知机等神经网络模型可将词表示为 50 ∼ 200 维的实值向量，这一表示方法通常被称为**词嵌入**。词嵌入中的每个元素都编码了词的某个属性或特征，如果词的语义相似，则词在向量空间中位置相近，因此，相较于稀疏向量，稠密的词嵌入表示能提供更佳的语义相似性度量。

词嵌入向量可存储于查找表中，并利用输入层中对应的 one-hot 向量进行获取，因此该网络层也称为**嵌入层**。给定词 x 及其对应的 one-hot 向量 $\mathbf{x} \in \mathbb{R}^{|V|}$，$x$ 的嵌入向量为：

$$\text{emb}(x) = \mathbf{W}\mathbf{x} \tag{13.14}$$

$\mathbf{W} \in \mathbb{R}^{d\times|V|}$ 为**词向量矩阵**，其中 d 代表词向量的维度大小，$\mathbf{W}$ 中的每一列代表词表 V 中特定单词的嵌入向量，矩阵乘法 $\mathbf{W}\mathbf{x}$ 产生与 $\mathbf{x}$ 相对应的列，这一过程类似于查找 $\mathbf{x}$ 索引下的对应列，因此 $\mathbf{W}$ 也被称为**嵌入查找表**（embedding lookup table）。 301

词嵌入向量矩阵是神经网络模型参数的一部分，可以像其他模型参数一样进行随机初始化，并在训练过程中与其他参数进行联合训练。此外，针对某些特定任务，词嵌入向量也可以基于大量原始文本进行单独训练，这类词嵌入向量在模型训练之前便获得了大量的有效信息，例如 emb(“cat”) 相似于 emb(“dog”)，这类词向量能够帮助模型获得词的先验知识，有助于训练命名实体识别等特定下游任务。这种利用大量原始文本初步训练词向量的过程称为**预训练**，我们将在第 17 章详细介绍预训练技术。

13.2.2 序列编码层

序列编码器是一个子网络，旨在将一系列稠密向量序列转换为代表完整序列特征的单一稠密向量，其网络结构通常由一层或多层神经网络组成。本节将介绍序列编码器结构中的池化和卷积网络，本书后续部分将介绍循环神经网络和注意力神经网络结构。值得注意的是，某些序列编码器可计算一系列序列级特征向量而非单独向量，而本节所介绍的文本分类器属于后者，因此只计算单个隐层向量。

池化。与统计模型类似，“词袋”也是神经网络模型中最简单的句子表示方式，在神经网络模型中称为**池化操作**。池化采用求和的形式直接对序列向量集进行聚合，可分为**求和池化**、**平均池化**、**最大池化**和**最小池化**，图 13.5 展示了池化的基本结构。给定句子 $W_{1:n} = w_1 w_2 \cdots w_n$，其对应的词向量为 $\mathbf{X}_{1:n} = \mathbf{x}_1, \mathbf{x}_2, \cdots, \mathbf{x}_n$，$\mathbf{x}_i \in \mathbb{R}^d$，池化操作可将 $\mathbf{X}_{1:n}$ 聚合为单个向量 $\mathbf{h} = \text{pool}\left(\mathbf{X}_{1:n}\right)$。每种池化类型的计算方式为：

$$
\begin{aligned}
\text{sum}(\mathbf{X}_{1:n}) &= \sum_{i=1}^{n} \mathbf{x}_i (\text{求和池化}) \\
\text{avg}(\mathbf{X}_{1:n}) &= \frac{1}{n} \sum_{i=1}^{n} \mathbf{x}_i (\text{平均池化}) \\
\max(\mathbf{X}_{1:n}) &= \langle \max_{i=1}^{n} \mathbf{x}_i[1], \max_{i=1}^{n} \mathbf{x}_i[2], \cdots, \max_{i=1}^{n} \mathbf{x}_i[d] \rangle^{\mathrm{T}} (\text{最大池化}) \\
\min(\mathbf{X}_{1:n}) &= \langle \min_{i=1}^{n} \mathbf{x}_i[1], \min_{i=1}^{n} \mathbf{x}_i[2], \cdots, \min_{i=1}^{n} \mathbf{x}_i[d] \rangle^{\mathrm{T}} (\text{最小池化})
\end{aligned}
\tag{13.15}
$$

302

其中 $\mathbf{x}_i[j]$ 为 $\mathbf{x}_i$ 的第 j 个元素，$j \in [1, \cdots, d]$。

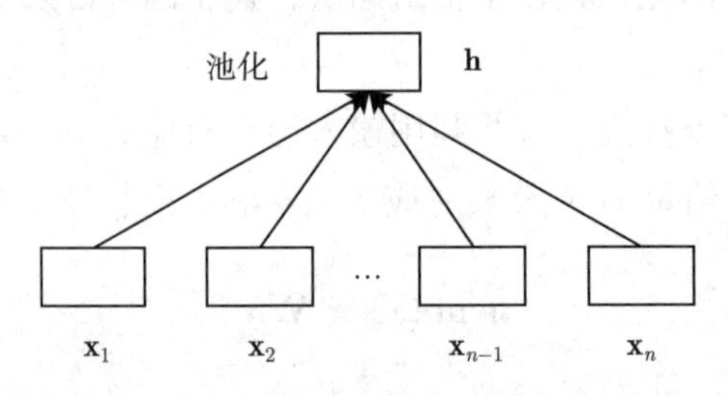

图 13.5　深度平均网络（Deep Averaging Network，DAN）

池化操作简单快速，无须引入额外的模型参数。基于矩阵表示法，池化按列进行向量运算，例如，求和池化按维度聚合输入数据的特征向量，假设所有 $\mathbf{x}_i$ 的第一维表示正向情感[㊀]，则 $\text{sum}(\mathbf{X}_{1:n})$ 中的第一个维表示特征向量中的正例和。平均池化可以看作求和池化的标准化版本。最大池化只提取最显著的特征元素来表示输入，例如最倾向正向情感的值。最小池化则与最大池化相反。求和池化是最常见的池化操作，但不同池化函数之间的取舍往往需要根据经验决定，将不同池化结果向量进行串联也可以得到更丰富的隐层特征向量。

反向传播的过程没有额外参数，因此只需要考虑输出关于输入的梯度。给定局部损失 L，假设 $\dfrac{\partial L}{\partial \mathrm{h}}$ 为反向输入向量，我们需要计算 $\dfrac{\partial L}{\partial \mathbf{X}_{1:n}}$。利用求和池化，则对所有 $\mathbf{x}_i$ ($i \in$

㊀ 如前文所述，我们无法解释神经网络特征，举例只是为了便于读者理解。

$[1,\cdots,n]$)，$\frac{\partial L}{\partial \mathbf{x}_i}=\frac{\partial L}{\partial \mathrm{h}}$；利用平均池化，则 $\frac{\partial L}{\partial \mathbf{x}_i}=\frac{1}{n}\frac{\partial L}{\partial \mathrm{h}}$；利用最大池化，则需要考虑 $\mathbf{x}_i$ 中的每个元素：

$$\frac{\partial L}{\partial \mathbf{x}_i[j]}=\begin{cases}\frac{\partial L}{\partial \mathrm{h}}[j] & 若\ i=\arg\max_{i'\in[1,\cdots,n]}\mathbf{x}_{i'}[j],(i\in[1,\cdots,n],j\in[1,\cdots,d])\\ 0, & 其他情况\end{cases}$$

最小池化的偏导数也可用类似方法定义[㊀]。

算法 13.1 中的 ForwardCompute($\mathbf{X}_{1:n}$) 函数可根据式 (13.15) 进行计算，BackPropagate($\mathbf{g}$) 函数返回 $\left(\mathop{;}\limits_{i=1}^{n}\left(\frac{\partial \mathrm{h}}{\partial \mathbf{x}_i}\cdot\mathbf{g}\right),\textsc{Null}\right)$，其中 ; 表示向量连接，$\mathbf{g}$ 为 $\mathbb{R}^d$ 上的常数向量，表示给定局部损失 L 时反向传播的梯度 $\frac{\partial L}{\partial \mathrm{h}}$。

多层感知机需要大小固定的输入向量，而池化则可以处理一组大小可变的输入向量并将其聚合为大小固定的输出。求和池化的聚合操作类似于第 2 章所介绍的朴素贝叶斯等稀疏离散词袋模型，面向序列表征的平均池化网络也称为**深度平均网络**（Deep Averaging Network，DAN）。

303

卷积神经网络（Convolution Neural Network，CNN）。基于池化得到的特征表示只能捕获各个词的无序特征，从而丢失了词序信息。卷积神经网络则可以通过各个卷积核计算局部 K 词长窗口的向量表示，进而提取 n-gram 特征。图 13.6 展示了卷积核大小为 $K=3$ 的卷积神经网络，其输入为 $\mathbf{X}_{1:5}=\mathbf{x}_1,\mathbf{x}_2,\mathbf{x}_3,\mathbf{x}_4,\mathbf{x}_5$，输出为 $\mathbf{H}_{1:3}=\mathbf{h}_1,\mathbf{h}_2,\mathbf{h}_3$，$\mathbf{h}_1$ 由 $\mathbf{x}_1$、$\mathbf{x}_2$、$\mathbf{x}_3$ 计算得到，$\mathbf{h}_2$ 由 $\mathbf{x}_2$、$\mathbf{x}_3$、$\mathbf{x}_4$ 计算得到，$\mathbf{h}_3$ 由 $\mathbf{x}_3$、$\mathbf{x}_4$、$\mathbf{x}_5$ 计算得到。卷积神经网络中的输入向量 $\mathbf{x}_i$ 也被称为输入通道，输出向量 $\mathbf{h}_j$ 被称为输出通道。

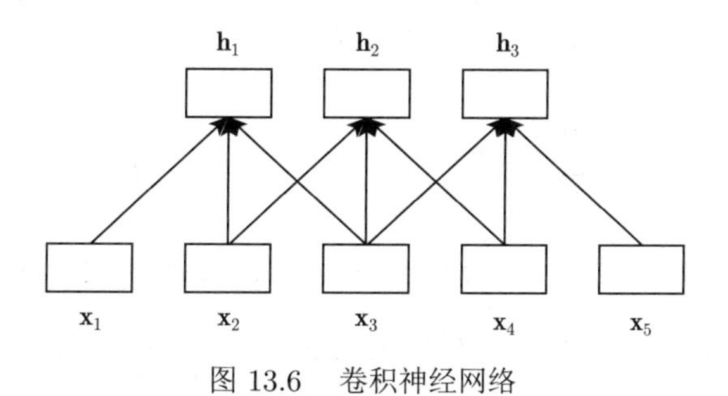

图 13.6 卷积神经网络

给定窗口大小为 K 的卷积核，输入通道和输出通道的维数分别为 d_{I} 和 d_{O}，针对输入向量序列 $\mathbf{X}_{1:n}=\mathbf{x}_1,\mathbf{x}_2,\cdots,\mathbf{x}_n$，其卷积运算为：

$$\mathbf{H}_{1:n-K+1}=\textsc{Cnn}(\mathbf{X}_{1:n},K,d_{\mathrm{O}})=\mathbf{W}\circledast\mathbf{X}_{1:n}+\mathbf{b} \tag{13.16}$$

其中，$\circledast$ 表示卷积运算，$\mathbf{W}\in\mathbb{R}^{d_{\mathrm{O}}\times Kd_{\mathrm{I}}}$ 和 $\mathbf{b}\in\mathbb{R}^{d_{\mathrm{O}}}$ 为各个卷积核共享的模型参数。对上

㊀ 在某些罕见情况下，例如 $\mathbf{x}_{i_1}[j]=\mathbf{x}_{i_2}[j]=\max_{i'\in[1,\cdots,n]}\mathbf{x}_{i'}[j]$，则可在 i_1 和 i_2 中随机选择一个作为最大值元素。

式进行展开，每个大小为 K 的卷积核的计算方式为：

$$
\begin{aligned}
\mathbf{h}_1 &= \mathbf{W}(\mathbf{x}_1 \oplus \mathbf{x}_2 \oplus \cdots \oplus \mathbf{x}_{1+K-1}) + \mathbf{b} \\
\mathbf{h}_2 &= \mathbf{W}(\mathbf{x}_2 \oplus \mathbf{x}_3 \oplus \cdots \oplus \mathbf{x}_{2+K-1}) + \mathbf{b} \\
&\vdots \\
\mathbf{h}_i &= \mathbf{W}(\mathbf{x}_i \oplus \mathbf{x}_{i+1} \oplus \cdots \oplus \mathbf{x}_{i+K-1}) + \mathbf{b} \\
&\vdots \\
\mathbf{h}_{n-K+1} &= \mathbf{W}(\mathbf{x}_{n-K+1} \oplus \mathbf{x}_{n-K+2} \oplus \cdots \oplus \mathbf{x}_n) + \mathbf{b}
\end{aligned}
\tag{13.17}
$$

其中，$\oplus$ 表示按列连接向量，$n-K+1$ 个卷积核向量可表示为 $\mathbf{H}_{1:n-K+1} = \mathbf{W} \circledast \mathbf{X}_{1:n} + \mathbf{b} = \mathbf{h}_1, \mathbf{h}_2, \cdots, \mathbf{h}_{n-K+1}$，$\mathbf{H}_{1:n-K+1} \in \mathbb{R}^{(n-K+1)\times d_{\mathrm{O}}}$ 包含 $n-k+1$ 个维度为 d_{O} 的列向量。

式 (13.17) 中每个卷积特征的运算均等效于利用恒等激活函数的标准感知机层，因此卷积神经网络层可被视为以序列作为输入的一系列感知机层的组合。对于反向传播过程，给定局部损失 L 和 $\dfrac{\partial L}{\partial \mathbf{H}_{1:n-K+1}}$，以 $\dfrac{\partial L}{\partial \mathbf{h}_i}(i \in [1, \cdots, n-K+1])$ 作为反向输入（$\dfrac{\partial L}{\partial \mathbf{h}_i}$ 为 $\mathbb{R}^{d_{\mathrm{O}}}$ 上的反向传播常数向量），我们需要计算 $\dfrac{\partial L}{\partial \mathbf{x}_i}(i \in [1, \cdots, n])$、$\dfrac{\partial L}{\partial \mathbf{W}}$ 和 $\dfrac{\partial L}{\partial \mathbf{b}}$。习题 13.9 将探讨 $\dfrac{\partial L}{\partial \mathbf{x}_i}(i \in [1, \cdots, n])$ 的计算方式。对于 $\dfrac{\partial L}{\partial \mathbf{W}}$ 和 $\dfrac{\partial L}{\partial \mathbf{b}}$ 的计算，$\mathbf{W}$ 和 $\mathbf{b}$ 为所有卷积核共享的参数，我们需要累加各个卷积核操作的反向梯度：

304

$$
\begin{aligned}
\frac{\partial L}{\partial \mathbf{W}} &= \sum_{i=1}^{n-K+1} \left(\frac{\partial L}{\partial \mathbf{h}_i} (\mathbf{x}_i \oplus \mathbf{x}_{i+1} \oplus \cdots \oplus \mathbf{x}_{i+K-1})^{\mathrm{T}} \right) \\
\frac{\partial L}{\partial \mathbf{b}} &= \sum_{i=1}^{n-K+1} \frac{\partial L}{\partial \mathbf{h}_i} \cdot 1 = (n-K+1) \cdot \frac{\partial L}{\partial \mathbf{h}_i}
\end{aligned}
$$

应用到算法13.1中，ForwardCompute($\mathbf{X}_{1:n}$)函数将返回 $\mathbf{H}_{1:n-K+1}$，BackPropagate$\left(\left\{\dfrac{\partial L}{\partial \mathbf{h}_i}\right\}\Big|_{i=1}^{n-K+1}\right)$ 函数可根据上式返回 $\left(\left\{\dfrac{\partial L}{\partial \mathbf{x}_i}\right\}\Big|_{i=1}^{n}, \left\langle \dfrac{\partial L}{\partial \mathbf{W}}, \dfrac{\partial L}{\partial \mathbf{b}} \right\rangle\right)$。

与离散 n-gram 特征对比。与词嵌入向量和 one-hot 词向量的关系类似，大小为 K 的卷积核输出与 one-hot n-gram 特征之间也有一定的联系，两者均可在一定程度上表示 n-gram 特征，但卷积核的特征稠密低维，模型训练过程可进行动态计算和调整，因此卷积神经网络可获得表征能力更强的特征。

13.2.3 输出层

给定向量序列 $\mathbf{X}_{1:n}$，卷积神经网络可计算向量序列 $\mathbf{H}_{1:n-K+1}$，卷积层后的池化层可进一步获取 $\mathbf{X}_{1:n}$ 的单个向量表示 (习题 13.8)。给定句子 $\mathbf{X}_{1:n}$，经过卷积和池化后可得到

比 $\mathbf{X}_{1:n}$ 更稠密、更抽象的向量表示 $\mathbf{h}$。假设输出类别为 $C = \{c_1, \cdots, c_{|C|}\}$，我们可以利用前文所介绍的 softmax 多分类输出层来计算类别概率分布：

$$\begin{aligned}\mathbf{o} &= \mathbf{W}^o\mathbf{h} + \mathbf{b}^o \\ \mathbf{p} &= \text{softmax}(\mathbf{o})\end{aligned} \tag{13.18}$$

其中，$\mathbf{W}^o$ 和 $\mathbf{b}^o$ 为 softmax 分类器的模型参数，$\mathbf{p} \in \mathbb{R}^{|C|}$ 为模型概率，$P(c_i|\mathbf{X}_{1:n})$ 表示 $\mathbf{p}$ 中的第 i 个元素。

与对数线性模型类似，解码过程存在 $\arg\max_i \mathbf{o}[i] = \arg\max_i \mathbf{p}[i]$，因此不需要利用 softmax 激活函数来选择可能性最大的输出类别。当输出类别数量较大（如词汇表）时，softmax 函数可使算法更为高效。

若 $|C| = 2$，如式 (13.4) 和式 (13.5) 所示，我们可以利用 sigmoid 函数作为输出层，在这种情况下，

$$\mathbf{p} = \sigma(\mathbf{u}^o\mathbf{x} + \mathbf{b}^o)$$

其中 $\mathbf{p}$ 表示 $P(y = +1|\mathbf{X}_{1:n})$。基于式 (13.18) 的多分类输出层在自然语言处理领域更为常见，并且也可以实现二分类目的，因此我们默认以式 (13.18) 为输出层。

305

13.2.4 训练

式 (13.18) 表明分类器本质上仍然是一个概率模型。如第 4 章和第 5 章所述，我们可以选择交叉熵损失或对数似然损失作为训练目标函数，给定一组训练样本 $\{(\mathbf{X}_i, c_i)\}|_{i=1}^N$，其交叉熵损失为：

$$L = -\sum_{i=1}^{n} \log \mathbf{p}[c_i]$$

其中 $\mathbf{p}[c_i]$ 表示向量 $\mathbf{p}$ 的第 c_i 个元素，$c_i \in C$。此外，我们也可以使用 L_2 等正则化方法。

理论上，我们可以直接选择式 (13.18) 中的 $\mathbf{o}$ 作为输出层而不使用 softmax 进行标准化，也可以采用第 4 章所介绍的支持向量机或感知机等合页损失作为损失函数。但实际结果表明这类方式的性能均劣于交叉熵损失，其原因可能是基于概率 $\mathbf{p}$ 上的交叉熵损失允许 $\mathbf{o}$ 中的每个元素有非零损失值，相反，合页损失仅允许 $\mathbf{o}$ 中最多两个元素有非零损失值（习题 13.10）。因此，交叉熵损失函数能提供更细粒度的监督信号，更适合训练表征能力较强的神经网络模型。

在确定了损失函数后，模型的训练过程可以遵循第 4 章中算法 4.8 所描述的随机梯度下降算法，其中模型参数局部梯度可以通过 13.1.2 节所讨论的反向传播公式进行计算。具体地，对于每个训练样本，损失将从 softmax 输出层反向传播到 $\mathbf{h}$，再传播到序列编码层（例如 CNN）的模型参数以及词嵌入查找表。词嵌入查找表可以在文本分类器训练前进行预训练（见第 17 章），因此也是一种特殊的模型参数，在这种情况下，训练过程中是否需要调整词嵌入值便成了一个经验性问题。这种基于特定任务语料进行的调整也被称为微调。

13.3 神经网络的训练优化

神经网络模型的性能优于传统线性模型，但其训练难度也比线性模型更大。神经网络不需要寻找如第 3 章所述的线性分割超平面，它可以在高维向量空间中训练任意形状的超曲面以分离不同的数据样本，使得训练数据的可分性更强（第 4 章）。然而寻找任意曲面要比寻找超平面更为困难，这大大增加了神经网络的训练难度，尤其是在反向传播的梯度计算上，梯度在通过每层网络后往往会变得非常小。另外，神经网络强大的拟合能力也会导致过拟合现象，从而降低模型泛化能力（第 4 章）。本节将介绍能够优化神经网络训练的实用训练技巧，包括网络层结构更改、参数设置、超参数调整等。

306

13.3.1 Short-cut 连接

Short-cut 连接是指通过增加跨层连接实现对深层前馈网络结构的优化扩展，其核心思想是为深层神经网络结构提供非相邻节点层之间的直接连接，以解决梯度衰减问题。因此，除了梯度的逐层反向传播外，底层节点可以在训练期间直接接收顶层节点的梯度。典型的**残差网络**结构可通过在输入输出层之间添加直接连接来扩展基线网络。给定输入向量 $\mathbf{x}$ 和基线网络 $g(\mathbf{x})$，g 代表 $\mathbf{x}$ 的非线性变换，残差网络 $\text{Residual}(\mathbf{x}, g)$ 可定义为：

$$\mathbf{h} = g(\mathbf{x}) + \mathbf{x} \tag{13.19}$$

在训练过程中，给定局部损失 L 和反向传播梯度 $\frac{\partial L}{\partial \mathbf{h}}$，我们可以计算 $\frac{\partial L}{\partial \mathbf{x}}$ 和 $\frac{\partial L}{\partial \mathbf{x}}[g] + \frac{\partial L}{\partial \mathbf{h}}$，其中 $\frac{\partial L}{\partial \mathbf{x}}[g]$ 是通过 $\frac{\partial L}{\partial \mathbf{h}}$ 和原始网络 $g(\mathbf{x})$ 计算的梯度 $\frac{\partial L}{\partial \mathbf{x}}$。残差网络的额外路径允许 $\frac{\partial L}{\partial \mathbf{h}}$ 和 $\frac{\partial L}{\partial \mathbf{x}}[g]$ 累加，以防止 $\frac{\partial L}{\partial \mathbf{x}}[g]$ 太小导致的训练失败。实践表明，残差网络在深度神经网络的训练过程中非常有效。

13.3.2 层标准化

在深层神经网络中，给定一个输入向量，每一层的输入向量都依赖于前一层的参数，参数的轻微调整可能会极大影响后续层中节点值的分布，这一现象在网络层数较深时尤为明显。这也意味着每一层在训练期间需要不断地适应新的输入输出对，从而增加了训练难度。这种改变神经网络内部节点输入分布的现象称为**内部协变量偏移**。为解决这一问题，我们可以保持每一层的输入分布相对稳定并且独立于其他层，这样训练就可以变得更有效率。此外，训练数据和测试数据在每个节点层上共享相同分布也可以提高神经网络模型的性能。

具体而言，对于某一隐层，假设输出特征向量为 $\mathbf{z} \in \mathbb{R}^d$，**层标准化**通过定义映射函数 $\text{LayerNorm} : \mathbb{R}^d \to \mathbb{R}^d$，计算 $\mathbf{z}$ 本身的均值和方差统计量：

$$\mu = \frac{1}{d} \sum_{i=1}^{d} \mathbf{z}[i]$$

$$\sigma = \sqrt{\frac{1}{d}\sum_{i=1}^{d}(\mathbf{z}[i] - \mu)} \tag{13.20}$$

$$\text{LayerNorm}(\mathbf{z}; \boldsymbol{\alpha}\boldsymbol{\beta}) = \frac{\mathbf{z} - \mu}{\sigma} \otimes \boldsymbol{\alpha} + \boldsymbol{\beta}$$

307

其中，μ 为 $\mathbf{z}$ 的估计平均值，σ^2 为 $\mathbf{z}$ 的估计方差，$\boldsymbol{\alpha}$ 和 $\boldsymbol{\beta}$ 为乘法和加法参数，以确保标准化后的向量和原始向量具有相同的表征能力。向量 $\boldsymbol{\alpha}$ 称为*增益*，向量 $\boldsymbol{\beta}$ 称为*偏移*，$\boldsymbol{\alpha}$ 和 $\boldsymbol{\beta}$ 是一组可调节的参数，可被初始化为全 1 或全 0 向量。

13.3.3 Dropout 机制

Dropout 是一种防止过拟合问题的方法，其核心思想是在训练过程中随机将一定比例的节点或节点连接（即参数矩阵）值设置为零，以避免节点间的协同适应，从而获得一个低连接度的神经网络结构，简单有效地提高了神经网络的性能。给定向量 $\mathbf{x} \in \mathbb{R}^d$ 和 Dropout 概率 p，$\textsc{Dropout}(\mathbf{x}, p)$ 函数的定义为：

$$\begin{aligned} &\mathbf{m} \sim \text{Bernoulli}(p) \quad (\text{通过伯努利分布采样}) \\ &\hat{\mathbf{m}} = \frac{\mathbf{m}}{1-p} \\ &\textsc{Dropout}(\mathbf{x}, p) = \mathbf{x} \otimes \hat{\mathbf{m}} \end{aligned} \tag{13.21}$$

其中，$\mathbf{m}$ 为 Dropout 掩码，大小与 $\mathbf{x}$ 相同，$\hat{\mathbf{m}}$ 为缩放掩码。Dropout 机制只适用于模型训练过程，概率 p 是一个重要超参数，可以根据模型在开发数据集上的性能进行调整。对于不同的向量，Dropout 概率也会所有不同，通常默认 $p = 0.5$。

13.3.4 神经网络随机梯度下降训练算法的优化

随机梯度下降算法可用于优化感知机、对数线性模型和支持向量机等判别式模型的凸目标函数，也可以优化神经网络的非凸目标函数，但后者更具挑战性。假设模型参数集为 Θ，损失函数为 $L(\Theta)$，随机梯度下降算法在时刻 t 上的更新规则为：

$$\begin{aligned} \mathbf{g}_t &= \frac{\partial L(\Theta_{t-1})}{\partial \Theta_{t-1}} \\ \Theta_t &= \Theta_{t-1} - \eta \mathbf{g}_t \end{aligned} \tag{13.22}$$

其中，$\mathbf{g}_t$ 为在时刻 t 处参数集 Θ 的梯度，η 为学习速率。与第 4 章所介绍的随机梯度下降算法在整个训练过程中利用固定的学习率 $\alpha = \alpha_o$ 不同，对于神经网络，在不同时间对学习率 η 进行动态调整可以达到更好的效果。本小节将讨论某些代表性技术，更多的技巧将在第 14 章中介绍。神经网络模型的训练可以通过一小批训练样本进行 $\mathbf{g}_t$ 的计算，随机梯度下降算法会基于整个训练集进行多轮迭代，迭代次数（epoch）可以设为固定值，也可

308

以根据开发集上的性能进行调整。本书第 3 章和第 4 章分别讨论了根据开发集确定感知机和随机梯度下降法最佳迭代次数的方法。对于神经网络模型，我们也可以利用相同的方法，当模型在开发集上获得稳定性能时即停止训练。该方法也被称为**提前停止**。

学习率衰减。随机梯度下降算法受学习率的影响，随着时间的推移逐步减小学习率有助于深层网络的训练。高学习率有助于在训练初始阶段加快训练进程，而随着训练过程的持续，逐步衰减学习率能够帮助模型更精细地探索误差曲面以找到最小极值点。常用的衰减方法包括*固定步长衰减*、*指数衰减*和*逆衰减*。对于固定步长衰减法，学习率每隔一定轮次就会降低 τ ($\tau < 1$) 个大小，或根据开发集性能确定调整因子，当模型在开发集上的性能趋于稳定时，学习率便相应降低。对于指数衰减法，初始学习率与指数衰减因子相乘以进行调整，具体地，轮次 t 的学习率可设置为 $\eta_t = \eta \mathrm{e}^{-\tau t}$，其中 τ 为超参数，η 为初始学习速率。对于逆衰减法，轮次 t 的学习速率为 $\eta_t = \dfrac{\eta}{1 + \tau t}$，其中 τ 值可以从 $\{0.05, 0.08, 0.1\}$ 中进行选择。逆衰减法在自然语言处理任务中应用较为广泛。

带动量的随机梯度下降算法。目标函数的超曲面在高维空间中形状复杂，其梯度可能在一个方向上十分陡峭，在另一方向上则较为平缓。在这种情况下，随机梯度下降算法可能会面临上下波动的问题，特别是学习速率较大时。动量可有效减缓这种振荡，加速模型收敛过程，其基本思想是保持对历史梯度的短暂记忆，在每次参数更新时，不仅会考虑当前梯度信息，也会考虑历史梯度。动量随机梯度下降算法的更新规则为：

$$
\begin{aligned}
\mathbf{g}_t &= \frac{\partial L(\Theta_{t-1})}{\partial \Theta_{t-1}} \\
\mathbf{v}_t &= \gamma \mathbf{v}_{t-1} + \eta \mathbf{g}_t \\
\Theta_t &= \Theta_{t-1} - \mathbf{v}_t
\end{aligned}
\tag{13.23}
$$

$\mathbf{v}_t$ 表示记忆向量，也被称为*速度向量*，初始速度为零，γ 为*动量*超参数或*摩擦*参数，可以设置为 0.5、0.9 或 0.99。直观而言，$\mathbf{v}_t$ 保持了历史梯度的运行平均值，故称为动量。在训练初始阶段，前一速度向量为零，当前速度向量为梯度向量，这时参数更新与随机梯度下降算法相同。在训练过程中，当速度向量与梯度向量方向一致时，更新速度将会加快，否则更新速度将会减慢，从而减少振荡。此外，在高维误差面上可能存在许多鞍点，它们在多个方向上梯度为零。即使梯度向量为零，速度向量仍然存在，因此动量可以帮助随机梯度下降算法逃离鞍点。同理，动量也可以帮助随机梯度下降算法翻越包含局部最优的小山谷，从而有更多机会实现全局最优。

309

梯度裁剪。梯度裁剪是一种正则化方法，可通过设定硬性阈值来防止梯度过大，常见方法为基于梯度范数的裁剪法。若梯度范数超过预定义的最大阈值 τ，该方法将重新缩放梯度使其范数等于 τ。以 L2 范数为例，其裁剪方法为：

$$
\mathbf{g} = \frac{\min(||\mathbf{g}||_2, \tau)}{||\mathbf{g}||_2} \mathbf{g}
$$

梯度裁剪可以缓解梯度过大的影响，使神经网络的训练过程更加稳定，τ 值通常可设为 1.0、3.0、5.0 或 10.0。

13.3.5 超参数搜索

神经网络的训练过程包含大量超参数，如隐层大小、层数、学习率、动量超参数、L2 正则化权重和 dropout 概率等，这些参数都可以通过开发集进行调整，调整过程称为**超参数搜索**。*网格搜索*是一种典型的超参数搜索方法，进行网格搜索时，我们首先为各个超参数指定一组候选值，基于各个超参数组合进行模型训练，并评估模型性能，最终选取在开发集上性能最佳的参数组合。网格搜索的实现方法较为简单，但需要昂贵的计算代价，更高效的超参数搜索方式为*随机搜索*，其核心思想为随机组合超参数，无须穷尽所有超参数组合。本书前半部分提到，特征工程是统计学习模型训练过程中最耗时的部分，相比之下，超参数搜索也是神经网络模型训练过程中最耗时的部分。

总结

本章介绍了：

- 多层感知机与深度神经网络。
- 面向文本分类任务的卷积神经网络。
- 残差网络、Dropout 和层标准化策略。
- 带动量的随机梯度下降算法。

注释

Rosenblatt (1958) 介绍了多层感知机；Rumelhart 等人 (1986) 提出利用反向传播算法来学习神经网络的内部表示；Hornik 等人 (1989) 研究了不同层数神经网络的表征能力，并证明 3 层以上的神经网络可以学习到任意函数；卷积神经网络是最早用于学习句子表征的代表性网络结构之一 (Collobert 等人, 2011; Kim, 2014; Kalchbrenner 等人, 2014; Yin 等人, 2017) 高速网络 (Srivastava 等人, 2015) 和残差网络 (He 等人, 2016) 可作为深层网络训练的捷径（Short-cut）层；批量标准化 (Ioffe 和 Szegedy, 2015) 和层标准化 (Ba 等人, 2016) 可作为加速深度网络训练的标准化层；Srivastava 等人 (2014) 提出 dropout 策略以解决神经网络过拟合问题。Bottou (2010) 介绍了使用随机梯度下降算法学习神经网络参数的方法。 310

习题

13.1 请写出 sigmoid 激活函数的泰勒展开式，并证明它可以实现自动特征的成对和三重组合。这种非线性特征组合能力只对两层以上的神经网络有效，试说明为什么该方法不适用于单层网络？

13.2 swish 激活函数被定义为 $\text{swish}(x) = x \cdot \text{sigmoid}(\beta x)$，其中 β 为超参数。

（1） 试推导 $\text{swish}(x)$ 关于 x 的梯度。

（2） 试比较 swish 函数和 ReLU、LeakyReLU 以及 ELU 函数。

13.3 假设 f 和 g 均为 sigmoid 函数，请根据图 13.3 重写式 (13.12) 和式 (13.13)，以计算 $\frac{\partial L}{\partial \mathbf{y}_1}$、$\frac{\partial L}{\partial \mathbf{y}_2}$、$\frac{\partial L}{\partial \mathbf{x}_1}$、$\frac{\partial L}{\partial \mathbf{x}_2}$、$\frac{\partial L}{\partial \mathbf{u}_1}$、$\frac{\partial L}{\partial \mathbf{u}_2}$、$\frac{\partial L}{\partial \mathbf{W}^y_{11}}$、$\frac{\partial L}{\partial \mathbf{W}^y_{12}}$、$\frac{\partial L}{\partial \mathbf{W}^y_{21}}$ 和 $\frac{\partial L}{\partial \mathbf{W}^y_{22}}$，请分别说明输入层和隐层的大小。若所有参数均被初始化为 $\mathbf{0}$，试说明无法利用随机梯度下降算法训练有效模型的原因。

13.4 根据式 (13.11) 和式 (13.10) 的导数，按元素对式 (13.12) 和式 (13.13) 进行求导。

13.5 对于图 13.3 中的模型，试说明其基于式 (13.12) 和式 (13.13) 所表示的反向传播法计算的导数与基于式 (13.10) 和式 (13.11) 直接计算的结果相同。

13.6 **梯度检查。**反向传播过程可以指定损失从输出层传播回输入层的方式，从而对网络组件进行模块化。梯度检查可用于验证各个模型参数上的梯度是否正确。假设某神经网络的参数矩阵为 $\mathbf{W}$，对于每个训练实例，均有给定输入和网络计算的输出值。我们对 $\mathbf{W}[i][j]$ 做一个小的改变 Δw_{ij}，并重新计算输出值，得到不同的结果 Δo。我们可以通过比较 Δo 和 $\Delta w_{ij} \times \frac{\partial o}{\partial \mathbf{W}[i][j]}$ 来验证 $\frac{\partial o}{\partial \mathbf{W}[i][j]}$ 的计算是否正确。若两者一致，则偏导计算正确，但这种验证可能不精确，通常我们认为只要两者差值小于 10^{-9}，梯度就算正确。试说明该方法背后的原理，以及对 Δw_{ij} 值的要求。

311

13.7 反向传播可以对网络组件进行模块化，将大型网络看作各层组件的组合，进而可以利用正向计算和反向传播方程来对组件展开计算。13.1.2 节所介绍的多层感知机模型可按网络分层进行模块化，其中，一种更细粒度的模块化方法为将激活函数作为附加层，因此图 13.3 中的例子可以被重写为：

$$\mathbf{t}_y = \mathbf{W}^y \mathbf{x},\ \mathbf{y} = \mathbf{t}_y^2,\ t_o = \mathbf{u}^{\mathrm{T}} \mathbf{y},\ o = \sigma(t_o)$$

试推导上述四层的反向传播函数，并说明这种模块化方法的优势。

13.8 给定 $\mathbf{X}_{1:n}$，为式 (13.16) 中的卷积神经网络增加一个池化层即可得到句子级向量 $\mathbf{h}$，试在此基础上说明反向传播的训练过程。

13.9 试计算 13.2.2 节中卷积神经网络的偏导 $\frac{\partial \mathbf{H}_{1:n-K+1}}{\partial \mathbf{x}_i}(i \in [1, \cdots, n])$。（提示：每个 $\mathbf{x}_i$ 可贡献多少个卷积核？）

13.10 试说明在式 (13.18) 中，定义在 $\mathbf{p}$ 上的交叉损失允许 $\mathbf{o}$ 中的任意元素为非零值，而定义在 $\mathbf{o}$ 上的感知机损失只允许 $\mathbf{o}$ 中的 0 或 2 个元素为非零值。

13.11 回顾 13.2.2 节中的卷积神经网络：

（1） 默认情况下，对于卷积核大小为 K 的神经网络，其输出向量数量不同于输入向量数量。若使输出向量大小和输入向量大小一致，则可以在输入矩阵前增加 0 向量。试讨论该做法的实现方式。

（2） 试讨论卷积层的叠加方式，使得网络可以获得更强的表征能力。

（3） 卷积神经网络可以利用多个不同窗口大小和输出大小的卷积核，从多个角度抽取特征。试讨论如何在文本分类中合并多个卷积核的输出。

13.12 式 (13.18) 中隐层向量 $\mathbf{h}$ 和第 6 章（6.2.3 节）所介绍的 PLSA 主题分布均为文档的稠密低维向量表示。试讨论两者的区别。

13.13 **批量标准化**是层标准化的一种变体，在小批量随机梯度下降训练过程中，根据小批量输入内的统计信息，修正层的均值和方差，以实现层输入的标准化。给定小批量输入 $\mathbf{x} = \mathbf{x}[1], \mathbf{x}[2], \cdots, \mathbf{x}[m]$，批量标准化的定义为：

$$\boldsymbol{\mu}_{\mathrm{B}} = \frac{1}{m}\sum_{i=1}^{m}\mathbf{x}[i],\ \boldsymbol{\sigma}_{\mathrm{B}} = \frac{1}{m}\sum_{i=1}^{m}(\mathbf{x}[i] - \boldsymbol{\mu}_{\mathrm{B}})^2$$

$$\hat{\mathbf{x}}[i] = \frac{\mathbf{x}[i] - \boldsymbol{\mu}_{\mathrm{B}}}{\sqrt{\sigma_{\mathrm{B}}^2 + \epsilon}},\ y_i = \gamma\hat{\mathbf{x}}[i] + \beta \tag{13.24}$$

$$\mathrm{BatchNorm}(\mathbf{X}, \gamma, \beta) = y_i$$

312

其中，m 为批量大小，μ_{B} 和 σ_{B}^2 分别为小批量输入的均值估计值和方差估计值，$\hat{\mathbf{x}}[i]$ $(i \in [1, \cdots, m])$ 为标准化后的输入。γ 和 β 为用于缩放和偏移标准化输入的模型参数，用于保证标准化后的输入具有和原始输入相同的表征能力。ϵ 为超参数，用于保证数值的稳定性。

（1） 上述批量标准化可应用于各个独立特征。给定多层感知机模型 $\mathbf{h} = g(\mathbf{W}\mathbf{x} + \mathbf{b})$，其批量标准化版本为：

$$\mathbf{h} = g(\mathrm{BN}(\mathbf{W}\mathbf{x}; \boldsymbol{\gamma}, \boldsymbol{\beta}) + \mathbf{b}) \tag{13.25}$$

在式 (13.25) 中，批量标准化被应用于向量 $\mathbf{h}$ 的各个维度。假设 $\mathbf{h} \in \mathbb{R}^d$，$\boldsymbol{\gamma} \in \mathbb{R}^d$，$\boldsymbol{\beta} \in \mathbb{R}^d$，$\boldsymbol{\gamma}[i]$ 和 $\boldsymbol{\beta}[i]$ 分别为 $\mathbf{h}$ 中第 i 个特征维度的缩放和偏移参数。试说明测试阶段各个特征均值估计和方差估计的计算方式。

（2） 对于卷积神经网络，批量标准化作用于各个特征图而非特征向量上。例如，假设批量大小为 m，特征图大小为 $p \times q$，为了应用批量标准化，我们可以把 $m \times p \times q$ 作为新的批量维度大小，并用参数对 γ 和 β 而非 $p \times q$。试说明卷积神经网络的批量标准化过程。

13.14 试推导 13.3 节中层标准化的反向传播梯度。

313

参考文献

Jimmy Lei Ba, Jamie Ryan Kiros, and Geoffrey E. Hinton. 2016. Layer normalization. arXiv preprint arXiv:1607.06450.

Léon Bottou. 2010. Large-scale machine learning with stochastic gradient descent. In Proceedings of COMPSTAT'2010, pages 177–186. Springer.

Ronan Collobert, Jason Weston, Léon Bottou, Michael Karlen, Koray Kavukcuoglu, and Pavel Kuksa. 2011. Natural language processing (almost) from scratch. Journal of machine learning research, 12(Aug): 2493-2537.

Kaiming He, Xiangyu Zhang, Shaoqing Ren, and Jian Sun. 2016. Deep residual learning for image recognition. In Proceedings of the IEEE conference on computer vision and pattern recognition, pages 770-778.

Kurt Hornik, Maxwell Stinchcombe, Halbert White, et al. 1989. Multilayer feedforward networks are universal approximators. Neural networks, 2(5): 359-366.

Sergey Ioffe and Christian Szegedy. 2015. Batch normalization: Accelerating deep network training by reducing internal covariate shift. arXiv preprint arXiv:1502.03167.

Nal Kalchbrenner, Edward Grefenstette, and Phil Blunsom. 2014. A convolutional neural network for modelling sentences. arXiv preprint arXiv:1404.2188.

Yoon Kim. 2014. Convolutional neural networks for sentence classification. arXiv preprint arXiv: 1408.5882.

Frank Rosenblatt. 1958. The perceptron: a probabilistic model for information storage and organization in the brain. Psychological review, 65(6): 386.

DE Rumelhart, GE Hinton, and RJ Williams. 1986. Learning internal representations by error propagation in: Parallel distributed processing, vol. 1, d. rumelhart & j. mc clelland eds.

Nitish Srivastava, Geoffrey Hinton, Alex Krizhevsky, Ilya Sutskever, and Ruslan Salakhutdinov. 2014. Dropout: a simple way to prevent neural networks from overfitting. The journal of machine learning research, 15(1): 1929-1958.

Rupesh Kumar Srivastava, Klaus Greff, and Jürgen Schmidhuber. 2015. Highway networks. arXiv preprint arXiv:1505.00387.

Wenpeng Yin, Katharina Kann, Mo Yu, and Hinrich Schütze. 2017. Comparative study of cnn and rnn for natural language processing. arXiv preprint arXiv:1702.01923.

表示学习

前文已经介绍了多种面向文本分类任务的神经网络模型，例如基于词嵌入的池化和卷积网络。相较于第 4 章所讨论的广义感知机模型，面向二分类和多分类任务的神经网络在输出层上与感知机模型一致（13.1.1 节），输入文本的表示方法则有较大区别——神经网络利用非线性激活函数以及多个隐层计算文本的稠密向量表示，而感知机则是由基于人工设计的 one-hot 稀疏向量表示。强大的表征能力使得神经网络文本分类器更具有优异性能，因此，表示学习（representation learning）成为神经网络自然语言处理任务的核心课题。

本章将继续介绍用于表示学习的神经网络结构，包括循环神经网络、注意力网络等。循环神经网络能够计算输入序列的全局特征，注意力网络则类似于池化网络，可对表征向量进行聚合，本章将进一步介绍如何利用注意力机制构建序列编码网络。文本中显式的句法和语义结构可以通过句法分析器进行提取，这些句法结构包含丰富的特征信息，可以帮助模型实现更好的分类结果。离散文本分类器可对树形结构的文本输入进行特征提取，但其过程涉及特征工程，成本较高，因此本章将介绍如何通过神经网络对树结构或图结构的文本输入进行表示学习。本章最后将基于标准随机梯度下降算法，讨论适用于神经网络模型的优化方法。

14.1 循环神经网络

第 13 章介绍了池化与卷积两类序列编码网络结构——池化能将一组大小可变的稠密向量聚合为固定向量，但无法捕获词序特征及不同输入向量之间的非线性作用关系，表征能力有限；卷积神经网络可以学习 n 元组（n-gram）的非线性表示，但无法捕获输入向量之间的长距离依赖关系。因此，我们希望找到一种更理想的神经网络，该网络既能适应大小可变的输入向量，又能捕获长距离的句法模式（例如“……是……其中之一的……”）、语义依存关系（例如谓词-论元结构）及句间关系（例如“若……则……”）。

为此，我们尝试采用状态循环的方式，从左至右处理输入序列并进行表示学习。我们将状态定义为一个逐步更新的隐层向量，该向量可表示从起始到当前输入的句法、语义及上下文信息，向量的每一步更新都将当前输入集成到历史状态中，从而实现状态过程的转换。状态在一定程度上能基于当前输入进行全序列记忆，从而捕获长距离上下文间的各类关键模式。稠密的状态向量可以同时记住多种潜在句法和语义模式。

我们通过**循环神经网络**（Recurrent Neural Network, RNN）实现上述功能。朴素循环神经网络由标准感知机层和非线性激活函数构成，循环神经网络也有多种变体，相较于池化和卷积神经网络，循环神经网络具有更强大的表征能力。

14.1.1 朴素循环神经网络

给定输入序列 $\mathbf{X}_{1:n} = \mathbf{x}_1, \mathbf{x}_2, \cdots, \mathbf{x}_n$，朴素循环神经网络从初始状态 $\mathbf{h}_0$ 逐步计算输出状态序列 $\mathbf{h}_1, \mathbf{h}_2, \cdots, \mathbf{h}_n$，联合历史状态 $\mathbf{h}_{t-1}$ 和当前输入 $\mathbf{x}_t$ 得到当前状态 $\mathbf{h}_t(t \in [1, \cdots, n])$，其具体计算方法为：

$$\begin{aligned}\mathbf{h}_t &= \text{RNN\_STEP}(\mathbf{x}_t, \mathbf{h}_{t-1}) \\ &= f(\mathbf{W}^h\mathbf{h}_{t-1} + \mathbf{W}^x\mathbf{x}_t + \mathbf{b})\end{aligned} \tag{14.1}$$

其中，f 为非线性激活函数，例如 tanh 或表 13.1 中所罗列的其他函数，$\mathbf{W}^h$、$\mathbf{W}^x$ 和 $\mathbf{b}$ 为模型参数，在不同时间步之间共享。

图 14.1a 形象地展示了上述过程，其中

$$\begin{aligned}\mathbf{h}_1 &= \text{RNN\_STEP}(\mathbf{x}_1, \mathbf{h}_0) \\ \mathbf{h}_2 &= \text{RNN\_STEP}(\mathbf{x}_2, \mathbf{h}_1) \\ &\vdots \\ \mathbf{h}_n &= \text{RNN\_STEP}(\mathbf{x}_n, \mathbf{h}_{n-1})\end{aligned} \tag{14.2}$$

可以简化为函数 $\mathbf{H} = [\mathbf{h}_1; \mathbf{h}_2; \cdots; \mathbf{h}_n] = \text{RNN}(\mathbf{X})$。初始隐层向量 $\mathbf{h}_0$ 可以设置为零或进行随机初始化，最后的隐层输出向量 $\mathbf{h}_n$ 可以表示整个 $\mathbf{X}_{1:n}$。

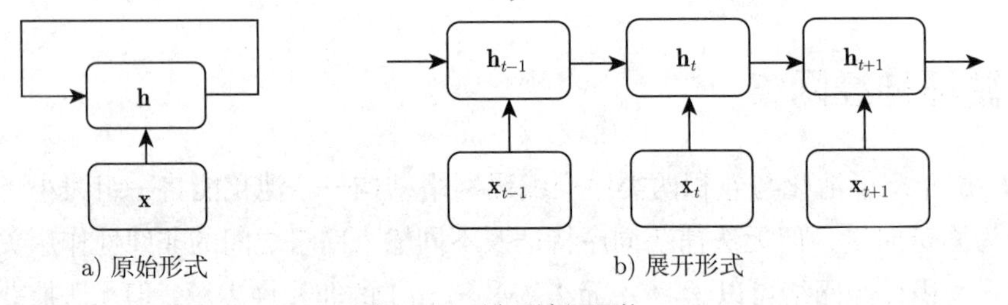

图 14.1　循环神经网络

层和时间步。循环神经网络的时间步特性与多层感知机和卷积神经网络有明显差别。多层神经网络的实现原理为将底层网络的输出作为上层网络的输入，依次逐层向前传递向量，而循环神经网络在当前时刻的输出即为下一时刻该层的输入，即 $\mathbf{h} = \text{RNN\_STEP}(\mathbf{x}, \mathbf{h})$，这为模型的构建带来了一定的困难，例如层序的缺失导致无法进行反向传播训练。

为了更好地理解循环神经网络的网络结构，我们将该网络的时间概念转换为空间特征，在计算 $\mathbf{h}_t$ 时，我们依旧保留 $\mathbf{h}_{t-1}$ 并记录所有历史状态，从而将循环的状态转换过程“展开”，得到如图 14.1b 所示的线性直链。这种展现方式使循环神经网络近似于标准多层感知机，从左至右分别代表从底层网络至上层网络，每一层都与 RNN_STEP 函数一一对应。与标准多层感知机不同的是，循环神经网络的层数随输入序列的长度动态变化，循环层之

315

间共享模型参数（例如式 (14.1) 中的 $\mathbf{W}^h$、$\mathbf{W}^x$ 和 $\mathbf{b}$）。基于循环神经网络和多层感知机的异同，我们可以借助对多层感知机模型（13.1 节）的理解来分析循环神经网络的前向计算及反向传播过程。若输入序列过长，计算层数随之增加，会加大循环神经网络的训练难度，我们将在 14.1.2 节就该问题展开详细讨论。

双向循环神经网络。对于时间步 t，循环神经网络会利用输入向量 $\mathbf{x}_t$ 和前一状态 $\mathbf{h}_{t-1}$ 计算当前状态 $\mathbf{h}_t$，$\mathbf{h}_t$ 可以看作 t 时间步上的特征向量，表示从第一个单词到第 t 个单词的历史信息。双向循环神经网络可以在提取 t 时刻特征的同时考虑未来信息，即利用从左至右的循环神经网络 ($\overrightarrow{\text{RNN}}$) 来捕获历史信息，从右至左的循环神经网络（$\overleftarrow{\text{RNN}}$）来建模未来信息，后者以 $\mathbf{x}_n, \mathbf{x}_{n-1}, \cdots, \mathbf{x}_1$ 的顺序执行循环递归步骤，因此，$\overleftarrow{\text{RNN}}$ 的历史特征对应于 $\overrightarrow{\text{RNN}}$ 的未来特征。用函数 BiRNN($\mathbf{X}$) 表示双向循环神经网络，我们可以得到：

$$
\begin{aligned}
\overrightarrow{\mathbf{H}} &= \overrightarrow{\text{RNN}}(\mathbf{X}) = [\overrightarrow{\mathbf{h}}_1; \overrightarrow{\mathbf{h}}_2; \cdots; \overrightarrow{\mathbf{h}}_n] \\
\overleftarrow{\mathbf{H}} &= \overleftarrow{\text{RNN}}(\mathbf{X}) = [\overleftarrow{\mathbf{h}}_1; \overleftarrow{\mathbf{h}}_2; \cdots; \overleftarrow{\mathbf{h}}_n] \\
\text{BiRNN}(\mathbf{X}) &= \overrightarrow{\mathbf{H}} \oplus \overleftarrow{\mathbf{H}} = [\overrightarrow{\mathbf{h}}_1 \oplus \overleftarrow{\mathbf{h}}_1; \overrightarrow{\mathbf{h}}_2 \oplus \overleftarrow{\mathbf{h}}_2; \cdots; \overrightarrow{\mathbf{h}}_n \oplus \overleftarrow{\mathbf{h}}_n]
\end{aligned}
\tag{14.3}
$$

其中 $\oplus$ 表示向量串联操作，$\overrightarrow{\text{RNN}}$ 和 $\overleftarrow{\text{RNN}}$ 的模型参数可以不同。

图 14.2 展示了双向循环神经网络的模型结构。第 t 个单词的最终表示形式为特征向量 $\overrightarrow{\mathbf{h}}_t$ 和特征向量 $\overleftarrow{\mathbf{h}}_t$ 的串联结果，句子级别的最终表示形式为 $\overrightarrow{\mathbf{h}}_n$ 和 $\overleftarrow{\mathbf{h}}_1$ 的串联结果，该结果为单一句子向量，可用于后续的分类任务。

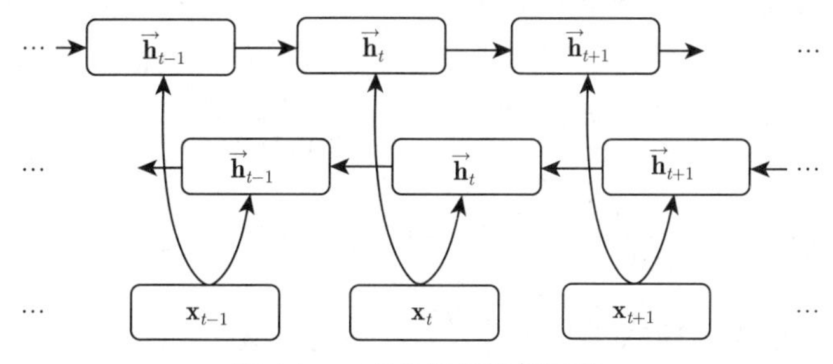

图 14.2 双向循环神经网络

316

14.1.2 循环神经网络的训练

设输入序列为 $\mathbf{X}_{1:n}$，循环神经网络输出序列为 $\mathbf{H}_{1:n}$，$\mathbf{h} = \mathbf{h}_n$ 为分类任务中的句子向量表示。循环神经网络的训练如图 14.1b 的展开形式所示，该方法也被称为**基于时间的反向传播算法**（Back-Propagation Through Time，BPTT）。如前所述，循环神经网络的训练与多层感知机相同，唯一的区别是循环神经网络的层数会根据输入序列进行动态调整并且输入序列较长时会导致层数过大，下面我们将展示循环神经网络训练的梯度计算方法以及层数过大时的潜在挑战。

在图 14.1b 中，每个循环神经元的定义如式 (14.1) 所示，其中 $\mathbf{h}_t = f(\mathbf{W}^h\mathbf{h}_{t-1} +$

$\mathbf{W}^x\mathbf{x}_t+\mathbf{b}$)。假设 $f=\tanh$，则对于第 t 层，ForwardCompute($\mathbf{h}_{t-1},\mathbf{x}_t$) 函数将返回 $\tanh(\mathbf{W}^h\mathbf{h}_{t-1}+\mathbf{W}^x\mathbf{x}_t+\mathbf{b})$，$\mathbf{W}^h$、$\mathbf{W}^x$ 和 $\mathbf{b}$ 为模型参数。

对于反向传播，给定向量梯度 $\frac{\partial L}{\partial \mathbf{h}_t}$ 和自上向下的梯度传递路径，我们需要计算 $\frac{\partial L}{\partial \mathbf{x}_t}$、$\frac{\partial L}{\partial \mathbf{h}_{t-1}}$、$\frac{\partial L}{\partial \mathbf{W}^h}$、$\frac{\partial L}{\partial \mathbf{W}^x}$ 和 $\frac{\partial L}{\partial \mathbf{b}}$。激活函数 tanh 存在 $\frac{\partial \tanh(x)}{\partial x}=1-\tanh(x)^2$，因此我们可以得到：

$$
\begin{aligned}
\frac{\partial L}{\partial \mathbf{x}_t}&=(\mathbf{W}^x)^{\mathrm{T}}\cdot\left(\frac{\partial L}{\partial \mathbf{h}_t}\otimes(1-\mathbf{h}_t^2)\right)\\
\frac{\partial L}{\partial \mathbf{h}_{t-1}}&=(\mathbf{W}^h)^{\mathrm{T}}\cdot\left(\frac{\partial L}{\partial \mathbf{h}_t}\otimes(1-\mathbf{h}_t^2)\right)\\
\frac{\partial L}{\partial \mathbf{W}^h}&=\left(\frac{\partial L}{\partial \mathbf{h}_t}\otimes(1-\mathbf{h}_t^2)\right)\cdot\mathbf{h}_{t-1}^{\mathrm{T}}\\
\frac{\partial L}{\partial \mathbf{W}^x}&=\left(\frac{\partial L}{\partial \mathbf{h}_t}\otimes(1-\mathbf{h}_t^2)\right)\cdot\mathbf{x}_t^{\mathrm{T}}\\
\frac{\partial L}{\partial \mathbf{b}}&=\frac{\partial L}{\partial \mathbf{h}_t}\otimes(1-\mathbf{h}_t^2)
\end{aligned}
\tag{14.4}
$$

$\otimes$ 表示点积，BackPropagate$\left(\frac{\partial L}{\partial \mathbf{h}_t}\right)$ 根据式 (14.4) 计算得到 $\left\langle\left(\frac{\partial L}{\partial \mathbf{x}_t},\frac{\partial L}{\partial \mathbf{h}_{t-1}}\right),\left(\frac{\partial L}{\partial \mathbf{W}^h},\frac{\partial L}{\partial \mathbf{W}^x},\frac{\partial L}{\partial \mathbf{b}}\right)\right\rangle$。循环神经网络各层间参数共享，因此在所有层上累积 $\frac{\partial L}{\partial \mathbf{W}^h}$、$\frac{\partial L}{\partial \mathbf{W}^x}$ 和 $\frac{\partial L}{\partial \mathbf{b}}$ 的梯度即可得到完整循环神经网络的梯度。

梯度问题。循环神经网络的训练过程存在梯度爆炸和梯度消失问题，因此难以利用随机梯度下降算法进行训练。假设 t 较大时，对于 $\frac{\partial L}{\partial \mathbf{h}_{n-t}}$ 存在

$$
\begin{aligned}
\frac{\partial L}{\partial \mathbf{h}_{n-t}}&=(\mathbf{W}^h)^{\mathrm{T}}\cdot\left(\frac{\partial L}{\partial \mathbf{h}_{n-t+1}}\otimes(1-\mathbf{h}_{n-t+1}^2)\right)\\
&=(\mathbf{W}^h)^{\mathrm{T}}\cdot\left((\mathbf{W}^h)^{\mathrm{T}}\cdot\left(\frac{\partial L}{\partial \mathbf{h}_{n-t+2}}\otimes(1-\mathbf{h}_{n-t+2}^2)\right)\otimes(1-\mathbf{h}_{n-t+1}^2)\right)\\
&=\quad\cdots\\
&=\left((\mathbf{W}^h)^{\mathrm{T}}\right)^t\cdot\frac{\partial L}{\partial \mathbf{h}_n}\left(\otimes_{j=1}^t(1-\mathbf{h}_{n-t+j}^2)\right)
\end{aligned}
\tag{14.5}
$$

$\mathbf{h}_{n-t+j}$ 由 tanh 函数计算得到，$\tanh(x)\in[-1,1]$，因此 $1-h_{n-t+j}^2\in[0,1]$。对于各个 $j\in[1,\cdots,t]$，若 $(1-\mathbf{h}_{n-t+j}^2)$ 值较小，则 $\otimes_{j=1}^t(1-\mathbf{h}_{n-t+j}^2)$ 也非常小甚至趋于零，从而导致**梯度消失**。此外，若 $(\mathbf{W}^h)^{\mathrm{T}}$ 值较小，则 $((\mathbf{W}^h)^{\mathrm{T}})^t$ 将趋于零，也会导致梯度消失。相反，若 $(\mathbf{W}^h)^{\mathrm{T}}$ 较大，则 $((\mathbf{W}^h)^{\mathrm{T}})^t$ 将会趋近无穷，从而导致**梯度爆炸**。

317

我们可以通过某些训练技巧避免梯度爆炸和梯度消失问题，例如对权重进行合理的初始化，或利用截断反向传播（truncated BPTT）算法设置最大反向传播步长 T，以缓解梯

度爆炸问题。下一节也将介绍如何利用门控循环单元（GRU）和长短期记忆网络（LSTM）等特定结构来缓解训练中的梯度问题。

双向循环神经网络的训练。双向循环神经网络的训练与普通循环神经网络大致相同，主要区别在于以下两点：给定输入 $\mathbf{x}_1,\cdots,\mathbf{x}_n$，$\overrightarrow{\mathbf{h}_n}\oplus\overleftarrow{\mathbf{h}_1}$ 作为循环神经网络的输出，因此 $\overrightarrow{\mathbf{h}_n}$ 和 $\overleftarrow{\mathbf{h}_1}$ 均接收反向梯度如图 14.2 所示，各个 $\mathbf{x}_i$ $(i\in[1,\cdots,n])$ 同时接收来自 $\overrightarrow{\mathbf{h}_i}$ 和 $\overleftarrow{\mathbf{h}_i}$ 的反向传播梯度，二者之和为 $\mathbf{x}_i$ 的最终梯度。

14.1.3　长短期记忆网络与门控循环单元

长短期记忆网络（Long Short-Term Memory，LSTM）是循环神经网络的变体之一，该网络能够有效控制深层网络上的反向传播梯度，以进行更好的随机梯度下降训练。标准长短期记忆网络将每个循环单元的隐层状态拆分为*状态向量*（state vector）和*记忆单元向量*（memory cell vector）。给定输入 $\mathbf{X}_{1:n}$，状态向量 $\mathbf{H}_{1:n}$ 对应于循环神经网络的隐层向量 $\mathbf{H}_{1:n}$，单元向量 $\mathbf{C}_{1:n}$ 代表长短期记忆网络中的循环记忆单元。标准长短期记忆网络的循环单元可写作 $\mathbf{h}_t,\mathbf{c}_t=\textsc{Lstm\_Step}(\mathbf{x}_t,\mathbf{h}_{t-1},\mathbf{c}_{t-1})$，其中：

$$
\begin{aligned}
\mathbf{i}_t &= \sigma(\mathbf{W}^{ih}\mathbf{h}_{t-1}+\mathbf{W}^{ix}\mathbf{x}_t+\mathbf{b}^i)\\
\mathbf{f}_t &= \sigma(\mathbf{W}^{fh}\mathbf{h}_{t-1}+\mathbf{W}^{fx}\mathbf{x}_t+\mathbf{b}^f)\\
\mathbf{g}_t &= \tanh(\mathbf{W}^{gh}\mathbf{h}_{t-1}+\mathbf{W}^{gx}\mathbf{x}_t+\mathbf{b}^g)\\
\mathbf{c}_t &= \mathbf{i}_t\otimes\mathbf{g}_t+\mathbf{f}_t\otimes\mathbf{c}_{t-1}\\
\mathbf{o}_t &= \sigma(\mathbf{W}^{oh}\mathbf{h}_{t-1}+\mathbf{W}^{ox}\mathbf{x}_t+\mathbf{b}^o)\\
\mathbf{h}_t &= \mathbf{o}_t\otimes\tanh(\mathbf{c}_t)
\end{aligned}
\tag{14.6}
$$

式 (14.6) 中，$\mathbf{W}^{ih}$、$\mathbf{W}^{ix}$、$\mathbf{b}^i$、$\mathbf{W}^{fh}$、$\mathbf{W}^{fx}$、$\mathbf{b}^f$、$\mathbf{W}^{gh}$、$\mathbf{W}^{gx}$、$\mathbf{b}^g$、$\mathbf{W}^{oh}$、$\mathbf{W}^{ox}$ 和 $\mathbf{b}^o$ 均为模型参数, $\mathbf{g}_t$ 为联合当前输入 $\mathbf{x}_t$ 和前一步隐层输出 $\mathbf{h}_{t-1}$ 的非线性变换，$\mathbf{i}_t$、$\mathbf{f}_t$ 和 $\mathbf{o}_t$ 分别为输入门、遗忘门、输出门，σ 为 sigmoid 函数，$\otimes$ 为元素相乘（即，Hadamard product，哈达玛积）运算。

长短期记忆网络的主要特点为每步循环中的门控结构。门向量为 $0\sim1$ 之间的实数，直观地说，门向量和特征向量的点积可导致特征衰减。极端情况下，若门向量为 0，则该特征会被完全“遗忘”在门控结构外，若门向量为 1，则该向量可完全“通过”门控结构。回顾式 (14.6)，我们可以发现输入门控制当前输入的读取过程，遗忘门有选择地将历史信息保存在记忆单元中，输出门则决定从记忆单元到隐层向量的映射过程。

318

在单元向量 $\mathbf{c}_t=\mathbf{i}_t\otimes\mathbf{g}_t+\mathbf{f}_t\otimes\mathbf{c}_{t-1}$ 的计算过程中，$\mathbf{i}_t$ 决定将多少输入特征 $\mathbf{g}_t$ 写入 $\mathbf{c}_t$，$\mathbf{f}_t$ 则控制将多少 $\mathbf{c}_{t-1}$ 的信息保留在当前 $\mathbf{c}_t$ 中——这便是长短期记忆网络中循环状态转换的关键步骤。相较于朴素循环神经网络，长短期记忆网络利用门控机制对各个特征（$\mathbf{g}_t$ 和 $\mathbf{c}_t$ 中的相应元素）进行细粒度控制，以进行信息的“记忆”和“遗忘”。

式 (14.6) 中 $\mathbf{i}_t$、$\mathbf{f}_t$、$\mathbf{g}_t$、$\mathbf{o}_t$ 的计算也可以简写为

$$\begin{pmatrix}\mathbf{i}_t\\ \mathbf{f}_t\\ \mathbf{g}_t\\ \mathbf{o}_t\end{pmatrix} = \sigma(\mathbf{W}^h\mathbf{h}_{t-1} + \mathbf{W}^x\mathbf{x}_t + \mathbf{b}) \tag{14.7}$$

其中，$\mathbf{W}^h = \begin{pmatrix}\mathbf{W}^{ih}\\ \mathbf{W}^{fh}\\ \mathbf{W}^{gh}\\ \mathbf{W}^{oh}\end{pmatrix}$，$\mathbf{W}^x = \begin{pmatrix}\mathbf{W}^{ix}\\ \mathbf{W}^{fx}\\ \mathbf{W}^{gx}\\ \mathbf{W}^{ox}\end{pmatrix}$，$\mathbf{b} = \begin{pmatrix}\mathbf{b}^i\\ \mathbf{b}^f\\ \mathbf{b}^g\\ \mathbf{b}^o\end{pmatrix}$

类比式 (14.2)，我们可以将 LSTM 函数定义为基于完整输入序列的特征提取器，将

$$\begin{aligned}
\mathbf{h}_1, \mathbf{c}_1 &= \text{LSTM_STEP}(\mathbf{x}_1, \mathbf{h}_0, \mathbf{c}_0)\\
\mathbf{h}_2, \mathbf{c}_2 &= \text{LSTM_STEP}(\mathbf{x}_2, \mathbf{h}_1, \mathbf{c}_1)\\
&\vdots\\
\mathbf{h}_n, \mathbf{c}_n &= \text{LSTM_STEP}(\mathbf{x}_n, \mathbf{h}_{n-1}, \mathbf{c}_{n-1})
\end{aligned} \tag{14.8}$$

进一步简化为 $\mathbf{H} = [\mathbf{h}_1; \mathbf{h}_2; \cdots; \mathbf{h}_n] = \text{LSTM}(\mathbf{X})$，其中 $\mathbf{h}_0$ 和 $\mathbf{c}_0$ 为模型参数，分别表示初始状态和记忆单元向量。相较于朴素循环神经网络，长短期记忆网络可利用门控机制和记忆单元有效缓解反向传播中的梯度计算问题。习题 14.1 将讨论长短期记忆网络中各个时间步的反向传播梯度计算方法。

双向长短期记忆网络。与双向循环神经网络类似，我们也可以定义双向长短期记忆网络（bi-directional LSTMs，BiLSTM），即

$$\begin{aligned}
\overrightarrow{\mathbf{H}} &= \overrightarrow{\text{LSTM}}(\mathbf{X}) = [\overrightarrow{\mathbf{h}}_1; \overrightarrow{\mathbf{h}}_2; \cdots; \overrightarrow{\mathbf{h}}_n]\\
\overleftarrow{\mathbf{H}} &= \overleftarrow{\text{LSTM}}(\mathbf{X}) = [\overleftarrow{\mathbf{h}}_1; \overleftarrow{\mathbf{h}}_2; \cdots; \overleftarrow{\mathbf{h}}_n]\\
\text{BiLSTM}(\mathbf{X}) &= \overrightarrow{\mathbf{H}} \oplus \overleftarrow{\mathbf{H}} = [\overrightarrow{\mathbf{h}}_1 \oplus \overleftarrow{\mathbf{h}}_1; \overrightarrow{\mathbf{h}}_2 \oplus \overleftarrow{\mathbf{h}}_2; \cdots; \overrightarrow{\mathbf{h}}_n \oplus \overleftarrow{\mathbf{h}}_n]
\end{aligned} \tag{14.9}$$

$\overrightarrow{\text{LSTM}}$ 和 $\overleftarrow{\text{LSTM}}$ 分别代表从左至右以及从右至左的长短期记忆网络，其参数可以不同。

门控循环单元。在实际应用中，长短期记忆网络的性能优于朴素循环神经网络，但由于模型参数较多、计算步骤复杂，长短期记忆网络的计算速度通常较慢。**门控循环单元**（Gated Recurrent Unit，GRU）为长短期记忆网络的简化版本，该网络去除了长短期记忆网络中的记忆单元结构，且门控机制仅包含重置门和遗忘门两项。给定输入序列 $\mathbf{X}_{1:n} = \mathbf{x}_1, \mathbf{x}_2, \cdots, \mathbf{x}_n$，标准门控循环单元中每步循环 $\mathbf{h}_t = \text{GRU\_STEP}(\mathbf{x}_t, \mathbf{h}_{t-1})$ 的计算方式为：

319

$$\begin{aligned}
\mathbf{r}_t &= \sigma(\mathbf{W}^{rh}\mathbf{h}_{t-1} + \mathbf{W}^{rx}\mathbf{x}_t + \mathbf{b}^r)\\
\mathbf{z}_t &= \sigma(\mathbf{W}^{zh}\mathbf{h}_{t-1} + \mathbf{W}^{zx}\mathbf{x}_t + \mathbf{b}^z)
\end{aligned}$$

$$\mathbf{g}_t = \tanh\left(\mathbf{W}^{hh}(\mathbf{r}_t \otimes \mathbf{h}_{t-1}) + \mathbf{W}^{hx}\mathbf{x}_t + \mathbf{b}^h\right) \tag{14.10}$$

$$\mathbf{h}_t = (\mathbf{1.0} - \mathbf{z}_t) \otimes \mathbf{h}_{t-1} + \mathbf{z}_t \otimes \mathbf{g}_t$$

其中，$\mathbf{W}^{rh}$、$\mathbf{W}^{rx}$、$\mathbf{b}^r$、$\mathbf{W}^{zh}$、$\mathbf{W}^{zx}$、$\mathbf{b}^z$、$\mathbf{W}^{hh}$、$\mathbf{W}^{hx}$ 和 $\mathbf{b}^h$ 为模型参数，$\mathbf{r}_t$ 为重置门，$\mathbf{z}_t$ 为遗忘门。式 (14.10) 的最后一步控制着历史信息的遗忘程度和当前信息的保留程度。

与循环神经网络相比，门控循环单元和长短期记忆网络都可以更好地处理反向传播过程中的梯度问题，门控循环单元的训练速度更快，更适用于训练数据规模较大的场景。

14.1.4　堆叠式长短期记忆网络

由于输出序列与输入序列长度一致，长短期记忆网络等循环神经网络可进行多层堆叠，上一层的输出向量作为下一层的输入，自下而上地增加了网络深度，进而提高了表征能力。以深度双向长短期记忆网络为例, 设模型层数为 l，其堆叠方式可写作：

$$\overrightarrow{\mathbf{H}}^0 = \mathbf{X},\ \overleftarrow{\mathbf{H}}^0 = \mathbf{X}$$

$$\overrightarrow{\mathbf{H}}^1 = \overrightarrow{\mathrm{LSTM}}_1(\overrightarrow{\mathbf{H}}^0),\ \overrightarrow{\mathbf{H}}^2 = \overrightarrow{\mathrm{LSTM}}_2(\overrightarrow{\mathbf{H}}^1),\ \cdots,\ \overrightarrow{\mathbf{H}}^l = \overrightarrow{\mathrm{LSTM}}_l(\overrightarrow{\mathbf{H}}^{l-1})$$

$$\overleftarrow{\mathbf{H}}^1 = \overleftarrow{\mathrm{LSTM}}_1(\overleftarrow{\mathbf{H}}^0),\ \overleftarrow{\mathbf{H}}^2 = \overleftarrow{\mathrm{LSTM}}_2(\overleftarrow{\mathbf{H}}^1),\ \cdots,\ \overleftarrow{\mathbf{H}}^l = \overleftarrow{\mathrm{LSTM}}_l(\overleftarrow{\mathbf{H}}^{l-1})$$

$$\mathbf{H} = \overrightarrow{\mathbf{H}^l} \oplus \overleftarrow{\mathbf{H}^l} = [\overrightarrow{\mathbf{h}}_1^l \oplus \overleftarrow{\mathbf{h}}_1^l; \overrightarrow{\mathbf{h}}_2^l \oplus \overleftarrow{\mathbf{h}}_2^l; \cdots; \overrightarrow{\mathbf{h}}_n^l \oplus \overleftarrow{\mathbf{h}}_n^l]$$

其中，$\mathbf{h}_t^j$ 表示第 j 层中第 t 个单词的输出隐层向量，$\mathbf{H}^j$ 表示第 j 层中整个序列的输出隐层向量，$\mathbf{H}$ 表示最终输出向量。$\overrightarrow{\mathrm{LSTM}}_j$ 和 $\overleftarrow{\mathrm{LSTM}}_j$ 分别表示第 j 层中从左至右和从右至左的长短期记忆网络。图 14.3 展示了模型的堆叠形式，不同层或不同方向上的模型参数可以相同也可以不同，需根据经验进行调试。

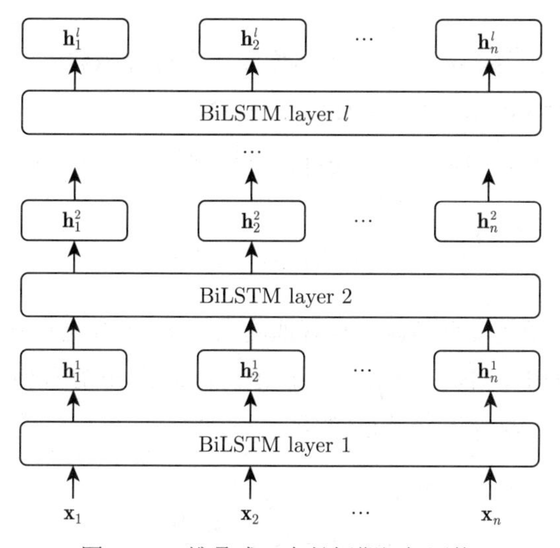

图 14.3　堆叠式双向长短期记忆网络

14.2 注意力机制

注意力机制（attention）是用于聚合一组向量的神经网络结构，从某种程度上可以理解为池化网络的扩展。给定一组词向量序列（例如词嵌入或者卷积神经网络、长短期记忆网络、门控循环单元的输出），注意力机制可计算整个句子的单向量表示。与池化不同，注意力机制可针对特定目标对相关向量进行加权求和。例如，给定一条餐厅评语“服务很棒，但价格略高”，若我们希望了解服务情况，则应聚焦在“很棒”一词上，此时这条评语的情感是正面的，若我们更关注价格信息，则应聚焦在“略高”一词上，此时的评语是负面的。因此，对于同一序列，当目标不同时，注意力机制会生成不同的向量。

320

给定目标向量 $\mathbf{q}$ 和一系列基于词的内容向量 $\mathbf{H}=\mathbf{h}_1,\mathbf{h}_2,\cdots,\mathbf{h}_n$，$\mathbf{q}\in\mathbb{R}^d$，$\mathbf{h}_i\in\mathbb{R}^d$，$d$ 代表维数，则关于 $\mathbf{q}$ 和 $\mathbf{H}$ 的注意力函数可定义为：

$$
\begin{aligned}
s_i &= \mathrm{score}(\mathbf{q},\mathbf{h}_i) \quad (i\in[1,\cdots,n]) \\
\alpha_i &= \frac{\exp(s_i)}{\sum_{i=1}^{N}\exp(s_i)} \quad (\text{softmax 归一化}) \\
\mathbf{c} &= \sum_{i=1}^{n}\alpha_i\times\mathbf{h}_i \quad (\text{加权求和})
\end{aligned}
\tag{14.11}
$$

其中，$\mathbf{c}$ 为式 (14.11) 中 $\mathrm{attention}(\mathbf{q},\mathbf{H})$ 的输出，s_i 为 $\mathbf{q}$ 和 $\mathbf{h}_i$ 之间的相关性分数，α_i 为基于 s_i 的归一化相关性权重，得到的归一化向量 $\boldsymbol{\alpha}=[\alpha_1,\alpha_2,\cdots,\alpha_n]$ 表示各个输入向量的概率分布。$\mathbf{c}$ 为内容向量通过 α 的加权总和。最终得到的向量 $\mathbf{c}$ 可作为 $\mathbf{q}$ 的上下文感知特征表示。例如，给定输入 $W_{1:n}$= “服务很好，但价格略高”及其双向长短期记忆网络向量表示 $\mathbf{H}_{1:n}=\mathbf{h}_1,\mathbf{h}_2,\cdots,\mathbf{h}_n$，若关注目标为“服务”，则“很好”和“略高”的预期注意力权重分别为“0.95”和“0.001”，这样可以确保在以服务质量为情绪关注点时，模型可将重点放在“很好”上。

式 (14.11) 中的打分函数 score() 也被称为注意力打分函数（attention score function）或对齐函数（alignment function），常见的打分函数有：

1. **点积注意力**（dot-product attention）。目标向量 $\mathbf{q}$ 和上下文向量 $\mathbf{h}$ 之间的点积注意力可定义为：

321

$$
\mathrm{score}(\mathbf{q},\mathbf{h})=\mathbf{q}^{\mathrm{T}}\mathbf{h} \tag{14.12}
$$

该打分函数不需要引入任何模型参数，直观地测量了 $\mathbf{q}$ 和 $\mathbf{h}$ 之间的相似性。

2. **缩放点积注意力**（scaled dot-product attention）。缩放点积注意力函数将点积注意力分数缩放至 $\frac{1}{\sqrt{d}}$，d 代表 $\mathbf{q}$ 和 $\mathbf{h}$ 的维数：

$$
\mathrm{score}(\mathbf{q},\mathbf{h})=\frac{\mathbf{q}^{\mathrm{T}}\mathbf{h}}{\sqrt{d}} \tag{14.13}
$$

3. **双线性注意力**（general attention）。双线性注意力引入参数矩阵 $\mathbf{W}$ 来捕获 $\mathbf{q}$ 中各个元素和 $\mathbf{h}$ 中各个元素之间的交互：

$$\text{score}(\mathbf{q},\mathbf{h}) = \mathbf{q}^{\mathrm{T}}\mathbf{W}\mathbf{h} \tag{14.14}$$

其中 $\mathbf{q}\in\mathbb{R}^{d_1}$, $\mathbf{h}\in\mathbb{R}^{d_2}$，$\mathbf{W}\in\mathbb{R}^{d_1\times d_2}$。

4. **加性注意力**（additive attention）。加性注意力函数首先执行 $\mathbf{q}$ 和 $\mathbf{h}$ 的串联，然后利用前馈网络对其进行非线性变换，最后将变换后的向量和参数向量 $\mathbf{v}$ 进行点积运算，并将结果压缩为标量分数：

$$\text{score}(\mathbf{q},\mathbf{h}) = \mathbf{v}^{\mathrm{T}}\tanh\Big(\mathbf{W}(\mathbf{q}\oplus\mathbf{h})+\mathbf{b}\Big) \tag{14.15}$$

其中，$\mathbf{v}$、$\mathbf{W}$、$\mathbf{b}$ 为模型参数，$\oplus$ 表示串联操作。

在利用点积注意力函数和缩放点积注意力函数时，$\mathbf{q}$ 和 $\mathbf{h}$ 必须具有相同维度，对于双线性注意力和加性注意力函数，$\mathbf{q}$ 和 $\mathbf{h}$ 的维度则可以不同。习题 14.8 将讨论 $\mathbf{q}$ 、$\mathbf{h}$ 、$\mathbf{W}$ 和 $\mathbf{b}$ 的反向传播梯度计算方式。

注意力机制与门控机制。 14.1.3 节讨论了长短期记忆网络中的门控函数，门控函数本质上也可以理解为计算向量加权和的工具。给定一组隐向量 $\mathbf{H}_{1:n}=\mathbf{h}_1,\mathbf{h}_2,\cdots,\mathbf{h}_n$ 和目标向量 $\mathbf{q}$，我们可以计算出一组用于聚合 $\mathbf{H}_{1:n}$ 的门向量：

$$\begin{aligned}
\mathbf{s}_i &= \mathbf{W}^q\mathbf{q}+\mathbf{W}^h\mathbf{h}_i \\
\mathbf{g}_i &= \text{softmax}(\mathbf{s}_1,\mathbf{s}_2,\cdots,\mathbf{s}_n) \quad (\text{元素级 softmax}) \\
\mathbf{c} &= \sum_{i=1}^{n}\mathbf{g}_i\otimes\mathbf{h}_i
\end{aligned} \tag{14.16}$$

其中，$\mathbf{W}^q$ 和 $\mathbf{W}^h$ 为模型参数，$\otimes$ 为元素级相乘操作。式 (14.16) 通过 softmax 函数为各个隐层向量 $\mathbf{h}_i$ 计算得分向量 $\mathbf{s}_i$，然后对所有 $\mathbf{s}_i$（$i\in[1,\cdots,n]$）进行归一化，归一化后的得分向量被用作聚合 $\mathbf{h}_1,\cdots,\mathbf{h}_n$ 的门元素。在聚合过程中，$\mathbf{c}$ 中各个元素均为 $\mathbf{h}_1,\cdots,\mathbf{h}_n$ 中相应元素的加权和。与注意力聚合方式相比，门控聚合方式为输入向量提供了更细粒度的组合，不过由于使用了更多模型参数，其计算成本也更高。

322

14.2.1　键值对注意力

在数据库查询（query）中，我们通常利用键（key)（例如, 学生的 ID 号）来查询所对应的值（value）(例如，学生的姓名)。神经网络中的注意力机制也可以采用类似方式，将上下文相关的内容向量分解为键值对。给定查询目标，我们将查询向量与键向量进行比较，进而返回相关的值向量。假设查询向量为 $\mathbf{q}$，键向量为 $\mathbf{K}_{1:n}=[\mathbf{k}_1,\mathbf{k}_2,\cdots,\mathbf{k}_n]$，值向量为 $\mathbf{V}_{1:n}=[\mathbf{v}_1;\mathbf{v}_2;\cdots;\mathbf{v}_n]$，每个键向量 $\mathbf{k}_i$ 与值向量 $\mathbf{v}_i$ 一一对应，基于查询-键-值

（query-key-value）的注意力函数 attention$(\mathbf{q}, \mathbf{K}, \mathbf{V})$ 可定义为：

$$
\begin{aligned}
s_i &= \text{score}(\mathbf{q}, \mathbf{k}_i) \quad (i \in [1, \cdots, n]) \\
\alpha_i &= \frac{\exp(s_i)}{\sum_{i=1}^{N} \exp(s_i)} \quad (\text{softmax 归一化}) \\
\mathbf{c} &= \sum_{i=1}^{n} \alpha_i \mathbf{v}_i \quad (\text{加权求和})
\end{aligned}
\tag{14.17}
$$

其中 s_i 为查询向量 $\mathbf{q}$ 和第 i 个键向量 $\mathbf{k}_i$ 之间的注意力得分，$\mathbf{c}$ 为 attention$(\mathbf{q}, \mathbf{K}, \mathbf{V})$ 的输出，并且是第 i 个权重得分为 s_i 的值向量的加权和。当 $\mathbf{K} = \mathbf{V}$ 时，式 (14.17) 中的 attention$(\mathbf{q}, \mathbf{K}, \mathbf{K})$ 退化为式 (14.11) 中的 attention$(\mathbf{q}, \mathbf{K})$，因此相较于 attention$(\mathbf{q}, \mathbf{K})$，attention$(\mathbf{q}, \mathbf{K}, \mathbf{V})$ 具有更强的通用性。

基于多个查询的键值对注意力。上文介绍了查询向量数量为 1 时的注意力计算方法，当查询向量数量较多时，例如给定一个输入查询语句，我们需要找到该文本相对于输入查询中每个词的注意力表示，从而更好地捕获文本和查询之间的关系。处理一系列查询的简单方法是分别为每个查询调用 attention 函数，然后返回一个结果列表。假设查询序列为 $\mathbf{Q}_{1:l} = [\mathbf{q}_1; \mathbf{q}_2; \cdots; \mathbf{q}_l]$，按照式 (14.17) 所定义的键向量 $\mathbf{K}$ 和值向量 $\mathbf{V}$，注意力函数 attention$(\mathbf{Q}, \mathbf{K}, \mathbf{V})$ 的计算方式为：

$$
\begin{aligned}
\mathbf{c}_1 &= \text{attention}(\mathbf{q}_1, \mathbf{K}, \mathbf{V}) \\
\mathbf{c}_2 &= \text{attention}(\mathbf{q}_2, \mathbf{K}, \mathbf{V}) \\
&\vdots \\
\mathbf{c}_l &= \text{attention}(\mathbf{q}_l, \mathbf{K}, \mathbf{V}) \\
\text{attention}(\mathbf{Q}, \mathbf{K}, \mathbf{V}) &= [\mathbf{c}_1, \mathbf{c}_2, \cdots, \mathbf{c}_l]
\end{aligned}
$$

323　其中 $\mathbf{c}_i$ 是基于注意力函数 [式 (14.17) 计算得到的第 i 个查询的注意力结果。

基于每个查询，调用 attention 函数会消耗过多的计算资源，因此，实际操作中一般使用矩阵乘法进行并行计算。具体地，注意力函数 attention$(\mathbf{Q}, \mathbf{K}, \mathbf{V})$ 可表示为：

$$
\begin{aligned}
\mathbf{S} &= \text{score}(\mathbf{Q}, \mathbf{K}) \\
\mathbf{A} &= \text{softmax}_1(\mathbf{S})
\end{aligned}
\tag{14.18}
$$

最终结果为 $\mathbf{C} = \mathbf{A}\mathbf{V}^{\mathrm{T}}$，$\mathbf{C}$ 表示 attention$(\mathbf{Q}, \mathbf{K}, \mathbf{V}) \in \mathbb{R}^{l \times d}$ 的函数结果，其中，$\mathbf{Q} \in \mathbb{R}^{l \times d}, \mathbf{K} \in \mathbb{R}^{n \times d}, \mathbf{V} \in \mathbb{R}^{n \times d}$。$\mathbf{S}$ 为打分矩阵，$\mathbf{S} \in \mathbb{R}^{l \times n}$，$S_{[i][j]}$（也表示为 s_{ij}）表示 $\mathbf{q}_i$ 和 $\mathbf{k}_j$ 的相关性得分。$\mathbf{A}$ 为注意力得分矩阵，$\mathbf{A} \in \mathbb{R}^{l \times n}$。softmax$_1(\mathbf{S})$ 表示使用 softmax 函数对 S 中的每一列进行归一化。在注意力结果矩阵 $\mathbf{C} \in \mathbb{R}^{l \times d}$ 中，第 i 行表示 $\mathbf{q}_i$ 的注意力向量。打分函数可以通过矩阵乘法定义，例如，基于点积的打分函数 score$(\mathbf{Q}, \mathbf{K}) = \mathbf{Q}^{\mathrm{T}}\mathbf{K}$。

14.2.2 自注意力网络

注意力机制和池化操作非常相似，均为向量聚合的方法。给定输入向量 $\mathbf{X}_{1:n} = \mathbf{x}_1, \mathbf{x}_2, \cdots, \mathbf{x}_n$，我们希望通过注意力网络生成输出向量 $\mathbf{H}_{1:n} = \mathbf{h}_1, \mathbf{h}_2, \cdots, \mathbf{h}_n$。为此，利用键值对注意力机制，通过将 $\mathbf{x}_i$ 作为聚合 $\mathbf{X}_{1:n}$ 的查询，我们可以得到各个 $\mathbf{x}_i$ 对应的输出 $\mathbf{h}_i$：

$$\mathbf{H}_{1:n} = \text{attention}(\mathbf{X}_{1:n}, \mathbf{X}_{1:n}, \mathbf{X}_{1:n})$$

其中，$\mathbf{H}_{1:n}$ 中的各个 $\mathbf{h}_i$ 为基于 $\mathbf{x}_i$ 作为查询的 $\mathbf{X}_{1:n}$ 的注意力表示，也可以看作 $\mathbf{x}_i$ 在句子级上下文中的表示。与双向长短期记忆网络类似，自注意力网络也可以进行堆叠，自下而上地将上一层的输出向量作为下一层的输入。

自注意力网络与双向循环神经网络。相较于双向循环神经网络、双向门控循环单元和双向长短期记忆网络等循环神经网络变体，自注意力网络有两个显著优势：首先，自注意力网络中每一层的向量表示 $\mathbf{h}_i$ 可获得 $\mathbf{x}_i$ 的全局信息，而双向循环神经网络的前向分量仅能获得历史向量信息 $\mathbf{x}_1, \mathbf{x}_2, \cdots, \mathbf{x}_{i-1}$，且该信息只能通过 $\mathbf{h}_{i-1}$ 间接传递，后向分量也是如此，这使得循环神经网络难以捕获输入向量之间的长距离依赖关系；其次，对于循环神经网络，基于 $\mathbf{X}_{1:n}$ 前向或后向计算 $\mathbf{H}_{1:n}$ 时，$\mathbf{h}_i$ 的值取决于 $\mathbf{h}_{i-1}$。因此，$\mathbf{H}_{1:n}$ 的时间复杂度为 $O(n)$，相反，对于自注意力网络，每一层 $\mathbf{H}_{1:n}$ 的计算复杂度为 $O(n^2)$，但每个 $\mathbf{h}_i$ 的 attention 函数具有独立性，因此可以进行并行计算，大大降低了时间复杂度。理论上，自注意力网络具有一定优势，但在实际应用中还需根据经验选择注意力网络和循环神经网络的适用场景。第 16 章将介绍更多性能更突出的自注意力网络变体。

324

14.3 树结构

卷积神经网络、循环神经网络和自注意力网络等序列编码器可对词（以字符为单位）和句子（以词为单位）进行编码。除序列结构外，树、有向无环图 (Directed Acyclic Graph, DAG)、循环图等结构也可以在自然语言处理任务中表示句子的句法语义结构，成分树和依存树即为两种常用的句法表示方式。为了在文本分类任务中充分利用这些信息，我们可以对输入文本进行句法或语义解析，得到显式句法语义结构，然后用神经网络对这些结构进行编码表示，计算稠密向量 $\mathbf{h}$，以捕获更加有效的文本分类特征向量，最后利用标准输出层在 $\mathbf{h}$ 后进行类别预测（第 13 章）。本节首先介绍树结构。

如图 14.4 所示，序列长短期记忆网络可拓展为树形长短期记忆网络，其实现过程为自下而上递归式地计算各个节点的隐层向量，从而每个树节点都可从其子节点上接收信息，子节点逐步延伸到根节点，使得顶层树节点可以涵盖所有节点上的特征。这种沿着树结构自下而上的递归时间步与沿着序列从左至右的时间步类似，主要区别在于序列长短期记忆网络中每个节点只有一个前驱子节点，而树形长短期记忆网络中一个节点可能有多个前驱子节点。根据子节点数量是否固定，我们可以设计不同的方法来构建树形长短期记忆网络，14.3.1 节和 14.3.2 节将分别讨论常见的树形长短期记忆网络结构以及二叉树等模型变体。

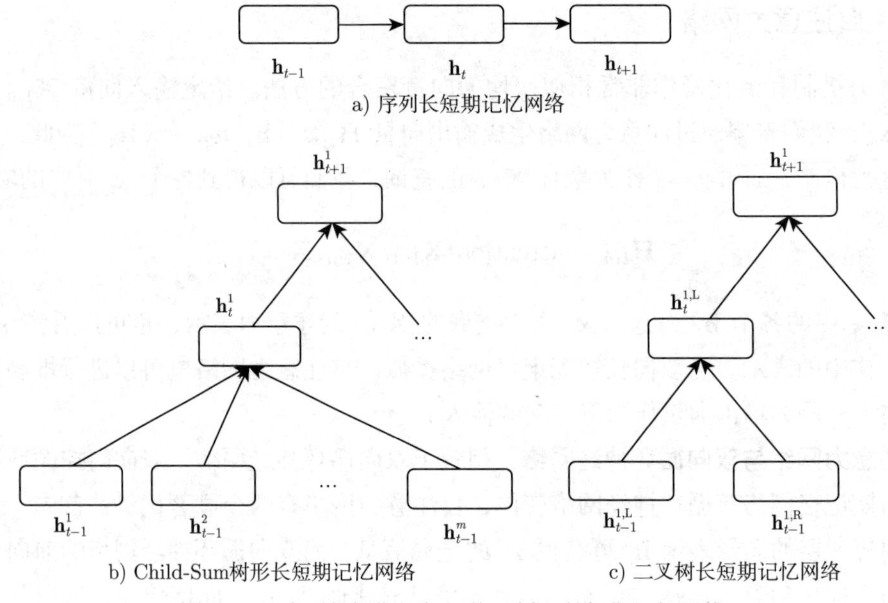

a) 序列长短期记忆网络

b) Child-Sum树形长短期记忆网络　　c) 二叉树长短期记忆网络

图 14.4　序列长短期记忆网络及树形长短期记忆网络

325

14.3.1　Child-Sum 树形长短期记忆网络

Child-Sum 树形长短期记忆网络可表示任意树结构，其基本思想是将多个子节点的隐层状态相加汇总为一个节点，从而在循环状态计算中将树形结构简化为序列结构。以依存树为例，给定句子 $W_{1:n} = w_1, w_2, \cdots, w_n$ 及其词向量表示 $\mathbf{X}_{1:n} = \mathbf{x}_1, \mathbf{x}_2, \cdots, \mathbf{x}_n$，根据 $\mathbf{W}_{1:n}$ 的语法结构，我们可以得到 $\mathbf{x}_1, \mathbf{x}_2, \cdots, \mathbf{x}_n$ 的隐层向量 $\mathbf{h}_1, \mathbf{h}_2, \cdots, \mathbf{h}_n$。

我们对依存树结构按层次从根节点自上向下对输入进行分层排列，从而自底向上以递归的形式计算隐层状态向量表示。图 14.5 分别以词序 a 和层级形式 b 展示了句子“He went to the office earlier”的依存句法结构，在层级表示中，$\mathbf{x}_t^i$ 表示词索引，t 表示自下而上的层级索引，i 表示层内索引。不同树节点的子节点数量会有所不同。

我们定义初始状态为 $\mathbf{h}_s$，$\mathbf{h}_s$ 表示节点前驱状态，类似于序列长短期记忆网络中的 $\mathbf{h}_0$。随着 t 的增加，我们可以逐层计算图 14.5b 中每个 $\mathbf{x}_t^i$ 的隐层节点 $\mathbf{h}_t^i$。在每个时间步 t，对于节点 $\mathbf{x}_t^i$，其所有子节点的隐层状态被汇总为单个状态 $\mathbf{h}_{t-1}^i$，该状态与当前输入 $\mathbf{x}_t^i$ 相结合，用于计算当前隐层状态 $\mathbf{h}_t^i$ 。隐层状态的循环计算与序列长短期记忆网络类似，每个输入都计算相应的隐层状态，计算顺序由叶节点延伸至根节点。

给定节点 $\mathbf{x}_t^i$，其前一步隐层状态为 $\mathbf{h}_{t-1}^{c(t,i,1)}, \mathbf{h}_{t-1}^{c(t,i,2)}, \cdots, \mathbf{h}_{t-1}^{c\left(t,i,m_t^i\right)}$，相应的记忆单元为 $\mathbf{c}_{t-1}^{c(t,i,1)}, \mathbf{c}_{t-1}^{c(t,i,2)}, \cdots, \mathbf{c}_{t-1}^{c\left(t,i,m_t^i\right)}$，其中 m_t^i 代表 $\mathbf{x}_t^i$ 的子节点数量，$c(t,i,j)$ 表示 $\mathbf{x}_t^i$ 在第 $(t-1)$ 层节点中第 j 个子节点的索引。以图 14.5 为例，我们可以得到 $c(3,1,2) = 2$，$c(2,1,1) = 1$，$\mathbf{x}_2^{c(3,1,2)}$ 对应的子节点为 $\mathbf{x}_2^2$(“office”)，$\mathbf{x}_1^{c(2,1,1)}$ 对应的子节点为 $\mathbf{x}_1^1$(“to”)。对 $\mathbf{h}_{t-1}^{c(t,i,j)}$ $(j \in [1, \cdots, m_t^i])$ 进行求和，我们可以得到 $\mathbf{h}_{t-1}^i$，其过程可表示为：

$$\mathbf{h}_{t-1}^{i}=\sum_{j=1}^{m_t^i}\mathbf{h}_{t-1}^{c(t,i,j)} \tag{14.19}$$

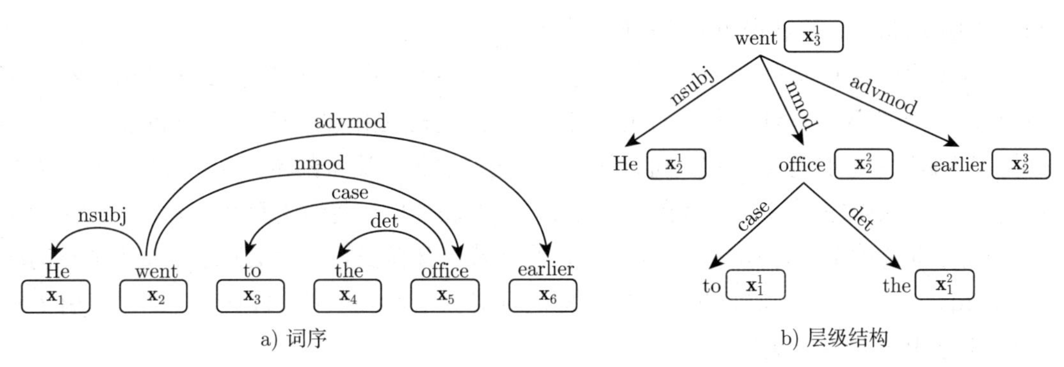

图 14.5 基于词序和层级结构的依存树

326

与序列长短期记忆网络类似，通过计算门向量和记忆单元（包括输入门、输出门及一组遗忘门），我们可以获得隐层状态 $\mathbf{h}_t^i$。根据 $\mathbf{h}_{t-1}^i$ 和 $\mathbf{x}_t^i$，可计算得到输入门 $\mathbf{i}_t^i$ 和输出门 $\mathbf{o}_t^i$：

$$\begin{aligned}\mathbf{i}_t^i&=\sigma(\mathbf{W}^{ih}\mathbf{h}_{t-1}^i+\mathbf{W}^{ix}\mathbf{x}_t^i+\mathbf{b}^i)\\ \mathbf{o}_t^i&=\sigma(\mathbf{W}^{oh}\mathbf{h}_{t-1}^i+\mathbf{W}^{ox}\mathbf{x}_t^i+\mathbf{b}^o)\end{aligned} \tag{14.20}$$

其中，$\mathbf{W}^{ih}$、$\mathbf{W}^{ix}$、$\mathbf{b}^i$、$\mathbf{W}^{oh}$、$\mathbf{W}^{ox}$ 和 $\mathbf{b}^o$ 为模型参数（$\mathbf{b}^i$ 中的 i 不是变量）。

遗忘门 m_t^i 的计算如式 (14.21) 所示，每个门对应一个单元状态 $\mathbf{c}_{t-1}^{c(t,i,j)}$ ($j\in[1,\cdots,m_t^i]$)：

$$\mathbf{f}_t^{i,j}=\sigma(\mathbf{W}^{fh}\mathbf{h}_{t-1}^{c(t,i,j)}+\mathbf{W}^{fx}\mathbf{x}_t^i+\mathbf{b}^f) \tag{14.21}$$

其中，$\mathbf{W}^{fh}$、$\mathbf{W}^{fx}$、$\mathbf{b}^f$ 为模型参数。

记忆单元 $\mathbf{c}_t$ 受门向量控制，其计算方式为：

$$\begin{aligned}\mathbf{g}_t^i&=\tanh(\mathbf{W}^{gh}\mathbf{h}_{t-1}^i+\mathbf{W}^{gx}\mathbf{x}_t^i+\mathbf{b}^g)\\ \mathbf{c}_t^i&=\mathbf{i}_t^i\otimes\mathbf{g}_t+\sum_{j=1}^{m_t^i}\mathbf{f}_t^{i,j}\otimes\mathbf{c}_{t-1}^{c(t,i,j)}\end{aligned} \tag{14.22}$$

其中，$\mathbf{W}^{gh}$、$\mathbf{W}^{gx}$ 和 $\mathbf{b}^g$ 为模型参数，$\mathbf{g}_t^i$ 表示输入 $\mathbf{x}_t^i$ 对应的新隐层状态，该隐层状态可在输入门和遗忘门的控制下与历史单元状态相融合，$\otimes$ 表示哈达玛积（Hadamard product）。

最后，通过输出门，可由 $\mathbf{c}_t^i$ 计算得到 $\mathbf{h}_t^i$：

$$\mathbf{h}_t^i=\mathbf{o}_t^i\otimes\tanh(\mathbf{c}_t^i) \tag{14.23}$$

14.3.2　二叉树长短期记忆网络

图 14.4c 展示了二叉树长短期记忆网络的网络结构，该结构中每个节点最多包含两个子节点，相较于 Child-Sum 树形长短期记忆网络，二叉树长短期记忆网络可分别考虑各个子节点的隐层状态，以获得更精确的隐层特征。

以基于乔姆斯基范式的成分语法为例，图 14.6 展示了句子“The little boy likes red tomatoes”（小男孩爱吃红番茄）的成分句法树，该范式仅由二元节点和一元节点构成（第 10 章），因此，对于任意成分句法树，我们可以通过多种方法将其转化为二叉树结构。为简单起见，我们仅考虑不包含一元节点的二叉树（习题 14.10 将讨论存在一元节点的情况），即树的每个非终端节点都具有两个子节点。为计算二叉树长短期记忆网络中每个节点的隐层向量 $\mathbf{h}_t^i$，与图 14.5 类似，我们对树结构进行层次化表示并利用自下而上的层索引 t 和层内节点索引 i 对各个节点进行标记。

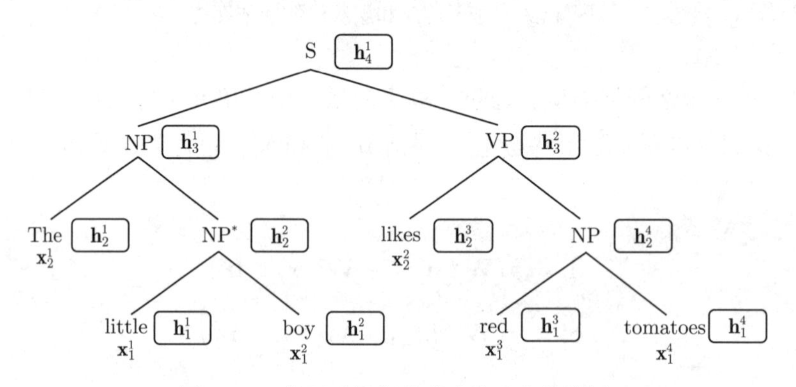

图 14.6　基于乔姆斯基范式的成分句法树

类似于依存树长短期记忆网络，成分句法树长短期记忆网络也可以基于自下而上的时间顺序进行计算。对于 t 层上的节点 i，我们可以利用其左右子节点的隐层向量 $\mathbf{h}_{t-1}^{b(t,i,L)}$、$\mathbf{h}_{t-1}^{b(t,i,R)}$ 及记忆单元 $\mathbf{c}_{t-1}^{b(t,i,L)}$、$\mathbf{c}_{t-1}^{b(t,i,R)}$ 计算 i 的隐层状态 $\mathbf{h}_t^i$ 和记忆单元 $\mathbf{c}_t^i$，其中 $b(t,i,L)$ 和 $b(t,i,R)$ 分别表示 x_t^i 在第 $(t-1)$ 层上左右子节点的索引。对应式 (14.19) 中的 $c(t,i,j)$，我们可以得到 $b(t,i,L)=c(t,i,1)$，$b(t,i,R)=c(t,i,2)$，以图 14.6 为例，$b(4,1,L)=1$（即“The little boy”上方，位于第三层的“NP”），$b(3,1,R)=2$ (即“The little boy”上方，位于第二层的“NP*”)，$b(2,4,L)=3$ (即位于第一层的“red”)。二叉树长短期记忆网络的循环单元与序列长短期记忆网络相似，但需要区分节点 $\mathbf{h}_t^i$ 的两个前驱状态，具体地，输入门 $\mathbf{i}_t^i$ 和两个遗忘门 $\mathbf{f}_t^{i,L}$、$\mathbf{f}_t^{i,R}$ 的计算方式分别为：

327

$$
\begin{aligned}
\mathbf{i}_t^i &= \sigma(\mathbf{W}_L^{ih}\mathbf{h}_{t-1}^{b(t,i,L)} + \mathbf{W}_R^{ih}\mathbf{h}_{t-1}^{b(t,i,R)} + \mathbf{W}_L^{ic}\mathbf{c}_{t-1}^{b(t,i,L)} + \mathbf{W}_R^{ic}\mathbf{c}_{t-1}^{b(t,i,R)} + \mathbf{b}^i) \\
\mathbf{f}_t^{i,L} &= \sigma(\mathbf{W}_L^{f_l h}\mathbf{h}_{t-1}^{b(t,i,L)} + \mathbf{W}_R^{f_l h}\mathbf{h}_{t-1}^{b(t,i,R)} + \mathbf{W}_L^{f_l c}\mathbf{c}_{t-1}^{b(t,i,L)} + \mathbf{W}_R^{f_l c}\mathbf{c}_{t-1}^{b(t,i,R)} + \mathbf{b}^{f_l}) \\
\mathbf{f}_t^{i,R} &= \sigma(\mathbf{W}_L^{f_r h}\mathbf{h}_{t-1}^{b(t,i,L)} + \mathbf{W}_R^{f_r h}\mathbf{h}_{t-1}^{b(t,i,R)} + \mathbf{W}_L^{f_r c}\mathbf{c}_{t-1}^{b(t,i,L)} + \mathbf{W}_R^{f_r c}\mathbf{c}_{t-1}^{b(t,i,R)} + \mathbf{b}^{f_r})
\end{aligned}
\tag{14.24}
$$

其中，$\mathbf{W}_L^{ih}$、$\mathbf{W}_R^{ih}$、$\mathbf{W}_L^{ic}$、$\mathbf{W}_R^{ic}$、$\mathbf{b}^i$、$\mathbf{W}_L^{f_l h}$、$\mathbf{W}_R^{f_l h}$、$\mathbf{W}_L^{f_l c}$、$\mathbf{W}_R^{f_l c}$、$\mathbf{b}^{f_l}$、$\mathbf{W}_L^{f_r h}$、$\mathbf{W}_R^{f_r h}$、$\mathbf{W}_L^{f_r c}$、

$\mathbf{W}_R^{f_r c}$、$\mathbf{b}^{f_r}$ 均为模型参数。非终端节点不存在输入 $\mathbf{x}_t^i$。

记忆单元和隐层状态的计算公式为：

$$\begin{aligned}
\mathbf{g}_t^i &= \tanh(\mathbf{W}_L^{gh}\mathbf{h}_{t-1}^{b(t,i,L)} + \mathbf{W}_R^{gh}\mathbf{h}_{t-1}^{b(t,i,R)} + \mathbf{b}^g) \\
\mathbf{c}_t^i &= \mathbf{i}_t^i \otimes \mathbf{g}_t^i + \mathbf{f}_t^{i,R} \otimes \mathbf{c}_{t-1}^{b(t,i,R)} + \mathbf{f}_t^{i,L} \otimes \mathbf{c}_{t-1}^{b(t,i,L)} \\
\mathbf{o}_t^i &= \sigma(\mathbf{W}_L^{oh}\mathbf{h}_{t-1}^{b(t,i,L)} + \mathbf{W}_R^{oh}\mathbf{h}_{t-1}^{b(t,i,R)} + \mathbf{W}^{oc}\mathbf{c}_t^i + \mathbf{b}^o) \\
\mathbf{h}_t^i &= \mathbf{o}_t \otimes \tanh(\mathbf{c}_t^i)
\end{aligned} \tag{14.25}$$

其中 $\mathbf{W}_L^{gh}$、$\mathbf{W}_R^{gh}$、$\mathbf{b}^g$、$\mathbf{W}_L^{oh}$、$\mathbf{W}_R^{oh}$、$\mathbf{W}^{oc}$、$\mathbf{b}^o$ 均为模型参数。

14.3.3 特征对比

给定句法结构，一个句子既可以表示为序列长短期记忆网络，也可以表示为树形长短期记忆网络。在两种表示方法中，长短期记忆网络均可以利用局部词特征获得句子级上下文表示，而句法结构和树形长短期记忆网络可进一步控制信息整合的过程，优先整合句法关联较紧密的词，因此在长距离依赖问题上性能优于序列长短期记忆网络。将树形长短期记忆网络与序列长短期记忆网络相叠加，以序列编码器的隐层状态作为输入传递给树编码器，可进一步增强树形长短期记忆网络的表征能力。 328

14.4 图结构

本节讨论广义的图结构表示学习方法。图 14.7a 给出了一个抽象语义表示（Abstract Meaning Representation，AMR）图的示例，对应句子“The boy wants to go”。如图 14.7 所示，节点“boy”为“want-01”和“go-01”的施事者（agent），节点“go-01”为“want-01”的受事者（patient），这些节点形成一个有向无环图（directed acyclic graph，DAG）结构，因此无法通过树形长短期记忆网络直接建模。但由于该图为有向图，我们仍然可以定义循环时间轴从而实现隐层状态向量的逐步计算，该时间轴在序列长短期记忆网络中表现为从左至右的顺序，在树形长短期记忆网络中表现为从下至上的顺序，信息通过不同节点按序传递，以获取全局特征。对序列和树形长短期记忆网络的结构稍加调整，也可以实现对有向无环图的建模，习题 14.10 将讨论由树形长短期记忆网络扩展到有向无环图结构的方法。基于有向无环图的长短期记忆网络（DAG LSTM）也被称为 **lattice LSTM**。

图 14.7b 展示了一个较为通用的循环语义图，图中所示的节点顺序是计算隐层状态循环时间单元的基础，但循环语义图的循环特性会导致在图中难以找到节点顺序，因此，相较于树结构和有向无环图结构，循环语义图的表示方法更具挑战性，为解决此问题，节点隐层状态的计算需独立于节点顺序。序列长短期记忆网络和树形长短期记忆网络可通过计算隐层状态在长距离上下文中对当前输入进行表示，同理，我们也希望循环图中的隐层状态能够融入更广的图级别上下文信息。基于此，我们可以利用图上各个节点循环地从邻节点中收集信息，以捕获对更长的上下文的理解。

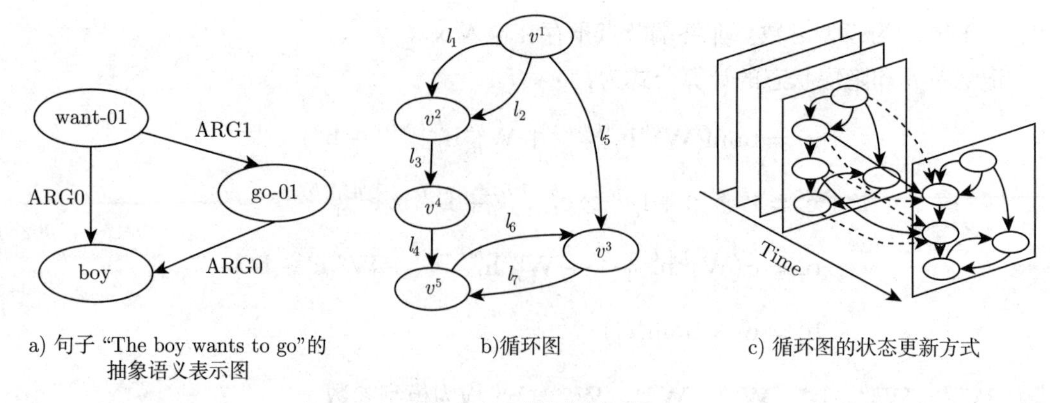

a) 句子“The boy wants to go”的抽象语义表示图　　b)循环图　　c) 循环图的状态更新方式

图 14.7　循环图表示

如图 14.7c 所示，为实现上述目标，我们可以将图结构进行复制和叠加，形成一系列图层，并沿着叠加图层的方向进行循环计算，相邻图层之间可以进行信息交换。图 14.7c 中的各个图层可被视为 14.7b 结构的一系列“快照”，每个快照对应一个循环时间步，每个时间步收集当前节点和前一时间相邻节点的隐层状态，以更新当前节点的隐层状态。相邻节点为由一条边连接的两个节点，每个循环单元也可被视为信息传递的循环单元，各个节点从相邻节点处收集信息并以此更新自身状态。通过这种方式，随着上下文信息的增加，节点状态也会不断更新。例如，当循环单元由 1 逐步扩展至 3 时，上下文信息也由路径为 1 的相邻节点增加至路径为 3 的所有节点，即各个节点信息覆盖区域由半径为 1 扩大至 3。

若将图表示为 $\{V, E\}$,则 $V = \{v_1, v_2, \cdots, v_{|V|}\}$ 代表图中的节点集合,$E = \{e_1, e_2, \cdots, e_{|E|}\}$ 代表边集合，$e_i = (v_i^1, l_i, v_i^2)$ 表示边 $l_i (i \in [1, \cdots, |E|])$ 连接图中的 v_i^1 、v_i^2 两个节点，在有向图中，则 e_i 的方向为由 v_i^1 指向 v_i^2。基于这一表示方法，依存树也可表示为 (V, E)，其中 V 为句子中的词集合，E 为依存弧集合。类似地，在图 14.7a 所示的抽象语义表示图中，V 代表“boy”“want-01”“go-01”等抽象词集, E 代表“ARG0”“ARG1”等边。

图神经网络（Graph Neural Network, GNN）可为每个 $v_i (i \in [1, \cdots, |V|])$ 分配初始隐层状态 $\mathbf{h}_0^i$，然后逐步递归计算 v_i 的隐层状态 $\mathbf{h}_1^i, \mathbf{h}_2^i, \cdots, \mathbf{h}_T^i$，$\mathbf{h}_t^i$ 表示时间步 t 所对应节点 i 的隐层状态，时间步总数 T 可根据任务凭经验确定。下文将分别讨论如何利用循环操作（14.4.1 节）、卷积操作（14.4.2 节）及注意力机制（14.4.3 节）递增式地计算状态 $\mathbf{h}_t^i$。

14.4.1　图循环神经网络

图循环神经网络（Graph Neural Network, GRN）具有和循环神经网络相似的时间步属性，以长短期记忆网络为例，节点 v_i 的隐层状态 $\mathbf{h}_1^i, \mathbf{h}_2^i, \cdots, \mathbf{h}_T^i$ 仍以循环形式进行计算，通过聚合历史状态 $\mathbf{m}_{t-1}^i$ 及当前输入 $\mathbf{x}^i$，可计算得到各个 $\mathbf{h}_t^i$ $(t \in [1, \cdots, T])$，从而实现节点间的信息传递：

$$\mathbf{h}_t^i = \text{LSTM\_STEP}(\mathbf{m}_{t-1}^i, \mathbf{x}^i) \tag{14.26}$$

基于上述信息传递理论，$\mathbf{m}_t^i$ 可被视为 v_i 在时间 t 上接收到的信息。设节点 v_i 的相邻

节点集合为 $\Omega(i)$，对于无向图（或不考虑有向图的方向）而言，通过加和 v_i 相邻节点的先驱隐层状态，即可得到 $\mathbf{m}_{t-1}^i$：

329 ~ 330

$$\mathbf{m}_{t-1}^i = \sum_{k\in\Omega(i)} \mathbf{h}_{t-1}^k \tag{14.27}$$

$\mathbf{x}^i$ 表示图节点 v_i 的固有性质，包括节点和边信息，其计算方式为：

$$\mathbf{x}^i = \sum_{k\in\Omega(i)} \Big(\mathbf{W}^x\Big(\mathrm{emb}(v_i)\oplus\mathrm{emb}^e\big(l(i,k)\big)\oplus\mathrm{emb}(v_k)\Big)+\mathbf{b}^x\Big) \tag{14.28}$$

其中 emb 表示节点的嵌入，emb^e 表示边的嵌入，$l(i,k)$ 表示 v_i 和 v_k 之间的边标签，$\mathbf{W}^x$ 和 $\mathbf{b}^x$ 为模型参数。

边的方向。通过聚合节点及信息传递，上述网络结构所捕获的特征往往粒度较粗，忽略了有向图中边的方向等特征。根据边的方向对相邻节点进行分组，可帮助模型获得更细致的特征表示，即对于各个 v_i，其 $\mathbf{m}_t^i$ 的计算方式为：

$$\begin{aligned}
\mathbf{m}_{t-1}^{i\uparrow} &= \sum_{k\in\Omega_\uparrow(i)} \mathbf{h}_{t-1}^k \\
\mathbf{m}_{t-1}^{i\downarrow} &= \sum_{k\in\Omega_\downarrow(i)} \mathbf{h}_{t-1}^k \\
\mathbf{m}_{t-1}^{i} &= \mathbf{m}_{t-1}^{i\uparrow}\oplus\mathbf{m}_{t-1}^{i\downarrow}
\end{aligned} \tag{14.29}$$

其中，$\Omega_\uparrow(i)$ 和 $\Omega_\downarrow(i)$ 分别代表传入和传出的相邻节点，$\mathbf{m}_{t-1}^{i\uparrow}$ 和 $\mathbf{m}_{t-1}^{i\downarrow}$ 分别代表传入、传出相邻节点的隐层状态，$\mathbf{m}_{t-1}^i$ 为 $\mathbf{m}_{t-1}^{i\uparrow}$ 和 $\mathbf{m}_{t-1}^{i\downarrow}$ 的串联结果。

同理，$\mathbf{x}_t^i$ 的计算也可以融入传入、传出边的方向信息：

$$\begin{aligned}
\mathbf{x}_t^{i\uparrow} &= \sum_{k\in\Omega\uparrow(i)} \Big(\mathbf{W}_{x\uparrow}\Big(\mathrm{emb}(v_k)\oplus\mathrm{emb}\big(l(i,k)\big)\oplus\mathrm{emb}(v_i)\Big)+\mathbf{b}_{x\uparrow}\Big) \\
\mathbf{x}_t^{i\downarrow} &= \sum_{k\in\Omega\downarrow(i)} \Big(\mathbf{W}_{x\downarrow}\Big(\mathrm{emb}(v_k)\oplus\mathrm{emb}\big(l(i,k)\big)\oplus\mathrm{emb}(v_i)\Big)+\mathbf{b}_{x\downarrow}\Big) \\
\mathbf{x}_t^{i} &= \mathbf{x}_t^{i\uparrow}\oplus\mathbf{x}_t^{i\downarrow}
\end{aligned} \tag{14.30}$$

其中，$\mathbf{W}_{x\uparrow}$、$\mathbf{b}_{x\uparrow}$、$\mathbf{W}_{x\downarrow}$、$\mathbf{b}_{x\downarrow}$ 为模型参数，$l(k,i)$ 表示从 v_k 指向 v_i 的边。

细粒度控制。上述模型利用式 (14.6) 中的标准 LSTM_STEP 函数进行信息传递，参考 Child-Sum 树形长短期记忆网络，我们也可以利用单独的门控机制分别控制来自各个相邻节点的信息流，习题 14.11b 将针对该问题展开详细讨论。

331

14.4.2 图卷积神经网络

循环神经网络可通过信息的循环传递帮助图神经网络进行建模，如前文所述，循环神经网络的每步计算相当于一个神经网络层，不同层对应不同时间步。同理，我们也可以尝试利用多层卷积神经网络对信息循环交换的过程进行建模。给定节点 v_i，图卷积神经网络（Graph Convolution Network, GCN）利用卷积函数，基于 $\mathbf{h}_{t-1}^i$ 计算 $\mathbf{h}_t^i$。根据 14.4.1 节中图循环神经网络的上下文信息交互方式，我们可以利用式 (14.27) ~ 式 (14.28) 或式 (14.29) ~ 式 (14.30) 分别计算 $\mathbf{m}_t^i$ 和 $\mathbf{x}_t^i$。图循环神经网络与图卷积神经网络之间的主要区别在于节点状态的更新方式，前者利用长短期记忆网络 [式 (14.26)]，后者利用卷积函数：

$$\mathbf{h}_t^i = \sigma(\mathbf{W}^m \mathbf{m}_{t-1}^i + \mathbf{W}^x \mathbf{x}_t^i + \mathbf{b}) \tag{14.31}$$

其中，$\mathbf{W}^m$、$\mathbf{W}^x$ 和 $\mathbf{b}$ 为模型参数。

区别边标签。对不同边设置不同权重，并分别从相邻节点收集信息，可以得到图卷积神经网络的变体之一。设节点 v_i 和 v_k 之间的边为 $l(i,k)$，边方向为 $\text{dir}(i,k)$，对式 (14.31) 稍做调整，即可得到新的图卷积神经网络：

$$\begin{aligned}\mathbf{h}_t^i &= \sigma\Big(\sum_{k\in\Omega(i)}\Big(\mathbf{W}_{l(i,k),\text{dir}(i,k)}^m \mathbf{h}_{t-1}^k + \mathbf{W}_{l(i,k),\text{dir}(i,k)}^x \mathbf{x}_t^k + \mathbf{b}_{l(i,k),\text{dir}(i,k)}\Big)\Big)\\ \mathbf{x}_t^k &= \Big(\text{emb}(v_k)\oplus \text{emb}^e(l(i,k))\oplus \text{emb}(v_i)\Big)\end{aligned} \tag{14.32}$$

其中，$\mathbf{W}_{l(i,k),\text{dir}(i,k)}^m$ 为 $|L|\times 2$ 组模型参数，用于替换式 (14.31) 中的 $\mathbf{W}^m$，同理，式 (14.31) 中的 $\mathbf{W}^x$ 和 $\mathbf{b}$ 也可做类似替换。L 为边标签的集合。

门控机制。在式 (14.32) 中添加门控机制，对由 $\mathbf{h}_{t-1}^k(k\in\Omega(i))$ 传递到 $\mathbf{h}_t^i$ 的信息量加以控制，可以得到图卷积神经网络的另一种模型变体。门控 $\mathbf{g}_t^{i,k}$ 可以通过 $\mathbf{W}_{l(i,k),\text{dir}(i,k)}^g$ 和 $\mathbf{b}_{l(i,k),\text{dir}(i,k)}^g$ 设定，具体计算方法为：

$$\mathbf{g}_t^{i,k} = \sigma\Big(\mathbf{W}_{l(i,k),\text{dir}(i,k)}^g \mathbf{h}_{t-1}^k + \mathbf{b}_{l(i,k),\text{dir}(i,k)}^g\Big) \tag{14.33}$$

基于式 (14.33) 对式 (14.32) 进行扩展，可以得到：

$$\mathbf{h}_t^i = \sigma\Big(\sum_{k\in\Omega(i)} \mathbf{g}_t^{i,k}\otimes\Big(\mathbf{W}_{l(i,k),\text{dir}(i,k)}^m \mathbf{h}_{t-1}^k + \mathbf{W}_{l(i,k),\text{dir}(i,k)}^x \mathbf{x}_t^k + \mathbf{b}_{l(i,k),\text{dir}(i,k)}\Big)\Big) \tag{14.34}$$

14.4.3 图注意力神经网络

图注意力神经网络（Graph Attentional Neural Network, GAT）是图神经网络的另一种类型，该网络通过注意力机制聚合每个循环步中相邻节点的信息。与卷积神经网络类似，图注意力神经网络利用多层注意力聚合机制，处理多个循环时间步的信息。具体地，为计算第 t 步时节点 v_t 的隐层状态 $\mathbf{h}_t^i$，我们先对相邻的先驱状态向量进行加权求和：

332

$$\mathbf{h}_t^i = \sum_{k\in\Omega(i)} \alpha_{ik}\mathbf{h}_{t-1}^k \tag{14.35}$$

根据前一步隐层状态 $\mathbf{h}_{t-1}^{i}$ 和 $\mathbf{h}_{t-1}^{k}$，式 (14.35) 中的权重 α_{ik} 可通过一组注意力得分进行计算：

$$
\begin{aligned}
s_{ik} &= \sigma\big(\mathbf{W}(\mathbf{h}_{t-1}^{i} \oplus \mathbf{h}_{t-1}^{k})\big) \\
\alpha_{ik} &= \frac{\exp(s_{ik})}{\sum_{k' \in \Omega(i)} \exp(s_{ik'})}
\end{aligned} \tag{14.36}
$$

其中，$\mathbf{W}$ 为模型参数，α_{ik} 通过 softmax 被归一化为概率分布。

14.4.4　特征聚合

对于树形长短期记忆网络，其顶层节点的隐层状态可用于表示整棵树的特征，相反，图神经网络为图结构中的每个节点分别计算隐层状态。为了获得整个图形的单一向量表示，我们可以在最后一个隐层状态 $\mathbf{h}_i (i \in [1, \cdots, |V|])$ 的顶部添加一个聚合层。池化和注意力机制均可用于聚合，后者需要设置查询向量 $\mathbf{q}$ [式 (14.11)]，$\mathbf{q}$ 可进行随机初始化。由此，我们可以得到一个与第 13 章中图 13.4 结构相似的文本分类器，其序列编码层被替换为具有语义图结构的图编码层。

14.5　表示向量的分析

文本表示向量 $\mathbf{h}$ 包含了输入特征间的各种组合关系，并在一定程度上蕴含句法和语义信息，这些向量通过动态方式计算得到，往往具有较弱的可解释性。本节将介绍两种文本表示向量的间接分析方法。

一种方法为向量可视化（visualisation），其主要思想是将隐层文本表示投影到二维坐标系中，定性分析不同文本表示间的相关性。向量可视化的常用工具为 **T 分布随机近邻嵌入**（t-distributed stochastic neighbour embedding，t-SNE），该方法通过非线性降维，可在二维空间中展示向量在原始高维空间中的距离相关性。不同输入的表示向量之间的几何相关性能够反映向量的隐含特征。以图 13.4 所示的文本分类器为例，在进行情感分类任务时，若正向文本和负向文本的表示向量在向量空间中明显分离，则说明该隐层表示正确地捕获了输入文本的情感信息。图 14.8 展示了一组文本的隐层表示经过 t-SNE 可视化后的结果，正向情感本文和负向情感文本位于向量空间中的不同簇，表明情感分类器的表示向量能够很好地捕获文本中的情感信息。第 17 章将介绍更多用于词嵌入表示的 t-SNE 可视化示例。

333

另一种表示学习分析方法为**探测任务**（probing task），该方法通过词法、句法、语义等方面的辅助任务，定量判断当前文本表示是否蕴含了这些任务所对应的语言特征。仍以情感分析任务为例，为分析文本的向量表示是否包含情感特征，我们可以利用情感预测作为探测任务，其具体流程为：（1）标注一组带有情感标签的样本，并将样本分为训练集、开发集和测试集；（2）运行一个表示学习模型，将样本实例转化为向量表示；（3）训练一个简单的分类模型，例如只有 1 层或 2 层的多层感知机网络，以（2）中的表示向量作为模型输入，探测任务的结果（例如情感类别）作为输出；（4）训练得到的模型性能越准确，则越能说明表示向量包含了与探测任务相关的特征信息。

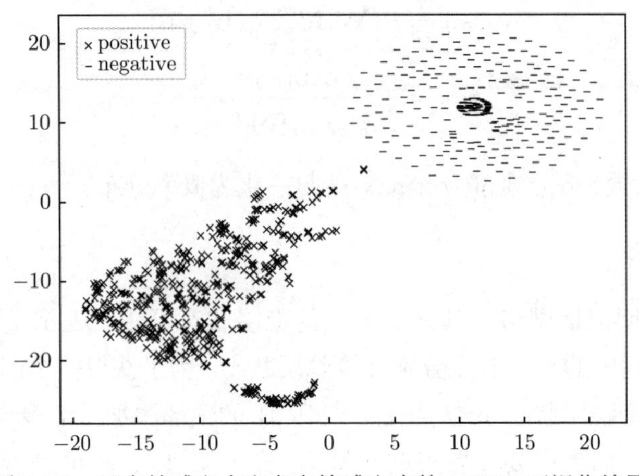

图 14.8 正向情感文本和负向情感文本的 t-SNE 可视化结果

14.6 神经网络的训练

神经网络模型的训练比线性模型更具挑战性，由于神经网络的结构深度和复杂度，标准随机梯度下降算法不适合神经网络训练目标的优化。第 13 章介绍了一部分随机梯度下降算法的训练技巧，本章将介绍更多优化算法，以帮助神经网络模型提升性能。

334

14.6.1 AdaGrad 算法

对于非凸目标函数，我们可以为不同模型参数设置不同学习率，以便更好地优化每个参数。直观而言，更新频繁的模型参数适合较小的学习率，更新缓慢的模型参数适合较大的学习率，AdaGrad 算法可根据梯度为不同参数计算自适应学习率，从而提高训练速度。

参照第 13 章，我们将模型参数集定义为 Θ，相应的梯度集定义为 $\mathbf{g}$。对于每个参数 $\theta_i \in \Theta (i \in [1, \cdots, |\Theta|])$，AdaGrad 算法从训练起始阶段累计计算各个参数的平方梯度 sg_i，并基于 sg_i 估计各个参数的学习率。θ_i 的学习率 η_i 通常与 sg_i 的平方根成反比，若 $sg_{t,i}$ 较大，则 θ_i 变化较快，AdaGrad 算法会生成一个较小的学习率从而减少参数更新量，若 $sg_{t,i}$ 较小，则 θ_i 的学习率就会偏大，从而加快参数更新速率。其更新规则为：

$$
\begin{aligned}
\mathbf{g}_t &= \frac{\partial L(\Theta_{t-1})}{\partial \Theta_{t-1}} \\
sg_{t,i} &= sg_{t-1,i} + g_{t,i}^2 \\
\theta_{t,i} &= \theta_{t-1,i} - \frac{\eta}{\sqrt{sg_{t,i} + \epsilon}} g_{t,i}
\end{aligned}
\tag{14.37}
$$

其中，L 表示损失函数，t 表示参数更新中的时间步，$sg_{t,i}$ 为参数 θ_i 的梯度平方和，可表

示为 $sg_{t,i} = \sum_{k=1}^{t} g_{k,i}^2$。初始学习率 η 和常量 ϵ 为模型超参数，通常分别设置为 0.01 和 $1\mathrm{e}^{-8}$。

14.6.2　RMSProp 算法

AdaGrad 优化算法存在两个不足之处：一是训练中后期时，梯度累加的平方和越来越大，使得学习率锐减，参数更新量趋近于零，导致训练提前结束；二是 AdaGrad 算法需手工设置初始学习率 η, η 过大会导致学习率迅速下降。RMSProp 算法可解决这两个问题，该算法只关注有限个历史窗口的梯度，忽略超过一定窗口的梯度，从而降低了累积梯度增加的速度，初始学习率也不会过度影响未来时间步上的学习率。RMSProp 算法的更新规则为：

$$
\begin{aligned}
\mathbf{g}_t &= \frac{\partial L(\Theta_{t-1})}{\partial \Theta_{t-1}} \\
\mathbb{E}|\mathbf{g}^2|_t &= \rho \mathbb{E}|\mathbf{g}^2|_{t-1} + (1-\rho)\mathbf{g}_t^2 \\
\mathrm{RMS}|\mathbf{g}|_t &= \sqrt{\mathbb{E}|\mathbf{g}^2|_t + \epsilon} \\
\Theta_t &= \Theta_{t-1} - \frac{\eta}{\mathrm{RMS}|\mathbf{g}|_t}\mathbf{g}_t
\end{aligned}
\tag{14.38}
$$

335

式 (14.38) 为矩阵向量乘法形式，其中，$\mathbb{E}\left|\mathbf{g}^2\right|_t$ 表示梯度平方的动态平均值，ρ 为超参数，用于控制历史梯度平均值和当前梯度的百分比，通常设为 0.9。超参数 η 通常设为 0.001。RMSProp 算法用均方根 $\mathrm{RMS}|\mathbf{g}|_t$ 替代了 AdaGrad 算法中的 $\sqrt{\mathbf{sg}_t + \epsilon}$，其余更新规则与 AdaGrad 相同。

14.6.3　AdaDelta 算法

与 RMSProp 算法相似，AdaDelta 算法也可用于解决 AdaGrad 算法的学习率问题。AdaDelta 算法采用指数衰减的方式对历史平方和进行过滤，并且不需要手工设置初始学习率 η 。在 AdaDelta 优化算法中，参数更新量 $\Delta\Theta$ 与参数值 Θ 成比例，从而允许对较大的 Θ_i 分量进行较快更新。RMSProp 和 AdaGrad 算法的更新规则均为 $\Theta_t = \Theta_{t-1} - \dfrac{\eta}{f(\mathbf{g}_t)}\mathbf{g}_t$，但在 RMSProp 算法中，$\mathbf{g}_t$ 和 $f(\mathbf{g}_t)$ 与 Θ 均成正比，因此 $\Delta\Theta = \dfrac{\eta}{f(\mathbf{g}_t)}\mathbf{g}_t$ 并不正比于 Θ。鉴于此，AdaDelta 算法在第 t 个时间步以基于 $\Delta\Theta_t$ 的函数代替 η，从而正比于 Θ。该算法先计算：

$$
\begin{aligned}
\mathbb{E}|\Delta\Theta^2|_t &= \rho \mathbb{E}|\Delta\Theta^2|_{t-1} + (1-\rho)\Delta\Theta_t^2 \\
\mathrm{RMS}|\Delta\Theta|_t &= \sqrt{\mathbb{E}|\Delta\Theta^2|_t + \epsilon}
\end{aligned}
$$

其中 $\mathbb{E}\left|\Delta\Theta^2\right|$ 表示参数更新量的历史平方和，$\mathbb{E}\left|\Delta\Theta^2\right|$ 以指数方式进行衰减，因此存在 $\mathrm{RMS}|\Delta\Theta|$ 正比于 Θ。利用 $\mathrm{RMS}|\Delta\Theta|$ 代替学习速率 η，也使得 $\Delta\Theta$ 与原始参数向量 Θ 成

比例。但是，在计算 $\Delta\Theta_t$ 之前，$\mathrm{RMS}|\Delta\Theta|_t$ 是未知的，我们假设 $\mathrm{RMS}(\cdot)$ 函数局部平滑，利用前一步的 $\mathrm{RMS}|\Delta\Theta|_{t-1}$ 近似 $\mathrm{RMS}|\Delta\Theta|_t$，从而得出 $\Delta\Theta_t$ 的更新规则：

$$\Delta\Theta_t = -\frac{\mathrm{RMS}|\Delta\Theta|_{t-1}}{\mathrm{RMS}|\mathbf{g}|_t}\mathbf{g}_t$$

$\mathrm{RMS}|\Delta\Theta|_{t-1}$ 可以看作加速度项，集合了最近窗口内的历史参数更新。参数 $\mathbf{g}_t$、$\mathbb{E}|\mathbf{g}^2|_t$ 和 $\mathrm{RMS}|\mathbf{g}|_t$ 的计算与 RMSProp 算法相同，超参数 ρ 和 ϵ 通常分别设置为 0.9 和 $1\mathrm{e}^{-6}$。

14.6.4 Adam 算法

Adam 算法整合了随机梯度下降和 RMSProp 算法的动量思想，在生成自适应学习率时，Adam 算法集成一阶矩函数和二阶矩函数[⊖]，一阶矩函数用于控制模型的梯度时序变量，二阶矩函数用于控制梯度平方时序变量。其具体计算公式为：

336

$$\begin{aligned}\mathbf{g}_t &= \frac{\partial L(\Theta_{t-1})}{\partial\Theta_{t-1}} \\ \mathbf{v}_t &= \beta_1\mathbf{v}_{t-1} + (1-\beta_1)\mathbf{g}_t \\ \mathbb{E}|\mathbf{g}^2|_t &= \beta_2\mathbb{E}|\mathbf{g}^2|_{t-1} + (1-\beta_2)\mathbf{g}_t^2\end{aligned} \tag{14.39}$$

式 (14.39) 中，$\mathbf{v}$ 为一阶矩函数估计值，相当于随机梯度下降算法中的一阶动量，$\mathbb{E}|\mathbf{g}^2|$ 为二阶矩函数估计值，相当于 RMSProp 算法中的动态梯度平方。β_1 与 β_2 为超参数，取值通常接近于 1，例如 $\beta_1 = 0.9$，$\beta_2 = 0.999$。$\mathbf{v}$ 和 $\mathbf{g}$ 的初始值均为 0。在第 t 时间步，$\mathbf{v}_t$ 的计算过程为：

$$\begin{aligned}\mathbf{v}_1 &= \beta_1\mathbf{v}_0 + (1-\beta_1)\mathbf{g}_1 = (1-\beta_1)\mathbf{g}_1 \\ \mathbf{v}_2 &= \beta_1\mathbf{v}_1 + (1-\beta_1)\mathbf{g}_2 = \beta_1(1-\beta_1)\mathbf{g}_1 + (1-\beta_1)\mathbf{g}_2 \\ &= (1-\beta_1)(\beta_1\mathbf{g}_1 + \mathbf{g}_2) \\ &\vdots \\ \mathbf{v}_t &= (1-\beta_1)(\beta_1^{t-1}\mathbf{g}_1 + \beta_1^{t-2}\mathbf{g}_2 + \cdots + \mathbf{g}_t)\end{aligned}$$

$\mathbf{v}_t$ 是时间步 t 以内的梯度加权和，梯度 $\mathbf{g}_1$，$\mathbf{g}_2,\cdots,\mathbf{g}_t$ 的权重之和 b_t 为：

$$\begin{aligned}b_t &= (1-\beta_1)(\beta_1^{t-1} + \beta_1^{t-2} + \cdots + 1) = (1-\beta_1)\sum_{i=1}^{t}\beta_1^{t-i} \\ &= \sum_{i=1}^{t}\beta_1^{t-i} - \sum_{i=1}^{t}\beta_1^{t+1-i} \\ &= 1 - \beta_1^t\end{aligned} \tag{14.40}$$

⊖ 矩函数表示某一时序变量相对于当前时刻的历史累计和。

基于式 (14.40)，我们发现 b_t 不等于 1，若 β_1 较大而 t 相对较小，则 b_t 较小，这表明 Adam 算法在初始更新步骤中倾向于零参数更新（例如 $\beta = 0.9$，$t = 1$，则 $\mathbf{v}_1 = 0.1\,\mathbf{g}_1$）。为修正该偏差，我们计算：

$$\hat{\mathbf{v}}_t = \frac{\mathbf{v}_t}{1-\beta_1^t} \tag{14.41}$$

于是，$\mathbf{v}_t$ 的梯度权重之和就可以为 1。同理，二阶矩的偏差校正公式为：

$$\hat{\mathbb{E}}|\mathbf{g}^2|_t = \frac{\mathbb{E}|\mathbf{g}^2|_t}{1-\beta_2^t} \tag{14.42}$$

最终 Adam 算法的更新规则为

$$\Theta_t = \Theta_{t-1} - \frac{\eta}{\sqrt{\hat{\mathbb{E}}|\mathbf{g}^2|_t + \epsilon}}\hat{\mathbf{v}}_t \tag{14.43}$$

该更新方式与 AdaGrad 算法相似，η 和 ϵ 通常分别设为 $1\mathrm{e}^{-3}$ 和 $1\mathrm{e}^{-8}$。

14.6.5 优化算法的选择

自适应优化算法的主要区别在于计算各个参数学习率的方式，其性能因数据集和超参数而异，因此优化算法的选择也可以看作一个超参数，一定程度上取决于调试经验。在实际应用中，Adam 算法是最为主流的选择，其次是带有动量的随机梯度下降算法（第 13 章），但前者的收敛速度明显优于后者。

总结

本章介绍了：

- 循环神经网络 (RNN)。
- 神经注意力机制与自注意力网络 (SAN)。
- Child-Sum 树形长短期记忆网络与二叉树长短期记忆网络。
- 图循环网络、图卷积网络与图注意力网络。
- AdaGrad、RMSProp、AdaDelta、Adam 优化算法。

注释

Sutskever 等人 (2014) 讨论了循环神经网络在句子表征上的应用 (Elman, 1990; Mikolov 等人, 2010)。注意力机制 (Bahdanau 等人, 2015; Yang 等人, 2016) 被广泛应用于特征聚合任务中。长短期记忆网络 (Hochreiter 和 Schmidhuber, 1997)、门控循环单元 (Cho 等人, 2014)、卷积神经网络 (LeCun 等人, 1998; Kim, 2014) 和自注意力网络 (Vaswani 等人, 2017) 是自然语言处理中最常用的序列编码器 (Ma 和 Hovy, 2016; Lample 等人, 2016; Chung 等人, 2014)。

树形长短期记忆网络 (Tai 等人, 2015; Zhu 等人, 2016) 可用于表示关系抽取等任务中的语法信息 (Miwa 和 Bansal, 2016)。基于有向无环图的长短期记忆网络可用于有向无环图 (Zhu 等人, 2015; Peng 等人, 2017) 和字词格 (Chen 等人, 2015; Zhang 和 Yang, 2018) 的建模。Sperduti 和 Starita (1997) 首次将神经网络应用于有向无环图，从而开创了对图神经网络的早期研究。Gori 等人 (2005) 提出了图神经网络的概念，Scarselli 等人 (2008) 又对此做了进一步拓展。图卷积神经网络 (Niepert 等人, 2016; Kipf 和 Welling, 2016) 是早期自然语言处理任务中较有影响力的图循环神经网络模型，可用于语义角色标记 (Marcheggiani 和 Titov, 2017)、文本生成 (Bastings 等人, 2017)、关系抽取 (Zhang 等人, 2018) 等各种任务。随后，图循环神经网络 (Song 等人, 2018; Beck 等人, 2018) 和图注意力网络 (Veličković 等人, 2017; Xu 等人, 2018) 也在自然语言处理领域引起了广泛关注。

338

AdaGrad (Duchi 等人, 2011)、RMSProp (Tieleman 和 Hinton, 2012)、AdaDelta (Zeiler, 2012) 以及 Adam (Kingma 和 Ba, 2014) 优化算法是训练自然语言处理模型的常用优化器。

习题

14.1　试解释式 (14.6)LSTM_STEP 中的 BACKPROPAGATE($\mathbf{g}_t$) 函数，其中 $\mathbf{g}_t$ 表示 $\mathbf{h}_t$ 上的反向传播梯度。对比该梯度与循环神经网络的梯度，说明长短期记忆网络在反向传播上性能优于普通循环神经网络的原因。

14.2　试具体说明双向门控循环单元和具有多层双向门控循环单元的神经网络。

14.3　堆叠式双向长短期记忆网络的一种替代方法为基于每一层对隐藏向量进行串联，然后将组合向量作为下一层的输入，具体计算方式为：

$$
\begin{aligned}
&\mathbf{H}_c^0 = \mathbf{X} \\
&\overrightarrow{\mathbf{H}}^1 = \overrightarrow{\text{LSTM}}_1(\mathbf{H}_c^0),\ \overleftarrow{\mathbf{H}}^1 = \overleftarrow{\text{LSTM}}_1(\mathbf{H}_c^0) \\
&\mathbf{H}_c^1 = \overrightarrow{\mathbf{H}}^0 \oplus \overleftarrow{\mathbf{H}}^0 = [\overrightarrow{\mathbf{h}}_1^1 \oplus \overleftarrow{\mathbf{h}}_1^1; \overrightarrow{\mathbf{h}}_2^1 \oplus \overleftarrow{\mathbf{h}}_2^1; \cdots; \overrightarrow{\mathbf{h}}_n^1 \oplus \overleftarrow{\mathbf{h}}_n^1] \\
&\overrightarrow{\mathbf{H}}^2 = \overrightarrow{\text{LSTM}}_2(\mathbf{H}_c^1),\ \overleftarrow{\mathbf{H}}^2 = \overleftarrow{\text{LSTM}}_2(\mathbf{H}_c^1) \\
&\mathbf{H}_c^2 = \overrightarrow{\mathbf{H}}^2 \oplus \overleftarrow{\mathbf{H}}^2 = [\overrightarrow{\mathbf{h}}_1^2 \oplus \overleftarrow{\mathbf{h}}_1^2; \overrightarrow{\mathbf{h}}_2^2 \oplus \overleftarrow{\mathbf{h}}_2^2; \cdots; \overrightarrow{\mathbf{h}}_n^2 \oplus \overleftarrow{\mathbf{h}}_n^2] \\
&\vdots \\
&\overrightarrow{\mathbf{H}}^l = \overrightarrow{\text{LSTM}}_l(\mathbf{H}_c^{l-1}),\ \overleftarrow{\mathbf{H}}^l = \overleftarrow{\text{LSTM}}_l(\mathbf{H}_c^{l-1}) \\
&\mathbf{H}_c^2 = \overrightarrow{\mathbf{H}}^l \oplus \overleftarrow{\mathbf{H}}^l = [\overrightarrow{\mathbf{h}}_1^l \oplus \overleftarrow{\mathbf{h}}_1^l; \overrightarrow{\mathbf{h}}_2^l \oplus \overleftarrow{\mathbf{h}}_2^l; \cdots; \overrightarrow{\mathbf{h}}_n^l \oplus \overleftarrow{\mathbf{h}}_n^l]
\end{aligned}
$$

$\mathbf{H}_c^i$ 为第 i 层隐层向量的串联。通过这种方式，第 i 层可同时捕获第 $(i-1)$ 层从左至右与从右至左的信息。试回顾 14.1.4 节所介绍的堆叠式双向长短期记忆网络，并比较这两种方法的优缺点。

14.4 单词序列构成句子，句子序列构成文档，因此文档具有上下文层次结构，

（1） 试基于文档定义层次化长短期记忆网络。

（2） 试讨论如何利用注意力机制对文档进行编码。

339

14.5 **Highway 网络**可通过直接将信息由输入端传递到输出端来对前馈网络进行修改。给定输入向量 $\mathbf{x}$, 前馈网络将计算

$$\mathrm{FF}(x) = g(\mathbf{W}^H\mathbf{x} + \mathbf{b}^H)$$

其中，$\mathbf{W}^H$ 和 $\mathbf{b}^H$ 为模型参数，g 为非线性函数。

Highway 网络 $\textsc{Highway}(\mathbf{x})$ 的定义为

$$\begin{aligned} \textsc{Highway}(\mathbf{x}) &= \mathbf{t} \otimes g(\mathbf{W}^H\mathbf{x} + \mathbf{b}^H) + (1-\mathbf{t}) \otimes \mathbf{x} \\ \mathbf{t} &= \sigma(\mathbf{W}^T\mathbf{x} + \mathbf{b}^T) \end{aligned} \tag{14.44}$$

其中，$\mathbf{W}^H$、$\mathbf{W}^T$、$\mathbf{b}^H$ 、$\mathbf{b}^T$ 为模型参数，g 为非线性激活函数（常用 ReLU）。门向量 $\mathbf{t}$ 控制原始输出 $g(\mathbf{W}^H\mathbf{x} + \mathbf{b}^H)$ 和直连输入之间的信息流，类似于长短期记忆网络中的门控机制。$\mathbf{t}$ 和 $1-\mathbf{t}$ 控制原始 FF ($\mathbf{x}$) 网络及直连输入 x 的信息流，$\mathbf{t}$ 称为转换门，反映 FF 的映射函数，$1-\mathbf{t}$ 称为携带门，可使输入信息直接且自适应地连接到输出。训练过程中，输出层的梯度可通过携带门向下传递到输入层，因此高速网络适用于训练较深的神经网络。试讨论高速公路网络的反向传播规则，对比高速公路网络与 13.3.1 节中的残差网络，试说明二者的异同。

14.6 **循环神经网络中的 Dropout 机制**。如 13.3.3 节所述，Dropout 机制可有效缓解模型过拟合问题。式 (13.21) 中的 Dropout 机制可应用于循环神经网络输入与隐层的连接中，但不能应用于隐层与隐层的连接中，因为后者会损害循环神经网络的表示能力。**变分 Dropout** 是 Dropout 机制的变体之一，适用于循环神经网络的场景。朴素 dropout 机制对不同输入使用不同的 Dropout 掩码，但变分 Dropout 机制可在各个时间步采用相同的掩码。变分 Dropout 机制的定义为：

$$\begin{aligned} &\mathbf{m}_x \sim \mathrm{Bernoulli}(p_x) \quad \text{（输入到隐层间的掩码）} \\ &\mathbf{m}_h \sim \mathrm{Bernoulli}(p_h) \quad \text{（隐层到隐层间的掩码）} \\ &\hat{\mathbf{m}}_x = \frac{\mathbf{m}_x}{1-p_x},\ \hat{\mathbf{m}}_h = \frac{\mathbf{m}_h}{1-p_h} \\ &\hat{\mathbf{x}}_t = \mathbf{x}_t \otimes \hat{\mathbf{m}}_x,\ \hat{\mathbf{h}}_{t-1} = \mathbf{h}_{t-1} \otimes \hat{\mathbf{m}}_h \\ &\mathbf{h}_t = \mathrm{RNN}(\hat{\mathbf{x}}_t, \hat{\mathbf{h}}_{t-1}) \end{aligned} \tag{14.45}$$

其中，p_x 和 p_h 分别为输入到隐层和隐层到隐层的 Dropout 概率，$\mathbf{m}_x$ 和 $\mathbf{m}_h$ 分别为各时间步上输入到隐层和隐层到隐层的掩码。试说明朴素 Dropout 机制不适用于循环神经网络的原因，以及变分 Dropout 机制能解决相应问题的原因。

340

14.7　层归一化可应用于长短期记忆网络、门控循环单元等循环神经网络中，以长短期记忆网络为例，其层归一化操作可定义为：

$$\begin{pmatrix} \mathbf{i}_t \\ \mathbf{f}_t \\ \mathbf{g}_t \\ \mathbf{o}_t \end{pmatrix} = \text{LayerNorm}(\mathbf{W}^x\mathbf{x}_t; \boldsymbol{\alpha}_1, \boldsymbol{\beta}_1) + \text{LayerNorm}(\mathbf{W}^2\mathbf{h}_{t-1}; \boldsymbol{\alpha}_2, \boldsymbol{\beta}_2) + \mathbf{b}$$

$$\mathbf{c}_t = \sigma(\mathbf{i}_t) \otimes \tanh(\mathbf{g}_t) + \sigma(\mathbf{f}_t) \otimes \mathbf{c}_{t-1}$$

$$\mathbf{o}_t = \sigma(\mathbf{o}_t) \otimes \tanh(\text{LayerNorm}(\mathbf{c}_t; \boldsymbol{\alpha}_3, \boldsymbol{\beta}_3))$$

上式应用了三个参数不同的 LayerNorm 函数，试参考以上方法，将 LayerNorm 函数应用于自注意力网络中。

14.8　针对输入向量和参数矩阵/向量，试具体说明点积注意力、缩放点积注意力、双线性注意力及加性注意力的反向传播梯度。

14.9　回顾式 (14.16)，试讨论计算 $\mathbf{s}_i$ 的替代方法，并阐述这些方法的优势。

14.10　针对树形长短期记忆网络：

（1）试设置必要的模型参数，讨论 Child-Sum 树形长短期记忆网络和二叉树长短期记忆网络叶节点隐层状态和单元状态的不同计算方式。

（2）试为句法成分树设计 Child-Sum 树形长短期记忆网络，对比 14.3.1 节中的依存树 Child-Sum 树形长短期记忆网络，分析二者的主要区别，并定义各个节点最合适的输入值 $\mathbf{x}_t$。

（3）试对 14.3.2 节中的二叉树长短期记忆网络进行扩展，以适用于存在一元节点的场景。

（4）试将二叉树长短期记忆网络扩展为更普遍的 N 级树长短期记忆网络，分析该模型是否能处理子节点数量不同的情况 (提示：对于不存在的节点，可设置向量为 $\vec{0}$)。

（5）试将 14.3.1 节中的 Child-Sum 树形长短期记忆网络扩展为基于有向无环图的长短期记忆网络，以处理如图 14.7a 所示的有向无环图结构。（提示：通过在各个节点上设置多条输入边，可将序列长短期记忆网络扩展为树形长短期记忆网络，进而在各个节点上设置多条输出边，可将树形长短期记忆网络扩展为基于有向无环图的长短期记忆网络。试讨论这些边的处理方式。）

14.11　针对图神经网络：

（1）14.4.1 节讨论了由标准长短期记忆网络扩展为图循环神经网络的方法，同理，试将第 13 章介绍的门控循环单元扩展为图神经网络。

（2）试通过利用单独门控机制控制相邻节点间的信息，将标准长短期记忆网络扩展为 14.4.1 节中所述的图循环神经网络，并讨论此方法是否能集成边缘信息。

（3）树结构和序列结构均为图表示方法，理论上，图神经网络可用于表示树结构和序列结构。试讨论将多层卷积神经网络和自注意力网络转换为图卷积神经网络和图注意力神经网络的方式，并说明其图结构。

（4）式 (14.35) 在计算图注意力神经网络的节点时仅考虑了相邻节点的前序状态，试讨论将当前节点的前序状态也考虑在内的模型版本。

（5）文本可视为词序列或句子序列的集合，其中每个句子可表示为一个向量，序列网络可以整合句子级别的信息，句子之间又可以添加篇章语义关系。试讨论基于图神经网络的文本表示方法，通过定义节点和边，增加网络中的实体、共指关系及其他文本特征。

14.12 我们已经学习了多种结构表示方法。一个句子往往可以表示为成分树、依存树、抽象语义表示图等多种句法语义结构，试讨论可以实现所有结构和原始序列共同学习的表示方法，并比较不同方法的优劣势。

14.13 **AdaMax 算法**。Adam 算法利用 loss_2 范式计算二阶统计 [式 (14.39)]，AdaMax 算法将 Adam 算法中的 loss_2 范式替换为历史梯度的 loss_∞ 范式，删除 $\hat{\mathbb{E}}|\mathbf{g}^2|_t$，并引入 $\mathbf{n}_t$ 来记录 loss_∞，其具体的更新规则为：

$$
\begin{aligned}
\mathbf{n}_t &= \max(\beta_2 \mathbf{n}_{t-1}, |\mathbf{g}_t|) \\
\Theta_t &= \Theta_{t-1} - \frac{\eta}{\mathbf{n}_t + \epsilon}\hat{\mathbf{v}}_t
\end{aligned}
\tag{14.46}
$$

$\hat{\mathbf{v}}_t$ 的定义与 Adam 算法中相同。试分别从复杂性和性能优化角度，对比分析 AdaMax 算法与 Adam 算法。

342

参考文献

Dzmitry Bahdanau, Kyunghyun Cho, and Yoshua Bengio. 2015. Neural machine translation by jointly learning to align and translate. In 3rd International Conference on Learning Representations, ICLR 2015, San Diego, CA, USA, May 7-9, 2015, Conference Track Proceedings.

Joost Bastings, Ivan Titov, Wilker Aziz, Diego Marcheggiani, and Khalil Sima’an. 2017. Graph convolutional encoders for syntax-aware neural machine translation. arXiv preprint arXiv:1704.04675.

Daniel Beck, Gholamreza Haffari, and Trevor Cohn. 2018. Graph-to-sequence learning using gated graph neural networks. arXiv preprint arXiv:1806.09835.

Xinchi Chen, Xipeng Qiu, Chenxi Zhu, and Xuanjing Huang. 2015. Gated recursive neural network for chinese word segmentation. In Proceedings of the 53rd Annual Meeting of the Association for Computational Linguistics and the 7th International Joint Conference on Natural Language Processing (Volume 1: Long Papers), pages 1744–1753.

Kyunghyun Cho, Bart Van Merriënboer, Caglar Gulcehre, Dzmitry Bahdanau, Fethi Bougares, Holger Schwenk, and Yoshua Bengio. 2014. Learning phrase representations using rnn encoder-decoder for statistical machine translation. arXiv preprint arXiv:1406.1078.

Junyoung Chung, Caglar Gulcehre, KyungHyun Cho, and Yoshua Bengio. 2014. Empirical evaluation of gated recurrent neural networks on sequence modeling. arXiv preprint arXiv:1412.3555.

John Duchi, Elad Hazan, and Yoram Singer. 2011. Adaptive subgradient methods for online learning and stochastic optimization. Journal of Machine Learning Research, 12(Jul):2121–2159.

Jeffrey L Elman. 1990. Finding structure in time. Cognitive science, 14(2):179–211.

M. Gori, G. Monfardini, and F. Scarselli. 2005. A new model for learning in graph domains. In Proceedings. 2005 IEEE International Joint Conference on Neural Networks, 2005., volume 2.

Sepp Hochreiter and Jürgen Schmidhuber. 1997. Long short-term memory. Neural computation, 9(8):1735–1780.

Yoon Kim. 2014. Convolutional neural networks for sentence classification. In Proceedings of the 2014 Conference on Empirical Methods in Natural Language Processing (EMNLP), pages 1746–1751, Doha, Qatar. Association for Computational Linguistics.

Diederik P. Kingma and Jimmy Ba. 2014. Adam: A method for stochastic optimization. arXiv preprint arXiv:1412.6980.

Thomas N. Kipf and Max Welling. 2016. Semi-supervised classification with graph convolutional networks. arXiv preprint arXiv:1609.02907.

Guillaume Lample, Miguel Ballesteros, Sandeep Subramanian, Kazuya Kawakami, and Chris Dyer. 2016. Neural architectures for named entity recognition. arXiv preprint arXiv:1603.01360.

Yann LeCun, Léon Bottou, Yoshua Bengio, and Patrick Haffner. 1998. Gradient-based learning applied to document recognition. Proceedings of the IEEE, 86(11):2278–2324.

Xuezhe Ma and Eduard Hovy. 2016. End-to-end sequence labeling via bi-directional lstmcnns- crf. arXiv preprint arXiv:1603.01354.

Diego Marcheggiani and Ivan Titov. 2017. Encoding sentences with graph convolutional networks for semantic role labeling. In Proceedings of the 2017 Conference on Empirical Methods in Natural Language Processing, pages 1506–1515, Copenhagen, Denmark. Association for Computational Linguistics.

Tomáš Mikolov, Martin Karafiát, Lukáš Burget, Jan Černockỳ, and Sanjeev Khudanpur. 2010. Recurrent neural network based language model. In Eleventh annual conference of the international speech communication association.

Makoto Miwa and Mohit Bansal. 2016. End-to-end relation extraction using LSTMs on sequences and tree structures. In Proceedings of the 54th Annual Meeting of the Association for Computational Linguistics (Volume 1: Long Papers), pages 1105–1116, Berlin, Germany. Association for Computational Linguistics.

Mathias Niepert, Mohamed Ahmed, and Konstantin Kutzkov. 2016. Learning convolutional neural networks for graphs. In International conference on machine learning, pages 2014–2023.

Nanyun Peng, Hoifung Poon, Chris Quirk, Kristina Toutanova, and Wen-tau Yih. 2017. Cross-sentence n-ary relation extraction with graph lstms. Transactions of the Association for Computational Linguistics, 5:101–115.

Franco Scarselli, Marco Gori, Ah Chung Tsoi, Markus Hagenbuchner, and Gabriele Monfardini. 2008. The graph neural network model. IEEE Transactions on Neural Networks, 20(1):61–80.

Linfeng Song, Yue Zhang, Zhiguo Wang, and Daniel Gildea. 2018. A graph-to-sequence model for amr-to-text generation. arXiv preprint arXiv:1805.02473.

A. Sperduti and A. Starita. 1997. Supervised neural networks for the classification of structures. Trans. Neur. Netw., 8(3):714–735.

Ilya Sutskever, Oriol Vinyals, and Quoc V. Le. 2014. Sequence to sequence learning with neural networks. In Advances in neural information processing systems, pages 3104–3112.

Kai Sheng Tai, Richard Socher, and Christopher D. Manning. 2015. Improved semantic representations from tree-structured long short-term memory networks. arXiv preprint arXiv:1503.00075.

Tijmen Tieleman and Geoffrey Hinton. 2012. Lecture 6.5-rmsprop: Divide the gradient by a running average of its recent magnitude. COURSERA: Neural networks for machine learning, 4(2):26–31.

Ashish Vaswani, Noam Shazeer, Niki Parmar, Jakob Uszkoreit, Llion Jones, Aidan N. Gomez, Łukasz Kaiser, and Illia Polosukhin. 2017. Attention is all you need. In Advances in neural information processing systems, pages 5998–6008.

Petar Veličković, Guillem Cucurull, Arantxa Casanova, Adriana Romero, Pietro Lio, and Yoshua Bengio. 2017. Graph attention networks. arXiv preprint arXiv:1710.10903.

Kun Xu, Lingfei Wu, Zhiguo Wang, Yansong Feng, Michael Witbrock, and Vadim Sheinin. 2018. Graph2seq: Graph to sequence learning with attention-based neural networks. arXiv preprint arXiv:1804.00823.

Zichao Yang, Diyi Yang, Chris Dyer, Xiaodong He, Alex Smola, and Eduard Hovy. 2016. Hierarchical attention networks for document classification. In Proceedings of the 2016 conference of the North American chapter of the association for computational linguistics: human language technologies, pages 1480–1489.

Matthew D. Zeiler. 2012. Adadelta: an adaptive learning rate method. arXiv preprint arXiv:1212.5701.

Yue Zhang and Jie Yang. 2018. Chinese ner using lattice lstm. arXiv preprint arXiv:1805.02023.

Yuhao Zhang, Peng Qi, and Christopher D. Manning. 2018. Graph convolution over pruned dependency trees improves relation extraction. arXiv preprint arXiv:1809.10185.

Xiaodan Zhu, Parinaz Sobhani, and Hongyu Guo. 2016. Dag-structured long short-term memory for semantic compositionality. In Proceedings of the 2016 Conference of the North American Chapter of the Association for Computational Linguistics: Human Language Technologies, pages 917–926.

Xiaodan Zhu, Parinaz Sobihani, and Hongyu Guo. 2015. Long short-term memory over recursive structures. In International Conference on Machine Learning, pages 1604–1612.

第 15 章

Natural Language Processing: A Machine Learning Perspective

基于神经网络的结构预测模型

我们在第 13 章和第 14 章中介绍了面向文本分类的神经网络模型，它们与第 3 章以及第 4 章中介绍的离散形式的统计文本分类模型相比存在较大区别，主要区别是神经网络模型不再利用高维硬编码的稀疏向量，而是利用给定输入文本的词嵌入，动态地计算每个词对应的低维度稠密向量，从而捕获深层的语义信息。在输出层的定义上，神经模型与离散线性模型是相同的，这点我们已经在 13.2 节中讨论过。

我们在第 8 ~ 11 章分别针对序列标记、序列分割和树预测三个具体任务，介绍了其对应的判别式离散线性模型。在结构化预测任务中，由于离散统计模型非常依赖于针对输出的特征表示，因此，输出结构的打分可以根据一些显式的输出单元模式来进行。与之相反，神经网络模型借助于其本身强大的输入表示能力，可以高度轻量化其输出表示，例如，我们可以通过对高度局部的分量进行打分从而计算整体结构的分数。我们将在本章介绍如何利用这种思想来构建基于图第 8 章 ~ 第 10 章和基于转移（第 11 章）的神经网络模型。在章节的最后，对于这两种类型的方法，我们将分别介绍如何在其输入表示 i 上进一步集成输出结构的表示。

15.1 基于图的局部模型

离散形式结构化预测模型可以看作离散多类别文本分类模型的延伸应用——它们都通过提取特征来表示“输入–输出”对，然后对其进行评分（如第 3 章中介绍的）。因此，在建立神经结构预测模型之前，我们先回顾第 13 章中的多分类神经网络模型，该模型在给定隐层输入向量表示的情况下，通过 softmax 输出层计算标签的分布。同样，我们也可以将该模型应用于局部求解的序列标注任务：给定单词在句子上下文中的隐层表示（例如，RNN 的隐层状态），可以通过在每个位置添加输出层以预测局部输出标签。类似地，我们也可以利用该思想来处理序列以外的结构输出任务。

对于多分类任务，我们在 13.1.1 节中指出了在给定输入向量表示的情况下，对数线性模型可以等同于 softmax 感知机的输出层，因此，多层感知机分类器（第 13 章）仅在输入表示形式上与离散对数线性模型不同。然而，对于线性结构化预测模型，我们在第 7 章中提到了非常重要的一点：仅基于输入表示的局部模型并不能提供竞争性的性能表现，我们还需在特征表示中融入能表示输出子结构间内在联系的信息。这一问题在结构化预测神经网络模型中仍然存在，但是相比之下，神经网络模型本身强大的输入表示能力使局部决策模型在贪心搜索解码方式下依然能够得到高度准确的输出结构。

整体而言，我们将在本章介绍两种使用局部神经网络模型的结构化预测通用方法，分别为基于图的方法（本节）和基于转移的方法（15.2 节），我们分别在第 8 ~ 10 章和第 11 章中讨论过它们对应的离散线性模型。具体而言，基于图的方法通过将输出结构分解为原子或小的局部分量，独立地预测每个局部结构；而基于转移的方法则做出一系列状态转移决策，其中每个转移决策采用递增的方式从一个部分解码状态向完整解码状态前进一步。与本书第二部分类似，我们将分别面向序列和树来介绍结构化预测模型。

基于图的局部模型。如图 15.1 所示，基于图的局部神经网络模型主要由三层不同的网络结构组成，分别为输入层、序列编码层和输出层。在给定输入句子 $W_{1:n} = w_1, w_2, \cdots, w_n$ 的情况下，输入层为每个单词 w_i $(i \in [1, \cdots, n])$ 计算其低维稠密向量表示 $\mathbf{x}_i$；序列编码层以输入层表示为输入（如第 14 章所述），通过使用一或多层序列神经网络（例如双向 LSTM 或者自注意网络）来学习深层次的上下文表示 $\mathbf{h}_1, \cdots, \mathbf{h}_n$；而输出层则通过将标签序列分解为单独的标签、将依存树分解为单独的依存弧以及将成分句法树分解为单独的句法语块来做出局部预测。

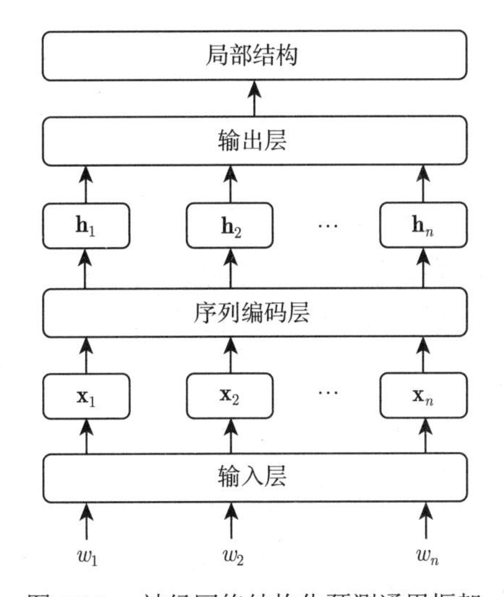

图 15.1 神经网络结构化预测通用框架

15.1.1 序列标注

给定输入句子 $W_{1:n} = w_1, w_2, \cdots, w_n$，**序列标注**的输出标签为 $T_{1:n} = t_1, t_2, \cdots, t_n$，其中 t_i 是针对词 w_i 的输出标签，$i \in [1, \cdots, n]$。下面，我们根据图 15.1 分别具体介绍框架中的每一层网络。

输入层。输入层可以通过使用嵌入函数 $\text{emb}(w_i)$ 来简单地表示每个单词 w_i，将其转换成稠密向量表示。对于诸如词性标注之类的任务，词的形态特征也可以是有用的信息源，如表 8.1 所示，在统计模型中我们常常使用前缀和后缀模式作为典型特征。而对于神经序列标注，我们可以通过使用神经网络来对单词的字符序列进行编码从而获取此类信息的向量表示，具体可以通过两个步骤完成，即字符嵌入以及字符序列编码。

344

融入字符信息的词表示。首先，假定词表示 $w_i = C^i_{1:|w_i|} = c^i_1, c^i_2, \cdots, c^i_{|w_i|}$，其中 c^i_j 是单词 w_i 中的第 j 个字符（$j \in [1, \cdots, |w_i|]$），$|w_i|$ 是 w_i 中的字符数。每个 c^i_j 可以通过对字符嵌入表 $E_c \in \mathbb{R}^{K_c \times |C|}$ 进行索引来获得其嵌入向量 $\text{emb}^c(c^i_j)$，其中 E_c 一共包括 $|C|$ 行，每行为一个维度为 K_c 的嵌入向量，C 表示字符集。E_c 通常被作为模型参数的一部分，在开始时对其进行随机初始化赋值。

接着，我们使用针对序列结构的神经网络编码器（例如 CNN 或 LSTM）来编码字符序列 $C^i_{1:|w_i|}$，这两步可以通过以下两式体现：

$$\begin{aligned}\mathbf{x}^c_{w_i} &= [\text{emb}^c(c^i_1); \cdots; \text{emb}^c(c^i_{|w_i|})] \\ \text{chr}(w_i) &= \text{ENCODER}(\mathbf{x}^c_{w_i})\end{aligned} \tag{15.1}$$

字符编码器的内部参数以及 E_c 都可以在模型训练过程中调整，从而使得最终隐层向量 $\text{chr}(w_i)$ 包含可用于最终任务的字形信息。最后，可以通过和词的嵌入表示 w_i 进行拼接，得到其最终输入层词向量表示：

$$\mathbf{x}_i = \text{chr}(w_i) \oplus \text{emb}(w_i) \tag{15.2}$$

其中 $\oplus$ 代表向量拼接。

序列表示层。如图 14.1 所示，输入向量序列 $\mathbf{X}_{1:n} = \mathbf{x}_1, \mathbf{x}_2, \cdots, \mathbf{x}_n$ 可以通过序列编码器网络来提取稠密的句子级别特征，从而得到隐层向量序列 $\mathbf{H}_{1:n} = \mathbf{h}_1, \mathbf{h}_2, \cdots, \mathbf{h}_n$，其中每个隐层向量都对应于其当前位置的句子级上下文特征表示。具体来说，如果使用双向 LSTM 来进行计算，我们有：

$$\mathbf{H}_{1:n} = \text{BiLSTM}(\mathbf{X}_{1:n}) \tag{15.3}$$

在第 14 章中我们提到每个双向隐层状态 $\mathbf{h}_i = [\overrightarrow{\mathbf{h}}_i; \overleftarrow{\mathbf{h}}_i]$ 均包含整个句子的上下文信息。具体来说，$\overrightarrow{\mathbf{h}}_i$ 是从左到右的 LSTM 隐层状态，包含了 $w_1, \cdots, w_{i-1}$ 的上下文信息，而 $\overleftarrow{\mathbf{h}}_i$ 是从右到左的 LSTM 隐层状态，包含了 $w_{i+1}, \cdots, w_n$ 的上下文信息。

进一步，我们可以将单层编码器扩展到多层，其中每一层的输入都来自前一层的隐层向量输出 $\mathbf{h}_i$。具体网络的层数可以根据开发数据集凭经验设置，而且每一层可以分别使用一组不同的模型参数，也可以共享相同的 LSTM 参数，最终方案同样可以凭经验来选取。

输出层。对于局部模型，每个单词 w_i 的输出标签 t_i 通过在 $\mathbf{h}_i$ 上添加一个分类层来独立预测：

$$\begin{aligned}\mathbf{o}_i &= \mathbf{W}\mathbf{h}_i + \mathbf{b} \\ \mathbf{p}_i &= \text{softmax}(\mathbf{o}_i)\end{aligned} \tag{15.4}$$

其中 $\mathbf{W}$ 和 $\mathbf{b}$ 是模型的参数；$\mathbf{p}_i$ 是给定标签集 L 下，输入词 w_i 所对应的标签概率分布。特别地，我们将 $\mathbf{p}_i$ 中的第 j 个元素标记为 $\mathbf{p}_i[\ell_j]$，用于简化 $P(t_i = \ell_j | W_{1:n})$，$\ell_j \in L$。

345

总而言之，单层 BiLSTM 序列标注模型结构如图 15.2 所示。

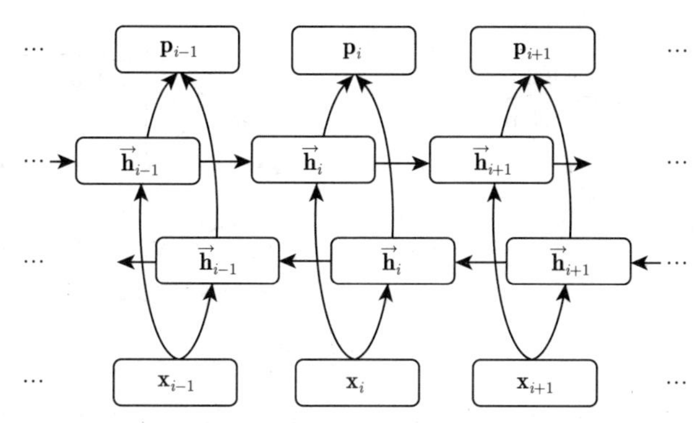

图 15.2　基于 BiLSTM 编码器的单层序列标注模型

训练过程。给定一组金标训练样例 $\{(W_i, T_i)\}|_{i=1}^N$，其中 $W_i = w_1^i, w_2^i, \cdots, w_n^i$ 表示输入的句子，$T_i = t_1^i, t_2^i, \cdots, t_n^i$ 表示其相应的金标词性标签序列，我们的训练目标是最大化每个局部标签的最大似然概率：

$$L = -\sum_i^N \sum_{j=1}^{|W_i|} \log(\mathbf{p}_j^i[t_j^i]) \tag{15.5}$$

其中 $\mathbf{p}_j^i[t_j^i]$ 从式 (15.4) 中导出，其含义为 w_i，标注为 t_j^i 的概率，形式化为 $P(t_j^i|W_i)$。

我们可以使用 13.3 节和 14.6 节中介绍的 SGD 及其变体进行优化。具体来说，对于每个训练实例，我们使用反向传播来为每个模型参数计算其相应的局部梯度。与分类任务不同，序列编码器在每个输入词上都有一个对应输出，如图 15.2 所示。对于每个隐层状态 $\overrightarrow{\mathbf{h}}_i$，都有来自 $\mathbf{p}_i$ 和 $\overrightarrow{\mathbf{h}}_{i+1}$ 的反向传播损耗值；同时输入节点 $\mathbf{x}_i$ 也需要从 $\overrightarrow{\mathbf{h}}_i$ 和 $\overleftarrow{\mathbf{h}}_i$ 接收反向传播的梯度。我们在 14.1 节中讨论了以 BiLSTM 模型为输入的情况。同理，隐层节点 $\overrightarrow{\mathbf{h}}_i$(和 $\overleftarrow{\mathbf{h}}_i$) 也可以采用相似的处理方法：将来自 $\mathbf{p}_i$ 和 $\overrightarrow{\mathbf{h}}_{i+1}$ 的两个损失值相加，然后将其作为从左到右 LSTM 隐层反向传播的输入。另外，为了避免过度拟合，我们可以将上一章中介绍的 L_2 归一化和 dropout 技术应用到输入层、序列编码层和输出层，同时，根据开发集上的性能，也可以采用其他训练技术，例如梯度裁剪和层归一化等。

15.1.2　依存分析

我们已经在第 11 章中介绍了基于转移的依存分析模型，这里我们将要介绍基于图的依存分析模型。与第 11 章类似，假定词性标注已经在预处理步骤完成了。图 15.3a 中展示了一个依存分析句法树的例子。给定输入句子 $S_{1:n} = (w_1, t_1), (w_2, t_2), \cdots, (w_n, t_n)$，其中 w_i 表示第 i 个单词，t_i 表示第 i 个词性标签 $(i \in [1, \cdots, n])$，我们可以将输出表示为 $\{(i, h_i, l_i)\}|_{i=1}^n$，其中 $h_i \in [0, \cdots, n]$ 表示 w_i 的头索引，而 l_i 表示从 w_{h_i} 到 w_i 的弧的依存关系标签。如第 11 章所述以及图 15.3a 中例子所展示的，句子中的依存弧形成树形结构，并且整棵树只有一个词根，其父亲节点为 w_0 =ROOT（注意 w_0 是一个伪词）。

346

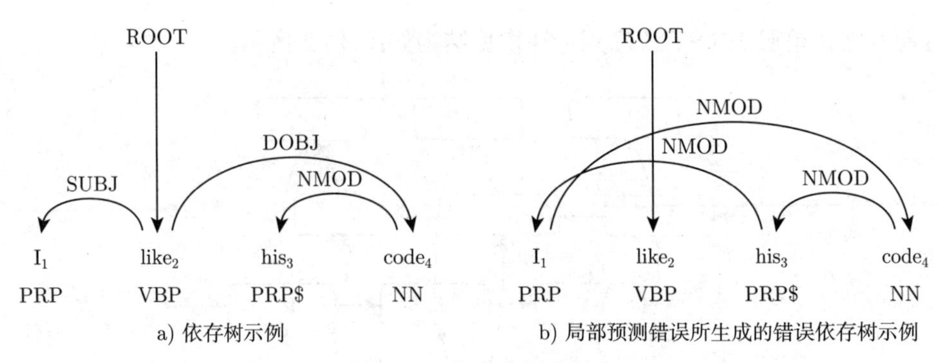

a) 依存树示例　　b) 局部预测错误所生成的错误依存树示例

图 15.3　依存分析示例

我们同样按照图 15.1 所示的结构构建一个模型，该依存模型与 15.1.1 节中介绍的词性标记模型的主要区别在输出层。

输入层和序列编码层。首先，我们通过输入层获取单词的表示序列 $\mathbf{X}_{1:n} = \mathbf{x}_1, \mathbf{x}_2, \cdots, \mathbf{x}_n$。另外，如果给定词性标签 $T_{1:n} = t_1, t_2, \cdots, t_n$ 作为输入，我们同样可以利用词性信息来丰富单词表示，得到：

$$\mathbf{x}_i = \mathrm{emb}(w_i) \oplus \mathrm{chr}(w_i) \oplus \mathrm{emb}^p(t_i) \tag{15.6}$$

与字符嵌入类似，emb^p 是根据**词性嵌入表**计算的，它同样可以作为模型参数的一部分进行随机初始化。与词嵌入表和字符嵌入表相似，词性嵌入表包含 $|L|$ 列（L 为词性标签集），其中每一列是特定 POS 标签 $\ell \in L$ 的嵌入。

如图 15.1 所示，给定 $\mathbf{X}_{1:n}$，我们使用序列编码神经网络提取每个单词在其句子级上下文的向量表示。以 BiLSTM 为例，我们可以通过下式来获取隐层状态表示 $\mathbf{H}_{1:n} = \mathbf{h}_1, \mathbf{h}_2, \cdots, \mathbf{h}_n$：

$$\mathbf{H}_{1:n} = \mathrm{BiLSTM}(\mathbf{X}_{1:n}) \tag{15.7}$$

与序列标注类似，BiLSTM 的层数也可以通过开发数据集的经验结果来进行最优的选择。

输出层。对于依存分析，其输出层的目标就是为句子中的每个词 w_i 查找其最可能的依存头。为此，我们计算每个 w_i 和 $w_j (j \in [0, \cdots, n], j \neq i)$ 之间的关联分数，假定它们对应的隐层向量分别是 $\mathbf{h}_i$ 和 $\mathbf{h}_j$，这样 $h_i = j$ 的分数可以通过下式计算：

$$s_{i,j} = \mathbf{h}_i^{\mathrm{T}} \mathbf{U} \mathbf{h}_j + \mathbf{v}^{\mathrm{T}}([\mathbf{h}_i \oplus \mathbf{h}_j]) \tag{15.8}$$

347　其中 $\mathbf{h}_i^{\mathrm{T}} \mathbf{U} \mathbf{h}_j$ 是双仿射张量乘积，$\mathbf{v}^{\mathrm{T}}([\mathbf{h}_i \oplus \mathbf{h}_j])$ 是标准的向量乘积。$\mathbf{U}$ 和 $\mathbf{v}$ 是模型的参数。由于我们使用了双仿射打分函数，因此这一局部依存分析模型可以被称为**双仿射依存分析模型**。对于每个单词 w_i，其所有可能父亲节点所对应的分数为 $s_{i,j}$ $(j \in [0, \cdots, n], j \neq i)$，我们可以将它规范为一个概率分布 $\mathbf{p}_i^{\mathrm{arc}} \in \mathbb{R}^{n+1}$，其中每个维度 $\mathbf{p}_i^{\mathrm{arc}}[j]$ 都反映了概率 $P(h_i = j)$：

$$\begin{aligned} \mathbf{o}_i^{\mathrm{arc}} &= \langle s_{i,0}, s_{i,1}, s_{i,2}, \cdots, s_{i,i-1}, s_{i,i+1}, \cdots, s_{i,n} \rangle \\ \mathbf{p}_i^{\mathrm{arc}} &= \mathrm{softmax}(\mathbf{o}_i^{\mathrm{arc}}) \end{aligned} \tag{15.9}$$

这样最有可能的依存头 h_i 可以通过以下方式进行计算：

$$h_i = \arg\max_h \mathbf{p}_i^{\text{arc}}[h] \tag{15.10}$$

由每个单词对应的最可能的依存父节点所组成的依存弧的集合可以直接用作输出，但是它们不一定对应于一棵有效的依存树结构。如图 14.5b 所示，这种解码方式可能会形成一个循环图结构。鉴于此，我们可以通过使用最大生成树（Maximum Spanning Tree，MST）算法来获得具有合法约束的无标签依存树，该算法是一种贪心算法，用于在给定弧度分数的情况下，从全连接的图中依次找到得分最高的生成树。更多相关的讨论请参见习题 15.3。

到目前为止，我们已经获得了一棵无标签依存树。最后一步是为树中的每个依存弧分配一个标签。给定单词 w_i 和预测的父节点词 w_{h_i}，我们同样可以使用双仿射分类器来完成此任务：

$$\begin{aligned}\mathbf{o}_i^{\text{label}} &= \mathbf{h}_i^{\mathrm{T}}\mathbf{U}'\mathbf{h}_{h_i} + \mathbf{V}'([\mathbf{h}_i \oplus \mathbf{h}_{h_i}]) + \mathbf{b}' \\ \mathbf{p}_i^{\text{label}} &= \text{softmax}(\mathbf{o}_i^{\text{label}})\end{aligned} \tag{15.11}$$

其中 $\mathbf{U}'$、$\mathbf{V}'$ 和 $\mathbf{b}'$ 是模型参数，$\mathbf{p}_i^{\text{label}}[l_i]$ 表示 w_{h_i} 到 w_i 的弧标签为 l_i 的概率分布，我们根据该概率分布来选择最可能的依存标签。

训练过程。给定一组训练数据 $D = \{(S_i, T_i)\}|_{i=1}^{N}$，其中 S_i 表示第 i 个输入语句，T_i 表示相应的依存树结构，我们使用交叉熵损失函数来训练双仿射依存分析模型。对于依存树结构 $T_i = \{(j, h_j^i, l_j^i)\}|_{j=1}^{|S_i|}$，其中 h_j^i 表示 w_j^i 的父节点索引，l_j^i 表示从 $w_{h_j^i}^i$ 到 w_j^i 的弧类别标签。给定每个输入 S_i，对应的依存弧父节点位置 $h_1^i, \cdots, h_{|S_i|}^i$ 及其标签 $l_1^i, \cdots, l_{|S_i|}^i$ 可以分别使用式 (15.10) 和式 (15.11) 进行预测。因此，每个任务都有一个损失值。我们可以对每个训练样例同时执行依存弧和依存弧上的标签预测，得到相应概率分布，然后将两个任务的累计交叉熵损失降至最低：

$$L = -\sum_{i}^{N}\sum_{j=1}^{|W_i|}\left(\log\left((\mathbf{p}_j^i)^{\text{arc}}[h_j^i]\right) + \log\left((\mathbf{p}_j^i)^{\text{label}}[l_j^i]\right)\right)$$

具体的优化过程与文本分类和词性标注模型类似。在计算反向传播梯度的时候，模型中每个隐层向量都会接收多个梯度，包括 $\mathbf{h}_i$ 作为孩子节点对应的依存弧损失 [式 (15.8)] 以及其上的弧标签损失 [式 (15.11)]，这些损失信号会在反向传播之前累加，这能使神经网络学习到较好的输入表示，并从不同的角度集成信息，从而实现共同的性能提升。

使用多任务信息的表示学习。如前所述，共享的隐层表示 $\mathbf{H}_{1:n} = \mathbf{h}_1, \cdots, \mathbf{h}_n$ 会生成两种不同类型的输出，即弧预测和弧标签预测。因此，隐藏表示向量应该同时包含弧信息和弧标签信息，并且同时包含一定的融合特征。我们通过在训练过程中同时优化从弧和弧标签输出层到共享隐层对应的损失来实现信息融合，并且在表示层中也引入了相关的信息。上述结构被称为基于**参数共享**的**多任务学习**，我们将在第 17 章中进行具体的介绍。神经

348

网络表示方法为多任务学习提供了巨大优势。值得注意的是，与第 11 章中讨论的联合模型相比，多任务学习方式仅能从信息融合中受益。此外，由于我们的模型无法同时预测弧和弧标签结构，因此在流水线执行过程中仍存在错误传播的问题，例如，错误预测的弧将导致其相应的弧标签完全错误（第 11 章）。

15.1.3 成分句法分析

在第 10 章和第 11 章中，我们已经介绍了基于图和基于转移的成分句法分析模型，在这里，我们将介绍一个基于图的神经网络成分句法模型。与前面章节介绍的依存分析模型类似，假设在预处理步骤已经完成了词性标注。给定输入句子 $S=(w_1,t_1),(w_2,t_2),\cdots,(w_n,t_n)$，其中 w_i 表示第 i 个单词，t_i 表示第 i 个词性标签。我们用一组三元组的集合 $T=\{\langle b,e,c\rangle\}$ 来表示成分句法树输出，其中，$1\leqslant b\leqslant n, b\leqslant e\leqslant n$, c 表示语块 $W_{b:e}=w_b\cdots w_e$ 的成分句法标签，图 15.4 展示了一个例子。与第 10 章类似，我们假定成分句法树已经被二值化，并且一元节点已经通过合并规则融入相对应的成分句法标签中。例如，如果语块对应于一元规则 $\text{S}\rightarrow\text{VP}$，则将其合并为成分标签 S|VP。如果句子中的某个语块不属于任何一种句法成分，则将其相应的标签设置为特殊标签 ϕ。在这里，我们总共需要为 $\dfrac{n(n+1)}{2}$ 个语块预测其成分句法标签。

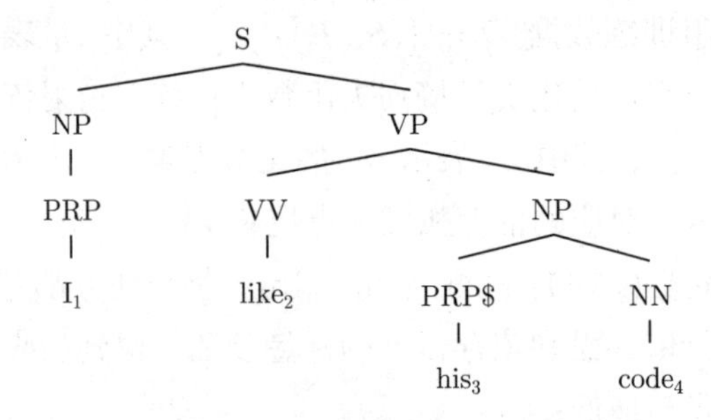

图 15.4　成分句法树示例

输入层。输入层由三种类型的向量表示组成，包括词嵌入向量、基于字符的表示向量和词性标签嵌入向量。词嵌入向量 $\text{emb}(w_i)$ 通过对词嵌入查找表进行索引获得。基于字符的表示形式由式 (15.1) 给出，假设使用 BiLSTM 对字符序列编码，其中从左到右和从右到左 char-LSTM 的最终输出向量分别表示为 $\mathbf{ch}_i^l$ 和 $\mathbf{ch}_i^r$。词性标签嵌入向量 $\text{emb}^p(t_i)$ 通过对查找表 $E_p\in\mathbb{R}^{|L|\times d_p}$ 进行索引获得，L 和 $|L|$ 分别表示词性标签集合及其数量，d_p 表示词性嵌入的维度大小。最终的输入向量 $\mathbf{x}_i$ 表示为：

$$\text{chr}(w_i)=\tanh(\mathbf{W}_e^{\text{char}}\mathbf{ch}_i^l+\mathbf{W}_r^{\text{char}}\mathbf{ch}_i^r+\mathbf{b}^{\text{char}})$$

$$\mathbf{x}_i=\text{emb}(w_i)\oplus\text{chr}(w_i)\oplus\text{emb}^p(t_i)$$

349　其中 $\mathbf{W}_e^{\text{char}}$、$\mathbf{W}_r^{\text{char}}$ 和 $\mathbf{b}^{\text{char}}$ 是模型参数。

序列编码层。与依存关系分析类似，我们利用双向 LSTM 层来提取句子级别特征。具体来说，对于一个输入句子 $w_1, w_2, \cdots, w_n$，假定其在从左到右和从右到左两个方向上得到的隐层向量分别为 $\overrightarrow{\mathbf{h}}_1, \overrightarrow{\mathbf{h}}_2, \cdots, \overrightarrow{\mathbf{h}}_n$ 和 $\overleftarrow{\mathbf{h}}_1, \overleftarrow{\mathbf{h}}_2, \cdots, \overleftarrow{\mathbf{h}}_n$，则我们简单地将输入语块边界词 b 和 e 的双向输出向量进行拼接，然后在此基础上计算 $W_{b:e} = w_b \cdots w_e$ 的表示向量 $\mathbf{s}[b,e]$：

$$\mathbf{s}[b,e] = [\overrightarrow{\mathbf{h}}_b; \overleftarrow{\mathbf{h}}_b; \overrightarrow{\mathbf{h}}_e; \overleftarrow{\mathbf{h}}_e] \tag{15.12}$$

由于我们在隐层向量 $\overrightarrow{\mathbf{h}}_b$、$\overrightarrow{\mathbf{h}}_e$、$\overleftarrow{\mathbf{h}}_b$ 和 $\overleftarrow{\mathbf{h}}_e$ 中编码了 w_b 和 w_e 之间所有单词的上下文信息，因此 $\mathbf{s}[b,e]$ 包含了所有和语块 $W_{b,e}$ 有关的信息。此外，反向传播训练使得 $\mathbf{s}[b,e]$ 能够从这些单词中自动捕获相关特征，从而优化模型。

输出层。接着，我们将 $\mathbf{s}[b,e]$ 输入一个非线性变换层，进而得到其对应标签的概率分布 $P(c|S,b,e)$：

$$\begin{aligned}
\mathbf{h}[b,e] &= \tanh(\mathbf{W}^h\mathbf{s}[b,e] + \mathbf{b}^h) \\
\mathbf{o}[b,e] &= \mathbf{W}^o\mathbf{h}[b,e] + \mathbf{b}^o \\
\mathbf{p}[b,e] &= \mathrm{softmax}(\mathbf{o}[b,e])
\end{aligned} \tag{15.13}$$

其中，$\mathbf{p}[b,e][c]$ 表示当语块 $W_{b:e}$ 的标签为 c 时所对应的概率 $P(c|S,b,e)$，$\mathbf{W}^h$、$\mathbf{b}^h$、$\mathbf{W}^o$ 和 $\mathbf{b}^o$ 是模型的参数。

解码过程。我们在这里采用一个简单的解码方法，即通过对式 (15.13) 中定义的标签概率分布使用 argmax 操作来为每个语块分配标签。但是与依存分析的情况类似，这一方法不能够确保解码结果为有效的成分句法树。因此，我们可以使用第 10 章中讨论的 CKY 算法进行解码。另外，我们遵循 15.1.2 节中的局部依存分析器，首先执行无标记的成分句法结构解析，然后在每个成分语块上进行细分类，为它分配一个成分标签。具体来说，对于第一个任务，我们计算语块 $W_{b:e}$ 作为一个成分句法语块的概率，将其表示为 $y_{b,e} = 1$，相应的计算公式如下：

$$\begin{aligned}
P(y=1|S,b,e) &= \sum_{c,c\neq\phi} P(c|S,b,e) \\
P(y=0|S,b,e) &= P(\phi|S,b,e)
\end{aligned}$$

其中，c 代表一个成分句法标签。在该式中，一个语块能够成为一个成分句法语块的概率等价于把所有有效的句法标签都考虑在内的概率之和。给定这样一个二分类概率模型，对于规则 $W_{b,e} \to W_{b,b'-1}W_{b',e}$，其相应语块的生成概率为：

$$P(r|S,b,e) = P(y_{b,b'-1} = 1|S,b,b'-1)P(y_{b',e} = 1|S,b',e)$$

利用上述规则的生成概率，我们可以使用 CKY 算法找到最佳二值化成分句法树的骨架。值得注意的是，由于该模型是局部的并且不涉及语法规则，因此可以将该解码模型视

为零阶成分句法树模型，从而得出更简单的 CKY 算法版本 (请参阅习题 15.5)。BiLSTM
350
编码器必须独立且隐式地捕获句子成分句法树中所有的结构关系。接下来，我们在获得二叉成分句法树的骨架之后，可以进一步计算树中每个语块 $W_{b:e}$ 的成分标签：

$$\hat{c} = \arg\max_{c,c\neq\phi} P(l_{b,e} = c|S,b,e) \tag{15.14}$$

训练过程。给定一组带有人工标记的成分句法树 $D = \{(S_i, T_i)\}|_{i=1}^{N}$，$S_i = (w_1^i, t_1^i), \cdots, (w_{|S_i|}^i, t_{|S_i|}^i)$ 和 $T_i = \{\langle b_k^i, e_k^i, l_{b_k^i,e_k^i}^i\rangle\}|_{k=1}^{|T_i|}$，我们的训练目标是使标签分布的负对数似然损失最小化：

$$L = -\sum_{i=1}^{N} \sum_{1\leqslant b\leqslant|S_i|,b\leqslant e\leqslant|S_i|} \log P(l_{b,e}^i = c|S,b,e)$$

如果 $(b,e,c) \in T_i$，则 $c = l_{b,e}$，否则 $c = \phi$。总体上，我们遍历了单个句子内部的所有语块，并将语块对应标签损失累加在一起形成单个句子损失，然后进一步累加所有句子的负对数似然损失。给定式 (15.13) 中的输出分布 $P(c|S,b,e)$，我们可以应用反向传播算法计算模型参数梯度，然后进行模型训练。

15.1.4 和线性模型的对比

前面各节中的局部神经网络模型并没有利用输出子结构之间的显式联系，例如两个连续词之间的词性标签以及两个相邻依存弧之间的依赖关系。根据目前的经验，引入这种依赖关系会改善模型的性能，并且优于相应离散线性模型。但是如何实现？一般而言，在表示学习过程中，模型会隐式地学习到输出子结构之间相互依赖的知识。比如，由于不同子结构的局部输出层共享了相同的序列编码层，因而在训练过程中不同局部预测的反向传播损失会在编码层中相互融合，从而使得网络能够学到隐式地包含子结构相互依赖信息的输入表示。这一输入表示是全局的，因为它能涵盖了每个输入单词的隐层状态。与使用动态规划解码的结构化模型相比，局部模型能够灵活轻松地处理任意输出结构。到目前为止，我们已经使用序列结构和树结构对本书中的结构化预测任务进行了讨论，并且在第 1 章中也介绍了涉及更一般图结构的结构化预测问题。习题 15.4 将讨论如何建立用于关系抽取的局部神经网络模型。

神经网络模型强大的表示能力使得它能够更好地拟合一组训练数据，但这也可能会导致过拟合，从而降低其泛化能力。$L2$ 归一化和 dropout 之类的技术可以在一定程度上解决此类问题。但是，相较于离散线性模型直接使用可解释的特征模式对输出结构进行评分，神经网络结构化的预测模型的可解释性相对较低。

15.2 基于转移的局部贪心模型

我们在第 11 章介绍过，基于转移的结构化预测模型将输出结构的构建过程转移为状
351
态转移过程，其中每个状态代表部分解码输出，转移动作代表构建完整结构过程中的增量

步骤方案。给定一个特定的输入，其开始状态为一个空输出，结束状态反映完整输出结构，模型的目标是预测一系列转移动作，以找到最可能的输出结构。基于神经网络的转移模型是对传统统计转移模型的扩展，并采用神经网络特征和神经网络架构对转移动作进行评分。

回顾 11.3.1 节中介绍的标准弧转移依存句法分析模型，状态表示为 $s=(\sigma,\beta,A)$，其中 $\sigma=[\cdots,s_1,s_0]$ 表示输出栈，$\beta=[b_0,b_1,\cdots]$ 表示输入词队列，A 表示所构造的依存弧集合。图 15.5 以句子“He gave her a pen”为例，展示了解析过程中的一个状态，其中 $\sigma=[\text{ gave, a }],\beta=[\text{ pen }]$，$A$=$\{(\text{He}\overset{\text{SUBJ}}{\curvearrowleft}\text{gave}),(\text{gave}\overset{\text{DOBJ}}{\curvearrowright}\text{her})\}$。简单来说，给定状态 s，基于转移的网络神经模型为这一状态所有可能的转移动作 a 进行打分。

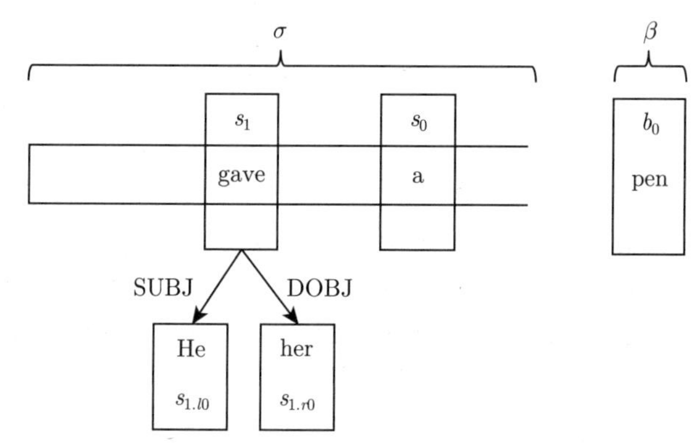

图 15.5　基于转移的标准弧依存分析中的一个示例状态

设计基于转移的神经网络模型分析器的关键问题是如何表示 s 以便最有效地预测 a。下面我们将介绍三个从简单到复杂的神经模型，在每一步状态转移时，通过这些模型分别对转移动作进行局部评分。

15.2.1　模型 1

我们首先考虑将第 11 章中介绍的离散线性依存分析模型改造成对应的神经网络模型，将离散特征替换为神经网络特征，将线性模型替换为多层感知机。标准弧转移依存分析模型利用表 11.6 中所示的特征模板来表示 s。考虑到神经网络能够自动组合输入特征，因此在这里我们仅选择原子特征，然后使用神经网络自动组合输入特征。因此，这里我们仅选择 s_0w（栈顶词）、$s_{1.r1}p$（栈顶第二个词右侧第二个子节点的词性）等原子特征，然后使用神经网络来实现特征组合。表 15.1 中列举了一些常用的原子特征模板，它们是计算隐层状态向量表示形式的基础。

该模型的结构如图 15.6a 所示，其中 $W_{1:n}$ 和 $P_{1:n}$ 分别代表输入词和词性序列，s 代表状态，a 代表下一个动作。如图所示，我们首先将从 s 中抽取的特征表示为嵌入向量，然后将它们连接起来，拼成一个长向量，并输入非线性多层感知机得到表示 $\mathbf{h}$，最后将 $\mathbf{h}$ 送入 softmax 输出层以预测 a。下面我们将分别介绍特征层和预测层。

352

特征表示。如表 15.1 所示，我们根据表 15.1 中的模板抽取状态中的原子单词特征表

示为 $S^w = \{wf_1 = s_0w, wf_2 = s_1w, \cdots, wf_{n_w} = s_{0.r0.r0}w\}$，相应的词性特征为 $S^p = \{pf_1 = s_0p, pf_2 = s_1p, \cdots, pf_{n_p} = s_{0.r0.r0}p\}$，弧上标签特征为 $S^l = \{lf_1 = s_{0.l0}l, lf_2 = s_{0.l1}l, \cdots, lf_{n_l} = s_{0.r0.r0}l\}$，其中原子单词特征数目 $n_w = 18$, 原子词性特征数 $n_p = 18$，原子弧上标签特征数目 $n_l = 12$。我们将这些离散原子特征通过对相应的嵌入表 E_w、E_p 和 E_l 分别进行索引，得到它们的嵌入神经网络标识，然后分别进行拼接，得到：

$$\begin{aligned}\mathbf{x}^w &= [\text{emb}(wf_1); \cdots; \text{emb}(wf_{n_w})]\\ \mathbf{x}^p &= [\text{emb}^p(pf_1); \cdots; \text{emb}^p(pf_{n_p})]\\ \mathbf{x}^l &= [\text{emb}^l(lf_1); \cdots; \text{emb}^l(lf_{n_l})]\end{aligned} \tag{15.15}$$

其中词嵌入 emb() 可以通过随机初始化或使用预训练的嵌入表 E_w 进行初始化，而词性嵌入 $\text{emb}^p()$ 和标签 z 嵌入 $\text{emb}^l()$ 所对应的 E_p 和 E_l 可以在依存分析模型训练开始时随机初始化，然后在训练中进行微调。注意，所有嵌入表 E_w、E_p 和 E_l 都是模型参数。

表 15.1　基于转移的神经网络依存分析模型中的特征模板。$s_0, s_1, \cdots$ 表示栈顶元素，$b_0, b_1, \cdots$ 表示队列头部元素，w 表示字符，p 表示词性标签，l 表示弧标签，下标 l 表示左子节点，下标 r 表示右子节点。神经网络非线性层可自动拼接原子特征，因此表 11.6 中的 $s_0ps_{0.r}ps_{0.r_0}p$ 等特征组合未在此列出

类型	特征模板
词特征 (n_w=18)	$s_0w, s_1w, s_2w, b_0w, b_1w, b_2w$ $s_{0.l0}w, s_{0.l1}w, s_{1.l0}w, s_{1.l1}w, s_{0.r0}w, s_{0.r1}w, s_{1.r0}w, s_{1.r1}w$ $s_{0.l0.l0}w, s_{0.r0.l0}w, s_{0.l0.r0}w, s_{0.r0.r0}w$
词性特征 (n_p=18)	$s_0p, s_1p, s_2p, b_0p, b_1p, b_2p$ $s_{0.l0}p, s_{0.l1}p, s_{1.l0}p, s_{1.l1}p, s_{0.r0}p, s_{0.r1}p, s_{1.r0}p, s_{1.r1}p$ $s_{0.l0.l0}p, s_{0.r0.l0}p, s_{0.l0.r0}p, s_{0.r0.r0}p$
弧特征 (n_l=12)	$s_{0.l0}l, s_{0.l1}l, s_{1.l0}l, s_{1.l1}l, s_{0.r0}l, s_{0.r1}l, s_{1.r0}l, s_{1.r1}l$ $s_{0.l0.l0}l, s_{0.r0.l0}l, s_{0.l0.r0}l, s_{0.r0.r0}l$

转移状态 s 的隐层表示计算可以根据拼接向量 $\mathbf{x}^w$、$\mathbf{x}^p$ 和 $\mathbf{x}^l$ 采用下式所示的前向非线性层计算：

$$\mathbf{h} = f(\mathbf{W}^w\mathbf{x}^w + \mathbf{W}^p\mathbf{x}^p + \mathbf{W}^l\mathbf{x}^l + \mathbf{b}_h) \tag{15.16}$$

其中 $\mathbf{W}^w$、$\mathbf{W}^p$、$\mathbf{W}^l$ 和 $\mathbf{b}_h$ 是模型参数，$\mathbf{W}^w\mathbf{x}^w$ 可以看作 $\sum_{i=1}^{n_w} \mathbf{W}^w[i] \times \text{emb}(wf_i)$ 在这里的一种替代描述方式，具体为：

353

$$\mathbf{W}^w = [\mathbf{W}^w[1]; \mathbf{W}^w[2]; \cdots; \mathbf{W}^w[n_w]] \quad (n_w = 18)$$

它是 $\mathbf{W}^w[i]$ 的拼接，每一项包含 $\text{emb}(wf_i), i \in [1, \cdots, n_w]$ 的权重矩阵；$\mathbf{x}^w$ 在式 (15.15) 中描述过。对于词性和标签的组合可以采用类似的解释。

动作预测。最后我们通过 softmax 作为激活函数的输出层来计算转移动作的分布概率：

$$\begin{aligned}\mathbf{o} &= \mathbf{W}^o\mathbf{h} + \mathbf{b}^o\\ \mathbf{p} &= \text{softmax}(\mathbf{o})\end{aligned} \tag{15.17}$$

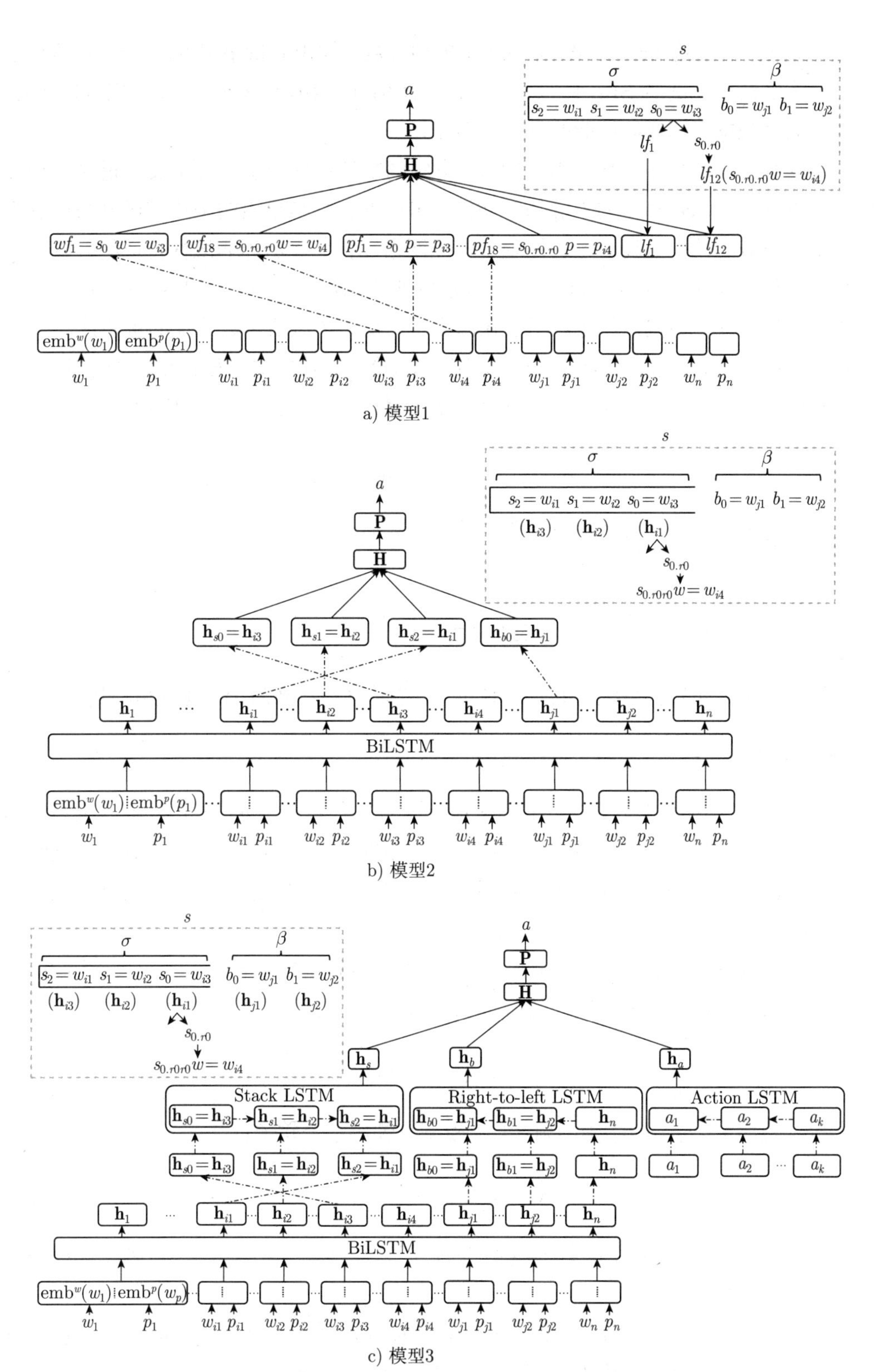

图 15.6 依存分析中的三个基于转移的局部神经网络模型

($i1, i2, \cdots$代表栈中的字索引; $j1, j2, \cdots$代表缓冲区中的句索引)

其中 $\mathbf{h}$ 为转移状态隐层表示，$\mathbf{W}^o$ 和 $\mathbf{b}^o$ 是模型参数。输出向量 $\mathbf{p}$ 中的每个元素给出了每个特定动作的概率，例如 SHIFT、LEFTARC-NSUBJ 和 RIGHTARC-DOBJ（第 11 章），我们可以根据这些概率选择最可能的下一个动作。

上面的神经网络模型非常类似于第 11 章中的统计线性模型，它主要通过执行局部分类任务，以确定状态转移序列中的每个动作。最终的实际结果表明采用神经网络能够为依存分析带来显著的性能提高，这也体现了神经网络在特征表示和非线性特征组合能力方面的优势。此外，根据经验，式 (15.16) 中隐层的激活函数 $f(x) = x^3$ 比 sigmoid 或者 tanh 激活函数具有更好的性能，这也说明了在深度学习模型中激活函数选择的重要性。

训练过程。给定一组训练数据 $D = \{(W_i, T_i)\}|_{i=1}^{N}$，其中 W_i 表示第 i 个训练特征，T_i 表示其相应的黄金标准树，我们首先将每个 T_i 转移为标准的状态转移序列：

$$\langle(s_0^i, a_1^i), (s_1^i, a_2^i), \cdots, (s_{2|W_i|-2}^i, a_{2|W_i|-1}^i)\rangle \tag{15.18}$$

然后，总损失函数是每个状态转移的总负对数似然：

$$L = -\sum_{i=1}^{N} \sum_{j=1}^{2|W_i|-1} \log P(a_j^i | s_{j-1}^i) \tag{15.19}$$

如果使用标准弧转移系统，共有 $2|W_i| - 1$ 个转移动作来为 W_i 建立依存树。

15.2.2 模型 2

模型 1 的一个局限性在于，它不考虑句子级别的上下文，而是使用其嵌入网络结构来独立表示每个原子特征。为了进一步利用神经网络在表示全局上下文信息方面的优势，我们可以在预测下一个动作之前使用序列网络结构对输入的句子进行编码。这种模型的结构如图 15.6b 所示。

首先，给定输入句子 $w_1, w_2, \cdots, w_n$，以及相应的词性标签 $t_1, t_2, \cdots, t_n$，每个单词 w_i 通过其单词嵌入和相应的词性嵌入的拼接来表示：

$$\mathbf{x}_i = \text{emb}(w_i) \oplus \text{emb}^p(t_i) \tag{15.20}$$

然后，我们可以进一步使用 BiLSTM 模型来编码整个句子：

354 ~ 355

$$\mathbf{H}_{1:n} = \text{BiLSTM}(\mathbf{X}_{1:n}) \tag{15.21}$$

BiLSTM 模型可以通过使用更少但更强大的特征来代替表 15.1 中的一系列特征模板，从而实现更简洁的特征表示。

最后，堆栈顶部的三个单词 $(\mathbf{h}_{s_0}, \mathbf{h}_{s_1}, \mathbf{h}_{s_2})$ 和列表区中的第一个单词 $\mathbf{h}_{b_0}$ 的相应隐层状态随后可以被输入前馈网络层，用于预测转移动作的分布：

$$\mathbf{h} = \mathbf{h}_{s_0} \oplus \mathbf{h}_{s_1} \oplus \mathbf{h}_{s_2} \oplus \mathbf{h}_0$$

$$\mathbf{o} = \mathbf{W}^o \tanh(\mathbf{W}^h \mathbf{h} + \mathbf{b}^h) + \mathbf{b}^o \quad (15.22)$$
$$\mathbf{p} = \text{softmax}(\mathbf{o})$$

其中 $\mathbf{W}^o$、$\mathbf{b}^o$、$\mathbf{W}^h$ 和 $\mathbf{b}^h$ 是模型的参数；类似于式 (15.17)，$\mathbf{p}$ 给出了转移动作的概率。模型 2 的训练过程大致与模型 1 相同。

模型 1 与模型 2 的比较。模型 1 和模型 2 之间的差异代表神经网络建模和统计传统建模之间在设计原则上的核心区别。模型 1 在本质上与基于转移的传统统计依存分析模型非常接近，通过手动设计的丰富特征模板来表示状态。相较而言，模型 2 首先使用序列编码网络（即 BiLSTM）对整个输入句子进行抽象表示，因此，对于特征工程的依赖程度较小。但是，它仍然需要通过使用三个独立的特征（即 $\mathbf{h}_{s_0}$、$\mathbf{h}_{s_1}$ 和 $\mathbf{h}_{s_2}$）来表示堆栈，而不是使用一个表示其全局信息的隐藏向量。为此，我们可以进一步通过探索堆栈内部结构的神经网络表示来改进模型。

15.2.3 模型 3

模型 3 在模型 2 的基础上进一步改进，分别计算堆栈，列表区和动作历史的隐层向量表示，从而找到了状态 s 更为合理简洁的表示方法。模型的结构如图 15.6c 所示。与模型 2 相比，通过将堆栈上的元素按顺序处理，并结合从堆栈底部到顶部的递归时间步长，我们可以使用一种额外的 LSTM 来表示堆栈结构。相应地，列表区中的输入词也通过应用 LSTM 来表示，但是迭代方向是从右到左。如图 15.6 所示，最后的隐层状态 $\mathbf{h}_s$ 和 $\mathbf{h}_b$ 可以分别用作堆栈和列表区的全局表示。

类似地，我们也可以对构建当前状态的历史动作序列 $a_1, a_2, \cdots, a_k$ 进行序列编码，首先可以通过嵌入方式获取向量表示 $\text{emb}^a(a_1), \text{emb}^a(a_2), \cdots, \text{emb}^a(a_k)$，然后使用 LSTM 从 a_1 到 a_k 依次对其进行编码，该 LSTM 输出的最后一个隐层向量 $\mathbf{h}_a$ 可用于表示动作历史记录。与词性和依存弧标签的嵌入类似，我们可以利用由 $|A|$ 行（A 为所有可能动作的集合）组成的查找表 $E_a \in \mathbb{R}^{d_a \times |A|}$ 来实现某个动作的嵌入，其中每行包含一个 d_a 维的嵌入向量。E_a 可以作为模型参数的一部分随机初始化，然后随着模型训练而调整。

句法分析模型的最终特征表示如以下公式所示：

$$\mathbf{h} = \mathbf{h}_s \oplus \mathbf{h}_b \oplus \mathbf{h}_a \quad (15.23)$$

356

其动作的预测方式和模型 2 相同：

$$\mathbf{o} = \mathbf{W}^o \tanh(\mathbf{W}^h \mathbf{h} + \mathbf{b}^h) + \mathbf{b}^o$$
$$\mathbf{p} = \text{softmax}(\mathbf{o}) \quad (15.24)$$

其中 $\mathbf{W}^o$、$\mathbf{b}^o$、$\mathbf{W}^h$ 和 $\mathbf{b}^h$ 是模型的参数。

神经网络模型模块的动态更新。由于堆栈、列表区和动作序列在特定输入句子的解析过程中会动态地发生变化，因此我们需要动态地计算 $\mathbf{h}_s$、$\mathbf{h}_b$ 和 $\mathbf{h}_a$。我们不应该在每次增量状态转移步骤中从头开始计算它们，这会导致不必要的计算效率损失。因此我们希望随着解析器状态的增量更新，也能够增量地更新其表示形式。在这三个特征中，列表区表示 $\mathbf{h}_b$ 仅在每个 SHIFT 动作时才会更改，它将列表区前面的单词向右移动一个位置。因此，我们可以在解析动作开始之前，一次性地计算列表区的 LSTM 表示：

$$\mathbf{h}_n^b, \mathbf{h}_{n-1}^b, \cdots, \mathbf{h}_1^b = \text{LSTM}(\mathbf{h}_n, \mathbf{h}_{n-1}, \cdots, \mathbf{h}_1) \tag{15.25}$$

其中 $\mathbf{h}_1, \cdots, \mathbf{h}_n$ 来自式 (15.21)。

在解析开始时，初始状态 $\mathbf{h}_b = \mathbf{h}_1^b$，它表示从 w_1 到 w_n 的整个列表区；在解析过程中，对于每个 SHIFT 动作，$\mathbf{h}_b$ 从 $\mathbf{h}_i^b$ 更新为 $\mathbf{h}_{i+1}^b$，它表示当前列表区中的所有词，具体为从 w_{i+1} 到 w_n。LEFTARC 和 RIGHTARC 相关动作不会导致列表区的更改。

在与列表区 LSTM 相反的方向上，动作历史记录 LSTM 在每个状态转移步骤之后都会增加一个新的动作。因此，这一 LSTM 的计算表示可以使用固定的起始向量进行初始化，然后每次使用递归 LSTM 步骤进行单步增量更新。在这里，我们将 $a_1, a_2, \cdots, a_k$ 的隐层向量表示为 $\mathbf{h}_1^a, \mathbf{h}_2^a, \cdots, \mathbf{h}_k^a$，在第 k 步时，假设采取的下一个动作是 a_k，我们得到：

$$\begin{aligned} \mathbf{h}_{k+1}^a &= \text{LSTM\_STEP}(\mathbf{h}_k^a, \text{emb}(a_k)) \\ \mathbf{h}_a &= \mathbf{h}_{k+1}^a \end{aligned} \tag{15.26}$$

其中初始动作历史状态 $\mathbf{h}_0^a$ 可以设置为全零向量。

栈 LSTM。与列表区和动作历史表示相比，堆栈表示更具挑战性，因为我们可以同时应用推入和弹出操作。事实证明，动态更新堆栈 LSTM 表示也能以 $O(1)$ 运行时复杂性进行，就像更新列表区和历史动作记录一样，这一过程如图 15.7 所示。对于开始状态，堆栈为空，因此可以使用零向量 $\mathbf{h}_s = \mathbf{h}_0^s = \vec{0}$ 表示；在 $\mathbf{h}_s = \mathbf{h}_i^s$ 的时间步中，当一项 $\mathbf{x}$ 被推入堆栈时，我们可以采取单步 LSTM 步骤将其集成到当前的堆栈表示中：

$$\begin{aligned} \mathbf{h}_{i+1}^s &= \text{LSTM\_STEP}(\mathbf{h}_i^s, \mathbf{x}) \\ \mathbf{h}_s &= \mathbf{h}_{i+1}^s \end{aligned} \tag{15.27}$$

357 这个过程如图 15.7a 所示。

现在，当一个元素从堆栈中弹出时，我们只需要将 $\mathbf{h}_s$ 从 $\mathbf{h}_i^s$ 更改回 $\mathbf{h}_{i-1}^s$ 即可，它表示堆栈中所有元素从底部到 $\mathbf{h}_{i-1}^s$。图 15.7b 中显示了此过程，该过程类似于在执行 SHIFT 动作时 $\mathbf{h}_b$ 的更新方式。根据这种表示，将新的元素 $\mathbf{x}$ 再次推入堆栈时，$\mathbf{h}_{i-1}^s$ 会产生一个新的堆栈表示，其结果为：

$$\mathbf{h}_s = \mathbf{h}_i'^s = \text{LSTM\_STEP}(\mathbf{h}_{i-1}^s, \mathbf{x}) \tag{15.28}$$

在此步骤中，由于 $\mathbf{h}_i^s$ 已经从堆栈中弹出，因此我们不再使用 $\mathbf{h}_i^s$，它实际上对应 LSTM 在 $\mathbf{h}_{i-1}^s$ 时刻的一个新分支。模型 3 的训练过程与模型 1 和模型 2 相同，因此不再做介绍。

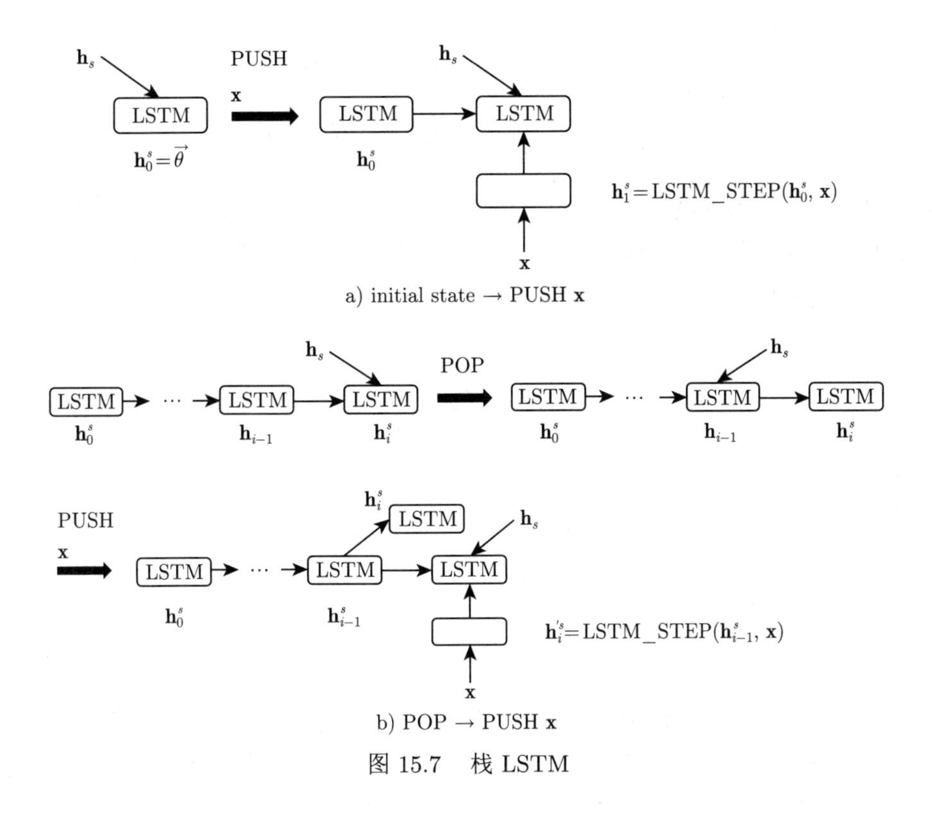

图 15.7 栈 LSTM

15.3 全局结构化模型

在本章前面，我们讨论了考虑输出为复杂结构形式的神经网络模型。实际上，我们同样可以应用本书第二部分中所介绍的全局解码的思想。具体来说，对于基于图的模型，条件随机场层可用于替换局部 softmax 输出层，以捕获序列或树中连续标签之间的马尔可夫依赖关系（15.3.1 节）；而对于基于转移的模型，我们可以考虑全局归一化，即把预测一系列动作转移序列的概率作为一个整体，为其计算概率或者分数（15.3.2 节）。 358

15.3.1 基于神经网络的条件随机场模型

为了捕获输出标签之间的依赖关系，我们可以将条件随机场（第 8 章）与神经网络表示集成在一起，从而得到**神经 CRF** 模型。总的来说，我们可以从两个角度直观地应用神经条件随机场。首先，我们可以将它视为用单个结构化 CRF 输出层来替换 15.1 节所介绍的模型中的一组 softmax 局部输出预测层。其次，也可以将其看作用神经网络隐层表示替换了传统 CRF 模型中的局部团离散特征表示。对于序列和树结构，我们已经在本书的第二部分中讨论了它们对应的 CRF 模型。在这里，我们进一步讨论它们的神经 CRF 版本。回顾第 8 章中介绍的 CRF 模型，给定一个单词序列 $W_{1:n} = w_1, w_2, \cdots, w_n$ 和一个标签序列 $T_{1:n} = t_1, t_2, \cdots, t_n$，一阶 CRF 模型使用下式计算 $P(T_{1:n}|W_{1:n})$：

$$P(T_{1:n}|W_{1:n}) = \frac{\exp\left(\vec{\theta}\cdot\vec{\phi}(T_{1:n}, W_{1:n})\right)}{\sum_{T'_{1:n}}\exp\left(\vec{\theta}\cdot\vec{\phi}(T'_{1:n}, W_{1:n})\right)} \tag{15.29}$$

其中 $T'_{1:n}$ 代表一个候选标签序列输出，$\vec{\phi}$ 是输入和输出对的特征表示，$\vec{\theta}$ 是模型参数。基于一阶马尔可夫假设，全局特征向量 $\vec{\phi}(T'_{1:n}, W_{1:n})$ 可以分解为局部特征向量 $\vec{\phi}(t_i, t_{i-1}, W_{1:n})$ 的和，其中标签依赖仅限于二元语法特征 $t_{i-1}t_i$：

$$\vec{\theta}\cdot\vec{\phi}(T_{1:n}, W_{1:n}) = \sum_{i=1}^{n}\vec{\theta}\cdot\vec{\phi}(t_i, t_{i-1}, W_{1:n}) \tag{15.30}$$

利用该式，式 (15.29) 可以重写为：

$$P(T_{1:n}|W_{1:n}) = \frac{\exp\left(\sum_{i=1}^{n}\vec{\theta}\cdot\vec{\phi}(t_i, t_{i-1}, W_{1:n})\right)}{\sum_{T'_{1:n}}\exp\left(\sum_{i=1}^{n}\vec{\theta}\cdot\vec{\phi}(t'_i, t'_{i-1}, W_{1:n})\right)} \tag{15.31}$$

我们可以通过把 $\vec{\phi}(t_i, t_{i-1}, W_{1:n})$ 替换成 $\mathbf{h}_i = f(W_{1:n}, i)$ 来构建一个非常简单的神经 CRF 模型，其中 $\mathbf{h}_i$ 是一个面向句子级别上下文局部输入 w_i 的稠密特征向量表示。这里我们使用一个标准的多层感知机来实现函数 f。给定每个词的嵌入表示 $\mathrm{emb}(w_i)$，我们可以计算 $\mathbf{h}_i$ 在一个 5 词窗口中的表示：

$$\begin{aligned}
&\mathbf{X}_{i-2:i+2} = \mathrm{emb}(w_{i-2}) \oplus \mathrm{emb}(w_{i-1}) \oplus \mathrm{emb}(w_i) \oplus \mathrm{emb}(w_{i+1}) \oplus \mathrm{emb}(w_{i+2}) \\
&\mathbf{h}_i = f(\mathbf{W}_{1:n}, i) = \tanh(\mathbf{W}^x\mathbf{X}_{i-2:i+2} + \mathbf{b}^x)
\end{aligned} \tag{15.32}$$

其中 $\mathbf{W}^x$ 和 $\mathbf{b}^x$ 是模型的参数。因此，给定 $W_{1:n}$，$T_{1:n}$ 的概率可以通过下式计算：

$$P(T_{1:n}|W_{1:n}) = \frac{\exp\left(\sum_{i=1}^{n}\left(\mathbf{U}(t_i)^{\mathrm{T}}\mathbf{h}_i + b(t_i, t_{i-1})\right)\right)}{\sum_{T'_{1:n}}\left(\exp\left(\sum_{i=1}^{n}\left(\mathbf{U}(t'_i)^{\mathrm{T}}\mathbf{h}_i + b(t'_i, t'_{i-1})\right)\right)\right)} \tag{15.33}$$

这里 $\mathbf{U}(t_i)$ 和 $b(t_i, t_{i-1})$ 分别是对应发射和转移特征的模型参数。具体而言，$\mathbf{U}(t_i)$ 是标签 t_i 所对应的向量模型参数，$b(t_i, t_{i-1})$ 是两个连续标签 t_i 和 t_{i-1} 的标量参数。$\mathbf{U}(t_i)$ 的作用在于将特征向量映射为关于 t_i 的标量分数值，而 $b(t_i, t_{i-1})$ 是用于表示标签转移的唯一参数。

359

训练 CRF 模型。 条件随机场模型可以在给定一组训练数据 D 的对数似然损失 L 的情况下，使用随机梯度下降法进行训练。具体而言，$\mathbf{h}_i$ 可以看作一个密集的特征向量，其中每个元素代表一个特征实例，这样每个 $\mathbf{h}_i$ 可以通过取 L 的导数来计算梯度，然后可以进一步应用标准反向传播，从而将梯度向下传递到生成 $\mathbf{h}_i$ 的神经网络参数中。类似地，$\mathbf{U}(t_i)$ 和 $b(t_i, t_{i-1})$ 可以分别通过对 L 求导来更新。

给定 $D=\{(W_i,T_i)\}|_{i=1}^N$，神经 CRF 模型训练的目标函数是最小化交叉熵损失：

$$\begin{aligned}
L(W_i,T_i,\Theta) &= -\frac{1}{N}\sum_{i=1}^{N}\log P(T_i|W_i) \\
&= -\frac{1}{N}\sum_{i=1}^{N}\log\frac{\exp\left(\sum_{j=1}^{|W_i|}\left(\mathbf{U}(t_j^i)^{\mathrm{T}}\mathbf{h}_j^i+b(t_j^i,t_{j-1}^i)\right)\right)}{\sum_{T'}\left(\exp\left(\sum_{j=1}^{|W_j|}\left(\mathbf{U}(t'_j)^{\mathrm{T}}\mathbf{h}_j^i+b(t'_j,t'_{j-1})\right)\right)\right)} \\
&= -\frac{1}{N}\Bigg(\sum_{i=1}^{N}\Bigg(\sum_{j=1}^{|W_i|}\left(\mathbf{U}(t_j^i)^{\mathrm{T}}\mathbf{h}_j^i+b(t_j^i,t_{j-1}^i)\right)\Bigg)\Bigg)- \\
&\quad \log\sum_{T'}\Bigg(\exp\Bigg(\sum_{j=1}^{|W_i|}\left(\mathbf{U}(t'_j)^{\mathrm{T}}\mathbf{h}_j+b(t'_j,t'_{j-1})\right)\Bigg)\Bigg)
\end{aligned} \tag{15.34}$$

对于每个训练实例 (W_i,T_i), 模型参数 $\mathbf{U}(\ell_k)$ $(\ell_k\in L)$ 的局部梯度是：

$$\begin{aligned}
\frac{\partial L(W_i,T_i,\Theta)}{\partial\mathbf{U}(\ell_k)} &= -\Bigg(\sum_{j=1}^{|W_i|}\mathbf{h}_j^i\delta(t_j^i=\ell_k)- \\
&\quad \sum_{T'}\frac{\exp\left(\sum_{j=1}^{|W_i|}\left(\mathbf{U}(t'_j)\mathbf{h}_j^i+b(t'_j,t'_{j-1})\right)\right)}{\sum_{T''}\left(\exp\left(\sum_{j=1}^{|W_i|}\left(\mathbf{U}(t''_j)\mathbf{h}_j^i+b(t''_j,t''_{j-1})\right)\right)\right)}\sum_{j=1}^{|W_i|}\mathbf{h}_j\delta(t'_j=\ell_k)\Bigg) \\
&= -\Bigg(\sum_{j=1}^{|W_i|}\mathbf{h}_j^i\delta(t_j^i=\ell_k)-\sum_{T'}P(T'|W_i)\mathbf{h}_j^i\delta(t'_j=\ell_k)\Bigg) \\
&= -\sum_{j=1}^{|W_i|}\Bigg(\mathbf{h}_j^i\delta(t_j^i=\ell_k)-\sum_{T'}(P(T'|W_i)\mathbf{h}_j^i\delta(t'_j=\ell_k)\Bigg) \\
&= -\sum_{j=1}^{|W_i|}\Bigg(\mathbf{h}_j^i\delta(t_j^i=\ell_k)-\mathbb{E}_{T'\sim P(T'|W_i)}\mathbf{h}_j^i\delta(t'_j=\ell_k)\Bigg)
\end{aligned} \tag{15.35}$$

360

其中 $\ell_k\in L$ 是标签集 L 的一个标签. 注意这里的 $\mathbf{h}_j^i$ 只依赖于 W_i, 和 T_i、T' 或者 T'' 无关。对于函数 $\delta(x)$，如果 x 是真，则返回 1，否则返回 0。式 (15.35) 为每个词 $w_j^i\in W_i, j\in[1,\cdots,|W_i|]$ 计算两个不同的部分，分别是面向金标输出 T_i 的 $\mathbf{h}_j\delta(t_j=\ell_k)$，以及面向所有 W_i 上可能输出 T' 的 $E_{T'\sim P(T'|W_i)}\mathbf{h}_j\ \delta(t'_j=\ell_k)$。和 8.3 节类似，所有可能输出序列上的期望可以被转换成求解在边缘概率上的期望：

$$\mathbb{E}_{T'\sim P(T'|W_i)}\mathbf{h}_j^i\delta(t'_j=\ell_k)=\mathbb{E}_{t'_j\sim P(t'_j|W_i)}\mathbf{h}_j^i\delta(t'_j=\ell_k) \tag{15.36}$$

算法 8.4 可以被用来计算 $P(t'_j|W_i)$ (参见习题 15.10)。类似地, $\mathbf{h}_j$ 在 (W_i,T_i) 中的局

部梯度可以通过下式计算：

$$\begin{aligned}\frac{\partial L(W_i,T_i,\Theta)}{\partial \mathbf{h}_j^i} &= \mathbf{U}(t_j^i) - \frac{\exp\left(\sum_{j=1}^{|W_i|}\left(\mathbf{U}(t_j^i)^{\mathrm{T}}\mathbf{h}_j^i + b(t_j^i,t_{j-1}^i)\right)\right)}{\sum_{T'}\left(\exp\left(\sum_{j=1}^{|W_i|}\left(\mathbf{U}(t'_j)^{\mathrm{T}}\mathbf{h}_j^i + b(t'_j,t'_{j-1})\right)\right)\right)}\mathbf{U}(t'_j) \\ &= \mathbf{U}(t_j^i) - \sum_{T'} P(T'|W_i)\mathbf{U}(t'_j) \\ &= \mathbf{U}(t_j^i) - \mathbb{E}_{T'\sim P(T'|W_i)}\mathbf{U}(t'_j) \\ &= \mathbf{U}(t_j^i) - \mathbb{E}_{t'_j\sim P(t'_j|W_i)}\mathbf{U}(t'_j)\end{aligned} \tag{15.37}$$

注意，由于 CRF 输出层固有的相似性，上述梯度推导过程与 8.3.4 节中讨论的离散 CRF 训练的梯度推导相似，分别对应于式 (8.14) 和式 (8.15)。

BiLSTM-CRF。 上述简单模型通过式 (15.32) 和式 (15.33) 编码五个单词窗口的上下文信息，从而以局部的方法处理每个单词。与 15.1.1 节中的局部模型相比，这一特征表示方式比较弱。我们也可以应用更有针对性的神经网络结构（例如 BiLSTM）来获取关于 $W_{1:n}$ 更强的表示方法。例如，在 BiLSTM-CRF 模型中，我们可以有：

$$\mathbf{H}_{1:n} = \mathrm{BiLSTM}(\mathbf{X}_{1:n}) \tag{15.38}$$

从而最终的概率计算方式如下：

$$P(T_{1:n}|W_{1:n}) = \frac{\exp\left(\sum_{i=1}^{n}\left(\mathbf{U}(t_i)^{\mathrm{T}}\mathbf{h}_i + b(t_i,t_{i-1})\right)\right)}{\sum_{T'}\left(\exp\left(\sum_{i=1}^{n}\left(\mathbf{U}(t'_i)^{\mathrm{T}}\mathbf{h}_i + b(t'_i,t'_{i-1})\right)\right)\right)} \tag{15.39}$$

BiLSTM-CRF 模型的训练可以与前面简单的神经 CRF 模型训练基本相同：二者具有相同的损失 L 和相同的梯度 $\frac{\delta L}{\delta \mathbf{h}_i}$，唯一不同的部分是梯度从 $\mathbf{h}_i$ 反向传播到 BiLSTM 层，而不是特征前馈组合层。

与简单的神经 CRF 模型相比，由于 BiLSTM 强大的上下文表示能力，BiLSTM-CRF 在计算发射特征表示上具有更大的优势，能够为序列标注带来明显的性能改进。BiLSTM-CRF 模型可以被看作在 15.1.1 节和图 15.1 中介绍的局部序列标记模型中添加了一个 CRF 输出层，从而显式地捕获了输出标记之间的依赖性。

361

树 CRF。 类似地，我们可以将 10.2 节中讨论的树 CRF 模型扩展为神经网络树 CRF。具体来说，给定一个句子 W 和对应的成分树 T，传统离散的线性树 CRF 模型采用下式计算 T 的概率：

$$P(T|W) = \frac{\exp\left(\vec{\theta}\cdot\vec{\phi}(W,T)\right)}{\sum_{T'\in \textsc{Gen}(W)}\exp\left(\vec{\theta}\cdot\vec{\phi}(W,T')\right)} \tag{15.40}$$

其中，$\vec{\phi}(W,T)$ 是在 W 上 T 的全局特征向量，$\textsc{gen}(W)$ 代表对于 W 所有可能的成分树，$\vec{\theta}$ 是模型的参数向量。$\vec{\phi}(W,T)$ 可以进一步分解成每个规则所对应的局部特征之和：

$$\vec{\phi}(W,T)=\sum_{r\in T}\vec{\phi}(W,r) \tag{15.41}$$

其中，r 表示 T 中的一个成分语法规则。

因此总的来说，在给定 W 的条件下，T 的概率为：

$$P(T|W)=\frac{\exp\left(\sum_{r\in T}\vec{\theta}\cdot\vec{\phi}(W,r)\right)}{\sum_{T'\in \textsc{Gen}(W)}\exp\left(\sum_{r'\in T'}\vec{\theta}\cdot\vec{\phi}(W,r')\right)} \tag{15.42}$$

我们可以通过把离散打分函数 $\vec{\theta}\cdot\vec{\phi}(W,r)$ 替换为神经网络函数 f 来实现一个简单的神经树 CRF 模型。这和面向序列结构的 CRF 模型的例子相似。我们可以再次利用 15.1.3 节中的神经网络结构。对于神经网络模型，在给定 W 的条件下，T 的概率为：

$$P(T|W)=\frac{\exp\left(\sum_{r\in T}f(W,r)\right)}{\sum_{T'\in \textsc{Gen}(W)}\exp\left(\sum_{r'\in T'}f(W,r')\right)} \tag{15.43}$$

其中，f 是基于神经网络结构的打分函数。

我们将一棵树整体的分数分解成基于单个规则的局部打分函数 $f(W,r)$ 之和，其中每个语法特征 r 包含语块 $w_b,w_{b+1},\cdots,w_{b+e-1}$。也可以表示为元组 $\langle c\rightarrow c_1c_2,b,b',e\rangle$，其中 $c\rightarrow c_1c_2$ 对应标签的生成规则，索引 $\langle b,b',e\rangle$ 代表语块的生成方法 $[b,e]\rightarrow[b,b'-1]\ [b',e]$，这里 b' 是语块的分割点，$[b,e]$、$[b,b'-1]$ 和 $[b',e]$ 这三个语块分别对应成分标签 c、c_1 以及 c_2。因此，模型的打分函数 $f(W,r)$ 可以被定义为：

$$\begin{aligned}f(W,r)&=f(W,c\rightarrow c_1c_2,b,b',e;\vec{\theta})\\&=\vec{\tau}(W,b,b',e)^{\mathrm{T}}\mathbf{W}^f\vec{\gamma}(c\rightarrow c_1c_2)\end{aligned}$$

其中，$\mathbf{W}^f$ 是模型的参数，特征向量 $\vec{\tau}$ 是在给定语块生成方式的基础上所提取的词汇特征和分块特征，$\vec{\gamma}$ 表示基于给定规则 $c\rightarrow c_1c_2$ 的特征向量。

具体而言，我们可以使用 BiLSTM 的输出来进一步定义特征 $\vec{\tau}$：

$$\vec{\tau}(W,b,b',e)=\mathrm{ReLU}(\mathbf{W}^w(\mathbf{h}_b\oplus\mathbf{h}_{b'-1}\oplus\mathbf{h}_e))$$

362

其中，每个 $\mathbf{h}_i$ 与 15.1.3 节中定义的方法类似，$\mathbf{W}^w$ 是一个可训练的模型参数。

对于 $\vec{\gamma}$，可以通过嵌入方式获取其向量表示，假设针对语法规则的嵌入查找表为 $E_r\in\mathbb{R}^{|G|\times d_r}$，其中 G 为所有可能规则的集合，$|G|$ 是所有可能规则的数量，d_r 是规则嵌入的维度大小，这样我们便可将每个语法规则整体转换成嵌入向量。向量 $\vec{\gamma}$ 也可以通过考虑每个规则中的成分标签从而以组合方式来定义，假设我们将规则表示 $c\rightarrow c_1c_2$ 具体表示为：

$$\vec{\gamma}(c\rightarrow c_1c_2)=\mathrm{ReLU}\big(\mathbf{W}^a\mathrm{emb}^s(c)+\mathbf{W}^l\mathrm{emb}^s(c_1)+\mathbf{W}^r\mathrm{emb}^s(c_2)+\mathbf{b}\big)$$

其中 $\mathbf{W}^a$、$\mathbf{W}^l$、$\mathbf{W}^r$ 和 $\mathbf{b}$ 是模型的参数，$\text{emb}^s(c)$ 是成分句法标签 $c \in C$（C 为成分句法标签集）的嵌入表示，它可以从查找表 $E_p \in \mathbb{R}^{|C| \times d_e}$ 中得到，其中 $|C|$ 是成分句法标签的大小，d_e 是成分句法标签嵌入的维度大小。

训练过程。为了训练树 CRF 模型，我们可以使用反向传播来计算梯度，该方法和神经 CRF 模型一样。训练目标是最大化对数据的似然概率，具体采用如下形式的损失函数（对似然对数求负）：

$$L = -\frac{1}{N}\sum_{i=1}^{N}\log P(T_i|W_i)$$
$$= -\frac{1}{N}\sum_{i=1}^{N}\log\frac{\exp\left(\sum_{r\in T_i}\vec{\tau}(r)^{\mathrm{T}}\mathbf{W}^f\vec{\gamma}(r)\right)}{\sum_{T_i'\in \text{GEN}(W_i)}\exp\left(\sum_{r'\in T_i'}\vec{\tau}(r')^{\mathrm{T}}\mathbf{W}^f\vec{\gamma}(r')\right)} \tag{15.44}$$

其中，$\vec{\tau}(r)$ 和 $\vec{\gamma}(r)$ 分别表示 $\vec{\tau}(W_i, b, b', e)$ 和 $\vec{\gamma}(c \to c_1c_2)$。

基于式 (15.44)，我们可以推导出局部梯度 $\frac{\partial L}{\partial \mathbf{W}^f}$ 为：

$$\frac{\partial L}{\partial \mathbf{W}^f} = -\Big(\sum_{r\in T_i}\vec{\tau}(r)\vec{\gamma}(r)^{\mathrm{T}} - \sum_{T_i'\in \text{GEN}(W_i)}P(T_i'|W_i)\sum_{r'\in T_i'}\vec{\tau}(r')\vec{\gamma}(r')^{\mathrm{T}}\Big)$$
$$= -\Big(\sum_{r\in T_i}\vec{\tau}(r)\vec{\gamma}(r)^{\mathrm{T}} - \mathbb{E}_{T_i'\sim P(T_i'|W_i)}\sum_{r'\in T_i'}\vec{\tau}(r')\vec{\gamma}(r')^{\mathrm{T}}\Big) \tag{15.45}$$

其中第二项包含针对 W 所有可能规则下关于边缘概率 $P(T_i'|W_i)$ 的期望。为了计算这个期望，我们需要枚举所有可能的树，然后得到所有可能的生成规则并为其计算边缘概率。利用 10.1.4 节的内部–外部算法可以高效地计算这个期望。类似地，为了更新包含在 $\vec{\tau}$ 和 $\vec{\gamma}$ 中的参数，我们需要考虑梯度 $\frac{\partial L}{\partial \vec{\tau}(r)}$ 和 $\frac{\partial L}{\partial \vec{\gamma}(r)}$（习题 15.12），具体可以采用类似于计算 $\frac{\partial L}{\partial \mathbf{W}^f}$ 的方法，比如梯度 $\frac{\partial L}{\partial \vec{\tau}(r)}$ 可以定义为：

$$\frac{\partial L}{\partial \vec{\tau}(r)} = -\Big(\sum_{r\in T_i}\mathbf{W}^f\vec{\gamma}(r) - \sum_{T_i'\in \text{GEN}(W_i)}P(T_i'|W_i)\sum_{r'\in T_i'}\mathbf{W}^f\vec{\gamma}(r')\Big)$$
$$= -\Big(\sum_{r\in T_i}\mathbf{W}^f\vec{\gamma}(r) - \mathbb{E}_{T_i'\sim P(T_i'|W_i)}\sum_{r'\in T_i'}\mathbf{W}^f\vec{\gamma}(r')\Big) \tag{15.46}$$

363

在得到梯度 $\frac{\partial L}{\partial \vec{\tau}(r)}$ 和 $\frac{\partial L}{\partial \vec{\gamma}(r)}$ 后，我们可以使用反向传播来计算模型参数 $\mathbf{W}^w$、$\mathbf{W}^a$、$\mathbf{W}^l$、$\mathbf{W}^r$ 以及 $\mathbf{b}$ 的梯度。

采用最大间隔模型替换 CRF。对于序列和树结构，我们同样可以采用本书第二部分中介绍的最大间隔模型（例如结构化感知机和结构化支撑向量）来替换神经 CRF 模型。但是对于神经网络模型，最大间隔作为训练目标相对较少使用，就像它们在分类任务中使用得不多一样。我们在 13.2.4 节中已经对此进行了介绍，因此，对于本书这一部分的内容，我们重点关注概率建模。

15.3.2 全局规范化的基于转移的模型

我们在 15.2 节中介绍的基于转移的神经网络模型本质上是贪心局部分类模型，它们在给定当前状态的情况下预测最合适的下一个转移动作，但是这类模型可能会遇到两个问题。首先，总得分最高的动作序列不一定与每个局部最高得分的动作序列相对应。这一问题是建模问题，是由每次独立打分引入的分数难以归一化导致的，本质上与 8.2 节中讨论的标注偏置问题相似㊀。其次，前置步骤中的转移动作错误会传播到后续步骤，这个问题涉及模型训练和解码。为了进行训练，局部模型仅关注金标动作序列所对应的状态，因此不会学习如何处理因早期错误而导致的*不正确*的解析状态输入，而对于解码，贪心搜索引入错误是难以避免的，从而导致了中间的不正确状态输入。我们在 11.1.2 节提到，采用全局训练能解决所有这些问题，其主要思想是对整个转移动作序列进行建模，从而实现以整个结构化输出为打分依据。

对于传统离散线性模型，我们讨论了一种基于感知机引导柱搜索（11.1.2 节）的算法框架，从而实现了全局训练和解码。在这一框架模型中，对于转移动作序列的得分，采用序列中每个单独动作的得分之和进行计算，然后采用柱搜索来找到当前最高得分的转移动作序列，在每个状态转移步骤中使用一个柱记录当前得分最高的 K 个部分序列（算法 11.1）。我们可以采用在线训练来指导柱搜索算法，通过对每个训练输入进行解码来重复更新模型参数。在每个解码步骤中，如果金标动作序列不在柱中，则认为该模型产生了搜索错误，对于训练，此时解码将立刻停止，并通过使用金标动作序列作为正例，使用当前柱中得分最高的动作序列作为负例来执行感知机更新（算法 11.2）。这一更新称为*提前更新*。如果训练实例没有提前更新，训练算法则将遵循标准感知机；当最终模型输出与金标输出不同时，执行参数更新，这一更新称为*最终更新*，与提前更新区别较大。

对于基于转移的神经网络模型，我们可以应用类似的思想。对于 15.2 节中的局部模型，给定状态 s，我们将可能采取的动作得分计算为向量 $\mathbf{o}$，然后使用 softmax 将其归一化为概率分布 $\mathbf{p}$，这是局部归一化方法 [参见式 (15.17)]。现在我们以 15.2.1 节中的模型 1 作为基本的局部分析器，将其扩展为全局建模。 364

现在我们来计算转移动作序列 $A_{1:i} = a_1, a_2, \cdots, a_i$ 的整体分数，伴随这一动作序列从一个起始状态 s_0 出发的增量状态序列为 $s_1, s_2, \cdots, s_i$。在这个过程中，我们记录了每个动作相对应的分数向量序列 $\mathbf{o}_1, \mathbf{o}_2, \cdots, \mathbf{o}_i$ 的分数，当前动作总分数采用以下公式进行计算：

$$\operatorname{score}(A_{1:i}) = \sum_{j=1}^{i} \operatorname{score}(a_j) = \sum_{j=1}^{i} \mathbf{o}_j[a_j] \tag{15.47}$$

㊀ 注意，给定一个神经模型（如 15.2 节中的模型 3），该模型表示具有全局信息的状态，因此可以在一定程度上缓解标签偏差问题。因为当相同的局部上下文存在于不同的全局序列中时，标签偏差问题就会发生。堆栈 LSTM 代替表示全局上下文。但是，对于模型 1 之类的模型，该问题仍然存在。

其中 $\text{score}(a_j) = \mathbf{o}_j[a_j]$ 是从 $\mathbf{o}_j$ 中对应的元素得到的，不需要被规范化到概率分布。我们可以直接将这一分数应用于增量解码。

解码过程。我们遵循图 15.8 中的柱搜索开展解码过程，算法 11.1 对该过程进行了详细的描述。当柱大小 K 被设置为 1 时，解码过程与 15.2 节中介绍的贪心解码器相同。当 K 逐步增加时，解码器处理动作序列分数的能力逐渐变强，这样局部得分较低但是整体分数最高的金标动作不会在解码过程中被提前排除。

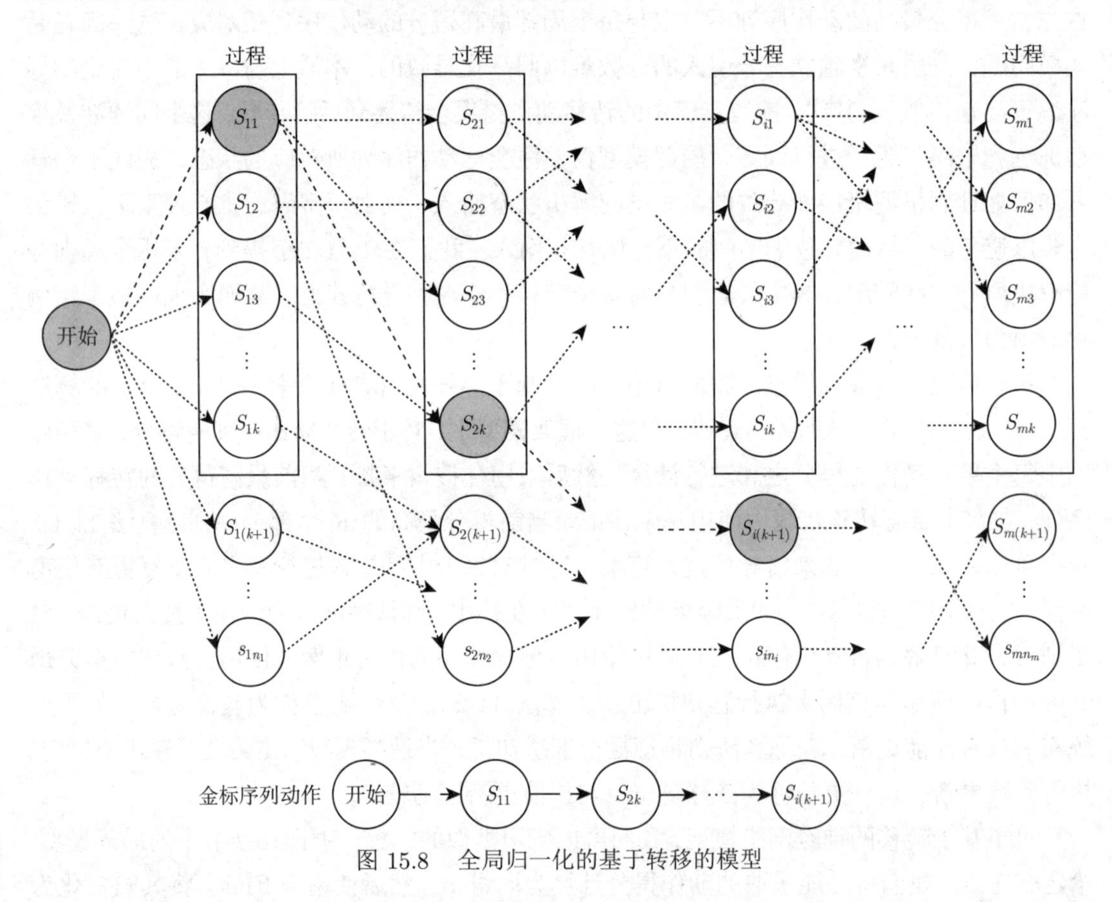

365

图 15.8　全局归一化的基于转移的模型

训练过程。进一步，我们在模型训练中也融入了柱搜索，搜索过程和解码中的搜索类似，如图 15.8 所示，具体算法可参照算法 11.2 逐步进行。如第 11 章所述，具体参数更新包括两种形式，分别为提前更新和最终更新，在每次更新中，我们都要计算损失函数，以此为基础，进一步计算用于反向传播的初始梯度。

在第 11 章中，对于离散线性模型，我们使用感知机损失进行参数更新，通过选择得分最高的动作预测结构作为唯一的负例，认为这一负例最不符合我们期待的结果或者约束。但是，如前所述，对于神经网络模型，我们根据过去的经验发现概率（即交叉熵）损失函数的效果最好，所以我们应该使用这种损失描述来更新参数。首先，我们不希望像局部模型那样采用类似式 (15.17) 的方法将每个动作得分局部归一化为一个概率分布，而是希望将整个转移动作序列的分数归一化为一个概率分布。基于这一思想，动作序列的概率形式得分为：

$$P(A_{1:i}|W_{1:n}) = \text{softmax}_{\text{GEN}}(W_{1:n}, i)(A_{1:i}) = \frac{\exp\left(\sum_{j=1}^{i} \mathbf{o}_j[a_j]\right)}{\sum_{A'^i_1} \exp\left(\sum_{j=1}^{i} \mathbf{o}'_j[a_j]\right)} \tag{15.48}$$

其中 $A'_{1:i} \in \text{GEN}(W_{1:n}, i)$ 表示所有来自 s_0 的长度为 i 的合法动作集合，我们通过这一公式便实现了全局归一化方法。

其次，对于反向传播，每个单一样例的最大似然损失被定义为 $L = -\log P(A_{1:i}|W_{1:n})$：

$$\begin{aligned} L &= -\log P(A_{1:i}|W_{1:n}) \\ &= -\log \frac{\exp(\sum_{j=1}^{i} \mathbf{o}_j[a_j])}{\sum_{A'_{1:i}} \exp(\sum_{j=1}^{i} \mathbf{o}'_j[a_j])} \\ &= -\log \frac{\exp(\sum_{j=1}^{i} \mathbf{o}_j[a_j])}{Z} \\ &= \log Z - \sum_{j=1}^{i} \mathbf{o}_j[a_j] \end{aligned} \tag{15.49}$$

其中 Z 是归一化函数：

$$Z = \sum_{A'_{1:i}} \exp\left(\sum_{j=1}^{i} \mathbf{o}_j[a'_j]\right) \tag{15.50}$$

然而，所有可能的转移动作序列 $A'_{1:i}$ 的数目是 i 的指数量级，这会使得总和的计算变得棘手。为了解决这一问题，我们使用对比估计来近似计算这一求和，即通过对所有在柱中已知的 $A'_{1:i} = a'_1, a'_2, \cdots, a'_i$ 的分数求和近似计算 Z。具体而言，我们采用图 15.8 中的 $\{s_{i,1}, \cdots, s_{i,n_i}\}$ 作为当前解码时刻下的状态集合，以它们对应的动作转移序列为基础来近似计算 Z：

$$Z'(x_i, \theta) = \sum_{A'_{1:i} \in [s_{i,1}, \cdots, s_{i,n_i}]} \exp\left(\sum_{j=1}^{i} \mathbf{o}_j[a'_j]\right) \tag{15.51}$$

通过采用此方法，我们可以方便地计算最大似然损失。 366

给定每个实例的最大似然损失，我们可以将标准的反向传播用于计算模型参数的梯度，进而使用随机梯度下降算法进行训练，具体梯度的计算是从 $\mathbf{o}_j$ 逐步反向传播到式 (15.15) ~ 式 (15.17) 中的。习题 15.16 讨论了完整算法的伪代码。

总结

本章介绍了：

- 用于序列标注、依存分析和成分句法分析的局部神经模型。

- CRF 模型和 BiLSTM-CRF 模型。
- 基于转移的神经结构化预测。

注释

局部 softmax 分类器 (Ling 等人, 2015) 和 CRF 模型 (Huang 等人, 2015; Ma 和 Hovy, 2016; Lample 等人, 2016) 都已经被用于序列标注模型, 特别是和 BiLSTM 进行组合。Kiperwasser 和 Goldberg (2016) 以及 Dozat 和 Manning (2016) 探究依存分析的局部模型。Kitaev 和 Klein (2018) 以及 Teng 和 Zhang (2018) 探究成分句法的局部模型。Durrett 和 Klein (2015) 探究神经 CRF 解析。

全局归一化的基于转移的模型已经在 Zhou 等人 (2015) 和 Watanabe 和 Sumita (2015) 中进行了探究和分析。Andor 等人 (2016) 展示了全局归一化相较于贪心局部模型的理论优势。

习题

15.1　比较 15.1.1 节和 15.3.1 节中的序列标记模型。在图 15.1 中，它们在哪一层有所不同？为什么与局部分类输出层相比，条件随机场输出层更准确？运行时的复杂性如何权衡？

15.2　回想一下式 (15.8) 中的评分函数。引入 $\mathbf{h}_i$ 和 $\mathbf{h}_j$ 的一种更简单的方法是：

$$s_{ij} = \mathbf{W}(\mathbf{h}_i \oplus \mathbf{h}_j) + \mathbf{b}$$

与上面的函数相比，式 (15.8) 的优势是什么？是否有其他函数可以整合来自 $\mathbf{h}_i$ 和 $\mathbf{h}_j$ 的信息？它们的优点和缺点是什么？

367

15.3　再次考虑 15.1.2 节中的依存分析模型的解码问题。算法文献中提供了几种最大生成树算法，例如 Prim 算法、Kruskal 算法和 Chu-Liu-Edmond 算法。就准确性和效率而言，你认为哪种算法对模型最有用？解码算法的选择会影响模型的训练吗？

15.4　考虑关系提取任务，其用于预测句子中给定实体的关系链接。特别地，将句子 $W_{1:n}$ 上的实体语块表示为 $S = W_{b:e}$，其中 $1 \leqslant b \leqslant e \leqslant n$，任务的输出集合是 $R = \{(S_k^1, S_k^2, r_k)\}|_{k=1}^{|R|}$，其中 S_k^1 和 S_k^2 是两个实体，r_k 是 S_k^1 和 S_k^2 之间的关系。15.1.2 节中的依存分析模型可以适应这个任务吗？什么类型的附加知识是有用的？如何将依存语法集作为输入特征？（另见习题 15.15 中关于语块编码的讨论。）

15.5　为 15.1.3 节中的 0 阶 CKY 解码算法编写动态规划伪代码。

15.6　考虑 15.1.3 节中提到的成分句法分析任务。你能想出一种不使用折叠规则表示来处理一元规则的方法吗？如果不用语块分类模型模拟未标注语块的生成概率 $P(W_{b:e} \rightarrow W_{b:b'-1}W_{b':e}|S)$，你能不能在 15.1.2 节中介绍的双仿射评分方法基础上提出一个方法，直接使用局部分类模型对该概率分布进行建模以进行依存分析。

15.7 图 15.6 比较了模型 1 和模型 2 所采用的基于转移的依存分析方法。与模型 1 相比，模型 2 缺少哪些特征？你认为可以将哪些缺失的特征添加到模型 2 中以提高其性能？如何将它们添加到模型中？（有效性最终应通过经验验证。）

15.8 回忆一下图 15.6b 中基于转移的依存分析模型 2，它集成了隐层表示 $\mathbf{h}_{i_3}$、$\mathbf{h}_{i_2}$、$\mathbf{h}_{i_1}$ 和 $\mathbf{h}_{j_1}$，从而用于表示 s。i_1、i_2、i_3 和 j_1 是静态的还是动态的？绘制给定训练实例的反向传播路径。更新 BiLSTM 表示以优化动作预测的准确性。模型如何学会协调具有堆栈信息的 BiLSTM 句子表示，从而实现最佳动作预测？

15.9 回想用于神经条件随机场的式 (15.31)，其中转移分数的唯一参数是 $b(t_i, t_{i-1})$。b 中有多少个参数实例？你能否扩展转移评分，以便有关输入词的信息可以与 b 组合？

15.10 考虑用于训练神经 CRF 模型的式 (15.35)，这需要计算 $P(t'_j|W_i)$。通过参考算法 8.2 和算法 8.3 推导出前向后向算法。

15.11 为式 (15.34) 推导所有 ℓ, ℓ' 的偏导数 $\partial L(W_i, T_i, \Theta)/\partial b(\ell, \ell') \in L$ 。

368

15.12 在式 (15.46) 中，我们已经定义了相对于隐藏向量 $\vec{\tau}(r)$ 的局部梯度。类似地，推导出式 (15.44) 相对于 $\vec{\gamma}(r)$ 的局部梯度。

15.13 推导出式 (15.8) ~ 式 (15.10) 中双仿射解析器输出层的反向传播函数 BackPropagate。

15.14 **字符增强词表示**。如式 (15.1) 所示，给定一个句子 $W_{1:n} = w_1 w_2 \cdots w_n$，我们可以通过在词嵌入 $\text{emb}(w_i)$ 的基础上增加字符序列表示 $\text{chr}(w_i)$。式 (15.1) 将两个表示拼接作为最终表示。或者，如果它们的维度大小相同，我们也可以简单地将它们加在一起：$\text{emb}(w_i) + \text{chr}(w_i)$。这种表示与拼接版本相比丢失了哪些信息源？从经验上看，它也可以工作。相应的原因是什么？这里为每种情况提供函数 BackPropagate。

15.15 **语块表示**。式 (15.12) 给出了使用双向 RNN 编码的句子 $W_{1:n} = w_1 w_2 \cdots w_n$ 中语块的表示。这种表示的替代方案是什么？你可以对语块中的所有单词使用池化函数吗？注意力函数呢？事实上，你也可以使用减函数 $\overrightarrow{\mathbf{h}}_e - \overrightarrow{\mathbf{h}}_b$ 按照从左到右的方向来表示语块 $W_{b:e}$。比较这些表示，它们可以凭经验给出相似的性能。还有哪些其他结构化预测任务可以从语块表示中受益？

15.16 通过修改算法 11.2，给出用于基于神经转移的全局归一化结构化预测的训练算法（见 15.3.2 节）。

369

参考文献

Daniel Andor, Chris Alberti, David Weiss, Aliaksei Severyn, Alessandro Presta, Kuzman Ganchev, Slav Petrov, and Michael Collins. 2016. Globally normalized transition-based neural networks. arXiv preprint arXiv:1603.06042.

Timothy Dozat and Christopher D. Manning. 2016. Deep biaffine attention for neural dependency parsing. arXiv preprint arXiv:1611.01734.

Greg Durrett and Dan Klein. 2015. Neural crf parsing. arXiv preprint arXiv:1507.03641.

Zhiheng Huang, Wei Xu, and Kai Yu. 2015. Bidirectional lstm-crf models for sequence tagging.

ArXiv, abs/1508.01991.

Eliyahu Kiperwasser and Yoav Goldberg. 2016. Simple and accurate dependency parsing using bidirectional lstm feature representations. Transactions of the Association for Computational Linguistics, 4:313–327.

Nikita Kitaev and Dan Klein. 2018. Constituency parsing with a self-attentive encoder. arXiv preprint arXiv:1805.01052.

Guillaume Lample, Miguel Ballesteros, Sandeep Subramanian, Kazuya Kawakami, and Chris Dyer. 2016. Neural architectures for named entity recognition. arXiv preprint arXiv:1603.01360.

Wang Ling, Yulia Tsvetkov, Silvio Amir, Ramon Fermandez, Chris Dyer, Alan W. Black, Isabel Trancoso, and Chu-Cheng Lin. 2015. Not all contexts are created equal: Better word representations with variable attention. In Proceedings of the 2015 Conference on Empirical Methods in Natural Language Processing, pages 1367–1372.

Xuezhe Ma and Eduard Hovy. 2016. End-to-end sequence labeling via bi-directional lstmcnns- crf. arXiv preprint arXiv:1603.01354.

Zhiyang Teng and Yue Zhang. 2018. Two local models for neural constituent parsing. arXiv preprint arXiv:1808.04850.

Taro Watanabe and Eiichiro Sumita. 2015. Transition-based neural constituent parsing. In Proceedings of the 53rd Annual Meeting of the Association for Computational Linguistics and the 7th International Joint Conference on Natural Language Processing (Volume 1: Long Papers), pages 1169–1179.

Hao Zhou, Yue Zhang, Shujian Huang, and Jiajun Chen. 2015. A neural probabilistic structured-prediction model for transition-based dependency parsing. In Proceedings of the 53rd Annual Meeting of the Association for Computational Linguistics and the 7th International Joint Conference on Natural Language Processing (Volume 1: Long Papers), pages 1213–1222.

两段式文本任务

前文介绍了用于文本分类及结构预测的神经网络模型，其核心是学习文本表示，从而利用通用模型结构（见图 13.4 与图 15.1）解决对应问题。文本表示中的稠密向量也促进了端到端系统的发展，使得机器翻译、文本摘要、机器阅读理解、问答、对话等原本需要复杂流水线模型的任务变得更为简单。在传统机器学习的框架下，这些任务利用多个子系统分别获取实体、共指关系、句法等信息，并需要人工特征工程将其转化为稀疏特征，而端到端神经网络模型可直接通过表示学习来获取输入与输出间的映射关系，无须考虑模型的中间结构。

本章将讨论利用神经网络模型处理涉及两段文本的自然语言任务。具体地，我们将介绍两类模型及其对应的任务：第一类为序列到序列模型，用于处理机器翻译、自动摘要等任务，此类任务的输入是一段文本，输出是另一段文本；第二类为文本匹配模型，用于处理阅读理解、自然语言推理等任务，此类任务的输入为两段文本，输出为文本类别。在这两类任务中，神经模型的建模方式比传统离散机器学习模型更为简单。此外，我们还将详细讨论编码器、解码器等神经网络结构。

16.1 序列到序列模型

生成任务的目标为基于一段文本生成另一段文本，典型例子包括机器翻译、自动摘要、对话系统等。其中，机器翻译的输入为源语言文本，输出为目标语言文本；对话系统的输入为用户话语，输出为系统对用户话语的响应。**序列到序列**（sequence-to-sequence，seq2seq）模型可为生成任务提供简单清晰的模型框架，其核心思想为基于输入文本的神经网络表示，逐字生成输出文本。此类模型由**编码器**和**解码器**构成，其中编码器用于学习输入文本表示，解码器用于生成输出序列，循环神经网络与自注意力网络均可用于编码器和解码器的构建。根据任务的特点，编码器和解码器的结构也会略有不同，例如，摘要系统的编码器需要考虑多个句子及其句间关系，订餐对话系统的解码器则需要根据用户话语进行意图识别，从而生成回应。为不失一般性，本节介绍的模型为输入与输出均为单个句子的端到端网络结构。

16.1.1 模型 1: 基于长短期记忆网络

本节介绍利用长短期记忆网络进行编码和解码的序列到序列模型，以机器翻译任务为例，我们以 X 表示输入文本，Y 表示输出文本。

编码器。编码器与前文所介绍的双向长短期记忆网络序列编码器相同。给定输入句子 $X_{1:n}=x_1,x_2,\cdots,x_n$，编码器利用双向长短期记忆网络获取句子的深度隐层表示，从而获得句法语义信息。具体地，各个方向的隐层表示为：

$$\begin{aligned}\overrightarrow{\mathbf{h}}_i^{\text{enc}}&=\text{LSTM\_STEP}\left(\overrightarrow{\mathbf{h}}_{i-1}^{\text{enc}},\text{emb}(x_i)\right)\\\overleftarrow{\mathbf{h}}_i^{\text{enc}}&=\text{LSTM\_STEP}\left(\overleftarrow{\mathbf{h}}_{i+1}^{\text{enc}},\text{emb}(x_i)\right)\end{aligned}\tag{16.1}$$

在上述前向和后向计算的起始过程中，输入语句的开头和结尾可分别添加 $\langle s\rangle$ 和 $\langle /s\rangle$ 标记以便提取深度隐层表示，我们在第 2 章构建语言模型时也做过类似处理。两个方向上的起始隐层状态 $\overrightarrow{\mathbf{h}_0^{\text{enc}}}$ 和 $\overleftarrow{\mathbf{h}_{n+1}^{\text{enc}}}$ 通常设置为 $\mathbf{0}$，但为了获取更有效的编码特征，隐层状态的初始值也可设置为 $\sum_{i=1}^{n}\text{emb}(x_i)$。两个方向上的最终隐层状态为 $\overrightarrow{\mathbf{h}}_n^{\text{enc}}$ 和 $\overleftarrow{\mathbf{h}}_1^{\text{enc}}$，其拼接结果即为句子的最终输入表示 $\mathbf{h}^{\text{enc}}=\overrightarrow{\mathbf{h}}_n^{\text{enc}}\oplus\overleftarrow{\mathbf{h}}_1^{\text{enc}}$。$\mathbf{h}^{\text{enc}}$ 将会进一步作为解码器的输入，帮助生成输出结果 $Y_{1:m}=y_1,y_2,\cdots,y_m$。

解码器。解码器可基于编码器输出的最终隐层向量生成对应的词序列。具体地，解码器先生成一系列隐层向量，再基于隐层向量生成每个向量对应的词。以长短期记忆网络为例，在循环生成 $Y_{1:m}$ 的过程中，对于每一步 i ($i\in[1,\cdots,m]$)，解码器基于给定 $y_1,\cdots,y_{i-1}$ 对 y_i 进行预测，从 y_1 到 y_{i-1} 的历史信息表示为隐层向量 $\mathbf{h}_{i-1}^{\text{dec}}$，模型利用 y_{i-1} 和 $\mathbf{h}_{i-1}^{\text{dec}}$ 生成 y_i。

编码器的输出 $\mathbf{h}^{\text{enc}}$ 即为解码器的初始输入状态 $\mathbf{h}_0^{\text{dec}}$，基于 $\mathbf{h}_0^{\text{dec}}$ 和 $\langle s\rangle$，模型可预测 $\mathbf{h}_1^{\text{dec}}$：

$$\mathbf{h}_1^{\text{dec}}=\text{LSTM\_STEP}\left(\mathbf{h}_0^{\text{dec}},\text{emb}'(\langle s\rangle)\right)\tag{16.2}$$

与编码器类似，特殊符号 $\langle s\rangle$ 表示句子开头。同时，根据任务特性（如机器翻译或摘要），目标句子的词向量 emb′ 可与源语句的词向量 emb 不同。

371

基于 $\mathbf{h}_1^{\text{dec}}$，模型可进一步预测输出序列 y_1，具体地，我们可利用前馈神经网络和 softmax 激活函数计算候选词概率：

$$\begin{aligned}\mathbf{o}_1&=\mathbf{W}\mathbf{h}_1^{\text{dec}}+\mathbf{b}\\\mathbf{p}_1&=\text{softmax}(\mathbf{o}_1)\end{aligned}\tag{16.3}$$

其中 $\mathbf{p}_1\in\mathbb{R}^{|V|}$ 为输出向量，它的每个元素对应候选词表中特定单词的输出概率：

$$P(y_1|X_{1:n})=\mathbf{p}_1[y_1]$$

其中，$\mathbf{p}_1[y_1]$ 表示向量 $\mathbf{p}_1$ 对应于单词 y_1 的输出概率，$\mathbf{W}$ 和 $\mathbf{b}$ 为模型参数。因此，我们根据 $\mathbf{p}_1$ 可以得到该位置上输出概率最大的单词 y_1。

在随后的每个步骤 i 中，上一步的输出 y_{i-1} 和隐层状态 $\mathbf{h}_{i-1}^{\text{dec}}$ 又将作为当前输入，用于计算当前输出表示 $\mathbf{h}_i^{\text{dec}}$ 及候选词 y_i：

$$
\begin{aligned}
\mathbf{h}_i^{\text{dec}} &= \text{LSTM\_STEP}\Big(\mathbf{h}_{i-1}^{\text{dec}}, \text{emb}'(y_{i-1})\Big) \\
\mathbf{o}_i &= \mathbf{W}\mathbf{h}_i^{\text{dec}} + \mathbf{b} \\
\mathbf{p}_i &= \text{softmax}(\mathbf{o}_i)
\end{aligned}
\tag{16.4}
$$

与式 (16.3) 类似，我们可以得到 $P(y_i|X_{1:n}, Y_{1:i-1}) = \mathbf{p}_i[y_i]$。

解码。给定输入 $X_{1:n}$，我们可以根据式 (16.4) 中的概率分布 $\mathbf{p}_i$，在每一步通过贪心局部搜索的方式进行解码：

$$
y_i = \arg\max_{y_i'} P(y_i'|X_{1:n}, Y_{1:i-1}) \tag{16.5}
$$

为了生成长度可变的输出文本，该解码过程将重复进行，直到生成特殊结尾标记 $\langle /s \rangle$，或是到达规定文本长度的最大值 m。

训练。给定一组输入、输出对 $D = \{(X_i, Y_i)\}|_{i=1}^N$，其中 $X_i = x_1^i, x_2^i, \cdots, x_{n_i}^i$，$Y_i = y_1^i, y_2^i, \cdots, y_{m_i}^i$，上述序列到序列模型可以通过最大化所有 y_j^i 的对数似然概率进行训练，$y_j^i \in Y_i$（$i \in [1, \cdots, N], j \in [1, \cdots, m_i]$）：

$$
L = -\sum_{i=1}^{N} \sum_{j=1}^{m_i} \log\Big(P(y_j^i|X_i, Y_{1:j-1}^i)\Big) \tag{16.6}
$$

其中，$Y_{1:j-1}^i = y_1^i, y_2^i, \cdots, y_{j-1}^i$，$P(y_j^i|X_i, Y_{1:j-1}^i)$ 为模型概率，模型参数的梯度计算可利用标准反向传播算法，模型优化可利用随机梯度下降算法。

目标端词表。与分类和结构预测任务不同，序列到序列模型的每个时间步需要基于词表输出一个目标词，若将目标词的选择视为分类任务，则该分类任务的类别数量可达 10^4 量级。因此，我们通常会通过删除罕见词等方法来限制词表规模，从而缓解计算压力、提升训练效率。但这个方法易引发未登录词（Out-Of-Vocabulary，OOV）问题，导致式 (16.6) 无法计算。为解决这一问题，我们可以在词表中添加特殊标记 $\langle\text{UNK}\rangle$，将训练过程中的未登录词替换为 $\langle\text{UNK}\rangle$，从而对所有输出词进行梯度计算。但测试过程中，解码结果包含较多 $\langle\text{UNK}\rangle$ 会导致句子的流畅性受到破坏。针对这一问题，第一种解决方案是禁止模型在测试期间生成 $\langle\text{UNK}\rangle$，但由于模型依赖当前词生成下一词 [式 (16.4)]，因此该策略会造成训练和测试场景的不一致，从而影响模型性能；第二种解决方案为针对输出结果进行后处理。

372

柱搜索。贪心算法存在错误传播（error propagation）的问题，即模型生成的历史错误会影响后续候选词的选择。柱搜索（beam search）策略可以缓解错误传播带来的影响。具体地，我们将输出序列的概率表示为 $P(Y_{1:i}|X_{1:n}) = P(y_1|X_{1:n})P(y_2|X_{1:n}, y_1)\cdots P(y_i|X_{1:n}, Y_{1:i-1})$，针对解码过程中的每一步 i，我们在柱空间中存储 K 个当前得分最高的序列 $Y_{1:i}$ 作为当前步的有效结果。通过在词表中添加新词 y_{i+1}，柱空间由 $Y_{1:i}$ 扩展为 $Y_{1:i+1}$，给定柱空间中的各个 $Y_{1:i}$，我们可以计算出得分最高的 M（通常 $M = 2K$）个 y_{i+1} 作为生成 $Y_{1:i+1}$ 的候选，因此，遍历完柱空间中的 K 个 $Y_{1:i}$ 候选，我们可进一步获得 KM 个新的

$Y_{1:i+1}$ 候选。最终，得分最高的 K 个 $Y_{1:i+1}$ 候选将被保留在柱空间中，供下一步解码使用。上述步骤一直重复，直到生成特殊符号 $\langle/\mathrm{s}\rangle$，或输出序列的长度达到最大输出长度 m。

上述柱搜索算法与本书前几章介绍的柱搜索算法略有不同。在前几章所介绍的搜索算法中，给定 $Y_{1:i}$ 生成 $Y_{1:i+1}$ 时，遍历 y_{i+1} 可生成 $|V|$ 个新候选词，从而导致其时间复杂度高达 $mK|V|$（m 为输出序列的长度），模型解码速度过慢。因此，我们需要对解码过程进行剪枝，只保留分数最高的 $M \propto K$ 个候选词，使得新候选词的数量与柱大小成一定比例。在实际经验中，K 通常设置为 6。

16.1.2 模型 2：基于注意力机制

模型 1 的工作原理是将源文本 $X_{1:n}$ 中的语义信息编码到隐层状态向量 $\mathbf{h}^{\text{enc}} = \overrightarrow{\mathbf{h}}_n^{\text{enc}} \oplus \overleftarrow{\mathbf{h}}_1^{\text{enc}}$ 中，并将此向量作为循环解码过程的起点来指导 $Y_{1:m}$ 的生成。此类模型在机器翻译和生成式文本摘要任务上性能良好，但相较于最优离散线性模型仍有一定差距。

373

在模型 1 中，编码器只能通过编码后的源端表示向量 $\mathbf{h}^{\text{enc}}$ 将源文本信息传递至解码器生成目标文本，当输出序列的长度 m 较大时，循环神经网络很难"记住"目标词与源序列之间的关系，从而丢失长距离依赖信息，使得目标词特征的作用越来越弱。然而，当输入序列的长度 n 较大时，如果只考虑编码器生成的最终隐层状态 $\mathbf{h}^{\text{enc}} = \overrightarrow{\mathbf{h}}_n^{\text{enc}} \oplus \overleftarrow{\mathbf{h}}_1^{\text{enc}}$，也会在一定程度上丢失源序列中的长距离特征。为解决上述问题，我们可以在生成各个目标词的同时保存源文表示向量，在计算过程中引入源文本序列中各个词的隐层状态，避免 $\mathbf{h}^{\text{enc}}$ 在生成后续序列时逐步被模型"遗忘"。

第 14 章所介绍的注意力机制即可基于上述目的进行特征提取。如图 16.1所示，在生成 y_i 时，我们对上一步的解码器隐层状态 $\mathbf{h}_{i-1}^{\text{dec}}$ 与输入序列的编码器隐层状态 $\mathbf{h}_1^{\text{enc}}, \mathbf{h}_2^{\text{enc}}, \cdots, \mathbf{h}_n^{\text{enc}}$ 进行合并计算，构建上下文向量 $\mathbf{c}_i$：

$$\mathbf{c}_i = \sum_{j=1}^{n} \alpha_{ij} \mathbf{h}_j^{\text{enc}}$$

其中，

$$\begin{aligned}\alpha_{ij} &= \frac{\exp(s_{ij})}{\sum_{k=1}^{n} \exp(s_{ik})} \\ s_{ij} &= \mathbf{v}_a^{\mathrm{T}} \tanh(\mathbf{W}^a \mathbf{h}_{i-1}^{\text{dec}} + \mathbf{U}^a \mathbf{h}_j^{\text{enc}})\end{aligned} \tag{16.7}$$

其中，$\mathbf{v}^a$、$\mathbf{W}^a$、$\mathbf{U}^a$ 均为模型参数。

基于上下文向量 $\mathbf{c}_i$，解码器端的长短期记忆网络可在各个时间步上计算隐层状态 $\mathbf{h}_i^{\text{dec}}$：

$$\begin{aligned}\mathbf{i}_i &= \sigma(\mathbf{W}^i \text{emb}'(y_{i-1}) + \mathbf{W}^{ih} \mathbf{h}_{i-1}^{\text{dec}} + \mathbf{W}^{ic} \mathbf{c}_i) \\ \mathbf{f}_i &= \sigma(\mathbf{W}^f \text{emb}'(y_{i-1}) + \mathbf{W}^{fh} \mathbf{h}_{i-1}^{\text{dec}} + \mathbf{W}^{fc} \mathbf{c}_i) \\ \mathbf{o}_i &= \sigma(\mathbf{W}^o \text{emb}'(y_{i-1}) + \mathbf{W}^{oh} \mathbf{h}_{i-1}^{\text{dec}} + \mathbf{W}^{oc} \mathbf{c}_i)\end{aligned} \tag{16.8}$$

$$\tilde{\mathbf{c}}_i^{\text{dec}} = \mathbf{i}_i \otimes \tanh(\mathbf{W}^h \text{emb}'(y_{i-1}) + \mathbf{W}^{hh}\mathbf{h}_{i-1}^{\text{dec}} + \mathbf{W}^{hc}\mathbf{c}_i) + \mathbf{f}_i \otimes \tilde{\mathbf{c}}_{i-1}^{\text{dec}}$$

$$\mathbf{h}_i^{\text{dec}} = \mathbf{o}_i \otimes \tanh(\tilde{\mathbf{c}}_i^{\text{dec}})$$

其中，$\mathbf{i}_i$、$\mathbf{f}_i$、$\mathbf{o}_i$ 分别为输出 i 的输入门、遗忘门及输出门（作为长短期记忆网络的简化版，该公式并未利用状态向量 $\tilde{\mathbf{c}}_{i-1}$ 进行 $\mathbf{i}_i$、$\mathbf{f}_i$、$\mathbf{o}_i$ 和 $\tilde{\mathbf{c}}_i$ 的计算），$\tilde{\mathbf{c}}_i^{\text{dec}}$ 为解码器状态向量，$\mathbf{W}^i$、$\mathbf{W}^f$、$\mathbf{W}^o$、$\mathbf{W}^{ih}$、$\mathbf{W}^{fh}$、$\mathbf{W}^{oh}$、$\mathbf{W}^{ic}$、$\mathbf{W}^{fc}$、$\mathbf{W}^{oc}$、$\mathbf{W}^h$、$\mathbf{W}^{hh}$、$\mathbf{W}^{hc}$ 均为模型参数。式 (16.8) 将源端上下文向量 $\mathbf{c}_i$ 分别引入输入门、遗忘门、输出门及单元状态的计算中，可视为第 14 章所讨论的标准长短期记忆网络的拓展。

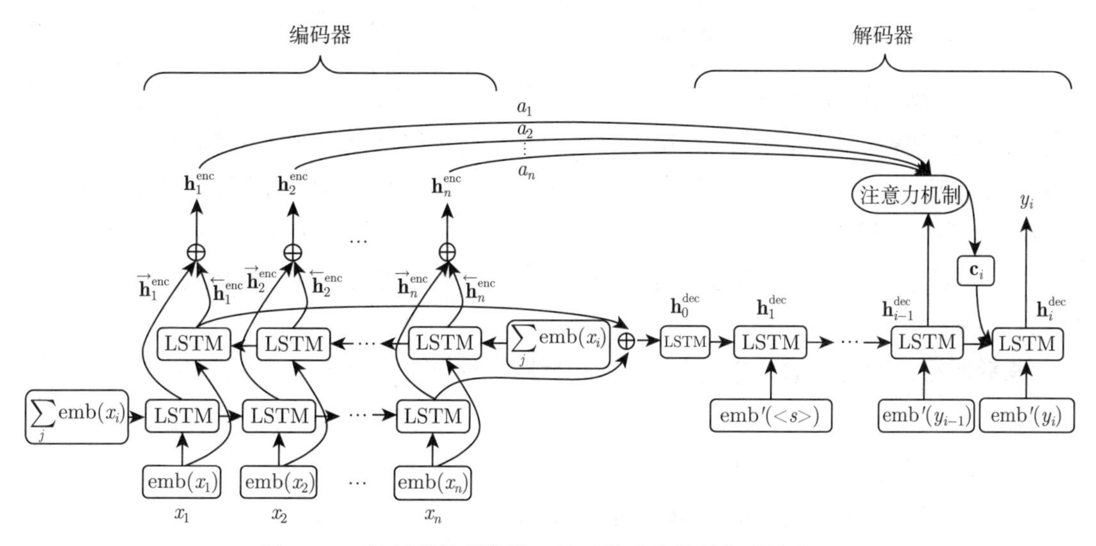

图 16.1　序列到序列模型 2 基于注意力机制生成输出 y_i

给定 $\mathbf{h}_i^{\text{dec}}$，目标词的生成方式与模型 1 相同：

$$\mathbf{o}_i' = \mathbf{W}\mathbf{h}_i^{\text{dec}} + \mathbf{b}$$
$$\mathbf{p}_i = \text{softmax}(\mathbf{o}_i') \tag{16.9}$$

其中，$P(y_i|X_{1:n}, Y_{1:i-1}) = \mathbf{p}_i[y_i]$ 为词 y_i 的局部输出概率，$\mathbf{W}$ 和 $\mathbf{b}$ 为模型参数。

16.1.3　模型 3：基于拷贝机制

许多场景下，文本生成任务可直接将原文内容拷贝至目标文本，例如，在摘要系统中，源文档中的重要短语可以直接复制到目标摘要中；在对话系统的响应中保留历史会话可有效帮助系统做出更好的回答；在机器翻译中保留专业术语、引用等内容的原文，也可显著提升翻译结果的可读性。模型 1 和模型 2 的工作原理均为直接基于目标端词表生成目标词，忽略了拷贝机制带来的效益，因此我们在模型 2 的基础上引入拷贝机制，进一步构建模型 3。

拷贝机制的基本思想是在生成目标词时，同时考虑基于词表生成当前词的概率以及从源序列中复制内容的概率。因此，拷贝机制需要考虑两个概率的融合，也需要对词表进行拓展，使其具有对源序列内容的预测能力（源序列中的词可能不在目标端词表中，例如机器翻译等多语言任务）。我们将源端输入表示为 $X_{1:n}$，目标端输出表示为 $Y_{1:m}$，目标端词表表示为 V。为对词表进行拓展，我们将存在于 $X_{1:n}$ 中且不存在于 V 中的词集合表示为 U，从而获得新词表 $U \cup V$。

模型 3 的编码器与式 (16.1) 中的长短期记忆网络相同，假设当前步骤解码器的生成结果为 y_i，其生成概率的计算与模型 2[即式 (16.9)] 相同：

$$\text{score}_g(y_i = v_j) = \mathbf{p}_i[v_j], v_j \in V \tag{16.10}$$

如上式所示，生成概率为 V 上的分布，而拷贝概率则为 U 上的分布，通过目标端隐层状态 $\mathbf{h}_{i-1}^{\text{dec}}$ 和各个源端隐层状态 $\mathbf{h}_k^{\text{enc}}$ $(k \in [1, \cdots, n])$ 的融合，可计算得到源端各个词的分数，并由此表示通过拷贝该词生成 y_i 的概率。具体地，我们可以利用**指针网络**（pointer network）和**拷贝网络** (copying network) 来计算源文本序列中各个词的分数，前者利用式 (16.7) 中的注意力权重 α_{ij} 作为 U 上的分布，后者则利用专门的神经网络层计算源文序列的拷贝概率。

375

指针网络。利用式 (16.7) 中的 α_{ij}，指针网络可以构建由 $\mathbf{h}_i^{\text{dec}}$ 指向源端词的“指针”分布：

$$\text{score}_c(y_i = x_k) = \alpha_{ik}, k \in [1, \cdots, n] \tag{16.11}$$

对源端词表 U 中各个词的分数进行求和，即可得到基于 U 的分数分布：

$$\text{score}_c(y_i = u_j) = \sum_{k:x_k = u_j} \alpha_{ik}, u_j \in U, j \in [1, \cdots, |U|] \tag{16.12}$$

其中，u_j 表示 U 中的第 j 个词。

通过线性插值，可将基于 V 的生成概率与基于 U 的拷贝概率转换为 y_i 的最终概率分布：

$$\text{score}(y_i) = \lambda \text{score}_g(y_i) + (1 - \lambda)\text{score}_c(y_i) \tag{16.13}$$

其中，λ 为生成概率与拷贝概率之间的重要性权重，$\lambda \in [0, 1]$ 可基于 $\mathbf{h}_{i-1}^{\text{dec}}$ 和 y_{i-1} 进行动态计算：

$$\lambda = \sigma(\mathbf{W}^{\lambda h}\mathbf{h}_{i-1}^{\text{dec}} + \mathbf{W}^{\lambda y}\text{emb}'(y_{i-1}) + b^{\lambda}) \tag{16.14}$$

其中，$\mathbf{W}^{\lambda h}$、$\mathbf{W}^{\lambda y}$、b^{λ} 为模型参数。

拷贝网络。联合当前解码状态 $\mathbf{h}_{i-1}^{\text{dec}}$ 与编码器隐层状态 $\mathbf{h}_j^{\text{enc}}$（$j \in [1, \cdots, n]$），拷贝网络可直接计算源序列中各个词的拷贝概率 score_c，从而得出通过拷贝 x_j 生成 y_i 的概率：

$$\text{score}_c(y_i = u_k) = \sum_{j:x_j = u_k} \tanh(\mathbf{h}_j^{\text{enc}}\mathbf{W}^c)\mathbf{h}_{i-1}^{\text{dec}} \tag{16.15}$$

其中，$\mathbf{W}^c$ 为模型参数，$u_k \in U, j \in [1, \cdots, n], k \in [1, \cdots, |U|]$。

将生成概率与拷贝概率相加，即可得到目标词 y_i 的最终概率：

$$P(y_i|X_{1:n}, Y_{1:i-1}) = P_g(y_i|X_{1:n}, Y_{1:i-1}) + P_c(y_i|X_{1:n}, Y_{1:i-1}) \tag{16.16}$$

P_g、P_c 分别为 score_g 和 score_c 的归一化结果，也是生成和拷贝联合分布 P 的一部分，其计算公式为：

$$P_g(y_i = v_j|X_{1:n}, Y_{1:i-1}) = \begin{cases} \frac{1}{Z}\exp(\text{score}_g(y_i = v_j)), y_i \in V \\ 0, y_i \notin V \end{cases} \tag{16.17}$$

$$P_c(y_i = u_k|X_{1:n}, Y_{1:i-1}) = \begin{cases} \frac{1}{Z}\exp(\text{score}_c(y_i = u_k)), y_i \in U \\ 0, y_i \notin U \end{cases} \tag{16.18}$$

其中，v_j 表示 V 中的第 j 个词，u_k 表示 U 中的第 k 个词，$Z = \sum_{v \in V} \exp(\text{score}_g(v)) + \sum_{u \in U} \exp(\text{score}_c(u))$ 为归一化因子。

376

16.1.4　子词模型

上述模型均利用特殊标记 ⟨UNK⟩ 对生成文本中的未登录词进行表示，而该标记缺乏性数格、前后缀等细粒度词素信息，不利于获取目标词特征。相反，**子词**（subword）模型可对输入文本 (X) 与输出文本 (Y) 以子词序列为单位进行建模，从而丰富源端与目标端的词表信息。

直观而言，根据词形特征对词进行切分即可获得子词，但未知词的切分存在歧义，且已知词素仍难以覆盖词表中的所有词。一个有效的解决方法为**字节对编码**（Byte Pair Encoding，BPE）算法，该方法为数据压缩算法，可基于信息论角度在海量语料库中自动发现并获取具有潜在意义的子词。字节对编码算法的核心思想为使用尽量长且频次高的子词对单词进行切分，其实现方式为将语料中出现频率最高的两个连续字符替换为一个区别于其他已知词的独立字符，重复相同的替换操作，直到语料库中不存在高频字符对、高频字符对均低于某个阈值或所有独立字符均不适用，从而最大化地对原始数据进行压缩。以文本序列 **aabaadaab** 为例，字节对“**aa**”出现频率最高，因此可将其映射为独立于该文本序列的编码“**Z**”，得到 **ZbZdZb**，同理，“**Zb**”可进一步替换为“**Y**”，得到 **YZdY**，**YZdY** 中不再存在多次重复出现的字符对，即为最终压缩结果。

利用字节对编码算法对词表进行扩充。字节对编码算法为收集子词提供了一种高效思路，子词词表的构建方式为利用字节对编码算法找到高频 n 元词组（n-gram），并将该 n 元词组作为新的子词，最终词表大小为原始词表与子词词表的加和。同时，我们也可以记录词表中各个词和子词的词频。

消除未登录词。构建好子词词表后，我们可以利用贪心算法将词转换为子词序列。给定一个词，我们首先将其切分为字符序列，从左至右依次遍历，逐步对相邻字符进行合并，从而获得当前位置上长度最长的子词序列。在遍历过程中，我们选择词表中频率最高的子词作为最终切分结果，直到遍历结束。若一个词被切分为多个子词，则除最后一个子词外，我们在其他子词词尾添加特殊符号“@@”，表明下一子词仍属于当前词的“内部子词”，该方法有助于在解码过程中还原原始词汇信息 ㊀。

377

例如，假设存在未登录词“aabd”及子词词表“aa”“aab”“bd”，子词频率分别为 5、4、2。字节对编码算法首先将未登录词拆分为字符列表 [“a”，“a”，“b”，“d”]，并基于此进行循环合并操作。第一步中，字符对“aa”“ab”“bd”为候选子词，“aa”在词表中频率最高，“ab”频率为 0，因此我们得到新子词列表 [“aa”，“b”，“d”]。第二步中，“aab”和“bd”为新的子词候选，“aab”在词表中频率较高，因此我们得到 [“aab”，“d”]。子词词表 [“aab”，“d”] 无法进一步合并，循环结束。最终，未登录词“aabd”的切分结果为“aab@@”和“d”，“@@”表示非最后一位子词，其作用是保留原始词的完整信息。

序列到序列任务中的应用。子词模型可将字符级语料库转换为基于子词的语料库，该语料库包含原始单词以及以“@@”结尾和不以“@@”结尾的子词，基于这些子词，我们可以重新构建源端及目标端词表，序列到序列模型中的编码器和解码器可通过新词表来解决未登录词问题。获得目标子词序列后，模型需要通过后处理步骤，将以“@@”结尾的子词与其后续子词合并，得到最终的输出序列。

16.1.5　基于多头自注意力网络的序列到序列模型

在构建序列到序列模型时，除了早期提出的循环神经网络，自注意力网络结构在近几年也取得了较大成功。Transformer 即为典型的自注意力网络结构，其模型框架如图 16.2所示，该模型对普通自注意力网络的层结构进行了一定程度的优化，进而表现出更佳的性能。下文将分别介绍 Transformer 模型的编码及解码结构。

Transformer 的编码器结构如图 16.2的左半部分所示，它由 K 个自注意力层组成，每个自注意力结构包含两个子层，分别为**多头自注意力**（multi-head self-attention）结构以及标准前馈神经网络结构。K 通常根据经验决定，在机器翻译任务中一般设置为 6。

Transformer 单元结构。将编码器某一层的输入表示为 $\mathbf{H}^{\text{in}} = [\mathbf{h}_1^{\text{in}}; \mathbf{h}_2^{\text{in}}; \cdots; \mathbf{h}_n^{\text{in}}] \in \mathbb{R}^{n \times d_h}$，输出表示为 $\mathbf{H}^{\text{out}} = [\mathbf{h}_1^{\text{out}}; \mathbf{h}_2^{\text{out}}; \cdots; \mathbf{h}_n^{\text{out}}]$，我们将分别介绍多头自注意力、层归一化以及前馈神经网络等自注意力层内部结构。

378

(1) *多头自注意力*。多头自注意力函数为标准自注意力机制的扩展。设自注意力层的输入表示为向量 $\mathbf{V}_{1:n} = \mathbf{v}_1, \mathbf{v}_2, \cdots, \mathbf{v}_n$，其中 $\mathbf{v}_i$ 为 d_h 维向量，$\mathbf{V}_{1:n} \in \mathbb{R}^{n \times d_h}$，第 14 章所介绍的标准自注意力利用各个 $\mathbf{v}_i$ 对 $\mathbf{V}_{1:n}$ 进行注意力权重计算：

$$\text{attention}(\mathbf{V}_{1:n}, \mathbf{V}_{1:n}, \mathbf{V}_{1:n}) \tag{16.19}$$

而多头注意力机制则将各个输入 $\mathbf{v}_i$ 线性投影到 k 个特征向量中，每个特征向量的大小均

㊀ 我们也可以选择在除第一个子词外的所有子词的开头添加“@@”符号。

为 d_h/k，然后再进行注意力权重计算：

$$\begin{aligned}\mathbf{head}_{ij} &= \mathbf{W}_j\mathbf{v}_i, i \in [1,\cdots,n], j \in [1,\cdots,k] \\ \mathbf{head}_j &= \text{attention}(\mathbf{W}_j\mathbf{V}_{1:n}, \mathbf{W}_j\mathbf{V}_{1:n}, \mathbf{W}_j\mathbf{V}_{1:n})\end{aligned} \tag{16.20}$$

其中, $\mathbf{W}_j \in \mathbb{R}^{d_h/k\times d_h}$ 为参数矩阵，$\mathbf{head}_j$ 表示第 j 头的输出向量。

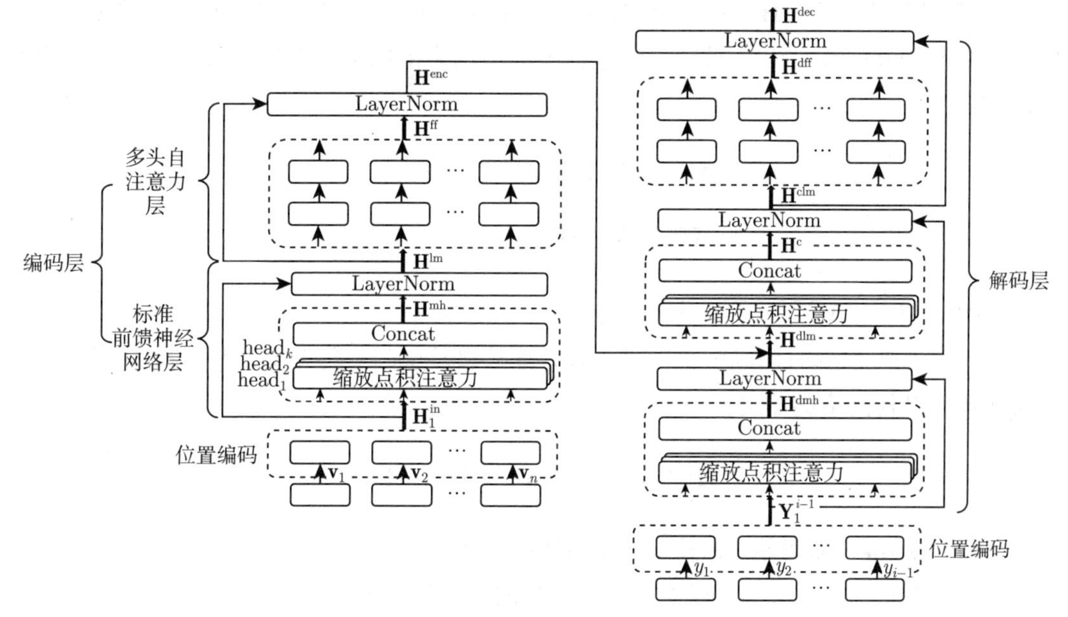

图 16.2 Transformer 模型结构图

相较于原始 $\mathbf{h}_i$ ($i \in [1,\cdots,n]$)，$\mathbf{head}_{ij}$ 的隐层 d_h/k 较小，从而降低了模型的计算成本。在自注意力网络中，查询项（query）、键（key）、值（value）均利用 $\mathbf{V}_{1:n}$ 进行计算，为加以区分，我们利用 $\mathbf{W}_j^{\text{query}}$、$\mathbf{W}_j^{\text{key}}$、$\mathbf{W}_j^{\text{value}}$ 将各个 $\mathbf{v}_i$ 分别投影为第 j 个查询特征、第 j 个键特征及第 j 个值特征，因此式 (16.20) 可重新表示为：

$$\mathbf{head}_j = \text{attention}(\mathbf{W}_j^{\text{query}}\mathbf{V}_{1:n}, \mathbf{W}_j^{\text{key}}\mathbf{V}_{1:n}, \mathbf{W}_j^{\text{value}}\mathbf{V}_{1:n}) \tag{16.21}$$

其中，$\mathbf{W}_j^{\text{query}}$、$\mathbf{W}_j^{\text{key}}$、$\mathbf{W}_j^{\text{value}} \in \mathbb{R}^{d_h\times d_h/k}$ 均为模型参数，$j \in [1,\cdots,k]$。

379

多头注意力网络的最终输出为 k 个单头注意力输出的拼接结果：

$$\text{MultiHead}(\mathbf{V}_{1:n}, \mathbf{V}_{1:n}, \mathbf{V}_{1:n}) = \text{Concat}(\mathbf{head}_1, \cdots, \mathbf{head}_k)\mathbf{W}^o \tag{16.22}$$

其中 $\mathbf{W}^o \in \mathbb{R}^{d_h\times d_h}$ 为模型参数。

针对编码器结构，给定输入 $\mathbf{H}^{\text{in}} = [\mathbf{h}_1^{\text{in}}; \mathbf{h}_2^{\text{in}}; \cdots; \mathbf{h}_n^{\text{in}}]$，多头自注意力网络将生成

$$\mathbf{H}^{\text{mh}} = \text{MultiHead}(\mathbf{H}^{\text{in}}, \mathbf{H}^{\text{in}}, \mathbf{H}^{\text{in}}) \tag{16.23}$$

其中 $\mathbf{H}^{\mathrm{mh}} \in \mathbb{R}^{n \times d_h}$。

(2) *层归一化*。Transformer 模型引入层归一化运算以缓解过拟合问题。具体地，模型在自注意力子层后，使利用残差连接（第 13 章）对 $\mathbf{V}_{1:n}$ 和 $\mathbf{H}^{\mathrm{mh}}$ 进行整合：

$$\mathbf{H}^{\mathrm{lm}} = \mathrm{LayerNorm}(\mathbf{V}_{1:n} + \mathbf{H}^{\mathrm{mh}}) \tag{16.24}$$

其中，LayerNorm 为第 13 章中所介绍的归一化函数。

(3) *前馈神经网络*。Transformer 模型通过在每个注意力子层后添加前馈网络来增加模型的非线性（non-linearity）特征，每个标准前馈网络由两个线性层以及一个 ReLU 激活函数组成：

$$\begin{aligned} \mathbf{H}^{\mathrm{ff}'} &= \mathrm{ReLU}(\mathbf{W}^{\mathrm{ff}'}\mathbf{H}^{\mathrm{lm}} + \mathbf{b}^{\mathrm{ff}'}) \\ \mathbf{H}^{\mathrm{ff}} &= \mathbf{W}^{\mathrm{ff}}\mathbf{H}^{\mathrm{ff}'} + \mathbf{b}^{\mathrm{ff}} \end{aligned} \tag{16.25}$$

其中，$\mathbf{W}^{\mathrm{ff}'}$、$\mathbf{b}^{\mathrm{ff}'}$、$\mathbf{W}^{\mathrm{ff}}$、$\mathbf{b}^{\mathrm{ff}}$ 均为模型参数。

通过前馈神经网络计算后，再次进行残差连接以及层归一化计算，即可得到标准 Transformer 单元结构网络的输出：

$$\mathbf{H}^{\mathrm{out}} = \mathrm{LayerNorm}(\mathbf{H}^{\mathrm{ff}} + \mathbf{H}^{\mathrm{lm}}) \tag{16.26}$$

Transformer 编码器。相较于前文所述的模型 1、2、3，自注意力网络无法捕获显式顺序信息，因此 Transformer 模型在输入序列的词向量表示之外，还引入了位置编码。给定输入序列 $X_{1:n} = x_1, x_2, \cdots, x_n$，各个位置的词向量表示为：

$$\mathbf{x}_i = \mathrm{emb}(x_i) + \mathbf{V}_i^p \tag{16.27}$$

其中，$\mathbf{V}_i^p$ 表示位置编码：

$$\begin{aligned} \mathbf{V}_i^p[2j] &= \sin(i/10000^{2j/d_h}) \\ \mathbf{V}_i^p[2j+1] &= \cos(i/10000^{2j/d_h}) \end{aligned} \tag{16.28}$$

式 (16.28) 中，$i \in [1, \cdots, n]$ 表示词在句子中的绝对位置，$j \in [1, \cdots, d_h]$ 为位置编码中的维度索引。如前所述，Transformer 模型的编码器为 K 层神经网络，源端输入 $\mathbf{X}_{1:n} = \mathbf{x}_1, \mathbf{x}_2, \cdots, \mathbf{x}_n$ 对应编码器第一层的输入 $\mathbf{H}_1^{\mathrm{in}}$，经过式 (16.20)~ 式 (16.26) 的计算后，得到该层输出 $\mathbf{H}_1^{\mathrm{out}}$，因此对于第 i 层，输入 $\mathbf{H}_i^{\mathrm{in}} = \mathbf{H}_{i-1}^{\mathrm{out}}$。最后一层的输出 $\mathbf{H}_k^{\mathrm{out}}$ 即为整个编码器的输出隐层状态表示 $\mathbf{H}^{\mathrm{enc}}$。各个编码层可设置不同参数。

380

Transformer 解码器。解码器同样由上述具有三个子层结构的自注意力模块组成。如图 16.2的右半部分所示，子层一为基于当前目标输出词（序列生成的部分词序列）的自注意力层，子层二为基于源端和目标端词的编码器-解码器注意力层，子层三为前馈网络。

给定原文序列 $X_{1:n}$ 以及部分生成序列 $Y_{1:i-1}$，我们首先利用带有位置表示的词向量来表示 $Y_{1:i-1}$：

$$\mathbf{Y}_{1:i-1} = [\mathrm{emb}'(y_1) + \mathbf{V}_1^p, \mathrm{emb}'(y_2) + \mathbf{V}_2^p, \cdots, \mathrm{emb}'(y_{i-1}) + \mathbf{V}_n^p] \tag{16.29}$$

其中，emb′ 表示目标端词向量。

第一个子层为带有层归一化函数的目标端自注意力层：

$$\begin{aligned}\mathbf{H}^{\mathrm{dmh}} &= \mathrm{MultiHead}(\mathbf{Y}_{1:i-1}, \mathbf{Y}_{1:i-1}, \mathbf{Y}_{1:i-1}) \\ \mathbf{H}^{\mathrm{dlm}} &= \mathrm{LayerNorm}(\mathbf{Y}_{1:i-1} + \mathbf{H}^{\mathrm{dmh}})\end{aligned} \tag{16.30}$$

第二个子层为带有层归一化函数的目标端到源端注意力层：

$$\begin{aligned}\mathbf{H}^{\mathrm{c}} &= \mathrm{MultiHead}(\mathbf{H}^{\mathrm{dlm}}, \mathbf{H}^{\mathrm{enc}}, \mathbf{H}^{\mathrm{enc}}) \\ \mathbf{H}^{\mathrm{clm}} &= \mathrm{LayerNorm}(\mathbf{H}^{\mathrm{c}} + \mathbf{H}^{\mathrm{dlm}})\end{aligned} \tag{16.31}$$

最后一个子层为多层感知机：

$$\begin{aligned}\mathbf{H}^{\mathrm{dff}'} &= \mathrm{ReLU}(\mathbf{W}^{\mathrm{dff}'}\mathbf{H}^{\mathrm{clm}} + \mathbf{b}^{\mathrm{dff}'}) \\ \mathbf{H}^{\mathrm{dff}} &= \mathbf{W}^{\mathrm{dff}}\mathbf{H}^{\mathrm{dff}'} + \mathbf{b}^{\mathrm{dff}} \\ \mathbf{H}^{\mathrm{dout}} &= \mathrm{LayerNorm}(\mathbf{H}^{\mathrm{dff}} + \mathbf{H}^{\mathrm{clm}})\end{aligned} \tag{16.32}$$

其中，$\mathbf{W}^{\mathrm{dff}'}$、$\mathbf{b}^{\mathrm{dff}'}$、$\mathbf{W}^{\mathrm{dff}}$、$\mathbf{b}^{\mathrm{dff}}$ 均为模型参数。

与编码器结构类似，解码器中的自注意力模块数量通常也为 6，且各个自注意力模块参数独立，最后一个模块的输出 $\mathbf{H}^{\mathrm{out}}$ 即为最终的解码器隐层输出 $\mathbf{H}^{\mathrm{dec}}$。

令 $\mathbf{H}^{\mathrm{dec}} = [\mathbf{h}_1^{\mathrm{dec}}; \mathbf{h}_2^{\mathrm{dec}}; \cdots; \mathbf{h}_{i-1}^{\mathrm{dec}}]$，目标词 y_i 的概率分布为：

$$\begin{aligned}\mathbf{o}_i &= \mathbf{W}^{\mathrm{dec}}\mathbf{h}_{i-1}^{\mathrm{dec}} + \mathbf{b}^{\mathrm{dec}} \\ \mathbf{p}_i &= \mathrm{softmax}(\mathbf{o}_i)\end{aligned} \tag{16.33}$$

其中，$\mathbf{W}^{\mathrm{dec}}$ 和 $\mathbf{b}^{\mathrm{dec}}$ 为模型参数，对于特定输出 y_i，存在 $P(y_i|X_{1:n}, Y_{1:i-1}) = \mathbf{p}_i[y_i]$。

训练。与基于长短期记忆网络的序列生成模型（16.1.1~16.1.3 节）类似，给定一组输入、输出对 $D = \{(X_i, Y_i)\}|_{i=1}^N$，其中 $X_i = x_1, x_2, \cdots, x_{n_i}$，$Y_i = y_1^i, y_2^i, \cdots, y_{m_i}^i$，Transformer 模型的训练目标为最大化所有 $y_j^i \in Y_i$（$i \in [1, \cdots, N], j \in [1, \cdots, m_i]$）的对数似然：

$$L = -\sum_{i=1}^{N}\sum_{j=1}^{m_i}\log(\mathbf{p}_j[y_j^i]) = -\sum_{i=1}^{N}\sum_{j=1}^{m_i}\log\left(P(y_j^i|X_i, Y_{1:j-1}^i)\right) \tag{16.34}$$

与循环神经网络模型对比。相较于基于长短期记忆网络的序列到序列模型，Transformer 模型具有以下两点显著优势。首先，循环神经网络的序列表示计算必须逐步进行，其编码

381 的渐近时间复杂度与序列长度线性相关。相比之下，自注意力网络不存在位置依赖关系，各个词之间的自注意力可进行并行计算，大大提高了编码效率。其次，长短期记忆网络需要多次循环才能对远距离词进行建模，而在自注意力网络中，任意词之间均可进行自注意力计算，因此 Transformer 模型可以直接针对远距离词之间的依赖关系进行建模。

16.2 文本匹配模型

文本匹配旨在寻找两段文本间的语义关系，在复述检测、机器阅读理解等任务中应用广泛，主流方法借助词或序列的稠密低维神经网络向量表示进行相似度计算。本节将讨论两类基本的语义匹配任务：第一类判断两段文本是否存在语义相关性（图 16.3a），比如复述关系（paraphrase，即判断两个表述不同的文本语义是否相同）、蕴涵关系（entailment，即推断前提文本与假设文本之间是否存在蕴涵或矛盾关系）等；第二类为基于给定文本，找到与另一文本语义匹配度最高的部分（图 16.3b）。以阅读理解任务为例，模型需要在原文中找到并返回与问题最相关的部分。

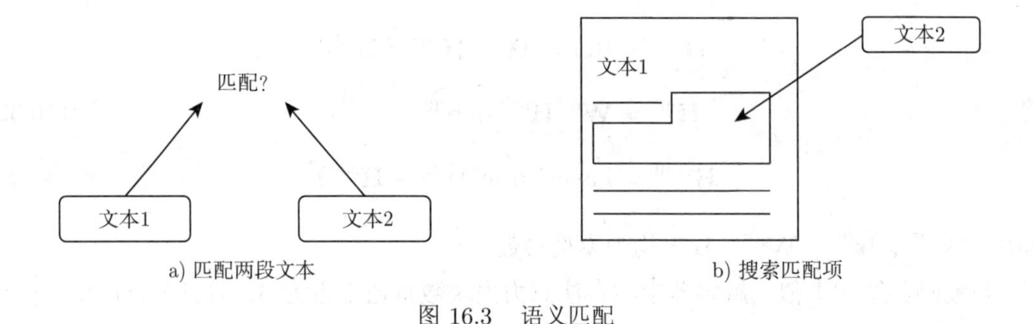

a) 匹配两段文本　　b) 搜索匹配项

图 16.3　语义匹配

两类任务均依赖于对两段文本的有效编码，且涉及两段文本间的关系问题。对于前者，前文所述的序列表示网络是一个强大的工具，可同时对两段文本进行编码。对于后者，余弦相似度、注意力机制等方法可用于计算两段文本间的相似关系。16.2.1 节与 16.2.2 节将分别介绍两类语义匹配任务，16.2.3 节将进一步利用记忆网络（Memory Network）解决第二类语义匹配问题。

16.2.1 文本匹配

382 **孪生网络**。如图 16.4a 所示，孪生网络（Siamese Network）利用相同的编码器对两段文本分别进行建模，从而实现简单的语义匹配。给定句子 $W^1_{1:n_1} = w^1_1, w^1_2, \cdots, w^1_{n_1}$ 和 $W^2_{1:n_2} = w^2_1, w^2_2, \cdots, w^2_{n_2}$，孪生网络可同时对两个句子进行特征编码：

$$\begin{aligned}\text{emb}(W^1) &= [\text{emb}(w^1_1); \text{emb}(w^1_2); \cdots; \text{emb}(w^1_{n_1})] \\ \text{emb}(W^2) &= [\text{emb}(w^2_1); \text{emb}(w^2_2); \cdots; \text{emb}(w^2_{n_2})]\end{aligned} \tag{16.35}$$

其中，$\text{emb}(w_i^1) \in \mathbb{R}^{d_h}(i \in [1, \cdots, n_1])$，$\text{emb}(w_i^2) \in \mathbb{R}^{d_h}(i \in [1, \cdots, n_2])$。基于句子向量可计算两个句子的深度隐层表示，若以双向长短期记忆网络作为编码器，则：

$$
\begin{aligned}
\mathbf{H}^1 &= \text{BiLSTM}\Big(\text{emb}(W^1)\Big) \\
\mathbf{H}^2 &= \text{BiLSTM}\Big(\text{emb}(W^2)\Big)
\end{aligned}
\tag{16.36}
$$

两个编码器共享同一套参数。

隐层表示 $\mathbf{H}^1 \in \mathbb{R}^{d_h \times n_1}$ 与 $\mathbf{H}^2 \in \mathbb{R}^{d_h \times n_2}$ 可用于判断 W^1 与 W^2 之间的文本相似性。具体地，为了使两个序列的隐层表示大小不随序列长度的变化而变化，我们令 $\mathbf{H}^1 = [\overrightarrow{\mathbf{h}}_1^1 \oplus \overleftarrow{\mathbf{h}}_1^1; \overrightarrow{\mathbf{h}}_2^1 \oplus \overleftarrow{\mathbf{h}}_2^1; \cdots; \overrightarrow{\mathbf{h}}_{n_1}^1 \oplus \overleftarrow{\mathbf{h}}_{n_1}^1]$，$\mathbf{H}^2 = [\overrightarrow{\mathbf{h}}_1^2 \oplus \overleftarrow{\mathbf{h}}_1^2; \overrightarrow{\mathbf{h}}_2^2 \oplus \overleftarrow{\mathbf{h}}_2^2; \cdots; \overrightarrow{\mathbf{h}}_{n_2}^2 \oplus \overleftarrow{\mathbf{h}}_{n_2}^2]$，$\mathbf{h}^1 = \overrightarrow{\mathbf{h}}_{n_1}^1 \oplus \overleftarrow{\mathbf{h}}_1^1$，$\mathbf{h}^2 = \overrightarrow{\mathbf{h}}_{n_2}^2 \oplus \overleftarrow{\mathbf{h}}_1^2$。$\mathbf{h}^1$ 与 $\mathbf{h}^2$ 之间的距离即可代表文本 $\mathbf{W}^1$ 与 $\mathbf{W}^2$ 之间的相似性，常用的距离度量函数 $\text{dist}(\mathbf{h}^1, \mathbf{h}^2) \in \mathbb{R}$ 为 $\mathbf{h}^1$ 和 $\mathbf{h}^2$ 之间的余弦距离，即 $\cos(\mathbf{h}^1, \mathbf{h}^2)$。

除距离度量函数外，更通用的做法是直接利用神经网络计算 W^1 与 W^2 之间的匹配概率。具体地，我们将 $\mathbf{h}^1$ 与 $\mathbf{h}^2$ 拼接得到的新向量输入多层感知机中，基于多层感知机的输出 $\mathbf{o}$，利用逻辑回归函数计算两个句子语义相同的概率：

$$
\begin{aligned}
\mathbf{o} &= \text{MLP}(\mathbf{h}^1 \oplus \mathbf{h}^2) \\
P(\text{match}(W^1, W^2)) &= \sigma(\mathbf{o})
\end{aligned}
\tag{16.37}
$$

其中，σ 为 sigmoid 激活函数，可将匹配概率 $\mathbf{o}$ 映射到 $[0, 1]$ 范围内。式 (16.37) 可通过监督学习的方式来建模两段文本中的各类语义关系，给定一组标注数据 $D = \{(W_i^1, W_i^2, y_i)\}|_{i=1}^N$，$y_i \in [0, 1]$ 为训练数据 i 对应的正确标签，模型的训练目标即为最小化训练集上的负对数似然函数：

$$
L = -\sum_{i=1}^{N} \Big(y_i \log P(\text{match}(W_i^1, W_i^2)) + (1 - y_i) \log \Big(1 - P(\text{match}(W_i^1, W_i^2))\Big)\Big) \tag{16.38}
$$

其中，$P(\text{match}(W_i^1, W_i^2))$ 的计算方式如式 (16.36) 和式 (16.37) 所示。

注意力匹配网络。注意力网络可通过抽取两段文本间的相关信息来测量语义距离，如图 16.4b 所示。其核心思想为利用注意力机制，基于给定句子生成另一句子的条件向量表示。给定句子 $W_{1:n_1}^1 = w_1^1, w_2^1, \cdots, w_{n_1}^1$ 及 $W_{1:n_2}^2 = w_1^2, w_2^2, \cdots, w_{n_2}^2$，注意力匹配网络可通过序列编码器 [如式 (16.36)] 分别获得两个句子的隐层表示 $\mathbf{H}^1 = \mathbf{h}_1^1, \mathbf{h}_2^1, \cdots, \mathbf{h}_{n_1}^1$ 及 $\mathbf{H}^2 = \mathbf{h}_1^2, \mathbf{h}_2^2, \cdots, \mathbf{h}_{n_2}^2$，再以 W^1 中各个词 w_i^1 的隐层状态 $\mathbf{h}_i^1$ 为键值（key），对 W^2 中的所有词进行注意力计算，从而得到蕴含 W_i^1 与 W^2 间匹配信息的隐层表示 $\hat{\mathbf{h}}_i^1$。具体地，$\mathbf{h}_i^1$ 与 $\mathbf{h}_j^2$ 的相似度得分 s_{ij} 为：

$$
s_{ij} = \mathbf{V}^{\text{T}} \tanh(\mathbf{W}^1 \mathbf{h}_i^1 + \mathbf{W}^2 \mathbf{h}_j^2 + \mathbf{b}) \tag{16.39}
$$

其中，$\mathbf{V}\in\mathbb{R}^{d_h}$、$\mathbf{W}^1\in\mathbb{R}^{d_h\times d_h}$、$\mathbf{W}^2\in\mathbb{R}^{d_h\times d_h}$、$\mathbf{b}\in\mathbb{R}^{d_h}$ 均为模型参数。s_{ij} 可进一步通过 softmax 函数被归一化为 α_{ij} $(j\in[1,\cdots,n_2])$ 分布：

$$\alpha_{ij}=\frac{\exp(s_{ij})}{\sum_{k=1}^{n_2}\exp(s_{ik})} \tag{16.40}$$

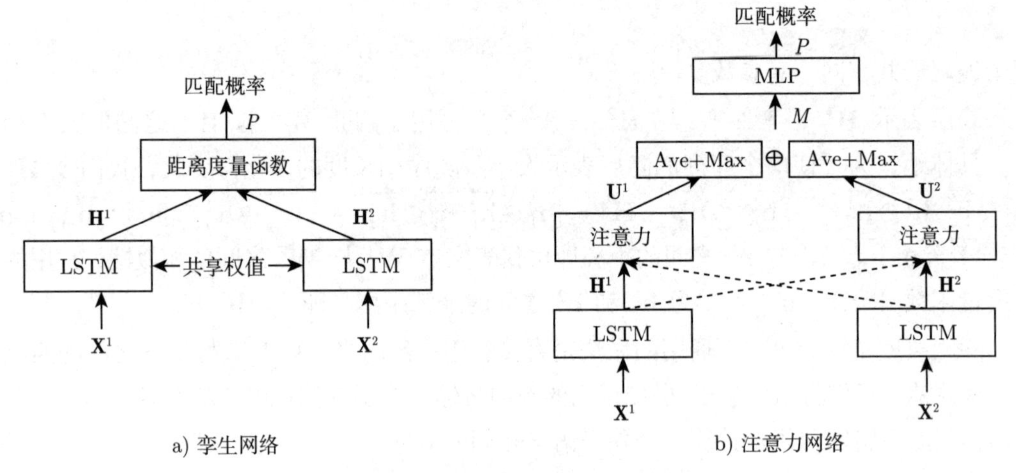

图 16.4　两种用于文本匹配的网络结构

以 α_{ij} 为权重对所有 $\mathbf{h}_j^2$ 进行加权求和，可得到 $\hat{\mathbf{h}}_i^1$：

$$\hat{\mathbf{h}}_i^1=\sum_{j=1}^{n_2}\alpha_{ij}\mathbf{h}_j^2 \tag{16.41}$$

对所有 w_i^1 $(i\in[1,\cdots,n_1])$ 计算 $\hat{\mathbf{h}}_i^1$ 后，可得到 W^1 的句子向量表示 $\hat{\mathbf{H}}^1=\hat{\mathbf{h}}_1^1,\hat{\mathbf{h}}_2^1,\cdots,\hat{\mathbf{h}}_{n_1}^1$，$\hat{\mathbf{H}}^1$ 蕴含了 W^1 关于 W^2 的匹配信息：

384

$$\hat{\mathbf{H}}^1=\text{sent\_att}(\mathbf{H}^1,\mathbf{H}^2) \tag{16.42}$$

同理，我们可以利用相同方法基于 W^2 中的各个词 w_j^2 $(j\in[1,\cdots,n_2])$ 对 W^1 进行注意力计算，得到 W^2 相对于 W^1 的向量表示 $\hat{\mathbf{H}}^2$：

$$\hat{\mathbf{H}}^2=\text{sent\_att}(\mathbf{H}^2,\mathbf{H}^1) \tag{16.43}$$

上述匹配向量与原始向量的拼接结果即为 W^1 和 W^2 的最终表示：

$$\begin{aligned}\mathbf{Q}^1&=[\mathbf{h}_1^1\oplus\hat{\mathbf{h}}_1^1;\mathbf{h}_2^1\oplus\hat{\mathbf{h}}_2^1;\cdots;\mathbf{h}_{n_1}^1\oplus\hat{\mathbf{h}}_{n_1}^1]\\ \mathbf{Q}^2&=[\mathbf{h}_1^2\oplus\hat{\mathbf{h}}_1^2;\mathbf{h}_2^2\oplus\hat{\mathbf{h}}_2^2;\cdots;\mathbf{h}_{n_2}^2\oplus\hat{\mathbf{h}}_{n_2}^2]\end{aligned} \tag{16.44}$$

$\mathbf{Q}^1$ 与 $\mathbf{Q}^2$ 可用于计算 W^1 与 W^2 的匹配度，以平均池化函数 avg() 和最大池化函数 max() 为例，我们可以得到固定大小的向量表示 $\mathbf{u}$：

$$\mathbf{u}=\text{avg}(\mathbf{Q}^1)\oplus\max(\mathbf{Q}^1)\oplus\text{avg}(\mathbf{Q}^2)\oplus\max(\mathbf{Q}^2) \tag{16.45}$$

通过多层感知机以及 softmax 函数，可由 $\mathbf{u}$ 得到两个句子间的匹配概率：

$$P\Big(\text{match}(W^1, W^2)\Big) = \sigma\Big(\text{MLP}(\mathbf{u})\Big) \tag{16.46}$$

与孪生网络相同，给定一组标注数据 $D = \{(W_i^1, W_i^2, y_i)\}|_{i=1}^N$，$y_i \in [0,1]$ 为训练数据 i 对应的正确标签，注意力匹配网络的训练目标为最小化 P 上的负对数似然 [式 (16.38)]。

双向注意力匹配网络。上述注意力匹配网络分别通过式 (16.42) 与式 (16.43) 计算由 $\mathbf{H}^1$ 到 $\mathbf{H}^2$ 以及由 $\mathbf{H}^2$ 到 $\mathbf{H}^1$ 的注意力。*双向注意力*（bi-directional attention），也称为**协同注意力**（co-attention），可通过共享相似度矩阵捕捉 $\mathbf{H}^1$ 与 $\mathbf{H}^2$ 之间的互信息，相似度矩阵中的各个元素表示 W^1 与 W^2 间特定词对的相似度得分。设相似度矩阵为 $\mathbf{S} \in \mathbb{R}^{n_1 \times n_2}$，$\mathbf{S}[i][j]$ 表示 w_i^1（$i \in [1, \cdots, n_1]$）与 w_j^2（$j \in [1, \cdots, n_2]$）间的相似度得分，为计算双向注意力，我们将 $\mathbf{H}^1$ 复制 n_2 次，$\mathbf{H}^2$ 复制 n_1 次，从而将 $\mathbf{H}^1$ 与 $\mathbf{H}^2$ 扩展为大小相同的三阶张量：

$$\begin{aligned} \tilde{\mathbf{H}}^1 &= \text{Dup}(\mathbf{H}^1, n_2) \\ \tilde{\mathbf{H}}^2 &= \text{Dup}(\mathbf{H}^2, n_1) \end{aligned} \tag{16.47}$$

其中，$\tilde{\mathbf{H}}^1 \in \mathbb{R}^{d_h \times n_1 \times n_2}$，$\tilde{\mathbf{H}}^2 \in \mathbb{R}^{d_h \times n_2 \times n_1}$。

图 16.5展示了将 $\mathbf{H}^1$ 和 $\mathbf{H}^2$ 转换为三阶张量的过程。为使 $\tilde{\mathbf{H}}^1$ 与 $\tilde{\mathbf{H}}^2$ 维度完全相同，我们将 $\tilde{\mathbf{H}}^2$ 的后两个维度进行转置，得到 $(\tilde{\mathbf{H}}^2)^{\mathrm{T}_{2,3}}$。为捕捉 $\mathbf{H}^1$ 与 $\mathbf{H}^2$ 中各个元素的交互关系，我们计算 $\tilde{\mathbf{H}}^1$ 与 $(\tilde{\mathbf{H}}^2)^{\mathrm{T}_{2,3}}$ 之间的哈达玛积，并将得到的三阶张量与 $\tilde{\mathbf{H}}^1$ 和 $(\tilde{\mathbf{H}}^2)^{\mathrm{T}_{2,3}}$ 相拼接（图 16.5c），通过线性计算得到最终的相似矩阵 $\mathbf{S}$：

385

$$\mathbf{S} = \text{avg}_1\Big(\mathbf{V}\Big(\tilde{\mathbf{H}}^1 \oplus (\tilde{\mathbf{H}}^2)^{\mathrm{T}_{2,3}} \oplus (\tilde{\mathbf{H}}^1 \otimes (\tilde{\mathbf{H}}^2)^{\mathrm{T}_{2,3}})\Big)\Big) \tag{16.48}$$

其中，$\tilde{\mathbf{H}}^1 \otimes \tilde{\mathbf{H}}^2$ 表示 $\tilde{\mathbf{H}}^1$ 与 $\tilde{\mathbf{H}}^2$ 间的关系，$\mathbf{V} \in \mathbb{R}^{3d_h \times 3d_h}$，$\otimes$ 表示哈达玛积，avg_1 表示在张量第一维上进行平均池化运算，即将 $\mathbb{R}^{d_h \times n_1 \times n_2}$ 中的张量通过平均池化压缩为 $\mathbb{R}^{n_1 \times n_2}$ 中的矩阵。$\mathbf{S} \in \mathbb{R}^{n_1 \times n_2}$ 为分数矩阵，$\mathbf{S}[i][j]$ 代表 $\mathbf{h}_i^1$ ($i \in [1, \cdots, n_1]$) 与 $\mathbf{h}_j^2$ ($j \in [1, \cdots, n_2]$) 间的匹配信息。

在利用 $\mathbf{H}^1$ 对 $\mathbf{H}^2$ 进行注意力运算时，我们便可以得到 $\mathbf{H}^2$ 与 $\mathbf{H}^1$ 中关联性较高的词。具体地，注意力权重矩阵 $\boldsymbol{\alpha}_1 \in \mathbb{R}^{n_1 \times n_2}$ 的计算方式为：

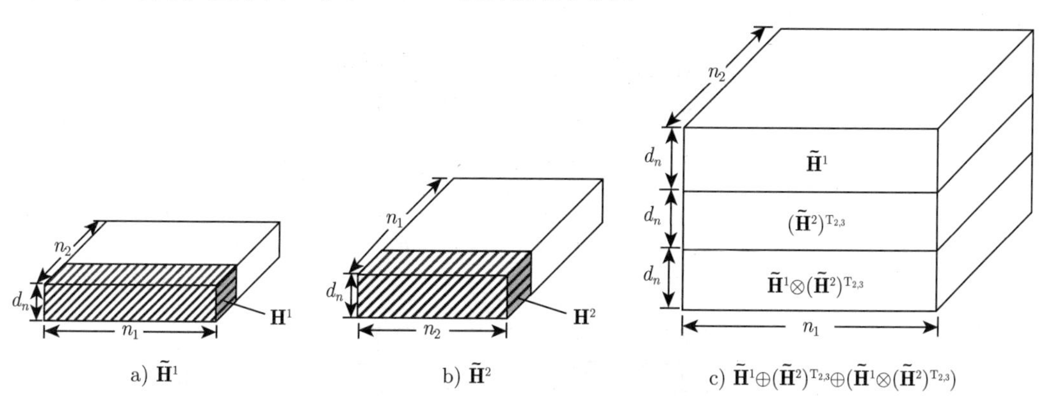

图 16.5　式 (16.47) 与式 (16.48) 的可视化结果，阴影部分表示原始矩阵，完整部分表示复制后的张量

$$\boldsymbol{\alpha}_1 = \text{softmax}_2(\mathbf{S}) \tag{16.49}$$

其中，softmax_2 表示对矩阵的每行运行 softmax 函数。在此基础上，我们可以计算得到 $\hat{\mathbf{H}}^1 = \mathbf{H}^2\boldsymbol{\alpha}_1^{\mathrm{T}}$，其中 $\hat{\mathbf{H}}^1 \in \mathbb{R}^{d_h \times n_1}$。

同理，我们可以计算 $\mathbf{H}^2$ 到 $\mathbf{H}^1$ 的注意力权重矩阵 $\boldsymbol{\alpha}_2 \in \mathbb{R}^{n_2 \times n_1}$：

$$\boldsymbol{\alpha}_2 = \text{softmax}_2(\mathbf{S}^{\mathrm{T}}) \tag{16.50}$$

由此得到 $\hat{\mathbf{H}}^2 = \mathbf{H}^1\boldsymbol{\alpha}_2^{\mathrm{T}}$，其中 $\hat{\mathbf{H}}^2 \in \mathbb{R}^{d_n \times n_2}$。

直观而言，此处 $\hat{\mathbf{H}}^1$ 与 $\hat{\mathbf{H}}^2$ 的计算与式 (16.42) 和式 (16.43) 类似，前者为 W^1 的向量表示，包含 W^1 对 W^2 的匹配信息，后者为 W^2 的向量表示，包含 W^2 对 W^1 的匹配信息。因此，与普通注意力匹配网络类似，双向注意力匹配网络也可以利用式 (16.44)~式 (16.46) 计算两段文本的匹配概率。

普通注意力匹配与双向注意力匹配。相较于普通注意力匹配网络，双向注意力匹配机制利用额外的相似性得分矩阵 $\mathbf{S}$ 来计算 $\boldsymbol{\alpha}_1$ 与 $\boldsymbol{\alpha}_2$，从而获得关系更密切的双向注意力得分。事实上，我们也可以分别在两个方向上进行注意力计算，实现与式 (16.46) 相同的效果（详细讨论请见习题 16.9），但相比之下，式 (16.46) 更为灵活，且只需改变式 (16.48) 便可将其拓展至各类双向评分方法的研究。

386

16.2.2 匹配查询

给定参考文本 $W^1_{1:n_1} = w^1_1, w^1_2, \cdots, w^1_{n_1}$ 及查询文本 $W^2_{1:n_2} = w^2_1, w^2_2, \cdots, w^2_{n_2}$，语义匹配查询旨在从 W^1 中找到语段 $Y = W^1_{b:e} = w^1_b, \cdots, w^1_e$（$b, e \in [1, \cdots, n_1], b \leqslant e$）作为 W^2 的查询结果。此类任务可以利用前文所介绍的注意力匹配网络，将问题转化为寻找语段的起始序号 b 与结束序号 e。如图 16.6所示，语义匹配查询模型通常由上下文表示层、注意力匹配层以及预测网络层构成。

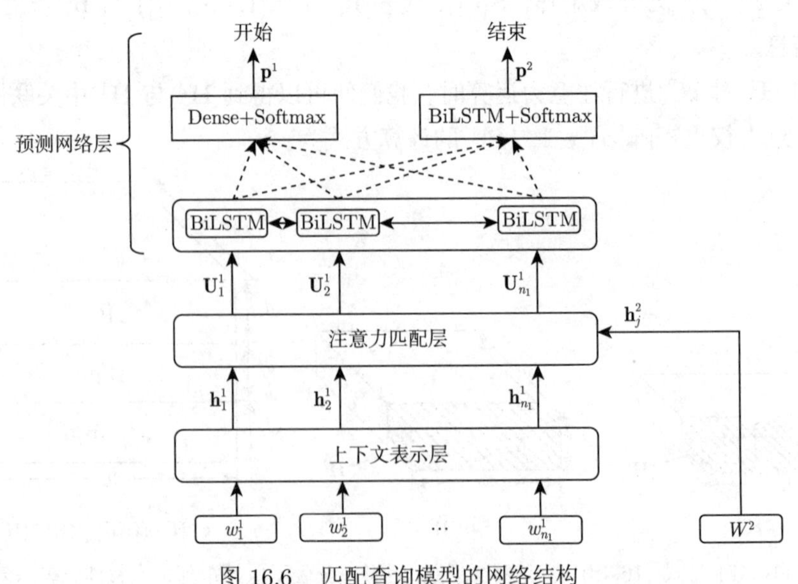

图 16.6　匹配查询模型的网络结构

上下文表示层可将输入序列中的词映射为包含上下文信息的向量。具体地，我们可以利用词向量对各个词进行表示，并利用针对序列结构的神经网络来提取参考文本和查询文本的句子级特征 $\mathbf{H}^1_{1:n_1} \in \mathbb{R}^{d_h \times n_1}$ 及 $\mathbf{H}^2_{1:n_2} \in \mathbb{R}^{d_h \times n_2}$。以双向长短期记忆网络为例，我们可以得到：

$$
\begin{aligned}
\mathbf{H}^1 &= \text{BiLSTM}\Big(\text{emb}(W^1)\Big) \\
\mathbf{H}^2 &= \text{BiLSTM}\Big(\text{emb}(W^2)\Big)
\end{aligned}
\tag{16.51}
$$

注意力匹配层用于寻找并融合参考文本 $\mathbf{h}^1_i$ $(i \in [1, \cdots, n_1])$ 与查询文本 $\mathbf{h}^2_j$ $(j \in [1, \cdots, n_2])$ 间的对应关系。具体地，我们先计算 $\mathbf{h}^1_i$ 和 $\mathbf{h}^2_j$ 间的匹配分数 s_{ij}：

$$
s_{ij} = \mathbf{V}^{\mathrm{T}} \tanh(\mathbf{W}^1 \mathbf{h}^1_i + \mathbf{W}^2 \mathbf{h}^2_j + \mathbf{b}) \tag{16.52}
$$

387

其中，$\mathbf{V} \in \mathbb{R}^{d_h}$、$\mathbf{W}^1 \in \mathbb{R}^{d_h \times d_h}$、$\mathbf{W}^2 \in \mathbb{R}^{d_h \times d_h}$、$\mathbf{b} \in \mathbb{R}^{d_h}$ 均为模型参数。利用 softmax 对 s_{ij} 进行归一化，得到分布 α_{ij}：

$$
\alpha_{ij} = \frac{\exp(s_{ij})}{\sum_{k=1}^{n_2} \exp(s_{ik})} \tag{16.53}
$$

进一步，对于 $\mathbf{H}^1$ 中的各个隐层状态 $\mathbf{h}^1_i$，我们利用权重 α_{ij}，将其与 $\mathbf{h}^2_j$ 进行加权求和，得到注意力聚集向量 $\hat{\mathbf{h}}^1_i$：

$$
\hat{\mathbf{h}}^1_i = \sum_{j=1}^{n_2} \alpha_{ij} \mathbf{h}^2_j \tag{16.54}
$$

原始上下文向量 $\mathbf{H}^1$ 与注意力匹配向量 $\hat{\mathbf{H}}^1$ 相拼接，得到 W^1 的最终表示 $\mathbf{U}^1$：

$$
\mathbf{U}^1 = [\mathbf{h}^1_1 \oplus \hat{\mathbf{h}}^1_1; \mathbf{h}^1_2 \oplus \hat{\mathbf{h}}^1_2; \cdots; \mathbf{h}^1_{n_1} \oplus \hat{\mathbf{h}}^1_{n_1}] \tag{16.55}
$$

预测层基于参考文本 W^1 预测输出序列的起始索引 b 与结束索引 e，以此生成对查询文本 W^2 的回答。具体地，预测层利用序列编码器从 $\mathbf{U}^1$ 中进一步提取抽象特征：

$$
\mathbf{M}^b = \text{BiLSTM}(\mathbf{U}^1) \tag{16.56}
$$

将 $\mathbf{U}^1 = [\mathbf{u}^1_1; \mathbf{u}^1_2; \cdots; \mathbf{u}^1_{n_1}]$ 与 $\mathbf{M}^b = [\mathbf{m}^b_1; \mathbf{m}^b_2; \cdots; \mathbf{m}^b_{n_1}]$ 相同位置的向量两两拼接，得到 $\mathbf{Q}^b$：

$$
\mathbf{Q}^b = [\mathbf{u}^1_1 \oplus \mathbf{m}^b_1; \mathbf{u}^1_2 \oplus \mathbf{m}^b_2; \cdots; \mathbf{u}^1_{n_1} \oplus \mathbf{m}^b_{n_1}] \tag{16.57}
$$

$\mathbf{Q}^b$ 可用于计算起始索引 b 位于 W^1 中各个词处的概率 $\mathbf{p}^b$：

$$\begin{aligned}\mathbf{s}^b[i] &= (\mathbf{v}^b)^{\mathrm{T}}\mathbf{Q}^b[i], i \in [1, \cdots, n_1] \\ \mathbf{p}^b &= \mathrm{softmax}(\mathbf{s}^b)\end{aligned} \tag{16.58}$$

其中，$\mathbf{v}^b \in \mathbb{R}^{3d_h}$ 为模型参数，$\mathbf{p}^b[i]$ 表示 $P(b = w_i^1)$ $(i \in [1, \cdots, n_1])$。

同理，$\mathbf{M}^b$ 可通过另一个双向长短期记忆网络层，计算得到 $\mathbf{M}^e = \mathrm{BiLSTM}(\mathbf{M}^b)$。将 $\mathbf{U}^1$ 与 $\mathbf{M}^e$ 中相同位置的向量进行拼接，得到 $\mathbf{Q}^e$：

$$\mathbf{Q}^e = [\mathbf{u}_1^1 \oplus \mathbf{m}_1^e; \mathbf{u}_2^1 \oplus \mathbf{m}_2^e; \cdots; \mathbf{u}_{n_1}^1 \oplus \mathbf{m}_{n_1}^e] \tag{16.59}$$

$\mathbf{Q}^e$ 可用于计算结束索引 e 位于 W^1 中各个词处的概率：

$$\begin{aligned}s^e[i] &= (\mathbf{v}^e)^{\mathrm{T}}\mathbf{Q}^e[i], i \in [1, \cdots, n_1] \\ \mathbf{p}^e &= \mathrm{softmax}(\mathbf{s}^e)\end{aligned} \tag{16.60}$$

其中，$\mathbf{v}^e \in \mathbb{R}^{3d_h}$ 为可训练的权重向量，$\mathbf{p}^e[i]$ 表示 $P(e = w_i^1)$ $(i \in [1, \cdots, n_1])$。

388

直观而言，$\mathbf{M}^b$ 由 $\mathbf{U}^1$ 计算得到，旨在预测起始序号 b，$\mathbf{s}^b[i]$ 为 $\mathbf{v}^b$ 对 $\mathbf{q}_i^b$ 进行投影得到的标量，代表 W^1 中的各个词为起始序号 b 的概率。同理，$\mathbf{M}^e$ 也由 $\mathbf{U}^1$ 计算得到，旨在预测结束序号 e。语段在索引文本中的结束位置 e 与起始位置 b 息息相关，因此 $\mathbf{M}^e$ 的计算在一定程度上依赖于 $\mathbf{M}^b$ 的值。

给定训练样本 $D = \{(W_i^1, W_i^2, b_i, e_i)\}|_{i=1}^N$，$b_i$ 和 e_i 分别代表 W_i^1 中输出序列的起始及结束索引，该输出序列与 W_i^2 的查询内容相对应。对于匹配查询模型的训练，其损失函数可定义为各个样本作为起始或结束索引的概率的负对数和，并对所有样本负对数的和求平均：

$$L = -\frac{1}{N}\sum_i^N \Big(\log(\mathbf{p}^b[b_i]) + \log(\mathbf{p}^e[e_i])\Big) \tag{16.61}$$

其中 N 为数据中的样本数量。

16.2.3 记忆网络

上一节所介绍的方法可用于建模基于阅读理解的问答系统，例如，给定文档 $W^1 =$“沃尔夫冈 · 阿玛多伊斯 · 莫扎特（1756 年 1 月 27 日至 1791 年 12 月 5 日），受洗名为约翰内斯 · 克里索斯托姆斯 · 沃尔夫冈 · 西奥菲勒斯 · 莫扎特，是古典时期最具影响力的作曲家之一。”及查询 $W^2 =$“沃尔夫冈 · 莫扎特是什么时候出生的？”，系统可以识别出语段“1756 年 1 月 27 日”作为答案。但在大多数场景下，答案较难直接从 W^1 中找到，而是需要经过多次逻辑推理，例如，给定文档 $W^1 =$“张三来到办公室，放下牛奶，去了洗手间。”及查询 $W^2 =$“牛奶在哪里？”，模型需要先从文档中找到与问题关键词“牛奶”最相关的部分，在这个例子中是“张三放下牛奶”，然后找到与“张三”相关的部分“张三离开了办公室”，最后从词表中选择“办公室”作为答案。

记忆网络由推理模块及记忆模块组成，记忆模块用于保存场景信息以实现长期记忆的功能，推理模块则利用记忆模块“记忆”的信息对正确答案进行预测。记忆网络由存储器 M（memory）及输入特征映射器 I（input feature map）、泛化器 G（generalisation）、输出特征映射器 O（output feature map）、响应器 R（response）等四个模块组成。如图 16.7所示，输入文本由 I 模块编码为隐层向量，并作为 G 模块的输入对存储器 M 进行读写操作，即对记忆进行更新。O 模块在存储器中，负责读取相关信息并进行推理，最终由 R 模块生成答案。

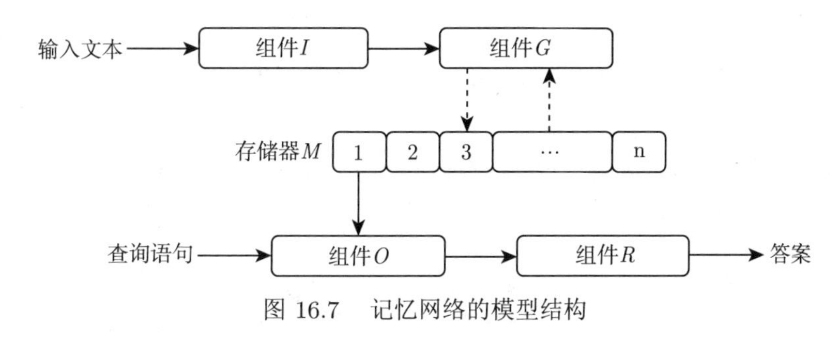

图 16.7 记忆网络的模型结构

给定输入文档 D^R 及查询语句 W^Q，我们需要根据 D^R 来生成词 $a \in V$，作为查询语句 W^Q 的答案，相较于查询匹配所生成的结果，这里的 a 不一定来自 D^R 中的词，也可以是词表 V 中的词。我们将文档表示为 $D^R_{1:n_R} = W^1, W^2, \cdots, W^{n_R}$，其中 $W^i = w^i_1, w^i_2, \cdots, w^i_{n_i}$，$n_i$ 为 W^i 中词的数量；将查询语句表示为 $W^Q = w^Q_1, w^Q_2, \cdots, w^Q_{n_Q}$，其中 w^Q_j 为 W^Q 中的词，$j \in [1, \cdots, n_Q]$。下文将详细介绍如何利用记忆神经网络从参考文本和查询文本中推导出答案。

输入表示。如图 16.8所示，将文档 D^R 的句子表示 W^i 编码为记忆向量 $\mathbf{m}_i$ 即可得到记忆网络的输入表示。例如，将文档中的每个词通过嵌入矩阵 $\mathbf{E}^R \in \mathbb{R}^{d_h \times |V|}$ 编码为词向量，并将同一句子的词向量相加，可得到文档中各个句子的词袋表示：

$$\mathbf{m}_i = \sum_{j=1}^{n_i} \text{emb}^{\mathbf{E}^R}(w^i_j) \tag{16.62}$$

式 (16.62) 实现方式简单，但无法捕捉句子中的词序信息，因此，我们进一步将词的位置信息添加到句子表示中：

$$\mathbf{m}_i = \sum_{j=1}^{n_i} l^i_j \cdot \text{emb}^{\mathbf{E}^R}(w^i_j) \tag{16.63}$$

其中 $l^i_j = (1 - j/n_i) - (i/d_h)(1 - 2j/n_i)$ 为词在句子中的位置编码，形式为标量，n_i 为句子 i 的词数，d_h 为嵌入矩阵 $\mathbf{E}^R$ 输出的词向量维度。$\mathbf{M} = [\mathbf{m}_1; \cdots; \mathbf{m}_{n_R}]$ 为 D^R 在记忆存储器中的向量表示，用于计算查询 W^Q 的答案。

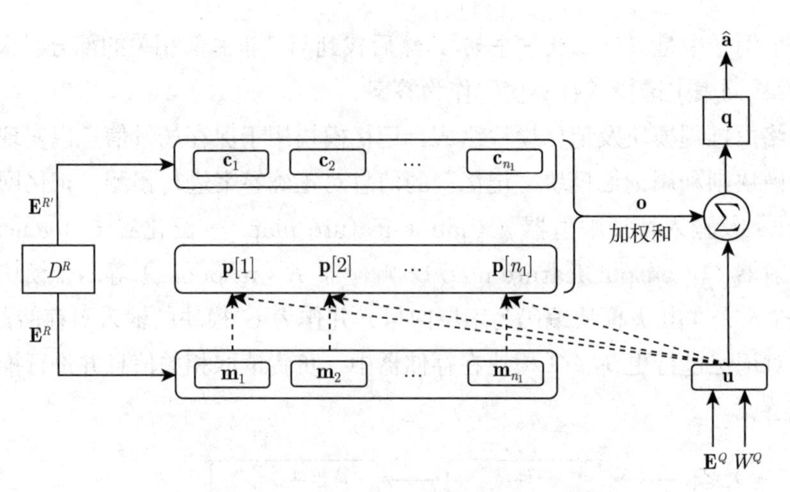

图 16.8　面向问答任务的端到端记忆网络

查询表示。与文档 D^R 的编码方式类似，查询语句 W^Q 也可通过一个嵌入矩阵 $\mathbf{E}^Q \in \mathbb{R}^{d_h \times |V|}$ 转换为隐层表示 $\mathbf{u}$：

$$\mathbf{u} = \sum_{i=1}^{n_Q} l_i^Q \cdot \text{emb}^{\mathbf{E}^Q}(W_i^Q) \tag{16.64}$$

390 其中 $l_i^Q = (1 - i/n_Q) - (1/d_h)(1 - 2i/n_Q)$ 为用于编码位置的标量。

基于前文得到的 $\mathbf{m}_i$ $(i \in [1, \cdots, n_Q])$ 和 $\mathbf{u}$，网络首先从记忆存储器 $\mathbf{M}$ 中找到与问题最相关的信息，生成记忆表示向量 $\mathbf{o}$，$\mathbf{o}$ 与 $\mathbf{u}$ 相结合，生成同时包含问题信息及回答依据的向量表示，最终由该表示向量根据词表 V 来生成问题的答案。下面就此过程展开详细介绍。

匹配。匹配过程需要计算存储器 M 中各个单元 $\mathbf{m}_i$ 与查询表示 $\mathbf{u}$ 的相关程度 $\mathbf{p}[i]$，以找到 M 中与问题最相关的信息。具体地，我们利用点积计算得到 $\mathbf{u}$ 与 $\mathbf{m}_i$ 之间的关联得分 s_i：

$$s_i = \mathbf{u}^{\mathrm{T}} \mathbf{m}_i \tag{16.65}$$

利用 softmax 函数对 s_i 进行归一化，得到 $\mathbf{p}[i]$：

$$\mathbf{p}[i] = \frac{\exp(s_i)}{\sum_{k=1}^{n_R} \exp(s_k)} \tag{16.66}$$

以 $\mathbf{p}$ 为权重计算 D^R 记忆存储器中所有向量的加权和，可得到上下文表示向量 $\mathbf{o}$。为不影响存储器单元 $\mathbf{m}_i$ 的计算，我们利用另一个嵌入矩阵 $\mathbf{E}^{R'} \in \mathbb{R}^{d_h \times |V|}$ 对各个 W^i 进行编码：

$$\mathbf{c}_i = \sum_{j=1}^{n_i} l_j^i \cdot \text{emb}^{\mathbf{E}^{R'}}(w_j^i) \tag{16.67}$$

其中，l_j^i 的计算方式与式 (16.63) 相同，对 $\mathbf{c}_i$ $(i \in [1, \cdots, n])$ 进行加权求和即可得到 $\mathbf{o}$：

$$\mathbf{o} = \sum_{i=1}^{n_Q} \mathbf{p}[i]\mathbf{c}_i \tag{16.68}$$

响应。将 $\mathbf{o}$ 和 $\mathbf{u}$ 相加并与权重矩阵 $\mathbf{W}$ 做矩阵乘法，可得到综合特征向量 $\mathbf{q} \in \mathbb{R}^{|V|}$。利用 softmax 函数对综合特征向量的每列进行归一化，得到最后的分布 $\hat{\mathbf{a}}$：

$$\begin{aligned} \mathbf{q} &= \mathbf{W}(\mathbf{o} + \mathbf{u}) \\ \hat{\mathbf{a}} &= \mathrm{softmax}(\mathbf{q}) \end{aligned} \tag{16.69}$$

其中，$\hat{\mathbf{a}}[i]$ 表示词表中第 i 个词作为答案的概率，$\hat{\mathbf{a}} \in \mathbb{R}^{|V|}$。

多跳推理（multi-hop inference）。大部分场景需要多次推理才能从文档中找到与问题最相关的信息，因此我们可以利用现有的上下文表示 $\mathbf{o}$，在存储器信息中计算新的概率分布 $\mathbf{p}$，并以此更新上下文表示 $\mathbf{o}$，从而获得更多信息。该推理过程被称为跳（hop）。

391

将原始查询向量表示为 $\mathbf{u}_1$，对应的上下文向量 $\mathbf{o}$ 表示为 $\mathbf{o}_1$，并将 $\mathbf{o}_1$ 作为第一个跳点，给定第 k 个跳点 $(k \in [1, \cdots, K-1], K \in D)$，我们将 $\mathbf{o}_k$ 与问题向量 $\mathbf{u}_k$ 相加以更新查询向量：

$$\mathbf{u}_{k+1} = \mathbf{u}_k + \mathbf{o}_k \tag{16.70}$$

获得新的 $\mathbf{u}_{k+1}$ 后，利用式 (16.65)～式 (16.68) 即可获得新的上下文向量 $\mathbf{o}_{k+1}$。该推理过程重复 K 次，将最后一次匹配计算的输入 $\mathbf{u}_K$ 与输出 $\mathbf{o}_K$ 相加进行结果预测：

$$\mathbf{q}_K = \mathbf{W}(\mathbf{o}_K + \mathbf{u}_K) \tag{16.71}$$

其中，$\mathbf{W} \in \mathbb{R}^{|V| \times d_h}$ 与式 (16.69) 参数一致。以 $\mathbf{q}_K$ 为输入，计算 $\hat{\mathbf{a}}$ 的线性层与式 (16.69) 参数一致。

训练。给定训练数据 $D = \{(D_i^R, W_i^Q, a_i)\}|_{i=1}^N$，三个嵌入矩阵 $\mathbf{E}^R, \mathbf{E}^Q, \mathbf{E}^{R'} \in \mathbb{R}^{d_h \times |V|}$ 以及 $\mathbf{W} \in \mathbb{R}^{|V| \times d_h}$ 可通过最小化标准交叉熵损失来进行联合训练：

$$L = -\sum_{i}^{N} \log\left(\hat{\mathbf{a}}_i[a_i]\right) \tag{16.72}$$

其中，N 为数据集中的样本数，$\hat{\mathbf{a}}_i$ 由式 (16.69) 计算得到，$\hat{\mathbf{a}}_i[a_i]$ 表示 $\hat{\mathbf{a}}_i$ 中对应于 a_i 的元素。

总结

本章介绍了：

- 端到端神经网络模型。

- 基于循环神经网络与自注意力网络的序列到序列模型。
- 拷贝网络与指针网络。
- 子词向量与字节对编码算法。
- 面向文本匹配的孪生网络、注意力网络与双向注意力网络。
- 记忆网络。

注释

序列到序列模型最早应用于机器翻译任务 (Cho 等人, 2014; Sutskever 等人, 2014)，后被应用于文本摘要 (Rush 等人, 2015) 及其他自然语言处理任务中。Bahdanau 等人 (2014) 392 最早将注意力机制引入神经机器翻译中，Sennrich 等人 (2015) 提出了神经机器翻译中的字节对编码 (Shibata 等人, 1999) 算法。指针网络和拷贝网络分别由 Vinyals 等人 (2015) 和 Gu 等人 (2016) 提出，See 等人 (2017) 将指针生成器网络（pointer-generator network）用于文本摘要任务，Vaswani 等人 (2017) 提出了用于机器翻译任务的 Transformer 模型。

孪生网络最初由 Bromley 等人 (1993) 提出。在自然语言处理领域，Hu 等人 (2014) 利用带有卷积层的孪生网络进行句子匹配，Neculoiu 等人 (2016) 则利用孪生递归网络（siamese recurrent network）衡量文本相似性。Yin 等人 (2016) 和 Parikh 等人 (2016) 在自然语言推理任务中利用可分解的注意力模型（decomposable attention model）进行文本匹配。Hermann 等人 (2015) 首先将注意力机制引入阅读理解任务中，Chen 等人 (2016)、Cui 等人 (2016) 和 Seo 等人 (2017) 在此基础上进行了更深入的研究。Cheng 等人 (2016) 和 Miller 等人 (2018) 探讨了记忆网络在阅读理解任务中的应用。

习题

16.1 回顾式 (16.16)，试引入一个与指针网络 [式 (16.14)] 类似的权重因子 λ，并计算新的归一化方程，使得 P 为概率分布。

16.2 回顾 16.1 节中用于序列到序列任务的模型 1，其解码器中的长短期记忆网络根据源端语句计算初始隐层状态，因此不同原语句可生成不同目标语句，该过程称为**条件生成**。编码过程与解码过程类似，给定不同初始状态，编码器中的长短期记忆网络可将同一句子编码为不同结果，因此该编码器被称为**条件编码器**。试讨论条件编码与条件解码的应用场景。另外，模型 2 的解码过程可被看作带有注意力机制的条件解码模型，试讨论其编码过程是否也适用于条件编码。

16.3 Transformer 模型利用多层自注意力网络进行编码和解码，但模型 1、模型 2 及模型 3 仅利用一层双向长短期记忆网络进行编码。试讨论是否可以在模型 1、模型 2 及模型 3 中利用多层长短期记忆网络，并说明这样做的优缺点。

16.4 关于序列到序列模型及结构化预测任务，试讨论：

（1） 序列到序列模型是否可以用于序列标注任务；相较于第 15 章所讨论的局部模

型，其优缺点分别是什么？试说明序列标注任务与序列到序列任务间的异同。

（2） 序列到序列模型是否可以用于基于转换的结构化预测任务；对比序列到序列模型及基于转换的依存句法分析模型，试说明两者的异同。

393

16.5 试考虑将序列到序列模型应用于对话系统中：

（1） 最简单的模型只将输入文本中最后一小段作为模型输入，并基于这部分内容生成模型输出，作为对用户的回答。试讨论该方法的缺陷，并思考该模型更适用于闲聊型对话还是任务型对话。

（2） 若要设计一个可以从对话历史中提取信息的对话系统，试讨论哪些模型可用于处理多个输入语句。

（3） 引入外部知识可以提供更多信息，进而提升对话系统的准确性。例如，用户提出“我想找一家餐馆。”，对话系统回答“街对面有一家面馆。”，该回答需要基于外部知识“面馆属于餐馆的一种类型”。试思考利用知识表示对对话系统进行增强的方法。16.1.2 节所介绍的注意力机制可利用当前解码状态对知识表示进行注意力计算并得到上下文向量，上下文向量可用于生成下一个输出字符，进而实现知识与对话系统的融合。试详细说明该方法的模型结构。

（4） 试利用 16.2.3 节所讨论的记忆网络对 (3) 中的注意力机制进行拓展，并说明这样做的优势。

16.6 序列到序列模型也可用于 AMR 解析任务，其实现方法为先预测节点序列，再预测节点间的边序列。试讨论如何利用上述方法构建端到端的神经网络 AMR 句法分析器，并将其与结构化预测任务的局部贪婪模型（第 15 章）以及基于转换的模型进行比较。

16.7 对于 16.2.1 节所介绍的孪生网络，若利用余弦距离来计算两个文本的匹配概率，试定义该模型训练的目标函数，及由输出层到隐层 $\mathbf{h}^1$、$\mathbf{h}^2$ 的反向传播过程。

16.8 式 (16.37) 中的 $\mathbf{h}^1 = \overrightarrow{\mathbf{h}}^1_{n_1} \oplus \overleftarrow{\mathbf{h}}^1_1$ 和 $\mathbf{h}^2 = \overrightarrow{\mathbf{h}}^1_{n_2} \oplus \overleftarrow{\mathbf{h}}^2_1$ 分别表示 W^1 和 W^2，$\mathbf{h}^1$ 和 $\mathbf{h}^2$ 也可以替换为 $\mathbf{h}^1_i = \overrightarrow{\mathbf{h}^1_i} \oplus \overleftarrow{\mathbf{h}^1_i}$ $(i \in [1, \cdots, n_1])$ 和 $\mathbf{h}^2_j = \overrightarrow{\mathbf{h}^2_j} \oplus \overleftarrow{\mathbf{h}^2_j}$ $(j \in [1, \cdots, n_2])$ 的均值，以对 W^1 和 W^2 进行表示。试讨论均值表示在文本匹配任务中的优点；进一步，为更好地利用所有单词的隐层向量来表示 W^1 和 W^2，试设计基于神经注意力机制的聚合网络，并说明这种方法相较于简单平均法的优势。

16.9 参考式 (16.39)~ 式 (16.41) 对式 (16.42) 的细节描述，试利用 $\mathbf{h}^1_1, \mathbf{h}^1_2, \cdots, \mathbf{h}^1_{n_1}$ 和 $\mathbf{h}^2_1, \mathbf{h}^2_2, \cdots, \mathbf{h}^2_{n_2}$ 对式 (16.47)~ 式 (16.50) 进行详细描述。相较于普通注意力匹配，试讨论 $\mathbf{S}$ 在双向注意力机制中的优势。

16.10 回顾式 (16.46) 中的注意力匹配机制，有研究者提出句子级注意力的计算方式。具体地，$\mathbf{H}^1$ 对 $\mathbf{H}^2$ 的注意力表示 $\mathbf{H}^1_{1:n_1} = \mathbf{h}^1_1, \mathbf{h}^1_2, \cdots, \mathbf{h}^1_{n_1}$ 中各个词与 $\mathbf{H}^2_{1:n_2} = \mathbf{h}^2_1, \mathbf{h}^2_2, \cdots, \mathbf{h}^2_{n_2}$ 中的哪些词相关性强，$\mathbf{H}^2$ 对 $\mathbf{H}^1$ 的注意力则表示 $(\mathbf{H}^2)^{n_2}_1$ 中各个词与 $(\mathbf{H}^1)^{n_1}_1$ 中的哪些词相关性强。通过式 (16.39)，我们可以获得矩阵 $\mathbf{S} \in \mathbb{R}^{n_1 \times n_2}$，其中 $\mathbf{S}[i][j] = s_{ij}$，且 $i \in [1, \cdots, n_1]$，$j \in [1, \cdots, n_2]$。通过计算 $\text{MAX}_{\text{row}}(\mathbf{S}) \in \mathbb{R}^{n_1}$，我们可以获

394

得注意力权重，MAX_{row} 函数表示选取每行最大值：

$$
\begin{aligned}
m_i &= \text{MAX}_{\text{row}}(\mathbf{S}[i]) \\
\beta_i &= \frac{\exp(m_i)}{\sum_{k=1}^{n_1}\exp(m_k)} \\
\tilde{\mathbf{h}}^1 &= \sum_{i=1}^{n_1}\beta_i\mathbf{h}_i^1
\end{aligned}
\tag{16.73}
$$

其中，向量 $\tilde{\mathbf{H}}^1 \in \mathbb{R}^{d_h}$ 表示 $\mathbf{H}^1$ 中与 $\mathbf{H}^2$ 最相关的词向量的加权和，将 $\tilde{\mathbf{h}^1}$ 在行维度平铺 n_1 次，并与其他向量进行拼接，可得到 $\mathbf{Q}^1 = [\mathbf{h}_1^1 \oplus \hat{\mathbf{h}}_1^1 \oplus \tilde{\mathbf{h}}^1; \mathbf{h}_2^1 \oplus \hat{\mathbf{h}}_2^1 \oplus \tilde{\mathbf{h}}^1; \cdots; \mathbf{h}_{n_1}^1 \oplus \hat{\mathbf{h}}_{n_1}^1 \oplus \tilde{\mathbf{h}}^1]$。同理，我们可以计算出 $\mathbf{H}^2$ 到 $\mathbf{H}^1$ 的注意力。试将上述方法用于式 (16.44) 来完成语义匹配任务，并说明这种方法的优点。

16.11 对于基于注意力机制的文本匹配任务 [例如式 (16.39) 及式 (16.52)]，注意力函数的更改可直接影响模型结果。试讨论利用以下注意力机制时的计算方法及优势。

双线性注意力机制：

$$
s_{ij} = {\mathbf{h}_i^1}^{\mathrm{T}}\mathbf{W}\mathbf{h}_j^2 \tag{16.74}
$$

点积注意力机制：

$$
s_{ij} = \mathbf{v}^{\mathrm{T}}\tanh\left(\mathbf{W}(\mathbf{h}_i^1 \cdot \mathbf{h}_j^2)\right) \tag{16.75}
$$

负注意力机制：

$$
s_{ij} = \mathbf{v}^{\mathrm{T}}\tanh\left(\mathbf{W}(\mathbf{h}_i^1 - \mathbf{h}_j^2)\right) \tag{16.76}
$$

395

16.12 回顾 16.2.3 节中提到的多跳记忆网络模型，试讨论模型训练阶段的反向传播过程，并说明模型推理过程的工作原理。

参考文献

Dzmitry Bahdanau, Kyunghyun Cho, and Yoshua Bengio. 2014. Neural machine translation by jointly learning to align and translate.

Jane Bromley, Isabelle Guyon, Yann Lecun, Eduard Sackinger, and Roopak Shah. 1993. Signature verification using a " siamese" time delay neural network. pages 737–744.

Danqi Chen, Jason Bolton, and Christopher D. Manning. 2016. A thorough examination of the CNN/daily mail reading comprehension task. In Proceedings of the 54th Annual Meeting of the Association for Computational Linguistics (Volume 1: Long Papers), pages 2358–2367, Berlin, Germany. Association for Computational Linguistics.

Jianpeng Cheng, Li Dong, and Mirella Lapata. 2016. Long short-term memory-networks for machine reading. arXiv preprint arXiv:1601.06733.

Kyunghyun Cho, Bart Van Merriënboer, Caglar Gulcehre, Dzmitry Bahdanau, Fethi Bougares, Holger Schwenk, and Yoshua Bengio. 2014. Learning phrase representations using rnn encoder-decoder for statistical machine translation. arXiv preprint arXiv:1406.1078.

Yiming Cui, Zhipeng Chen, Si Wei, Shijin Wang, Ting Liu, and Guoping Hu. 2016. Attention-over-attention neural networks for reading comprehension. arXiv preprint arXiv:1607.04423.

Jiatao Gu, Zhengdong Lu, Hang Li, and Victor OK Li. 2016. Incorporating copying mechanism in sequence-to-sequence learning. arXiv preprint arXiv:1603.06393.

Karl Moritz Hermann, Tomáš Kočiský, Edward Grefenstette, Lasse Espeholt, Will Kay, Mustafa Suleyman, and Phil Blunsom. 2015. Teaching machines to read and comprehend. In Proceedings of the 28th International Conference on Neural Information Processing Systems - Volume 1, NIPS'15, page 1693-1701, Cambridge, MA, USA. MIT Press.

Baotian Hu, Zhengdong Lu, Hang Li, and Qingcai Chen. 2014. Convolutional neural network architectures for matching natural language sentences. neural information processing systems, pages 2042-2050.

Alexander Holden Miller, Adam Joshua Fisch, Jesse Dean Dodge, Amir-Hossein Karimi, Antoine Bordes, and Jason E. Weston. 2018. Key-value memory networks. US Patent App. 16/002,463.

Paul Neculoiu, Maarten Versteegh, and Mihai Rotaru. 2016. Learning text similarity with siamese recurrent networks. pages 148-157.

Ankur P. Parikh, Oscar Tackstrom, Dipanjan Das, and Jakob Uszkoreit. 2016. A decomposable attention model for natural language inference. empirical methods in natural language processing, pages 2249-2255.

Alexander M. Rush, Sumit Chopra, and Jason Weston. 2015. A neural attention model for abstractive sentence summarization. arXiv preprint arXiv:1509.00685.

Abigail See, Peter J. Liu, and Christopher D. Manning. 2017. Get to the point: Summarization with pointer-generator networks. In Proceedings of the 55th Annual Meeting of the Association for Computational Linguistics (Volume 1: Long Papers), pages 1073-1083, Vancouver, Canada. Association for Computational Linguistics.

Rico Sennrich, Barry Haddow, and Alexandra Birch. 2015. Neural machine translation of rare words with subword units. arXiv preprint arXiv:1508.07909.

Min Joon Seo, Aniruddha Kembhavi, Ali Farhadi, and Hannaneh Hajishirzi. 2017. Bidirectional attention flow for machine comprehension. international conference on learning representations.

Yusuxke Shibata, Takuya Kida, Shuichi Fukamachi, Masayuki Takeda, Ayumi Shinohara, Takeshi Shinohara, and Setsuo Arikawa. 1999. Byte pair encoding: A text compression scheme that accelerates pattern matching. Technical report, Technical Report DOI-TR- 161, Department of Informatics, Kyushu University.

Ilya Sutskever, Oriol Vinyals, and Quoc V Le. 2014. Sequence to sequence learning with neural networks. In Z. Ghahramani, M. Welling, C. Cortes, N. D. Lawrence, and K. Q. Weinberger, editors, Advances in Neural Information Processing Systems 27, pages 3104-3112. Curran Associates, Inc.

Ashish Vaswani, Noam Shazeer, Niki Parmar, Jakob Uszkoreit, Llion Jones, Aidan N. Gomez, Łukasz Kaiser, and Illia Polosukhin. 2017. Attention is all you need. In Advances in neural information processing systems, pages 5998-6008.

Oriol Vinyals, Meire Fortunato, and Navdeep Jaitly. 2015. Pointer networks. In Advances in Neural Information Processing Systems, pages 2692-2700.

Wenpeng Yin, Hinrich Schütze, Bing Xiang, and Bowen Zhou. 2016. ABCNN: Attentionbased convolutional neural network for modeling sentence pairs. Transactions of the Association for Computational Linguistics, 4:259-272.

第 17 章

Natural Language Processing: A Machine Learning Perspective

预训练与迁移学习

截至目前，我们已经探讨了根据稠密向量的字、词、词性、依存弧等神经网络信息来源的表示方法。这些向量可进行随机初始化，随后在训练过程中作为模型参数的一部分与其他参数矩阵或向量同时更新。如第 13 章所述，性能更佳的向量表示方法为基于大规模文本的预训练词向量，在预训练词向量的基础上进行参数初始化，可为下游任务的微调提供更好的优化起点。预训练词向量所包含的知识远大于基于典型标注训练集（例如依存树库）学习得到的词向量，因此基于预训练的模型有时也可以不进行微调。

预训练词向量的开创性工作来源于对神经网络语言模型的研究。本章首先介绍简单的神经网络语言模型，讨论多种词向量和字向量的训练方法，此类方法可在大规模文本上快速完成预训练。进一步，我们将讨论更为复杂的神经网络语言模型，例如基于循环神经网络与自注意力网络的语言模型，此类模型的隐层向量也可以作为预训练的词表示，且能够提供上下文相关的词向量，进而为自然语言处理任务提供更丰富的信息。但此类模型结构更加复杂，对计算资源的要求也更高。在本章的最后，我们将预训练作为迁移学习的一种特殊形式，讨论更多用于迁移学习的神经网络方法。

17.1 神经网络语言模型与词向量

本书第 2 章介绍了 n 元语言模型，利用统计的 n 元语言模型，可学习到训练语料库中所有 n 元组的概率查询表，在给定 $n-1$ 个前置词的情况下，利用最大似然估计计算第 n 个词的概率。本节将介绍基于神经网络的 n 元语言模型，以及在训练语言模型过程中所得到的词向量模型。除语言模型外，17.1.3~17.1.5 节将介绍其他更为有效的词向量训练方法，此类方法在实践中被广泛应用。17.1.6 节与 17.1.7 节将分别介绍词向量的评估方法与使用方式。

17.1.1 神经网络 n 元语言模型

从形式上来讲，n 元语言模型的目标为计算 $P(w_i|w_{i-n+1},\cdots,w_{i-1})$，其中 w_i 为自然语言句子中的词，$w_{i-n+1},\cdots,w_{i-1}$ 为 $n-1$ 个前置词。给定 $w_{i-1},\cdots,w_{i-n+1}$，利用前馈网络预测 $w_i \in V$（V 表示词表）的分布可建立基于神经网络的 n 元语言模型。

为对模型进行参数化，我们首先利用映射函数 emb 将词转换为 d 维稠密向量，通常情况下，d 的取值范围为 50~300。为预测 w_i，我们将 $\text{emb}(w_{i-n+1}),\cdots,\text{emb}(w_{i-1})$ 排列为向量序列并进行拼接：

$$\mathbf{x} = \text{emb}(w_{i-n+1}) \oplus \cdots \oplus \text{emb}(w_{i-1}) \tag{17.1}$$

在此基础上，我们进一步使用标准前馈网络来计算 w_i 的概率，

$$\begin{aligned}\mathbf{h} &= \tanh(\mathbf{W}^h\mathbf{x} + \mathbf{b}^h)\\ \mathbf{o} &= \mathbf{W}^o\mathbf{h} + \mathbf{b}^o\\ \mathbf{p} &= \text{softmax}(\mathbf{o})\end{aligned} \tag{17.2}$$

其中，$\mathbf{p}[w_i]$ 表示 $\mathbf{p}$ 中与 w_i 相对应的元素值，即 $P(w_i|w_{i-n+1},\cdots,w_{i-1})$。$\mathbf{W}^h$、$\mathbf{W}^o$、$\mathbf{b}^h$ 以及 $\mathbf{b}^o$ 均为模型参数。

神经网络 n 元语言模型可以看作一个类别数为 $|V|$ 的多层感知机分类器，其整体结构如图 17.1a 所示。该模型由一个 $d \times |V|$ 的词向量查询表（参考第 13 章）、一个 $d_h \times d$ 的隐层 $\mathbf{W}^h$ 及一个 $|V| \times d_h$ 的输出层 $\mathbf{W}^o$ 组成。d_h 的范围通常为 50~1000，因此 $|V| \times d_h$ 的值较大。

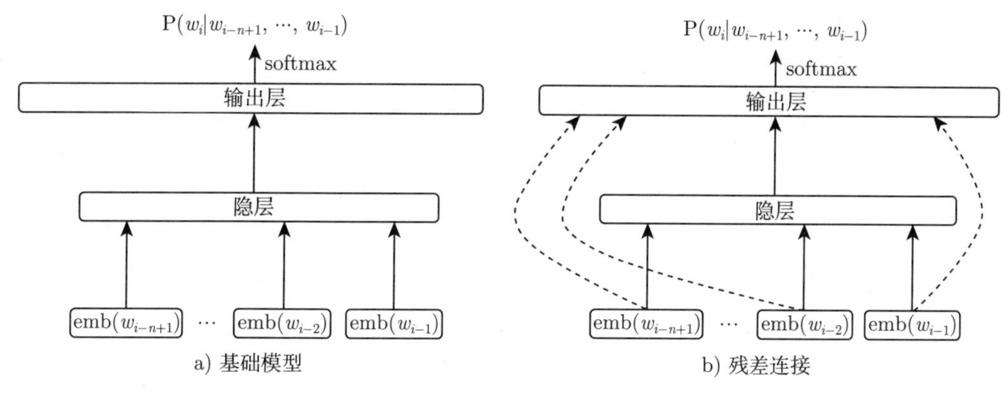

图 17.1 神经网络 n 元语言模型

模型变体。如图 17.1b 所示，由第一层到最后一层的残差连接可以促进反向传播，从而获得更好的性能，其表现形式为：

$$\begin{aligned}\mathbf{h} &= \tanh(\mathbf{W}^h\mathbf{x} + \mathbf{b}^h)\\ \mathbf{o} &= \mathbf{U}\mathbf{x} + \mathbf{W}^o\mathbf{h} + \mathbf{b}^o\\ \mathbf{p} &= \text{softmax}(\mathbf{o})\end{aligned} \tag{17.3}$$

397

其中，$\mathbf{p}[w_i]$ 表示 $P(w_i|w_{i-n+1},\cdots,w_{i-1})$。$\mathbf{U}$、$\mathbf{W}^h$、$\mathbf{W}^o$、$\mathbf{b}^h$ 以及 $\mathbf{b}^o$ 均为模型参数。与式 (17.2) 相比，式 (17.3) 在隐层中还有一个附加项 $\mathbf{Ux}$，表示从词特征到输出的残差连接。

训练。给定大规模文本语料库 D 及 n 元组 $T = \{(w_1^i, w_2^i, \cdots, w_n^i)\}|_{i=1}^{|T|}$，设神经网络语言模型的训练目标为最大对数似然，其损失可以表示为：

$$L = -\frac{1}{|T|}\sum_{i=1}^{|T|}\log\left(P(w_n^i|w_1^i,\cdots,w_{n-1}^i)\right) \tag{17.4}$$

在训练过程中，我们可以先对词向量进行随机初始化，然后利用第 13 章和第 14 章所介绍的随机梯度下降算法进行模型优化。具体地，对于第 i 个训练实例，设 $w = w_n^i$，$c = w_1^i, w_2^i, \cdots, w_{n-1}^i$，则根据式 (17.2) 或式 (17.3)，概率 $P(w_n^i|w_1^i, \cdots, w_{n-1}^i)$ 可写作 $P(w|c) = \mathbf{p}[w] = \dfrac{\exp(\mathbf{o}[w])}{\sum_{w' \in V} \exp(\mathbf{o}[w'])}$。

与统计语言模型的比较。神经网络语言模型训练得到的词向量可以捕获词的分布式语义信息，因此在词向量空间中，具有相关含义的词会彼此靠近。而基于 one-hot 表示的统计语言模型无法获得此类相关性信息，因此难以处理未见过的 n 元组。例如，假设在训练语料库中存在 n 元组"猫 逃 跑"，但不存在 n 元组"鸸鹋 逃 跑"，统计语言模型利用 P(跑 | 逃) 和 P(跑) 和回退平滑来估计 P(跑 | 鸸鹋 逃)，丢失了"鸸鹋"的相关信息。相反，若"鸸鹋"在向量查询表中（即词向量训练数据），由于"鸸鹋"与"猫"的向量表示相近，P(跑 | 鸸鹋 逃) 与 P(跑 | 猫 逃) 的值也会较为相似，因此神经网络语言模型可以给出更为准确的估计。该例子也说明了稠密向量表示相对于稀疏 0-1 向量表示的优势。

17.1.2 噪声对比估计

式 (17.4) 中的训练目标也可以视为最大化对数似然：

$$J = \frac{1}{|T|} \sum_{i=1}^{|T|} \log \left(P(w_n^i|w_1^i, \cdots, w_{n-1}^i) \right) \tag{17.5}$$

若利用随机梯度下降算法进行训练，给定训练实例 (w, c)，其相对于模型参数 θ 的偏导数为

$$\begin{aligned} \frac{\partial}{\partial \theta} J &= \frac{\partial}{\partial \theta} \log P(w|c) = \frac{\partial}{\partial \theta} \log \frac{\exp(\mathbf{o}[w])}{\sum_{w' \in V} \exp(\mathbf{o}[w'])} \\ &= \frac{\partial}{\partial \theta} \mathbf{o}[w] - \sum_{w' \in V} \frac{\exp(\mathbf{o}[w'])}{\sum_{w \in V} \exp(\mathbf{o}[w])} \frac{\partial}{\partial \theta} \mathbf{o}[w'] \\ &= \frac{\partial}{\partial \theta} \mathbf{o}[w] - \sum_{w' \in V} P_\theta(w'|c) \frac{\partial}{\partial \theta} \mathbf{o}[w'] \end{aligned} \tag{17.6}$$

398

对数似然目标根据式 (17.2) 来计算概率 $P(w_n^i|w_{n-1}^i, \cdots, w_1^i) = P_\theta(w_n^i|c) = \mathbf{p}[w_n^i] = \dfrac{\exp(\mathbf{o}[w_n^i])}{Z(c)}$。值得注意的是，分母中函数 $Z(c) = \sum_{w' \in V} \exp(\mathbf{o}[w'])$ 需要对词表中所有词进行枚举，因此计算代价较高，可通过**噪声对比估计**（Noise-Contrastive Estimation，NCE）法加以处理。

噪声对比估计首先生成一组负样本，每个负样本表示当前 c 条件下的噪声输出 w，然后采用同样的模型架构计算每个样本 (c, w) 为（正）真实样本或（负）噪声样本的概率，最后基于这一概率来近似最大似然函数。具体地，在每一步中，对于词表 V 中的所有词，我们从经验（数据）分布 $\tilde{P}(w|c)$ 中抽取一个正样本，并从另一个分布 Q 中抽取 k 个负样

本，Q 为均匀分布或是由第 2 章讨论的语言模型所生成的一元分布。$d \in \{0,1\}$ 表示样本词是否属于数据分布，$d=1$ 表示正样本，$d=0$ 表示负样本。根据上述采样过程，在给定 c 的情况下，(d,w) 的联合概率为：

$$P(d,w|c)=\begin{cases}\dfrac{k}{1+k}\times Q(w) & 若\ d=0\\ \dfrac{1}{1+k}\times \tilde{P}(w|c) & 若\ d=1\end{cases} \tag{17.7}$$

根据条件概率的定义，我们可以得到：

$$P(d|c,w)=\frac{P(d,w|c)}{P(w|c)}=\frac{P(d,w|c)}{\sum_{d'\in\{0,1\}}P(d',w|c)} \tag{17.8}$$

因此:

$$\begin{aligned}P(d=0|c,w)&=\frac{\dfrac{k}{1+k}\times Q(w)}{\dfrac{1}{1+k}\times\tilde{P}(w|c)+\dfrac{k}{1+k}\times Q(w)}\\&=\frac{k\times Q(w)}{\tilde{P}(w|c)+k\times Q(w)}\\P(d=1|c,w)&=\frac{\tilde{P}(w|c)}{\tilde{P}(w|c)+k\times Q(w)}\end{aligned} \tag{17.9}$$

接下来，我们通过将神经网络语言模型插入式 (17.9) 来实现与最大似然估计相同的训练目标。为了参数化模型，噪声对比估计利用模型分布 $P_\theta(w|c)$ 替换经验分布 $\tilde{P}(w|c)$。直观而言，$P_\theta(w|c)=\dfrac{\exp(\mathbf{o}[w])}{Z(c)}$ 为原始概率，需要计算复杂的分母函数 $Z(c)$。为避免计算 $Z(c)$，噪声对比估计将 $Z(c)$ 处理为一组上下文依赖的模型参数（即每个 n 元组对应一个稀疏参数），于是式 (17.9) 可改写为：

$$\begin{aligned}P(d=0|c,w)&=\frac{k\times Q(w)}{P_\theta(w|c)+k\times Q(w)}\\P(d=1|c,w)&=\frac{P_\theta(w|c)}{P_\theta(w|c)+k\times Q(w)}\end{aligned} \tag{17.10}$$

给定 $T=\{(w_1^i,w_2^i,\cdots,w_n^i)\}|_{i=1}^{|T|}$，对噪声对比估计来说，该二分类问题的训练目标为最大化：

399

$$J_{\text{NCE}}=\frac{1}{|T|}\sum_{i=1}^{|T|}\Big(\log P(d_i=1|c_i,w_i)+\sum_{j=1,w_j\sim Q}^{k}\log P(d_i=0|c_i,w_j)\Big) \tag{17.11}$$

比较噪声对比估计与最大似然估计。我们再次用 w 表示 w_i，c 表示 c_i，J_{NCE} 相对于 θ 的偏导数可以写为：

$$\begin{aligned}
\frac{\partial}{\partial\theta}J_{\text{NCE}} =&\frac{\partial}{\partial\theta}\log\left(\frac{P_\theta(w|c)}{P_\theta(w|c)+kQ(w)}\right)+\sum_{j=1,w_j\sim Q}^{k}\log\left(\frac{kQ(w_j)}{P_\theta(w_j|c)+kQ(w_j)}\right)\\
=&\frac{\partial}{\partial\theta}\log\left(\frac{\exp(\mathbf{o}[w])}{\exp(\mathbf{o}[w])+kQ(w)Z(c)}\right)+\sum_{j=1,w_j\sim Q}^{k}\log\left(\frac{kQ(w_j)Z(c)}{\exp(\mathbf{o}[w_j])+kQ(w_j)Z(c)}\right)\\
=&\frac{\partial}{\partial\theta}\mathbf{o}[w]-\frac{\exp(\mathbf{o}[w])}{\exp(\mathbf{o}[w])+kQ(w)Z(c)}\frac{\partial}{\partial\theta}\mathbf{o}[w]+\\
&\sum_{j=1,w_j\sim Q}^{k}\left(-\frac{\exp(\mathbf{o}[w_j])}{\exp(\mathbf{o}[w_j])+kQ(w_j)Z(c)}\frac{\partial}{\partial\theta}\mathbf{o}[w_j]\right)\\
=&\frac{kQ(w)Z(c)}{\exp(\mathbf{o}[w])+kQ(w)Z(c)}\frac{\partial}{\partial\theta}\mathbf{o}[w]+\\
&\sum_{j=1,w_j\sim Q}^{k}\left(-\frac{\exp(\mathbf{o}[w_j])}{\exp(\mathbf{o}[w_j])+kQ(w_j)Z(c)}\frac{\partial}{\partial\theta}\mathbf{o}[w_j]\right)
\end{aligned}\tag{17.12}$$

当 $k\to\infty$ 时，我们有：

$$\begin{aligned}
\frac{\partial}{\partial\theta}J_{\text{NCE}}\overset{k\to\infty}{=}&\frac{kQ(w)Z(c)}{\exp(\mathbf{o}[w])+kQ(w)Z(c)}\frac{\partial}{\partial\theta}\mathbf{o}[w]-\\
&k\mathbb{E}_{w'\sim Q}\frac{\exp(\mathbf{o}[w'])}{\exp(\mathbf{o}[w'])+kQ(w')Z(c)}\frac{\partial}{\partial\theta}\mathbf{o}[w']\\
\overset{k\to\infty}{=}&\frac{kQ(w)Z(c)}{\exp(\mathbf{o}[w])+kQ(w)Z(c)}\frac{\partial}{\partial\theta}\mathbf{o}[w]-\\
&\sum_{w'\in V}Q(w')\frac{k\times\exp(\mathbf{o}[w'])}{\exp(\mathbf{o}[w'])+kQ(w')Z(c)}\frac{\partial}{\partial\theta}\mathbf{o}[w']\\
\overset{k\to\infty}{=}&\frac{kQ(w)Z(c)}{\exp(\mathbf{o}[w])+kQ(w)Z(c)}\frac{\partial}{\partial\theta}\mathbf{o}[w]-\\
&\sum_{w'\in V}\frac{kQ(w')\exp(\mathbf{o}[w'])}{\exp(\mathbf{o}[w'])+kQ(w')Z(c)}\frac{\partial}{\partial\theta}\mathbf{o}[w']\\
\overset{k\to\infty}{=}&\frac{\partial}{\partial\theta}\mathbf{o}[w]-\sum_{w'\in V}\frac{\exp(\mathbf{o}[w'])}{Z(c)}\frac{\partial}{\partial\theta}\mathbf{o}[w']\\
\overset{k\to\infty}{=}&\frac{\partial}{\partial\theta}\mathbf{o}[w]-\sum_{w'\in V}P_\theta(w'|c)\frac{\partial}{\partial\theta}\mathbf{o}[w']
\end{aligned}\tag{17.13}$$

对比式 (17.13) 与式 (17.6)，可以看出当 $k\to\infty$ 时，噪声对比估计的导数近似于最大似然估计的导数。噪声对比估计可以通过使用相对较小的 k 值（例如，$k=5$）进行采样，

400

作为一种不那么精确但速度更快的方法来替代最大似然估计。训练完成后，所生成的向量查询表 $\mathbf{E}$ 可作为词向量表示。

在噪声对比估计中，另一组参数 $Z(c)$ 可以通过式 (17.11) 对 $Z(c)$ 的偏导进行学习。但 $Z(c)$ 较为稀疏，导致生成的模型无法处理在训练数据中未见的 n 元组。实践表明，将所有 Z_c 设置为 1 也能获得较好的结果，并且可以避免稀疏性问题。因此，我们可以训练 θ 使得 $\exp(\mathbf{o}[w])$ 成为一个**自归一**的概率值。利用噪声对比估计，式 (17.10) 可改写为：

$$P(d=0|c,w)=\frac{k\times Q(w)}{\exp(\mathbf{o}[w])+k\times Q(w)}$$
$$P(d=1|c,w)=\frac{\exp(\mathbf{o}[w])}{\exp(\mathbf{o}[w])+k\times Q(w)}$$

17.1.3 神经网络语言模型的优化

我们希望建立一个计算速度较高的语言模型，以便在大规模语料集上进行训练。神经网络语言模型的输出层 [式 (17.2) 和式 (17.3) 中的 $|V|\times d_h$] 是基于整个词表的 softmax 函数计算的，由此导致了严重的计算瓶颈。噪声对比估计可对模型训练速度进行优化，但并未改变模型结构，下面我们介绍两种简化模型结构的技术。

分层 softmax。将词表组织为层次结构，可有效减少输出层的大小。例如，我们可以将词表分为两层，第一层包含 M 个类别，第二层包含每个类别下的 $\lceil|V|/M\rceil$ 个词。分层之后，我们首先利用 softmax 函数对类别 M 进行预测，然后再根据类别预测词本身。具体地，设式 (17.2) 中的最后一个隐层表示为 $\mathbf{h}$，我们可以得到

$$\begin{aligned}\mathbf{p}^c&=\text{softmax}(\mathbf{W}^c\mathbf{h}+\mathbf{b}^c)\\ \mathbf{p}&=\text{softmax}(\mathbf{W}\mathbf{p}^c+\mathbf{b})\end{aligned}\tag{17.14}$$

其中，$\mathbf{p}^c$ 表示概率分布 $P(t_i|w_{i-n+1},\cdots,w_{i-1})$，$\mathbf{p}$ 表示概率分布 $P(w_i|c_i,w_{i-n+1},\cdots,w_{i-1})$，我们假设在给定词类别 t_i 的条件下，w_i 的分布独立于 $w_{i-n+1},\cdots,w_{i-1}$。$\mathbf{W}^c$、$\mathbf{W}$、$\mathbf{b}^c$、$\mathbf{b}$ 均为模型参数。基于层次结构的词表，模型输出层的大小变为 $M\times d_h+|V|\times M$，远小于原始的 $|V|\times d_h$。

除分层结构外，我们也可以利用二叉树对词汇表进行组织。二叉树中的每个叶子节点代表一个词，每个词存在一条唯一路径连接其根节点与对应的叶子节点，通过将该路径上的各个条件选择概率相乘，即可得到该词的生成概率。因此，二叉树将每个训练样例的计算时间复杂度由 $O(V)$ 降低至 $O(\log V)$，习题 17.2 将展开讨论更多细节。

401

对数双线性模型。上述分层 softmax 通过更改输出层来简化模型结构，对数双线性模型则可以通过减少隐层数量来缩小模型。对数双线性模型利用双线性相似函数，联合当前词的向量 $\text{emb}(w_i)$ 与其上下文词的向量 $\text{emb}(w_{i-n+1}),\cdots,\text{emb}(w_{i-1})$ 计算概率 $P(w_i|w_{i-n+1},\cdots,w_{i-1})$。具体地，通过对各个上下文词的向量进行线性组合，得到整体上下文词向量 $\mathbf{c}$：

$$\mathbf{c} = \sum_{j=i-n+1}^{i-1} s_j \cdot \text{emb}(w_{\text{j}}) \tag{17.15}$$

其中，s_j 为各个上下文位置 w_j 的权重，可以全部设为 1 或因位置而异。向量 $\mathbf{c}$ 通过与 $\text{emb}(w_i)$ 点积计算，可得到相似性分数：

$$\text{sim}\Big(\mathbf{c}, \text{emb}(w_i)\Big) = \mathbf{c}^{\text{T}} \cdot \text{emb}(w_i) \tag{17.16}$$

其中，$\cdot$ 表示点积。

对相似度分数进行归一化，即可得到待预测词 $w_i = w$ 的概率分布

$$\mathbf{p} = \text{softmax}\Big(\text{sim}\Big(\mathbf{c}, \text{emb}(w)\Big)\Big) \tag{17.17}$$

其中，$\mathbf{p}[w]$ 表示概率分布 $P(w_i = w | w_{i-n+1}, \cdots, w_{i-1}), w \in V$。

对数双线性模型与分层 softmax 是两种相互正交的方法，二者结合可以实现计算效率更高的语言模型。

17.1.4　分布式词表示

如果仅仅为了训练词向量，我们并不需要训练高性能的神经网络语言模型。因此，我们可以通过进一步简化模型来提高训练速度，以便更有效地训练词向量。

连续词袋。连续词袋（Continuous Bag Of Words, CBOW）模型是一种简单且高效的词向量训练方法，可以视为利用噪声对比估计对对数双线性模型的进一步简化。“连续”代表利用词向量而非离散的词表示，“词袋”代表词与词之间满足独立同分布（i.i.d.）假设（第 2 章）。如图 17.2a 所示，给定大小为 C 的上下文窗口，连续词袋模型可根据上下文词来预测当前词。为实现这一目标，我们为每个词设置两个向量，其中 emb 代表该词作为上下文词时的表示，emb′ 代表作为目标词时的表示。

402

给定目标词 w_O 及其上下文词 $w_{I,1}, \cdots, w_{I,2C}$，我们希望根据上下文词向量来预测目标词 w_O。对于句子中的一个 n 元组 $w_{i-C}, \cdots, w_{i-1}, w_i, w_{i+1}, \cdots, w_{i+C}$，我们将中心词 w_i 定义为 w_O，相应的上下文词 $w_{I,1}$，$w_{I,2}$，$\cdots$，$w_{I,2C}$ 分别为 w_{i-C}，$\cdots$，w_{i-1}，w_{i+1}，$\cdots$，w_{i+C}，目标词的概率 $P(w_O | w_{I,1}, \cdots, w_{I,2C})$ 由下式计算：

$$\begin{aligned}
\mathbf{h} &= \frac{1}{2C}\Big(\text{emb}(w_{I,1}) + \cdots + \text{emb}(w_{I,2C})\Big) \\
\mathbf{u}^o &= \text{emb}'(w_O) \cdot \mathbf{h} \\
\mathbf{p} &= \text{softmax}(\mathbf{u}^o)
\end{aligned} \tag{17.18}$$

其中，emb 和 emb′ 分别代表作为上下文词和目标词时的词向量表示，$\cdot$ 代表点积，$\mathbf{p}[w_O]$ 代表 $P(w_O | w_{I,1}, \cdots, w_{I,2C})$。

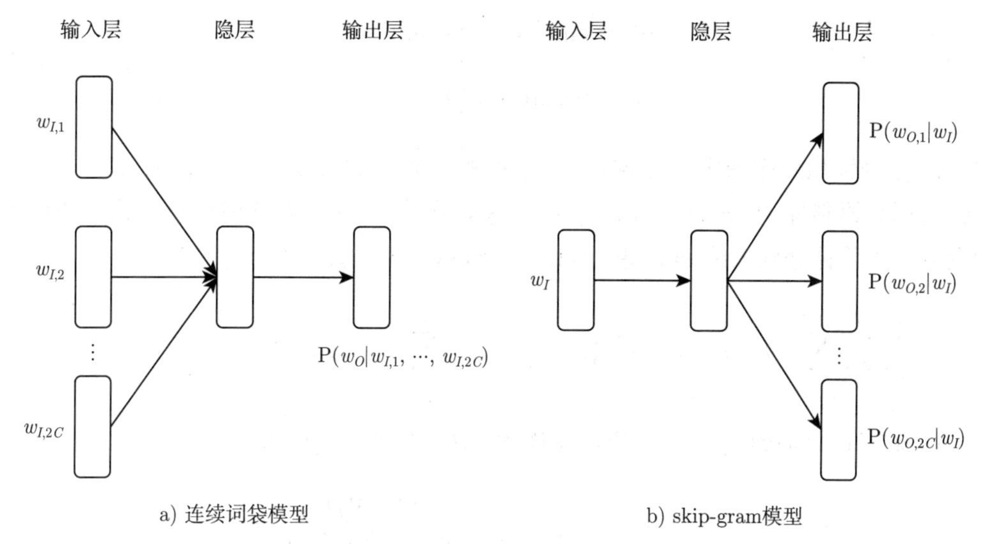

图 17.2 两类词向量模型

给定训练集 $T=\{(w_{I,1},\cdots,w_{I,2C},w_O)\}|_{i=1}^{|T|}$，令 $c_i=w_{I,1}^i,\cdots,w_{I,2C}^i$，我们利用噪声对比估计训练 emb 和 emb′，对于每个训练实例 $(w_{I,1}^i,\cdots,w_{I,2C}^i,w_O^i)$，首先随机采样 k 个词作为负样本 $w_1,\cdots,w_k$，并利用 $d=1$ 表示正样本，$d=0$ 表示负样本，则噪声对比估计的训练目标为最大化：

$$J=\frac{1}{T}\sum_{i=1}^{|T|}\Big(\log P(d_i=1|c_i,w_O^i)+\sum_{j=1,w_j\sim Q}^{k}\log P(d_i=0|c_i,w_j)\Big) \tag{17.19}$$

其中

$$\begin{aligned}P(d=1|c,w)&=\frac{\exp(\mathbf{u}^o)}{\exp(\mathbf{u}^o)+k\times Q(w)}\\P(d=0|c,w)&=\frac{k\times q(w)}{\exp(\mathbf{u}^o)+k\times Q(w)}\end{aligned} \tag{17.20}$$

其中，$\mathbf{u}^o$ 由式 (17.18) 中的模型定义，Q 可以是均匀分布或经验一元分布（同 17.1.2 节）。在实践中，连续词袋模型的窗口大小 C 通常设为 2，对于小规模训练数据集，k 的取值通常在 5~20 之间，对于大规模训练数据集，k 值在 2~5 之间。式 (17.19) 中的 J 优化完成后，每个词作为目标词时的向量 emb′ 就被用于最终的词向量，而它作为上下文词时的向量 emb 是模型参数，不包含在最终的词向量集合中。 403

skip-gram 模型。如图 17.2b 所示，skip-gram 模型是连续词袋模型的一种变体，它预测词的方向与连续词袋模型正好相反，即以目标词作为输入，上下文词作为输出。

具体地，设输入词为 w_I，上下文窗口为 $w_{O,1},w_{O,2},\cdots,w_{O,2C}$，利用上下文向量emb($w_{O,j}$) ($j\in[1,\cdots,2C]$) 和目标向量emb′($w_I$) 来预测上下文词的概率分布 $P(w_{O,j}|w_I)$：

$$\mathbf{u}_j^o = \text{emb}'(w_{O,j}) \cdot \text{emb}(w_I)$$
$$\mathbf{p} = \text{softmax}(\mathbf{u}_j^o) \tag{17.21}$$

其中，$w_{O,j}$ 为输出层中的第 j 个词，$\cdot$ 表示点积，最终 $P(w_{O,j}|w_I) = \mathbf{p}[w_{O,j}]$。

给定训练语料库 $T = \{(w_I, w_{O,1}, \cdots, w_{O,2C})\}|_{i=1}^{|T|}$，在与连续词袋模型相同的设置下，利用噪声对比估计分别训练 emb 和 emb′，训练目标为最大化：

$$J = \frac{1}{|T|}\sum_{i=1}^{|T|}\sum_{j=1}^{2C}\Big(\log P(d_i = 1|w_I^i, w_{O,j}^i) + \sum_{m=1, w_m \sim Q}^{k} \log P(d_i = 0|w_I^i, w_m)\Big) \tag{17.22}$$

其中，k 为负样本的数量，$d = 1$ 表示正样本，$d = 0$ 表示负样本：

$$P(d = 1|w_I, w_{O,j}) = \frac{\exp(\mathbf{u}_j^o)}{\exp(\mathbf{u}_j^o) + k \times Q(w_{O,j})}$$
$$P(d = 0|w_I, w_{O,j}) = \frac{k \times Q(w)}{\exp(\mathbf{u}_j^o) + k \times Q(w_{O,j})} \tag{17.23}$$

其中，$Q(w)$ 为均匀分布或经验一元分布，k 的大小与连续词袋模型相同，在上下文窗口大小 $C = 5$ 时，模型性能最佳。式 (17.22) 中的 J 优化完成后，目标向量 emb′ 将被作为最终的词向量。

连续词袋模型和 skip-gram 模型的对比。在连续词袋模型中，每个目标词在上下文窗口中只进行一次预测，训练的时间复杂度为 O($|V|$)。而在 skip-gram 模型中，每个目标词分别用于预测 $2C$ 个上下文词，时间复杂度为 O($2C|V|$)。因此，连续词袋模型的训练过程比 skip-gram 模型更快，但根据经验，skip-gram 模型训练出来的词向量效果更好。

17.1.5　引入全局统计信息的词向量（GloVe）

由于连续词袋模型和 skip-gram 模型均基于局部上下文窗口来训练词向量，因此难以捕捉全局的语料库信息。为解决这一问题，我们可以在训练词向量时进一步引入基于训练语料库的全局词共现统计信息。具体地，我们利用矩阵 $\mathbf{X}$ 表示词共现统计，其中 $\mathbf{X}[i][j] = \mathbf{X}_{ij}$ 表示词 $w_j \in V$ 出现在单词 $w_i \in V$ 的上下文窗口中的次数。根据经验，我们将上下文窗口设置为 10 个词。使用 emb(w_i) 和 emb′(w_j) 分别表示目标词 w_i 的向量和上下文词 w_j 的向量，然后通过点积完成词向量的学习，使得：

404

$$\text{emb}(w_i)^{\mathrm{T}}\text{emb}'(w_j) + b_i + b_j = \log(\mathbf{X}_{ij}) \tag{17.24}$$

其中，b_i 和 b_j 分别表示 w_i 和 w_j 的偏置项。给定训练语料，我们首先统计词表中每个词对的共现次数 $\mathbf{X}_{ij}$，训练目标为最小化损失函数：

$$L = \sum_{i=1}^{|V|}\sum_{j=1}^{|V|} f(\mathbf{X}_{ij})\Big(\text{emb}(w_i)^{\mathrm{T}}\text{emb}'(w_j) + b_i + b_j - \log \mathbf{X}_{ij}\Big)^2 \tag{17.25}$$

$|V|$ 表示词表大小，$f(\mathbf{X}_{ij})$ 用于计算权重：

$$f(\mathbf{X}_{ij}) = \begin{cases} \left(\dfrac{\mathbf{X}_{ij}}{\mathbf{X}_{\max}}\right)^{\alpha} & 若 \mathbf{X}_{ij} < \mathbf{X}_{\max} \\ 1 & 其他情况 \end{cases} \tag{17.26}$$

其中，$\mathbf{X}_{\max}$ 和 α 均为超参数。根据经验，$\mathbf{X}_{\max} = 100$ 和 $\alpha = 3/4$ 时可以获得更好的模型性能。训练完成后，$\mathrm{emb}(w) + \mathrm{emb}'(w)$ 将作为 w 的最终词向量。

17.1.6 词向量评估

我们需要对由不同方法获得的词向量进行质量评估，常用方法为在以词向量为输入表示时测量下游任务的性能，典型任务包括分类（例如情感分类）和序列标注（例如词性标注）。此类任务通常还需要额外的模型参数，因此这种评估方式属于间接评估。词向量捕获了分布式语义信息，我们也可以通过词汇语义任务来直接评估词向量的质量。以下介绍两个典型例子。

第一个任务为**词相似度**。如表 17.1所示，某些语料库记录了词及其相关词的信息，且每个词对都包含一个由人类专家标注的相似度得分，我们可以计算基于词向量的相似性得分，并与人工标注的相似性得分之间进行相关性计算，从而完成词向量评估。

表 17.1 人工标注的相似性得分

词 1	词 2	相似性
计算机	键盘	7.62
计算机	网络	7.58
飞机	汽车	5.77
火车	汽车	6.31

我们通常利用嵌入向量的余弦相似度来计算两个词之间的相似度。给定一组词对，分别利用 X 和 Y 表示基于词向量和人工标注的相似性得分，X 和 Y 均为实数。分数间的线性相关性以**皮尔逊相关系数**（Pearson correlation coefficient）为评估指标：

405

$$\rho_{(X,Y)} = \frac{E[(X - \mu_X)(Y - \mu_Y)]}{\sigma_X \sigma_Y} \tag{17.27}$$

其中，E 代表数学期望，μ_X 和 μ_Y 分别代表 X 和 Y 的均值，σ_X 和 σ_Y 分别代表 X 和 Y 的标准差。

表 17.2展示了一组例子，包括基于词向量计算的余弦相似度得分 X 和人工标注的相似性得分 Y，X 和 Y 之间的皮尔逊相关系数为：

$$\mu_X = E[X] = \frac{0.5 + 0.8 + 0.7 + 0.7 + 0.4 + 0.8}{6} = 0.65$$

$$\mu_Y = E[Y] = \frac{0.6 + 0.9 + 0.5 + 0.8 + 0.2 + 0.8}{6} = 0.6333$$

$$\sigma_X = \sqrt{E[X^2] - E[X]^2} = 0.15$$

$$\sigma_Y = \sqrt{E[Y^2] - E[Y]^2} = 0.2357$$

$$\rho_{(X,Y)} = \frac{E[XY] - E[X]E[Y]}{\sqrt{E[X^2] - E[X]^2}\sqrt{E[Y^2] - E[Y]^2}} = 0.849$$

表 17.2 模型生成及人工标注的相似性得分对比

	模型标注的得分 (X)	人工标注的得分 (Y)
银行–投资	0.5	0.6
电话–手机	0.8	0.9
啤酒–饮料	0.7	0.5
动–人类	0.7	0.8
马–房子	0.4	0.2
腿–手指	0.8	0.8

最终计算得到的皮尔逊相关系数为 0.849，表明词向量可以很好地捕获词关系。需注意的是，词向量之间的余弦相似度可用于捕获词的相关性，但并非严格意义上的词义相似性，因为在给定上下文窗口的情况下，词向量训练的目标为学习分布式语义相似性。因此，反义词和同义词的相关性通常都很高，因为它们共享相似的上下文。

406

第二个任务为**类比**，即给定词对如“国王–皇后”和第三个词，如“男人”，并找到第四个词以满足类比关系“国王–皇后 v.s 男人–?”。在这个例子中，正确答案为“女人”。类比任务最初用于评估 skip-gram 模型，它使得词向量遵循 emb(国王) − emb(皇后) ≈ emb(男人) − emb(女人)。习题 17.5 将讨论更多词向量的评估方法。

最后，我们还可以通过**可视化**来对词向量进行定性评估。词向量的维度通常远大于 3，因此无法在二维或三维空间中直接进行可视化。为解决这一问题，我们可以利用第 14 章中介绍的 t-SNE 将词向量映射到二维空间中。图 17.3展示了 skip-gram 词向量的可视化例子，在图 17.3a 中，我们可以看到含义相似的词在向量空间中相互靠近，同时，在图 17.3b 中，我们也可以看到含义相似的词对具有相似的空间关系。

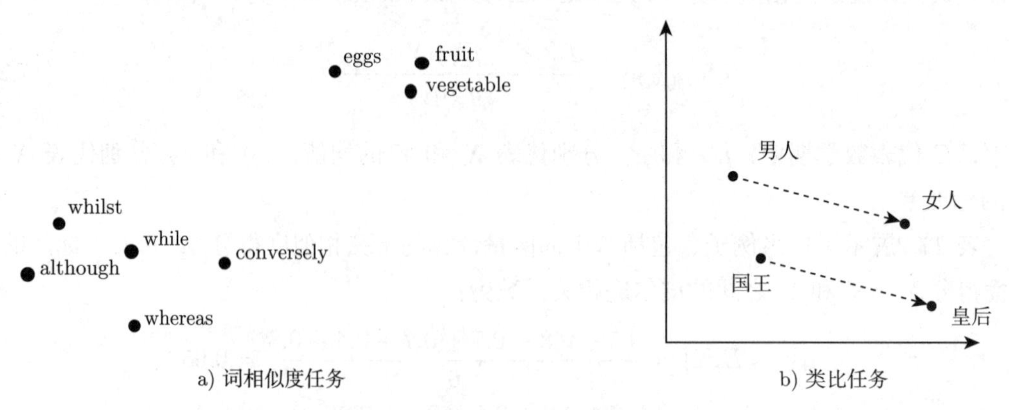

图 17.3 skip-gram 词向量可视化

17.1.7 词向量与未知词

预训练的词向量可以直接用作下游任务中的词表示。通常来说，预训练的词表 $|V_p|$ 远大于任务数据集的词表 $|V_t|$，V_t 中也可能包含 V_p 中不存在的词，这两种情况都会产生未知词 $V_p - V_t$ 和 $V_t - V_p$，前者代表 V_p 中存在而 V_t 中不存在的词，后者代表 V_t 中存在而 V_p 中不存在的词。

在模型训练过程中，未知词 $V_p - V_t$ 会影响预训练词向量的微调过程。假设在训练下游任务的模型时不对预训练词向量进行微调，则模型依然保持预训练时的分布式相似关系。在这种情况下，对于领域内测试集及跨领域测试集而言，由于 V_t 中的词与 $V_p - V_t$ 中的未知词存在于相同的向量空间中，模型拥有较强的跨领域能力。相反，若对预训练词向量进行微调，V_t 中的词在向量空间中的位置将会改变，导致其语义空间不同于词 $V_p - V_t$。微调 V_t 中的词向量可以提升领域内的性能，但若跨领域测试集中包含许多 $V_p - V_t$ 中的词，则模型在跨领域测试集上的泛化性能将会降低。综上所述，针对特定的自然语言处理数据集，我们应根据经验来决定是否对词向量进行微调。

407

而对于后一种未知词 $V_t - V_p$，此类词没有预训练的词向量作为其表示，通常采取以下几种处理策略。第一，将此类未知词替换为特殊符号 $\langle \text{unk} \rangle$，并将其词向量表示为 $\text{emb}(\langle \text{unk} \rangle)$。$\text{emb}(\langle \text{unk} \rangle)$ 可以简单地设置为 $\mathbf{0}$ 或随机向量，但在训练过程中通过随机采样来学习词向量可以获得更强的性能。此外，未知词的词向量也可以由它们的字或子词派生获得，17.1.8 节将展开具体讨论。

17.1.8 基于 n 元组字符的词向量

如第 13 章所述，词向量查询的过程可以看作矩阵乘法 $\text{emb}(w) = \mathbf{E}\mathbf{v}$，其中矩阵 $\mathbf{E}$ 为向量查询表，$\mathbf{v}$ 为 one-hot 向量，可以视为一个非常稀疏的指示向量。为减少稀疏性，我们可以将词的 one-hot 向量分解为离散的 n 元组字符特征向量，其中每个维度代表词中某个 n 元组字符的统计量，然后我们仍然使用矩阵乘法来查找 w 的词向量：

$$\text{emb}(w) = \mathbf{E}\mathbf{v}^{ng} \tag{17.28}$$

其中，$\mathbf{E}$ 代表向量查询表，它的每一列都可以视为 n 元组字符向量，$\mathbf{v}^{ng}$ 代表词 w 中 n 元组字符的计数向量，即其每一维都存储着对应 n 元组字符的计数。

通过上述方法生成的词向量可以视为 w 中所有 n 元组字符向量的加和。设 $w = c_1, \cdots, c_m$，其中 m 为词的总字符数，$C_{i:j} = c_1, \cdots, c_j$ 表示位置 i 到位置 j 的字符子序列，则 w 的词向量可以写成：

$$\begin{aligned}\text{emb}(w) &= \mathbf{E}\mathbf{v}^{ng} \\ &= \mathbf{E}\left(\sum_{i=1}^{m-n+1} \mathbf{1}[\text{IDX}(C_{i:i+n-1})]\right)\end{aligned}$$

$$
\begin{aligned}
&= \sum_{i=1}^{m-n+1} \mathbf{E} \cdot \mathbf{1}[\mathrm{IDX}(C_{i:i+n-1})] \\
&= \sum_{i=1}^{m-n+1} \mathrm{emb}^c(C_{i:i+n-1}) \qquad (17.29)
\end{aligned}
$$

408

其中，$\mathbf{1}[k]$ 表示位置 k 为 1 时的 one-hot 向量，$\mathrm{IDX}(C_{i:i+n-1})$ 表示 n 元组字符中 $C_{i:i+n-1}$ 的索引，emb^c 表示查询表 $\mathbf{E}$ 中的 n 元组字符向量。

式 (17.29) 中的 n 可以取 1、2、3 等，分别生成基于一元、二元、三元字符的词向量。同样，我们也可以对长度不同的 n 元组向量进行求和：

$$
\mathrm{emb}(w) = \sum_{n=1}^{4} \sum_{i=1}^{m-n+1} \mathrm{emb}^c(C_{i:i+n-1}) \qquad (17.30)
$$

n 元组字符向量的查找表 $\mathbf{E}$ 可以进行随机初始化，并在下游任务中通过反向传播进行训练。

17.2 上下文相关的词表示

前文介绍的预训练词向量在不同语境中是不变的，然而实际上每个词在不同句子中的含义和功能应有所不同，因此基于上下文的词向量应该是一个更好的方案。我们可以利用比 n 元组语言模型更为复杂的模型来生成上下文相关的词向量，例如基于循环神经网络和自注意力网络的深度预训练语言模型，此类模型能够通过捕获 n 元组以外的上下文信息来预测下一个词。这些语言模型产生的词向量可以根据语境的不同而变化，从而用于上下文相关词向量的训练。

17.2.1 循环神经网络语言模型

神经网络的强大表示能力能够构建包含 n 元组上下文信息的神经网络语言模型。例如，基于循环神经网络的语言模型在估计词的生成概率时，可以对从句子开头到被测词前一个词的整个上文进行建模，反过来也可以对下文进行建模。

将句子表示为 $W_{1:n} = w_1, \cdots, w_n$，我们可以利用卷积神经网络对词的字符序列进行编码。给定词 $w_i = c_1^i, c_2^i, \cdots, c_{|w_i|}^i$，首先根据字向量查询表为其每个字符 c_j^i 找到 $\mathrm{emb}^c(c_j^i)$，然后进行卷积编码，得到：

$$
\begin{aligned}
\mathbf{x}_i &= [\mathrm{emb}^c(c_1^i); \cdots; \mathrm{emb}^c(c_{|w_i|}^i)] \\
\mathbf{H}_i^c &= \textsc{Conv}(\mathbf{x}_i, k, d_c) \\
\mathbf{h}_i^c &= \max(\mathbf{H}_i^c) \\
\mathrm{emb}(w_i) &= \textsc{Highway}(\mathbf{h}_i^c)
\end{aligned} \qquad (17.31)
$$

其中，k 为卷积核大小，d_c 为卷积层的输出维度大小。 409

针对词序列，我们可以利用循环神经网络来编码 $\text{emb}(w_1), \cdots, \text{emb}(w_{i-1})$，并计算 $P(w_i|w,w_2,\cdots,w_{i-1})$，然后基于词表 V 预测 w_i：

$$\begin{aligned}\mathbf{h}_i &= \text{RNN\_STEP}(\text{emb}(w_{i-1}), \mathbf{h}_{i-1}) \\ \mathbf{p} &= \text{softmax}(\mathbf{W}^o\mathbf{h}_i)\end{aligned} \tag{17.32}$$

其中，$P(w_i|w_1,w_2,\cdots,w_{i-1})$ 由 $\mathbf{p}[w_i]$ 表示，$\mathbf{W}^o$ 为模型参数。

将隐层状态 $\mathbf{h}_i$ 作为 $\mathbf{h}_i^0$，并在每层上添加更多层 $\mathbf{h}_i^1, \mathbf{h}_i^2, \cdots$ 来堆叠多层循环神经网络，可以获得更强大的表示能力：

$$\begin{aligned}\mathbf{h}_i^0 &= \text{RNN\_STEP}(\text{emb}(w_{i-1}), \mathbf{h}_{i-1}^0) \\ \mathbf{h}_i^j &= \text{RNN\_STEP}(\mathbf{h}_i^{j-1}, \mathbf{h}_{i-1}^j), \quad j \in [1, \cdots, k] \\ \mathbf{p} &= \text{softmax}(\mathbf{W}^o\mathbf{h}_i^k)\end{aligned} \tag{17.33}$$

其中，$\mathbf{W}^o$ 为模型参数，$\mathbf{p}[w_i]$ 表示 $P(w_i|w_1,w_2,\cdots,w_{i-1})$，$\mathbf{h}_i^j$ 表示第 j 层的第 i 个隐层状态，k 表示堆叠的长短期记忆网络层的数量。

17.2.2　基于上下文的词向量

基于大规模语料库训练的循环神经网络语言模型可以通过表示层捕获复杂的语义知识，进而，给定新句子 $W_{1:n}$，循环神经网络语言模型的隐层状态 $\mathbf{h}_i^j(i \in [1,\cdots,n], j \in [1,\cdots,k])$ 可学习到整个句子上文 $W_{1:i}$ 的信息，能更好地表示句子中的一词多义、句法语义相关特征、常识等知识。我们可以利用这些隐层状态来代替输入向量 $\mathbf{x}_i(i \in [1,\cdots,n])$，作为句子中每个词的表示。由于建模了上下文，此类词表示也被称为**基于上下文的词向量**（contextualised word embeddings）。

预训练循环神经网络语言模型中通常包含多个隐层，词在不同层中的隐层状态可以通过线性组合来计算其上下文词向量：

$$\mathbf{H} = \sum_{j=1}^{k} s^j \mathbf{H}^j \tag{17.34}$$

其中，$\mathbf{H}^j = [\mathbf{h}_1^j, \cdots, \mathbf{h}_n^j]$。$s_j$ 表示权重，其总和为 1，也可以设为模型超参数，例如当仅使用最后一个隐层时，$[s^0, s^1, \cdots, s^{k-1}, s^k] = [0, 0, \cdots, 0, 1]$。

双向扩展。上述词向量的潜在问题是仅能捕获每个词的上文。双向循环神经网络包含两个相反方向的循环神经网络语言模型，可同时从左到右、从右到左地捕获句子上下文。对于词 w_j，我们将从左到右的循环神经网络隐层状态表示为 $\overrightarrow{\mathbf{H}}^j$，将从右到左的循环神经网络隐层状态表示为 $\overleftarrow{\mathbf{H}}^j$，两个隐层状态的拼接即可作为词的完整表示： 410

$$\mathbf{H}^j = [\overrightarrow{\mathbf{h}_1^j} \oplus \overleftarrow{\mathbf{h}_1^j}; \overrightarrow{\mathbf{h}_2^j} \oplus \overleftarrow{\mathbf{h}_2^j}; \cdots; \overrightarrow{\mathbf{h}_n^j} \oplus \overleftarrow{\mathbf{h}_n^j}] \tag{17.35}$$

其中，$\oplus$ 表示向量拼接。进一步，我们可以利用式 (17.34) 来获得上下文相关的词表示。

与 skip-gram 和 GloVe 向量的对比。skip-gram 和 GloVe 训练获得的词向量是固定的，而上下文相关的词向量可根据不同句子进行动态计算。与 skip-gram 和 GloVe 向量类似的是，上下文相关的词向量也可以进行微调，可根据经验进行判断。skip-gram 和 GloVe 词向量的参数是根据查询表而固定的，而上下文相关词向量的参数由循环神经网络层中的权重和偏差共同决定。在训练期间，这些参数作为模型参数的一部分，可以通过反向传播进行更新。式 (17.34) 和式 (17.35) 所述的模型也被称为 **ELMo**（Embeddings from Language Models）模型。

17.2.3　基于自注意力的上下文词向量

自注意力网络（self attention network，SAN）是一个类似于循环神经网络的序列编码器，因此，对于神经网络语言模型和上下文相关的词向量，我们都可以用自注意力网络代替循环神经网络。

基于自注意力网络的语言模型。作为循环神经网络语言模型的替代方案，多层自注意力网络也可用于估计词的生成概率。如图 17.4a 所示，给定词序列 $W_{1:i-1} = w_1, w_2, \cdots, w_{i-1}$，一个包含 k 层的自注意力网络语言模型可通过下式来预测下一个词 w_i：

$$
\begin{aligned}
\mathbf{H}^0 &= [\mathrm{emb}(w_1); \cdots; \mathrm{emb}(w_{i-1})] + \mathbf{V}^p \\
\mathbf{H}^j &= \textsc{San\_Encoder\_L}(\mathbf{H}^{j-1}) \quad j \in [1, \cdots, k] \\
\mathbf{p} &= \mathrm{softmax}(\mathbf{W}\mathbf{h}_i^k)
\end{aligned}
\tag{17.36}
$$

411

其中，$\mathbf{W}$ 为模型参数，k 表示自注意力网络的层数，$\mathbf{p}[w_i]$ 表示 $P(w_i|w_1, w_2, \cdots, w_{i-1})$，$\mathbf{V}^p$ 为位置向量矩阵。给定词 w_i，其位置编码 $\mathbf{V}^p[i]$ 的计算公式为：

$$
\begin{aligned}
\mathbf{V}^p[i][2j] &= \sin(i/10000^{2j/|\mathbf{V}^p|}) \\
\mathbf{V}^p[i][2j+1] &= \cos(i/10000^{2j/|\mathbf{V}^p|})
\end{aligned}
\tag{17.37}
$$

其中，$2j$ 和 $2j+1$ 表示 $\mathbf{V}^p[i]$ 中的元素，$j \in [1, \cdots, |\mathbf{V}^p|/2]$。

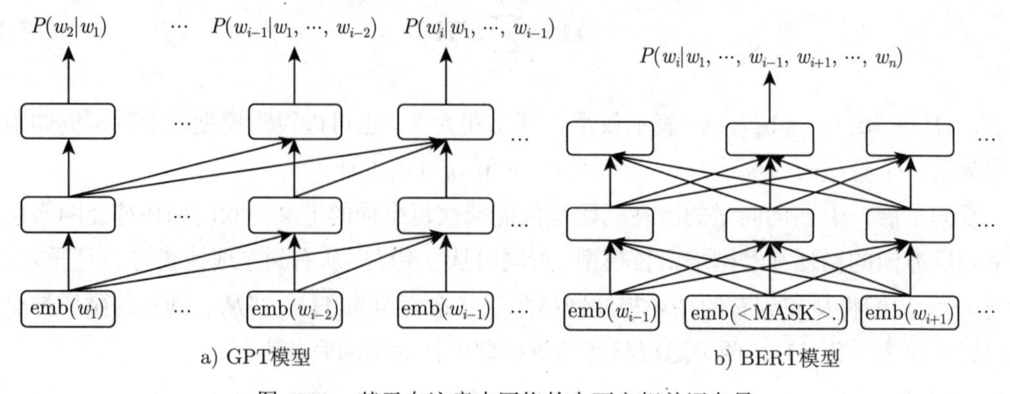

图 17.4　基于自注意力网络的上下文相关词向量

在式 (17.36) 中，函数 San_Encoder_L 代表用于序列编码的自注意力网络层，可通过第 16 章所介绍的 Transformer 结构来实现。但是，对于语言模型，我们以词 w_i 作为查询向量来关注其前置词 $w_1, w_2, \cdots, w_{i-1}$ 的键向量，而不关注其后继词。通过这种方式，我们可以像循环神经网络语言模型的处理方式一样，根据上文有效地对各个词进行预测，以此计算 $P(w_i|w_1, w_2, \cdots, w_{i-1})$。

与循环神经网络语言模型相似，基于自注意力网络的语言模型也可在大规模文本上进行训练。设训练集为 $D = \{W_i\}|_{i=1}^{N}$，其中 $W_i = w_1^i, w_2^i, \cdots, w_{|W_i|}^i$，该模型的训练目标为最小化所有词的负对数似然：

$$L = -\sum_{i=1}^{N}\sum_{j=1}^{|W_i|}\log P(w_j^i|w_1^i, \cdots, w_{j-1}^i) \tag{17.38}$$

利用自注意力网络语言模型生成上下文相关的词向量。完成语言模型的训练后，给定句子 $W_{1:n} = w_1, \cdots, w_n$，我们可以利用式 (17.36) 计算其隐层状态，并将词 w_i 的最后一个隐层表示 $\mathbf{h}_i^k$ 作为该词的上下文词向量表示。这也是 GPT（Generative Pre-Training）模型的基本原理，该模型基于 Transformer 构建。

17.2.4 双向自注意力网络语言模型

掩码语言模型。直观而言，来自左侧和右侧的上下文信息均可用于当前词的预测。例如，给定句子“我 想 去 ⟨MASK⟩ 拿 些 食物 。”，我们可以根据上文预测被掩盖的词 ⟨MASK⟩ 为某个位置。但若进一步了解下文，则可以更好地预测这个词可能是“餐馆”“比萨店”“商店”“咖啡厅”或是“酒吧”，因为它们都出售食物。这一方式提供了除 n 元组语言模型和循环神经网络语言模型外的语言模型定义方式。以利用自注意力网络来构建该语言模型为例，如图 17.4b 所示，我们在每个自注意力网络层中联合考虑左侧和右侧的上下文来表示各个词。训练过程中随机选择词，将其掩码为特殊字符 ⟨MASK⟩，并对其进行预测。我们重复以上操作，该训练目标称为**掩码语言模型**（Masked Language Model, MLM）。

412

具体地，给定句子 $w_1, w_2, \cdots, w_n$，设词 $w_i(i \in [1, \cdots, n])$ 被替换为 ⟨MASK⟩，w_i 的预测过程为：

$$\begin{aligned}
&\mathbf{H}^0 = [\mathrm{emb}(w_1); \cdots; \mathrm{emb}(w_{i-1}); \mathrm{emb}(\langle\mathrm{MASK}\rangle); \mathrm{emb}(w_{i+1}); \cdots; \mathrm{emb}(w_n)] + \mathbf{V}^p \\
&\mathbf{H}^j = \mathrm{San_Encoder}(\mathbf{H}^{j-1}) \quad j \in [1, \cdots, k] \\
&\mathbf{p} = \mathrm{softmax}(\mathbf{W}\mathbf{h}_i^k)
\end{aligned} \tag{17.39}$$

其中，$\mathbf{V}^p$ 为式 (17.37) 中的位置向量矩阵，$\mathbf{W}$ 为模型参数。与式 (17.36) 相似，k 表示自注意力网络层数，$\mathbf{p}[w_i]$ 表示 $P(w_i|w_1, \cdots, w_{i-1}, \langle\mathrm{MASK}\rangle, w_{i+1}, \cdots, w_n)$，而这里的

SAN_ENCODER 表示标准的自注意力网络编码器，不受关注目标的限制（即同时关注上文和下文）。

上述模型可以在大规模无标注文本上进行预训练。给定 $D=\{S_i\}|_{i=1}^N$，我们首先随机选择 D 中 α 的词，使用 ⟨MASK⟩ 符号执行掩码，获得训练样本。α 通常设为 15。基于上述训练样本，模型的训练目标为最小化

$$L=-\sum_{i=1}^{N}\sum_{j=1}^{|S_i|}\log\Big(P(w_j^i|w_1^i,\cdots,w_{j-1}^i,\langle\text{MASK}\rangle,w_{j+1}^i,\cdots,w_{|W_i|}^i)\Big) \tag{17.40}$$

基于掩码语言模型的上下文相关词向量。语言模型训练完成后，对于给定的新句子 $W_{1:n}=w_1,\cdots,w_n$，可利用该模型来计算其隐层状态：

$$\begin{aligned}\mathbf{H}^0&=[\text{emb}(w_1);\cdots;\text{emb}(w_n)]+\mathbf{V}^p\\ \mathbf{H}^j&=\text{SAN\_ENCODER}(\mathbf{H}^{j-1})\ \ j\in[1,\cdots,k]\end{aligned} \tag{17.41}$$

其中，$\mathbf{V}^p$ 的定义与式 (17.37) 类似，$\mathbf{h}_i^k(i\in[1,\cdots,n])$ 为 w_i 最终的上下文相关词向量。

值得注意的是，式 (17.41) 与式 (17.39) 略有不同，这是由于训练期间的掩码操作使得训练场景和测试场景不一致。在训练阶段，我们用 ⟨MASK⟩ 替换要预测的词并基于上下文预测该词，而不是简单地复制一个词并预测该词，然而在测试阶段，我们的目标是在不能屏蔽任何词的情况下，为给定句子中的每个词计算上下文词向量。

上述不一致会带来一定性能损失，为解决该问题，我们应使训练过程尽可能与测试场景一致。一种策略是在训练过程中同时使用不同的替换方法，分别按 80%:10%:10%的比例将目标词替换为 ⟨MASK⟩、随机词或原始词。由于其中 10%的训练样本被替换为原始词，与测试场景相同，这为模型的训练和测试提供了一致的机会。此外，仍有 80%的样本被替换为掩码，因此模型不会只是肤浅地复制输入。最后，我们将上述策略与原始采样策略相结合以对语料库 D 进行预处理：首先随机选择 D 中 α%的词进行预测，然后对于要预测的每个词，进一步采用 80% / 10% / 10%的屏蔽策略，得到一组训练实例。例如，假设训练语句为“我 去 超市 买了 一罐 豆子”，则预处理版本可以为“我 去 ⟨MASK⟩ 买了 一罐 豆子”，其中带下划线的词即为掩码语言模型要预测的词。

413

上述建模上下文相关的词向量的方法即为 **BERT**（Bidirectional Encoder Representations from Transformers）模型的原理。

自注意力网络语言模型 vs 循环神经网络语言模型。相较于由循环神经网络语言模型产生的上下文相关词向量，基于自注意力网络语言模型的词向量具有以下优势：自注意力网络能够同时聚合句子中所有词的信息，因此可以更好地捕获远距离的语义依赖关系；自注意力网络可以更好地进行并行化处理，因此训练速度更快。为减少稀疏性，我们还可以基于字节对编码（第 16 章）技术使用子词而不是词作为语言模型的基本单元，此时，每个词的第一个子词的向量可作为其词表示。

17.2.5 上下文相关词向量的使用

如前所述，上下文相关的词向量可直接替换 skip-gram、GloVe 等静态词向量，并且可以在训练过程中对循环神经网络或自注意力网络进行模型参数的微调。上下文相关词向量具有强大的表示能力，因此可辅助轻量模型在下游自然语言处理任务中获得较强性能。例如，在文本分类任务中，给定词序列 $W_{1:n}$，在各个词 $w_i(i \in [1, \cdots, n])$ 的上下文向量 $\mathbf{h}_i$ 之上使用一个简单的多层感知机输出层即可构建分类器，无须使用其他序列编码层。

其背后的主要原因是上下文相关的词向量包含了从大规模文本中自动学习的丰富知识，这些知识涵盖语法、语义甚至是常识。第 14 章所讨论的探测任务可用于验证上下文相关的词向量是否包含特定类型的知识。例如，在探测多层 BERT 模型的隐层表示时，我们发现较低层的表示包含更多浅层句法知识，较高层则包含更多语义知识。

17.3 迁移学习

迁移学习是利用某种特定任务、领域或语言的知识帮助提高另一种任务、领域或语言性能的方法。离散线性模型通常通过提取不同任务的共同特征或定义不同任务的输出特征来完成迁移学习，神经网络模型则通过共享输入的表示来实现迁移学习。

上一节讨论的预训练技术可以看作迁移学习的一种形式，它将从语言模型任务中学到的知识应用于下游的自然语言处理任务中。预训练过程中学到的语言模型知识存储在模型参数中，通过与下游任务共享相同的模型参数，为下游任务提供更好的优化初始点。目前，我们已经介绍了两类主流的预训练技术：一种如 skip-gram 模型，由一组词向量组成，通过查表使用；另一种如 ELMo 和 BERT 模型，由一个深层神经网络组成，在给定输入的情况下，通过该网络计算上下文相关的向量表示。

414

语言模型以外的预训练。预训练的概念可以应用到语言模型之外，如将知识从资源丰富的任务、领域、语言或者标注标准迁移到资源匮乏的任务上。例如，句法资源可以用来预训练模型，然后用于语义角色标注任务；同样，新闻领域中相对较大的语料库也可以用来预训练模型，然后用于社交媒体等低资源领域；在神经机器翻译领域，也可以利用英语-法语等资源丰富的语言对进行模型预训练，来帮助英语-乌兹别克语等低资源语言对。

预训练之外的迁移学习。除预训练外，参数共享也可用于迁移学习。本节后半部分将会讨论基于表示学习的多任务学习的各种形式。我们统一使用*任务*一词代表迁移学习的目标覆盖，包括*领域*、*语言*、*标注标准*等。

17.3.1 多任务学习

多任务学习利用参数共享来学习任务间的互利信息。多任务学习与预训练息息相关，均为通过共享的表示学习参数将知识从一个任务迁移至另一个任务。图 17.5a 展示了预训练语言模型任务的知识迁移至序列标注任务的案例。给定词序列 $W_{1:n} = w_1, \cdots, w_n$，我们通过长短期记忆网络获得隐层状态序列 $\mathbf{h}_i, \cdots, \mathbf{h}_n$，并分别计算两个任务的输出。第一个任务为在给定每个隐层状态 $\mathbf{h}_i$ 的情况下预测下一个词：

$$\mathbf{p}_{i+1}^{\text{LM}} = \text{softmax}(\mathbf{W}^{\text{LM}}\mathbf{h}_i + \mathbf{b}^{\text{LM}}) \tag{17.42}$$

其中，$\mathbf{W}^{\text{LM}}$ 和 $\mathbf{b}^{\text{LM}}$ 均为模型参数，$P(w_{i+1} = w|w_1 \cdots w_i)$ 由 $\mathbf{p}_{i+1}^{\text{LM}}[w], w \in V$ 表示。

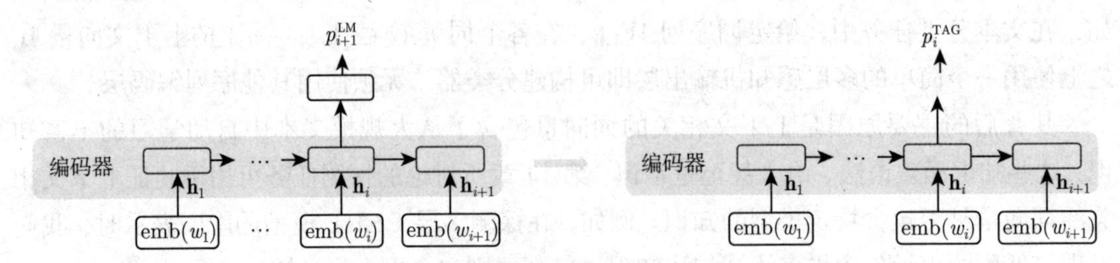

a) 先进行语言模型预训练，再用于语义角色标注任务

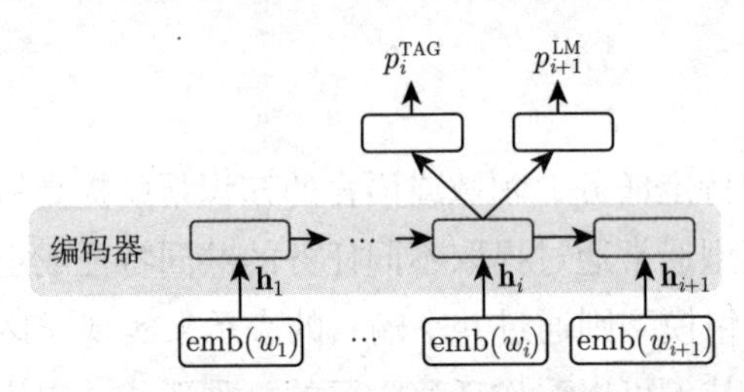

b) 联合语言模型与语义角色标注的多任务训练

图 17.5　通过参数共享实现迁移学习

第二个任务为序列标注：

$$\mathbf{p}_i^{\text{TAG}} = \text{softmax}(\mathbf{W}^{\text{TAG}}\mathbf{h}_i + \mathbf{b}^{\text{TAG}}) \tag{17.43}$$

其中，$\mathbf{W}^{\text{TAG}}$ 和 $\mathbf{b}^{\text{TAG}}$ 均为模型参数，$\mathbf{P}(t_i = l|W_{1:i})$ 由 $\mathbf{p}_i^{\text{TAG}}[l], l \in L$ 给出。在实际过程中，我们也可以利用双向长短期记忆网络编码，计算从左到右的 $P(w_{i+1}|w_1 \cdots w_i)$ 以及从右到左的 $P(w_{i-1}|w_i \cdots w_n)$，最后通过两个隐层向量的拼接获得 $P(t_i|W_{1:i})$。

整个训练过程分为两个阶段，首先在语言模型的训练数据 $D^{\text{LM}} = \{W_i^{\text{LM}}\}|_{i=1}^N$ 上进行预训练，W_i^{LM} 表示第 i 个训练样本，然后在序列标注的训练数据 $D^{\text{TAG}} = \{(W_i^{\text{TAG}}, T_i^{\text{TAG}})\}|_{i=1}^M$ 上进行微调，W_i^{TAG} 表示第 i 个训练样本，T_i^{TAG} 表示对应的标签序列。在预训练期间，语言模型任务的损失通过式 (17.42) 中的每个 $\mathbf{h}_i$ 反向传播到编码器参数和词向量查询表中。因此，序列标注可以通过获得一个具有丰富信息的起始参数而从语言模型中受益。值得注意的是，两个任务的训练数据不需要重叠，我们可以在与序列标注数据不同的句子上训练语言模型。

预训练可以视为通过参数共享实现**多任务学习**的一种特例，其中任务一旨在训练一组共享参数，以便优化第二项任务的性能。此外，若想让两个任务*相互作用*，也可以同时训练两个任务。如果两个任务的训练数据重叠，我们可以为每个训练实例计算总损失。如图 17.5b 所示，仍然以语言模型和序列标注为例，设两个任务的训练数据均为 $D^{\text{TAG}} =$

$\{(W_i^{\text{TAG}}, T_i^{\text{TAG}})\}|_{i=1}^N$，我们可以利用式 (17.42) 和式 (17.43) 中的隐层状态 $\mathbf{h}_i$ 同时预测下一个词 w_{i+1} 及当前标签 t_i，然后将两项任务在该训练实例上的损失相加，并将梯度反向传播至共享层中的模型参数。

若两个任务的训练数据不重叠，则不能为每个实例同时累积梯度。这时，我们可以交替地进行语言模型和序列标注任务的训练，即先在几个训练实例上训练语言模型，再在几个序列标注实例上训练序列标注模型，然后在新的训练实例上训练语言模型。该过程与预训练过程相似，只是在训练过程中需要进行任务切换。我们在两个任务的训练实例之间来回寻找互利信息，而不是在进行序列标注之前先完成语言模型的训练。在针对这两个任务的随机梯度下降优化过程中，两个任务的梯度都累积在共享的神经模型参数上，这些参数整合了两个任务的知识。

415 ~ 416

在进行批处理训练时，联合训练的另一种方法是在每批训练样本中混合两个任务的数据，每个批次将累积两个任务的损失，然后反向传播至共享的模型参数中。

两个以上任务。实现上述多任务学习策略的关键因素为表示学习，尤其是隐层表示的动态计算。硬编码的指示特征难以进行迁移学习，而基于神经网络的迁移学习可以在两个以上的任务之间执行多任务学习。已有研究表明，词性标注、语法分块和命名实体识别任务之间可以通过参数共享实现互利，上述用于语言模型和序列标注的多任务技术在这里仍然适用，即所有任务共享一组模型参数，并在训练过程中同时对多任务进行优化。共享的模型参数提供了便捷的信息集成方式。

17.3.2 共享参数的选择

多任务学习并不总是能为每一项子任务带来收益。不同任务有不同的信息重叠，并且某些任务的训练可能会为其他任务带来噪声，因此多任务学习中某些任务的性能可能反而会下降。一组任务是否适合多任务学习方式需要凭直觉及经验进行验证。此外，在具有多个表示向量的神经网络中，我们需要对共享表示向量进行选择，以获得更好的跨任务性能。

选择共享层。我们可以根据任务选择要共享的参数。以在两层双向长短期记忆网络编码器上同时训练词性标注和依存分析任务为例，编码器的每一层可在输入序列上进行不同级别的特征抽取。实验结果表明，相较于在第二层网络上同时设置两个任务的输出层（图 17.6a），在第一层和第二层网络上分别设置词性标注和依存分析的输出层（图 17.6b）可取得更佳性能。其原因可能为词性标注任务受益于更底层的上下文信息，而较低层的网络恰好可以更好地捕获此类信息。

通过自注意力网络的共享注意力头进行多任务学习。第 16 章介绍的多头注意力也可用于共享参数的选取。在自注意力网络中，每个注意力头利用不同的参数矩阵将输入向量投影到特定注意力头对应的特征空间中，因此，不同的头可以捕获到输入特征的不同方面，同时也可以提取不同任务的知识。例如，对于联合依存分析和词性标注的多任务学习，我们可以利用双仿射注意力代替点积注意力来预测依存弧，同时使用另一个注意力头来预测词性标签。习题 17.10 将讨论更多细节。

417

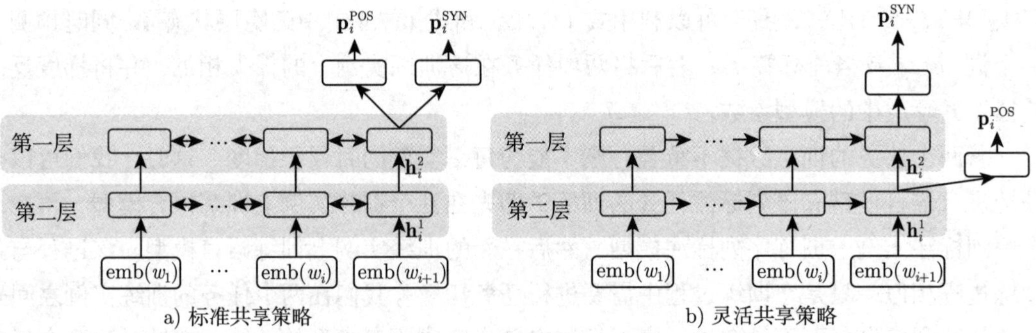

a) 标准共享策略　　b) 灵活共享策略

图 17.6　联合词性标注和依存分析的多任务学习

17.3.3　共享-私有网络结构

如前所述，跨任务共享模型参数可能会遭受信息冲突的困扰，我们希望最大限度地减少此类冲突，同时通过共有信息来最大化任务间的互利。为此，一种较为合理的解决方案是在多个任务之间学习一组共享参数，同时又为每个任务保留单独的参数，这一方法被称为**共享-私有网络结构**（shared-private network structure）。

以文本分类任务为例，情感分类、立场分类、情绪检测等不同任务间均可以共享参数。形式上，对于 M 个任务，共享-私有网络结构由 $M+1$ 个编码器组成，其中所有任务共享一组通用参数 Θ^{shared}，并为每个任务 $i(i \in [1,\cdots,M])$ 设置特定参数 Θ^i。对于每个任务，共享参数用于计算共享表示 $\mathbf{h}^{\text{shared}}$，私有参数用于计算私有表示 $\mathbf{h}^i(i \in [1,\cdots,M])$。具体地，给定任务 i 的一个输入句子 W^i，我们分别使用共享网络 $\mathbf{h}^{\text{shared}}$ 和私有网络 $\mathbf{h}^i$ 计算其表示：

$$\begin{aligned}\mathbf{h}^{\text{shared}} &= \text{ENCODER}(W^i, \Theta^{\text{shared}}) \\ \mathbf{h}^i &= \text{ENCODER}(W^i, \Theta^i)\end{aligned} \tag{17.44}$$

其中 ENCODER 表示共享及私有网络的编码方式。$\mathbf{h}^{\text{shared}}$ 和 $\mathbf{h}^i$ 被拼接起来用于分类预测：

$$\mathbf{p}^i = g(\mathbf{h}^{\text{shared}} \oplus \mathbf{h}^i) \tag{17.45}$$

其中，g 表示输出层，$\mathbf{p}^i$ 表示输出标签的概率分布。

分离共享和私有信息。以标准的 M 分类任务为例，给定一组训练数据 $\{D_i\}|_{i=1}^{M}$，其中 $D_i = \{(W_j^i, y_j^i)\}|_{j=1}^{|D_i|}$，$W_j^i$ 表示 D_i 中的第 j 个训练实例，$y_j^i \in L_i$ 为正确标签，L_i 为第 i 个任务的标签集合，模型的训练目标为最小化

$$L^{\text{TASK}} = \sum_{i=1}^{M} L_i^{\text{TASK}} = \sum_{i=1}^{M}\sum_{j=1}^{|D_i|} -\log \mathbf{p}_j^i[y_j^i] \tag{17.46}$$

在训练过程中，我们希望将任务相关的信息存储于私有参数，其他信息存储于共享参数 Θ^{shared}。为达到这一目的，我们采用**对抗训练**（adversarial training）的方式，利用共

享表示 $\mathbf{h}^{\text{shared}}$ 训练辅助任务 $\mathbf{p}^{\text{task}}$，辅助任务可用于预测输入为哪个任务服务，同时可确保 $\mathbf{h}^{\text{shared}}$ 中不包含任何任务相关的信息。如图 17.7所示，我们利用一个特殊的对抗损失 L^{ADV} 来训练分类器，使 $\mathbf{h}^{\text{shared}}$ 无法正确预测它将要服务的任务。给定训练数据 $\{D_i\}|_{i=1}^{M}$，我们需要最大化预测任务类别与正确任务类别之间的交叉熵：

418

$$L^{\text{ADV}} = \sum_{i=1}^{M}\sum_{j=1}^{|D_i|}\log(\mathbf{p}^{\text{task}})_j^i[i] \tag{17.47}$$

其中 i 表示当前实例所对应的任务，$|D_i|$ 表示任务 i 的总训练实例数，$(\mathbf{p}^{\text{task}})_j^i[i]$ 表示其来自第 i 个任务的概率，由 D_i 中第 j 个训练实例的分布 $\mathbf{p}^{\text{task}}$ 给出。

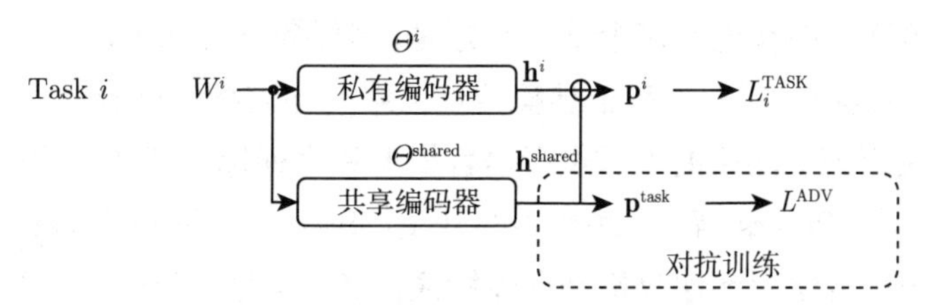

图 17.7　基于对抗的共享-私有网络

最终的总损失为：

$$L = \sum_{i=1}^{M} L_i^{\text{TASK}} + L^{\text{ADV}} \tag{17.48}$$

值得注意的是，在训练起始阶段就优化 L 可能会影响模型收敛及模型性能。因此，我们可以先在少量样本上通过最大化 L^{ADV} 来训练共享-私有模型，然后再最小化 L。随机初始化的模型在初始阶段无法可靠地执行任务分类，即这个“混乱的”任务分类器不具有辨别特定任务信息的能力。通过先迭代几轮最大化 L^{ADV}，我们最大化了任务分类的对数似然，因此获得了一个较为合理的任务分类器，特别是通过训练 $\mathbf{p}^{\text{task}}$ 的输出参数。然后，我们可以通过这个训练好的任务分类器从共享参数 Θ^{shared} 中排除任务相关的信息。

总结

本章介绍了：

- 神经网络 n 元语言模型及循环神经网络语言模型。
- 噪声对比估计。
- 基于词向量的分布式词表示。
- 上下文相关的词向量。
- 预训练及迁移学习。

419

注释

Bengio 等人 (2003) 提出神经网络 n 元语言模型。Collobert 等人 (2011) 表明在自然语言处理中可以利用词向量表示输入。分层 softmax（Morin 和 Bengio, 2005）和对数双线性模型（Mnih 和 Hinton, 2007）促进了连续词袋模型及 skip-gram 模型（Mikolov 等人, 2013）的开发。词向量及其评估引发了众多关注（Turian 等人, 2010; Collobert 等人, 2011; Pennington 等人, 2014; Tang 等人, 2014; Iacobacci 等人, 2015; Goldberg 和 Levy, 2014）。从 ELMo（Peters 等人, 2018）开始，GPT（Radford 等人, 2018）、BERT（Devlin 等人, 2018）、XLM（Lample 和 Conneau, 2019）、XLNet（Yang 等人, 2019）以及 RoBERTa（Liu 等人, 2019）等上下文相关的词向量被证明性能优于静态词向量。

Caruana (1997) 表明在面临多个学习问题时，多任务学习比单任务学习更具优势。Collobert 和 Weston (2008) 探索了基于卷积神经网络的序列标注联合学习任务。Rei (2017) 通过共享双向长短期记忆网络的参数进行语言模型和序列标注任务的联合学习，这一方法促进了 ELMo 模型（Peters 等人, 2018）的开发。Søgaard 和 Goldberg (2016) 探索了从不同层共享参数来联合学习句法分析和词性标注任务的方法。Strubell 等人 (2018) 通过使用 Transformer 中的不同注意力头实现了多任务学习。Yang 等人 (2017) 提出了将共享-私有网络用于跨领域和跨任务的迁移学习。

习题

17.1 对比 17.1 节的神经网络 n 元语言模型和 17.2 节的循环神经网络语言模型，试回答循环神经网络能否用于 n 元语言模型的建模，以及多层感知机能否用于循环神经网络语言模型的建模。

17.2 回顾 17.1.3 节中讨论的分层 softmax，给定一个向量表示 $\mathbf{h}$ 作为输入，试利用二叉树定义一个分层输出层。

17.3 skip-gram 模型利用局部上下文窗口，无法考虑句法信息。而句法相关的词能够带来长距离的依存关系信息，往往更适合作为上下文词。考虑到这一点，若通过将大量原始文本语料自动解析为依存树而得到树库，试讨论应改进 skip-gram 模型，使得上下文词为通过依存弧与目标词直接相连的词。

17.4 skip-gram 模型在预测上下文词时并不考虑其在上下文窗口中的相对位置，但处于不同相对位置的词可能与目标词存在不同的语义关系。为将相对位置整合到词向量的训练中，我们可以在每个上下文词中加上对应的相对位置索引。例如，给定 n 元组“A dog is sitting under the tree in the garden”，若目标词为“sitting”，则 $C=5$ 的上下文词窗口中有“A_{-3}”“dog_{-2}”“is_{-1}”“under_1”“the_2”“tree_3”“in_4”“the_5”。相较于普通的 skip-gram 模型，这种方法的上下文嵌入表扩大了 $2C$ 倍，试讨论该方法的优势和劣势。

420

17.5 思考以下两种词向量评估方法：

（1） **主题拟合**，即找到与动词具有语义关系的名词，借此评估词向量的语义质量。例如，给定动词“切”及一个预先定义的语义角色“受动者”，则该“受动者”应为可切的物体。因此，相较于“猫”，词“蛋糕”更为适合。若利用恰当的词向量表示方法，则“切”和“蛋糕”应得到更高的分数。试思考利用词向量进行主题拟合的方法。

（2） **离群词检测**，即给定一组词“猫”“狗”“鸟”“手提电脑”“马”“羊”，其中大部分是动物，则“手提电脑”为其中的离群词。词向量表示方法越恰当，则对离群词的检测能力也越强。试思考利用词向量进行离群词检测的方法。

17.6 给定以下三列分数:

（1） 0.55 0.65, 0.8, 0.2, 0.99, 0.1

（2） 0.52, 0.43, 0.75, 0.1, 0.875, 0

（3） 0.6, 0.7, 0.3, 0.1, 0.99, 0.22

分别计算题 (1) 与 (2) 以及 (1) 与 (3) 的皮尔逊相关系数。

17.7 与词向量类似，句子表示也可以用于预训练。其基本思想是利用当前句子的表征来预测邻近句子的表征。试讨论是否可以直接利用句子查询表来训练句子表示，试讨论使用词袋集合法和序列编码网络进行句子表示的方法。

17.8 试讨论是否可以直接使用 ELMo、GPT、BERT 等预训练语言模型产生的上下文相关词向量来计算词的相似性，并进行类比检测。

17.9 实验证明，ELMo、GPT、BERT 等上下文词向量在作为下游任务的模型输入时可提供句法和语义知识。试定义一个探测任务，以定量地验证这些知识。（提示：可以以依存分析、语义角色标注、词义消歧等任务为例。）

17.10 回顾 17.3.2 节讨论的基于自注意力网络的多任务学习。试利用第 16 章介绍的 Transformer 编码器及第 15 章介绍的双任务局部输出层，搭建一个多任务学习的自注意力网络，用于解决词性标注和依存分析问题。

17.11 **参数生成网络**常用于多任务学习中，其基本思想为利用一组元参数生成一组给定输入的模型参数。例如，假设建立一个解决 M 个分类任务的模型并提取任务间互利的共享信息，我们可以利用任务向量来表示各个任务，给定句子 $W_{1:n}$，利用元参数和相关的任务向量来生成一组文本分类模型参数，从而建立一个特定任务的分类器。回顾 15.1 节所介绍的序列标注双向长短期记忆网络模型结构，其元参数为一组张量，可以与任务向量相乘，得到分类器中的参数矩阵和向量。与 17.3.3 节中的共享-私有网络结构相比较，试讨论参数生成网络能够获得更佳学习效果的原因。

17.12 回顾 15.1 节中的局部结构化预测模型，由于输入的共享表示，不同局部结构的预测是同步的。试思考该模型的训练与 17.3.1 节中讨论的多任务学习之间的关联，找出梯度反向传播和编码器参数功能的相似之处。

17.13 **动态掩码**。在 17.2.4 节的 BERT 模型中，我们把掩码作为一个静态的预处理步骤来准备训练数据。该方法存在一个缺点，即每个句子只提供一个固定的训练实例。动态掩码则可以更有效地利用句子，通过在每次迭代中对词进行动态掩码，每个句子在不同迭代中将会产生不同的训练实例。动态掩码仍然可以通过静态预处理的方式来实现。我们可以对一个句子进行 m 次随机掩码操作，以产生 m 个不同的训练实例，将每个实例用于不同的训练迭代中。这也是 RoBERTa（Robustly Optimised BERT Pre-training Approach）模型所采用的掩码方法。试写出该算法的伪代码。

422

参考文献

Yoshua Bengio, Réjean Ducharme, Pascal Vincent, and Christian Jauvin. 2003. A neural probabilistic language model. Journal of machine learning research, 3(Feb):1137–1155.

Rich Caruana. 1997. Multitask learning. Mach. Learn., 28(1):41–75.

Ronan Collobert and Jason Weston. 2008. A unified architecture for natural language processing: Deep neural networks with multitask learning. In Proceedings of the 25th international conference on Machine learning, pages 160–167. ACM.

Ronan Collobert, Jason Weston, Léon Bottou, Michael Karlen, Koray Kavukcuoglu, and Pavel Kuksa. 2011. Natural language processing (almost) from scratch. Journal of machine learning research, 12(Aug):2493–2537.

Jacob Devlin, Ming-Wei Chang, Kenton Lee, and Kristina Toutanova. 2018. Bert: Pretraining of deep bidirectional transformers for language understanding. arXiv preprint arXiv:1810.04805.

Yoav Goldberg and Omer Levy. 2014. word2vec explained: deriving mikolov et al.'s negativesampling word-embedding method. arXiv preprint arXiv:1402.3722.

Ignacio Iacobacci, Mohammad Taher Pilehvar, and Roberto Navigli. 2015. Sensembed: Learning sense embeddings for word and relational similarity. In Proceedings of the 53rd Annual Meeting of the Association for Computational Linguistics and the 7th International Joint Conference on Natural Language Processing (Volume 1: Long Papers), pages 95–105.

Guillaume Lample and Alexis Conneau. 2019. Cross-lingual language model pretraining. arXiv preprint arXiv:1901.07291.

Yinhan Liu, Myle Ott, Naman Goyal, Jingfei Du, Mandar Joshi, Danqi Chen, Omer Levy, Mike Lewis, Luke Zettlemoyer, and Veselin Stoyanov. 2019. Roberta: A robustly optimized bert pretraining approach. arXiv preprint arXiv:1907.11692.

Tomas Mikolov, Ilya Sutskever, Kai Chen, Greg S. Corrado, and Jeff Dean. 2013. Distributed representations of words and phrases and their compositionality. In Advances in neural information processing systems, pages 3111–3119.

Andriy Mnih and Geoffrey Hinton. 2007. Three new graphical models for statistical language modelling. In Proceedings of the 24th international conference on Machine learning, pages 641–648.

Frederic Morin and Yoshua Bengio. 2005. Hierarchical probabilistic neural network language model. In Aistats, volume 5, pages 246–252. Citeseer.

Jeffrey Pennington, Richard Socher, and Christopher Manning. 2014. Glove: Global vectors for word representation. In Proceedings of the 2014 conference on empirical methods in natural language processing (EMNLP), pages 1532–1543.

Matthew E. Peters, Mark Neumann, Mohit Iyyer, Matt Gardner, Christopher Clark, Kenton Lee, and

Luke Zettlemoyer. 2018. Deep contextualized word representations. arXiv preprint arXiv:1802.05365.

Alec Radford, Karthik Narasimhan, Tim Salimans, and Ilya Sutskever. 2018. Improving language understanding by generative pre-training. URL https://s3-us-west-2. amazonaws. com/openai-assets/researchcovers/languageunsupervised/language understanding paper. pdf.

Marek Rei. 2017. Semi-supervised multitask learning for sequence labeling. arXiv preprint arXiv:1704. 07156.

Anders Søgaard and Yoav Goldberg. 2016. Deep multi-task learning with low level tasks supervised at lower layers. In Proceedings of the 54th Annual Meeting of the Association for Computational Linguistics (Volume 2: Short Papers), pages 231–235.

Emma Strubell, Patrick Verga, Daniel Andor, David Weiss, and Andrew McCallum. 2018. Linguistically-informed self-attention for semantic role labeling. arXiv preprint arXiv:1804.08199.

Buzhou Tang, Hongxin Cao, Xiaolong Wang, Qingcai Chen, and Hua Xu. 2014. Evaluating word representation features in biomedical named entity recognition tasks. BioMed research international, 2014.

Joseph Turian, Lev Ratinov, and Yoshua Bengio. 2010. Word representations: a simple and general method for semi-supervised learning. In Proceedings of the 48th annual meeting of the association for computational linguistics, pages 384–394. Association for Computational Linguistics.

Zhilin Yang, Zihang Dai, Yiming Yang, Jaime Carbonell, Russ R. Salakhutdinov, and Quoc V. Le. 2019. Xlnet: Generalized autoregressive pretraining for language understanding. In Advances in neural information processing systems, pages 5754–5764.

Zhilin Yang, Ruslan Salakhutdinov, and William W. Cohen. 2017. Transfer learning for sequence tagging with hierarchical recurrent networks. arXiv preprint arXiv:1703.06345.

深度隐变量模型

前面我们已经学习了一些隐变量模型，如第 6 章中的 IBM 模型 1 和第 12 章中的 LDA 等隐变量模型。本章将结合隐变量与深度神经网络的优点，讨论**深度隐变量模型**。在二者的结合下，一方面，深度神经网络可以依靠其强大的函数逼近能力，从数据中推断隐变量；另一方面，隐变量可以帮助深度神经网络显式地建模数据中的组合因子，以更好地用于数据生成。深度隐变量模型可将语言先验知识注入深度神经网络模型中，从而提高模型的性能和可解释性。

与具有完整观测数据的模型相比，隐变量为 SGD 优化和反向传播带来了一定困难，所以深度隐变量模型的训练和学习更具挑战。本章将介绍深度隐变量模型学习以及推理的近似方法，并进一步介绍面向文本生成的变分自动编码器以及用于文档建模的神经主题模型等应用。

18.1 将隐变量引入神经网络

神经网络模型与传统离散线性模型一样可以受益于隐变量，例如使用隐变量建模文档主题或句子对之间的单词对齐。隐变量 (hidden variable) 也称为**潜在变量** (latent variable)，为了避免与神经网络中的隐层 (hidden layer) 或隐藏状态表示 (hidden state representation) 混淆，本章有时也会用“潜在”代替“隐”。此外，为了避免与隐层表示和输出层表示混淆，本章遵循相关研究文献使用 X 和 Z 分别表示观测变量和隐变量，而不是 O 和 H。

与第 6 章和第 12 章中的隐变量模型以及第三部分中的大多数神经模型相似，本章将主要关注概率生成模型。令观测变量 X 的生成概率为 $P(X)$，下面引入辅助隐变量 Z 扩展此生成模型。当 Z 表示离散类别变量时，$P(X)$ 由下式给出：

$$P(X|\Theta) = \sum_Z P(X, Z|\Theta) = \sum_Z P(Z|\Theta)P(X|Z, \Theta) \tag{18.1}$$

其中 Θ 表示模型参数，$P(X, Z|\Theta)$ 是 X 和 Z 的联合似然概率，$P(Z|\Theta)$ 是隐变量 Z 的先验概率分布，$P(X|Z, \Theta)$ 是给定 Z 时 X 的条件生成概率分布。

本书中的随机变量大多是类别随机变量，例如词表中的词和标签集合的标签。式 (18.1) 与第 6 章和第 12 章中的模型，对于离散值隐变量的考虑是相似的。而如前所述，稠密嵌入等实值特征能让模型具有更强的表示能力，因此对于深度隐变量模型，连续实值型隐变量也同样值得考虑。当 Z 是一个连续的变量时，$P(X)$ 由下式给出：

$$P(X|\Theta) = \int_Z P(X, Z|\Theta)\mathrm{d}Z = \int_Z P(Z|\Theta)P(X|Z, \Theta)\mathrm{d}Z \tag{18.2}$$

本章模型的参数化与第 6 章和第 12 章中的模型不同，这里扩展了神经网络模型来计算 $P(X)$，并由此网络参数化概率分布；而前文中将模型概率分解为一组基本概率因子（即朴素贝叶斯模型的 $P(w|c)$ 和 $P(c)$）作为模型参数。

如前所述，神经网络可以使用稠密的隐藏特征向量表示序列、树和更复杂的图结构，为了使 $P(X)$ 能够更好地符合观测数据分布，计算 $P(X)$ 的神经网络模型可能会非常复杂，而且学习起来较为困难。通过引入隐变量 Z，可以将 $P(X)$ 分解为简单的分布 $P(Z)$ 和 $P(X|Z)$，形成一个结构化的生成模型。实际经验表明，即使 $P(X|Z, \Theta)$ 较为简单（如高斯分布），式 (18.1) 也可以具有强大的分布表示能力。不仅如此，引入隐变量还可以提高神经网络模型的可解释性。

理想情况下，使用深度神经网络对 $P(Z)$ 和 $P(X|Z)$ 进行参数化时可以直接应用 SGD 和反向传播实现端到端的模型训练。为此，一种直观的解决方案是使用 SGD 在训练数据集上直接最大化观测变量 X 的概率。正如将在 18.2 节中所介绍的，这种方法需要计算给定 X 时 Z 的后验分布，这一问题称为**后验推断**（posterior inference），它是训练深度隐变量模型的关键。

根据隐变量 Z 的类型，可以使用精确（18.2 节和 18.3 节）或近似后验推断（18.4 节），这将是本章中讨论的主要技术。在第 12 章中我们介绍了贝叶斯网络的三种通用训练技术，即最大似然估计、MAP 和贝叶斯学习，而本章的训练方法属于最大似然估计。隐变量的存在让训练算法直观自然地与 EM 算法联系在一起。在本书中，我们不介绍另外两种（即 MAP 和神经模型的贝叶斯学习）训练深度隐变量模型的方法。

18.2 使用类别隐变量

我们在第 6 章和第 12 章为离散线性模型引入了类别隐变量，如文档聚类的 PLSA 和主题模型。离散模型通过使用贝叶斯规则、概率链规则并结合独立性假设进行参数化，以得出参数概率分布，例如主题概率和以主题为条件的单词概率。本节将讨论如何使用神经网络参数化此类模型。下面首先从使用 SGD 和反向传播训练模型的框架开始介绍。

424

18.2.1 SGD 模型训练

本节以式 (18.1) 来构建模型，令 Z 为类别随机变量，其中 $Z \in \{1, \cdots, K\}$，K 为类别数。为了优化式 (18.1) 中的对数似然函数，可直接应用随机梯度下降（SGD，第 4 章）及其变体（第 13 章和第 14 章）。给定数据集 $D = \{X_i\}|_{i=1}^N$，其对数边缘似然函数相对于 Θ 的梯度为

$$
\begin{aligned}
\frac{\partial P(D|\Theta)}{\partial\Theta} &= \frac{\partial\sum_{i=1}^{N}\log P(X_i|\Theta)}{\partial\Theta} = \sum_{i=1}^{N}\frac{\partial\log P(X_i|\Theta)}{\partial\Theta} \\
&= \sum_{i=1}^{N}\frac{\frac{\partial P(X_i|\Theta)}{\partial\Theta}}{P(X_i|\Theta)} = \sum_{i=1}^{N}\frac{\sum_Z\frac{\partial P(X_i,Z|\Theta)}{\partial\Theta}}{P(X_i|\Theta)} \\
&= \sum_{i=1}^{N}\frac{\sum_Z P(X_i,Z|\Theta)\frac{\partial\log P(X_i,Z|\Theta)}{\partial\Theta}}{P(X_i|\Theta)} \\
&\left(\frac{\partial\log P(X_i,Z|\Theta)}{\partial\Theta} = \frac{1}{P(X_i,Z|\Theta)}\frac{\partial P(X_i,Z|\Theta)}{\partial\Theta}\right) \\
&= \sum_{i=1}^{N}\sum_Z\frac{P(X_i,Z|\Theta)}{P(X_i|\Theta)}\frac{\partial\log P(X_i,Z|\Theta)}{\partial\Theta} \\
&= \sum_{i=1}^{N}\sum_Z P(Z|X_i,\Theta)\frac{\partial\log P(X_i,Z|\Theta)}{\partial\Theta} \\
&= \sum_{i=1}^{N}E_{Z\sim P(Z|X_i,\Theta)}\frac{\partial\log P(X_i,Z|\Theta)}{\partial\Theta}
\end{aligned} \tag{18.3}
$$

若模型 $P(X,Z|\Theta)$ 是可微的，则可使用 SGD 基于此梯度更新 Θ。对于每个训练示例 X_i，局部更新为：

$$
\Theta \leftarrow \Theta + \eta E_{Z\sim P(Z|X_i,\Theta)}\frac{\partial\log P(X_i,Z|\Theta)}{\partial\Theta} \tag{18.4}
$$

其中 η 为学习率。

为了计算梯度 $E_{Z\sim P(Z|X_i,\Theta)}\frac{\partial\log P(X_i,Z|\Theta)}{\partial\Theta}$，需首先求出后验分布 $P(Z|X_i,\Theta)$，然后计算联合对数似然函数 $\log P(X_i,Z|\Theta)$ 的梯度函数相对于此后验分布的期望值。当 Z 表示一个（或一组）离散隐变量时，可由下式显式地计算 $P(Z|X,\Theta)$：

$$
P(Z|X,\Theta) = \frac{P(Z,X|\Theta)}{P(X|\Theta)} = \frac{P(Z|\Theta)P(X|Z,\Theta)}{\sum_{Z'}P(Z'|\Theta)P(X|Z',\Theta)} \tag{18.5}
$$

上式中 $P(Z|\Theta)$ 和 $P(X|Z,\Theta)$ 都是参数化的模型概率。在得到后验分布 $P(Z|X,\Theta)$ 后，我们可通过枚举类别随机变量 Z 的所有值来计算式 (18.3) 的期望。以上即为该模型的 SGD 训练方法。

425

与 EM 的关系。第 6 章中介绍的 EM 算法在每个迭代 t 中通过最大化期望函数 $Q(\Theta,\Theta^t)$ 求最优的 Θ^{t+1}。根据式 (6.9)，$Q(\Theta,\Theta^t)$ 为：

$$
Q(\Theta,\Theta^t) = \sum_{i=1}^{N}E_{Z\sim P(Z|X_i,\Theta^t)}\log P(X_i,Z|\Theta) \tag{18.6}
$$

取 $Q(\Theta,\Theta^t)$ 相对于 Θ 的梯度：

$$\frac{\partial Q(\Theta,\Theta^t)}{\partial\Theta}=\sum_{i=1}^{N}E_{Z\sim P(Z|X_i,\Theta^t)}\frac{\partial\log P(X_i,Z|\Theta)}{\partial\Theta} \tag{18.7}$$

若模型参数是可微的，则可用 SGD 优化 $Q(\Theta,\Theta^t)$。此方法称为基于梯度的 EM 或**广义 EM** 算法。从随机初始化的参数 Θ 开始，广义 EM 会重复计算：

$$\Theta^{t+1}=\Theta^t+\eta\frac{\partial Q(\Theta,\Theta^t)}{\partial\Theta} \tag{18.8}$$

式 (18.8) 与式 (18.4) 相同，除了式 (18.8) 是基于整个 D 上的全局损失，而不是当前 X_i 的局部损失。这在深度隐变量模型的 SGD 优化器与 EM 训练算法之间建立了直观的联系。EM 算法使用拉格朗日乘子来获得 Θ^{t+1} 的封闭解，从而最大化式 (18.6)；而广义 EM 则使用数值迭代过程增加 $Q(\Theta,\Theta^t)$。非常有趣的是，使用广义 EM 优化 $Q(\Theta,\Theta^t)$ 等效于使用梯度上升直接优化对数边缘概率 $P(D|\Theta)$，从而无须执行 6.3 节中介绍的近似过程。

第 6 章的 EM 算法根据整个训练集更新模型参数，而通过基于梯度的优化可以使用小批量（mini-batch）梯度上升来更新模型参数。从 EM 算法的角度来看，此训练过程将每个小批量的 E 步和 M 步交织在一起，称为**在线更新**；或者也可以采用**离线更新**，即在训练时首先对所有训练样例执行 E 步，然后使用小批量梯度上升重复执行 M 步，直到在当前 E 步的后验分布下收敛为止。在实践中出于效率考虑，可以对所有训练样例仅进行一次 M 步训练，不需要 M 步收敛便可进行下一次 E 步。

18.2.2　文本聚类的词袋模型

上一节中的 SGD 训练框架允许使用神经网络对隐变量模型进行参数化，前提是需要显式建模 $P(Z|\Theta)$ 和 $P(X|Z,\Theta)$。本节将介绍在实际任务中的第一个应用——具有潜在主题的神经词袋模型，其结构类似于第 6 章的 PLSA 模型。

该模型的结构如图 18.1a 所示。令 $z\in\{1,\cdots,K\}$ 表示一个随机类别隐变量，分布为 $\pi=\langle P(z=1),P(z=2),\cdots,P(z=K)\rangle$。与 PLSA 相似，$z$ 表示一个可生成文档的潜在的主题。给定特定主题 z，单词 w 的分布为 $P(w|z)$，文档 $d=W_{1:n}=w_1w_w\cdots w_n$ 的概率为 $\prod_{i=1}^{n}P(w_i|z)$。与直接将 $P(w|z)$ 作为模型参数的 PLSA 不同，本节使用神经网络对 $P(w|z)$ 进行参数化。

426

首先我们不考虑 z，仅使用一个基本模型计算 $P(w)$。给定 w 的一个 one-hot 编码表示 $\mathbf{v}(w)$，通过嵌入查找表 $\mathbf{E}$ 来获得其稠密向量：

$$\mathbf{x}=\text{emb}(w)=\mathbf{E}\mathbf{v}(w)$$

然后可以使用下式计算隐层表示：

$$\mathbf{h}=\sigma(\mathbf{W}\mathbf{x}+\mathbf{b})$$

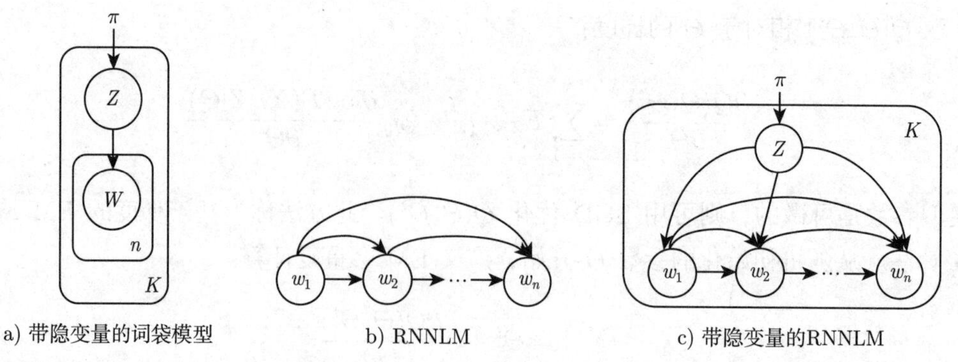

a) 带隐变量的词袋模型　　b) RNNLM　　c) 带隐变量的RNNLM

图 18.1　具有类别隐变量的词袋模型的贝叶斯网络结构、RNNLM 和具有类别隐变量的 RNNLM

最后，可以利用 softmax 输出层来计算概率：

$$P(w) = \text{softmax}(\mathbf{Uh} + \mathbf{b}^u)$$

上面的模型可以简写为 $P(w) = \text{MLP}(\mathbf{v}(w)|\Theta)$，$\Theta = \{\mathbf{E}, \mathbf{W}, \mathbf{b}, \mathbf{U}, \mathbf{b}^u\}$ 是模型参数的集合。

为了将隐变量 z 引入 $P(w)$ 中来计算 $P(w|z)$,我们可以设置 K 组模型参数 $\Theta_1, \Theta_2, \cdots, \Theta_K$ 对应于 z 的 K 个特定值。另外，为了避免复制具有大量参数的词嵌入表，可以让所有 Θ_k 使用同一个词嵌入表 $\mathbf{E}$。

所以，最终的模型计算出两个概率分布：

$$\begin{aligned} P(z) &= \pi[z] \\ P(w_i|z) &= \text{MLP}(\mathbf{v}(w_i)|\Theta_z) \end{aligned} \tag{18.9}$$

其中，$\Theta = \{\pi\} \cup \Theta_1 \cup \cdots \cup \Theta_K$ 为模型参数集合。

如式 (18.1) 所示，一个词的最终概率是关于所有 z 的数学期望：

$$P(w_i) = \sum_z P(z)P(w_i|z)$$

427

给定一个文档集合 $D = \{d_i\}|_{i=1}^N$，模型训练目标是最大化下式：

$$P(D) = \prod_{i=1}^N P(d_i) = \prod_i \prod_{j=1}^{|d_i|} P(w_j^i) = \prod_i \prod_{j=1}^{|d_i|} \left(\sum_{z_i} P(z_i) P(w_j^i|z_i, \Theta_z) \right) \tag{18.10}$$

其中 $|d_i|$ 表示 d_i 中的单词数量。

对于 SGD 训练，需取式 (18.10) 相对于 Θ 中的每个参数的偏导数，其中，计算关于 π（即 $P(z)$）的梯度很简单，而关于 $\Theta_1, \cdots, \Theta_K$ 的梯度可以使用反向传播来计算。因此与第 13 章中讨论的 MLP 的训练相比，隐变量模型的训练不再困难。

最后，我们可以为每个文档计算后验 $P(z|d_i)$，并将分布用作 d_i 的向量表示。

18.2.3 考虑序列信息的文本聚类模型

上一节模型的结构与 PLSA 非常相似，但与使用单个 $P(w|z)$ ($w \sim V, z \sim \{1, \cdots, K\}$) 作为模型参数的稀疏模型相比，神经模型允许相似的单词（例如“cat”和“crane”）通过词嵌入的相似性［式 (18.9)］具有相似的分布。神经网络参数化还允许集成更复杂的序列级特征来增强文本表示能力，例如我们可以使用序列编码网络替换词袋模型。本节将介绍使用 LSTM 来编码词序列。

首先我们仍不考虑隐变量，RNN 语言模型可以通过如图 18.1b 的贝叶斯网络结构来表示，也可见图 2.1a。与 n 元语言模型相比，RNN 模型根据所有先前的单词生成下个单词，而不是基于马尔可夫假设。给定单词序列 $W_{1:n} = w_1 \cdots w_n$，为了计算当 $i \in [1, \cdots, n]$ 时所有的 $P(w_i|W_{1:i-1})$，首先输入嵌入向量序列 $\mathbf{X}_{1:n} = \mathbf{x}_1\mathbf{x}_2 \cdots \mathbf{x}_n$ 到 LSTM 序列编码器得到序列隐藏向量序列

$$\mathbf{H}_{1:n} = \mathbf{h}_1\mathbf{h}_2 \cdots \mathbf{h}_n = \text{LSTM}(\mathbf{X}_{1:n}, \Theta^{\text{LSTM}})$$

其中 Θ^{LSTM} 表示 LSTM 参数。

然后，$P(w_i|W_{1:i-1})$ 由输出层计算，即

$$P(w_i|W_{1:i-1}) = \text{softmax}(\mathbf{W}\mathbf{h}_i + \mathbf{b})$$

其中 $\mathbf{W}$ 和 $\mathbf{b}$ 为模型参数。因此，对于整个模型的参数，$\Theta = \Theta^{\text{LSTM}} \cup \{\mathbf{E}, \mathbf{W}, \mathbf{b}\}$，其中 $\mathbf{E}$ 是词嵌入表。

现在考虑类别随机变量 $z \in \{1, \cdots, K\}$，模型的生成过程如图 18.1c 所示。首先生成隐变量 z，然后以 z 为条件从左到右生成 $W_{1:n}$。该模型计算两个概率：$P(z)$ 和 $P(w_i|W_{1:i-1}, z)$。与上一节中的模型相似，$P(z)$ 由离散向量 $\pi = \langle P(z=1), P(z=2), \cdots, P(z=K) \rangle$ 参数化。

428

接着采用与上一节相同的策略参数化 $P(w_i|W_{1:i-1}, z)$。对于 z 的每个值，使用一组单独的 LSTM 参数 $\Theta_k^{\text{LSTM}}(k \in \{1, \cdots, K\})$ 来编码 $\mathbf{X}_{1:n}$，得到 $\mathbf{H}_{1:n}^k = \mathbf{h}_1^k \cdots \mathbf{h}_n^k = \text{LSTM}(\mathbf{X}_{1:n}, \Theta_k^{\text{LSTM}})$。相应地，$w_i$ 的概率分布为：

$$P(w_i|W_{1:i-1}, z=k) = \text{softmax}(\mathbf{W}_k\mathbf{h}_i^k + \mathbf{b}_k)$$

对于此模型，其参数集合为：

$$\Theta = \left(\cup_{k=1}^{K} \Theta^{\text{LSTM}_k} \right) \cup \{\mathbf{E}\} \cup \left(\cup_{k=1}^{K} \{\mathbf{W}_k, \mathbf{b}_k\} \right)$$

给定句子集合 $D = \{W_i\}|_{i=1}^{N}$，我们同样使用 SGD（18.2.1 节）最大化下式来训练模型：

$$P(D) = \prod_{i=1}^{N} P(W_i|\Theta)$$

其中，对于每个句子 W_i 和 $z \in \{1, \cdots, K\}$，有

$$P(W_i|\Theta) = \sum_z P(z|\Theta)P(W_i|z,\Theta) = \sum_z P(z|\Theta)\prod_{j=1}^{|W_i|} P(w_j^i|w_1^i, \cdots, w_{j-1}^i, z, \Theta_z)$$

梯度的计算与上一节的模型相似，只是反向传播也需要在 LSTM 序列编码器上执行（详见第 14 章）。

对于最终的聚类，我们可以使用后验分布 $P(z|D,\Theta)$，具体计算方式如下：

$$P(z|D,\Theta) = \frac{P(z|\Theta)P(D|z,\Theta)}{\sum_{z'} P(z'|\Theta)P(D|z',\Theta)}$$

18.3　使用结构化隐变量

第 6 章的 IBM 模型 1 中，隐变量是翻译对之间的对齐方式，此时隐变量包含多个元素，每个元素表示源单词和目标单词之间的对齐。由于对齐连接之间彼此相互关联，所以这一隐变量是*结构化*的。结构化隐变量还包括潜在序列，以及输入句子上的潜在树和潜在图等。

使用结构化隐变量可将结构偏置有效引入神经网络模型。以潜在树结构为例，对于许多 NLP 任务，将句子的语法作为特征是有帮助的。实践中，我们经常使用现成的句法树解析器来获得句子的语法树，但句法分析结果中的错误可能会对模型产生负面影响。另一种可行方法是联合学习目标任务和*潜在*的特定于当前任务的语法树，该方法除了避免错误传播，同时还具有其他优点，例如不依赖人工标注的资源。此外，导出的潜在树是以任务目标为导向被优化的，因此可以对其进行调整以获得更好的端到端性能。下面将分别在 18.3.2 节、18.3.3 节和 18.3.4 节中介绍潜在序列标注、序列分割和成分句法树。

429

18.3.1　引入结构化隐变量

假定输入句子的表示为 $\mathbf{X} = \mathbf{x}_1, \mathbf{x}_2, \cdots, \mathbf{x}_n$，每个 $\mathbf{x}_i$ $(i \in [1, \cdots, n])$ 是相应输入词的向量表示，它可以是序列编码网络（如双向 RNN 或 SAN）输出的隐层特征表示。进一步，我们将隐变量定义为 $Z = z_1, z_2, \cdots, z_m$，它表示某个结构。

给定 $\mathbf{X}$，我们可以通过建模 $P(Z|\mathbf{X},\Theta)$ 来计算 Z 的分布，其中 Θ 是神经网络模型的参数。另外，对于每个结构化隐变量 Z，也可使用神经网络函数 $f(\mathbf{X}, Z|\Theta)$ 对原始输入 $\mathbf{X}$ 和隐变量 Z 进行编码，得到特征向量，其中 f 也称为*标注函数*。我们可以取标注函数关于隐变量 Z 后验分布的期望作为上下文向量 $\mathbf{c}$：

$$\mathbf{c} = E_{Z \sim P(Z|\mathbf{X},\Theta)} f(\mathbf{X}, Z|\Theta) \tag{18.11}$$

其中，$f(\mathbf{X}, Z|\Theta)$ 可以是标量或向量。

当 $f(\mathbf{X}, Z|\Theta)$ 是标量时，可解释为 $\log P(\mathbf{X}, Z|\Theta)$。此时若 Z 仅包含一个元素，则 $\mathbf{c}$ 演变为在式 (18.6) 中对 $\mathbf{X}$ 定义的 Q 函数，从而由此得到了具有结构化隐变量版本的式

(18.1)。结构化隐变量的模型由 $P(Z|\mathbf{X},\Theta)$ 和 $P(\mathbf{X},Z|\Theta)$ 组成，它们都是神经网络，可以使用式 (18.1) 进行优化。但与 18.2 节中的模型不同的是，由于对于 $\mathbf{X}$ 其有效 Z 的数量可能在指数级别以上，因此需通过动态规划方法计算式 (18.11)，具体详见后文。

当 $f(\mathbf{X},Z|\Theta)$ 是向量时，$\mathbf{c}$ 可被视为 $\mathbf{X}$ 的神经表示，它蕴含提供先验知识的潜在结构 $\mathbf{z}$。此时 $\mathbf{c}$ 可用作如情感分类等 NLP 任务的特征，应添加额外输出层并通过最终任务的反向传播损失来优化 f。由于外部输出变量的引入，损失函数便不再是式 (18.1)。它与广义 EM 类似，我们可用 SGD 训练此隐变量模型。

与注意力机制的关系。回顾第 14 章介绍的注意力函数，其目标是计算一组输入向量的加权聚合结果。因为注意力权重不是有监督训练的，所以它实际上也可被视为隐变量。对应地，式 (18.11) 可被视为神经网络层，其输入为 $\mathbf{X}$，而输出为 $\mathbf{c}$，该层称为**结构化注意力层**，因为 $P(Z|\mathbf{X},\Theta)$ 可被视为关于结构 Z 的一组注意力分数。在标准注意力函数里，上下文向量是：

$$\begin{aligned}\mathbf{c} &= \sum_{i=1}^{n}\alpha_i\mathbf{x}_i,\\ \alpha_1,\alpha_2,\cdots,\alpha_n &= \mathrm{softmax}\Big(g(\mathbf{X}|\Theta)\Big)\end{aligned}\tag{18.12}$$

430

其中 α_i 是根据打分函数 $g(\mathbf{X}|\Theta)$ 给出的第 i 个输入的注意力得分。

如果我们将 Z 设置为类别隐变量，其值域为 $\{1,2,\cdots,n\}$，再进一步设置 $P(z=i|\mathbf{X},\Theta)=\alpha_i$ 和 $f(\mathbf{X},Z|\Theta)=\mathbf{x}_z$，则式 (18.11) 演变为标准注意力机制。

面向结构化注意力的动态规划。要计算式 (18.11)，我们需要枚举 Z 以计算 $P(Z|\mathbf{X},\Theta)$ 的期望。如前所述，枚举结构化隐变量的所有值十分困难，这里我们可使用动态规划算法来高效求解。动态规划算法的设计取决于独立性假设，以第 8 章 CRF 的马尔可夫假设为例，此时 $P(Z|\mathbf{X},\Theta)$ 可写为：

$$\begin{aligned}P(Z|\mathbf{X},\Theta) &= \frac{1}{\mathcal{Z}}\exp\Big(\sum_C\psi(Z_C,\mathbf{X}|\Theta)\Big)\\ \mathcal{Z} &= \sum_{Z'}\exp\Big(\prod_C\psi(Z'_C,\mathbf{X}|\Theta)\Big)\end{aligned}\tag{18.13}$$

其中 C 代表单个团，Z_C 是给定 Z 时团 C 的子结构，$\psi(Z_C,\mathbf{X}|\Theta)$ 是团 C 的对数势函数，$\mathcal{Z}$ 是划分函数。

进一步，假设式 (18.11) 的 f 是各团的 f_C 的总和，即 $f(\mathbf{X},Z|\Theta)=\sum_C f(\mathbf{X},Z_C|\Theta)$，使用这些假设，我们可以将式 (18.11) 重写为：

$$\mathbf{c}=E_{Z\sim P(Z|\mathbf{X},\Theta)}f(\mathbf{X},Z|\Theta)=\sum_C E_{Z_C\sim P(Z_C|\mathbf{X},\Theta)}f_C(\mathbf{X},Z_C|\Theta)\tag{18.14}$$

其中 $P(Z_C|\mathbf{X},\Theta)$ 是团 C 的边缘后验分布。下面我们将讨论各种结构的 Z_C 的示例。

18.3.2 序列标注

第 7 章中讨论了如何使用 EM 算法学习无监督的隐马尔可夫模型，这一算法可用于无监督序列标注问题。本节将其拓展到神经网络模型，其中发射和转移概率不再被参数化为离散条件概率，而是使用神经网络。假定模型的输入为表示向量的序列 $\mathbf{X} = \mathbf{x}_1 \cdots \mathbf{x}_n$，其输出为潜在标签序列 $Z_{1:n} = z_1 \cdots z_n$，其中 z_i 为 $\mathbf{x}_i$ 的标签（$i \in [1, \cdots, n]$）。

对于一阶马尔可夫模型，z_C 被定义为两个连续的标签，其对数势函数是两个分量的和：

$$\psi(z_{i-1}z_i, \mathbf{X}|\Theta) = \psi_E(z_i, \mathbf{X}|\Theta) + \psi_T(z_{i-1}z_i, \mathbf{X}|\Theta) \tag{18.15}$$

其中 $\psi_E(z_i, \mathbf{X}|\Theta)$ 对应于发射 $z_i \to w_i$，$\psi_T(z_{i-1}z_i, \mathbf{X}|\Theta)$ 对应于转移 $z_{i-1} \to z_i$。我们将二者的参数化留作习题 18.2。

给定对数势函数，最终条件概率 $P(Z_{1:n}|\mathbf{X}, \Theta)$ 为：

$$P(Z_{1:n}|\mathbf{X}, \Theta) = \frac{1}{\mathcal{Z}} \exp\left(\sum_{i=1}^{n} \psi(z_{i-1}z_i, \mathbf{X}|\Theta)\right) \tag{18.16}$$

431

其中 $\mathcal{Z}$ 是划分函数，也称归一化因子，$z_0 = \langle \mathrm{B} \rangle$ 是句子开头的特殊标签，这与第 7 章相似。上面的等式类似于在第 8 章和第 15 章中讨论的 CRF 模型。

给定 $\psi(z_{i-1}z_i, \mathbf{X}|\Theta)$，我们可以将式 (18.14) 转化为

$$\begin{aligned}\mathbf{c} &= \sum_C E_{z_C \sim P(z_C|\mathbf{X},\Theta)} f_C(\mathbf{X}, z_C|\Theta) \\ &= \sum_{i=1}^{n} P(z_{i-1}z_i|\mathbf{X}, \Theta) \cdot (\mathbf{x}_{i-1} \oplus \mathbf{x}_i)\end{aligned} \tag{18.17}$$

其中 $C = z_{i-1}z_i$ 的标注函数 $f_C(\mathbf{X}, z_C|\Theta)$ 定义为 $\mathbf{x}_{i-1}$ 和 $\mathbf{x}_i$ 的向量拼接。$P(z_{i-1}z_i|\mathbf{X}, \Theta)$ 可根据 $P(Z_{1:n}|\mathbf{X}, \Theta)$ 使用前向后向算法（第 8 章）来计算。我们将在习题 18.3 讨论关于使用反向传播算法训练模型的更多细节。

18.3.3 序列分割

分割注意力层 (Segmentation Attention Layer) 考虑的是输入序列的连续子序列。如第 9 章中所述，序列分割任务可以通过每个输入位置的分割标签来表示。考虑一个简单的 0-1 标签集，它指示当前输入与其前序输入是否连续，连续为 1，否则为 0。类似地，我们可以用隐变量 $z_i \in \{1, 0\}$ 表示第 i 个单词是否开始一个新的连续子序列。

现假设 Z_C 为式 (18.14) 的特例，其中 $C \in \{1, \cdots, n\}$，$f(\mathbf{X}, Z_C|\Theta) = \delta(z_C, 1)\mathbf{x}_i$，其中函数 $\delta(z_i, 1)$ 测试 z_i 是否等于 1。基于这一隐变量定义，我们将每个输入位置的上下文表示为：

$$
\begin{aligned}
\mathbf{c} &= E_{Z\sim P(Z|\mathbf{X},\Theta)} f(\mathbf{X}, Z|\Theta) \\
&= \sum_{i=1}^{n} E_{z_i\sim P(z_i|\mathbf{X},\Theta)} f(\mathbf{X}, i, z_i|\Theta) \quad [\text{见式 (18.14)}] \\
&= \sum_{i=1}^{n} \left(P(z_i = 1|\mathbf{X}, \Theta)\delta(z_i = 1, 1)\mathbf{x}_i + \underbrace{P(z_i = 0|\mathbf{X}, \Theta)\delta(z_i = 0, 1)\mathbf{x}_i}_{0} \right) \\
&= \sum_{i=1}^{n} P(z_i = 1|\mathbf{X}, \Theta)\mathbf{x}_i
\end{aligned} \tag{18.18}
$$

与式 (18.12) 类似，式 (18.18) 给出的 $\mathbf{c}$ 是输入向量的加权和，但是式 (18.18) 中的权重未对输入元素进行归一化，从而使得具有多个 $z_i = 1$ 的输入可以得到较高权重。在式 (18.18) 中，实质上是使用连续子序列的开头来表示每个子序列，由于 $\mathbf{x}_i$ 一般是包含全局信息的序列编码器（例如 BiLSTM）所对应的输出（另请参阅习题 18.4），因此这一处理方式是合理的。

在式 (18.18) 中，我们在连续段之间进行了零阶马尔可夫假设，所以可使用对数势函数 $\psi_U(z_i, \mathbf{X}|\Theta)$ 简单地计算边缘概率 $P(z_i = 1|\mathbf{X}, \Theta)$，其中 ψ_U 表示以 $\mathbf{x}_i$ 开头的一个分割的势分数，具体可以将 ψ_U 定义为

432

$$
\begin{aligned}
&\psi_U(z_i = 1, \mathbf{X}|\Theta) = \mathbf{u}\mathbf{x}_i + b^u \\
&\psi_U(z_i = 0, \mathbf{X}|\Theta) = 0
\end{aligned} \tag{18.19}
$$

其中 $\mathbf{u}$ 和 b^u 为模型参数，且

$$
P(z_i = 1, \mathbf{X}|\Theta) = \frac{1}{\mathcal{Z}} \exp\Big(\psi_U(z_i, \mathbf{X}, \Theta)\Big) \tag{18.20}
$$

正如第 15 章所述，由于神经网络编码器具有强大的表示能力，局部模型可以很好地进行结构化预测。另一方面，类似于第 9 章，可以定义更高阶的 semi-CRF 模型来捕获连续段的依存关系，具体细节留作习题 18.5。

18.3.4 成分句法

分割注意力层使用线性链 CRF 来建模隐变量的顺序标签依存关系。同样，我们也可以定义一个成分句法解析器，将语法块的概率作为隐变量来学习。我们考虑一个零阶语法解析器，它类似于第 15 章的局部解析器；对于所有 $1 \leqslant i \leqslant j \leqslant n$，每个隐变量 $z_{ij} \in \{0, 1\}$ 表示语块 $\mathbf{X}_{i:j}$ 是否属于成分句法树。进而可定义**成分注意力层** (Constituent Attention Layer) 为

$$
\mathbf{c} = \sum_{i=1}^{n} \sum_{j=i}^{n} P(z_{ij} = 1|\mathbf{X}, \Theta)\mathbf{v}_{ij} \tag{18.21}
$$

其中 $\mathbf{v}_{ij}$ 是语块 $\mathbf{X}_{i:j}$ 的表示向量（习题 18.6 讨论了在给定 $\mathbf{X}$ 作为输入的情况下计算 $\mathbf{v}_{ij}$ 的神经编码器）。给定一个表示有效的二值化成分句法树的隐变量 $Z=\{z_{11},z_{12},\cdots,z_{nn}\}$，其后验概率为：

$$P(Z|\mathbf{X},\Theta)=\frac{1}{\mathcal{Z}}\exp\Big(\sum_{z_{ij}\in Z}\psi_S(z_{ij},\mathbf{X}|\Theta)\Big) \tag{18.22}$$

其中 $\psi_S(z_{ij},\mathbf{X}|\Theta)$ 是语块 $\mathbf{X}_{i:j}$ 的对数势函数，可以通过下式定义：

$$\begin{aligned}\psi_S(z_{ij}=1,\mathbf{X}|\Theta)&=\boldsymbol{\theta}^S\mathbf{v}_{ij}+b\\ \psi_S(z_{ij}=0,\mathbf{X}|\Theta)&=0\end{aligned} \tag{18.23}$$

$\boldsymbol{\theta}^S\in\mathbb{R}^{1\times d}$ 和 $b\in\mathbb{R}$ 是模型参数。

使用上述定义，则可以直接根据 $P(z_{ij}=1|\mathbf{X},\Theta)=\frac{1}{\mathcal{Z}'}\exp\Big(\psi_S(z_{ij}=1,\mathbf{X}|\Theta)\Big)$ 计算边缘分布 $P(z_{ij}=1|\mathbf{X},\Theta)$，其中 $\mathcal{Z}'$ 是划分函数。

与第 10 章类似，我们同样可以通过考虑 z_{ij} 的依存关系来定义高阶树 CRF 模型。例如，一阶模型可以将依存关系建模为上下文无关文法，此时团是一种语法规则，并且可以使用第 10 章中的内部-外部 (inside-outside) 算法来查找团的边缘分布，这一方式留作习题 18.8 。

433

18.4　变分推理

前面我们已经讨论了一系列神经网络隐变量模型的 EM 训练方式。在这些模型中，一些必要的关于后验概率 $P(Z|X,\Theta)$ 的期望可以被精确地计算，具体的方法包括暴力枚举或动态规划。然而存在另一些情况，这些对应的期望值是无法精确计算的。例如当 Z 包含连续型隐变量时，式 (18.5) 变为：

$$P(Z|X,\Theta)=\frac{P(Z,X|\Theta)}{P(X|\Theta)}=\frac{P(Z|\Theta)P(X|Z,\Theta)}{\int_{Z'}P(Z'|\Theta)P(X|Z',\Theta)\mathrm{d}Z'}$$

显然，它没有封闭解。

既然无法实现对这些基于后验的期望的精确计算，我们可以采用近似的手段来进行后验推理。**变分推理**（Variational Inference, VI）便是这样一种方法，它优化 $\log P(X)$ 的下界来替代对后验 $P(Z|X,\Theta)$ 的精确计算。

18.4.1　证据下界

在 6.3 节中，我们通过使用 Jensen 不等式推导了离散隐变量模型的 $\log P(X)$ 下界：

$$\log P(X|\Theta)\geqslant\sum_Z P_C(Z)\log\frac{P(X,Z|\Theta)}{P_C(Z)}=E_{P_C(Z)}\log\frac{P(X,Z|\Theta)}{P_C(Z)}$$

其中 $P_C(Z)$ 是精确后验 $P(Z|X,\Theta)$ 的代理形式。这一下界称为**证据下界** (Evidence Lower Bound, ELBO)。尽管 $P_C(Z)$ 实际上可以是任意分布，但在第 6 章中利用条件 $P_C(Z)=P(Z|X,\Theta)$ 给出了最大下界值。然而，第 6 章中的结果对我们没有帮助，因为我们假设 $P(Z|X,\Theta)$ 是难以计算的。为此，我们考虑一些不太紧致的边界，将后验 $P(Z|X,\Theta)$ 正则化为 Z 上某个较简单分布 $\mathcal{Q}$ 的族（例如高斯分布），并规定 $\mathcal{Q}$ 中的每个分布都表示为 $q_{\boldsymbol{\lambda}}(Z)$，其中 $\boldsymbol{\lambda}$ 表示一组**变分参数**（例如，高斯分布中的 μ 和 σ^2）。变分推断的关键是灵活地根据输入的训练样例设置变分参数，这样就可以用简单分布族 $q_{\boldsymbol{\lambda}}(Z)$ 近似后验分布 $P(Z|X,\Theta)$。在使用**变分后验** $q_{\boldsymbol{\lambda}}(Z)$ 后，此下界可以被重写为：

$$\mathrm{ELBO}(X|\boldsymbol{\lambda},\Theta)=E_{q_{\boldsymbol{\lambda}}(Z)}\log\frac{P(X,Z|\Theta)}{q_{\boldsymbol{\lambda}}(Z)} \tag{18.24}$$

这是 $\log\dfrac{P(X,Z|\Theta)}{q_{\boldsymbol{\lambda}}(Z)}$ 在分布 $q_{\boldsymbol{\lambda}}(Z)$ 上的期望。式 (18.24) 中的下界对于离散和连续隐变量均成立。在本节的其余部分中，我们将始终假设隐变量是连续类型。

与式 (6.31) 相似，证据和证据下界之间的差是近似后验和真实后验的 KL 散度，则有

$$\mathrm{ELBO}(X|\boldsymbol{\lambda},\Theta)=\log P(X|\Theta)-\mathrm{KL}\Big(q_{\boldsymbol{\lambda}}(Z),P(Z|X,\Theta)\Big) \tag{18.25}$$

434

现在我们不直接优化 $\log P(X|\Theta)$，而是优化最大下界 $\mathrm{ELBO}(X|\boldsymbol{\lambda},\Theta)$，直观上，式 (18.25) 等价于以 $\mathrm{KL}(q_{\boldsymbol{\lambda}}(Z),P(Z|X,\Theta))$ 为距离计算准则，从不同的 $\mathcal{Q}$ 中选择一个让这一距离最小的概率分布 $P(Z|X,\Theta)$。

对于每个训练样例，后验分布 $P(Z|X,\Theta)$ 可能不同，因此变分参数 $\boldsymbol{\lambda}$ 与具体训练样例相关。给定数据集 $D=\{x_i\}|_{i=1}^N$，对于第 i 个输入 x_i，假设其变分参数为 $\boldsymbol{\lambda}_i$，则整个数据集的对数边缘概率为

$$\begin{aligned}\log P(D|\boldsymbol{\Lambda},\Theta)&=\sum_{i=1}^N\log P(x_i|\boldsymbol{\lambda}_i,\Theta)\\&\geqslant\sum_{i=1}^N\mathrm{ELBO}(x_i|\boldsymbol{\lambda}_i,\Theta)=\sum_{i=1}^N E_{q_{\boldsymbol{\lambda}_i}(Z)}\Big(\log\frac{P(x_i,Z|\Theta)}{q_{\boldsymbol{\lambda}_i}(Z)}\Big)\\&=\mathrm{ELBO}(D|\boldsymbol{\Lambda},\Theta)\end{aligned} \tag{18.26}$$

其中 $\boldsymbol{\Lambda}=\{\boldsymbol{\lambda}_1,\boldsymbol{\lambda}_2,\cdots,\boldsymbol{\lambda}_N\}$。整个数据集的对数似然下限是每个数据点 ELBO 的总和。直观上，下限取决于分布 $q_{\boldsymbol{\lambda}}(Z)$ 的选择，较为复杂的 $q_{\boldsymbol{\lambda}}(Z)$ 可以更好地近似真正的 $P(Z|X,\Theta)$。在接下来的三个小节中，我们将分别介绍式 (18.26) 的三种优化方法，其中前两种技术分别对应于第 6 章和 18.1 节中应用于精确后验的期望最大算法。

18.4.2 坐标上升变分推理

对于每个输入 x_i，有 $\boldsymbol{\lambda_i}$ 和 Θ 两种类型的参数。为了优化 ELBO，可以应用第 6 章的共轭上升法：首先保持 Θ 固定，更新 $\boldsymbol{\lambda_i}$；然后保持 $\boldsymbol{\lambda_i}$ 固定，更新 Θ。这一学习过程非常

类似于 EM（最大期望），称为**坐标上升变分推理** (Coordinate Ascent VI, CAVI)，也称为**变分 EM**。第二个名称反映了 EM 和 CAVI 之间的潜在关系：它们仅在优化目标上有所不同（即真正的后验与 ELBO）。

变分 E 步。EM 算法中的 E 步的目标是在固定模型参数的条件下寻找最优的后验隐变量分布。类似地，变分 EM 算法的 E 步则通过假设 Θ 为常数，为每个输入 x_i 寻找最优的后验分布 $q_{\boldsymbol{\lambda}_i}(Z)$。具体的 $\boldsymbol{\lambda}_i$ 由下式给出

$$
\begin{aligned}
\boldsymbol{\lambda}_i &= \arg\max_{\boldsymbol{\lambda}'_i} \text{ELBO}(x_i|\boldsymbol{\lambda}'_i, \Theta) \\
&= \arg\max_{\boldsymbol{\lambda}'_i} \Big(\log P(x_i|\Theta) - \text{KL}(q_{\boldsymbol{\lambda}'_i}(Z), P(Z|x_i,\Theta))\Big) \text{ [使用式 (18.24)]} \\
&= \arg\min_{\boldsymbol{\lambda}'_i} \text{KL}(q_{\boldsymbol{\lambda}'_i}(Z), P(Z|x_i,\Theta))
\end{aligned} \tag{18.27}
$$

435

上面的最后一个等式成立的原因是，在固定 Θ 时 $\log P(x_i|\Theta)$ 独立于 $\boldsymbol{\lambda}'_i$。

变分 M 步。变分 EM 中的 M 步通过固定在 E 步中获得的 $\boldsymbol{\lambda}_i$ 来最大化整个数据集的 ELBO，

$$
\begin{aligned}
\Theta &= \arg\max_{\Theta'} \text{ELBO}(D|\boldsymbol{\Lambda},\Theta') = \arg\max_{\Theta'} \sum_{i=1}^{N} \text{ELBO}(x_i|\boldsymbol{\lambda}_i,\Theta) \\
&= \arg\max_{\Theta'} \sum_{i=1}^{N} E_{q_{\boldsymbol{\lambda}_i}(Z)}\Big(\log \frac{P(x_i,Z|\Theta')}{q_{\boldsymbol{\lambda}_i}(Z)}\Big) \\
&= \arg\max_{\Theta'} \sum_{i=1}^{N} E_{q_{\boldsymbol{\lambda}_i}(Z)}\Big(\log P(x_i,Z|\Theta') - q_{\boldsymbol{\lambda}_i}(Z)\Big) \\
&= \arg\max_{\Theta'} \sum_{i=1}^{N} E_{q_{\boldsymbol{\lambda}_i}(Z)} \log P(x_i,Z|\Theta')
\end{aligned} \tag{18.28}
$$

上面的最后一步成立是由于熵项 $-\sum_{i=1}^{N} E_{q_{\boldsymbol{\lambda}_i}(Z)} q_{\boldsymbol{\lambda}_i}(Z)$ 并不依赖于 Θ'。

EM 中的 M 步通过最大化完整数据对数似然概率关于真实后验 $P(Z|x_i,\Theta)$ 的期望 $\sum_{i=1}^{N} E_{P(Z|x_i,\Theta)} \log P(x_i,Z|\Theta')$ 来优化 Θ。变分 E 步与之十分相似，只是采用变分后验 $q_{\boldsymbol{\lambda}}(Z)$ 取代了真实后验。在极端情况下，当精心设计的 $q_{\boldsymbol{\lambda}}(Z)$ 能使得 $P(Z|x_i,\Theta)$ 也属于该变分分布族时，由于在变分 E 步中，得到 $q_{\boldsymbol{\lambda}_i}(Z) = P(Z|x_i,\Theta)$ 时 KL 散度为零达到最小，使得此时变分 EM 转化为标准 EM。

18.4.3 随机变分推理

在共轭上升变分推理中，E 步遍历所有训练数据计算每个训练实例的后验分布，效率较低，因此我们也可以使用小批量数据应用基于梯度的优化。与广义 EM 中的 M 步处理相似，我们采用随机梯度上升来近似 E 步和 M 步。该学习算法称为**随机变分推理**（Stochastic VI, SVI）。下面用一个大小为 M 的批数据示例来说明 SVI 的更新过程。

基于梯度的 E 步。基于梯度的 E 步通过使用局部梯度 $\dfrac{\partial \text{ELBO}(x_i|\boldsymbol{\lambda}_i,\Theta)}{\partial \boldsymbol{\lambda}_i}$ 更新第 i 个数据点的变分参数：

$$\begin{aligned}\boldsymbol{\lambda}_i^{t+1} &= \boldsymbol{\lambda}_i^t + \eta \frac{\partial \text{ELBO}(x_i|\boldsymbol{\lambda}_i,\Theta)}{\partial \boldsymbol{\lambda}_i} \\ &= \boldsymbol{\lambda}_i^t - \eta \frac{\partial \text{KL}(q_{\boldsymbol{\lambda}_i}(Z), P(Z|x_i,\Theta))}{\partial \boldsymbol{\lambda}_i}\end{aligned} \tag{18.29}$$

其中 η 是学习率。

在每个小批数据中，初始参数 $\boldsymbol{\lambda}_i^0$ 可以随机初始化。然后，对每个数据点执行 K 次基于梯度的 E 步，使 $\boldsymbol{\lambda}_i^K$ 成为一个较好的近似。

436

基于梯度的 M 步。使用已经学习到的变分参数 $\{\boldsymbol{\lambda}_1^K, \boldsymbol{\lambda}_2^K, \cdots, \boldsymbol{\lambda}_M^K\}$，采用基于梯度的 M 步通过梯度 $\dfrac{\partial \sum_{i=1}^M \text{ELBO}(x_i|\boldsymbol{\lambda}_i^K,\Theta)}{\partial \Theta}$ 更新 Θ：

$$\begin{aligned}\Theta^{t+1} &= \Theta^t + \eta \frac{\partial \sum_{i=1}^M \text{ELBO}(x_i|\boldsymbol{\lambda}_i^K,\Theta)}{\partial \Theta}, \\ &= \Theta^t + \eta \sum_{i=1}^M E_{q_{\boldsymbol{\lambda}_i^K}(Z)} \frac{\partial \log P(x_i, Z|\Theta)}{\partial \Theta}\end{aligned} \tag{18.30}$$

与 CAVI 相比，SVI 使用小批量训练样本迭代更新模型参数，不需要 $\boldsymbol{\lambda}$ 和 Θ 相对于整个训练数据集的封闭解。

18.4.4 分摊变分推理

CAVI 和 SVI 都通过最大化 ELBO 来优化**特定样例**的变分参数，它们存在三个潜在的问题：（1）变分参数的数量与训练数据的大小呈线性关系，面对大型数据集时，参数的大小无法缩放；（2）加入新测试样本后，需要再次进行优化以重新获取变分参数；（3）针对单个样本进行优化的开销可能会很昂贵，因为使用 CAVI 时深度生成模型的变分参数通常没有封闭解，且 SVI 的梯度 $\dfrac{\partial \text{ELBO}(x_i|\boldsymbol{\lambda}_i,\Theta)}{\partial \boldsymbol{\lambda}_i}$ 计算量可能非常大。

为了缓解这些问题，**分摊变分推理**（Amortized VI）将变分分布族限制为由深度神经网络参数化的特定分布，这些深度神经网络被称为**识别网络** (recognition network)、**推理网络** (inference network) 或**编码器** (encoder)。分摊变分推理不是为每个训练样例学习一组变分参数，而是学习全局共享的神经网络参数来预测每个样例的变分参数 $\boldsymbol{\lambda}_i$。

我们用 $\text{InfNet}(x_i;\boldsymbol{\phi})$ 标记推理网络，其中 $\boldsymbol{\phi}$ 是推理网络的模型参数，然后 x_i 的变分参数由 $\boldsymbol{\lambda}_i = \text{InfNet}(x_i;\boldsymbol{\phi})$ 动态确定。给定训练集 $D=\{x_i\}|_{i=1}^N$，可以通过最大化整个数据集的总 ELBO 来优化共享参数集 $\boldsymbol{\phi}$，具体损失函数为

$$L = -\sum_{i=1}^N \text{ELBO}(x_i|\text{InfNet}(x_i;\boldsymbol{\phi}),\Theta) \tag{18.31}$$

为了简化公式，下面我们将 $\text{ELBO}(x_i|\text{InfNet}(x_i;\boldsymbol{\phi}),\Theta)$ 表示为 $\text{ELBO}(x_i|\boldsymbol{\phi},\Theta)$。对上述学习目标，我们可以使用小批量随机梯度上升来交替优化 $\boldsymbol{\phi}$ 和 Θ：

$$\begin{aligned}\boldsymbol{\phi}^{t+1} &= \boldsymbol{\phi}^t + \eta\frac{\partial\sum_{i=1}^{M}\text{ELBO}(x_i|\boldsymbol{\phi},\Theta^t)}{\partial\boldsymbol{\phi}} \\ \Theta^{t+1} &= \Theta^t + \eta\frac{\partial\sum_{i=1}^{M}\text{ELBO}(x_i|\boldsymbol{\phi}^t,\Theta)}{\partial\Theta}\end{aligned} \tag{18.32}$$

437

这样，便可以共同学习 $\boldsymbol{\phi}$ 和 Θ。

与 CAVI 和 SVI 相比，VI 的表达能力稍弱，因为它引入了一个约束，即变分后验分布 $\boldsymbol{\lambda}_i$ 是来自观测数据 x_i 的参数化映射。自由形式的变分推理（例如 CAVI 和 SVI）与 VI 之间的差称为**分摊间隔**（amortisation gap）。在实践中，由于编码器可以简单地获得输入样本的变分参数，因此 VI 可能比 CAVI 和 SVI 快得多，而当编码器经过精心的设计和训练后，它学习到的变分参数可以有效地表示后验分布，从而能很好地逼近真实后验。VI 可以很好地将深度神经网络和变分推理结合起来，使之能够有效地应用于海量数据集，我们将在下一节讨论其典型应用。

18.4.5 变分自编码器

变分自编码器 (Variational autoencoder, VAE) 是分摊变分推理在基于**自编码器** (autoencoder) 框架的无监督表示学习中的应用。自编码器（图 18.2a）的目标是训练一个模型，将输入的 x **编码**到表示 z 中，然后从 z 重构（即**解码**）x。表示 z 通常是包含有关 x 所有信息的更紧凑表示，重构这一训练目标确保了信息的保存。图 18.2展示了典型的自编码器结构。虽然 z 可以是神经自编码器中信息确定的隐层向量，但 VAE（图 18.2b）中的 z 成为隐式随机变量。

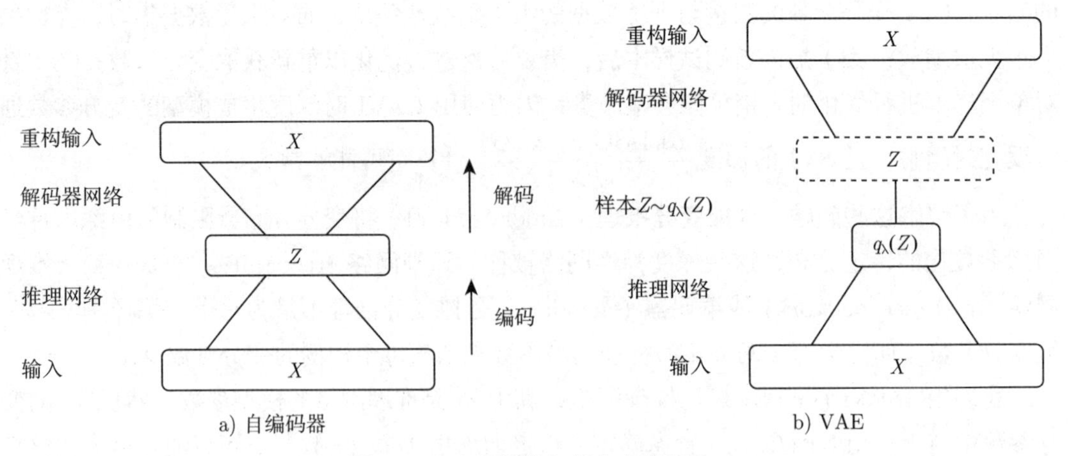

图 18.2　自编码器和变分自编码器

VAE 具体包含两个阶段，分别为编码和解码。对于解码过程，VAE 训练的目标是从一个连续空间生成真实样本。具体而言，模型首先从先验分布 $P(\mathbf{z}|\Theta)$ 中采样一个随机向

量 $\mathbf{z}$，然后使用**解码器网络**$P(x|\mathbf{z},\Theta)$ 从 $\mathbf{z}$ 构造 x。

对于编码过程，是给定输入 x 求分布 $q_{\boldsymbol{\lambda}}(\boldsymbol{Z})$，其中变分参数 $\boldsymbol{\lambda}$ 的预测是由具有参数 $\boldsymbol{\phi}$ 的**推理网络**完成的，即 $\boldsymbol{\lambda}=\textsc{InfNet}(x_i;\boldsymbol{\phi})$。因此类似于 18.4 节，$q_{\boldsymbol{\lambda}}(\boldsymbol{Z})$ 是一个以 x 为条件的后验概率。我们将隐变量 $\mathbf{z}$ 上的变分后验分布 $q_{\boldsymbol{\lambda}}(Z)$ 表示为 $q(\mathbf{z}|x,\boldsymbol{\phi})$。为了确保来自先验概率 $P(\mathbf{z}|\Theta)$ 的随机向量 $\mathbf{z}$ 可以对输入中具有意义的表示进行变分编码，我们在训练期间强制后验概率 $q(\mathbf{z}|x,\boldsymbol{\phi})$ 与 $P(\mathbf{z}|\Theta)$ 相匹配。最后，我们使用式 (18.32) 对 Θ 和 $\boldsymbol{\phi}$ 进行联合训练，以最大化 x 上的 ELBO。我们可以将其重写为：

438

$$
\begin{aligned}
\mathrm{ELBO}(x|\boldsymbol{\phi},\Theta)&=E_{q(\mathbf{z}|x,\boldsymbol{\phi})}\left[\log\frac{P(x,\mathbf{z}|\Theta)}{q(\mathbf{z}|\boldsymbol{\phi})}\right]\\
&=E_{q(\mathbf{z}|x,\boldsymbol{\phi})}\left[\log\frac{P(x|\mathbf{z},\Theta)P(\mathbf{z}|\Theta)}{q(\mathbf{z}|\boldsymbol{\phi})}\right]\\
&=\underbrace{E_{q(\mathbf{z}|x,\boldsymbol{\phi})}\log P(x|\mathbf{z},\Theta)}_{\text{重建损失}}-\underbrace{\mathrm{KL}\Big(q(\mathbf{z}|x,\boldsymbol{\phi}),P(\mathbf{z}|\Theta)\Big)}_{\text{正则项}}
\end{aligned}
\tag{18.33}
$$

式 (18.33) 中的第一项 $E_{q(\mathbf{z}|x,\boldsymbol{\phi})}\log P(x|\mathbf{z},\Theta)$ 被视为重构损失。编码器首先根据后验分布 $q(\mathbf{z}|x,\boldsymbol{\phi})$ 生成隐随机向量 $\mathbf{z}$，然后通过最大化对数似然概率 $P(x|\mathbf{z},\Theta)$ 训练隐式随机向量 $\mathbf{z}$，使之能真实重构 x。第二项 $\mathrm{KL}\Big(q(\mathbf{z}|x;\boldsymbol{\phi}),P(\mathbf{z};\Theta)\Big)$ 是正则项，它迫使后验分布与先验分布相似。我们通常可以从具有不同参数的相同类型的分布中选择后验分布和先验分布，从而更容易进行优化。

例如，我们一般可以应用具有对角协方差矩阵的多元高斯分布（第 2 章）作为后验分布和先验分布。具体令 $P(\mathbf{z}|\Theta)=\mathcal{N}(\mathbf{z}|\mathbf{0},\mathbf{I})$，$q(\mathbf{z}|x,\boldsymbol{\phi})=\mathcal{N}(\mathbf{z}|\boldsymbol{\mu},\mathrm{diag}(\boldsymbol{\sigma}^2))$，其中 $\boldsymbol{\mu}$ 和 $\boldsymbol{\sigma}$ 由推理网络根据 x 预测，$\boldsymbol{\mu}\in\mathbb{R}^d$，$\boldsymbol{\sigma}\in\mathbb{R}^d$：

$$
\begin{aligned}
\boldsymbol{\mu}&=\textsc{InfNet}^{\boldsymbol{\mu}}(x,\boldsymbol{\phi}^{\boldsymbol{\mu}})\\
\boldsymbol{\sigma}^2&=\textsc{InfNet}^{\boldsymbol{\sigma}}(x,\boldsymbol{\phi}^{\boldsymbol{\sigma}})
\end{aligned}
\tag{18.34}
$$

其中 $\textsc{InfNet}^{\boldsymbol{\mu}}$ 和 $\textsc{InfNet}^{\boldsymbol{\sigma}}$ 是由 $\boldsymbol{\phi}^{\boldsymbol{\mu}}$ 和 $\boldsymbol{\phi}^{\boldsymbol{\sigma}}$ 参数化的两个独立网络（可以是 MLP 或更复杂的模块），因此 $\textsc{InfNet}=\textsc{InfNet}^{\boldsymbol{\mu}}\cup\textsc{InfNet}^{\boldsymbol{\sigma}}$ 且 $\boldsymbol{\phi}=\boldsymbol{\phi}^{\boldsymbol{\mu}}\cup\boldsymbol{\phi}^{\boldsymbol{\sigma}}$。

训练。为了训练编码器，此处使用梯度 $\dfrac{\partial\mathrm{ELBO}(x|\boldsymbol{\phi},\Theta)}{\partial\Theta}$ 更新 Θ，这与式 (18.30) 相似：

$$
\frac{\partial\mathrm{ELBO}(x|\boldsymbol{\phi},\Theta)}{\partial\Theta}=E_{q(\mathbf{z}|x,\boldsymbol{\phi})}\left[\frac{\partial\log P(x,\mathbf{z}|\Theta)}{\partial\Theta}\right]
\tag{18.35}
$$

式 (18.35) 是完整数据对数似然概率 $\log P(x,\mathbf{z}|\Theta)$ 相对于 Θ 的梯度关于变分后验概率 $q(\mathbf{z}|x,\boldsymbol{\phi})$ 的期望。为了估计复杂的期望，我们可以通过从 $q(\mathbf{z}|x,\boldsymbol{\phi})$ 生成 $\mathbf{z}$ 的 M 个样本（即 $\mathbf{z}_1,\mathbf{z}_2,\cdots,\mathbf{z}_M$）来近似梯度：

439

$$
E_{q(\mathbf{z}|x,\boldsymbol{\phi})}\left[\frac{\partial\log P(x,\mathbf{z}|\Theta)}{\partial\Theta}\right]\approx\frac{1}{M}\sum_{i=1}^{M}\frac{\partial\log P(x,\mathbf{z}_i|\Theta)}{\partial\Theta}
\tag{18.36}
$$

实际中，M 通常被设置为 1 以兼顾效率和准确性。我们同样可以通过梯度 $\dfrac{\partial \mathrm{ELBO}(x|\boldsymbol{\phi},\Theta)}{\partial \boldsymbol{\phi}}$ 来优化推理网络参数 $\boldsymbol{\phi}$：

$$
\begin{aligned}
\frac{\partial \mathrm{ELBO}(x|\boldsymbol{\phi},\Theta)}{\partial \boldsymbol{\phi}} &= \frac{\partial E_{q(\mathbf{z}|x,\boldsymbol{\phi})} \log \dfrac{P(x,\mathbf{z}|\Theta)}{q(\mathbf{z}|x,\boldsymbol{\phi})}}{\partial \boldsymbol{\phi}} \\
&= \frac{\partial E_{q(\mathbf{z}|x,\boldsymbol{\phi})} \log P(x,\mathbf{z}|\Theta)}{\partial \boldsymbol{\phi}} - \frac{\partial E_{q(\mathbf{z}|x,\boldsymbol{\phi})} \log q(\mathbf{z}|x,\boldsymbol{\phi})}{\partial \boldsymbol{\phi}}
\end{aligned} \tag{18.37}
$$

这里 $\dfrac{\partial E_{q(\mathbf{z}|x,\boldsymbol{\phi})} \log P(x,\mathbf{z}|\Theta)}{\partial \boldsymbol{\phi}}$ 和 $\dfrac{\partial E_{q(\mathbf{z}|x,\boldsymbol{\phi})} \log q(\mathbf{z}|x,\boldsymbol{\phi})}{\partial \boldsymbol{\phi}}$ 的计算是相似的。首先考虑第二项，其中

$$
\begin{aligned}
\frac{\partial E_{q(\mathbf{z}|x,\boldsymbol{\phi})} \log q(\mathbf{z}|x,\boldsymbol{\phi})}{\partial \boldsymbol{\phi}} &= \frac{\partial \displaystyle\int \log q(\mathbf{z}|x,\boldsymbol{\phi}) q(\mathbf{z}|x,\boldsymbol{\phi}) \mathrm{d}\mathbf{z}}{\partial \boldsymbol{\phi}} \\
&= \int \frac{\partial \Big(\log q(\mathbf{z}|x,\boldsymbol{\phi}) q(\mathbf{z}|x,\boldsymbol{\phi}) \Big) \mathrm{d}\mathbf{z}}{\partial \boldsymbol{\phi}} \\
&= \int q(\mathbf{z}|x,\boldsymbol{\phi}) \frac{\partial \log q(\mathbf{z}|x,\boldsymbol{\phi})}{\partial \boldsymbol{\phi}} + \log q(\mathbf{z}|x,\boldsymbol{\phi}) \frac{\partial q(\mathbf{z}|x,\boldsymbol{\phi})}{\partial \boldsymbol{\phi}} \mathrm{d}\mathbf{z} \\
&= \int \frac{\partial q(\mathbf{z}|x,\boldsymbol{\phi})}{\partial \boldsymbol{\phi}} \mathrm{d}\mathbf{z} + \int \log q(\mathbf{z}|x,\boldsymbol{\phi}) \frac{\partial q(\mathbf{z}|x,\boldsymbol{\phi})}{\partial \boldsymbol{\phi}} \mathrm{d}\mathbf{z} \\
&= 0 + \int \log q(\mathbf{z}|x,\boldsymbol{\phi}) \frac{\partial q(\mathbf{z}|x,\boldsymbol{\phi})}{\partial \boldsymbol{\phi}} \mathrm{d}\mathbf{z} \\
&= \int \log q(\mathbf{z}|x,\boldsymbol{\phi}) q(\mathbf{z}|x,\boldsymbol{\phi}) \frac{\partial \log q(\mathbf{z}|x,\boldsymbol{\phi})}{\partial \boldsymbol{\phi}} \mathrm{d}\mathbf{z} \\
&= E_{q(\mathbf{z}|x,\boldsymbol{\phi})} \Big[\log q(\mathbf{z}|x,\boldsymbol{\phi}) \frac{\partial \log q(\mathbf{z}|x,\boldsymbol{\phi})}{\partial \boldsymbol{\phi}} \Big]
\end{aligned} \tag{18.38}
$$

相似地，可以得到：

$$
\frac{\partial E_{q(\mathbf{z}|x,\boldsymbol{\phi})} \log P(x,\mathbf{z}|\Theta)}{\partial \boldsymbol{\phi}} = E_{q(\mathbf{z}|x,\boldsymbol{\phi})} \Big[\log P(x,\mathbf{z}|\Theta) \frac{\partial \log q(\mathbf{z}|x,\boldsymbol{\phi})}{\partial \boldsymbol{\phi}} \Big]
$$

因此，$\dfrac{\partial \mathrm{ELBO}(x|\boldsymbol{\phi},\Theta)}{\partial \boldsymbol{\phi}}$ 最终为

$$
\begin{aligned}
\frac{\partial \mathrm{ELBO}(x|\boldsymbol{\phi},\Theta)}{\partial \boldsymbol{\phi}} &= E_{q(\mathbf{z}|x,\boldsymbol{\phi})} \Big[\log P(x,\mathbf{z}|\Theta) \frac{\partial \log q(\mathbf{z}|x,\boldsymbol{\phi})}{\partial \boldsymbol{\phi}} \Big] - \\
&\quad E_{q(\mathbf{z}|x,\boldsymbol{\phi})} \Big[\log q(\mathbf{z}|x,\boldsymbol{\phi}) \frac{\partial \log q(\mathbf{z}|x,\boldsymbol{\phi})}{\partial \boldsymbol{\phi}} \Big] \\
&= E_{q(\mathbf{z}|x,\boldsymbol{\phi})} \Big[\log \frac{P(x,\mathbf{z}|\Theta)}{q(\mathbf{z}|x,\boldsymbol{\phi})} \frac{\partial \log q(\mathbf{z}|x,\boldsymbol{\phi})}{\partial \boldsymbol{\phi}} \Big]
\end{aligned} \tag{18.39}
$$

使用 M 个随机样本，可以通过下式来近似 $\dfrac{\partial \text{ELBO}(x|\boldsymbol{\phi},\Theta)}{\partial \boldsymbol{\phi}}$：

$$\frac{\partial \text{ELBO}(x|\boldsymbol{\phi},\Theta)}{\partial \boldsymbol{\phi}} \approx \frac{1}{M}\sum_{i=1}^{M} \log \frac{P(x,\mathbf{z}_i|\Theta)}{q(\mathbf{z}_i|x,\boldsymbol{\phi})} \frac{\partial \log q(\mathbf{z}_i|x,\boldsymbol{\phi})}{\partial \boldsymbol{\phi}} \tag{18.40}$$

440

18.4.6 重参数化

上一节的 VAE 梯度计算具体通过 M 个样本来估计梯度的期望值，然后在准备更新推理网络的参数时，我们使用式 (18.40) 计算梯度。在此过程中，首先要计算隐变量 $\mathbf{z}$ 的后验分布，然后根据它采样一个隐变量实例，最后再计算 ELBO 函数的梯度，其中采样过程取决于推理网络本身的参数 $\boldsymbol{\phi}$。从理论上讲，梯度还应在采样过程中反向传播到 $\boldsymbol{\phi}$，以便调整采样分布，从而更好地优化 ELBO，但是由于采样过程是一个不可微分的离散值函数，这使我们不能确保在使用 SGD 训练时，所有起作用的参数都得到有效更新。

一个非常简单的想法是从采样过程中删除参数 $\boldsymbol{\phi}$，以便在抽取样本时独立于所有模型参数。这样，当反向传播 ELBO 梯度时，可以安全地忽略采样过程。为此需要对后验分布进行**重参数化** (reparameterization)，使后验分布 $q(\mathbf{z}|x,\boldsymbol{\phi})$ 通过一个确定的、可逆的和可微分的变换 $f_{\boldsymbol{\phi}}$，转换为一个特定的不依赖于 $\boldsymbol{\phi}$ 的基本分布 $q(\boldsymbol{\epsilon})$。具体而言，首先使用 $q(\boldsymbol{\epsilon})$ 抽取样本 $\boldsymbol{\epsilon}$ 来计算随机样本 $\mathbf{z}$：

$$\begin{aligned} \boldsymbol{\epsilon} &\sim q(\boldsymbol{\epsilon}) \\ \mathbf{z} &= f_{\boldsymbol{\phi}}(\boldsymbol{\epsilon}) \end{aligned} \tag{18.41}$$

其中，$f_{\boldsymbol{\phi}}(\boldsymbol{\epsilon})$ 通常是**标准化函数** $s_{\boldsymbol{\phi}}(\mathbf{z})$ 的反函数，它将参数化分布映射为标准分布，例如标准正态分布 $\mathcal{N}(\mathbf{0},\mathbf{I})$ 和均匀分布 $\mathcal{U}[\mathbf{0},\mathbf{1}]$，具体示例如下。

高斯分布的重参数化。假设 $q(\mathbf{z}|x,\boldsymbol{\phi})$ 是对角高斯分布，$q(\mathbf{z}|x,\boldsymbol{\phi}) \sim \mathcal{N}(\boldsymbol{\mu},\text{diag}(\boldsymbol{\sigma}^2))$，此分布的标准化函数为 $s_{\boldsymbol{\phi}}(\mathbf{z}) = \dfrac{\mathbf{z}-\boldsymbol{\mu}}{\boldsymbol{\sigma}}$，通过这一变化可以使其分布为 $\mathcal{N}(\mathbf{0},\mathbf{I})$。高斯随机样本 $\mathbf{z}$ 的重参数化方法为：

$$\begin{aligned} &\boldsymbol{\epsilon} \sim \mathcal{N}(\mathbf{0},\mathbf{I}) \\ &\mathbf{z} = f_{\boldsymbol{\phi}}(\boldsymbol{\epsilon}) = s_{\boldsymbol{\phi}}^{-1}(\boldsymbol{\epsilon}) = \boldsymbol{\mu} + \boldsymbol{\sigma} \otimes \boldsymbol{\epsilon} \end{aligned} \tag{18.42}$$

其中 $\boldsymbol{\mu}$ 和 $\boldsymbol{\sigma}^2$ 由式 (18.34) 的编码器产生。

考虑式 (18.33) 中 $\boldsymbol{\phi}$ 的梯度，有

$$\frac{\partial \text{ELBO}(x|\boldsymbol{\phi},\Theta)}{\partial \boldsymbol{\phi}} = \frac{\partial E_{q(\mathbf{z}|x,\boldsymbol{\phi})}\Big[\log P(x|\mathbf{z},\Theta)\Big]}{\partial \boldsymbol{\phi}} - \frac{\partial \text{KL}\Big(q(\mathbf{z}|x,\boldsymbol{\phi}),p(\mathbf{z})\Big)}{\partial \boldsymbol{\phi}}$$

为了估计上式的第一项，需要从 $q(\mathbf{z}|x,\boldsymbol{\phi})$ 生成样例。通过使用重参数化方法，我们可以将此项中的期望重写为

$$E_{q(\mathbf{z}|x,\boldsymbol{\phi})}\Big[\log P(x|\mathbf{z},\Theta)\Big] = E_{q(\boldsymbol{\epsilon})}\Big[\log P(x|f_{\boldsymbol{\phi}}(\boldsymbol{\epsilon}),\Theta)\Big] \tag{18.43}$$

441

式 (18.43) 表明我们可以通过独立的基本分布 $q(\boldsymbol{\epsilon})$ 和变换函数 $f_{\boldsymbol{\phi}}$，在不知 $q(\mathbf{z}|x,\boldsymbol{\phi})$ 显式形式的情况下估计 $\mathbf{z}$ 在 $q(\mathbf{z}|x,\boldsymbol{\phi})$ 下的期望，进而梯度 $\nabla_{\boldsymbol{\phi}} E_{q(\mathbf{z}|x,\boldsymbol{\phi})}$ 可采用下式进行计算：

$$\begin{aligned}\frac{\partial E_{q(\mathbf{z}|x,\boldsymbol{\phi})}[\log P(x|\mathbf{z},\Theta)]}{\partial \boldsymbol{\phi}} &= \frac{\partial E_{\boldsymbol{\epsilon}\sim\mathcal{N}(\mathbf{0},\mathbf{I})}[\log P(x|\boldsymbol{\mu}+\boldsymbol{\sigma}\otimes\boldsymbol{\epsilon},\Theta)]}{\partial\boldsymbol{\phi}} \\ &= E_{\boldsymbol{\epsilon}\sim\mathcal{N}(\mathbf{0},\mathbf{I})}\left[\frac{\partial \log P(x|\boldsymbol{\mu}+\boldsymbol{\sigma}\otimes\boldsymbol{\epsilon},\Theta)}{\partial\boldsymbol{\phi}}\right]\end{aligned} \tag{18.44}$$

基于式 (18.44)，我们可以从 $\mathcal{N}(\mathbf{0},\mathbf{I})$ 生成样例，而无须依赖 $\boldsymbol{\mu}$ 和 $\boldsymbol{\sigma}$。

我们也可以对 KL 散度的梯度计算使用相似的重参数方法。当两个分布的 KL 散度存在解析解时，可以利用这一方法得到准确的参数梯度值。例如，给定 $q(\mathbf{z}|x,\boldsymbol{\phi})\sim\mathcal{N}(\boldsymbol{\mu},\mathrm{diag}(\boldsymbol{\sigma}^2))$ 和 $P(\mathbf{z})\sim\mathcal{N}(\mathbf{0},\mathbf{I})$，$q(\mathbf{z}|x,\boldsymbol{\phi})$ 与 $p(\mathbf{z})$ 的 KL 散度为

$$\mathrm{KL}(q(\mathbf{z}|x,\boldsymbol{\phi}),P(\mathbf{z})) = -\frac{1}{2}\sum_{j=1}^{d}(\log\boldsymbol{\sigma}_j^2-\boldsymbol{\sigma}_j^2-\boldsymbol{\mu}_j^2+1) \tag{18.45}$$

其中 d 是 $\mathbf{z}$ 的特征维度大小。这样，梯度可以直接从解码器通过 $\boldsymbol{\mu}$ 和 $\boldsymbol{\sigma}$ 反向传播到推理网络，而无须考虑 $\boldsymbol{\epsilon}$ 或者 $\mathbf{z}$。

耿贝尔归一化指数函数。耿贝尔归一化指数 (Gumbel softmax) 函数可以用来重参数化类别分布。假定 z 是来自类别概率分布 π 的随机样例，其中 $z\in\{1,2,\cdots,K\}$，$\pi=(\pi_1,\pi_2,\cdots,\pi_K)$ $(\pi_k=P(z=i))$，我们想通过从均匀分布中抽取样本来重参数化 π。假设随机向量 $\mathbf{z}$ 代表某个类别 z 的 one-hot 编码，我们可以通过**耿贝尔分布** (Gumbel Distribution)$G=-\log(-\log(\mathbf{u}))$ 来表示 $\mathbf{z}$，其中 $\mathbf{u}\in\mathcal{U}[\mathbf{0},\mathbf{1}]$ 采样自均匀分布（第 2 章）：

$$\begin{aligned}&\mathbf{u}\sim\mathcal{U}[\mathbf{0},\mathbf{1}]\\&\mathbf{g}=-\log(-\log(\mathbf{u}))\\&\mathbf{z}=\textsc{OneHot}\Big(\arg\max_k(\log\pi_k+g_k)\Big)\end{aligned} \tag{18.46}$$

$\mathbf{g}$ 又称为耿贝尔噪声，$\textsc{OneHot}(k)$ 返回一个第 k 个元素为 1 其余为 0 的 one-hot 向量。

式 (18.46) 使得我们可以简单有效地从类别分布中采样，它又被称为**耿贝尔技巧** (Gumbel-max trick)。但是由于 $\arg\max$ 这一操作无法微分，从而给梯度反向传播带来了困难。所以耿贝尔归一化指数函数通过使用归一化指数 (softmax) 函数来近似最大值函数，具体如下：

$$\begin{aligned}&\mathbf{z}=\langle z_1,z_2,\cdots,z_K\rangle\\&z_i=\frac{\exp\left(\dfrac{\log\pi_k+g_k}{\tau}\right)}{\sum_{k=1}^{K}\exp\left(\dfrac{\log\pi_k+g_k}{\tau}\right)}\end{aligned} \tag{18.47}$$

通过使用很小的数代替 0，使用接近 1 的数近似 1，从而使得上式完全可微。上式中的 τ 是一个超参数，用于控制归一化指数函数的尖锐程度，它可使 $\mathbf{z}$ 中只有一个元素接近 1，其他的接近 0。在实践中，当 $\tau \to 0$ 时，$\mathbf{z}$ 向 one-hot 编码向量靠近；而当 $\tau \to \infty$，$\mathbf{z}$ 趋向于一个随机向量。 442

18.5 神经主题模型

对应于 6.2.3 节的主题模型，我们进一步用稠密隐向量取代类别隐变量，得到文档建模问题的神经变分主题模型。假定文档表示为 $\mathbf{d}$，隐向量为 $\mathbf{z}$，则学习目标 ELBO 为：

$$\text{ELBO}(\mathbf{d}|\phi, \Theta) = E_{q(\mathbf{z}|\mathbf{d},\phi)}\Big(\log P(\mathbf{d}|\mathbf{z}, \Theta)\Big) - \text{KL}\Big(q(\mathbf{z}|\mathbf{d}, \phi), P(\mathbf{z})\Big) \tag{18.48}$$

其中 $\mathbf{z}$ 表示主题相关特征，$q(\mathbf{z}|\mathbf{d}, \phi)$ 为变分后验分布，$P(\mathbf{z})$ 为先验分布。$\mathbf{d}$、$\mathbf{z}$、$q(\mathbf{z}|\mathbf{d}, \phi)$ 和 $P(\mathbf{z})$ 的不同表示可得到不同的主题模型，下面介绍两个逐渐复杂的模型。

18.5.1 神经变分文档模型

神经变分文档模型 (Neural variational document model, NVDM) 是 VAE 在文档建模问题中的简单应用，它也能取得非常有效的结果。NVDM 的文档表示 $\mathbf{d}$ 基于词袋表示模型，令 $\mathbf{d}$ 的词集合为 $\{w_i\}|_{i=1}^n$，再令先验分布 $P(\mathbf{z})$ 为 $\mathcal{N}(\mathbf{0}, \mathbf{I})$，后验分布为 $\mathcal{N}(\boldsymbol{\mu}, \text{diag}(\boldsymbol{\sigma}^2))$，我们可通过式 (18.45) 来方便地计算式 (18.48) 中 KL 项的梯度。

进一步，我们采用如下推理网络来预测 $\boldsymbol{\mu}$ 和 $\text{diag}(\boldsymbol{\sigma}^2)$：

$$\begin{aligned}\mathbf{h} &= f(\text{MLP}(\mathbf{d})) \\ \boldsymbol{\mu} &= l_1(\mathbf{h}) \\ \boldsymbol{\sigma}^2 &= \exp(l_2(\mathbf{h}))\end{aligned} \tag{18.49}$$

其中 f 是一个非线性激活函数，l_1 和 l_2 表示两个线性映射函数。

为了计算式 (18.48) 中第一项期望的梯度，我们使用重参数化技巧，通过直接从均匀分布采样 $\boldsymbol{\epsilon}$ 来采样 $\mathbf{z}$。具体为 $\mathbf{z} = \boldsymbol{\mu} + \boldsymbol{\sigma} \otimes \boldsymbol{\epsilon}$ 且 $\boldsymbol{\epsilon} \in \mathcal{U}[\mathbf{0}, \mathbf{1}]$。

给定采样 $\mathbf{z}$，解码器的重构对数似然概率可改写为：

$$\log P(\mathbf{d}|\mathbf{z}, \Theta) = \sum_{i=1}^{n} \log P(w_i|\mathbf{z}, \Theta)$$

其中 $P(w_i|\mathbf{z}, \Theta)$ 采用如下归一化指数函数计算，得到输出层：

$$\begin{aligned}f(w_i, \mathbf{z}, \Theta) &= \mathbf{z}^{\mathrm{T}}\mathbf{E}(\textsc{OneHot}(w_i)) + \mathbf{b} \\ P(w_i|\mathbf{z}, \Theta) &= \frac{\exp\big(f(w_i, \mathbf{z}, \Theta)\big)}{\sum_{w' \in V}^{|V|} \exp\big(f(w', \mathbf{z}, \Theta)\big)}\end{aligned}$$ 443

因此，最终 ELBO 为：

$$\mathrm{ELBO}(\mathbf{d}|\boldsymbol{\phi},\Theta) \approx \sum\nolimits_{i=1}^{n} \log P(w_i|\mathbf{z},\Theta) - \mathrm{KL}\Big(q(\mathbf{z}|\mathbf{d},\boldsymbol{\phi}), P(\mathbf{z})\Big) \tag{18.50}$$

此处 $\textsc{OneHot}(w)$ 为词 w 的 one-hot 向量表示；$\mathbf{E}\big(\textsc{OneHot}(w)\big)$ 为 w 的词嵌入向量表示，其中矩阵 $\mathbf{E}$ 是词嵌入查找表；$\mathbf{b}$ 为偏置向量；$\mathbf{E}$ 和 $\mathbf{b}$ 都是所有文档共享的模型参数。NVDM 模型中 $\mathbf{z}$ 的每一维都可以认为是一个隐式的主题。

18.5.2 神经主题模型介绍

NVDM 没有考虑离散的主题变量，所以无法显式地对主题进行建模。**神经主题模型** (Neural topic model, NTM) 则通过如下的生成过程来考虑多维文档主题分布：

$$\boldsymbol{\epsilon} \sim \mathcal{N}(\mathbf{0},\mathbf{I}),\ \mathbf{z} = f(\boldsymbol{\epsilon}),\ t_i \sim \mathbf{z}, w_i \sim \Theta_{t_i} \tag{18.51}$$

它首先生成一个高斯随机向量 $\boldsymbol{\epsilon}$，并传入神经网络函数 f，得到文档-主题分布 $\mathbf{z}$；然后根据 $\mathbf{z}$ 选择词 w_i 的主题采样 t_i；最终根据主题-词分布 Θ_{t_i} 采样得到 w_i。上式中 $\Theta = \{\Theta_{\mathrm{k}}\}|_{\mathrm{k}=1}^{\mathrm{K}}$ 是所有可训练模型参数的集合，K 为主题数量。

我们令 $f(\boldsymbol{\epsilon}) = \mathrm{softmax}(\mathbf{W}_1\boldsymbol{\epsilon})$，$\Theta_k = \mathrm{softmax}((\mathbf{E})^{\mathrm{T}}\mathrm{emb}^t(t_k))$，其中 $\mathbf{W}_1$ 是模型参数，$\mathbf{E} \in \mathbb{R}^{d\times|V|}$ 为词嵌入查找表，$\mathrm{emb}^t(t_k) \in \mathbb{R}^d$ 是主题 t_k 的嵌入向量，$(\mathbf{E})^{\mathrm{T}}\mathrm{emb}^t(t_k) \in \mathbb{R}^{|V|}$ 是存储在主题 t_k 条件下词表中所有词的概率的向量。

给定采样 $\mathbf{z}$，我们通过对隐变量 t_i 进行归约获得边缘概率 $P(w_i|\mathbf{z},\Theta)$：

$$\log P(w_i|\mathbf{z},\Theta) = \log \sum\nolimits_{t_i} \Big(P(w_i|\Theta_{t_i})P(t_i|\mathbf{z})\Big) \tag{18.52}$$

得到式 (18.52) 后，模型的其余部分与 NVDM 类似。

18.6 面向语言模型的变分自编码器

针对语言模型（language model）的变分自编码器，目前主要分为序列分类和序列到序列（seq2seq）两种建模方式。对于前者，我们将介绍从随机连续向量生成句子的 TextVAE 模型；而对于序列到序列的建模，我们使用连续潜在隐层向量扩展第 16 章的 seq2seq 模型。

18.6.1 TextVAE

TextVAE 是一种用于句子建模的变分自编码器模型。给定一个输入句子 $\mathbf{X} = \mathbf{x}_1\mathbf{x}_2\cdots\mathbf{x}_n$，它将 $\mathbf{X}$ 编码到隐变量 $\mathbf{z}$ 并学习如何从 $\mathbf{z}$ 渐进式地重建输入句子。TextVAE 与 18.2.3 节中基于离散类别隐变量的 RNN 语言模型存在一定区别，它使用连续隐变量 $\mathbf{z}$ 并使用高斯先验正则化其向量空间。通过引入隐变量，我们可以使得文本生成仅依赖于随机样本 $\mathbf{z}$，从而变得更加灵活。

444

TextVAE 模型的训练目标是最大化 $P(\mathbf{X})$ 的生成似然概率。引入隐变量 $\mathbf{z}$ 后，$P(\mathbf{X})$ 可以被重写为

$$P(\mathbf{X}) = \int_{\mathbf{z}} P(\mathbf{X}, \mathbf{z})\mathrm{d}\mathbf{z} = \int_{\mathbf{z}} P(\mathbf{z})P(\mathbf{X}|\mathbf{z})\mathrm{d}\mathbf{z} \tag{18.53}$$

如前所述，直接优化训练目标非常困难，因此我们采用分摊变分推断，优化此对数似然函数的 ELBO：

$$\begin{aligned}\mathrm{ELBO}(\mathbf{X}|\boldsymbol{\phi},\boldsymbol{\theta}) &= E_{q(\mathbf{z}|\mathbf{X},\boldsymbol{\phi})}\log P(\mathbf{X}|\mathbf{z},\Theta) - \mathrm{KL}\Big(q(\mathbf{z}|\mathbf{X},\boldsymbol{\phi}), P(\mathbf{z}|\Theta)\Big)\\ &= E_{q(\mathbf{z}|\mathbf{X},\boldsymbol{\phi})}\sum_{i=1}^{n}\log P(\mathbf{x}_i|\mathbf{z},\mathbf{x}_0,\cdots,\mathbf{x}_{i-1},\Theta) - \mathrm{KL}\Big(q(\mathbf{z}|\mathbf{X},\boldsymbol{\phi}), P(\mathbf{z}|\Theta)\Big)\end{aligned} \tag{18.54}$$

其中，$q(\mathbf{z}|\mathbf{X},\boldsymbol{\phi})$ 可以使用基于 LSTM 的编码器作为推理网络进行参数化；$P(\mathbf{x}_i|\mathbf{z},\mathbf{x}_0,\cdots,\mathbf{x}_{i-1},\Theta)$ 表示结合前面上文的词和随机隐向量 $\mathbf{z}$ 去解码第 i 个词的概率，$\mathbf{x}_0$ 是句子开始标志 $\langle s\rangle$ 的向量表示；对于 $P(\mathbf{z}|\Theta)$ 和 $q(\mathbf{z}|\mathbf{X},\boldsymbol{\phi})$，我们限定它们都是多元对角高斯分布，$P(\mathbf{z}|\Theta) = \mathcal{N}(\mathbf{z}|\mathbf{0},\mathbf{I})$，具体 $q(\mathbf{z}|\mathbf{X},\boldsymbol{\phi}) = \mathcal{N}(\mathbf{z}|\boldsymbol{\mu},\mathrm{diag}(\boldsymbol{\sigma}^2))$。

参数化。图 18.3展示了一个典型 TextVAE 的网络结构，接下来我们介绍变分编码器和解码器的参数化方法。对于编码器，我们将 LSTM 应用在词嵌入序列 $\mathbf{X}_{1:n}$ 上，生成隐藏特征序列

$$\mathbf{H}_{1:n} = \mathbf{h}_1\mathbf{h}_2\cdots\mathbf{h}_n = \mathrm{LSTM}(\mathbf{X}_{1:n}, \boldsymbol{\phi}^{\mathrm{LSTM}})$$

其中 $\boldsymbol{\phi}^{\mathrm{LSTM}}$ 表示 LSTM 的参数。

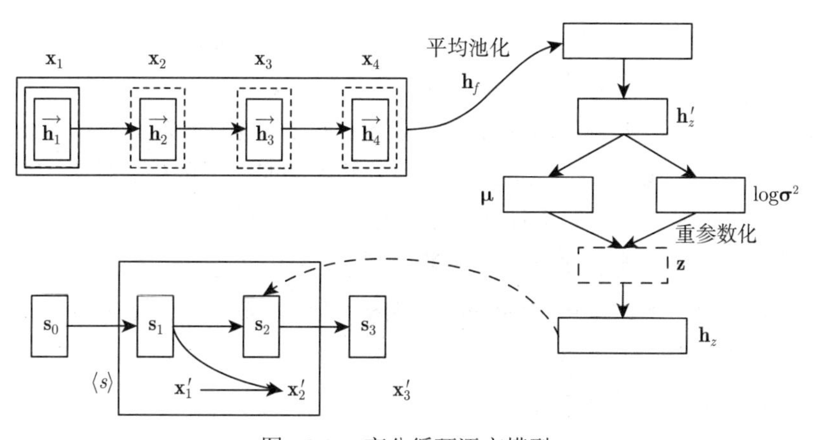

图 18.3　变分循环语言模型

445

然后使用 $\mathbf{h}_n$，或者 $\mathbf{H}_{1:n}$ 经过平均池化后的特征向量来生成隐变量的变分参数，这里我们使用平均池化函数生成表示向量 $\mathbf{h}_f$：

$$\mathbf{h}_f = \mathrm{avg}(\mathbf{H}_{1:n})$$

进一步，将 $\mathbf{h}_f$ 输入一个 MLP 层，从而得到类似于式 (18.49) 的 $q(\mathbf{z}|\mathbf{X},\phi)$ 的分布参数：

$$\begin{aligned}\mathbf{h}'_z &= f(\mathbf{W}^s\mathbf{h}_s + \mathbf{b}^s)\\ \boldsymbol{\mu} &= \mathbf{W}^\mu\mathbf{h}'_z + \mathbf{b}^\mu,\\ \boldsymbol{\sigma}^2 &= \exp(\mathbf{W}^\sigma\mathbf{h}'_z + \mathbf{b}^\sigma)\end{aligned} \tag{18.55}$$

其中 f 为非线性激活函数，$\mathbf{W}^s$、$\mathbf{W}^\mu$、$\mathbf{W}^\sigma$、$\mathbf{b}^s$、$\mathbf{b}^\mu$ 和 $\mathbf{b}^\sigma$ 为模型参数。

最后，我们可以用高斯分布的重参数技巧利用来自均匀分布的随机噪声向量 $\boldsymbol{\epsilon}$ 来采样 $\mathbf{z}'$

$$\mathbf{z}' = \boldsymbol{\mu} + \boldsymbol{\sigma} \otimes \boldsymbol{\epsilon} \tag{18.56}$$

有了 $\mathbf{z}'$ 之后，我们便可使用 LSTM 解码器重建输入句子。例如，假设前两个重建词 $\mathbf{x}'_1$ 和 $\mathbf{x}'_2$ 已经给定，现在要生成第三个词，我们先将隐向量 $\mathbf{z}'$ 和当前输入 $\mathbf{x}'_2$ 进行拼接，之后将其输入 LSTM 解码器

$$\begin{aligned}\mathbf{s}_2 &= \textsc{Lstm\_Step}([\mathbf{x}'_2 \oplus \mathbf{z}'], \mathbf{s}_1, \Theta^{\text{LSTM}})\\ P(x'_3|\text{<s>}, \mathbf{x}'_1, \mathbf{x}'_2, \mathbf{z}, \Theta) &= \text{softmax}(\mathbf{W}^o\mathbf{s}_2 + \mathbf{b}^o)\end{aligned} \tag{18.57}$$

其中，Θ^{LSTM}、$\mathbf{W}^o$ 和 $\mathbf{b}^o$ 是解码器的模型参数。

通过以上重参数化，TextVAE 模型可以端到端训练。在训练时，我们从后验 $q(\mathbf{z}|X,\boldsymbol{\phi})$ 采样得到 $\mathbf{z}$；测试时，我们可以直接从先验分布 $P(\mathbf{z}|\Theta)$ 中采样 $\mathbf{z}$ 来生成句子，而无须使用后验分布。

后验塌缩。变分自编码器普遍存在的一个重大问题是后验塌缩 (posterior collapse)，即解码器完全无视隐变量从而退化为朴素 RNN 语言模型，这意味着 $P(\mathbf{X}|\mathbf{z},\Theta) \approx P(\mathbf{X}|\Theta)$。此时，最大化式 (18.33) 中的 ELBO 导致后验 $q(\mathbf{z}|\mathbf{X},\boldsymbol{\phi})$ 塌缩到先验分布 $P(\mathbf{z})$，这意味着 $\mathbf{X}$ 和 $\mathbf{z}$ 相互条件独立。以 TextVAE 来说，当后验塌缩时句子的生成独立于隐变量，模型就变成了普通的语言模型，总是无视隐向量生成完全相同的句子。

缓解后验塌缩问题通常有如下三种解决方案。（1）通过弱化解码器内部的条件依赖，强迫其依赖于隐变量，例如，可在训练时对 TextVAE 的解码器使用 dropout 或马尔可夫假设等条件独立性假设。（2）通过加入额外的正则化器向隐随机向量 $\mathbf{z}$ 注入语义内容，使其能够捕捉输入句子的某些全局特性，例如在 ELBO 中加入额外的词袋模型损失来迫使 $\mathbf{z}$ 能直接预测输出内容

446

$$L_{\text{bow}} = \text{ELBO}(\mathbf{X}|\boldsymbol{\phi},\Theta) + \lambda_{\text{bow}} E_{q(\mathbf{z}|\mathbf{X},\boldsymbol{\phi})}\left[\frac{1}{N}\sum_{i=1}^{N} P(\mathbf{x}_i|\mathbf{z},\Theta)\right] \tag{18.58}$$

其中 λ_{bow} 是控制词袋损失贡献的超参数。（3）KL 退火，即初始训练阶段不使用 KL 散度项，随着训练不断迭代，逐渐增加它，这使得后验分布和先验分布的匹配限制在早期较

为松弛，可强制模型在早期依赖 $\mathbf{z}$ 优化重建损失，防止后验分布太快接近先验，此时训练目标为

$$E_{q(\mathbf{z}|x,\boldsymbol{\phi})}\log P(\mathbf{X}|\mathbf{z},\Theta)-\beta\mathrm{KL}\Big(q(\mathbf{z}|\mathbf{X},\boldsymbol{\phi}),P(\mathbf{z})\Big) \tag{18.59}$$

其中 β 是控制退火的超参数，从 0 逐渐增加到 1。

18.6.2 变分序列到序列模型

第 16 章的序列到序列 (seq2seq) 模型通过将源序列表示为隐层特征向量（即源特征表示），然后生成目标序列，可以完成文本到文本 (text-to-text) 任务。变分序列到序列模型可为源特征表示引入潜在隐式特征向量（即用于隐层特征表示的隐向量），通过它捕捉潜在语义特征，然后此隐向量和其他源特征表示向量一起指导目标文本的生成。通过引入隐向量并在编码源序列后变化隐向量采样值，我们可以生成更加具有多样性的目标文本。

图 18.4展示了变分序列到序列模型的结构，它通过计算一个**条件**概率分布，将一个源序列 $\mathbf{X}=\mathbf{x}_1\cdots\mathbf{x}_n$ 映射到一个目标序列 $\mathbf{Y}=\mathbf{y}_1\cdots\mathbf{y}_m$。在潜在隐式特征向量 $\mathbf{z}$ 之后（隐向量），我们可将生成概率分布 $P(\mathbf{Y}|\mathbf{X})$ 重写为：

$$P(\mathbf{Y}|\mathbf{X})=\int_{\mathbf{z}}P(\mathbf{Y},\mathbf{z}|\mathbf{X})\mathrm{d}\mathbf{z}=\int_{\mathbf{z}}P(\mathbf{z}|\mathbf{X})P(\mathbf{Y}|\mathbf{z},\mathbf{X})\mathrm{d}\mathbf{z} \tag{18.60}$$

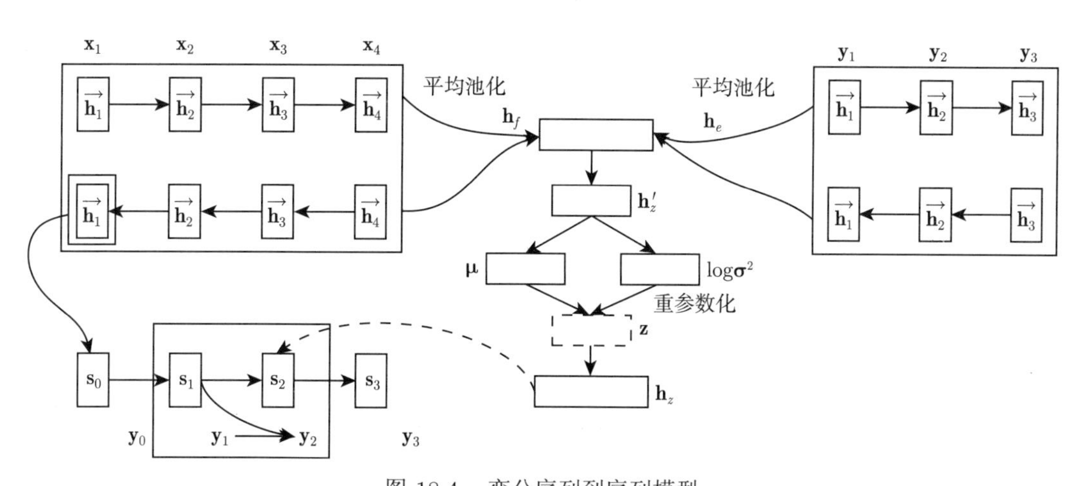

图 18.4 变分序列到序列模型

式 (18.60) 和式 (18.53) 之间的一个显著区别是：式 (18.60) 对条件概率 $P(\mathbf{Y}|\mathbf{X})$ 进行建模，而不是对 $P(\mathbf{X})$ 建模。这一区别使得 $\mathbf{X}$ 的条件也成为模型参数化的一部分。本模型首先从先验分布 $P(\mathbf{z}|\mathbf{X})$ 采样生成随机向量 $\mathbf{z}$，然后基于 $\mathbf{z}$ 和源序列 $\mathbf{X}$ 生成目标序列 $\mathbf{Y}$。与式 (18.53) 相比，$\mathbf{z}$ 增加了一个附加条件 $\mathbf{X}$，此时模型要计算的两个分布为先验分布 $P(\mathbf{z}|\mathbf{X})$ 和目标序列生成概率分布 $P(\mathbf{Y},\mathbf{z}|\mathbf{X})$，其中先验分布通过先验编码网络建模，后者通过序列到序列解码网络建模。

训练。为了优化此模型，我们可引入变分后验分布 $q(\mathbf{z}|\mathbf{X},\mathbf{Y},\phi)$ 来近似真正的后验分布 $P(\mathbf{z}|\mathbf{X},\mathbf{Y},\Theta)$，然后使用分摊变分推理方法，其中 ϕ 和 Θ 分别是推理网络和解码器的参数，最终得到似然函数 $L(\mathbf{Y}|\mathbf{X},\Theta)$ 的 ELBO 为：

$$
\begin{aligned}
L(\mathbf{Y}|\mathbf{X},\Theta) &\geqslant L_{\mathrm{ELBO}}(\mathbf{Y}|\mathbf{X},\Theta,\phi) \\
&= E_{q(\mathbf{z}|\mathbf{X},\mathbf{Y},\phi)}\log P(\mathbf{Y}|\mathbf{z},\mathbf{X},\Theta) - \mathrm{KL}(q(\boldsymbol{z}|\mathbf{X},\mathbf{Y},\phi),P(\mathbf{z}|\mathbf{X},\Theta))
\end{aligned}
\tag{18.61}
$$

与 $P(\mathbf{X})$ 不同，$P(\mathbf{Y}|\mathbf{X})$ 是条件概率分布，因此，与式 (18.54) 相比，这里引入了 $\mathbf{X}$ 作为所有概率分布的条件。若不考虑源句子 $\mathbf{X}$ 的条件，此模型成为只考虑 $\mathbf{Y}$ 的 TextVAE 模型。

与 VAE 相似，变分后验分布 $q(\mathbf{z}|\mathbf{X},\mathbf{Y},\phi)$ 和先验分布 $P(\mathbf{z}|\mathbf{X},\Theta)$ 都可被假定为服从多元对角高斯分布：

$$
\begin{aligned}
q(\mathbf{z}|\mathbf{X},\mathbf{Y},\phi) &= \mathcal{N}(\mathbf{z}|\boldsymbol{\mu}_q,\mathrm{diag}(\boldsymbol{\sigma}_q^2)) \\
P(\mathbf{z}|\mathbf{X},\Theta) &= \mathcal{N}(\mathbf{z}|\boldsymbol{\mu}_p,\mathrm{diag}(\boldsymbol{\sigma}_p^2))
\end{aligned}
\tag{18.62}
$$

而不同于 VAE 的是，先验 $P(\mathbf{z}|\mathbf{X},\Theta)$ 并不是一个标准多元对角高斯分布 $\mathcal{N}(0,\mathbf{I})$，它还需要根据源句子 $\mathbf{X}$ 参数化，故而包含了 $\mathbf{X}$ 的全局语义信息。

参数化。上述两个高斯分布均可以使用神经网络参数化。假设对源句子使用双向 LSTM 编码器来计算隐层特征表示 $\mathbf{H}^s=\mathbf{h}_1^s,\mathbf{h}_2^s,\cdots,\mathbf{h}_n^s$，同时另一个双向 LSTM 编码器用于获得目标序列的特征表示 $\mathbf{H}^t=\mathbf{h}_1^t,\mathbf{h}_2^t,\cdots,\mathbf{h}_m^t$，然后我们使用平均池化分别建立源句子和目标句子的全局语义向量 $\mathbf{h}_s$ 和 $\mathbf{h}_t$：

448

$$
\mathbf{h}_f=\mathrm{avg}(\mathbf{H}^s),\quad \mathbf{h}_e=\mathrm{avg}(\mathbf{H}^t) \tag{18.63}
$$

先验分布 $P(\mathbf{z}|\mathbf{X},\Theta)$ 的条件蕴含 $\mathbf{X}$，因此可用 $\mathbf{h}_f$ 计算 $\boldsymbol{\mu}_p$ 和 $\boldsymbol{\sigma}_p^2$：

$$
\begin{aligned}
\mathbf{h}'_f &= f(\mathbf{W}^f\mathbf{h}_f+\mathbf{b}^f) \\
\boldsymbol{\mu}_p &= \mathbf{W}^{\mu p}\mathbf{h}'_f+\mathbf{b}^{\mu p} \\
\boldsymbol{\sigma}_p^2 &= \exp(\mathbf{W}^{\sigma p}\mathbf{h}'_f+\mathbf{b}^{\sigma p})
\end{aligned}
\tag{18.64}
$$

其中 f 为非线性激活函数，$\mathbf{W}^f$、$\mathbf{W}^{\mu p}$、$\mathbf{W}^{\sigma p}$、$\mathbf{b}^f$、$\mathbf{b}^{\mu p}$ 和 $\mathbf{b}^{\sigma p}$ 是模型参数。

类似地，以 $\mathbf{X}$ 和 $\mathbf{Y}$ 为条件的后验分布 $q(\mathbf{z}|\mathbf{X},\mathbf{Y},\phi)$ 的参数化过程可以定义为：

$$
\begin{aligned}
\mathbf{h}'_{st} &= f(\mathbf{W}^{st}(\mathbf{h}_s\oplus\mathbf{h}_t)+\mathbf{b}^{st}) \\
\boldsymbol{\mu}_q &= \mathbf{W}^{\mu q}\mathbf{h}'_{st}+\mathbf{b}^{\mu q} \\
\boldsymbol{\sigma}_q^2 &= \exp(\mathbf{W}^{\sigma q}\mathbf{h}'_{st}+\mathbf{b}^{\sigma q})
\end{aligned}
\tag{18.65}
$$

其中 $\mathbf{W}^{st}$、$\mathbf{W}^{\mu q}$、$\mathbf{W}^{\sigma q}$、$\mathbf{b}^{st}$、$\mathbf{b}^{\mu q}$ 和 $\mathbf{b}^{\sigma q}$ 为模型参数。

因为先验分布 $P(\mathbf{z}|\mathbf{X},\Theta)$ 和后验分布 $q(\mathbf{z}|\mathbf{X},\mathbf{Y},\phi)$ 都是多元高斯分布，所以 KL 散度项 $\text{KL}(q(\boldsymbol{z}|\mathbf{X},\mathbf{Y},\phi),P(\mathbf{z}|\mathbf{X},\Theta))$ 有封闭解：

$$\begin{aligned}\text{KL}(q(\boldsymbol{z}|\mathbf{X},\mathbf{Y},\phi),P(\mathbf{z}|\mathbf{X},\Theta)) &= \text{KL}(\mathcal{N}(\boldsymbol{\mu}_q,\boldsymbol{\sigma}_q^2),\mathcal{N}(\boldsymbol{\mu}_p,\boldsymbol{\sigma}_p^2)) \\ &= \sum_{i=1}^{d}\left(\log\frac{\boldsymbol{\sigma}_{p,i}}{\boldsymbol{\sigma}_{q,i}}+\frac{\boldsymbol{\sigma}_{q,i}^2+(\boldsymbol{\mu}_{q,i}-\boldsymbol{\mu}_{p,i})^2}{2\boldsymbol{\sigma}_{p,i}^2}-\frac{1}{2}\right)\end{aligned} \tag{18.66}$$

其中 d 为隐向量的特征维度。

在训练期间，对于式 (18.61) 中的第一项 $E_{q(\mathbf{z}|\mathbf{X},\mathbf{Y},\phi)}\log P(\mathbf{Y}|\mathbf{z},\mathbf{X},\Theta)$，我们可以通过使用 $q(\mathbf{z}|\mathbf{X},\mathbf{Y},\phi)$ 采样随机向量 $\mathbf{z}'$ 来近似，具体的 $\mathbf{z}'$ 采样可由重参数化技巧得到：

$$\mathbf{z}'=\boldsymbol{\mu}_q+\boldsymbol{\sigma}_q\otimes\boldsymbol{\epsilon} \tag{18.67}$$

其中 $\boldsymbol{\epsilon}\sim\mathcal{U}(\mathbf{0},\mathbf{1})$ 为随机均匀噪声。$\mathbf{z}'$ 可进一步传入一个 MLP 层中：

$$\mathbf{h}_z=g(\mathbf{W}^z\mathbf{z}'+\mathbf{b}^z) \tag{18.68}$$

$\mathbf{W}^2$ 和 $\mathbf{b}^2$ 为模型参数。

这样，对数似然 $\log P(\mathbf{Y}|\mathbf{z}',\mathbf{X},\Theta)$ 可被重写为：

$$\log P(\mathbf{Y}|\mathbf{z}',\mathbf{X},\Theta)=\log P(\mathbf{Y}|\mathbf{h}_z,\mathbf{X},\Theta)=\sum_{j=1}^{m}\log P(\mathbf{y}_j|\mathbf{y}_{<j},\mathbf{h}_z,\mathbf{X},\Theta) \tag{18.69}$$

$\mathbf{y}_{<j}$ 表示 $\mathbf{y}_1,\cdots,\mathbf{y}_{j-1}$。此时我们用 $\mathbf{h}_z$ 进行解码，它可被视为输入 $\mathbf{y}_{j-1}$ 的扩展表示。 449

在训练时，从后验 $q(\boldsymbol{z}|\mathbf{X},\mathbf{Y},\phi)$ 采样 $\mathbf{z}'$；在测试时，为了从给定 $\mathbf{X}$ 生成灵活的 $\mathbf{Y}$，可从先验分布 $P(\mathbf{z}|\mathbf{X},\Theta)$ 采样 $\mathbf{z}'$，以指导目标输出的生成。

总结

本章介绍了：

- 泛化 EM 和变分 EM。
- 结构化隐变量。
- 变分推理和变分自编码器。
- 耿贝尔归一化指数函数。
- 神经变分文档模型和神经主题模型。
- TextVAE 和变分序列到序列模型。

注释

Kim 等人 (2018) 给出了自然语言处理中深度隐变量模型的指南。Dempster 等人 (1977) 讨论了泛化的 EM(Neal 和 Hinton, 1999)。Kim 等人 (2017) 提出了结构化注意力网络，将结构化隐变量引入神经网络。Kingma 和 Welling (2014) 展示了变分自编码贝叶斯方法，并讨论了重参数化方法 (Rezende 和 Mohamed, 2015)。Bowman 等人 (2015) 研究了语言建模中的 VAE 和后验塌缩问题。Zhang 等人 (2016) 探索了神经机器翻译的变分序列到序列模型。Jang 等人 (2017) 提出了耿贝尔归一化指数函数分布。Miao 等人 (2016) 提出了一个神经变分文档模型。Miao 等人 (2017) 进一步展示了神经主题模型。Srivastava 和 Sutton (2017) 提出了普通的统计 LDA 模型，这是常用的神经变分主题模型。使用变分推理的深度隐变量模型被广泛地应用于各种 NLP 任务中，例如形态变化 (Zhou 和 Neubig, 2017)、语法归纳 (Kim 等人, 2019)、语义分析 (Yin 等人, 2018)、文本生成 (Hu 等人, 2017; Serban 等人, 2017) 和事件抽取 (Liu 等人, 2019)。

习题

18.1 **鉴别式隐变量模型**。本章主要讨论了生成式隐变量模型。事实上隐变量也可用于鉴别式模型。第 8 章使用 CRF 模型捕捉序列中标签的依赖关系。可使用隐变量改善这些标签，即隐 CRF 模型。例如，在词性标注任务中假设每个标签可被分为两个子类，如 "NN_1" "NN_2" "VV_1" 和 "VV_2"。这些子类并未在训练数据中标注，它们可被视为隐变量，可以帮助学习词和隐式的标签模式之间的潜在交互，例如 "$x_i\mathrm{NN}_1x_{i+1}\mathrm{VV}_2$"。给定训练样本 (X,Y)，X 和 Y 分别是相应的输入序列和输入标签序列，隐 CRF 定义为

450

$$P(Y|X)=\frac{\sum_Z \exp(\mathbf{W}^{\mathrm{T}}f(X,Y,Z;\Theta))}{\sum_{Y'}\sum_{Z'}\exp(\mathbf{W}^{\mathrm{T}}f(X,Y',Z';\Theta))} \tag{18.70}$$

其中 $\mathbf{W}^{\mathrm{T}}$ 和 Θ 为模型参数，$f(X,Y,Z;\Theta)$ 表示三元组 (X,Y,Z) 的分数。

（1） 计算 $\log P(Y|X)$ 关于 Θ 和 $\mathbf{W}$ 的梯度。

（2） 比较可用于普通 CRF 和隐 CRF 的前向-后向算法和维特比算法。

（3） 除了 CRF，隐变量也可应用于第 3 章的结构感知机。如何定义隐结构感知机？如何优化带有隐变量的结构感知机？

18.2 回忆序列标注的式 (18.15)，其计算了两个势函数 $\psi_E(z_i,\mathbf{X}|\Theta)$ 和 $\psi_T(z_{i-1}z_i,\mathbf{X}|\Theta)$。讨论如何使用神经网络结构参数化这一计算。

18.3 回忆使用前向-后向算法计算团概率 $P(z_{i-1}z_i|\mathbf{X}_{1:n},\Theta)$。验证来自边缘概率的任何损失函数形式都能被安全地在 $\mathbf{x}_i$, $i\in[1,\cdots,n]$ 上反向传播梯度，由此可证明前向-后向算法是完全可微的。尽可能确定梯度。

18.4 式 (18.18) 用子序列的起始位置表示每个子序列，尝试给出从 $\mathbf{c}$ 中可推出的替代方法及其优点。

18.5 在 18.3.3 节中，通过在式 (18.18) 中定义局部分割的团 C，定义了用于序列分割的 0 阶半马尔可夫模型，若团 C 定义于两个先后分割上，可得到 1 阶半 CRF 模型（第 9 章）。请重写式 (18.19) 并定义计算 $P(Z_{1:n}|\mathbf{X}_{1:n},\Theta)$ 的概率函数。根据新的团函

数，式 (18.18) 中每个团的期望需要计算团边缘概率 $P(z_C|\mathbf{X}_{1:n},\Theta)$，讨论如何使用第 9 章的前向后向算法完成计算。

18.6 讨论式 (18.21) 中定义 $\mathbf{v}_{ij}$ 的不同方式。

18.7 成分注意力层（18.1.2 节）使用二值隐变量 z_{ij} 表示语块 $\mathbf{X}_{i:j}$ 是否是一个短语。尝试使用二值隐变量 z_{ikj} 表示由两个子语块 $\mathbf{X}_{i:k}$ 和 $\mathbf{X}_{k+1:j}$ 构成的语块 $\mathbf{X}_{i:j}$ 是否是无标注的语块产生式规则。 451

（1） 为无标注语块产生式规则定义打分函数。

（2） 为语块 $\mathbf{X}_{i:j}$ 定义内部和外部分数。

（3） 使用内部-外部算法计算语块 $\mathbf{X}_{i:j}$ 是否为短语的边缘概率分布。

18.8 尝试通过建模语法规则分数将 18.3.4 节中的 0 阶成分解析器扩展为 1 阶。

18.9 尝试解决学习情感分类任务特定的隐句法树问题。首先，定义一个为输入句子 $\mathbf{X}$ 的隐树 $\mathbf{t}$ 分配概率的句法解析器 $q(\mathbf{t}|\mathbf{X},\phi)$。然后，从其中生成 M 个随机样本来联合训练分类器和解析器。

（1） 选择什么样的解析器？如何从定义的解析器采样这些树？

（2） 训练目标函数是什么？

（3） 计算给定训练目标的梯度。

18.10 到目前为止，本章只讨论了如何处理一个随机向量 $\mathbf{z}$。事实上可以在建模过程中引入多个隐随机向量 $\mathbf{z}_1\mathbf{z}_2\cdots\mathbf{z}_K$，让每个隐向量只关注输入句子 $\mathbf{X}$ 的一个语义方面。这样可通过从一个隐向量解耦到多个分离的语义空间来得到分解的特征空间表示。例如，可用 $\mathbf{z}_1$ 和 $\mathbf{z}_2$ 分别对输入 $\mathbf{X}$ 的情感 (sentiment) 和时态 (tense) 信息进行建模。可以灵活地操控多个隐向量来控制输出序列。固定 $\mathbf{z}_1$ 和改变 $\mathbf{z}_2$ 可生成具有相同情感和不同时态的句子。但建模的难度也变高了，因为联合后验分布 $P(\mathbf{z}_1,\mathbf{z}_2|\mathbf{X},\Theta)$ 比单随机向量的后验分布 $P(\mathbf{z}|\mathbf{X},\Theta,\phi)$ 更加复杂。

（1） **平均场** (mean field) 方法使用每个隐变量的边缘后验分布的乘积近似联合后验分布。在上述例子中可用 $\prod_{i=1}^{2} q(\mathbf{z}_i|\mathbf{X},\phi)$ 近似 $P(\mathbf{z}_1,\mathbf{z}_2|\mathbf{X},\Theta)$。推导此例子使用平均场方法的 ELBO。

（2） 可令隐向量 z_1 独立于 z_2，而不使用平均场理论。此时真正的后验分布近似为 $q(\mathbf{z}_2|\mathbf{X},\phi)q(\mathbf{z}_1|\mathbf{X},\mathbf{z}_2,\phi)$。推导使用新假设的 ELBO，并比较与上一问的差异。 452

参考文献

Samuel R. Bowman, Luke Vilnis, Oriol Vinyals, Andrew M. Dai, Rafal Jozefowicz, and Samy Bengio. 2015. Generating sentences from a continuous space. arXiv preprint arXiv:1511.06349.

Arthur P. Dempster, Nan M. Laird, and Donald B. Rubin. 1977. Maximum likelihood from incomplete data via the em algorithm. Journal of the Royal Statistical Society: Series B (Methodological), 39(1):1–22.

Zhiting Hu, Zichao Yang, Xiaodan Liang, Ruslan Salakhutdinov, and Eric P. Xing. 2017. Toward controlled generation of text. In Proceedings of the 34th International Conference on Machine Learning-Volume 70, pages 1587–1596. JMLR. org.

Eric Jang, Shixiang Gu, and Ben Poole. 2016. Categorical reparameterization with gumbelsoftmax. 5th International Conference on Learning Representations, ICLR 2017, Toulon, France, April 24-26, 2017, Conference Track Proceedings.

Yoon Kim, Carl Denton, Luong Hoang, and Alexander M. Rush. 2017. Structured attention networks. arXiv preprint arXiv:1702.00887.

Yoon Kim, Chris Dyer, and Alexander M. Rush. 2019. Compound probabilistic context-free grammars for grammar induction. arXiv preprint arXiv:1906.10225.

Yoon Kim, Sam Wiseman, and Alexander M. Rush. 2018. A tutorial on deep latent variable models of natural language. arXiv preprint arXiv:1812.06834.

Diederik P. Kingma and Max Welling. 2014. Auto-encoding variational bayes. stat, 1050:1.

Xiao Liu, Heyan Huang, and Yue Zhang. 2019. Open domain event extraction using neural latent variable models. arXiv preprint arXiv:1906.06947.

Yishu Miao, Edward Grefenstette, and Phil Blunsom. 2017. Discovering discrete latent topics with neural variational inference. In Proceedings of the 34th International Conference on Machine Learning-Volume 70, pages 2410–2419. JMLR. org.

Yishu Miao, Lei Yu, and Phil Blunsom. 2016. Neural variational inference for text processing. In International conference on machine learning, pages 1727–1736.

Radford M. Neal and Geoffrey E. Hinton. 1999. A View of the EM Algorithm That Justifies Incremental, Sparse, and Other Variants, pages 355–368. MIT Press, Cambridge, MA, USA.

Danilo Rezende and Shakir Mohamed. 2015. Variational inference with normalizing flows. In International Conference on Machine Learning, pages 1530–1538.

Iulian Vlad Serban, Alessandro Sordoni, Ryan Lowe, Laurent Charlin, Joelle Pineau, Aaron Courville, and Yoshua Bengio. 2017. A hierarchical latent variable encoder-decoder model for generating dialogues. In Thirty-First AAAI Conference on Artificial Intelligence.

Akash Srivastava and Charles Sutton. 2017. Autoencoding variational inference for topic models. arXiv preprint arXiv:1703.01488.

Pengcheng Yin, Chunting Zhou, Junxian He, and Graham Neubig. 2018. Structvae: Treestructured latent variable models for semi-supervised semantic parsing. arXiv preprint arXiv:1806.07832.

Biao Zhang, Deyi Xiong, Jinsong Su, Hong Duan, and Min Zhang. 2016. Variational neural machine translation. In Proceedings of the 2016 Conference on Empirical Methods in Natural Language Processing, pages 521–530, Austin, Texas. Association for Computational Linguistics.

Chunting Zhou and Graham Neubig. 2017. Morphological inflection generation with multispace variational encoder-decoders. In Proceedings of the CoNLL SIGMORPHON 2017 Shared Task: Universal Morphological Reinflection, pages 58–65.

索　引

索引中的页码为英文原书页码，与书中页边标注的页码一致。

推荐阅读

永恒的图灵：20位科学家对图灵思想的解构与超越

作者：[英]S. 巴里·库珀（S. Barry Cooper） 安德鲁·霍奇斯（Andrew Hodges） 等

译者:堵丁柱 高晓沨 等 ISBN：978-7-111-59641-7 定价：119.00元

今天，世人知晓图灵，因为他是“计算机科学之父”和“人工智能之父”，但我们理解那些遥遥领先于时代的天才思想到底意味着什么吗?

本书云集20位当代科学巨擘，共同探讨图灵计算思想的滥觞，特别是其对未来的重要影响。这些内容不仅涵盖我们熟知的计算机科学和人工智能领域，还涉及理论生物学等并非广为人知的图灵研究领域，最终形成各具学术锋芒的15章。如果你想追上甚至超越这位谜一般的天才，欢迎阅读本书，重温历史，开启未来。

精彩导读

- 罗宾·甘地是图灵唯一的学生，他们是站在数学金字塔尖的一对师徒。然而在功成名就前，甘地受图灵的影响之深几乎被人遗忘，特别是关于逻辑学和类型论。翻开第2章，重新发现一段科学与传承的历史。
- 写就奇书《哥德尔、艾舍尔、巴赫——集异璧之大成》的侯世达，继续着高超的思维博弈。当迟钝呆板的人类遇见顶级机器翻译家，“模仿游戏”究竟是头脑的骗局还是真正的智能？翻开第8章，进入一场十四行诗的文字交锋。
- 万物皆计算，生命的算法尤其令人着迷。在计算技术起步之初，图灵就富有预见性地展开了关于生物理论的研究，他提出的“逆向工程”仍然挑战着当代的研究者。翻开第10章，一窥图灵是如何计算生命的。
- 量子力学、时间箭头、奇点主义、自由意志、不可克隆定理、奈特不确定性、玻尔兹曼大脑……这些统统融于最神秘的一章中，延续着图灵未竟的思考。翻开第12章，准备好捕捉量子图灵机中的幽灵。
- 罗杰·彭罗斯，他的《皇帝新脑》，他的宇宙法则，他的神奇阶梯，他与霍金的时空大辩论，他屡屡拷问现代科学的语出惊人……翻开第15章，看他如何回应图灵，尝试为人类的数学思维建模。

推荐阅读

机器学习：从基础理论到典型算法（原书第2版）

作者：（美）梅尔亚·莫里　阿夫欣·罗斯塔米扎达尔　阿米特·塔尔沃卡尔
译者：张文生 杨雪冰 吴雅婧　ISBN：978-7-111-70894-0

本书是机器学习领域的里程碑式著作，被哥伦比亚大学和北京大学等国内外顶尖院校用作教材。本书涵盖机器学习的基本概念和关键算法，给出了算法的理论支撑，并且指出了算法在实际应用中的关键点。通过对一些基本问题乃至前沿问题的精确证明，为读者提供了新的理念和理论工具。

机器学习：贝叶斯和优化方法（原书第2版）

作者：（希）西格尔斯·西奥多里蒂斯　译者：王刚 李忠伟 任明明 李鹏
ISBN：978-7-111-69257-7

本书对所有重要的机器学习方法和新近研究趋势进行了深入探索，通过讲解监督学习的两大支柱——回归和分类，站在全景视角将这些繁杂的方法一一打通，形成了明晰的机器学习知识体系。

新版对内容做了全面更新，使各章内容相对独立。全书聚焦于数学理论背后的物理推理，关注贴近应用层的方法和算法，并辅以大量实例和习题，适合该领域的科研人员和工程师阅读，也适合学习模式识别、统计/自适应信号处理、统计/贝叶斯学习、稀疏建模和深度学习等课程的学生参考。